食品酶学

何国庆　丁立孝　主编

化学工业出版社
教材出版中心
·北京·

图书在版编目(CIP)数据

食品酶学/何国庆，丁立孝主编．—北京：化学工业出版社，2006．（2023.2重印）
ISBN 978-7-5025-8029-2

Ⅰ．食…　Ⅱ．①何…　②丁…　Ⅲ．酶学-应用-食品工业　Ⅳ．TS201.2

中国版本图书馆CIP数据核字（2006）第024144号

责任编辑：赵玉清　　文字编辑：袁海燕
责任校对：郑　捷　　装帧设计：潘　峰

出版发行：化学工业出版社　教材出版中心（北京市东城区青年湖南街13号　邮政编码100011）
印　　装：天津盛通数码科技有限公司
787mm×1092mm　1/16　印张19　字数489千字　　2023年2月北京第1版第12次印刷

购书咨询：010-64518888　　售后服务：010-64518899
网　　址：http://www.cip.com.cn
凡购买本书，如有缺损质量问题，本社销售中心负责调换。

定　　价：46.00元

《食品酶学》编写者名单

主　　编：何国庆　丁立孝

参编人员（按姓氏笔画排列）：

丁立孝　马永强　王艳萍　孙京新

孙爱东　何国庆　郑铁松　赵秋艳

胡爱军　侯红萍　姜毓君　宫春波

贺稚非

前　言

食品酶学是研究与食品有关的酶以及酶与食品关系的一门科学，它包括的内容主要有食品中酶的性质、酶的作用规律，酶的结构和作用原理、酶的生物学功能及酶在食品中的应用等。国内外食品工业在近20年得到了飞速的发展，其重要标志是现代高新技术特别是生物技术在食品工业中的普及应用。其中酶技术与食品工业的关系最为密切，一方面与食品有关的酶学研究正成为食品科学的研究热点并取得了长足进展，另一方面酶技术对传统食品工业技术的提升和改造成果也尤其引人注目。为了及时总结和反映这些科技成就，编写一本适应新背景下面向食品科学与工程专业本科和研究生教学的《食品酶学》新教材已非常必要。

本书由国内不同院校十多位从事食品酶学研究和教学的学者共同编著而成。在编写过程中参考了能够反映近几年来食品酶学的最新发展的国内外教材及大量相关杂志论文，本着“厚基础、重理论与实践相结合、针对本专业”，结合自己的教学经验和实践，撰写相关的理论与技术，组成该编写部分的知识结构，使本书具有先进性，特别突出酶在食品中的应用。

编写过程中始终贯穿了如下指导思想。

1. 以21世纪的发展眼光审视全书内容，力求体现食品科学与工程专业特色：理论一技术一应用三结合，使之与整个生物技术的发展相联系，同时注意与本学科发展前沿相衔接，使学生知道食品酶学的历史、现状和未来，知道当今食品酶学研究的热点和争论的问题，进而促进开拓与创新。

2. 内容的取舍与编排，内容的取舍以新颖先进、重点突出、层次分明、文字简练、阐述清晰为原则，尽量反映新成果新成就，选择成熟和有代表性的实例阐明酶与食品的关系。突出了酶在食品工业中的广泛应用，这在以往国内食品酶学著作中是比较忽视和薄弱的环节。

3. 在编写形式上，力求便于学生掌握知识和提高自学能力，每章开始都有知识要点，结尾附有少而精的复习思考题，以方便学生巩固知识、举一反三、活学活用。食品酶学是一门应用性很强的专业基础课，在编写内容上考虑了该门课的特点，尽量做到理论与生产实际相结合，以培养学生学习兴趣。

参加本书编写的有何国庆、丁立孝、王艳萍、郑铁松 、贺稚非、孙爱东、侯红萍、姜毓君、宫春波、孙京新、马永强、赵秋艳、胡爱军等，在编写过程中得到各位编委的密切配合。本院教师李风梅、谭海刚和陈勇参与了全书统稿和校对，特此致谢。同时也要对化学工业出版社的大力支持表示谢意。

本书适宜作为高等院校食品专业的教材，也可供相关专业的研究生、科研人员、生命科学专业的师生及从事食品工业生产的高、中级科技人员阅读和参考。

由于编者水平和时间有限，缺点和错误在所难免，请广大读者和同行专家提出宝贵意见。

编者

2006年1月

于浙江大学华家池

目　录

第1章 绪 论

知识要点

1. 掌握食品酶学的定义及酶学发展简史
2. 了解酶的分类和命名
3. 食品酶学的发展趋势

1.1 食品酶学的定义

酶（Enzyme）的应用可以追溯到几千年前，但对酶的真正发现和对酶本质的认识直到19世纪中叶才开始起步，随着现代科技的发展和人们对酶本质认识的不断深化，酶的定义也不断变化。Dixon和Webb在1979年的著作中对酶定义为：“酶是一种由于其特异的活性能力而具有催化特性的蛋白质”。综合20世纪80年代之前的研究结果，这可能是最好、最科学的定义，它不但明确了酶的蛋白质属性及其具有的特殊生物催化功能，而且也是一个有实用价值的定义，通过此定义可以用来研究酶的活性原理和应用，特别是与现在和将来食品工业中酶的应用有关的一些基本问题。但在20世纪80年代初，Cech和Altman等分别发现了具有催化功能的RNA-核酶（ribozyme），不但打破了酶是蛋白质的传统观念，开辟了酶学研究的新领域，同时基于这一研究结果，酶的定义也须做一定的修改。因此有理由重新对酶下一个更加科学的定义：酶是由生物活细胞所产生的、具有高效和专一催化功能的生物大分子。需要指出的是“酶”的传统术语还将在一般情况下使用，特别是以蛋白质的特性来描述生物催化作用时，尤其在食品工业中现在和可预见的将来所使用的所有酶都是蛋白质。

根据此定义，酶的核心本质主要体现在两个方面：①酶是催化剂（catalyst）；②酶是生物催化剂（bio-catalyst）。

作为催化剂，酶具有一般催化剂的共有特性：①只改变反应的速率而不改变反应性质、反应方向和反应平衡点；②在反应过程中不消耗；③可降低反应的活化能。而作为生物催化剂，酶具有一般催化剂所不具有的特殊性能：①高效性。研究表明，酶参与的反应比非酶促反应速率高 10^{8}～10^{20} 倍，比其他催化反应高 10^{7}～10^{13} 倍。例如，在人的消化道内如果没有酶的催化作用，在正常体温下要消化一顿简单的午餐，可能要需要50年。②高度专一性。酶对催化反应的反应性质和反应底物都有严格的选择性，只能催化一种或一类的反应，作用于一种或一类的底物。如过氧化氢酶（catalase）只能催化过氧化氢的分解（绝对专一性）；淀粉酶（amylase）只能催化淀粉糖苷键的水解；蛋白酶（protease）只能催化蛋白质肽键的水解（相对专一性）；L-氨基酸氧化酶（L-amino acid oxidase）只能作用于L-氨基酸（立体异构专一性）。③高度受控性。无论在体内或体外，酶的催化活力都受到多种因素的调节和控制，如基因表达、辅助因子、存在状态、反馈抑制、底物水平、激素水平、激活剂、抑制剂、温度、pH、酶原激活等。④易变性。由于酶是生物大分子，其活力与其结构状态密切相关，任何使其结构发生变化的因素都会引起其催化功能的变化甚至完全丧失。因此酶促反应必须在温和的条件下进行。⑤代谢相关性。生物体的最主要特征之一就是具有新陈代谢功能，而几乎所有的新陈代谢反应都需要酶的参与，对酶的任何改变都会影响甚至改变该酶参与的生物代谢过程。

酶学（Enzymology）是研究酶的性质、酶的作用规律、酶的结构和作用原理、酶的生物学功能及酶的应用的一门科学。学习酶学是为了更好地了解酶、掌握酶的作用规律，使酶更好地为人类利用。在生物体内，酶控制着所有重要生物大分子（蛋白质、碳水化合物、脂类、核酸）和小分子（氨基酸、糖和维生素）的合成和分解。食品加工的主要原料来源于生物材料，这些原料中含有种类繁多的内源酶，其中某些酶在原料的加工过程中甚至产品保藏期间仍然具有活性。这些酶有的对食品加工有益，如牛乳中的蛋白酶，在奶酪成熟过程中能催化酪蛋白水解而给予奶酪特殊风味；而有的则有害，例如番茄中的果胶酶，在番茄酱加工中能催化果胶物质降解而使番茄酱产品的黏度下降。除原料中存在内源酶外，在食品加工和保藏过程中还使用不同种类的外源酶来提高产品的产量和质量。例如在玉米淀粉生产高果糖浆中使用的淀粉酶和葡萄糖异构酶，又如在牛乳中加入的乳糖酶，可将乳糖转化成葡萄糖和半乳糖，生产的牛乳适于有乳糖缺乏症的人群饮用。酶对食品工业的重要性是显而易见的。

食品酶学（food enzymology）是酶学的基本理论在食品科学与技术领域中应用的科学，是酶学的重要分支学科，主要研究食品原料、食品产品中酶的性质、结构、作用规律以及对食品储藏、加工和食用品质的影响，食品级酶的生产及其在食品储藏、加工等环节的应用理论与技术。

1.2 食品酶学发展简史

人类对酶的无意识应用可以追溯到远古时代。中国早在4000多年前的夏禹时代，酿酒就已经盛行；3000多年前的周朝，中国人民就会利用麦曲将淀粉降解为麦芽糖制造饴糖；2500多年前的春秋战国时期，中国人的祖先用酒曲来治疗肠胃病，用鸡内金治疗消化不良等。凡此种种，说明虽然古人并不知道酶是何物，也不了解其性质，但根据生产和生活的经验积累，已经把酶利用到相当广泛的程度。

人们真正认识酶的存在和作用，是从19世纪开始的，并在随后的近100多年内取得了奠定酶学研究的许多重要结果。

1810年Jaseph Gaylussac发现酵母（*Saccharomyces* sp.）可将糖转化为酒精；同年药物学家Planche在植物的根中分离出一种能使创木脂氧化变蓝的物质；1833年，Payen和Persoz从麦芽的水提物中用酒精沉淀法得到一种可使淀粉水解生成可溶性糖的物质，他们把这种物质称为淀粉酶（diastase）。当时他们采用最简单的抽提、沉淀等提纯方法，得到了一种无细胞制剂，并指出了它的催化特性和不稳定性，已经开始触及到酶的一些本质问题，因此一般认为他们是最早的酶的发现者。

1857年，微生物学家Louis Pasteur等人提出酒精发酵是酵母细胞活动的结果，他认为只有活的酵母细胞才能进行发酵，使酶学的研究走了弯路。但Liebig反对这种观点，他认为发酵现象是由溶解于酵母细胞液中的酶引起的。

1878年，Kuhne才给酶一个统一的名词，叫Enzyme，这个词来自希腊文，其意思“在酵母中”，中文译为“酶”或“酵素”。

1835～1837年，Berzelius提出了催化作用的概念，该概念对酶学和化学的发展都十分重要。可见对于酶的认识一开始就与它具有催化作用的能力联系在一起。1894年Fisher提出了酶与底物作用的“锁与钥匙”学说，用以解释酶作用的专一性。

1896年，德国学者Buchner兄弟发现，用石英砂磨碎的酵母细胞或酵母的无细胞抽提液也能使糖发酵产生酒精，他把这种能发酵的成分称为酒化酶（zymase）。此项发现促进了酶的分离和对其理化性质的研究，也促进了对有关各种代谢过程中酶的系统研究。为此 Buchner 获得了 1911 年诺贝尔化学奖。一般认为酶学研究始于 1896 年 Buchner 的发现。

1903 年，Henri 提出了酶与底物作用的中间复合物学说。1913 年，Michaelis 和 Menten 总结了前人的工作，推导出了酶催化反应的动力学方程——米氏方程。这一学说的提出，对酶反应机理的研究是一个重大的突破。1925 年 Briggs 和 Handane 对米氏方程作了一项重要的修正，提出了稳态学说。但至此人们还没有搞清楚这种具有催化功能的物质究竟属于哪一类物质。

1926 年，美国化学家 Sumner 从刀豆提取出了脲酶（urease）并获得结晶（这是第一个酶结晶），证明脲酶具有蛋白质性质。1930～1936 年，Northrop 和 Kunitz 得到了胃蛋白酶（pepsin）、胰蛋白酶（trypsin）和胰凝乳蛋白酶（chymotrypsin）结晶，并用相应方法证实酶是一种蛋白质后，酶的蛋白质的属性才普遍被人们所接受。为此 Sumner 和 Northrop 于 1949 年共同获得诺贝尔化学奖。

20 世纪 50～60 年代，Koshland 提出了“诱导契合”理论。同时也搞清了某些酶的催化活性与生理条件的变化有关。

1960 年，Jacob 和 Monod 提出操纵子学说，阐明了酶生物合成的基本调节机制。

1965 年，Phillips 首次用 X 射线晶体衍射技术阐明了鸡蛋清溶菌酶的三维结构，为以后酶结构、功能以及催化机制的研究奠定了良好的基础。

Cech（1982 年）和 Altman（1983 年）分别发现了具有催化功能的 RNA-核酶，这一发现打破了酶是蛋白质的传统观念，开辟了酶学研究的新领域，为此 Cech 和 Altman 于 1989 年获得诺贝尔化学奖。

远古时代人类对酶的应用是无意识的。高峰让吉在 1894 年用米曲霉（*Aspergillus oryzae*）固体培养法生产出世界上第一个商品酶制剂产品——“他卡”淀粉酶。但真正影响食品酶学发展的事件是从 20 世纪 50 年代初开始的酶及产酶细胞的固定化技术，该技术使酶学从理论到生产实践得到了迅速的发展。

1953 年 Crubhofer 和 Schleith 开始进行酶的固定化研究。他们将胃蛋白酶、淀粉酶等结合在重氮化的树脂上，实现了酶的固定化。1969 年日本的千畑一郎第一个把酶的固定化应用于工业生产，利用固定化氨基酰化酶大规模生产 L-氨基酸。随后酶固定化技术被成功用于高果糖浆的生产。美国从 20 世纪 70 年代初开始采用这一新技术，使玉米淀粉液化、糖化和异构化，并已成功地工业化生产第一代、第二代和第三代高果糖浆（high fructose glucose syrup，简称 HFGS）。高果糖浆可以代替蔗糖作为食品的甜味剂，仅美国的可口可乐和百事可乐两家饮料公司，每年就可消耗高果糖浆五六百万吨，既提高了饮料质量，又有利于人的健康，是一个非常成功的技术革新。尔后日本、法国、中国等国家先后投入高果糖浆的生产，并且随着生产技术和工艺的不断改进，高果糖浆的成本也不断下降。近年来，虽然蔗糖的价格不断下跌，但高果糖浆工业已发展壮大，其价格仍比蔗糖低 10%～15%。

1959 年葡萄糖淀粉酶催化淀粉生产葡萄糖新工艺研究成功，使淀粉得糖率从 80%上升为 100%，日本在 1960 年葡萄糖产量猛增了 10 倍，新工艺改革的成功也极大地促进了酶在工业上应用。

自 20 世纪 80 年代基因工程技术诞生以来，对酶学的研究与应用技术也产生了深刻的影响。基因工程技术不但促进了基础酶学的研究，如酶基因的克隆、酶催化机理的研究等，同时也促进了酶在食品工业中的应用，奠定了现代食品酶学的重要发展方向。

Hamilton 等于 1990 年首次构建了氨基环丙烷羧酸（ACC）氧化酶反义 RNA 转基因番

茄。在纯合的转基因番茄果实中，97%的乙烯合成被抑制，使果实的成熟延迟，储藏期延长；而导入ACC合成酶反义基因的转基因番茄却可使99.5%的乙烯合成被抑制，果实中不出现呼吸跃变，叶绿素降解、番茄红素合成也都被抑制，果实不能自然成熟，不变红、不变软，只有用外源乙烯处理6d后才能使转基因番茄正常成熟。事实上，酶的基因工程技术已经取得了很多有重要意义的成果。

1.3 酶的分类和命名

迄今为止已发现约3000多种酶，在生物体中的酶远远大于此数量，而且随着酶学研究的发展，还会发现更多的新酶。为了研究和使用的方便，需要对已知的酶加以分类，并给以科学名称。1961年前，酶的分类和命名都很混乱，酶的名称往往是沿用下来的，缺乏系统性和科学性，有时会出现一酶数名或一名数酶的情况。1961年国际生物化学学会酶学委员会推荐了一套新的系统命名方案及分类方法，已被国际生物化学学会接受。该方法建议每一种酶应有一个系统名称和一个习惯名称。

1.3.1 酶的命名

酶的命名主要有两大体系，即习惯命名法，又称俗名（trivial name）；和系统命名法，又称学名（systematic name）。下面通过具体的例子来说明二者的区别（见表1-1）。

表1-1 酶的命名举例

催化的反应	系统命名	习惯命名
乳酸＋NAD^+ → 丙酮＋NADH	乳酸:NAD^+氧化还原酶	乳酸脱氢酶
脂肪＋水 → 脂肪酸＋甘油	脂肪:水解酶	脂肪酶

通过表1-1的例子可以看出，酶的习惯命名法没有统一的规则，或根据酶催化反应的性质来命名或根据被作用的底物来命名或二者结合来命名。有时可能还结合酶的来源甚至酶反应的产物来命名，如细菌淀粉酶、木瓜蛋白酶、葡萄糖淀粉酶等。而系统命名法则有一套严格的命名规则：以酶所催化的整体反应为基础，规定每种酶的名称应当明确标明酶的底物及催化反应的性质；如果一种酶催化多个底物反应，应在它们的系统名称中包含底物的名称，并以“:”号将它们隔开；若底物之一是水时，可将水略去不写。

酶的习惯名称使用起来比较方便，但有时会造成一些混乱。系统命名严格而科学，但名称太长，使用起来不太方便，所以酶的习惯名称仍被广泛使用，特别在食品科学领域。

1.3.2 国际系统分类法及酶的编号

国际酶学委员会根据酶所催化反应的类型，把酶分为六大类，即氧化还原酶类（oxidoreductases）、转移酶类（transferases）、水解酶类（hydrolases）、裂合酶类（lyases）、异构酶类（isomerases）和合成酶类（synthetases），分别用1、2、3、4、5、6来表示。在每一大类中又可分为若干亚类，各亚类又分为若干亚亚类，并采用四位数字编号系统，每种酶都有一个四位数字号码。数字间由“.”隔开。第一个数字指明该酶属于六个大类中的哪一类；第二个数字指出该酶属于哪一个亚类；第三个数字指出该酶属于哪一个亚亚类；第四个数字则表明该酶在亚亚类中的排号。编号之前冠以EC（Enzyme Commision）。如乙醇脱氢酶，EC 1.1.1.1；脂肪氧化酶，EC 1.13.1.13；转谷氨酰胺酶，EC 2.3.2.13；α-淀粉酶，EC 3.2.1.1；β-淀粉酶，EC 3.2.1.2；木瓜蛋白酶，EC 3.4.22.21；凝乳酶，EC 3.4.4.3。

1.3.3 酶的其他分类方法

为了研究和应用的方便，有时也依据酶的其他特征把酶分为不同的类型。如根据酶结构的复杂性可以把酶分为简单酶类、复合酶类和多酶体系；根据酶表达的特征把酶分为组成酶、诱导酶、酶原和同功酶；根据酶的来源可以把酶分为动物酶、植物酶、微生物酶和基因工程酶；根据酶在组织中的位置可把酶分为胞内酶和胞外酶；根据酶的存在状态可以把酶分为游离酶和固定化酶等。

1.4 食品酶学的发展趋势

现代食品酶学的发展趋势可以归纳为以下五个方面。

（1）基础研究更加深入 基础研究的任务是要更深入地揭示酶的结构和功能的关系、酶的催化机制与调节机制、酶基因的克隆与酶表达特性以及酶与食品品质的关系等。近20年来有不少酶的作用机制被阐明。随着DNA重组技术及聚合酶链式反应（PCR）技术的广泛应用，酶结构与功能的研究进入了新阶段。只有具有了良好的基础研究成果，才能进一步设计酶、改造酶，为酶在食品领域中的应用奠定坚实的基础。

（2）应用领域更加广泛 在食品工业中的各个环节（如原料品质改良、储藏保鲜、食品加工、食品分析等）酶无论是对传统产品（如发酵食品等）还是对新型产品（如功能食品等）都起着越来越重要的作用，这方面的内容可以在本书的后续章节中明显体会到，此不赘述。

（3）酶工程日益成为食品酶学的重点 酶工程的任务是要解决如何更经济有效地进行酶的生产、制备与应用，将基因工程、分子生物学成果用于酶的生产，进一步开发固定化酶技术与酶反应器，这方面的内容见后续章节。

（4）基因工程等新技术的促进 基因工程等新技术的运用正在成为食品酶学发展的推动力，并已经深刻地促进了食品酶学的发展。例如，改良面包酵母菌种是酶基因工程应用于食品工业中的第一个例子。其原理是将具有较高活性的酶基因转移至面包酵母（*Saccharomyces cerevisiae*）中，使面包酵母显著地提高麦芽糖透性酶（maltose permease）及麦芽糖酶（Maltase）的活性，面团发酵时可产生大量的CO_2，形成膨发性能良好的面团，从而提高面包质量和生产效率。酶基因工程有益于食品工业的另一个很好的例子是利用反义RNA技术抑制番茄中内源聚半乳糖醛酸酶（polygalacturonase，PG）的表达，从而控制番茄加工中果胶的降解，最终确保加工的番茄制品（如番茄酱）的质量。利用基因工程技术改良的微生物生产凝乳酶（chymosin）则是最为成功的典范。事实上，除凝乳酶外，α-淀粉酶（α-amylase）、葡萄糖氧化酶（glucose oxidase）、葡萄糖异构酶（glucose isomerase）、转化酶（invertase）、脂肪酶（lipase）、α-半乳糖苷酶（α-galactosidase）、β-半乳糖苷酶（β-galactosidase）、α-乙酸乳酸脱羧酶（α-acetolactate dehydrogenase）、溶菌酶（lysozyme）、碱性蛋白酶（alkaline protease）等食品酶制剂都实现了转基因微生物的生产，被分别用于酿造、淀粉修饰、葡萄糖酸生产、食品保鲜、果葡糖浆生产、转化糖生产、特种脂肪生产、修饰食品胶、乳清的利用、乳制品生产、啤酒酿造、大豆制品加工等领域。

（5）开发食品领域应用的新酶源 全世界工业用酶的销售可达20亿美元，但是大部分的酶主要应用在非食品领域，如洗衣粉和动物饲料等行业。在食品中应用的酶大约只占整个酶市场25%。此外，现在食品生产领域广泛应用的酶也主要集中在几类传统的水解酶上，如凝乳酶用于生产奶酪已有几十年的历史。但是令人高兴的是，传统酶的新应用和一些新开发的酶将会在食品行业中发挥巨大的作用。如转谷氨酰胺酶（transglutaminase）可以用于食品加工业的许多方面，在酸奶制造中可以使酸奶形成更强的胶状结构；在肉食加工中可以用于增加肉和香肠的强度。此外，它还可以用于焙烤业，增加面包的强度。酿造工厂用真菌的β-葡聚糖酶（β-glucanase）来水解黏的葡聚糖胶，可以提高产量、增加滤过率。

复习思考题

1. 如何理解食品酶学的内涵和发展方向？
2. 酶作为生物催化剂有何特点？
3. 如何理解食品酶学在食品科学体系中的重要意义？

参 考 文 献

1 王镜岩，朱圣庚，徐长法．生物化学．第三版（上册）．北京：高等教育出版社，2002
2 彭志英．食品酶学导论．北京：中国轻工业出版社，2002
3 陈石根，周润琦．酶学．上海：复旦大学出版社，2001
4 Tucker G A，Woods L F J. 酶在食品加工中的应用（第二版）．李雁群，肖功年译．北京：中国轻工业出版社，2002
5 Deutscher U P（ed）．Methods in Enzymology. Vol 182. Spiral-Bound，1997
6 Larson S B，Day J，Barba dela Rose. Biochemistry. 2003，42（28）：8411

第2章 酶的生产与分离纯化

知识要点

1. 酶产生菌的筛选方法
2. 酶生产的发酵技术
3. 提高酶发酵产量的方法
4. 食品工业常用酶的生产菌种介绍
5. 掌握酶分离纯化工作的基本原则及酶提取方法的选择
6. 掌握酶的纯化方法
7. 掌握酶的各种指标检验方法
8. 酶的剂型与保存

2.1 酶的发酵生产

所有的生物体在一定的条件下都能产生多种多样的酶。生物体内产生酶的过程称为酶的生物合成。经过预先设计，通过人工操作控制，利用细胞（包括微生物细胞、植物细胞和动物细胞）的生命活动，产生人们所需要的酶的过程，称为酶的发酵生产。

酶的发酵生产是目前生产酶的主要方法。20 世纪 20 年代法国人 Biodin 与 Effront 在德国建厂生产枯草杆菌淀粉酶，代替麦芽淀粉酶用于棉布退浆，为微生物酶的工业生产奠定了基础。40 年代，随着抗生素工业的兴起，深层培养技术被用于淀粉酶的生产，使酶制剂工业跨进了工业化生产的时代；50 年代末，糖化酶成功用于葡萄糖生产，摒弃了沿用上百年的酸水解工艺；60 年代中期，加酶洗涤剂大流行，进一步促进了酶制剂工业的发展；70 年代初固定化葡萄糖异构酶用于生产果葡糖浆，大大推动了食品工业与酶制剂工业的发展。随着酶制剂的普遍应用与固定化酶的广泛研究，酶的发酵生产越来越受到重视。

2.1.1 产酶菌株的获得

2.1.1.1 产酶菌株介绍

虽然任何生物都能在一定条件下合成某些酶，但并不是所有的细胞都能用于酶的发酵生产。一般说来，能用于酶发酵生产的细胞需具备如下几个条件：①酶产量高。优良的产酶细胞首先要具有高产的特性，才有较好的开发应用价值。高产细胞可以通过筛选、诱变或基因工程、细胞工程等技术而获得。②容易培养和管理。产酶细胞要容易生长繁殖，并且适应性较强，易于控制，便于管理。③产酶稳定性好。在通常的生产条件下，能够稳定地用于生产，不易退化。一旦细胞退化，要经过复壮处理，使其恢复产酶性能。④利于酶的分离纯化。发酵完成后，需经分离纯化才能得到所需的酶。这就要求产酶细胞本身及其他杂质易于和酶分离。⑤安全可靠。要求使用的细胞及其代谢物安全无毒，不会影响生产人员和环境，也不会对酶的应用产生其他不良影响。

现在大多数酶都采用微生物细胞进行发酵生产。微生物具有种类多、繁殖快、容易培养和代谢能力强等特点。有不少性能优良的产酶菌株已在酶的发酵生产中广泛应用。现把常用的产酶微生物简介如下。

（1）枯草芽孢杆菌　枯草芽孢杆菌（*Bacillus subtilis*）是应用最广泛的产酶微生物之一。它是芽孢杆菌属细菌，细胞成杆状，大小为（0.5～0.7）μm×（2～3）μm，单个，无荚膜；周生鞭毛，运动；革兰氏染色阳性。菌落粗糙，不透明，污白色或微带黄色。

此菌用途很广，可用于生产α-淀粉酶、蛋白酶、β-葡聚糖酶、碱性磷酸酶等。例如，枯草杆菌BF7658是中国用于生产α-淀粉酶的主要菌株；枯草杆菌As1.398可用于生产中性蛋白酶和碱性磷酸酶。枯草杆菌生产的α-淀粉酶和蛋白酶都是胞外酶，而碱性磷酸酶存在于细胞间质之中。

（2）大肠杆菌　大肠杆菌（*Escherichia coli*）细胞呈杆状，大小为0.5μm×1.0μm，革兰氏染色阴性，无芽孢；菌落从白色到黄白色，光滑闪光，扩展。

大肠杆菌可生产多种多样的酶，一般都属于胞内酶，需经过细胞破碎才能分离得到。这些酶包括：谷氨酸脱羧酶，用于测定谷氨酸含量或生产γ-氨基丁酸；天门冬氨酸酶，催化延胡索酸加氨生成L-天门冬氨酸；苄青霉素酰化酶，生产新的半合成青霉素或头孢霉素；β-半乳糖苷酶，用于分解乳糖；限制性核酸内切酶、DNA聚合酶、DNA连接酶、核酸外切酶，用于基因工程方面。

（3）黑曲霉　黑曲霉（*Aspergillus niger*）是曲霉属黑曲霉群霉菌。菌丝体由具横隔的分枝菌丝构成，菌丛呈黑褐色，顶囊呈球形，小梗为双层，分生孢子呈球形、平滑或粗糙。

黑曲霉可用于生产多种酶，有胞外酶也有胞内酶。如糖化酶、α-淀粉酶、酸性蛋白酶、果胶酶、葡萄糖氧化酶、过氧化氢酶、核糖核酸酶、脂肪酶、纤维素酶、橙皮苷酶、柚苷酶等。

（4）米曲霉　米曲霉（*Aspergillus oryzae*）是曲霉属黄曲霉群霉菌。菌丛一般为黄绿色，后变为黄褐色，分生孢子头呈放射形，顶囊球形或瓶形，小梗一般为单层，分生孢子呈球形、平滑少数有刺，分生孢子梗长2mm左右、粗糙。

米曲霉可用于生产糖化酶和蛋白酶，这在中国传统的酒曲和酱油曲中已得到广泛应用。此外，米曲霉还用于生产氨基酰化酶、磷酸二酯酶、核酸酶P_1、果胶酶等。

（5）青霉　青霉（*Penicillium* sp.）属半知菌纲。营养菌丝呈无色、淡色，有横隔，分生孢子梗也有横隔，顶端形成扫帚状的分枝。小梗顶端串生分生孢子，分生孢子呈球形、椭圆形或短柱形，光滑或粗糙，大部分在生长时呈蓝绿色。

青霉菌分布广泛，种类很多。其中产黄青霉（*Penicillum chrysogenum*）用于生产葡聚糖氧化酶、苯氧甲基青霉素酰化酶（主要作用于青霉素V）、果胶酶、纤维素酶Cx等；橘青霉（*Penicillium citrinum*）用于生产5′-磷酸二酯酶、脂肪酶、葡萄糖氧化酶、凝乳蛋白酶、核酸酶S_1、核酸酶P_1等。

（6）木霉　木霉（*Trichoderma* sp.）属于半知菌纲。生长时菌落呈棉絮状或致密丛束状，菌落表面呈不同程度的绿色。菌丝透明，有分隔；分枝繁复，分枝末端为小梗，呈瓶状，束生、对生、互生或单生；分生孢子由小梗相继生出，靠黏液把它们聚集成球形或近球形的孢子头。分生孢子近球形或椭圆形，透明或亮黄绿色。

木霉是生产纤维素酶的重要菌株。木霉产生的纤维素酶中包含有C_1酶、Cx酶和纤维二糖酶等。此外，木霉中含有较强的17-α-羟化酶，常用于甾体转化。

（7）根霉　根霉（*Rhizopus* sp.）生长时，由营养菌丝产生匍匐枝，匍匐枝的末端生出假根，在有假根的匍匐枝上生出成群的孢子囊梗，梗的顶端膨大形成孢子囊，囊内生孢子，孢子呈球形、卵形或不规则形状。根霉用于生产糖化酶、α-淀粉酶、转化酶、酸性蛋白酶、核糖核酸酶、脂肪酶、果胶酶、纤维素酶、半纤维素酶等。根霉具产生强的11-α-羟化酶，是用于甾体转化的重要菌株。

(8) 毛霉 毛霉（*Mucor* sp.）的菌丝体在基质上或基质内广泛蔓延，菌丝体上直接生出孢子囊梗，分枝较小或单生，孢子囊梗顶端有膨大成球形的孢子囊，囊壁上常带有针状的草酸钙结晶。

毛霉用于生产蛋白酶、糖化酶、α-淀粉酶、脂肪酶、果胶酶、凝乳酶等。

(9) 链霉菌 链霉菌（*Streptomyces* sp.）是一种放线菌，形成分枝的菌丝体，有气生菌丝和基内菌丝之分，基内菌丝体不断裂，只有气生菌丝体形成孢子链。

链霉菌是生产葡萄糖异构酶的主要菌株，还可以用于生产青霉素酰化酶、纤维素酶、碱性蛋白酶、中性蛋白酶、几丁质酶等。此外，链霉菌还含有丰富的16-α-羟化酶，可用于甾体转化。

(10) 啤酒酵母 啤酒酵母（*Saccharomyces cerevisiae*）是在工业上广泛应用的酵母，细胞呈圆形、卵形、椭圆形到腊肠形。在麦芽汁琼脂培养基上菌落为白色，有光泽，平滑，边缘整齐。营养细胞可以直接变为子囊，每个子囊含有1～4个圆形光亮的子囊孢子。

啤酒酵母主要用于酿造啤酒、酒精、饮料酒和面包制造。在酶的生产中，用于生产转化酶、丙酮酸脱羧酶、醇脱氢酶等。

(11) 假丝酵母 假丝酵母（*Candida* sp.）的细胞呈圆形、卵形或长形；无性繁殖为多边芽殖，形成假菌丝，可生成厚垣孢子、无节孢子、子囊孢子；不产生色素；在麦芽汁琼脂培养基上菌落呈乳白色或奶油色。

假丝酵母是单细胞蛋白的主要生产菌。在酶工程方面可用于生产脂肪酶、尿酸酶、尿囊素酶、转化酶、醇脱氢酶。假丝酵母具有烷类代谢的酶系，可用于石油发酵；具有较强的17-α-羟基化酶，可用于甾体转化制造睾丸素。

2.1.1.2 产酶菌株的选育

酶广泛存在于生物体中，但在实际应用中除了一些特殊用途的酶来源于动物和植物，大部分酶来源于微生物。其主要原因是利用微生物发酵法可以低成本地大规模工业化生产，不会像生产动物、植物来源的酶那样受地理、气候、土地等环境和资源的限制。即使作为药物临床上应用的酶，为解决抗性问题，也可将来源于人的酶基因克隆到微生物中，利用发酵法进行大量生产。

特定酶产生菌的筛选方法主要依靠酶催化的反应性质、作用底物的特异性、底物和产物的特性以及酶在细胞中所处的位置进行设计。

对于许多分泌在细胞外的水解酶，常常使待检测的微生物在含有酶作用的不溶性底物如淀粉、纤维素、酪素、细胞壁等培养基中生长，培养后，根据菌落周围产生的透明圈的大小可以筛选到产淀粉酶、纤维素酶、蛋白酶、溶菌酶等的高活性菌株。也可以根据酶催化反应的产物酸或碱，在培养基中加入底物和酸碱pH指示剂，培养后，菌体生长产酶使底物分解，依据菌落周围变色圈的大小和颜色深浅进行判断，筛选到产目标酶的微生物。为了筛选某种酶的生产菌株，可以合成特定的底物，使其在酶的催化作用下生成产物，产物遇底物有颜色变化。利用这种变化，在培养基中加入底物进行微生物培养，若产生酶，与催化底物发生反应，则在菌落四周形成色圈，根据色圈的大小和颜色深浅，即可筛选到产酶的菌株。利用这样的方法也可直接作用分离培养基，将待分离的菌悬液涂布在培养基上，培养后，根据菌落四周的透明圈和色圈的大小直接分离得到产酶的微生物。

对于胞内酶产生菌的筛选，如果酶作用的底物分子质量较小，能透过细胞膜在细胞内进行反应，将酶催化反应的产物作为底物，加在培养基中，微生物在这种培养基上生长后，如果产酶，则菌落会产生颜色，而不产酶的微生物菌落不会产生颜色。如以2,4-二硝基苯氧基半乳糖为底物加在分离培养基中，筛选产半乳糖苷酶的产生菌是很成功的。

对于更多的胞内酶产生菌的筛选，是采用培养的细胞或细胞破碎物作酶源，经酶反应后，根据酶反应产物的特点，利用产物对紫外光的吸收，如辅酶NAD，直接用紫外分光光度法测定；通过产物的显色反应，用可见光分光光度法测定。

2.1.2 酶生产的发酵技术

酶的发酵生产是以获得大量所需的酶为目的。为此，除了选择性能优良的产酶细胞以外，还必须满足细胞生长、繁殖和发酵产酶的各种工艺条件，并要根据发酵过程的变化进行优化控制。酶发酵生产的一般工艺流程如图2-1所示。

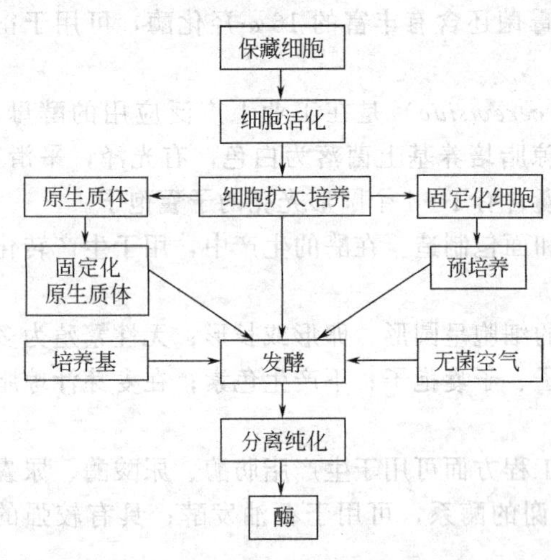

图2-1 酶发酵生产的工艺流程

2.1.2.1 培养基的配制

培养基是指人工配制的用于细胞培养和发酵的各种营养物质的混合物。

在设计和配制培养基时应特别注意各种组分的种类和含量，以满足细胞生长、繁殖和新陈代谢的需要，并要调节至适宜的pH。还必须注意到，有些细胞生长、繁殖阶段和发酵阶段所要求的培养基有所不同，在此情况下要根据需要配制不同的生长培养基和发酵培养基。

培养基多种多样、千差万别，但培养基的组分一般包括碳源、氮源、无机盐和生长因子等几类。

(1) 碳源　碳源是指能够向细胞提供碳素化合物的营养物质。通常，碳源同时也是提供能量的能源。碳是构成细胞成分的主要元素之一，也是各种酶的重要组成元素。所以，碳源是酶发酵生产乃至其他产物的发酵生产必不可少的营养物质。

不同的细胞对各种碳源的利用情况大不相同，在酶的发酵生产中，除了要从营养的角度考虑碳源的选择，还要在配制培养基时根据不同细胞的不同要求而选择适宜的碳源。另外还要考虑碳源对酶合成的调节作用，主要考虑酶生物合成的诱导作用以及是否存在分解代谢物作用。应尽量选用对所需的酶有诱导作用的碳源，而不使用或少使用有分解代谢物阻遏作用的碳源。例如，α-淀粉酶的发酵生产中，应选用对该酶有诱导作用的淀粉作为碳源，而不用对该酶生物合成有分解代谢物阻遏作用的果糖作为碳源；β-半乳糖苷酶发酵时应选用乳糖为碳源，而不用或少用葡萄糖为碳源等等。此外，在选择碳源时还必须考虑原料的供求和价格问题。

目前，在发酵生产中最常用的碳源是淀粉及其水解物，如糊精、麦芽糖、葡萄糖等。

(2) 氮源　氮是组成细胞蛋白质和核酸的重要元素之一，也是酶分子的主要组成元素。凡是能够向细胞提供氮元素的营养物质都称为氮源。

氮源可以分为有机氮源和无机氮源。有机氮源主要是各种蛋白质及其水解物，如酪蛋白、豆饼粉、花生饼粉、蛋白胨、酵母膏、牛肉膏、多肽和氨基酸等。无机氮源是含氮的各种无机化合物，如硫酸铵、磷酸铵、硝酸铵、硝酸钾、硝酸钠等铵盐和硝酸盐等。

不同的细胞对各种氮源的要求各不相同，应根据要求进行选择和配制。一般来说，动物细胞要求有机氮，植物细胞要求无机氮；微生物细胞中，异养型微生物用有机氮，自养型微生物用无机氮。

(3) 无机盐 无机盐的主要作用是提供细胞生命活动不可缺少的无机元素，并对培养基的 pH、氧化还原电位和渗透压起调节作用。

各种无机元素的功用各不相同，有些是细胞的主要组分，如磷、硫等；有些是酶的组分，如磷、硫、锌、钙等；有些是酶的激活剂或抑制剂，如钾、镁、铁、锌、铜、锰、钙、钼、钴、氯、溴、碘等；有些则对 pH、渗透压、氧化还原电位起调节作用，如钠、钾、钙、氯、磷等。

根据细胞对无机元素需要量的大小，可分为主要元素（大量元素）和微量元素两大类。主要元素有磷、硫、钾、钠、镁、钙等。微量元素有铜、锰、锌、钼、钴、碘等。微量元素是细胞生命活动不可缺少的，但需要量很少，过量反而会引起不良效果，必须严加控制。

无机元素是通过添加无机盐来提供的，一般采用水溶性的硫酸盐、磷酸盐或盐酸盐等。有时也使用硝酸盐，在提供无机氮的同时，提供无机元素。

(4) 生长因子 生长因子是指细胞生长繁殖所必不可缺的微量有机化合物，主要包括各种氨基酸、嘌呤、嘧啶、维生素以及动植物生长激素等。各种氨基酸是蛋白质和酶的组分；嘌呤和嘧啶是核酸和某些辅酶的组分；维生素主要起辅酶作用；动植物生长激素则分别对动物细胞和植物细胞的生长、分裂起调节作用，有的细胞能够自己合成各种生长因素；而有的细胞则缺少合成一种或多种生长因素的能力，需由外界供给才能正常生长繁殖，这样的细胞称为营养缺陷型细胞。

在酶的发酵生产中，通常在培养基中添加玉米浆、酵母膏等，以提供各种必需的生长因素。有时，也可添加纯化的生长因素，以供细胞生长繁殖之需。

2.1.2.2 细胞活化与扩大培养

性能优良的产酶细胞选育出来以后，必须尽可能保持其生长和产酶特性不变异，不死亡，不被杂菌污染等，因此必须采取妥善的保藏方法，以备随时应用。

保藏细胞在使用之前必须接种于新鲜的斜面培养基上，在一定的条件下进行培养，以恢复细胞的生命活动能力，这就叫做细胞活化。

为了保证发酵时有足够数量的优质细胞，活化了的细胞一般要经过一级至数级的扩大培养。用于细胞扩大培养的培养基称为种子培养基。种子培养基中一般氮源要丰富些，碳源可相对少些，种子培养条件，包括温度、pH、溶解氧的供给等，应尽量满足细胞生长的需要，以便细胞生长得既快又好。种子扩大培养的时间不宜太长，一般培养至对数生长期，即可接入下一级扩大培养或接入发酵。但若以孢子接种的则要培养至孢子成熟期，才能接入发酵。接入发酵的种子的量一般为发酵培养基总量的1%～10%。

2.1.2.3 培养基pH 的调节

培养基的 pH 在细胞生长繁殖和新陈代谢过程中常会发生显著变化，这与细胞特性有关，但主要受培养基组分的影响。糖含量高的培养基，由于糖代谢产生有机酸，会使培养基的 pH 向酸性方向移动；培养基中蛋白质、氨基酸含量较高时，代谢会产生胺类物质，使 pH 向碱性方向移动；以 $(NH_4)_2SO_4$ 为氮源时，随着氨被利用，培养基 pH 会下降；以尿素为氮源时，随着脲酶水解尿素生成氨，培养基 pH 会上升；若有磷酸盐存在，则会对培养基的 pH 起一定的缓冲作用。因此可以通过改变培养基的组分和比例来实现对 pH 的调节，必要时可加入酸、碱或缓冲溶液来调节。

2.1.2.4 温度的调节控制

温度是影响细胞生长繁殖和发酵产酶的重要因素之一。不同的细胞有各自不同的最适生长温度。如枯草杆菌的最适生长温度为 34～37℃，黑曲霉的最适生长温度为 28～32℃，植物细胞的最适生长温度为 25℃左右。

在细胞生长和发酵产酶过程中，由于细胞的新陈代谢作用，不断放出热量，会使培养基的温度升高；同时，热量不断扩散和散失，又会使培养基温度降低，两者综合的结果决定了培养基的温度。在发酵的不同阶段，由于细胞新陈代谢放出的热量差别很大，扩散和散失的热量受到环境温度等因素的影响，使培养基的温度变化明显，因此必须经常及时地进行调节控制，使培养基的温度维持在适宜的范围内。温度控制的方法一般采用热水升温，冷水降温，故此在发酵罐中，均设计有足够传热面积的热交换装置，如排管、蛇管、夹套、喷淋管等。

2.1.2.5 溶解氧的调节控制

细胞的生长繁殖以及酶的生物合成过程需要大量的能量。这些能量一般由 ATP 等高能化合物来提供。如大肠杆菌合成蛋白质的过程中，合成 n 个肽键的酶蛋白多肽链就需要消耗 $(3n+2)$ 个 ATP。由于氨基酸活化生成氨酰-tRNA 时，ATP 失去两个高能磷酸键，生成 AMP，故实质上消耗了 $(4n+3)$ 个 ATP 的高能磷酸键。因酶都是大分子，可见酶生物合成消耗的能量是很多的。为了获得足够多的能量，以满足细胞生长和发酵产酶的需要，培养基中的能源（一般由碳源提供）必须经有氧降解才能产生大量的 ATP，因此必须供给培养基充足的氧气。在培养基中生长和发酵产酶的细胞，一般只能利用溶解在培养基中的氧气——溶解氧。而氧是难溶于水的气体，培养基中含有的溶解氧并不多，很快就会被细胞利用完，因此，必须在发酵过程中连续不断地供给无菌空气，使培养基中的溶解氧保持在一定水平，以满足细胞生长和产酶的需要。

溶解氧的调节控制，就是要根据细胞对溶解氧的需要量进行连续不断地供氧，以使培养基中的溶解氧维持在一定的浓度范围内。

细胞对氧的需要量与细胞的呼吸强度及培养基中细胞浓度密切相关，可用耗氧速率是 K_{O_2} 表示：

$$K_{O_2}=Q_{O_2}\cdot Co$$

式中 K_{O_2}——耗氧速率，单位体积（L，mL）的培养液中的细胞在单位时间（h，min）内所消耗的氧气量（mmol，mL），$\mathrm{mmol_{氧}/(h\cdot L)}$；

Q_{O_2}——细胞呼吸强度，是指单位细胞里（每个细胞或每克干细胞）在单位时间（h，min）内的耗氧量，$\mathrm{mmol_{氧}/(g_{干细胞}\cdot h)}$ 或 $[\mathrm{mmol_{氧}/(cell\cdot min)}]$；

Co——细胞浓度，指的是单位体积培养液中细胞的量，（$\mathrm{g_{干细胞}/L}$）或（细胞个数/L）。

细胞的呼吸强度与细胞种类和细胞生长期有关。不同的细胞其呼吸强度各不相同，就是同一种细胞在不同的生长阶段其呼吸强度也有所差别。一般细胞在对数生长期，呼吸强度较大；在产酶高峰期，由于大量进行酶的合成，需要很多能量，也就需要大量氧气，呼吸强度大。

在酶的发酵生产过程中，在不同的阶段，细胞呼吸强度和细胞浓度各不相同，致使耗氧速率有很大差别。因此必须根据耗氧量的不同供给适量的溶解氧。

2.2 提高酶发酵产量的方法

2.2.1 酶的合成调控机制

任何活细胞在执行生物学功能时，都有复杂的化学变化（或新陈代谢），这种变化是有秩序、有条不紊地进行的，这说明活细胞有自我调节的机制。例如，构成天然蛋白质的氨基酸有 20 种，但作为合成蛋白质原料的 20 种氨基酸并非等量合成的，如果不是合成蛋白质所需要的氨基酸，细胞便会停止合成，相应酶的合成也即停止，否则会造成“浪费”。这种现象是科学家们在20世纪50年代初发现的，细胞所必需物质的合成有两个负的调节系统，即通过抑制酶的活性和阻遏酶的合成来调节。

2.2.1.1　诱导酶合成调节

20世纪60年代初法国巴黎巴斯德研究所的弗朗苏瓦·雅各布（F Jacob）和雅克·莫诺（J Monod）等人从分子水平上解释了诱导酶合成调节系统。他们研究了突变对三个基因（即三个顺反子编码区）的影响，这三个基因控制分解乳糖所必需的三种酶的合成，这些基因一个个依次排列形成乳糖基因区（即乳糖操纵子 Lact-operon）。乳糖操纵子假说的基本要点如下。

① 决定蛋白质结构的基因群呈一个个排列在DNA分子中，经转录排列在编码区中。

② 根据生物细胞中酶合成与环境条件关系，酶可分为组成酶和诱导酶两大类，其中决定诱导酶有两个不同的基因群，并已证实它们的存在。一个是操纵子，包括操纵基因O（operoter gene）、启动基因P（promotor gene）和结构基因S（strucural gene），决定着酶和其他蛋白质的结构。另一个为调节基因R（regulator gene），它使操纵基因或“开”或“关”，调节酶和蛋白质合成的进行或停止。因调节基因可产生一种阻遏蛋白（reperssor protein），在乳糖缺乏条件下，无诱导物与阻遏物结合，能正常地与操纵子基因结合并能抑制或关闭结构基因，阻碍RNA聚合酶将三个乳糖分解基因转录为mRNA，从而阻遏β-半乳糖苷酶等三种酶的产生。而在乳糖存在条件下，这种阻遏蛋白与诱导物（或乳糖或乳糖结构类似物）结合，本质上钝化了阻遏蛋白，使它与操纵基因亲和力大大降低，RNA聚合酶便能启动，三个乳糖分解酶便能诱导合成。

③ 调节基因指导合成的阻遏蛋白，它是一种调节作用的蛋白质。1971年已从*E. coli*分离纯化出阻遏蛋白，分子质量约为150000～200000，调节基因是DNA信息链的前一端，而启动基因、操纵基因和结构基因则按顺序排列在DNA信息链的另一端。

乳糖操纵子假说解释诱导酶合成机制如图2-2所示。乳糖操纵子假说对指导酶生产应用具有以下实际意义。

① 采用现代诱变育种技术使细胞中的调节基因发生突变，致使调节基因不能转录翻译产生阻遏蛋白，诱导酶变成组成酶，RNA聚合酶便能起作用，操纵子便能持久地“开”，并连续产生β-半乳糖苷酶。这种作用在遗传学上称为变异突变体，它不产生阻遏蛋白或产生的阻遏蛋白是无活力的，这就导致操纵基因持久地开启并使结构基因连续地合成酶。

另一种组成突变体为变异的操纵基因，它不易因阻遏蛋白的作用而失活，从而导致操纵基因开放而连续产生酶。

② 在诱导酶合成时加入诱导物以利于诱导酶的合成　食品工业应用的酶包括淀粉酶、蛋白酶、纤维素酶、葡萄糖异构酶、β-半乳糖苷酶等，它们均属于诱导酶，根据上述原理，在合成时最好的诱导物为该酶的作用底物或其结构类似物。

例如，β-半乳糖苷酶的作用底物为乳糖，当其诱导合成时，用乳糖以外的糖培养繁殖的细菌几乎不合成分解乳糖的酶系，如果培养基中不含葡萄糖而仅加入乳糖作为惟一的碳源，几分钟后，细菌便能大量合成β-半乳糖苷酶；若加入乳糖的结构类似物，如1,6-半乳糖、异丙基-β-D-硫代半乳糖苷（IPTG）和甲基-β-D-半乳糖等非代谢物质诱导物，同样可诱导合成β-半乳糖苷酶。基础研究已指出，IPTG为β-半乳糖苷酶最佳诱导物。又如葡萄糖异构酶（或称木糖异构酶），若在细菌培养基中加入0.02%木糖便能诱导合成该酶。在实际生产上，为了降低成本也可采用廉价的玉米芯的降解产物来代替。

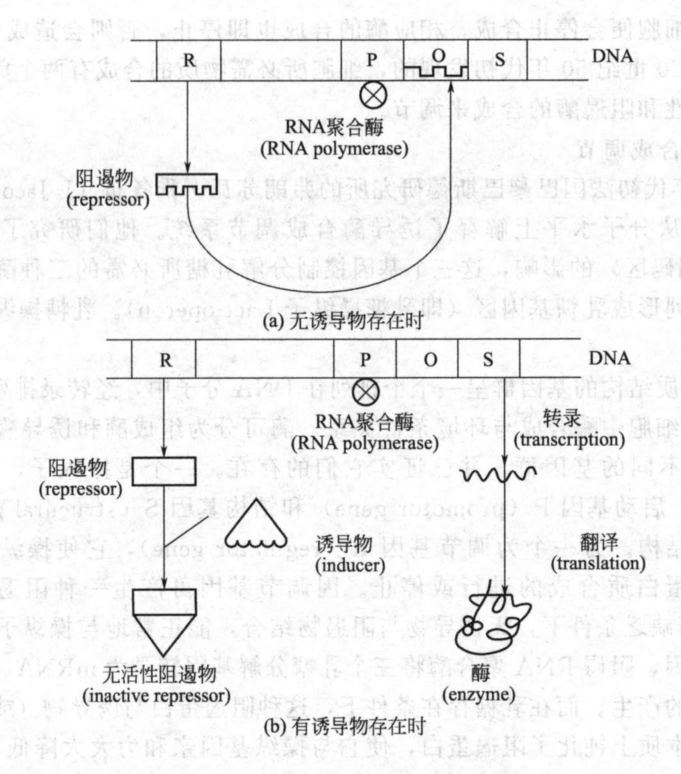

图 2-2　酶诱导合成的乳糖操纵子调节

2.2.1.2　酶合成的反馈阻遏

所谓反馈阻遏是指酶作用的终产物对酶合成产生阻遏作用，引起反馈阻遏的终产物往往是小分子物质，或称为共阻遏物（co-repressor），其调节机制也是用操纵子假说解释的。调节基因产生立体阻遏物，当有终产物或共阻遏物存在时，使它与立体阻遏物结合并与操纵基因结合，致使 RNA 聚合酶停止作用，使操纵基因关闭，酶合成受到反馈阻遏。如果解除共阻遏物即无终产物存在时，RNA 聚合酶起作用，使操纵基因开启，酶合成便能继续进行，这种作用机制如图 2-3。

这一理论在指导食品酶生产时也具有重要实践意义，在生产实践中可采用两种方法消除反馈阻遏。

① 设法从培养基中除去其终产物，以消除反馈阻遏。例如，生产蛋白酶的枯草芽孢杆菌培养基中含有氨基酸时产生很少量的蛋白酶，如除去氨基酸，便可大大提高蛋白酶产量。此外，限制培养基中氨的含量或限制末端产物在细胞内的积累，也可增加酶的产量。

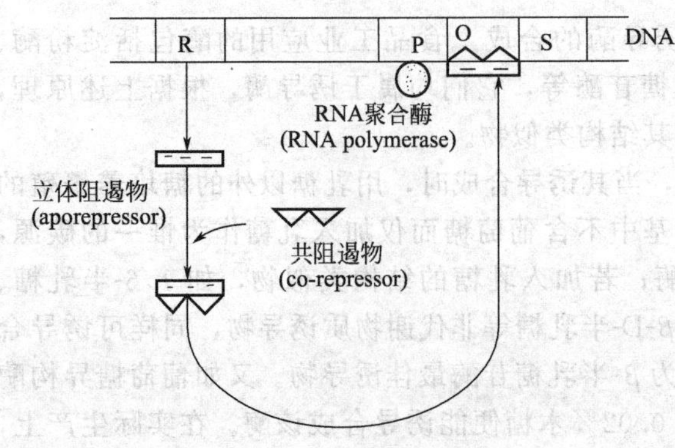

图 2-3　酶的反馈阻遏机制

② 向培养基中加入代谢途径的某个抑制因子切断代谢途径通路，也可限制细胞内末端产物的积累，可达到缓解其反馈阻遏的目的。例如，在组氨酸合成 10 个酶的合成过程中，加入抑制物 α-噻唑丙氨酸，便能使酶合成产量提高 30 倍。又如硫胺素生物合成的 4 个酶，加入抑制物腺

嘌呤，也可使其酶的合成产量提高5～10倍。

2.2.1.3 分解代谢对酶合成的阻遏作用

分解代谢阻遏作用（或称为葡萄糖效应）是指在其培养基中由于葡萄糖的存在微生物虽能迅速生长，但明显地抑制某些分解代谢诱导酶的形成。现已研究证实，这种作用是由于葡萄糖的存在能影响细胞内环腺苷酸（cAMP）的产生，因为cAMP是启动RNA聚合酶作用中不可缺少的辅助因子，cAMP的缺少导致对分解代谢的酶形成产生阻遏作用。

在酶制剂工业生产中，这一作用得到广泛应用。目前已经生产的酶或将来需投产的酶品种大部分受到这种阻遏作用调节。而且除了葡萄糖外，其他一些分解代谢产物也能对某些酶合成起阻遏作用。某些分解代谢产物对酶合成的阻遏作用总结于表2-1中。

表2-1 某些分解代谢产物对酶合成的阻遏作用

酶	微生物	引起阻遏作用的物质	酶	微生物	引起阻遏作用的物质
α-淀粉酶	嗜热脂肪芽孢杆菌	果糖	淀粉葡萄糖苷酶	二孢内孢霉	麦芽糖、葡萄糖、甘油
纤维素酶	绿色木霉	葡萄糖、甘油、纤维二糖	转化酶	粗糙脉孢霉	甘露糖、葡萄糖、果糖
蛋白酶	巨大芽孢杆菌	葡萄糖			

用甘油代替果糖培养嗜热脂肪芽孢杆菌，*α*-淀粉酶产量可提高25倍。采用甘露糖作为荧光假单胞杆菌培养基时，纤维素酶的产量比用半乳糖作为培养基时要高1500倍以上。如果微生物需要某些代谢阻遏物作为碳源，在工业生产中则可采用限量流加碳源的办法，便可减少或避免这种阻遏作用。

以上三种调节系统均属于阻遏调节系统，在酶制剂工业生产中已得到广泛应用。

2.2.1.4 酶合成的细胞膜透性调节

细胞膜的透性调节作用主要有如下几种。

(1) 调节胞外酶的分泌　酶是在细胞内合成的，根据酶在细胞中存在位置，可分为胞外酶和胞内酶，前者分子质量较小（一般不超过80000），胞内合成后分泌至胞外起作用，大部分水解酶属此类。而后者则在细胞内或表层（结合膜）存在，称为胞内酶（如RNA酶、碱性磷酸酶和氧化酶类等）。在膜表层结合的酶又称表面酶或透性酶。

(2) 主动运输的调节（regulation of active transport）　通过透性酶或表面酶（如碱性磷酸酶）的作用能主动将细胞内合成的酶输送并分泌至细胞外。例如，大肠杆菌摄取K^+致使细胞内与细胞外的浓度梯度可达3000倍，形成反浓度梯度的作用。

(3) 间隔作用的调节（regulation of comparmention）　这种作用可把细胞的一部分与另一部分隔开，各自通过酶系发挥其生命活动。因此，酶的催化速率受到亚细胞器结构的选择性和通透性调节的影响。

2.2.2 通过发酵条件控制提高酶产量

酶发酵生产中，菌种产酶性能是决定发酵效果的重要因素，为了提高产酶水平，需对发酵过程参数进行良好控制。这些过程参数除培养基组成成分外，还包括温度、pH、搅拌、消泡、溶解氧等，这些参数对微生物产酶的影响是相互联系、相互制约的，若给予良好的调节控制，可使酶的生物合成达到最佳状态。

(1) 通过控制pH来提高酶产量　培养基的pH与细胞的生长繁殖以及发酵产酶都有密切关系，故必须进行必要的调节控制。

细胞发酵产酶的最适pH通常接近于该酶反应的最适pH。例如发酵生产碱性蛋白酶的最适pH为碱性（pH8.5～9.0）；生产中性蛋白酶的pH为中性至微酸性（pH 6.0～7.0）适宜；而酸性（pH 4.0～6.0）条件有利于酸性蛋白酶的产生。然而要注意到有些菌在该酶反应的最适 pH 条件下细胞会受到影响，故有些细胞的产酶最适 pH 与酶作用的最适 pH 有明显差别。例如枯草杆菌碱性磷酸酶作用最适 pH 为9.5，而产酶最适 pH 值为7.4。

有些细胞可以同时产生多种酶，通过控制培养基的 pH，可以改变各种酶之间的产量比例。例如黑曲霉可既生产 α-淀粉酶，又可生产糖化酶。当培养基的 pH 偏向中性时，可使 α-淀粉酶产量增加而糖化酶减少，反之，当培养基的 pH 偏向酸性时，则糖化酶产量提高而 α-淀粉酶的产量降低。再如用米曲霉生产蛋白酶，当培养基的 pH 为碱性时，主要生产碱性蛋白酶，降低培养基的 pH 则主要生产中性或酸性蛋白酶。

(2) 通过控制温度来提高酶产量　产酶最适温度往往低于生长最适温度，这是由于在较低的温度下，可延长产酶时间，提高酶的稳定性。例如，用米曲霉发酵生产蛋白酶，28℃时的产量比40℃条件下发酵的产量高2～4倍，20℃条件下发酵，蛋白酶产量最高。因而，酶的发酵生产有时可在不同的阶段控制不同的温度。生长阶段控制在最适生长温度，以利于细胞生长繁殖；在产酶阶段，温度控制在产酶最适温度。

在发酵过程中，细胞新陈代谢会不断放出热量，使培养基温度升高；而热量的不断扩散，又会使温度降低。因此，必须经常及时地加以调节，使发酵温度控制在适宜的范围内。

(3) 采用中间补料来提高酶产量　培养前期是微生物菌体增殖时期，一般不含或很少含有发酵产物，约有70%～80%的发酵产物都在发酵中后期产生。要提高产量，就必须设法延长发酵中期。

分批发酵是指一次投料，中间不加养料直到发酵完成。培养至中后期，分泌出的代谢产物越来越多，这时养分也快要消耗完毕，菌体也趋向衰老自溶。如一次投料采用过于丰富的培养基，不但延长了发酵周期，而且高浓度培养基对微生物生长繁殖不利，通气搅拌困难，发酵不易进行，在生产上往往达不到增产目的。

中间补料是在发酵过程中补充某些营养物料，满足微生物的代谢活动和合成发酵产品的需要。虽然不同产品的发酵过程不同但补料原则相似。一般要根据微生物的生长代谢规律，结合发酵产品的生物合成途径及实践经验，采取中间补料措施，适当控制和掌握发酵条件。中间补料可促使微生物在培养中期的代谢活动受到控制，延长发酵产物的分泌期，推迟菌种的自溶期，维持较高的发酵产物增长幅度，并增加发酵液体积，从而使单罐产量大幅度上升。中间补料技术已在生产上被广泛采用和推广。

(4) 调节溶解氧来提高酶产量　在发酵过程中，由于细胞的呼吸强度和细胞浓度各不相同，耗氧速率有很大差别。因而要根据需要量供给适量的溶解氧。首先是将无菌空气通入发酵罐中，使其中的氧溶解于培养液中，以供细胞生命活动的需要。培养液中溶氧量决定于氧的溶解速率，即溶氧速率或溶氧系数，以 K_d 表示，它是指单位体积发酵液在一定时间内所溶解的氧量。K_d 的单位常用 $mmol_{氧}/(L \cdot h)$ 来表示。当溶氧速率与耗氧速率相等时，即 $K_{O_2}=K_d$ 时，培养液中溶解氧保持恒定，可满足细胞生长和产酶需要。

当耗氧速率改变时，必须相应地调节溶氧速率。溶氧速率的调节方法主要有以下几种。

① 调节通气量　即调节单位时间内流过发酵罐的空气量 (L/min)。通常以发酵液体积与每分钟通入的空气体积之比表示。例如，$1m^3$ 体积的发酵液，每分钟流过的空气量为 $2m^3$，则通气量为1∶2。通气量增加，可提高溶氧速率，通气量减少，则降低溶氧速率。

② 调节气液接触时间　气液两相接触时间延长可提高溶氧速率；反之则降低溶氧速率。可以通过增加液层高度，增设挡板等方法以延长气液接触时间。

③ 调节气液接触面积　从液层底部引入分散的气泡是增加气液接触面积的主要方法；安装搅拌装置、增设挡板等可使气泡打碎，以增加气液两相的接触面积，也可提高溶氧速率。

④ 调节氧的分压　增加空气压力、提高空气中氧的含量，都能提高氧的分压，从而提

高溶氧速率。

以上方法可根据实际情况选择使用，其中常用的是通过改变通风量的方法来调节溶氧速率。例如，在发酵初期用较小的通风量，中期用较大的通风量。

2.2.3　通过基因突变提高酶产量

2.2.3.1　自然选育

不经人工处理，利用微生物的自然突变进行菌种选育的过程称为自然选育。自然突变一般有两种原因，一是在自然环境中存在的低剂量的宇宙射线、各种短波辐射、低浓度的诱变物质和微生物自身代谢产生的诱变物质的作用，引起的突变；另一种是四种碱基胸腺嘧啶（T）和鸟嘌呤（G）的六位酮基的烯醇式互变异构及胞嘧啶（C）和腺嘌呤（A）的六位氨基的亚氨式互变异构作用，在 DNA 复制过程中瞬间的互变异构，将使本应为 AT 和 GC 碱基对为主的正确复制发生错误。当 T 以烯醇式存在时，合成的 DNA 单链的相对位置上将是 G 而不是 A；若 C 以稀有的亚氨式出现，新合成的 DNA 单链的相应位置上将是 A 而不是 G，在 DNA 复制过程中发生的这种错误有可能引起自然突变。这种互变异构无法预测，因此基因的自然突变也难于预知。根据统计，这种自然突变的概率为 10^{-9}～10^{-8}。

自然突变的结果可能导致生产上不希望的菌种退化和对生产有益的变化。为了确保生产水平不下降，应不断对生产菌种进行分离纯化，淘汰衰退的，保存优良的，使生产菌种不断地优化，达到自然选育的目的。特别是经诱变的突变株，在传代的过程中恢复突变和退化的菌种往往占有优势，只有经常进行分离选育才能保证生产的正常进行。

自然选育是一种简便易行的选育方法，可达到纯化菌种、防止退化、稳定生产、提高生产水平的目的。但自然选育的效率低，因此只有经常进行自然选育和诱变育种才可获得良好的效果。

2.2.3.2　诱变育种

微生物代谢受多种方式严格调控，故某一种特定的代谢物质不会过量积累。虽然许多微生物具有合成某种产物的适宜途径，但往往也存在相应的产物分解的途径。因此从自然环境中分离的菌种，其生产能力有限，一般不易满足工业生产的需要。提高其生产能力，改良其特性，最大限度地满足大规模工业生产需要的有效途径之一是诱变育种。

诱变育种是人为利用物理化学等因素，使诱变的细胞内遗传物质染色体或 DNA 的片段发生缺失、易位、倒位、重复等畸变，或 DNA 的某一碱基对发生改变（又称点突变），从而使微生物的遗传物质 DNA 和 RNA 的化学结构发生变化，引起微生物的遗传变异。因此诱发突变的变异幅度远大于自然突变。常用的诱变剂如表 2-2。

表 2-2　常用诱变剂及其类别

物理诱变	化学诱变			生物诱变剂
	碱基类似物	与碱基反应的物质	在 DNA 中插入或缺失碱基	
紫外线	2-氨基嘌呤	硫酸二乙酯(DES)	啶类物质	噬菌体
快中子	5-溴尿嘧啶	甲基磺酸乙酯(EMS)	啶氮芥衍生物	
X 射线	8-氮鸟嘌呤	亚硝基胍(NTG)		
γ 射线		亚硝基甲基脲(NMU)		
激光		亚硝基乙基脲(NEU)		
		亚硝基(NA)氮芥(NM)		
		4-硝基喹啉-1-氧化物(4NQO)		
		乙烯亚胺(EI)羟胺		

用来进行诱变的出发菌株的性能对提高诱变效果和育种效率有着极为重要的意义，选择时应注意以下几点。

① 诱变的出发菌株，要有一定的目标产物的生产能力。

② 对诱变剂敏感的菌株变异幅度较大。

③ 生产性能好的菌株，如生长快、营养要求低、产孢子多且早的菌株，最好为生产上自然选育的菌株。

④ 可选择已经诱变后的菌株，因有时经诱变后的菌株对诱变剂的敏感性提高。

诱变处理后，应及时在较丰富的培养基上进行后培养以稳定变异，获得高的突变频率。经诱变处理产生的高产变异株为少数，还需大量筛选才能获得所需的高产菌种。其筛选的方法与前面所述的方法和步骤基本相同。经过初筛和复筛获得的高产菌株，还需经过发酵条件优化研究，确定最佳的发酵条件，才可使高产突变菌株得到充分表现。

(1) 高产量突变株的筛选　在发酵工业上，高产优良菌种的选育不仅具有重要的经济价值，而且在激烈的国际竞争中具有一定的战略意义。目前，发酵工业中所用的高产优良菌种，大部分是先从自然界筛选得到有一定的生产能力的菌种，然后通过反复地持之以恒地自然选育和诱变育种，使菌种的生产能力和性能获得大幅度的提高，以满足大规模工业生产的需要，如图 2-4 所示。

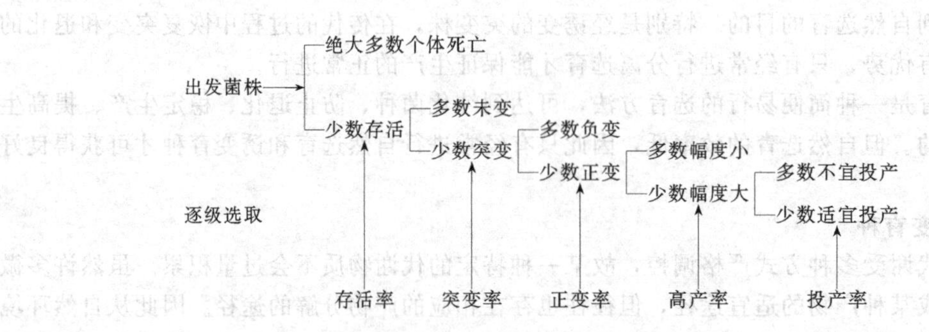

图 2-4　高产量突变株诱变育种的基本环节和需控制的参数

经诱变、初筛和复筛选育的高产突变株，还需进行菌株性能和生产性能的检验。因为经诱变后菌株性能可能发生变化，如有可能成为营养缺陷型、抗性缺陷型、代谢缺陷型菌株，另外生长特性、菌体形态、代谢途径等也会发生变化。只有生长快、发酵周期短，对培养基和营养要求低，孢子多、易培养繁殖，无色素、无毒素、有较高的培养发酵温度、抗污染等优良性能的高产菌株，才适合工业生产应用。再经充分地发酵条件和营养条件的优化研究，才可能使高产突变基因得到充分的表现，使诱变育种获得成功。

具体的筛选方法需视具体的酶催化反应而定，如果酶催化的反应是水解大分子底物，可用透明圈法、抑制圈法；如果酶催化的反应产酸或碱，可使用酸碱显色法；如果反应产物或底物有颜色变化，或有紫外吸收，或有显色反应，可采用分光光度法；也可采用酶联检测法、免疫法等。

(2) 抗分解代谢阻遏突变株的筛选　分解代谢阻遏通常是酶制剂生产中的阻遏方式，解除分解代谢阻遏有时可使菌株产酶量获得极大提高。通常筛选的方法如下。

筛选淀粉酶、蛋白酶和果胶酶的抗分解代谢阻遏突变株，可以用平板检出的方法。如在含 10% 葡萄糖的淀粉培养基中，由于葡萄糖对 α-淀粉酶的生产有明显分解代谢阻遏作用，如果培养的菌落有明显的水解透明圈，则可选育出抗分解代谢阻遏的突变株。

如果被阻遏的酶的底物可作为该微生物的氮源，那么利用该酶的底物作为惟一的氮源，就可以进行抗分解代谢阻遏的突变株的筛选。例如产气杆菌的L-组氨酸分解酶受葡萄糖的分解代谢阻遏，若在以组氨酸为惟一氮源的葡萄糖培养基中连续传代多次，挑选大菌落，可得到抗分解代谢阻遏突变株。

结构类似物抗性在分解代谢阻遏的突变株的筛选中也有应用。例如2-脱氧葡萄糖是葡萄糖的一种结构类似物，不能为毕赤酵母所利用，但对毕赤酵母菊粉酶的合成起着与葡萄糖同样的阻遏作用。若在以菊粉为惟一碳源的条件下选育出2-脱氧葡萄糖抗性的突变株，则有可能解除葡萄糖的分解代谢阻遏。

（3）无孢子突变株的筛选　细菌α-淀粉酶、β-淀粉酶以及蛋白酶的生物合成与芽孢的形成有密切关系，筛选无孢子突变株有可能增加这些酶的合成与分泌。无孢子突变株可用氯仿熏蒸、斜面培养或镜检来确证。例如将生成的菌落用氯仿熏蒸，凡无孢子的菌株经过处理后会死亡，因而可以从对照平板上选出无孢子突变株。

（4）药物抗性突变株的筛选　某些抗生素可干扰细胞壁的合成，抗性株的细胞结构可能发生变化，抗药性和产酶能力之间可能存在着某种联系。例如枯草杆菌衣霉素抗性突变株，其α-淀粉酶产量可提高5倍。地衣芽孢杆菌环丝氨酸抗性突变株，其产酶能力提高200倍。筛选利福平抗性的蜡状芽孢杆菌突变可得到β-淀粉酶的高产菌种。

2.2.4　通过基因重组提高酶产量

自20世纪70年代初基因工程诞生以来，酶工程的发展进入了一个非常重要的时期，如何提高酶合成效率及其稳定性是上游工程（up stream process）需要解决的问题。科研人员除用DNA“操纵子理论”和“变构蛋白理论”调节酶合成外，还采用无性繁殖方法即克隆技术（Cloning technology）重组DNA，以合成具有更高活性的酶分子，或提高菌种产酶的活性。

基因工程是在分子水平上，通过人工方法将外源基因引入细胞而获得具有新遗传性状细胞的技术。基因工程又称克隆技术或重组DNA技术。现在基因工程已受到广泛重视并广泛应用于酶制剂、食品添加剂、抗生素、维生素、氨基酸和各种药物的生产。基因工程操作包括①目的基因分离；②载体分离；③限制性内切酶的应用；④基因重组；⑤细胞转化和基因表达。

要进行基因的重组和转移，首先必须得到特异的外源基因或目的基因。目的基因的取得可采取两条途径：一是采用生物学方法；二是采用酶法或化学合成法。要将目的基因引进到细胞中，必须由能够独立地进行自我复制的载体来携带。通常用作的载体有细菌质粒和病毒DNA等。

质粒（plasmid）是染色体外的遗传因子，是一种双链闭环的DNA分子。质粒本身含有复制基因，能在细胞质中独立自主地进行自我复制。常用基因载体的质粒如pBR_{322}、$ColE_1$、PSC_{101}、PMB_1等都是经过人工改造的，带有一定的抗药性标记，具有一种或几种单切口的限制性内切酶切点。

目前国内外普遍采用的载体质粒是pBR_{322}，它的分子量为2.6×10^6，具有抗氨苄青霉素（Amp^r）和抗四环素（$T_e{}^r$）的标记。含有$ColE_1$的复制起始区，在氯霉素存在下能够扩增为多拷贝质粒。具有*Pst*Ⅰ、*Eco*RⅠ、*Hind*Ⅲ、*Bam*HⅠ和*Sst*Ⅰ等多种限制性内切酶的单切点。

体外组建的重组体（杂种DNA）只有引入寄主细胞内进行扩增和表达，才具有学术价值和实用意义。所使用的载体不同时，采用的引入细胞方法也不一样。以质粒DNA为载体时采用细胞转化的方法。

接受重组体的受体细胞一般是经过筛选得到的限制-修饰系统缺陷的变异株，即不含限制性内切核酸酶和甲基化酶的突变体。大肠杆菌受体细胞一般都采用大肠杆菌 K_{12} 的变异株。受体细胞用 Ca^{2+} 处理后呈感受态，其细胞膜出现变化，能让 DNA 分子通过并进入细胞内。将含重组 DNA 分子的溶液在一定条件下与用 Ca^{2+} 处理过的感受态受体细胞混合后保温，重组体即可进入受体细胞。用培养基稀释 Ca^{2+} 浓度，基因便可进行表达，而把外源基因带来的性状赋予受体细胞，便可实现基因转移，使受体细胞出现新的遗传性状。细菌质粒的转化效率大约为 $10^5 \sim 10^7$ 转化体/μg_{DNA}。一般而言，质粒的分子越小，转化效率越高，环状分子比线状分子转化效率高。

若用噬菌体 DNA 为载体，则可用转导的方法使重组 DNA 直接进入经 Ca^{2+} 处理的受体细胞，转导效率可达 $10^5 \sim 10^6$ 噬菌斑/μg_{DNA}，若用 λ-噬菌体的外壳蛋白包装重组体，则可大大提高转导效率。

经转化或转导以后获得的转化体（克隆化菌株）通常是利用抗药性、噬菌斑营养缺陷互补、某些酶的显色反应等方法进行平板筛选，也称为以利用分子杂交的方法筛选出转化体。

获得克隆化菌株后，可再将重组体分离，进行限制内切酶分析，采用凝胶电泳或放射自显影等方法进行鉴定。也可进行基因产物的删定，而对重组体作出明确的鉴定。

1979 年，Nomura 等人报道采用基因工程改良产 α-淀粉酶的菌株，将 AmyE 克隆到枯草杆菌得到具有 α-淀粉酶活力的菌株。Palva 等人采用 PVB_{10} 载体，将液化淀粉芽孢杆菌（*B. amyloliquefaciens*）的 α-淀粉酶基因克隆到枯草杆菌中，获得抗卡那霉素转化株，其 α-淀粉酶活力比野生型原始菌株高 500 倍。最近，Henaham 分离纯化地衣芽孢杆菌的高产 α-淀粉酶菌株，其产量可提高 7～10 倍，并且已广泛应用于食品工业中的淀粉液化和酿酒工业。

制造干酪的凝乳酶（Chymosin）是把小牛胃中的凝乳酶基因克隆至细菌或真菌中进行表达，此技术在 20 世纪 80 年代初就已成功。1990 年美国 FDA 批准该凝乳酶上市，为世界干酪生产解决了酶源问题。Nishimori 等人于 1981 年首次用 DNA 重组技术将凝乳酶基因克隆到 *E. coli* 中并成功表达。1984 年 Marston 和 1987 年 Kawaguchil 根据电泳扫描结果确定，凝乳酶原基因在大肠杆菌中的表达水平为总蛋白的 8%和 10%～20%。1986 年，Uozumi 和 Beppu 报道从每升发酵醪的菌体中可获得 13.6mg 有活性的凝乳酶。后来，把酶基因导入酵母中也表达成功。1990 年，Strop 把携带原基因的质粒 PMG1395 导入大肠杆菌 *E. coli* 的 MT 中，获得有凝乳酶活力的工程菌，其表达效率为 1mg/$g_{湿菌体}$。

生产面包的面包酵母（*Saccharomyces cerevisiae*）也是采用基因克隆技术改造的。其方法是把具有优良特性的酶基因克隆至该酵母中，从而使该酵母含有的麦芽糖透性酶（maltose permease）和麦芽糖酶（maltase）的活力比原始面包酵母高，使面包加工中产生的 CO_2 气体增加，面包发酵膨发性增加，成品特别松软可口，也可延长产品的货架期。

罗进贤等人构建了能分解淀粉的酵母工程菌，利用酵母下转座子的 δ 序列，G418 抗性基因 neo 构建了整合型酵母表达载体 YIP28 D. 17N 转化 GRF18 后获得整合型酵母——工程菌 GRF18，酒精含量在 10%以上，达到传统方法生产酒精的技术水平。

又如，许多微生物中都有 β-半乳糖苷酶，但由于受到使用时酶残留的安全限制而不能用于食品体系。因此可通过基因重组技术将其基因转入 GRAS 级的微生物细胞作为宿主（如 *Bacillus subtilis* 等），在宿主调节基因的调控下在发酵罐规模生产有优良表达特性的 β-半乳糖苷酶基因。

基因工程应用于改良产酶菌株性能已较普遍，其他方法（如细胞融合技术等）也得到有效应用。许多研究表明，可通过基因工程手段提高生活细胞生物合成酶的效率。

2.2.5　其他提高酶产量的方法

2.2.5.1　改变碳氮比

此外，碳和氮两者的比例对酶的产量有显著的影响。所谓碳氮比（C/N）一般是指培养基中碳元素（C）的总量与氮元素（N）总量之比。可通过测定或计算培养基中碳和氮的含量而求出。有时也采用培养基中碳源总量和氮源总量之比来表示碳氮比。使用时要注意两种比值是不同的。

在微生物酶生产培养基中碳源与氮源的比例是随生产的酶类、生产菌株的性质和培养阶段的不同而改变的。一般蛋白酶（包括酸性、中性和碱性蛋白酶）生产采用碳氮比低的培养基比较有利，例如黑曲霉 3.35（酸性蛋白酶）生产采用由豆饼粉 3.75%、玉米粉 0.625%、鱼粉 0.625%、NH_4Cl 1%、$CaCl_2$ 0.5%、Na_2HPO_4 0.2%、豆饼石灰水解液 10%组成的培养基；枯草杆菌中性蛋白酶生产采用由山芋粉 3%、玉米粉 3%、豆饼粉 3.5%、麸皮 2.5%、Na_2HPO_4 0.4%、KH_2PO_4 0.03%组成的培养基。淀粉酶（包括 α-淀粉酶、糖化酶、β-淀粉酶等）生产采用的碳氮比一般比蛋白酶生产略高，例如枯草杆菌 TUD127α-淀粉酶生产采用由豆饼粉 4%、玉米粉 8%、Na_2HPO_4 0.8%、$(NH_4)_2SO_4$ 0.4%、$CaCl_2$ 0.2%组成的培养基，而在淀粉酶生产中糖化酶生产培养基的碳氮比是最高的。近年来为了提高糖化酶产量，倾向于使用高浓度碳源，玉米粉用量常达 15%以上，例如以黑曲霉突变株 C-S-11 生产糖化酶采用由玉米粉 16%、米糠 4%、玉米浆 1.5%、草酸 0.02%～0.04%组成的培养基。以上是蛋白酶和淀粉酶生产培养基碳氮比的一般规律，但是由于菌种很多而其性质各异，很难说都符合上述规律。

在微生物酶生产过程中，培养基的碳氮比也因培养过程不同而异。例如种子培养时，为了适应菌体生长繁殖的需要，要求提供合成细胞蛋白质的氮多些，容易利用的氮源的比例大些，种子培养基的碳氮比一般要比发酵培养基低些。发酵时，不同发酵阶段要求的碳氮比也是不同的，例如在枯草杆菌 BF-7658 生产 α-淀粉酶的发酵过程中，发酵前期要求培养基的碳氮比适当降低，以利菌体生长繁殖，发酵中后期要求培养基的碳氮比适当提高，以促进 α-淀粉酶的生成。

2.2.5.2　添加产酶促进剂

加入少量的某种物质能显著增加酶产量，该物质就被称为产酶促进剂。产酶促进剂一般都是酶的诱导物或表面活性剂。有的产酶诱导物不仅是酶作用的底物或底物类似物，而且是诱导物的前体物质。例如纤维素能诱导纤维素酶，实际上起诱导作用的诱导物不是纤维素而是它的分解产物纤维二糖，当加入纤维二糖使含量达 0.5%时，产生纤维素酶的量很少，若连续流加纤维二糖，并保持其浓度小于 0.05mg/mL 时，纤维素酶的产量则大大提高。因此某些诱导物的诱导能力是在逐渐水解成较简单的物质时才产生的，这种物质一产生就被菌体利用，所以不会积聚到足以产生阻遏作用的程度。

据报道，某些表面活性剂能增加酶的产量，例如添加吐温 80 就可提高多种酶的产量。表面活性剂提高酶产量的作用机制还未完全了解，生产上使用表面活性剂必须考虑对微生物是否有毒性。一般非离子表面活性剂对微生物几乎无毒性，生产上提高胞外酶的活力一般都采用非离子表面活性剂。

产酶的促进剂很多，常见的有吐温 80、植酸钙镁（非汀）、洗净剂 LS（脂肪酰胺磺酸钠）、聚乙烯醇、乙二胺四乙酸（EDTA）、糖脂等。植酸钙镁可以刺激枯草杆菌、灰色链霉菌、曲霉、黏红酵母和解脂假丝酵母等的蛋白酶生产；洗净剂 LS 对栖土曲霉 3.942 的中性蛋白酶生产是一种很有效的产酶促进剂，黑曲霉糖化酶生产中添加少量聚乙烯醇衍生物“Carbopol”可防止菌丝体结球而增加酶产量，添加 0.1%糖脂也有同样效果。

2.2.5.3 通气搅拌对酶生产的影响

酶生产所用的菌种一般都是需氧微生物，培养时都需要通气搅拌，但是通气搅拌的需要程度因菌种而异。一般通气量少对霉菌的孢子萌发和菌丝生长有利，对酶生产不利，例如米曲霉的α-淀粉酶生产，培养前期降低通气量则促进菌体生长而酶产量减少；通气量大则促进产酶而对菌体生长不利。以栖土曲霉生产中性蛋白酶，风量大时菌丝生长较差而易滚球，但酶产量是风量小时的7倍。但并不是利用霉菌进行酶生产时产酶期的需氧量都比菌体生长期大，也有氧浓度过大而抑制酶生产的现象，例如黑曲霉的α-淀粉酶生产，酶生产时菌的需氧量为生长旺盛时菌需氧量的36％～40％。

利用细菌进行酶生产时，一般培养后期的通气搅拌程度比前期加强，但也有例外的情况，例如枯草杆菌的α-淀粉酶生产，在对数生长期末降低通气量可促进α-淀粉酶生产。

据报道，利用霉菌进行固体培养生产蛋白酶时，CO_2 对孢子萌发与产酶有促进作用，但不利于生长，因此在孢子发芽与产酶时通入的空气中掺入 CO_2 有利于提高酶产量。在枯草杆菌生产α-淀粉酶时，CO_2 对细胞增殖与产酶均有影响，当通入的空气中含 CO_2 8％时，α-淀粉酶活性比对照提高3倍。

如果培养液浓度高，通气搅拌也要加强，淀粉质原料用α-淀粉酶处理后，培养液黏度降低，有利于氧的传递，通气量可比不处理时减少很多。例如以臭曲霉生产糖化酶时，当用α-淀粉酶处理含量为20％的玉米粉时，可比玉米粉含量为15％而不用α-淀粉酶处理的通气量减少56％。

2.2.5.4 添加阻遏物

多数工业酶制剂如淀粉酶、纤维素酶、蛋白酶等酶均属诱导酶，其生产过程受代谢末端产物阻遏和分解代谢阻遏的调节。如果培养液中存在葡萄糖之类的易于利用的碳源时，会抑制酶的合成。为了避免分解代谢阻遏，提高酶产量，可以利用多糖类或聚多糖类作为碳源，或采用分次添加碳源（或限量添加）的办法，控制细胞增殖速率，使培养液中碳源浓度保持在不致引起分解代谢阻遏为宜。例如，采用限制葡萄糖的连续流加法发酵时，大肠杆菌的β-半乳糖苷酶产率提高60倍，液化产气单胞菌（*Aeromonas liquefacieus*）的果胶酶产率提高600倍。采用控制碳源流加速率的流加培养发酵时，使巨大芽孢杆菌（*Bacillus megaterium*）边繁殖边消耗淀粉碳源，结果其产量比原单批培养发酵提高了3.6倍。以上所举例子都是避开代谢产物的抑制结果，实际上还可以采用菌种选育法或基因工程法获得不受抑制的菌株。

2.3 食品用酶发酵生产举例

2.3.1 α-淀粉酶的生产

淀粉酶是水解淀粉物质的一类酶的总称，广泛存在于动植物和微生物中。它是最早实现工业化生产并且迄今为止应用最广、产量最大的一类酶制剂品种。按照水解淀粉方式不同可将淀粉酶分为四大类，即α-淀粉酶、β-淀粉酶、葡萄糖淀粉酶和解枝酶（异淀粉酶）。此外还有一些与工业有关的淀粉酶如环化糊精生成酶（这种酶可使6、7个葡萄糖构成环化糊精），G_4、G_6 生成酶（可从淀粉非还原端切割下4～6个葡萄糖分子构成寡糖），还有α-葡萄糖苷酶又称葡萄糖苷转移酶（α-glucosy transferase）（可将游离葡萄糖转移到其他葡萄糖基的α-1,6位上，生成含α-1,6糖苷键的寡糖）。

工业上大规模生产和应用的α-淀粉酶主要来自细菌和曲霉，特别是枯草杆菌，中国淀粉糖工业使用的液化酶 BF-7658、美国的 Tenase 等都属于这一种。当然也能从植物和动物中提取 α-淀粉酶，满足特殊的需要，但由于成本高、产量低，目前还不能实现工业化生产。具有实用价值的 α-淀粉酶生产菌列于表 2-3。

表 2-3 常用的 α-淀粉酶生产菌

枯草杆菌 JD-32	马铃薯芽孢杆菌	嗜热硬脂芽孢杆菌溶淀粉变种	米曲霉
枯草杆菌 BF-7658	嗜热糖化芽孢杆菌	糖化芽孢杆菌	黑曲霉
淀粉液化芽孢杆菌	多黏芽孢杆菌	地衣形芽孢杆菌	泡盛酒曲霉
嗜热脂肪芽孢杆菌	嗜碱假单胞菌		

由于菌种不断的选育改良，现在工业生产上用的菌种产生 α-淀粉酶的能力已是原始菌株的数倍乃至数十倍，例如淀粉液化芽孢杆菌 ATCC23844 生产的 α-淀粉酶，活性已达 456000U/mL；地衣芽孢杆菌 ATCC9789，用 γ 射线、NTG、紫外线单独或交叉处理 7 次后，用其生产耐热性 α-淀粉酶活性增加 25 倍，适于工业化大生产。

霉菌 α-淀粉酶大多采用固体曲法生产；细菌 α-淀粉酶则以液体深层发酵为主。固体培养法以麸皮为主要原料，酌量添加米糠或豆饼的碱水浸出液以补充氮源。在相对湿度 90%以上，芽孢杆菌用 37℃，曲霉用 32～35℃培养 36～48h，立即在 40℃下烘干或风干，即得工业生产用的粗酶。液体培养常以麸皮、玉米粉、豆饼粉、米糠、玉米浆等为原料，并适当补充无机氮源，此外还需添加少量镁盐、磷酸盐、钙盐等。固形物含量一般为 5%～6%，高者达 15%。对于较高浓度的培养液，为了降低培养液黏度，有利于氧的溶解及菌体生长，原料可先用 α-淀粉酶液化，有机氮源可用豆饼碱水浸出液代替。以霉菌为生产菌时，pH 宜采用微酸性，而细菌宜在中性至微碱性环境中培养，培养温度霉菌为 32℃，细菌为 37℃，通气搅拌培养时间 24～28h。当酶活达到高峰时结束发酵，离心或以硅藻土做助滤剂除去菌体及不溶物。在钙离子存在下低温真空浓缩后加入防腐剂、稳定剂以及缓冲剂后就成为成品。这种液体的细菌 α-淀粉酶呈暗褐色，带不愉快的臭味，在室温下放置数月而不失活。

为制备高活性的 α-淀粉酶并使贮运方便，可把发酵滤液用硫酸铵盐析或有机溶剂沉淀制成粉状酶制剂，最好贮存在 25℃以下、较干燥、避光的地方。

枯草杆菌 BF-7658 所产的淀粉酶是中国产量最大、用途最广的一种液化型 α-淀粉酶，其最适 pH6.5 左右，pH 低于 6 或高于 10 酶活显著降低，最适温度 65℃左右，60℃以下稳定。在淀粉浆中酶的最适温度为 80～85℃，90℃保温 15min，保留酶活 87%。BF-7658 经过多次物理、化学诱变后获得一株新菌株，其 α-淀粉酶活性比原菌株提高 50%左右，该菌株在淀粉蛋白胨培养基上菌膜较厚，产孢子较少；在马铃薯培养基上孢子形成良好。因此该菌做斜面种子培养时可选用马铃薯培养基。孢子斜面培养时，在茄子瓶内加马铃薯培养基 50mL 左右，接种后在 37℃培养 72h，使该菌几乎全部形成孢子即为成熟。种子培养，一般采用具有 4 层超细玻璃棉纸空气分滤器、转速为 300r/min 的圆盘弯叶涡轮搅拌器二挡及管壁附有三块挡板的标准夹套罐（容量 500L、直径 70cm、高 160cm）作为种子罐。接种后，维持料温在 (37±1)℃，罐压在 0.5～0.8atm（1atm＝101325Pa）进行培养；通风量 0～10h 内 13.5m^3/h，10～14h 内每小时 17.5m^3/h；培养 12～14h，此时 pH 开始升高处于对数生长后期，立即接种大罐。大罐发酵采用 3000L 标准罐发酵。为了利于细胞生长和产酶，本工艺采用低浓度发酵和高浓度补料方法。低浓度发酵的好处是有利于菌体生长产酶，可避免原料中淀粉降解生成的糖过量堆积而引起分解代谢阻遏，有利于 pH 的控制，延长产酶期，最终达到提高产量的目的。目前基础料与补料体积之比为 3∶1，而补料中豆饼粉、玉米粉的总含量高达 30%，为基础料的 3.8 倍。斜面培养基和种子培养基配方见表 2-4 和表 2-5。

表 2-4 斜面培养基配方

类别	配方
马铃薯培养基	取洗净去皮的马铃薯 200g 切成薄片，加水煮沸 1h，纱布过滤后，定容至 1000mL，加 $MgSO_4$ 5mg、琼脂 20g，用 NaOH 调节 pH 至 6.7～7.0，0.1MPa 灭菌 30min 摆成斜面（无新鲜马铃薯时亦可用 70℃烘干的马铃薯 50g 代替）
淀粉蛋白胨培养基	可溶性淀粉 2%，蛋白胨 1%，NaCl 0.5%，琼脂 2%，pH 调至 6.7～7.0，0.1MPa 灭菌 30min 后摆成斜面

表 2-5 种子培养基配方

名称	配比/%	装料量/kg	名称	配比/%	装料量/kg
豆米粉	4	8	NH_4Cl	0.2	0.4
玉米粉	3	6	豆油	0.23	0.5
Na_2HPO_4	0.8	1.6	α-淀粉酶	—	10～15 万单位
$(NH_4)_2SO_4$	0.4	0.8	水	起始 pH 约为 5.4	200L（灭菌后体积）

工业上回收α-淀粉酶常用盐析、有机溶剂沉淀和淀粉吸附三种方法。其中盐析法在工业中用得比较普遍，用于盐析α-淀粉酶的中性盐有硫酸铵、硫酸钠等。其中因硫酸铵的溶解度较大，最为常用。

2.3.2 糖化酶的生产

（1）糖化酶的生产菌种　糖化酶的生产菌种各国不一。美国主要采用臭曲霉，丹麦主要采用黑曲霉，日本主要采用拟内孢霉和根霉，前苏联则主要偏向研究拟内孢霉。中国糖化酶的生产也主要采用黑曲霉作为菌种。表 2-6 中列出了常用的糖化酶生产菌种。

表 2-6 常用糖化酶生产菌种

德氏根霉	台湾根霉	海枣曲霉	雪白根霉
泡盛酒曲霉	日本根霉	肋状构拟内孢霉	宇佐美曲霉
爪哇根霉	红曲霉	米曲霉	
河内根霉	黑曲霉	臭曲霉	

（2）液体深层通气培养法　黑曲霉液体深层通气培养法生产糖化酶的初期，产品主要应用于由淀粉制取葡萄糖。糖化酶的工业生产虽始于 1965 年，但当时菌种活性较低，发酵单位不高，因而成本过高，不易开发应用。1977 年中国科学院选育出黑曲霉变异株 UV-11，但其深层发酵要求高速搅拌及需用玉米浆等条件，因而当时在生产中全面推广还有很大困难。1978 年无锡轻工业学院进一步选育菌种和研究培养条件，以提高糖化酶发酵的活性。经多年的努力完成中试并通过鉴定。1981 年起组织推广并开发应用于酒精、白酒工业生产中。由于该成果的经济效益显著，1986 年获国家科技进步一等奖。

斜面培养，培养基采用察氏琼脂培养基。瓶内装入 10g 麸皮和 12mL 水，拌匀，在常压下灭菌 1h，接入试管斜面菌种 1 菌环，于 31℃下培养 6～7d，成熟孢子备用。

种子培养，$2m^3$ 种子罐全用不锈钢板制，内径为 1100mm，高 2200mm，具有夹层进行冷却，内装 2 挡 6 弯叶桨轮，转速为 320r/min，电动机 2.2kW，实装种子培养基（配方为玉米粉 4%，豆饼粉 3%，麸皮 1%）1000L，油 1000mL，自然 pH。培养基经灭菌后用无菌空气保压，夹层中以水冷却到 32℃。取上述成熟孢子 1 瓶，加入 100mL 无菌水，再以无菌方式将孢子悬浮液接入种子罐内。在温度 31～32℃，罐压 0.5atm，通风比 0.5V/V/min 下培养 30～40h，显微镜检查菌丝体粗壮，无杂菌，糖化酶酶活约在 300～500U/mL 左右，即可接入发酵罐。

$20m^3$ 罐发酵，发酵罐用 3mm 厚不锈钢板衬里，内径 2400mm，内装面积为 40～50m^2

的冷却排管，搅拌器为燕尾式二挡，转速为180r/min，电动机功率为28kW，试验料12t，发酵培养基为玉米粉10%，豆饼粉4%，麸皮1%，加糠油5L，杀菌前用盐酸调pH至4.0。

接种后，在温度30～32℃，罐压0.5atm，通风比0～12h为0.5V/V/min，12～24h为0.8V/V/min，24～84h为1V/V/min，84h后0.8V/V/min。

糖化酶发酵过程中，pH对发酵产酶有如下影响。随着黑曲霉菌体的生长，代谢产物的分泌，培养液的pH逐步下降，说明发酵过程中原料糖化消耗和菌体生长繁殖是一起进行的。因此发酵前期pH控制在4.0左右，这样不但原料得以充分糖化，而且有利于微生物菌体（黑曲霉）的大量繁殖。从所测得的数据可知，原料淀粉约在发酵16～40h内均转化成还原糖，并逐渐形成柠檬酸，致使培养液pH逐渐下降。pH低于3时，菌体生长缓慢，pH高于5时，菌体易自溶，所以应将pH控制约在4.0左右，此pH也是原料糖化的适宜条件。pH可通过磷酸盐、碳酸盐、醋酸盐、氢氧化铵，以及含氮有机物或碳水化合物等的比例来控制调节。控制pH的发酵酶活性要比没有控制pH的增加46.7%，残糖含量明显降低。

溶氧是糖化酶发酵的一个重要参数，为提高培养液中的溶解氧，可以提高搅拌速度或加大通风量。但是在工厂现有条件下，一般发酵罐的搅拌速度不易改变，而通风量也是一个限制因素，所以正确运用发酵技术，改善氧的供需之间的矛盾十分重要，可用中间补料方法来提高培养液中的溶解氧。

发酵过程采取中间补料方法，基础料和补料的总体积之比为3：1，基础料和补料中豆饼粉量和玉米粉量的比为5：1。将基础料投入发酵罐，接种后自16h到48h之间，视发酵液中pH和菌体生长的情况进行2～3次补料。由于采用了中间补料，发酵前期接种量被相对加大了，通风量同时也被相对增大了。结果如表2-7所示。

表2-7 单批发酵与补料发酵通风量的变化

发酵时间/h	单批发酵			中间补料发酵			
	通风比/(V/V/min)	发酵液体积/L	通风量/(L/min)	发酵液体积变化/L	通风量/(L/min)	通风量相对减少/%	通风比/(V/V/min)
0～12	0.5	12	6.0	9	4.5	33.3	0.67
12～24	0.8	12	9.6	10	8.0	20.0	0.96
24～84	1.0	12	12.0	11	11.0	9.1	1.09
84之后	0.8	12	9.6	12	9.6	0	0.80

从表2-7看出，中间补料工艺可以改善发酵过程，特别是发酵前期和高峰产酶期的通风比增大。如在同一供给量的情况下，单批发酵通风比为0.5～0.8～1.0～0.8V/V/min，中间补料发酵可提高到0.67～0.96～1.09～0.8V/V/min。生产过程需氧得到了很大满足，菌体迅速繁殖，结球情况改善，酒香味减弱，发酵单位（酶活性）明显增长。

发酵工程（大生产）操作是控制罐内培养液的体积（以调节培养基配比）以及总残糖、pH、镜检等一些关键项目，所得结果如表2-8。

表2-8 $20m^3$ 发酵罐产酶情况

批号	种子			发酵					
	时间/h	pH	糖化酶酶活/(U/mL)	时间/h	pH	放罐单位(酶活)/(U/mL)	放罐体积/m^3	标准体积/m^3	折算单位(酶活)/(U/mL)
No.1	30	4.2	264	95	3.2	8837	13.32	12	9810
No.2	36	4.3	290	96	3.2	8345	13.20	12	9180
No.3	40	4.3	350	92	3.2	8142	14.00	12	9500

2.3.3 蛋白酶的生产

蛋白酶是水解蛋白质肽链的一类酶的总称。按其降解多肽的方式可分成内肽酶和端肽酶两类。前者可把大分子量的多肽链从中间切断，形成分子量较小的朊或胨；后者又可分为羧肽酶和氨肽酶，它们分别从多肽的游离羧基末端或游离氨基末端逐一将肽链水解生成氨基酸。由于每一种酶都有其作用的最适 pH，目前蛋白酶的分类多以产生菌的最适 pH 为标准，分为中性蛋白酶、碱性蛋白酶、酸性蛋白酶。

2.3.3.1 酸性蛋白酶

（1）酸性蛋白酶的生产菌种　迄今为止，已用于生产酸性蛋白酶的微生物菌株有黑曲霉、米曲霉、方斋藤曲霉（*Aspergilln saitoi*）、泡盛曲霉、宇佐美曲霉（*Aspergillus usamii*）、金黄曲霉、栖土曲霉、乾氏曲霉、中泽曲霉、白宇佐美曲霉、白曲霉、杜勃曲霉、沙门柏干酪青霉、微紫青霉、篓地青霉、丛簇青霉、拟青霉、米黑毛霉、微小毛霉、德氏根霉、华氏根霉、少孢根霉、栗疫菌、小孢根霉、血红栓菌、乳白耙菌、啤酒酵母、黏红酵母、白假丝酵母、乳酸杆菌、枯草杆菌等，其中以黑曲霉为主，这些曲霉产生的蛋白有一定的耐酸性和耐热性。1972 年美国专利报道，杜邦青霉（*Penicillium duponti*）（ATTC 20186）产生的蛋白酶有耐酸和耐热的特性，最适作用 pH 2.0～3.0，可在室温至 90℃之间作用。在 pH2.5 时最适温度为 60℃，在 pH4.5 时为 75～80℃。1975 年村尾汤夫等发现枝孢属菌种（*Cladosporium* sp.）（AJ 6634）产生的酸性蛋白酶最适 pH 为 3.0 左右。以后国外又相继发现黏红酵母、橙黄红酵母和凝乳毛霉等，也能产生酸性蛋白酶。

中国生产酸性蛋白酶的菌株有黑曲霉 A. S3.301，A. S3.305 等。为了得到产酸性蛋白酶水平高、性能稳定的菌株，许多工作者在菌株选育方面做了大量的工作。李永泉等采用微波诱变和化学诱变相结合的方法处理宇佐美曲霉白色变种 B_1，获得了酸性蛋白酶高产菌种宇佐美曲霉白色变种 L-336。通过小试工艺条件的优化，摇瓶发酵酶活力达到了 6100U/mL。中国科学院微生物研究所、新疆生化所等研究机构用物理化学方法诱变处理宇佐美曲霉白色突变株 B_1，得到突变株 537，其酸性蛋白酶产量提高了 2.5 倍。

（2）发酵工艺

① 发酵培养基　产酸性蛋白酶的微生物的发酵培养基基本都选择麸皮、米糠、玉米粉、淀粉、饲料鱼粉、豆饼粉、玉米浆等各种碳氮源，按各种不同比例混合，添加无机盐配成各种培养基。下面列出的是黑曲霉 3.350 发酵培养基的配方。

豆饼粉	3.75%	玉米粉	0.625%
鱼粉	0.625%	NH_4Cl	1.0%
$CaCl_2$	0.5%	NaH_2PO_4	0.2%
豆饼石灰水解液	10%	pH	5.5

② 培养条件对产酶的影响

a. 接种量　适当控制接种量对菌株产酸性蛋白酶的活力影响很大。通过对宇佐美曲霉 537 的研究，表明 5%的接种量比 10%的接种量要好。

b. pH　对于生产酸性蛋白酶的菌株来说，培养基的起始 pH 对其产量有较大的影响。不同的菌种对起始 pH 的要求也各有不同，斋藤曲霉为 pH5.5；微紫青霉为 pH3.0；根霉为 pH4.0；黑曲霉 3.350 为 pH5.5；肉桂色曲霉 NO.81 为 pH4.5～6.0。

c. 温度　酸性蛋白酶的生产，对于温度的变化很敏感。黑曲霉正常发酵采用 30℃，斋藤曲霉采用 35℃，根霉和微紫青霉采用 25℃。

d. 通风量　通风量较大对产酸性蛋白酶有利，但通风量对产酶的影响还因培养基和菌种不同而异。宇佐美曲霉变异株 537，其对通风量要求较高，在发酵前期风量不宜过大，过大反而不利产酶，但在发酵后期（48h以后），风量应控制在（1∶0.8）～（1∶1）之间，这样平均每6h酶活力可上升600～800U。通风气量不足对黑曲霉菌丝体的生长无明显影响，但对酶产量有严重的影响。

e. 氧载体　发酵过程中在发酵培养基中加入正十二烷、全氟化碳、液态烷烃（为12至16碳直链烷烃混合物）等氧载体，使培养基中氧传递速率加快、产生气泡少、剪切力小，能明显提高菌株产酸性蛋白酶的量。

2.3.3.2　中性蛋白酶

工业生产常用的碳源是葡萄糖、淀粉、玉米粉、米糠、麸皮等，主要的氮源是豆饼粉、鱼粉、血粉、酵母、玉米浆等。固体培养栖土曲霉3.942时，麸皮原料中加30%～40%废曲或酒糟，酶活可达15000U/g以上。一般来说，枯草芽孢杆菌深层培养所用培养基浓度比较高，曲霉培养则浓度较低。

(1) 生产菌种及其扩大培养　产生菌有枯草芽孢杆菌、巨大芽孢杆菌、地曲霉、酱油曲霉、米曲霉和放线菌种灰色链霉菌等。下面以放线菌166为例叙述中性蛋白酶生产。

放线菌166经鉴定为转化微白色链霉菌，此菌在高氏二号培养基上生长良好，菌落呈梅花状，气生菌丝微白略带灰色，基内菌丝呈黄褐色，孢子丝为带各种数量的卷曲的螺旋形，孢子为椭圆或球形。放线菌166中性蛋白酶的生产过程如下。

先将砂土管保藏的菌种移植入高氏二号茄子瓶斜面培养基（蛋白胨0.5%、食盐0.5%、碳酸钙0.2%、葡萄糖0.5%、琼脂2%、pH7.2～7.4），28℃培养10d左右，待孢子生长丰满。

种子制备时采用500L发酵罐装培养基300L（玉米粉5%、豆饼粉1%、山芋粉1%、磷酸氢二钠0.4%、碳酸钙0.4%、硫酸铵0.4%、氯化钠0.2%、硫酸锌0.001%、油0.5%、pH6.5左右），1.1atm下蒸汽灭菌后冷却到28～29℃，接种两只茄子瓶孢子悬液，在28～29℃，180r/min，通风量1∶0.4（20h前），1∶0.5（20h后）。

在接种后10h左右，孢子萌发出菌丝，先短粗，后变细，密成网状，至35～40h，菌丝几乎全部断裂成短杆状（这时转罐对大罐中形成次生菌丝有利）即成熟。此时pH下降到5.5～6.0，酶活30～50U/mL，培养40h左右，转入发酵罐。

(2) 发酵工艺　5000L标准式发酵罐，装料3000L，接种量10%，28～29℃，搅拌180r/min，通风量控制0～20h为1∶0.4；20～24h为1∶0.6；40～50h为1∶0.8。

接种后10h左右菌丝成网状，20h左右开始分节，30h形成分散有节菌丝，40h菌丝分离成为小杆状，40～50h时小杆状分节菌丝再次形成新生菌丝网，并生成分节菌丝，小杆状菌丝也较混乱。发酵过程中培养液的pH在24h降到5.5或更低一些，此时开始产酶，泡沫剧烈上升，此时注意加油消泡。34h后，pH回升，酶积累，至45h一这段时间酶活上升很快。发酵结束时，pH为6.6左右，酶活3500U/mL。糖自接种后4h开始消耗，30h消耗变慢，发酵结束时残糖含量1.5%以下。

(3) 酶的提取　向发酵液中加入0.6%的氯化钙溶液，再加硫酸铵至最终含量为55%，搅拌1h，静置20～24h，压滤，湿酶在40℃以下鼓风干燥，粉碎后即为成品，平均收率60%左右。

放线菌166中性蛋白酶的最大特点是对蛋白质分解能力强、作用范围广。一般蛋白酶对蛋白质的水解率为10%～40%，水解产物大多数是多肽或低肽。而放线菌166蛋白酶的水解率可达80%，它对多数蛋白如酪蛋白、血清蛋白、血红蛋白、血纤维蛋白、血清γ-球蛋白、明胶、大豆蛋白、面筋 、麻仁蛋白等均可水解。凡现在已知各种蛋白酶能作用的蛋白质，放线菌蛋白酶均可作用，并且还能作用于其他蛋白酶不易作用的蛋白质，且可分解至氨基酸。

放线菌蛋白酶虽是胞外酶（一般胞外酶仅含内肽酶），但是它几乎具有一切内肽酶与外肽酶的性质，因而它比其他蛋白酶应用要广泛得多。

放线菌中性蛋白酶在35℃以下稳定，其最适反应温度为40℃，最适反应pH为7～8，钙离子对其有明显的激活作用，EDTA、明矾可使其失活。

2.3.3.3 碱性蛋白酶

碱性蛋白酶是一类作用最适pH在9～11范围内的蛋白酶，因其活性中心含有丝氨酸，所以又称丝氨酸蛋白酶。

（1）生产菌种及其扩大培养　可产生碱性蛋白酶的菌株很多，但用于生产的菌株主要是芽孢杆菌属的几个种，如地衣芽孢杆菌、解淀粉芽孢杆菌、短小芽孢杆菌以及嗜碱芽孢杆菌和灰色链霉菌、费氏链霉菌等。

地衣孢杆菌2709碱性蛋白酶的生产是国内最早投产的（1971年）碱性蛋白酶，也是产量最大的一类蛋白酶，其产量占商品酶制剂总量的20%以上。此酶主要用于制造加酶洗涤剂，也用于制革和丝绸脱胶等。

菌种培养过程是在牛肉膏1%、蛋白胨1%、氯化钠0.5%、琼脂2%、pH7.2～7.5的斜面培养基上，37℃培养24h后贮藏于5℃备用。

种子培养是将斜面种子接入茄子瓶（培养基和培养条件与斜面相同）培养后制成悬液，接入种子罐培养液中。种子罐（1000L）装500L种子培养基（黄豆饼粉3%、玉米粉2%、磷酸氢二钠0.4%、磷酸二氢钠0.1%、碳酸钠0.1%、自然pH）。在36℃下，通风量1∶0.7，搅拌250r/min下培养18～20h左右。

（2）发酵工艺　10000L发酵罐装发酵培养基5000L［黄豆饼粉3%、玉米粉3%、麸皮2%、磷酸氢二钠0.3%、pH9.0～9.3（灭菌前）］，在36℃下通风（前期1∶0.15，后期1∶0.2）搅拌40h左右，酶活8000～10000U/mL。

（3）酶的提取　地衣芽孢杆菌菌体细小，发酵液黏度大，直接采用常规的离心或板框过滤的方法进行固液分离十分困难，而且也得不到澄清滤液。目前国内一般工厂都采用无机盐凝聚的方法或直接将发酵液进行盐析。前者即向发酵液中加入一定量的无机盐，使菌体及杂蛋白聚集成大一些的颗粒，再进行压滤。此法虽能除去菌体，但过滤速度仍较慢且色泽较深；后者即直接对发酵液进行盐析，得到酶、菌体、杂蛋白混合体系。为解决上述问题，可采用絮凝法来处理发酵液。其做法是向发酵液中加入碱式氯化铝使终含量为1.5%，然后用碱将发酵液pH调节到8.5左右，再加入聚丙烯酰胺，使终浓度为80mg/kg，50r/min搅拌7min后，静置一段时间。然后在一定真空度下抽滤，向滤液中加入硫酸钠，使终含量为55%，静置24h后倾去上清液，加硅藻土2%，压滤后干燥、磨粉即为成品酶。

絮凝法的优点是过滤速度快、滤液澄清，经盐析后，所得到的酶活有所提高，外观色泽比无机盐法的酶粉浅得多。

2.3.4 脂肪酶的生产

2.3.4.1 脂肪酶生产菌种

目前生产上用的菌种是小放线菌（*Acticillium oxalicum*）、爪哇毛霉（*Mucor javanicus*）、大豆核盘菌（*Sclerotinia liertiana*）和筒形假丝酵母等。此外，黑曲霉、黄曲霉、青霉、根霉、镰孢霉、白地霉、假单胞菌、黏质色杆菌和球拟酵母等某些种也能产生脂肪酶。

20世纪60年代末期，国外又发现爪哇毛霉和假单胞菌等可生成脂朊脂肪酶（lipoprotein lipase），此酶可分解一般脂肪酶不能分解的脂朊。

目前供应市场的脂肪酶有德氏根霉、柱形假丝酵母、曲霉、毛霉、黏质色杆菌等微生物所产生的脂肪酶。

不同的微生物产生的脂肪酶其特性是不一样的，部分微生物脂肪酶的特性见表2-9。

表2-9　部分微生物脂肪酶的特性

微生物	脂肪酶的特性
巴特勒犁头霉(*Absidia butleri*)	可以水解长链脂肪酸
闪光须霉(*Phycomyces nitens*) 布拉克须霉(*P. blakesleeanus*)	最适作用pH为7.0，温度为37～40℃，可用犬胆囊的胆汁活化，此酶可改善黄油的香味
白地霉	等电点pH为4.33，分子量为53000～55000，不含含硫氨基酸，对橄榄油的活性在40以上，pH5.6～7.0时活性最高
圆弧青霉	此菌生成两种脂肪酶A和B，最适作用pH：A为4.96，B为4.15。分子量：A为27000，B为36000。两种酶的基质专一性不同
单毛状腐质霉(*Humicola lanuginosa*)	对聚乙醇乳化的橄榄油，其水解pH8.0，最适温度为60℃
德氏根霉	可生成在三种脂肪酶A、B、C
毛霉属菌种	此菌生成的脂肪酶有F-3A和F-3B两种，对橄榄油水解的最适pH：3B为8.0
臭味假单胞菌解脂变种	生成的脂肪酶具有耐性，在52℃、pH7.0保温14h后，活力仍不变。可水解橄榄油、牛脂和花生油，在60℃时水解率达85%～92%
假丝酵母新种(NO.156的变异株)	此酶是治疗和预防高血脂症的新型脂肪酶
黏质色杆菌(副解脂变种)	加热10min，尚保留活力80%，对猪油和黄油水解的最适pH稳定范围4～9，温度50℃以下稳定，此酶活大且稳定性高
爪哇毛霉	可以分解脂朊
柔假单胞菌IAM1059	可以分解脂朊

2.3.4.2　脂肪酶的工业生产

以下是假丝酵母AS2.1203脂肪酶生产工艺。

（1）菌种培养　菌种斜面保存在麦芽汁（10波林）斜面，4℃下每月移种一次。投入生产前应每天移接一次，连续3～5次。活化后28℃，用摇瓶振荡培养24～30h，以检验菌种产酶的能力和种纯度。然后将斜面上生长24h的新鲜菌种移至茄子瓶，28℃培养24～36h，再用无菌水洗下做生产用种子。也可用摇瓶振荡培养18～24h，酶活达30～50U/mL的发酵液直接移入种子罐。

（2）种子罐培养　种子培养基的基本配方为，豆饼粉4%、大米糠2%、硫酸铵0.2%、豆油（或猪油）0.5%、磷酸二氢钾0.1%、硫酸镁0.05%。28℃下通风量1∶0.7，搅拌发酵18～22h，pH降到4.5左右，酶活达60～100U/mL时即可转入发酵罐。

（3）发酵工艺　发酵培养基和种子培养基相同，黄豆饼粉和米糠含量也可分别加到5%和3%。发酵时间一般为20～28h。接种量2.5%～5%（体积分数）。发酵成熟指标：该菌生长迅速，发酵周期短，但酶活力达到最高峰后会下降，如再继续发酵会使酶活力损失。因此必须掌握好放罐时机。放罐时机一般掌握下列指标：①酶活力不再上升或上升缓慢；②pH已由最低的4.5左右回升到5.4左右或更高一些；③发酵液变稠，罐温停止上升或上升不明显；④细菌衰老，空胞增大，出芽少。一般在发酵液酶活力接近高峰期时，应每1～2h取样测定和观察。

（4）酶的提取　发酵结束后，在发酵罐中逐步加入硫酸铵，加入量按40%（体积浓度）计，溶解后静置24h，然后装入柞蚕丝绸袋或尼龙布袋压滤，脱去大部分盐液后即得湿酶。然后按湿酶重40%～60%的量，拌入疏松剂工业硫酸钠（主要使湿酶疏松，以便于烘干和粉碎，增加溶解度，提高回收率)。经绞酶机成型后，置40℃通风干燥，18～24h后即可粉碎成粉剂。另外也可采用添加一种辅助稳定剂如糊精、乳糖、羧甲基纤维素、聚乙二醇、脱脂乳、酪朊、山梨糖醇之类，滤液喷雾干燥制得粗酶粉。

2.3.5 果胶酶的生产

2.3.5.1 果胶酶生产菌种

虽然能够产生果胶酶的微生物很多，但是在工业生产中采用的真菌主要是曲霉菌、青霉菌、核盘霉菌、盾壳霉菌等；细菌则主要有枯草杆菌、欧氏杆菌等。

大多数菌种生产的果胶酶都是复合酶，而某些微生物却能产生单一果胶酶，例如斋藤曲霉，主要产生内聚半乳糖醛酸酶。而镰刀霉主要生产原果胶酶，各种微生物产生的果胶酶种类见表 2-10。

表 2-10 各种微生物产生的果胶酶种类

酶 源	PE	PG	PGL	PMGL	酶 源	PE	PG	PGL	PMGL
多种芽孢杆菌	+		+		多种轮枝孢霉	+	+		+
多种梭状芽孢杆菌			+		葱蒜葡萄孢霉		+		
甘蓝黑腐病黄杆菌			+		三叶草毛盘孢霉		+		
多种欧氏植病杆菌	+		+		马铃薯丝核菌		+		
多种假单胞菌	—		+		栖碱拟草根霉		+		
产气单胞菌			+		苹果褐腐病核盘霉		+		
链霉菌				+	曲霉菌		+		
多种镰刀菌	+	+		+	脆壁酵母		+		
多种青霉菌	+	+		+					

注：PE—果胶酯酶；PG—多聚半乳糖醛酸酶；PGL—聚牛乳糖醛酸裂合酶；PMGL—聚甲基半乳糖醛酸裂合酶。

在筛选产生果胶酶菌株时，往往从感染或腐败的水果如橙、梨、番石榴、苹果和香蕉(高含量果胶能促进果胶分解菌的繁殖)或其他植物材料中分离。采用如下方法筛选果胶酶菌种效果较好。在试管中加 9mL 用 2%麦芽汁或花生粉的水抽提液配制的 5%果胶溶液(pH4.2)，当有果胶分解菌存在时，试管内培养基黏度下降，浑浊物在培养液中逐渐下沉，而试管上段留下一层透明区域。这种透明区域随着时间的推移而逐渐扩大，这种现象可以作为微生物果胶分解酶活性大小的判断依据。

复筛采用摇瓶测试，使用蔗糖-果胶培养基，其组成成分为，蔗糖 2%、果胶 2%、硝酸铵 0.2%、硫酸钠 0.05%、硝酸钠 0.2%、硫酸镁 0.5%、氯化钾 0.05%、磷酸氢二钾 0.1%、微量硫酸铁 (pH5.0)。在 100mL 三角瓶中分装 30mL 培养基，移接 5d 种龄的成熟孢子培养物 0.2mL，于 30℃摇瓶 150r/min 培养 7d。测定其发酵液的酶活力。

2.3.5.2 果胶酶生产举例

臭曲霉生产果胶酶采用固态法生产，培养基组成为，甜菜渣 25%～50%、麦麸 74%～49%、硫酸铵 1%，湿度 60%，温度 35～37℃，接种量为 0.05%，培养基厚度 4cm，培养 24h 菌体生长旺盛，48h 酶积累量达最大值。40h 后温度降至 26～28℃。培养结束，先用水抽提，酶抽提液干物质含量为 7%～8%，然后加入乙醇使含量达 79%～81%时，pH 5.3～5.4，果胶酶收率可为 80%～88%。

利用生产柠檬酸的黑曲酶菌丝体生产果胶酶，在以发酵法生产柠檬酸时一般都采用黑曲酶进行液态深层发酵或固体培养，其菌丝体中均含有一定量的果胶酶，尤其是表面固体培养的菌膜中含果胶酶活更高。所以工业生产上往往利用柠檬酸发酵副产物——黑曲酶菌丝体提制果胶酶，在经济上有利。但所获得的粗酶制剂，除果胶酶外，尚有少量的纤维素酶、蛋白酶和淀粉酶。

从生产柠檬酸黑曲霉的菌丝体中提取果胶酶的方法有多种。最常用的方法是先漂洗菌丝体1h（45℃），除去残留于菌丝体中的柠檬酸，并使菌丝体自溶，然后用水抽提，再向抽提液中加入乙醇，其最终含量为70%～80%，使酶沉淀。也可将抽提液经喷雾干燥法制成粉末状酶制剂，或用硫酸铵沉淀和透析后再加乙醇沉淀得纯度较高的酶制剂。

2.4　酶分离纯化工作的基本原则

酶的分离、纯化目的在于获得一定量的、不含或少含杂质的酶制品或者提纯为结晶，以利于在科学研究或生产中应用。因此酶的分离纯化是酶学研究和酶应用的基础。研究酶的性质、作用、反应动力学、结构与功能关系、阐明代谢途径等都需要高度纯化的酶制剂以免除其他的酶或蛋白质的干扰。例如，要区别一个酶催化两种不同的反应是酶本身的特点还是由于该酶制剂中污染了其他的酶杂质，可以用许多方法来进行判断，但是必须在该酶制剂纯化后才能得出结论。当然，由于使用酶制剂的目的不同，对酶制剂的纯度要求并不一样。一般而言，在食品工业中应用的酶并不要求非常高的纯度，常常只需要粗提和简单的分离纯化就可以满足生产的需要。因此要根据不同的需要采用不同的方法分离纯化酶制剂。

自1926年Sumner从刀豆分离提纯第一个结晶脲酶以来，迄今为止科研人员已把300多种酶制成了结晶，达到了相当高的纯化程度，并发展了各种类型的分离纯化方法。

酶的现有种类共3000多种，性质差异也很大，又处于不同的体系中，不可能有一个固定不变的程序适用于所有酶的分离纯化工作。但总体来讲，酶的分离纯化的一般步骤包括选材、细胞破碎、酶的抽提、分离（沉淀法、离子交换法）、纯化（分子筛、电泳）、结晶，以及酶的纯度鉴定和保存。酶分离纯化的总原则就是要根据分离纯化的目的与要求，选用合适的原料与方法，尽量在低成本和简化的程序下获得高的酶比活力。因此为了达到良好的实验目的，在设计酶分离纯化的方案时必须对以下几方面因素有一个总体的考虑。①建立一个可靠和快速的测定酶活与纯度的方法，并对整个分离过程中每一步始终贯穿酶活力的测定；②了解所分离的酶的结构与性质特点以及酶在细胞中的存在状态；③明确原料的特性与数量；④了解各种方法的原理特性和优缺点并选择有效的分离纯化方法；⑤各种方法的使用顺序安排要合理；⑥时刻防止酶的变性，操作要在温和或低温的条件下进行；⑦要充分考虑到介质与溶液体系中各种因子的影响和实际的实验条件。

2.4.1　建立可靠和快速的测定酶活的方法

建立可靠和快速的测定酶活的方法，可能意味着整个分离纯化工作成功的一半。酶分离纯化的最终目的就是为了获得尽可能高比活力的酶制剂。但由于酶属于生物大分子物质，其活力的大小非常容易受到自身结构和外界环境因素的影响，酶分离纯化的每一个步骤都可能对要制备酶的活力有很大的影响。因此为了判断分离提纯方法的优劣和酶分离、纯化的程度，必须在整个分离过程中每一步始终贯穿酶比活力和总活力的测定。

一般用两个指标来衡量提纯方法的优劣。一是总活力的回收；二是比活力提高的倍数。总活力的回收是表示提纯过程中酶的损失情况；比活力提高的倍数则表示提纯方法的有效程度。一个理想的分离提纯方法希望比活力和总活力的回收率越高越好，但是实际上常常两者不可兼得。因此考虑分离提纯条件和方法时，需要根据具体的实验目的和要求，在这两种不同的指标中做出符合要求的权衡和取舍。

2.4.1.1　酶活力的相关概念

酶活力（Enzyme activity）是指酶催化某一化学反应的能力，它表示样品中酶的有效含量，用酶活力单位（U，activity unit）来表示。1961年国际酶学会规定，1min催化1μmol

分子底物转化的酶量为该酶的一个活力单位（国际单位），测定条件为温度为25℃，其他条件（pH、离子强度）采用最适条件。但由于在实际测定时，无法完全满足上述酶活力定义的条件，因此，人们常常采用一种非标准的习惯方法来定义酶的活力。例如α-淀粉酶的1个活力单位就习惯上被定义为每小时分解1g淀粉所需要的酶量。

① 酶的总活力　样品的全部酶活力。总活力＝酶活力×总体积或总质量。

② 比活力（specific activity）　指单位蛋白质（毫克蛋白质或毫克蛋白氮）所含有的酶活力（$U/mg_{蛋白}$）。比活力是酶纯度指标，比活力愈高表示酶愈纯。

③ 回收率（yield percent）　回收率是指提纯后与提纯前酶的总活力之比。它表示提纯过程中酶的损失程度，回收率愈高，酶损失愈少。

④ 提纯倍数（purification multiple）　提纯倍数是指提纯前后两者比活力之比。它表示提纯过程中酶纯度提高的程度，提纯倍数愈大，提纯效果愈佳。

以上几个分离、提纯过程有关参数，对于从事酶学研究及应用十分重要，由于酶与其他蛋白质一样，存在不稳定性，在操作过程中要特别注意防止酶的变性失活。同时，对食品级酶，更要注意安全、卫生，防止重金属、有害化合物的污染。

2.4.1.2　酶活力的测定

酶活力是通过测定酶促反应过程中单位时间内底物（substance）的减少量或产物的生成量，即测定酶促反应的速率来获得的。可以通过测定完成一定量反应所需要的时间或测定在一定时间内反应中产物的增加量或底物的减少量来实现。一般情况下，产物和底物的改变量是一致的，但测定产物的生成要比测定底物的减少为好，这是由于反应体系中使用的底物往往是过量的，而反应时间通常又很短，尤其是在酶活力很低时，底物减少量仅占加入量的很小比例，因此测定不易准确。反之，产物从无到有，变化相对明显，只要测定方法灵敏，准确度可以很高，所以酶活力测定绝大多数主要采用测定产物生成速率的方法。

为了保证测定结果的可靠性，必须在酶的最适条件下测定，并保证所测的反应速率为初速率。通常以底物浓度变化在起始浓度的5%以内的速率为初速率。但底物浓度太低时，5%以下的底物浓度变化在实验中很难测出，因此在测定酶活时，常常使底物的浓度足够高，这样测定的反应速率就可以比较可靠地反映酶的活力。

同时测定酶活力时通常都需要适当的对照（control）以消除非酶促反应所生成的产物。常用的对照有样品对照、底物对照、时间对照等。例如若测定酶活力的样品是粗提取液，属于非常不纯的酶制剂，往往含有所欲测定的产物，也可能在保温时由于内源性底物的旁反应产生相同的产物，这些可通过不加底物单加样品的样品对照予以消除。而某些酶的底物能自发地分解成所欲测定的产物，可以通过不加样品单加底物的底物对照予以消除。

测定酶的活力，也就是测定酶催化反应的速率，即测定反应中产物或底物的变化。因此主要是根据产物或底物的特性来决定酶活力的测定策略和方式，相关内容见本书12.1.1。

制备一种酶时每天都要测酶活性，少则一二次多则十到二十次，若监测一个层析柱的洗脱液，则可能要更多次的测定。普通测定酶活性的用液包括许多成分，如缓冲剂、盐类、底物及辅因子等。因此若测定酶的次数多而用液每次新配，不但不方便，且每次因人为的失误，很易引起误差。所以最好在事先计算好这次实验要作多少次酶活性测定，将所需要的用液一次配好。有些试剂可以混合在一起，放在冰箱里几个星期不变质。生化用试剂有些可以放在冰箱里贮存，有些配成溶液，需再加入0.02%～0.05%的叠氮化钠以防止微生物的生长，然后放在冰箱中，即可保存很久而不变质；少量的叠氮化钠，对酶活性没有影响。

2.4.1.3　蛋白质含量的测定

在酶的分离纯化中，比活力的测定比酶活力的测定更为重要。要计算出酶的比活力就必须在测定酶活力的同时，测定样品中总蛋白质的含量。此外，在以下几种情况下也需要测定样品中总蛋白质的含量。如所采用的分离程序必须先确定蛋白质的浓度；需要知道采用的特殊步骤确能去掉若干不想要的蛋白质；要记录整个酶的提纯过程。这时的蛋白质包括所要提取的酶，无需提取的酶和其他所有的非酶蛋白。需要指出的是，一般而言，酶活性要随时尽快测定，蛋白质浓度则在样品取出后等待一段时间再测定。

蛋白质含量可根据其物理化学性质来测定。在酶的分离纯化中，快速可靠地测定蛋白质的浓度，最常用的是紫外吸收法、双缩脲法、福林（folin)-酚法和考马斯亮蓝染色法，这些方法都是利用物质特有的吸收光谱来鉴定物质的性质及含量的操作简单，不需昂贵仪器。

（1）紫外吸收法 这个方法是利用蛋白质因含有酪氨酸及色氨酸而在280nm处有最大吸收，在此波长下光吸收的程度与蛋白质的浓度（3～8mg/mL）成直线相关，因此可测定出样品中蛋白质的浓度。另外，由于蛋白质的肽键在远紫外区吸收更敏感，更少受氨基酸成分的干扰。因此对于蛋白质浓度比较小的样品液，可以用215nm和225nm的吸收差法，测定蛋白质的浓度。紫外吸收法对所测样品无损，测后的样品可回收使用。

（2）Lowry法（福林-酚法） 这个方法是利用蛋白质中的酪氨酸、色氨酸与福林-酚试剂呈色的反应及双缩脲和铜离子的呈色反应进行的。在500nm或700nm处蛋白质的浓度与反应生成的蓝色物质的吸光度成直线相关。这个反应干扰甚多，要用标准蛋白质（如牛血清清蛋白）在测定时作一标准曲线，再比对标准曲线上求出蛋白含量。该方法反应灵敏，样品需要量可低至0.1 mg/mL，所以该方法仍旧经常被采用，尤其对粗酶该方法更适用。该方法是测定蛋白质含量的最经典和常用的方法之一。

（3）Braford法（考马斯亮蓝染料比色法） 这个方法将考马斯亮蓝染料（Coomassie Blue）G-250溶解在过氯酸（Perchloric acid）中，然后，用这个棕红色的试剂和蛋白质样品反应，即恢复染料本来的蓝色，蓝色的深浅与蛋白质的多少成直线相关，在595nm处有最大吸收。这个反应极为灵敏，样品需要量仅为几十微克，反应时间只需2～5min，现在已被广泛应用。

（4）双缩脲法 在碱性溶液中用硫酸铜和双缩脲、肽或蛋白质反应，会呈紫色，在540nm处有最大吸收。这个反应是Cu^{2+}和两个相邻的肽键发生络合反应。本方法受干扰小，也不会因蛋白质的氨基酸成分不同而变化。但需用样品量要多至几毫克，故现在已不为人所乐用。

（5）凯氏（Kjeldahl）定氮法 因为蛋白质大都含有约16%的氮，具有特定的蛋白质系数（6.25)，所以用凯氏定氮仪测定出蛋白质的氮含量后，再乘上该蛋白质的蛋白质系数即可算出蛋白质的量。使用此方法时样品中不得混有非蛋白质的含氮化合物。该方法最为经典，也是测定蛋白质含量的国家标准方法，但操作较为烦琐。

（6）沉淀定量法 将酶溶液用三氯乙酸沉淀，然后用离心或过滤法将沉淀分出，彻底干燥、称量即得出蛋白质的量。这个方法很准确，但需用样品量较多且费时。

此外，蛋白质含量的测定方法还有染料结合法、水杨酸比色法、比浊法等方法。

2.4.2 酶原料的选择

选择合适的原料是提取酶的首要步骤，也是最为关键的步骤。酶的性质和含量与选用的原材料关系密切。选材是否合适，不仅直接影响着后续分离纯化方法的选择，更严重影响着最终提取的酶的质量与提取效率。

总的来说，在选择酶提取的材料时应遵循的原则为酶含量多、干扰物质少；来源丰富、保持新鲜；容易得到、提取工艺简单；稳定性好、安全性好；有综合利用价值等。在实践过程中则需要抓主要矛盾、全面考虑、综合权衡。如提取菠萝蛋白酶（bromelain）应该以菠萝加工的副产品为原料；提取胰蛋白酶和超氧化物歧化酶（superoxide dismutase）时应以畜产品加工中的副产品为原料；而提取淀粉酶则应以培养的微生物为原料。又如磷酸单酯酶（phosphomonoesterase），从含量看，虽然在胰脏、肝脏和脾脏中较丰富，但是因其与磷酸二酯酶（phosphodiesterase）共存，提纯时这两种酶很难分开，所以实践中常选用含磷酸单酯酶少，但几乎不含磷酸二酯酶的前列腺做材料。同时还应该考虑到下列一些注意事项。

① 酶在细胞中的存在有两种不同的存在状态，即胞内酶和胞外酶。如水解酶多为胞外酶，而与三羧酸循环有关的酶多为胞内酶。一般而言，胞内酶比胞外酶难以提取。

② 材料不同，酶的含量就不同。同一材料的部位或生长期不同，酶的含量也不尽相同。如脂肪氧化酶（lipoxidase）在大豆中的含量是在花生中含量的近100倍。

③ 同一种酶在动物材料、植物材料和微生物材料中的性质不同，安全性也不同。

④ 选择到合适的材料后应及时使用，以防酶的破坏。在进行活体材料研究时，要尽可能在接近正常状态时采样，必要时要对采样的材料立即进行冷冻保存。

⑤ 植物材料具有一些不利于酶提取的因素，如含有较高的纤维素、色素和单宁；细胞不易破碎；液泡中的代谢物复杂等。

⑥ 动物脏器中含量较高的脂肪，容易氧化酸败导致原料变质，影响纯化操作和酶的得率。常用的脱脂方法有：人工剥去脏器外的脂肪组织；浸泡在脂溶性的有机溶剂（如丙酮、乙醚）中脱脂；采用快速加热（50℃左右）、快速冷却的方法，使熔化的油滴冷却后凝聚成油块而被除去；利用油脂分离器使油脂与水溶液得以分离等。

⑦ 微生物具有种类多、繁殖快、培养简便、诱变容易和不受季节影响等优点，并且可以通过微生物培养方法富集诱导酶，因此已成为制备酶的主要材料之一。一般用离心法分离菌体和上清液，细胞外酶和某些代谢物可以从上清液分离，上清液只能低温下短期保存，细胞内物质需破碎菌体细胞分离，湿菌体可低温短期保存，冻干粉可在4℃保存数月。

⑧ 采集的材料在正式进行酶的提取之前，一般都要进行一定的前处理，去除明显可见的杂质和干扰物质。

2.4.3 酶的提取

提取（extraction）是把酶从生物组织或细胞中以溶解状态释放出来的过程，以供进一步从中分离纯化出所需要的酶。随着目的酶在生物体中存在的部位及状态的不同应采取不同的提取方法。

提取酶时，首先应根据被提酶的溶解特性选择适当的溶剂。一般情况下，提取酶的溶剂是具有合适pH和离子强度的缓冲溶液或等渗盐溶液，在保证能够最大程度地溶出目的酶的同时要尽量能够去除干扰物质。其次，提取的原则是“少量多次”，并始终保持低温操作，防止酶变性。第三，还要在提取过程中防止水解酶的作用，必要时加入一定的保护和稳定试剂。稳定剂如巯基乙醇、二硫苏糖醇、甘油、蔗糖、乙二醇、半胱氨酸等；添加金属离子或配合剂如Mg^{2+}、EDTA等；添加蛋白酶抑制剂如DPF（磷酸二异丙基氟）或酶的底物等。最后，胞内酶的提取则需先将细胞破碎后再行提取，因此，事实上酶的抽提常常和细胞破碎步骤协同的。

在酶提取中应用的组织和细胞破碎方法主要有下列几种。

① 碾磨法/组织捣碎法　此方法是最普通和常见的细胞破碎方法。既可以使用普通的高速组织捣碎机、细胞匀浆器，也可使用专门的用于微生物细胞破碎的细菌磨等。

② 超声波破碎法　使用专一的超声波破碎仪，利用仪器所产生的超声波（10～15kHz）机械震动后对组织细胞产生的空化作用（cavitation）使细胞破碎。对动物材料其效果比微生物材料和植物材料要好。

③ 渗透压法（高渗或低渗处理）　先将细胞置于高渗溶液（如蔗糖溶液）中平衡一段时间后，突然将其转入到低渗缓冲液和水溶液中，细胞壁会因渗透压的突然变化而破碎。此法只适于处理细胞壁比较脆弱的细胞。

④ 冻融法　将细胞在低温（−15℃）下冰冻后再在室温下融化，如此反复多次就能使细胞壁破裂。此法也只适用于胞壁易破的细胞。

⑤ 表面活性剂处理法　在适当的温度、pH 及低离子强度下，表面活性剂（如 SDS、Tween、TritonX）能与脂蛋白形成微泡，使膜的渗透性改变或使之溶解。此法对膜结合的酶的提取是相当有效的，但对其他蛋白质则易使之变性，甚至切断肽链。

⑥ 丙酮法（冷丙酮脱水抽提）　丙酮等脂溶性溶剂可溶解细胞膜上的脂质化合物，从而使细胞膜的结构破坏。一般是将细胞制成丙酮干粉后，再加提取酶。

⑦ 酶处理方法　用外源的溶菌酶或细胞壁分解酶（如蛋白酶、脂肪酶、核酸酶等）在一定条件下作用于细胞而使细胞壁破碎。但这种方法因需外加酶制剂，因此可能会对后续目的酶的提取产生不利的影响。

2.4.4　酶的提纯

酶的提取只是酶分离提纯的初步阶段，虽然，在食品工业上有时使用的液体酶制剂仅需要经过除去菌体和除渣后加以浓缩就可使用，但这毕竟只是少数情况。更多的情况下，一般根据应用目的要求都需要在进一步对提取的酶进行不同程度的分离纯化后才能满足使用要求。

酶的纯化主要是根据不同物质在物理、化学性质上的差别和对所分离纯化酶的要求而采取相应的分离纯化方法。在食品工业上应用的酶都是具有完整空间构象的蛋白质分子，其所含氨基酸数量及空间排列方式的不同、分子质量和大小不同、不同的 pH 下会表现出的解离和带电状态也不同，同时酶分子各有自己特定的空间构象。正是由于酶分子有着各不相同的分子大小及电荷多寡（及不同的排布），便可以设计出一系列分离的技术。主要有根据溶解度不同的分离方法如等电点沉淀法、盐析法、有机溶剂沉淀法、PEG 沉淀法；根据分子大小不同的分离方法如透析/超过滤、分子筛、离心法；根据分子带电性不同的分离方法如离子交换层析、电泳法；根据分子吸附性不同的分离方法吸附层析、亲和层析等。同时为了能够正确地选择有效的分离纯化方法并合理安排各种方法的使用顺序，就必须理解和掌握各种纯化酶方法的原理特性和优缺点。

2.5　酶的纯化

2.5.1　调节酶溶解度的方法

2.5.1.1　等电点沉淀法

等电点沉淀法（isoelectric point precipitation）的基本原理是利用酶和蛋白质为两性电解质，在等电点时溶解度最低，并且不同的酶和蛋白质具有不同的等电点。因此可以采用一定的措施使提取液的酸碱度达到某种酶或蛋白质的等电点，使其沉淀与其他物质分离开来，最终达到分离纯化酶的效果。

在酶的分离纯化中使用该方法时应注意以下几点。①该方法属于粗分离技术，沉淀可能不完全。因为在等电点时，虽然酶和蛋白质分子的净电荷为零，消除了分子间的静电斥力，但由于水膜的存在，蛋白质仍有一定的溶解度而沉淀不完全。②等电沉淀法经常与盐析法或有机溶剂沉淀法联合使用。单独使用等电点法主要是用于去除等电点相距较大的杂蛋白。③沉淀后的酶不变性，但在加酸/碱使提取液的酸碱度达到酶或蛋白质的等电点时一定要缓慢搅拌，防止由于局部的过酸/碱而使要分离的酶发生变性。

2.5.1.2 盐析法

低浓度的中性盐可增加电解质类物质（蛋白质、酶及其复合物）的溶解度，这被称为盐溶现象（salting-in）；但当盐浓度继续增加时，蛋白质的溶解度反而降低而沉淀出来，称为盐析（salting-out）。

盐析法的基本原理是盐析过程中，盐离子与酶和蛋白质分子争夺水分子，减弱了酶和蛋白质的水合程度（失去水合外壳），使酶和蛋白质溶解度降低；盐离子所带电荷部分地中和了酶和蛋白质分子上所带电荷，使其净电荷减少，酶和蛋白质也易沉淀，由于各种酶和蛋白质有不同的分子质量和等电点，所以不同酶和蛋白质将会在不同的中性盐浓度下析出。从而达到分离纯化的目的。

在酶的分离纯化中，使用该方法时应注意以下几点。

① 由于酶和蛋白质是含有许多亲水基团的两性电解质，因此蛋白质的盐析需用较高的中性盐浓度。

② 对盐析效果影响最大的因素之一是中性盐的种类与离子强度（I），在浓盐溶液中，蛋白质的溶解度（S）与溶液中的离子强度间的关系可表示为：$\lg S=\beta-K_s I$（其中 K_s 为盐析系数，β 为截距常数）。就盐析效果而言，多价盐比单价盐好，一般在酶盐析时主要使用的中性盐为磷酸盐和硫酸盐，前者盐析效果虽优于后者，但其溶解度却比后者低，因此常用硫酸盐作为盐析用的中性盐，特别是硫酸铵。硫酸铵很易溶于水，且不易使酶失去生物活性，但其 pH 难以控制。另外，就盐析效果而言虽然氯化钠不如硫酸铵，但其安全性比硫酸铵要好，因此在分离纯化食用型的酶时也常使用。在实际操作上常用饱和硫酸铵溶液浓度即饱和度（saturation）来表示硫酸铵的浓度。

③ 酶本身的因素也是影响盐析效果的因素之一。一般说来，酶浓度愈低，各组分间的相互作用愈小，分离效果也愈好，但若太低，则过大的体积又会给离心回收沉淀带来困难。不同纯度的酶其溶解度往往有所不同，这可能是由于蛋白质-蛋白质间相互作用的结果。因此，当用较高浓度的纯酶进行操作时（如浓缩），往往加入比粗抽提物或稀蛋白质浓度时所需沉淀剂要少的量即可获得沉淀。当酶含量太高时，其他酶或蛋白质与目的酶的共沉淀作用也随之加强，这不利于纯化。所以，当酶含量太高时应适当稀释，一般以2.5%～3%为宜。同时，不同的蛋白质和酶其发生盐析的条件也不同（K_s 分段盐析），如血浆蛋白质盐析时纤维蛋白原可以在饱和度20%的硫酸铵中析出，而清蛋白只能在饱和度62%的硫酸铵中析出。

④ 环境条件如 pH 和温度等对盐析的效果也有一定的影响。一般而言，当溶液的 pH 在酶的等电点附近时，盐析效果最好。由于中性盐对酶有一定的保护作用，故盐析可在室温下进行盐析操作。但当分离对温度敏感的酶时，最好在4℃下进行。在一定的 pH 和温度条件下，改变离子强度的盐析叫 K_s 分段盐析；在一定的盐和离子强度条件下，改变 pH 和温度的盐析叫 β 分段盐析。

⑤ 此方法条件温和，且中性盐对酶分子有保护作用，因此该方法实际上已成为被采用频率最高的“初提纯步骤”。

⑥ 在实际操作时还应该注意：硫酸铵的纯度要高；通过小试或资料确定硫酸铵的饱和度；确定合适的硫酸铵的添加方式和添加量；加盐的速率要适中；在硫酸铵饱和度较高时才发生盐析的酶沉淀需离心；盐析沉淀的酶含有较高的盐分，因此盐析后不能够直接进行电泳操作，必须先进行脱盐处理如透析等。

2.5.1.3 有机溶剂沉淀法

有机溶剂（如冷乙醇、冷丙酮）与水作用能破坏酶分子周围的水膜，同时改变溶液的介电常数，导致酶溶解度降低而沉淀析出。利用不同酶在不同浓度的有机溶剂中的溶解度不同而使酶分离的方法，称为有机溶剂沉淀法。

在酶的分离纯化中，使用该方法时应注意以下几点。

① 酶沉淀分离后，也应立即用水或缓冲液溶解，以降低有机溶剂的浓度，避免变性。

② 有机溶剂沉淀法析出的酶沉淀一般比盐析法析出的沉淀容易过滤或离心分离，分辨力比盐析法好，溶剂也容易除去，但有机溶剂沉淀法易使酶变性，所以操作必须在低温条件下进行。

③ 添加0.05mol/L的中性盐可以减少有机溶剂引起的酶变性，并可以提高酶的分离效果。但由于中性盐会增加酶在有机溶剂中的溶解度，故中性盐不宜添加太多。

④ 有机溶剂沉淀法一般与等电点沉淀法联合使用，即操作时溶液的pH应控制在欲分离酶的等电点附近。

2.5.1.4 PEG沉淀法

PEG（polyethylene glycol，聚乙二醇）是一种具有螺旋状和强亲水性的大分子物质，在生化分离中常用的是PEG2000～6000。聚乙二醇沉淀技术操作简便、效果良好，因此在生化分离中被广泛采用，但PEG沉淀法的原理却并不十分清楚。多数人接受的是空间排阻假说，即PEG分子在溶液中形成网状结构，与溶液中的酶分子发生空间排挤作用，从而使酶分子凝聚而沉淀出来。酶的溶解度与PEG的浓度成负相关。此外，酶的分子质量、浓度、溶液的pH、离子强度、温度及PEG的聚合度（平均分子质量）等都可影响这个沉淀过程。

在酶的分离纯化中，使用该方法时应注意以下几点。①酶的分子量越大其被沉淀下来所需要的PEG浓度越低。②酶浓度高，易于沉淀，但分离效果差，因此提取液中酶的浓度以小于10mg/mL为好。③PEG的聚合度越高，沉淀酶时所需要的浓度越低，但分离效果差，一般常用的是PEG2000～6000。④PEG对酶有一定的保护作用，因此该方法可以在常温操作，且一次可处理大量样品。⑤溶液的pH越接近酶的pI越易沉淀，一般在pH5～8的范围内影响不大。⑥溶液的离子强度要合适，一般溶液的离子强度小于2对PEG沉淀效果的影响不大。

2.5.2 根据酶分子大小、形状不同的纯化方法

2.5.2.1 离心分离技术

离心分离技术（centrifugation）是最常用的生化分离技术。其基本原理就是借助离心机旋转时所产生的离心力，而使分子大小、形状不同的物质分离开来。离心分离的效果还取决于离心时间及所发挥出的离心加速度的大小。

在酶分离中所使用的离心机的种类大体可分为三种类型：即普通离心机，最大转速$<$8000r/min，相对离心力RCF（relative centrifugal force）$<1\times10^4g$；高速离心机，最大转速$<2.5\times10^4$r/min，相对离心力RCF$<1\times10^5g$，并具有冷冻装置、制动系统等；超速离心机，最大转速$>2.5\times10^4$r/min，相对离心力RCF$>(1\sim5)\times10^5g$，并具有冷冻装置、离心管帽、真空系统、制动系统等。由于在离心特别是高速离心中溶液的温度会上升，会促进酶的失活，因此在酶分离中一般要求使用具有冷冻装置的离心机。同时，在使用离心机时还应注意正确选择离心条件、注意离心管的平衡以及正确取样等。

大体积提取液的离心则需要连续流动离心机。Sharpies离心机就是一种有效而可靠的连续流动离心机，转子或转筒是相当长的细圆筒，由马达或气流涡轮机驱动旋转。含固体颗粒的悬浮液从旋转转子的底部进入，当液体向上流动时，颗粒被堆积在转子壁上，清液从转子上部流出。空气驱动的Sharpies离心机可达到50000r/min的高速，相对离心力为70000*g*。

另外，除普通的离心分离技术外，在酶的分离纯化中还可能要使用一类特殊的离心技术，即密度梯度离心（density gradient centrifugation）。密度梯度离心是根据大分子密度的差别而使分子分离的一种手段。有两种基本类型，速度密度梯度离心和平衡密度梯度离心。前一种方法是在离心管中制备蔗糖或甘油的密度梯度，然后在水平位置上离心，混合物中的各组分以其密度所决定的速度在密度梯度中沉降，不同密度的组分分离成带或区带。后一种方法则不事先制备密度梯度，而是制备 6mol/L 氯化铯溶液，待分离的大分子溶解在氯化铯中。当溶液放于高离心场中时，氯化铯沉降；几小时后达到平衡，形成稳定的氯化铯密度梯度，大分子混合物按照颗粒的密度分布在各区带中而得到分离。当大分子的密度等于梯度溶液的密度时，则形成区带。

2.5.2.2 透析与超过滤技术

透析（dialysis）与超过滤（ultrafiltration）技术是利用具有特定大小、均匀孔径的透析膜或超滤膜的筛分机理，在不加压（透析）或加压（超过滤）的条件下把酶提取液通过一层只允许水和小分子物质选择性透过的透析膜或超滤膜，酶等大分子的物质则被截流，从而达到把小分子物质从酶提取液中除去（透析与超过滤）或同时达到浓缩酶液的目的（超过滤）。这也是透析与超过滤技术的最大区别之一。另外，超过滤技术需要具有加压系统的超滤仪，而透析技术则不需要专一的仪器。

透析膜或超滤膜本质上都属于半透膜的材料，主要有玻璃纸、再生纤维素、聚酰胺、聚砜等。不同型号的半透膜其物理特性特别是截留分子量不同，如不同型号的 Diaflo 超滤膜的截留分子量分别为 XM-300：300000，XM-100：100000，PM-20：20000。因此在使用前应该根据实验要求做出恰当的选择。透析袋在制造时常会混入许多化学药品，所以使用前最好在 EDTA-$NaHCO_3$ 溶液中煮过，并浸泡在该溶液内备用。

2.5.2.3 过滤

过滤（filtration）是最普通的分离技术。在酶的分离中，常需要用过滤法从悬浮液中除掉固体材料。另外，小规模过滤是澄清溶液的好方法。但很多生物颗粒由于大小及柔韧性方面的原因，能迅速堵塞过滤器，这时使用助滤剂如 C 盐可改善过滤速度。C 盐是硅藻土材料，主要由二氧化硅组成。

另外，Millipore 公司成功地开发出可进行大规模过滤的一种膜过滤片，这种过滤是强迫悬浮液颗粒总是处在膜上面，而液体在压力下可通过膜，所以悬浮液中的颗粒浓度越来越浓。这个技术特别适用于从大量发酵液中获得菌体或发酵上清液。

2.5.2.4 凝胶层析技术

凝胶层析（gel chromatography），又叫凝胶过滤（gel filtration）、分子筛层析（molecular-sieve chromatography）、分子排阻层析（molecular exclusion chromatography）或凝胶渗透色谱（gel permeation chromatography）。主要是根据多孔凝胶对不同大小分子的排阻效应（exclusion）不同而对物质进行分离纯化的技术。排阻效应是指大分子的物质（如酶由于具有较大的颗粒体积）不能进入小的凝胶微孔内部，而小分子的物质如无机离子由于具有较小的颗粒体积则可进入凝胶微孔内部的一种现象。这样当含有各种组分的样品在洗脱液的作用下流经凝胶层析柱时，由于凝胶对它们的排阻效应不同，使具有不同质量的物质组分流经凝胶柱的速度产生差异，即大分子的物质流速快，小分子的物质则流速慢，从而使样品中的各组分按分子量从大到小的顺序依次流出层析柱，最终达到分离纯化的目的。凝胶层析分离酶的原理可以用方程式 $\lg M=a-bV_e$ 来表示，其中 M 表示物质（如酶）的分子量，V_e 表示该物质的洗脱体积，a、b 为常数。由此方程式可以看出。凝胶层析不仅可以用于酶的分离纯化，而且还可以用于酶分子量的测定。

影响凝胶层析效果的因素主要有凝胶介质、洗脱液、样品上样量、样品溶液与洗脱液的相对黏度等诸多因素。下面主要就常用的凝胶介质做一简要说明。

凝胶层析的凝胶种类很多，其共同特点是内部具有微细的多孔网状结构，其孔径的大小与被分离物质的分子量大小有相应的关系。除此之外，作为凝胶层析的凝胶还要具有这样一些共同的特性如反应性低、惰性好；不带电或少带电荷；颗粒大小和孔径均一；选择范围广；机械强度大（操作压高）等。常用的凝胶列举如下。

(1) 聚丙烯酰胺凝胶　该凝胶是一种人工合成凝胶，由丙烯酰胺与甲叉双丙烯酰胺共聚而成。商品名称为生物胶-P（Bio-Gel P）。聚丙烯酰胺凝胶是完全惰性的，适宜于各种酶的分离纯化。缺点是遇强酸时酰胺键会水解，一般在 pH 2～11 的范围内使用。Bio-Gel P 有 P-2、P-4、P-10、P-100 等多种型号，P 后面的数字越大，越适合于大分子的分离。但溶胀时所需要的时间也越长，并且颗粒的机械强度随型号的增大而降低。

(2) 交联葡聚糖凝胶　由分子量为 40000～200000 的葡聚糖交联聚合而成，商品名为 Sephadex。具有良好的化学稳定性等优点，为最常用的凝胶之一。Sephadex 耐酸，在 0.01mol/L 盐酸中放置半年不受影响，故广泛用于各种物质的分离纯化。Sephadex 有 G10、G15、G25、G100、G200 等多种型号和粗、中、细、超细多种规格，G 后面的数字越大，胶粒内的孔径越大，越适合于大分子的分离。但颗粒的机械强度随孔径的增大而降低，较高的操作压会使 G75、G100、G150、G200 等颗粒变形而使洗脱液的流速下降，故用上述型号的 Sephadex 进行层析时，流速慢，时间长。同型号的 Sephadex，颗粒越细，在同样柱长的柱子中分辨力越好，但流速也越慢。

(3) 琼脂糖凝胶　是不带电荷的琼脂糖的天然凝胶，商品名为 Sepharose（或 Bio-Gel A）。Sepharose 的孔径大、机械强度好、层析时流速较快，但只能分离分子量较大的分子。Sepharose 和 Bio-Gel A 也有多种型号。如 Sepharose 有 2B、4B 和 6B。型号越大，分离的分子量范围就越广。

(4) 聚丙烯酰胺葡聚糖凝胶　商品名为 Sephacryl，由甲叉双丙烯酰胺交联丙烯葡聚糖形成的球形凝胶颗粒，机械性能好、分离速度快、分辨率高、理化稳定性好，在 SDS、6mol/L 盐酸胍及 8mol/L 尿素中也可使用。有 S-100HR、S-200HR、S-300HR、S-400HR、S-500HR、S-1000SF 6 种型号，可分离分子量为 1000～10000000 的酶。

上述凝胶有些是干燥颗粒，使用前需吸水溶胀；有些是悬浮颗粒，可直接用来装柱。使用后的凝胶冲洗干净后，一般可在 20%左右的乙醇中保存。

层析操作应注意以下几点：①层析柱一般内径 1～40cm，柱长 10～50cm。②加样时样品液浓度大些为好，但黏度不能过大，样品体积一般为柱体积的 1%～10%。③凝胶柱平衡和洗脱一般用同一种溶液，洗脱液无特殊要求，一般选择使样品稳定的缓冲液。④洗脱液的流速要稳定，要通过实验合理调整流速、检测器和记录仪的灵敏度及其走纸速度，以获得良好的分离效果。

2.5.3　根据酶分子电荷性质的纯化方法

2.5.3.1　离子交换层析

离子交换层析（ion-exchange chromatography）是以纤维素（cellulose）或交联葡聚糖凝胶等物的衍生物为载体，在某一 pH 下这些载体带有正电荷或负电荷，而这时带有相反电荷的酶分子若通过载体，由于静电的吸引力，遂为载体所吸附。然后用电荷量更多，亦即离子强度更高的缓冲液洗脱，通过离子交换作用使酶分子脱离载体而得以分离。

离子交换剂由基质、电荷基团和反离子构成。基质与电荷基团以共价键相连，电荷基团与反离子以离子键结合。根据其反离子或交换离子的不同，可以把离子交换剂分为两种类型，即阳离子交换剂和阴离子交换剂。

阳离子交换剂的电荷基团带负电，反离子带正电。因此可以与溶液中的正电荷化合物或阳离子进行交换反应。如羧甲基纤维素（CM-Cellulose）等。根据电荷基团的强弱，又可将阳离子交换剂分为强酸型和弱酸型两种。其作用的原理可用表示如下。

阳离子交换剂：　$EXCH^{-}X^{+}+P^{+}\longrightarrow EXCH^{-}P^{+}+X^{+}$

阴离子交换剂的电荷基团带正电，反离子带负电。因此，可以与溶液中的负电荷化合物或负离子进行交换反应。如二乙氨基乙基纤维素（DEAE- Cellulose）等。根据电荷基团的强弱，又可将阴离子交换剂分为强碱型和弱碱型两种。其作用的原理可用表示如下。

阴离子交换剂：　$EXCH^{+}Y^{-}+P^{-}\longrightarrow EXCH^{+}P^{-}+Y^{-}$

两性离子如蛋白质、酶等物质与离子交换剂的结合力，主要取决于它们的物理化学性质和在特定 pH 条件下呈现的离子状态。当 pH 低于等电点（p*I*）时，它们所带正电荷能与阳离子交换剂结合；反之，pH 高于 p*I* 时，它们所带负电荷能与阴离子交换剂结合。pH 与 p*I* 的差值越大，带电量越大，与交换剂的结合力越强。

离子交换层析之所以能成功地把各种无机离子、有机离子或生物大分子物质分开，其主要依据是离子交换剂对各种离子或离子化合物有不同的结合力。

在提纯过程中，酶的离子交换情况依然取决于该酶分子在操作溶液体系中的带电情况。酶通常都先溶解在浓度约为 0.01～0.02mol/L 的缓冲液中，pH 要依酶溶液的 p*K* 值加以调整，使酶分子和交换载体间能发生比较强的结合力，以使其他无关的大分子化合物得以在此时洗脱。在酶溶液装入层析柱后，经过相当时间的冲洗，即可开始用离子强度较高的缓冲液，或改变洗脱缓冲液的 pH，使被吸附在载体上的酶解除吸附，洗脱到柱外。如想进一步将混有多种蛋白质和酶的溶液加以分离，可采用梯度洗脱法（gradient elution），即在洗脱过程中不断地改变洗脱液的离子强度或 pH。若在洗脱过程中逐渐改变缓冲液的浓度，而 pH 维持不变，称为盐浓度梯度洗脱（salt concentration gradient），应用较广；而洗脱液的浓度不变，逐渐变更 pH，叫 pH 梯度洗脱（pH gradient），因为分离效能不好，应用较少。

也可以根据离子交换剂中基质的组成和性质，将其分成两大类，即疏水性离子交换剂和亲水性离子交换剂。疏水性离子交换剂由于含有大量的活性基团，交换容量高、机械强度大、流动速度快。主要用于分离无机离子、有机酸、核苷、核苷酸和氨基酸等小分子物质，其次可用于从酶溶液中除去表面活性剂（如十二烷基硫酸钠）、清洁剂（如 TritonX-100）、尿素、两性电解质（ampholyte）。而在酶的分离纯化中主要使用弱碱型和弱酸型亲水性离子交换剂。这类交换剂与水的亲和力较大，载体孔径大，适用的 pH 范围较窄。在 pH 为中性的溶液中交换容量也高，用于分离生物大分子物质时其活性不易丧失，因此适合于酶的分离。该类弱碱型和弱酸型亲水性离子交换剂有多种类型。如 DEAE-Bio-Gel A，CM-Bio-Gel A，DEAE-纤维素、CM-纤维素，DEAE-Sephadex、CM-Sephadex，DEAE-Sepharose、CM-Sepharose 等。可以看出其中的电荷基团主要是弱酸型的羧甲基（CM）和弱碱型的二乙氨基乙基（DEAE）。

选择理想的离子交换剂是提高酶的得率和分辨率的一个重要环节。任何一种离子交换剂都各有自身不同的特点，不可能适于分离所有的样品。如 DEAE-Sephadex 和 CM-Sephadex 的颗粒吸附力强，重现率高。但以浓度梯度分离时，因缓冲液离子强度变化而引起凝胶颗粒的膨胀或收缩过速，致效能减少，是其缺点。此外，为了提高交换容量，一般应选择结合力较小的反离子。如果被分离酶带正电荷，应选择阳离子交换剂；如果被分酶带负电荷，则应选择阴离子交换剂。因此要恰当地选择离子交换剂，必须对被分离物的性质和溶液组分及酸碱度等因素进行全面分析。使用过的离子交换剂可以进行再生处理，即采用一定的方法使其恢复原来的性状，重复使用。

2.5.3.2　电泳技术

带电颗粒在电场中向电荷方向相反的电极移动的现象称为电泳（electrophoresis，EP)。在外界电场的作用下，如果酶不是处于等电点状态，它们同样具有电泳现象，将向与其带电性质相反的电极方向移动。在一定的条件下，各种酶带电性、带电数量以及分子的大小都各不相同，其在电场中的移动速率（泳动率）也就不同，经过一定时间的电泳后，就可以将它们分离开来，逐渐形成各自碟状或带状的区带。如果电泳条件适当，各带会分离得非常清楚，亦即每一成分能形成各自的单带。1937 年瑞典科学家 Tiselius 首次利用电泳技术成功地将血清蛋白质分成清蛋白、α_1-球蛋白、α_2-球蛋白、β-球蛋白、γ-球蛋白 5 个主要成分。由于他的突出贡献，于 1948 年荣获诺贝尔奖。电泳技术具有设备简单、操作方便、分辨率高等优点，目前已经成为酶分离纯化的最为重要的手段，得到最广泛的研究和应用。

带电颗粒在单位电场中泳动的速度称为泳动率。不同酶分子在电泳时表现出的不同泳动率是利用电泳技术分离纯化酶的根本要素。在电泳时影响酶泳动率的因素有很多，既有酶分子本身的因素，也有电泳条件等外在因素。酶分子本身的影响因素主要是酶所带净电荷的性质与数量、分子颗粒大小和形状等。一般而言酶分子净电荷数量愈多、颗粒愈小、愈接近球形，泳动率愈大。而外在的影响因素主要是电场强度、溶液 pH、溶液的离子强度、电渗现象、温度、电泳支持物的类型等。

目前的电泳技术有多种不同的类型。如依据分离的原理可分为自由界面电泳、区带电泳、等速电泳、等电聚焦、免疫电泳、毛细管电泳、印迹转移电泳等；依据支持物的类型可分为醋酸纤维素薄膜电泳、琼脂糖凝胶电泳、聚丙烯酰胺凝胶电泳、淀粉凝胶电泳等；依据电场的强度可分为高压电泳和常压电泳；依据电泳的方式还可分为单向电泳和双向电泳等。在酶分离纯化中最广泛应用的是聚丙烯酰胺凝胶电泳。下面简单介绍聚丙烯酰胺凝胶电泳。

聚丙烯酰胺凝胶电泳（Polyacrylamide Gel electrophoresis，PAGE）使用的电泳支持物为聚丙烯酰胺凝胶，它由单体丙烯酰胺（acrylamide，Acr）和交联剂 *N*,*N*-甲叉双丙烯酰胺（methylene-bisacrylamide，Bis）在加速剂和催化剂的作用下聚合，并联结成三维网状结构的凝胶，以此凝胶为支持物的电泳称为聚丙烯酰胺凝胶电泳。与其他凝胶相比，聚丙烯酰胺凝胶有下列优点：①在一定浓度时，凝胶透明、有弹性、机械性能好；②化学性能稳定，与被分离物不发生化学反应；③对 pH 和温度变化较稳定；④几乎无电渗作用，样品分离重复性好；⑤样品不易扩散且用量少，其灵敏度可达 10^{-6}g；⑥凝胶孔径可通过选择单体及交联剂的浓度调节；⑦分辨率高，尤其在不连续聚丙烯酰胺凝胶凝胶电泳中，集浓缩、分子筛和电荷效应为一体，因而较醋酸纤维薄膜电泳、琼脂糖电泳等有更高的分辨率；⑧应用范围广，可用于酶的分离、定性、定量及少量的制备，还可测定酶的分子量、等电点等。

在酶的分离纯化中，使用该方法时应注意以下几点。

① 凝胶的聚合常用过硫酸铵（AP）为催化剂，四甲基乙二胺（TEMED）为加速剂，碱性条件下凝胶易聚合，室温下 7.5%的凝胶在 pH8.8 时 30min 聚合，在 pH 4.3 时聚合约需 90min，应选择合适的配方使聚合在 40～60min 内完成。

② 凝胶的孔径、机械性能、弹性、透明度、黏度和聚合程度取决于凝胶总浓度和 Acr 与 Bis 用量之比。

③ 凝胶含量不同，则平均孔径不同，适合分离酶的分子量也不同。如分子量范围在 10000～100000 之间的酶，适用的凝胶含量为 10%～15%；分子量范围在 100000～400000 之间的酶，适用的凝胶含量为 5%～10%。在操作时，可根据被分离物分子量大小选择所需

凝胶的含量范围。

④ PAGE根据其有无浓缩效应，分为连续系统与不连续系统两大类，前者电泳体系中缓冲液pH及凝胶含量相同，带电颗粒在电场作用下，主要靠电荷及分子筛效应移动；后者电泳体系中由于缓冲液离子成分、pH、凝胶浓度及电位梯度的不连续性，带电颗粒在电场中泳动不仅有电荷效应、分子筛效应，还具有浓缩效应，故分离效果更好。目前，PAGE连续体系应用也很广，虽然电泳过程中无浓缩效应，但利用分子筛及电荷效应也可使样品得到较好的分离，加之在温和的pH条件下，不致使酶性失活，也显示了它的优越性。

⑤ 由于酶是无色的，所以在电泳完成后，还要将酶显色，一般多用考马斯亮蓝染色，所以在电泳纸或凝胶上看到的酶都显蓝色。酶经过显色后即变性，所以不论检查酶活性，或是提纯酶，都要同时并行做两组试验，其中一组用来对照。

另外，由于SDS带有大量负电荷，当其与酶结合时，所带的负电荷大大超过了天然酶原有的负电荷，因而消除或掩盖了不同种类酶分子间原有电荷的差异，使不同的酶分子均带有相同密度的负电荷，同时SDS的作用也使酶分子全部成为一样的棒状结构，消除或掩盖了不同种类酶分子间原有的形状差异，从而可只利用各种酶蛋白质在分子量上差异将它们分开。因此采用SDS-PAGE电泳可以测定酶蛋白质的分子量。SDS-PAGE也用于酶混合组分的分离和亚组分的分析，当酶经SDS-PAGE分离后，设法将各种蛋白质从凝胶上洗脱下来，除去SDS，还可以进行氨基酸序列、酶解图谱及抗原性质等方面的研究。但是应该注意：①SDS-PAGE法可测定酶亚基的分子量；②酶经过SDS-PAGE后酶活力丧失。

此外，还有一种特殊的聚丙烯酰胺凝胶电泳技术即聚丙烯酰胺凝胶等电聚焦电泳（Isoelectric Focusing-PAGE，IEF-PAGE）。

当溶液的pH与酶蛋白质的等电点（p*I*）相等时，该酶蛋白质的净电荷为零，在电场中既不向正极也不向负极移动，此时酶所处环境的pH就是该酶蛋白质的等电点。各种酶蛋白质由不同的氨基酸以不同的比例组成，因而有不同的p*I*。利用酶分子的这一特性，以PAGE为电泳支持物，并在其中加入两性电解质载体（carrier ampholyte），在电场作用下，两性电解质载体在凝胶中移动，形成pH梯度，酶蛋白质在凝胶中迁移至与其p*I*相等的pH处，即不再泳动而聚焦成带，这种方法称聚丙烯酰胺等电聚焦电泳。应用等电聚焦电泳不但可以很精确地分离纯化酶，而且还可以很精确地测定酶分子的等电点。

2.5.4 根据酶分子专一性结合的纯化方法

一般说来，酶分子及其作用的底物、竞争性抑制剂、辅酶都有很强的亲和力。利用酶的这种性质可以很容易地把所需要的酶提纯。

2.5.4.1 亲和层析

亲和层析（Affinity Chromatography）是利用生物分子间所具有的专一而又可逆的亲和力而使生物分子分离纯化的层析技术。具有专一而又可逆的亲和力的生物分子是成对互配的，如酶和底物、酶与竞争性抑制剂、酶和辅酶、抗原与抗体等。因此在应用该技术分离纯化酶分子时是将适当的底物、抑制剂或辅酶等配体（ligand）连在惰性的载体（matrix）上，使酶溶液通过载体的层析柱后酶即吸附在配体上。那些没有同样亲和部位的蛋白质即流过层析柱，使所需要的酶得以分离。然后用浓度高的底物溶液，或亲和力更强的底物衍生物溶液洗脱，酶即脱离层析柱上的配体而解除吸附，流至柱外。原则上来讲，亲和层析法可以一步把酶从粗制的抽提液中提纯出来，是纯化酶的能力最强和效率最高的分离技术。

在亲和层析中，作为固定相的一方称为配基。配基必须偶联于不溶性母体（载体）上，常用的载体主要有琼脂糖凝胶、葡聚糖凝胶、聚丙烯酰胺凝胶、纤维素等。

当用小分子作为配基时，由于空间位阻不易与载体偶联，或不易与配对分子载体结合。

为此通常在载体和配基之间接入不同长度的连接臂（space arm）。偶联时，必须首先使载体活化。即通过某种方法（如溴化氰法、叠氮法等）为载体引入某一活泼的基团。活化载体（包括带连接臂的）已有商品出售，详细说明可以参考各出品公司所印行的“亲和层析小册子”。

原则上，在酶的分离纯化中要得到并用好亲和层析柱，必须注意下列问题。

① 进行亲和层析之前，首先要根据目的物质的特性，选择与之配对的分子作为配基，然后根据配基的大小和所含基团等特性选择适宜的偶联凝胶，再在一定条件下使配基与偶联凝胶接合。

② 配体和载体相连后，必须不妨碍酶和配体的结合。

③ 由载体伸出的空间臂，要长短适度、运用自如，务须能使作为“手掌”用的配体，能抓牢所要的酶分子。

④ 无用的酶和配体、载体以及手臂间的作用愈少愈好。

⑤ 连接载体和配体的空间臂要强壮，不得随意折断。例如，欲分离某一辅酶，必须选择与之配对的酶作为配基，由于酶含有氨基，可选用活化的羧基琼脂糖凝胶 4B（ActivatedCH-Sepharose 4B）作为偶联凝胶，再按一定的方法将配基与偶联凝胶连接起来。亲和柱层析装柱方法与凝胶层析相同，层析操作与离子交换层析相似。另外由于亲和层析的对象是酶，为防止酶分子变性，最好在低温（4℃）下进行。

2.5.4.2 亲和洗脱

这里的亲和洗脱（affinity elution）是指用亲和吸附法以外的方法来吸附酶，再用亲和底物来洗脱的分离方法。最常用的是先用离子交换层析柱将所要的酶吸附在载体上，再用适当的酶的底物将酶洗脱出来。这个方法优于亲和层析法的特点在于：①无需费力地去想方法设计一个可用的亲和层析柱，酶分子经过离子交换后，再用亲和洗脱法比单独的离子交换洗脱更能保证得到较纯的酶；②离子交换层析柱要经济得多，并且适合分离大量酶；③只用离子交换层析法，在调整缓冲液的浓度或 pH 时，性质相近的蛋白质也会随着所要的酶洗脱出来，用亲和洗脱法就会减少这种机会。

2.5.5 其他纯化方法

在酶的分离纯化中还有许多其他的分离方法，如高效液相色谱（HPLC）、染料配体层析（Dye Ligand Chromatography）、免疫吸附层析（Immunoadsorbents Chromatography）、无机吸附层析（Inorganic Adsorbents Chromatography）、疏水吸附层析（Hydrophobic Adsorbents Chromatography）等，可以参阅相关文献资料。

2.5.6 酶蛋白质的大规模分离纯化

随着酶在食品工业上的应用越来越广泛，近年来，对大规模分离纯化酶的需求日益增加，酶大规模分离纯化已成为当前食品生物工程中的关键技术问题。

为了使分离纯化的酶能在食品研究和工业中得到实际应用，仅仅进行实验室水平的分离纯化远远不能满足实际需要。与小规模分离纯化相比，在对酶进行大规模分离纯化时，分离纯化的思路、策略以及主要方法的原理都是相同或相近的。总体来讲，大规模分离纯化酶的一般步骤同样包括选材、细胞破碎、酶的抽提、分离、纯化、酶纯度鉴定和酶的保存等。大规模分离纯化酶的总原则依然要根据分离纯化的目的与要求，选用合适的原料与方法，尽量在低成本和简化的程序下获得高的比活力。

工业规模分离酶制品，需要设备、材料、人力上的大量投资，因此首先需要考虑生产价格，这与最终产品的价值有关，所以纯化产品的收率特别重要。有些在实验室规模上能用的技术可能不适于大规模使用，特别是抽提方法更是如此。虽然大多数工业纯化方法所依据的原理与实验室采用的方法相同，但实际应用时要考虑的因素则稍有不同。

上述介绍的部分分离纯化技术可以直接在酶蛋白质的大规模分离纯化中使用，如 PEG 沉淀技术、超滤技术、离子交换技术、盐析技术、亲和层析技术等。实际上这些也是酶蛋白质的大规模分离纯化中最常用的技术。如实验室常用的普通层析技术都可扩大规模后用于酶的大规模分离纯化，纯化数十克乃至公斤级的酶制品，但分离技术使用顺序要仔细考虑。第一步必须能处理大体积溶液，并能减少样品的总体积，如离子交换技术；而亲和层析和凝胶过滤技术则应该在分离后期使用。

一些仅适合于小体积分离的技术就不适用或必须经过一定的改造才能适用于酶蛋白质的大规模分离纯化，如离心沉淀时必须采用工业用连续离心机。一般来说，电泳法在小规模制备上得到了广泛的应用，在工业规模上应用则很少，主要是由于样品体积和上样量的限制。但近年来也出现了大规模应用的趋向，特别是自由流动电泳技术。

另外，双水相体系萃取技术是近年涌现出来的具有工业开发潜力的各种新型分离技术之一，特别适用于直接从含有菌体等杂质的酶液中提取纯化目的酶。此法不仅可以克服离心和过滤中的限制因素，而且可使酶与多糖、核酸等可溶性杂质分离，具有一定的提纯效果，有相当的实用价值。

一般而言，在食品工业上使用的酶并不需要很高的纯度，而只要达到合理的纯度要求和食用安全性就可以。另外，从经济的角度考虑，大规模纯化还是以微生物作为来源为好，因为微生物含有很多动植物中没有的酶制品，而且可以采用微生物遗传较容易地筛选出新的高活力蛋白质和酶制品；细菌可以任何规模生产，这就保证了供应的连续性；利用遗传工程方法足可在细菌中高水平表达所需要的酶。

最后要再次强调，酶分离纯化总原则都是要根据分离纯化的目的与要求，选用合适的分离纯化方法，尽量在低成本和简化的程序下获得酶的高比活力。各种方法的使用顺序安排要合理。所设计的分离纯化方法应包含依据酶的不同性质的分离纯化方法，这样才能达到最佳的分离纯化效果。另外，效果相同或相似时，要以简单的方法为首选。

2.6 酶纯度的评价

2.6.1 酶纯度的检验

分离纯化后的酶必须进行纯度检验，酶纯度的检验一般方法主要有电泳法、层析法、沉降法、分光光度法、结晶法、免疫法等。

(1) 电泳法　该方法最常用于酶纯度的鉴定。如果样品在凝胶电泳上显出一条区带，可作为纯度的一个指标。但这只能说明，样品在荷质比方面是均一的。如果在不同 pH 下电泳都得一条带，结果就更可靠。SDS-PAGE 电泳上出现一条带只能说明样品在分子量方面是均一的，而且只适用于含有相同亚基的蛋白质。

(2) 层析法　当用线性梯度离子交换法或分子筛层析试验样品时，如果制剂是纯的，则各分级部分的比活力应当恒定。如果所有部分的比活力都相同，则可认为该样品的层析性质是均一的。分析型 HPLC 在证明酶均一性上的分辨率接近电泳法。

(3) 免疫化学法　免疫扩散、免疫电泳、双向免疫电泳、放射免疫分析等都是鉴定酶纯度的有用方法。特别是放射免疫分析法灵敏度很高。但缺点是需要一定的设备，操作人员需经特殊训练。

(4) 超速离心沉降分析法　用超速离心法进行酶纯度的检验时，在离心管中若出现明显的分界线，或者分别取出离心管中的样品，管号对样品浓度作图后，组分的分布是对称的，则表明样品是均一的。此法的优点是时间短，用量少，缺点是灵敏度较差，微量杂质难以检出。

(5) 分光光度法 纯蛋白质的A_{280}/A_{260}应为1.75。酶也是蛋白质，因此可用分光光度法检查酶制剂中有无核酸存在。

(6) 结晶法 酶的结晶可以使用前述的沉淀方法。一般来讲，酶的纯度越高越容易结晶。同时对酶来说结晶作用不但可以作为均一性证据，而且也是一种纯化的方法。但结晶样品不一定是纯的。

(7) 酶活力测定法 酶活力可作为一个很好的酶纯度试验指标。因为随着杂质的除去，比活增加，当样品不能进一步纯化时，比活达到一恒定的最大值。

(8) 恒溶解度法 在严格规定的条件下，进行酶溶解度测定。以加入的固体酶制剂的总质量数为横坐标，以在体系中已经溶解的该酶质量数为纵坐标作图，若该酶制剂是纯品，则曲线只出现一个拐点，且在拐点之前，直线的斜率为1，拐点之后，直线的斜率为零。

(9) 其他方法 污染酶蛋白质生物活力的消失也是间接的纯度评价标准。如果酶含有容易测到的金属，或紧密结合的辅助因子，则其含量在纯化过程中将增加。当样品达到均一状态时，其含量也就恒定了。

实际上，从酶制剂中检测出少量杂质往往是很困难的，因为杂质可能低于很多分析方法的检测极限。用一种方法测定酶纯度时，可能有两个或更多的酶表现行为类似，会造成错觉，把本来是混合物的样品也认为是均一的。因此只用一种方法作为纯度试验的指标是很不可靠的。酶纯度最终取决于所用方法的类型和分辨率。用低分辨率方法证明是纯的样品，改用高分辨率方法时就可能证明它是不纯的。而每种方法只能描述样品在某一方面的性质。例如，用高分辨率的SDS电泳法进行测定得到一条均一带，这只能说明样品在分子量方面是均一的；如果用酶分析法检测杂质，分辨率还能进一步提高，但杂质必须有特异的酶反应性质。因此最好的纯度标准是建立多种分析方法，从不同的角度去测定蛋白质样品的均一性。

总之，检验纯度的最常用方法是电泳法，然后才是其他方法。对样品纯度的要求越高，则用来检验纯度的方法应当越多，而且对所得到的数据的解释越应谨慎。

2.6.2 酶催化活性的检验

为了更加全面地评价酶的催化活性，除了上面讲述的酶活力和比活力的测定外，常常还需要对决定酶催化活性的其他指标进行测定。

(1) K_m和V_{max}的测定 对于符合米氏方程（该部分内容见第3章）的酶类，通过测定底物浓度对反应速率的影响，可以测定米氏常数K_m和最大反应速率V_{max}。测定时，首先确定反应的条件，包括温度、pH、酶浓度等。然后取不同浓度的底物与酶反应，分别测定不同底物浓度下的酶反应速率。最后用双倒数作图法或线性回归法求K_m和V_{max}。

(2) 最适温度测定 任何酶反应都有一个最适温度范围。测定时把其他的反应条件固定，只改变反应温度，通过测定不同温度下的反应速率，以温度为横坐标，以相对酶反应速率（最高反应速率为100%，其余温度下的反应速率除以最高反应速率得出相对酶反应速率）为纵坐标绘图，就可得出反应的最适温度。

(3) 最适pH的测定 酶促反应均有其最适pH。通过测定不同pH条件下酶的反应速率，就可以找出其最适pH。测定时其他条件保持一定，使用不同pH的缓冲液测定酶的反应速率。然后以pH为横坐标，相对酶反应速率为纵坐标，绘出曲线，求出最适pH。

(4) 热稳定性测定 在底物浓度、酶浓度、pH等不变的条件下，在不同的温度下（一般选在 40℃以上的温度)，测定相同时间内的酶反应速率，计算出不同温度下的相对酶反应速率。或在底物浓度、酶浓度、pH 等条件不变的情况下，测定在某一较高温度下不同时间的酶反应速率，以反应时间为横坐标，反应速率为纵坐标，绘出曲线。

(5) 酶的激活与抑制　为了测定激活剂和抑制剂对酶活性的影响，可在一定的条件下于反应液中添加不同量的激活剂或抑制剂，然后分别测定酶反应速率。以激活剂或抑制剂的浓度为横坐标，相对酶反应速率为纵坐标，可绘出酶的激活曲线或抑制曲线。

2.6.3　酶活性部位的测定

酶活性部位 (active site) 或活性中心 (active center) 是指酶分子中直接与反应底物相接触并直接起催化反应的部位。虽然活性部位在酶分子的整体中只占相当小的部分，通常只占整个酶分子体积的1%～2%，却对酶的催化能力起决定性的影响。因此为了更好地发挥酶在食品工业中的应用，对酶活性部位的研究就显得十分必要。研究酶活性部位的方法有化学修饰法、动力学参数测定法、X 射线晶体结构分析法和定点诱变法。

(1) 化学修饰法　酶分子中有很多可以被化学修饰的基团如巯基、羟基、咪唑基、氨基、羧基和胍基等。这种方法需要选择一种化合物，当其与被研究的酶作用时能专门与活性部位氨基酸残基侧链基团共价结合，并使酶的催化活力受到严重的影响，由此可推断出该被修饰的氨基酸残基侧链基团就是该酶活性部位的基团。如二异丙基氟磷酸能专一性修饰酶活性部位丝氨酸残基的羟基，造成酶的活性丧失。

(2) 动力学参数测定法　活性部位氨基酸残基的解离状态和酶的活性直接相关，因此通过动力学方法求得有关参数后，就可对酶的活性部位的化学性质作出判断，知道哪个氨基酸残基与酶活性有关。

(3) 定点诱变法　利用基因工程的手段，特定地改变酶基因中编码某个氨基酸的密码子，并通过研究该变异酶催化活力的变化，研究酶活性部位的必需氨基酸。如将胰蛋白酶 Asp_{102} 诱变为 Asn_{102}，突变体水解酯底物的活性仅是天然胰蛋白酶的万分之一，可见 Asp_{102} 对胰蛋白酶催化活性是必需的。

(4) X 射线晶体结构分析法　用 X 射线晶体结构分析方法研究酶的活性部位及结构和功能的关系已成为测定活性位点的重要手段。X 射线晶体结构分析法可以解析酶分子的三维结构，有助于了解酶活性部位氨基酸残基所处的相对位置与实际状态以及与活性部位有关的其他基团。但该方法的成本和技术要求很高。

2.7　酶的剂型与保存

2.7.1　酶的剂型

为了适应不同的需要，并考虑到经济和应用效果，一般而言，酶的剂型根据其纯度和形态的不同可以分为以下几种类型。

首先，依据纯度的不同可以把酶制剂分为纯酶制剂、粗酶制剂和复合酶制剂。

(1) 纯酶制剂　指纯度和比活都非常高，除标示酶外不含有任何其他酶的一类酶制剂。如应用于食品生物技术领域的各种工具酶 (限制性内切酶、连接酶、Taq 酶等)。这类酶制剂一般都价格昂贵，主要用于分析和基础研究领域，不在食品工业的生产领域使用。

(2) 粗酶制剂　这类酶制剂纯度和比活都不是很高，除标示酶外可能含有少量其他的酶和物质，但除标示酶外的其他的酶应该不对标示酶的正常催化功能造成明显影响。价格依据其纯度和比活的大小差异很大，但比纯酶制剂要便宜很多。食品工业上应用的酶制剂多属于此类。食品级酶制剂虽然对纯度不一定要求严格，但强调安全卫生，在使用时必须要严格按照国家制订的有关标准执行。

(3) 复合酶制剂 为了适应特殊的应用目的，有意地把几种在作用效果上有协同作用的酶复合在一起。如为了改善谷物烘焙食品的品质，可以把α-淀粉酶、脂肪氧化酶、戊聚糖酶等以一定的比例复合在一起，作为复合酶制剂生产和使用。

此外，依据形态的不同可以把酶制剂分为液体酶制剂、固体酶制剂和固定化酶制剂。

(1) 液体酶制剂 液体酶制剂可以是纯酶制剂、粗酶制剂或复合酶制剂。如食品生物技术领域使用的各种纯酶制剂，为了使用方便就主要以液体的形式包装；而食品工业上使用的液体酶制剂为粗酶制剂，一般在生产时仅经过除菌和除渣，并简单纯化后直接制成或加以浓缩，比较经济。由于酶在液体中比在固体时更容易失活，因此在生产时液体酶制剂中要加稳定剂，并低温贮存。

(2) 固体酶制剂 同样，固体酶制剂也可以是纯酶制剂、粗酶制剂或复合酶制剂。有的固体粗酶制剂是发酵液经过杀菌后直接浓缩干燥制成；有的是发酵液滤去菌体后喷雾干燥制成；有的则加有淀粉等填充料。在食品工业上最常用的就是各种固体粗酶制剂和固体复合酶制剂。固体酶制剂便于运输和保存。

(3) 固定化酶制剂 固定化酶制剂是一种特别有利于使用和保存的新型酶制剂，固定化酶的研究与应用是食品工业的重要领域。关于固定化酶的内容参见本书第4章。

另外依据应用领域的不同还可以把酶制剂分为食品工业用酶制剂、洗涤工业用酶制剂、饲料工业用酶制剂、皮革工业用酶制剂等。需要特别注意的是应用于食品工业上的必须是食品级的酶制剂。

2.7.2 酶的稳定性与保存

在酶的制备过程中必须始终保持酶活性的稳定，酶提纯后也必须设法使酶活性保持不变，才能使分离出来的酶作用得以发挥，有应用价值。但酶在离开生物体的天然环境保护之后非常容易失活。为了保持酶的活性，一般而言，在保存酶制剂时应该注意以下两点。

(1) 酶制剂应放置在低温、干燥、避光的环境下，并尽量以固体的形式保存。因此尽量将纯化后的酶溶液经透析除盐后冷冻干燥成酶粉或直接结晶，在低温下可以较长时期保存。也可以将酶溶液用饱和硫酸铵反透析后在浓盐溶液中保存，或将酶溶液加入25%或50%的甘油后分别贮存在-25℃或-50℃的冰箱中。

(2) 溶液的状态时，缓冲液的浓度、pH、温度、辅助因子、活性稳定剂等种种因素都会对酶的活力造成影响。因此酶在配成溶液后保存时，不但应以适当的缓冲液如磷酸缓冲液来控制pH并最好在4℃左右保存，而且还应该在酶溶液中添加一定的辅助因子和活性稳定剂等以利于酶的稳定。如可在酶溶液中加入少量的2-巯基乙醇、二硫苏糖醇等。有些酶以金属离子为辅因子，例如乙醇脱氢酶必须有两个锌离子位于活性部位的中心，构象才能得以稳定，酶溶液中必须保持微量的锌离子才不致失去活性。另外对α-淀粉酶而言，虽然钙离子并不是该酶真正的辅助离子，但在钙离子的存在下，该酶的稳定性特别是耐热性会提高很多。所以在酶溶液中加入适量的辅酶，可以有助于酶活性的保持。但应该注意酶溶液的浓度越低越易变性，切记不能保存酶的稀溶液。

复习思考题

1. 特定酶产生菌的筛选方法设计原理是什么？胞外酶和胞内酶产生菌的常用筛选方法有哪些？

2. 什么叫酶的发酵生产？酶发酵生产的一般工艺流程是什么？

3. 酶的发酵生产中，碳源的选择主要考虑哪些方面？温度调节控制的意义是什么？

4. 乳糖操纵子假说对指导酶生产应用具有哪些实际意义？

5. 提高酶发酵产量的方法有几种？酶的合成调节机制有哪些？什么叫酶合成的反馈阻遏？在生产实践中如何消除反馈阻遏？

6. 什么叫分解代谢阻遏作用？作用机理是什么？

7. 通过发酵条件控制提高酶产量的途径有哪些？溶氧速率的调节方法主要有几种？

8. 什么叫诱变育种？

9. 举例说明食品工业酶的常用生产菌种和生产方法。

10. 如何理解酶分离纯化工作的基本原则？

11. 在酶分离纯化过程中为什么要始终贯穿酶活力的测定？

12. 在提取食品级酶制剂时应如何选择原料？在进行酶的提取时应该注意哪些事项？

13. 在酶的分离纯化中，根据溶解度、分子大小、带电性和吸附性不同的能够采用的分离方法各有哪些？其中效率最高的方法是什么？哪些方法在室温下对酶有保护作用？哪些方法还可以用于酶分子量的测定？在方法的选择和顺序的安排上有何禁忌？

14. 大规模纯化酶时应采用什么方法？与常规实验室操作有何不同？

15. 如何正确选择、保存和使用酶制剂？

参考文献

1 王璋编．食品酶学．北京：中国轻工业出版社，1991

2 彭志英编著．食品酶学导论．北京：中国轻工业出版社，2002

3 于国平主编．食品酶学．哈尔滨：东北农业大学出版社，1998

4 沈同主编．生物化学（上册）．北京：高等教育出版社，2002

5 陈石根，周润琦．酶学．上海：复旦大学出版社，2001

6 袁勤生，赵健，王维育．应用酶学．上海：华东理工大学出版社，1994

7 禹邦超，刘德立．应用酶学导论．武汉：华中师范大学出版社，1994

8 罗九甫．酶和酶工程．上海：上海交通大学出版社，1996

9 罗贵民．酶工程．北京：化学工业出版社，2003

10 张树政．酶制剂工业．北京：科学出版社，1998

11 何忠效．生物化学实验技术．北京：化学工业出版社，2004

12 杨建雄．生物化学与分子生物学实验技术教程．北京：科学出版社，2002

13 王镜岩，朱圣庚，徐长法．生物化学．第三版（上册）．北京：高等教育出版社，2002

14 陶蔚荪，李惟，姜涌明．蛋白质分子基础（第二版）．北京：高等教育出版社，1995

15 张水华．食品分析．北京：中国轻工业出版社，2004

16 Deutscher U P (ed). Methods in Enzymology. Vol 182. Spiral-Bound，1997

17 Goddard J P，Reymond J L，Recent Advances in Enzyme Assays. *Trends in Biotechnology*，2002，22 (7)：364～369

第 3 章 酶反应的动力学

知识要点

1. 米氏方程的推导
2. 米氏方程的意义
3. 米氏方程中 K_m、V_m 的测定
4. 多底物酶促反应动力学
5. 影响酶促反应的因素

和化学反应动力学一样，酶反应动力学是研究酶反应速率规律以及各种因素对酶反应速率影响的科学。研究酶反应动力学对于生产实践、基础理论研究都很重要。与一般化学反应相比，酶反应要复杂得多，因为在酶反应体系中不仅包含有反应物（底物），而且还有酶这样一种决定性的因素，以及影响酶的其他各种因素，因此酶反应动力学不仅要研究底物浓度、酶的浓度对反应速率的影响，而且还要研究酶的抑制剂、激活剂、温度、pH 等各种因素对酶促反应速率的影响。

3.1 酶的基本动力学

3.1.1 米氏方程的推导

为了建立反应动力学方程，一般先要了解反应的方式和反应的历程。对于酶反应来说，提出了酶的活性中间产物学说，即认为酶反应都要通过酶与底物结合形成酶-底物络合物，然后酶再催化底物转变为产物，同时释放出酶。这一学说得到了较多实验的支持，如采用 X 射线结晶学方法研究核糖核酸酶、胰凝乳蛋白酶、溶菌酶和羧肽酶 A 时，取得了酶催化反应中存在酶-底物络合物的直接证据，同时中间产物学说成为推导米氏方程的依据。催化反应模型如下。

$$E+S \underset{k_{-1}}{\overset{k_1}{\rightleftharpoons}} ES \underset{k_{-2}}{\overset{k_2}{\rightleftharpoons}} E+P \qquad (3\text{-}1)$$

式中，E、S、P 和 ES 分别代表酶、底物、产物和酶-底物络合物。k_1、k_{-1}、k_2 及 k_{-2} 分别代表各步反应的速率常数。通常采用初速率测定酶催化反应的速率，它可以避免酶的不稳定性对催化反应速率的影响，同时反应产物对酶催化反应速率的影响可以忽略。即式（3-1）中 ES $\longrightarrow$E+P 这一步可以不予考虑，还可以将底物浓度看作最初加入反应体系中的浓度。因此在以后讨论的酶催化反应动力学均采用的是反应初速率。

3.1.1.1 快速平衡法

利用快速平衡法推导米氏方程，对于反应式（3-1）有如下的假设。

① E、S 与 ES 之间迅速建立平衡，且比 ES 分解为 E 和 P 的速率要快得多，即 ES 分解为产物这一步对平衡影响可略去，在任何时间内，反应均取决于限速的这一步。因此反应的初速率为 $V=k_2c_{ES}$。

② 在酶催化反应体系，$c_S \gg c_E$，$c_S \gg c_{ES}$。

③ 酶只以两种状态存在：$c_{Et}=c_E+c_{ES}$。

④ 根据平衡的原理，正、逆反应速率相等。于是

$$k_1c_Ec_{S游}=k_{-1}c_{ES}$$

根据前述假设，$c_E=c_{Et}-c_{ES}$

若 $c_S \geqslant c_{ES}$，则 $c_{S游}=c_S-c_{ES}\approx c_S$

代入 $$k_1(c_{Et}-c_{ES})c_S=k_{-1}c_{ES}$$

所以 $$\frac{(c_{Et}-c_{ES})c_S}{c_{ES}}=\frac{k_{-1}}{k_1}=K \tag{3-2}$$

整理得 $$c_{ES}=\frac{c_{Et}c_S}{K+c_S} \tag{3-3}$$

由于 $V=k_2c_{ES}$，将式（3-3）代入，得

$$V=\frac{k_2c_{Et}c_S}{K+c_S} \tag{3-4}$$

上式中 V 是瞬时速率，其大小取决于 c_{ES} 的浓度。当底物浓度很高时，酶被底物所饱和，即所有的酶都以 ES 形式存在，所以 $c_{ES}=c_{Et}$，这时速率达到最高值，用最大反应速率 V_m 表示。显然 $V_m=k_2c_{Et}$，故式（3-4）可以改写成

$$V=\frac{V_mc_S}{K+c_S} \tag{3-5}$$

式（3-5）就是著名的米氏（Michaelis-Menten）方程，式中 $K=\frac{k_{-1}}{k_1}$，是 ES 的解离常数。人们为纪念米氏，用 K_m 代替 K，并称 K_m 为米氏常数。由于米氏方程引入了假设条件，且反应模式过于简单，故不能反映实际反应历程的细节。尽管如此，经过几十年的实践证明，该方程仍有其实用价值。

3.1.1.2 Briggs-Haldane修饰的Michaelis-Menten方程（稳态法）

1925 年 Brigg-Haldane 认为，快速平衡假定中 k_2 不能远小于 k_{-1}，因此提出了一个稳态（Steady-state）学说并对米氏常数的推导加以修正。该学说在快速平衡中，曾假定 $E+S \rightleftharpoons ES$ 是一个快速平衡反应，其速率远大于 ES 分解为 E+P 的速率。但是，这一点与许多实际上具有很高速率常数的反应不符。鉴于对许多酶的研究结果表明，当 ES 形成后，立刻转化为 E 和 P。亦即 $k_2 \geqslant k_{-1}$，ES 分配于 E+P 方向远大于 E+S 方向。基于这种事实提出了稳态理论，即酶和底物的反应进行一段时间，反应体系中所形成的中间物 ES 的浓度由零逐步增大。到一定数值时，虽然底物 S 和产物 P 的浓度仍在不断变化，但中间产物 ES 的生成速率与解离成 E+S 以及分解为 E+P 的合速接近相等。亦即 ES 浓度在一段时间内维持恒定，此时的反应状态称为稳态。

从稳态理论出发，假定 $ES \xrightarrow{k_2} E+P$ 中不考虑逆反应，则反应达到稳态时 ES 浓度不变，即 $\frac{dc_{ES}}{dt}=0$，因此可得 $A \rightleftharpoons B$

$$\frac{dc_{ES}}{dt}=k_1c_Ec_{S游}-(k_{-1}+k_2)c_{ES}=0 \tag{3-6}$$

在稳态法中其假设均与快速平衡法相同，故有 $c_E=c_{Et}-c_{ES}$，$c_{S游}=c_S-c_{ES}\approx c_S$，代入式（3-6）得

$$k_1(c_{Et}-c_{ES})c_S=(k_{-1}+k_2)c_{ES}$$

整理得 $$c_{ES}=\frac{k_1c_{Et}c_S}{k_{-1}+k_2+k_1c_S}=\frac{c_{Et}c_S}{\frac{k_{-1}+k_2}{k_1}+c_S} \tag{3-7}$$

由于$V=k_2c_{ES}$，且$V_m=k_2c_{Et}$代入式(3-7)整理得

$$V=\frac{V_m c_S}{\frac{k_{-1}+k_2}{k_1}+c_S} \tag{3-8}$$

令$K_m=\frac{k_{-1}+k_2}{k_1}$代入式（3-8），得

$$V=\frac{V_m c_S}{K_m+c_S} \tag{3-9}$$

由于把ES⟶E+P考虑进去，因此稳态法推导出的米氏方程式（3-9）形式虽与平衡法的式（3-5）相同，但分母中常数$K_m=\frac{k_{-1}+k_2}{k_1}$，而不再是$k_{-1}/k_1$。如果$k_2 \ll k_{-1}$，平衡法假设就成为稳态法的一种极限状况，即$K_m=\frac{k_{-1}+k_2}{k_1}=\frac{k_{-1}}{k_1}=K_s$。这里$K_s$为中间产物ES的解离常数。

快速平衡法及稳态法在反应机理方面基本相同，所推导出的动力学方程是一致的。但在对中间产物ES的物理含义以及反应特点的理解方面则稍有差别。事实上，稳态法只是对米氏方程一种特殊情况的处理，但它使米氏方程稍为严密且具有更广的普遍性。故稳态法推导的米氏方程得到了更广泛的应用。

3.1.2 米氏方程的意义

在单底物的酶催化反应中，当酶的浓度不变时，反应的初速率必然因底物浓度上升而提高，但在底物浓度上升达到某一极限后，反应速率将渐近于相应的最高值。米氏方程所表达的V与c_S的关系可用图3-1表示，为一上凸曲线。$V \sim c_S$曲线的实现意义为：在酶浓度不变的条件下底物分子与酶分子的碰撞概率，也就是酶分子有效作用的概率必然与底物浓度呈类似一级反应的关系；但是，在底物浓度达到相当高时，$c_S \geqslant c_E$，酶分子随时都受底物分子饱和的影响，反应速率必然渐近于最高值。

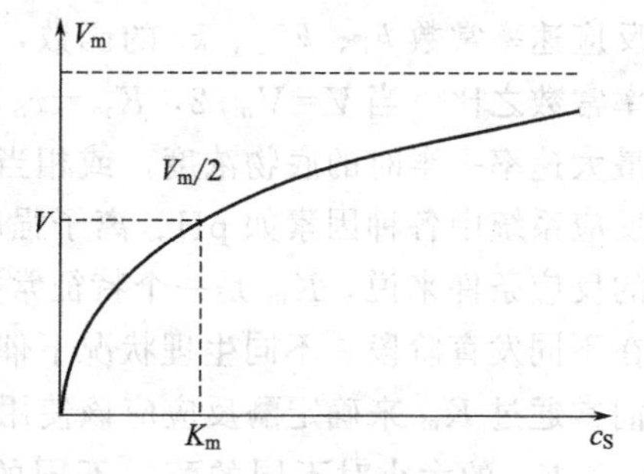

图3-1 酶催化反应速率V和底物浓度c_S的关系

底物浓度与酶反应速率的几种特殊情况讨论如下。

① 当$c_S \gg K_m$时，$V=V_m$。它意味着酶被底物充分饱和时所能达到的最大反应速率，此时对于c_S来说是零级反应。

② 当$c_S=K_m$时，$V=\frac{1}{2}V_m$。这是K_m值的方便求法，也反映出米氏常数K_m的物理意义，即当反应速率达到最大反应速率一半时的底物浓度。

③ 当$c_S \ll K_m$时，$V=\frac{V_m}{K_m}c_S$。表示在底物浓度很低时，V与c_S成正比，对于c_S来说是一级反应。

由此可见，酶反应的反应速率和底物浓度直接相关；底物浓度决定着系统反应级数；衡量这种关系的尺度是K_m。米氏方程概括的这些规律和绝大多数结果是一致的，但少数情况下也可能有异常，会出现某些偏离。

另外，从米氏方程可以看出酶反应速率与酶浓度的关系，即酶反应速率正比于酶浓度。

将 $V_m=k_2c_{Et}$ 代入式（3-9），则有 $V=\frac{k_2c_{Et}c_S}{K_m+c_S}$，当

$$c_S \geqslant K_m,\ V=k_2c_{Et}$$

$$c_S \approx K_m,\ V=\frac{k_2c_S}{K_m+c_S}c_{Et}$$

$$c_S \leqslant K_m,\ V=\frac{k_2c_S}{K_m}c_{Et}$$

只有当 $c_S \gg K_m$ 时，酶反应速率和酶浓度能保持线性关系，见图 3-2。当 $c_S \ll K_m$ 时，反应速率与酶浓度间不是简单的线性函数，它受底物浓度变化的影响变得十分复杂。为了排除底物这一因素的影响，在以动力学方法进行酶活性测定时，应使用足够高的底物浓度，使每个酶分子都能正常地参加反应，即使反应速率达到最大，在这种情况下，酶反应速率仅取决于酶的浓度和酶催化性质。

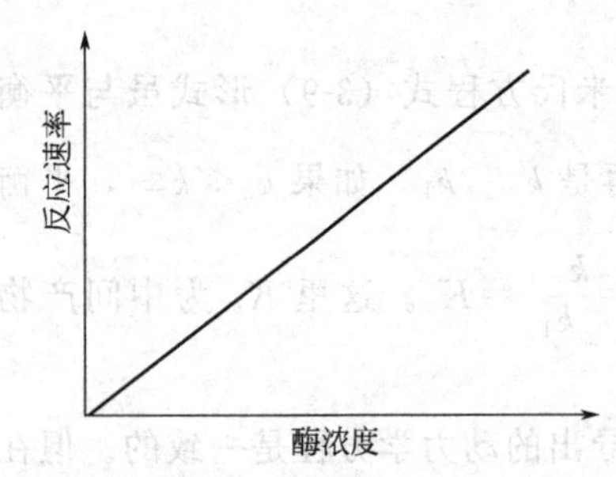

图 3-2　酶浓度和反应速率的关系

在实际工作中，反应系统使用适当的底物浓度是一个重要的问题。在酶分析中，以动力学方法进行活力测定时，如测定底物对反应速率的影响应使系统处于一级反应状态，使反应速率正比于底物浓度；如测定底物以外的其他因素对酶反应速率的影响，最好使用足够高的底物浓度，使反应呈零级反应状态，避免底物因素的影响。

3.1.3　米氏常数的意义

K_m 是酶的一个极重要的动力学特征常数。由 K_m 的表达式 $K_m=\frac{k_{-1}+k_2}{k_1}$ 可知，K_m 是反应速率常数 k_1、k_{-1}、k_2 的函数，为中间产物 ES 的消失速率常数（$k_{-1}+k_2$）与形成速率常数之比。当 $V=V_m/2$，$K_m=c_S$，说明 K_m 与浓度因素有关。它表示 K_m 相当于反应达最大速率一半时的底物浓度，或相当于酶活性部位的一半被底物占据时所需的底物浓度。当反应系统中各种因素如 pH、离子强度、溶液性质等保持不变时，即对于特定的反应和特定的反应条件来说，K_m 是一个特征常数。因此有时也可通过它来鉴别不同来源或相同来源但在不同发育阶段、不同生理状况下催化相同反应的酶是否属于同一种酶。在实际工作中，人们常通过 K_m 来确定酶反应应该使用的底物浓度。

K_m 的大小对不同的酶、不同的酶反应来说可以很不相同，但一般数量多为 10^{-2}～10^{-5} mol/L^{-1}。表 3-1 列举了一些酶的 K_m 值。

酶的 K_m 值是由酶的作用中心同底物分子的结合速率而定的特征值，因此其数值大小可因酶分子或底物分子的性质和结构而改变。不同来源或系列底物分子测得的 K_m 值不同。因此，使用 K_m 应注意酶的来源和底物名称。但是一种酶的不同批次制剂，即使含有分量不等的杂质，只要酶和底物性质不变，在规定的情况下测其 K_m 值时可以得出基本上相同的结果。

米氏常数 K_m 值的涵义：K_m 值是酶促反应速率达到最大反应速率一半时的底物浓度。其数值为一个常数，但可在严格规定条件下测定，通常以 mol·L^{-1}表示。一些酶的 K_m 值如表 3-1 所示。

酶特征值 K_m 可以有不同的应用。

① 作为酶与底物亲和力的一个量度。当 $k_2 \ll k_{-1}$ 时，$K_m=\frac{k_{-1}+k_2}{k_1}\approx\frac{k_{-1}}{k_1}=K_s$，即中

表 3-1　若干酶的 K_m 值

酶	来源	底物	K_m /(mmol/L)	酶	来源	底物	K_m /(mmol/L)
酯酶	马肝	丁酸丁酯	22	黄嘌呤氧化酶	牛乳	黄嘌呤	0.05
脂肪酶	猪胰	甘油三丁酯	0.6	乳酸脱氢酶	心肌	丙酮酸	0.017
胆碱酯酶	电鳗	乙酰胆碱	0.46	乙糖激酶	酵母	ATP	0.095
蔗糖酶	酵母	蔗糖	28	丙酮酸脱氢酶	鸽胸肌	丙酮酸	1.30
肌激酶	兔肌	腺三磷	0.33	α-酮戊二酸脱氢酶	鸽胸肌	α-酮戊二酸	0.0085
肌酸激酶	兔肌	腺三磷	0.60	甘油醛 3-磷酸脱氢酶	兔肝	甘油醛 3-磷酸	0.051
磷酸甘油酸激酶	酵母	ATP	0.11	苹果酸脱氢酶	心肌	苹果酸	0.055
碱性磷酸酯酶	文昌鱼	对硝基苯磷酸盐	0.5	丁酰辅酶 A 脱氨酶	牛肝	丁酰 CoA	0.14
碱性磷酸酯酶	缢蛏	对硝基苯磷酸盐	2.5		酵母		0.058
中华猕猴桃蛋白酶	猕猴桃	血红蛋白	25	磷酸己糖异构酶	酵母	葡萄糖-6-磷酸	0.7

间产物 ES 的解离成为限速步骤，K_m 等于 ES 的解离常数，它反映酶与底物亲和力的大小。但是在很多情况下，即当 $k_2 \gg k_{-1}$ 时，K_m 并不等同于 K_s。而为了讨论方便，人们常把 K_m 看作是中间产物 ES 的解离常数。K_m 愈大说明中间产物愈易解离，亦即说明酶与底物的亲和力愈小；反之，K_m 愈小，可认为酶与底物的亲和力愈大。

② 鉴别最适底物。如果一个酶作用于多种底物时，各底物与该酶的 K_m 值会有差异，具有最小 K_m 或最高的 V_m/K_m 比值的底物就是该酶的最适底物，即天然底物。

③ 了解酶的底物在体内具有的浓度水平。一般来说，作为酶的天然底物，它在体内的浓度水平应接近它的 K_m 值。因为如果 $c_S \gg K_m$，那么 $V \leqslant V_m$，大部分酶没有发挥作用；反之，如果 $c_S \ll K_m$，则 V 接近 V_m，S 则失去其生理意义。

④ 判断在细胞内酶的活性是否受底物控制。如果测得离体酶的 K_m 值远低于细胞内的底物浓度（$K_m \ll c_S$），而反应速率没有明显的变化，则表明该酶在细胞内处于被底物所饱和的状态。反之，如果 $K_m \gg c_S$，则反应速率对底物浓度的变化极为敏感。

⑤ 作为同工酶的判断依据。同工酶的 K_m 有两种情况：当同工酶蛋白的氨基酸序列差异不大时，它们对同一底物的 K_m 值往往是相同的；另一方面，异源的同工酶对同一底物的 K_m 值则往往是不同的。

3.1.4　米氏方程中 K_m、V_m 的测定

K_m 值及 V_m 值可以根据两组不同底物浓度的试验数据代入公式，然后解二元一次联立方程式计算，但此法不够简便，而且 V 值不易准确测定，故 K_m 值也不易准确计算。

3.1.4.1　Lineweaver-Burk 方程

1934 年 Lineweaver 和 Burk 提出双倒数法作图求取 K_m 值。将米氏常数变为倒数，即为

$$\frac{1}{V}=\frac{K_m}{V_m}\frac{1}{c_S}+\frac{1}{V_m}$$

这个公式相当于 $y=mx+b$，是一个直线方程，其斜率为$\frac{K_m}{V_m}$，截距为$\frac{1}{V_m}$，直线与$\frac{1}{c_S}$轴的交点等于$-\frac{1}{K_m}$。因为$\frac{1}{V}=0$ 时，$\frac{1}{c_S}=-\frac{1}{K_m}$，如图 3-3（a）所示。

如果以$\frac{1}{V}$对$\frac{1}{c_S}$作图，可以得到一条直线。直线的斜率为 K_m/V_m，直线在 x、y 轴上截距分别为和$-\frac{1}{K_m}$和$\frac{1}{V_m}$，见图 3-3（a）。该方程作图的缺点是：图形的点分布集中于 $1/V$ 轴

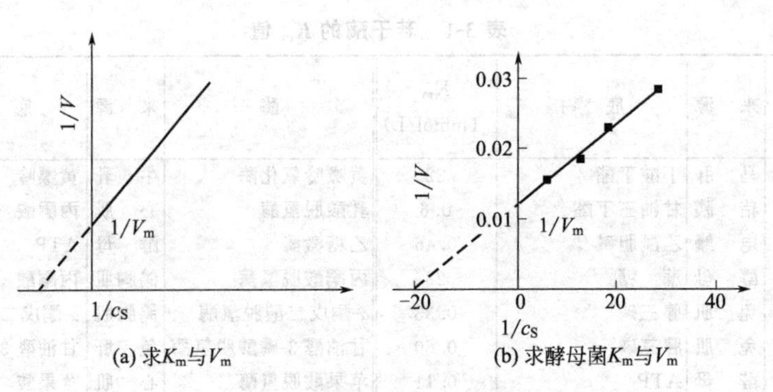

图 3-3 作图法求 K_m 和 V_m

附近，但这一缺点可通过适当选择 c_S 加以克服；在低 c_S 时 V 很小，本身容易产生误差，化成 $1/V$ 时，这种误差就显著放大。

例如，酵母菌脱羧酶的反应，经过实验求得表 3-2 所列的数据。根据这个实验就可用方格纸以$\frac{1}{V}$对$\frac{1}{c_S}$作图，如图 3-3（b）所示，并求出该酶的 K_m 值及 V_m 值。

表 3-2 酵母菌脱羧酶反应速率

丙酮酸浓度 $c_S/\text{mol}\cdot\text{L}^{-1}$	反应速率 $V/(\text{mL}_{CO_2}/\text{min})$	$\frac{1}{c_S}$	$\frac{1}{V}$
0.025	26.6	40	0.0376
0.050	40.0	20	0.0250
0.100	53.3	10	0.0187
0.200	64.0	5	0.0156

由于，$\frac{1}{V}=0$ 时

$$-\frac{1}{K_m}=\frac{1}{c_S}$$

故

$$-\frac{1}{K_m}=-20$$

$$K_m=\frac{1}{20}=0.05\text{mol}\cdot\text{L}^{-1}$$

$$V_m=\frac{1}{0.0125}=80\text{mL}\cdot\text{min}^{-1}$$

3.1.4.2 Hanes方程

将式 $V=\frac{k_2c_{Et}c_S}{K_m+c_S}$简化重排后得 Hanes 方程。

$$\frac{c_S}{V}=\frac{c_S}{V_m}+\frac{K_m}{V_m}$$

以$\frac{c_S}{V}\sim c_S$ 作图，得一直线，直线的斜率为$\frac{1}{V_m}$，直线在 x、y 轴截距分别为 $-K_m$ 和 K_m/V_m，如图 3-4。这个方程作图的优点是点的分布均匀，缺点是误差放大（因为取$\frac{1}{V}$的缘故），但是比较一致，一般适于测定常数用。

3.1.4.3 Eadie-Hofstee方程

1959 年 Eadie-Hofstee 提出第二种作图法，将米氏方程移项整理后可得下式。

$$VK_m + Vc_S = V_m c_S$$

$$Vc_S = V_m c_S - VK_m$$

故 $V = V_m - K_m \dfrac{V}{c_S}$ 此式为一个直线方程，作图结果如图 3-5 所示。

当 $\dfrac{V}{c_S} = 0$ 时，截距为 V_m。

原式写成 $\dfrac{V}{c_S} = \dfrac{V_m}{K_m} - \dfrac{V}{K_m}$，当 $\dfrac{V}{K_m} = 0$ 时，截距为 $\dfrac{V_m}{K_m}$。

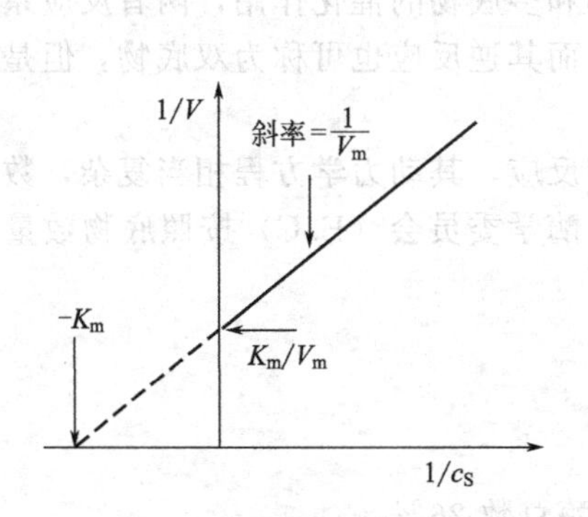

图 3-4　酶动力学数据根据 Hanes 方程的作图

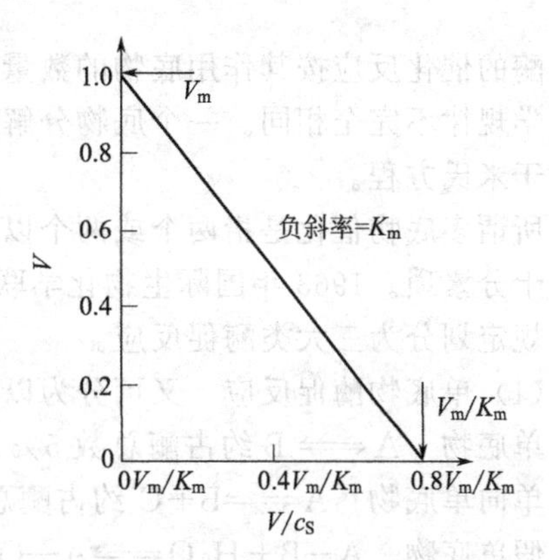

图 3-5　Eadie-Hofstee 作图法

如果以 $\dfrac{V}{c_S}$ 对 V 作图，可以得到一条直线，直线斜率为 $-K_m$，在 x、y 轴截距分别为 V_m 和 V_m/K_m，见图 3-5。这种作图法存在点分布不均匀的缺点，但误差没有放大，可信度高，更大的优点是各种因素的影响可在图上表现出来。

3.1.4.4　Eisenthal 和 Cornish-Bowden 方程

1974 年 Eisenthal 和 Cornish-Bowden 提出第四种作图法。

在一定酶浓度时，米氏方程双倒数关系可以整理为下式。

$$\frac{1}{V} = \frac{K_m + c_S}{V_m c_S}$$

双倒数为：

$$\frac{V_m}{V} = \frac{K_m + c_S}{c_S} = \frac{K_m}{c_S} + 1$$

以 V_m 对 K_m 作图，可以得到一条直线，如图 3-6 所示。

当 $K_m = 0$，$V_m = V$；当 $V_m = 0$ 时，$K_m = -c_S$。

上述四种作图法求取 K_m 值在研究和实际工作中均有所应用，由于第一种作图法比较简便，较为普遍采用，其缺点是若 c_S 浓度低时，与 V 所成的点所占的分量较重，易造成一些不够精确的 V_m 值和 K_m 值，而后三种作图法不存在此问题。

根据上述四个方程来处理酶动力学数据各有优缺点，在决定选择哪一个方程来处理一组特定

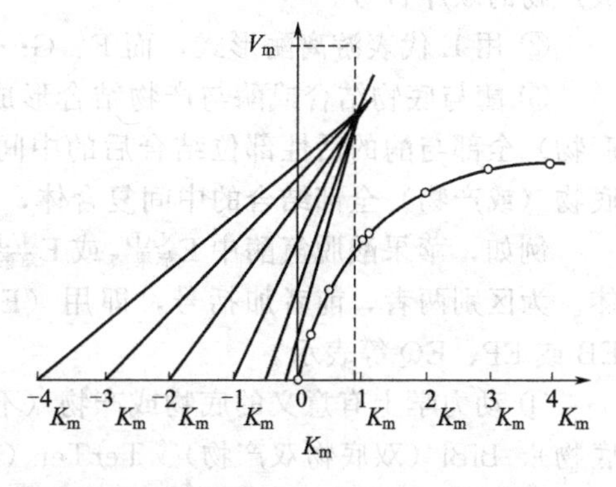

图 3-6　Eisenthal 和 Cornish-Bowden 作图法

的数据时，必须考虑到下面这些因素：①数据点较均匀地沿着直线分布；②数据点尽可能地落在一条直线上；③在 Eadie-Hofstee 方程中，精确度最小的实验参数 V 同时出现在 x 和 y 项，因此根据这个方程确定 K_m 和 V_m 时整个精确度会减小，使用最普遍的是 Lineweaver-Burk 方程。随着计算机的普及，可采用计算机程序直接计算与米氏方程的原始形式能最佳配合的参数 K_m 和 V_m，采用图形法计算 K_m 和 V_m 的方法也将随之而淘汰。

3.2 多底物酶促反应动力学

酶的催化反应按其作用底物的数量可分为单底物和多底物的催化作用，两者反应系统的动力学规律不完全相同。一个底物分解成两个产物，而其逆反应也可称为双底物，但是不能适用于米氏方程。

所谓多底物催化是指两个或两个以上的底物参与反应，其动力学方程相当复杂，数学推导也十分繁琐。1963 年国际生物化学联合会（IUB）酶学委员会（E. C）按照底物数量把酶反应规定划分为三大类酶促反应。

（1）单底物酶促反应　又可分为以下三种。

单底物　$A \rightleftharpoons B$ 约占酶总数 5%。

单向单底物　$A \rightleftharpoons B+C$ 约占酶总数 12%。

假单底物　$A—B+H_2O \rightleftharpoons A—OH+BH$ 约占酶总数 26%。

（2）双底物酶促反应　可分为以下三种。

① 氧化还原酶类

$AH_2+B \rightleftharpoons A+BH_2$；

$A^{2+}+B^{3+} \rightleftharpoons A^{3+}+B^{2+}$ 约占酶总数 27%。

② 基团转移酶类

$A+BX \rightleftharpoons AX+B$ 约占酶总数 24%。

③ 三底物酶促反应

连接酶类　$A+B+ATP \rightleftharpoons AB+ADP+Pi$

$A+B+ATP \rightleftharpoons AB+AMP+PPi$　约占酶总数 6%。

3.2.1 多底物酶促反应历程表示法

多底物酶促反应动力学比单底物酶促反应复杂得多，为了统一和简化表示其反应历程，1967 年 Cleland 推荐一种命名和反应历程的表示法则，有如下 5 条原则。

① 符号表示：A、B、C、D……表示酶结合的底物顺序符号；P、Q、R、S……表示形成产物的顺序符号。

② 用 E 代表游离酶形式，而 F、G……等代表酶的其他稳定形式。

③ 酶与底物结合或酶与产物结合形成的中间复合物有两种形式。一种是各种底物（或产物）全部与酶的活性部位结合后的中间复合体（central complex）；另一种是没有和各种底物（或产物）全部结合的中间复合体，称为非中心复合体。

例如，苹果酸脱氢酶中 $E^{NAD}_{苹果酸}$ 或 $E^{NADH}_{草酸乙酸}$ 是中间复合体，而 E^{NAD} 或 E^{NADH} 为非中心复合体。为区别两者，前者加括号，即用（EAB 或 EPQ）等表示，后者则不加括号，用 EA、EB 或 EP、EQ 等表示。

④ 动力学上有意义的底物或产物（不包括水及 H^+）的数目用 Uni（单底物）、Bi（双底物）、BiBi（双底物双产物）、TerTer（三底物三产物）、QuadQuad（四底物四产物）等表示。在顺序机制中仅出现一次底物数和一次产物数；而乒乓机制，因为属于双取代反应，可

出现两次底物或两次产物数。

⑤ 除随机机制外，酶促反应的历程用一条水平基线表示，线上向下的箭头表示与酶结合的底物，向上的箭头表示从酶释出的产物，而酶在结合底物或释出产物前后的形式则列于线下。

3.2.2　多底物酶促反应动力学描述方法

多底物酶促反应历程复杂，包括连续性机制和非连续性机制。

3.2.2.1　连续性机制

连续性机制又可分为有序机制和随机机制两种：

（1）有序机制（Ordered mechanism）底物和产物按严格次序与酶缩合，如脱氢酶 Ordered BiBi 机制如下图所示。

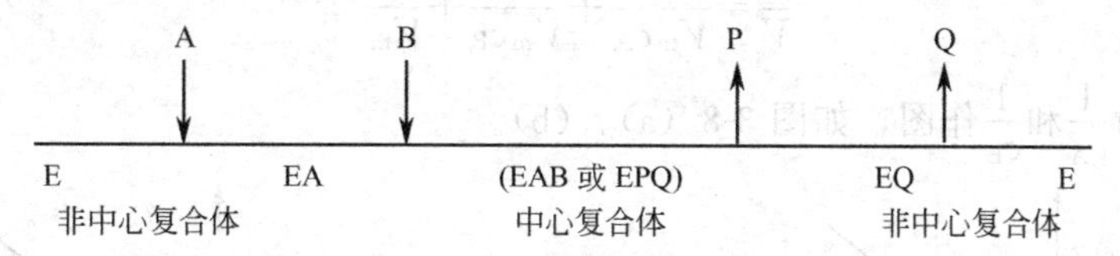

（2）随机机制（Random BiBi 机制）

A B　P Q
E—EA—EAB或EPQ—EQ—E
EB　EP
B A　Q P

上述机制以稳态法处理，其酶促反应速率方程式如下。

$$V=\frac{V_m c_A c_B}{c_A c_B + c_B K_m^A + c_A K_m^B + K_S^A K_m^B}$$

取双倒数得

$$\frac{1}{V}=\frac{K_m^A}{V_m c_A}\left[1+\frac{K_S^A K_m^B}{K_m^A c_B}\right]+\frac{1}{V_m}\left[1+\frac{K_m^B}{c_B}\right]$$

或

$$\frac{1}{V}=\frac{K_m^B}{V_m c_B}\left[1+\frac{K_S^A K_m^A}{K_m^A c_A}\right]+\frac{1}{V_m}\left[1+\frac{K_m^A}{c_A}\right]$$

上两式均为直线方程，其作图后形式如图 3-7（a）、（b）。

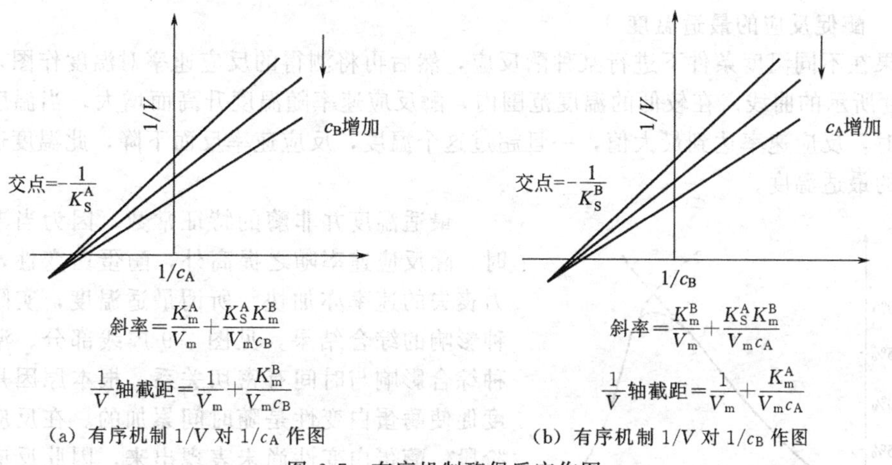

(a) 有序机制 $1/V$ 对 $1/c_A$ 作图　　(b) 有序机制 $1/V$ 对 $1/c_B$ 作图

图 3-7　有序机制酶促反应作图

3.2.2.2　非连续性机制

非连续性机制（乒乓机制，即 Ping pong mechanism）是酶一次只结合一个底物，当一个产物自酶脱离后，酶再与第二个底物结合，反应过程形成四种二元复合物，而不形成三元复合物。例如，转氨酶催化历程如下图所示。

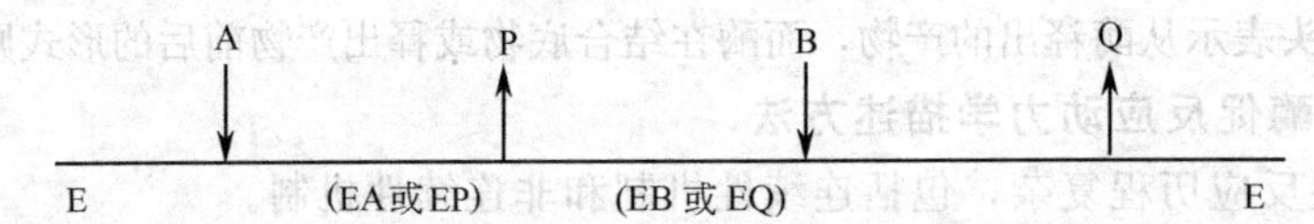

根据乒乓机制的反应历程及恒态学说，可推导出其酶促反应速率方程为：

$$V=\frac{V_m c_A c_B}{K_m^A c_B+K_m^B c_A+c_A c_B}$$

$$\frac{1}{V}=\frac{K_m^A}{V_m c_A}+\frac{K_m^B}{V_m c_B}+\frac{1}{V_m}$$

将$\frac{1}{V}$分别对$\frac{1}{c_A}$和$\frac{1}{c_B}$作图，如图 3-8（a）、（b）。

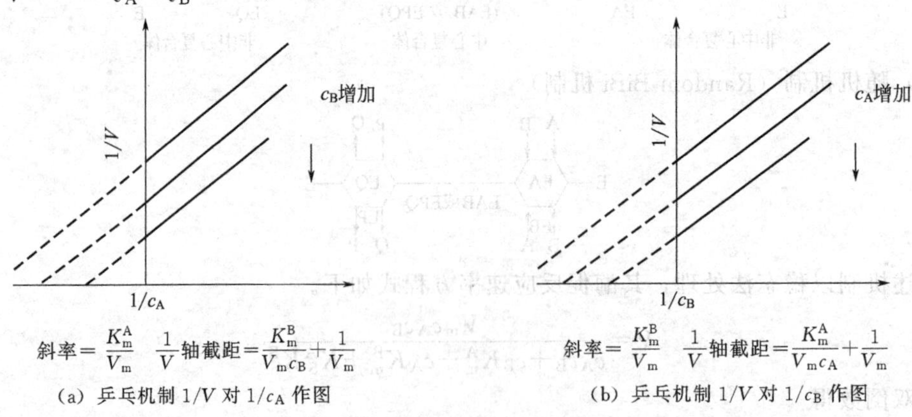

（a）乒乓机制 $1/V$ 对 $1/c_A$ 作图　　（b）乒乓机制 $1/V$ 对 $1/c_B$ 作图

图 3-8　乒乓机制酶促反应作图

3.3　影响酶促反应的因素

3.3.1　温度对酶作用的影响

3.3.1.1　酶促反应的最适温度

如果在不同温度条件下进行某种酶反应，然后再将测得的反应速率对温度作图，即可得如图 3-9 所示的曲线。在较低的温度范围内，酶反应速率随温度升高而增大，当温度升高至某一值时，反应速率达到最大值，一旦超过这个温度，反应速率反而下降，此温度通常称为酶反应的最适温度。

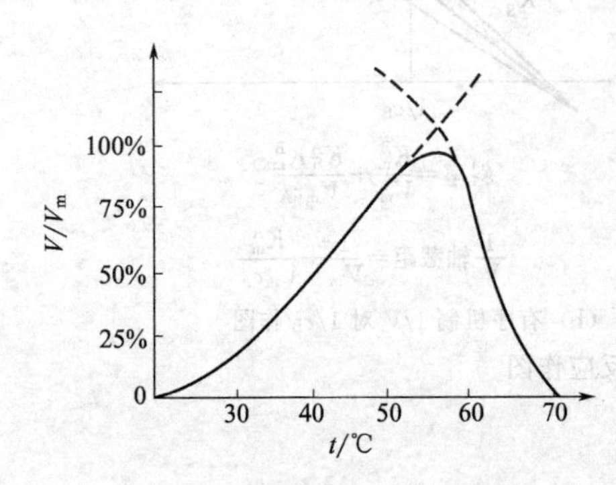

图 3-9　酶反应的最适温度

最适温度并非酶的特征常数，因为当温度升高时，除反应速率随之提高外，酶蛋白变性，导致活力丧失的速率亦加快。所谓最适温度，实际是这两种影响的综合结果，见图 3-9 虚线部分。温度的这种综合影响与时间有密切关系，根本原因是由于温度促使酶蛋白变性是随时间累加的。在反应的最初阶段，酶蛋白变性尚未表现出来，因此反应的初速率随温度升高而增加；但反应时间延长时，酶蛋白变性逐渐突出，反应速率随温度升高的效应将逐渐为酶蛋白变性效应所抵消。因此，在不同反应时间

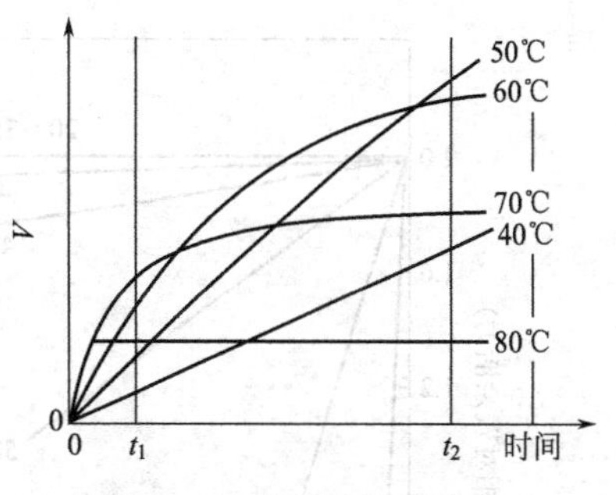

图 3-10　酶反应最适温度与时间的关系

内测得的最适温度也就不同，它随反应时间延长而降低，如图 3-10 所示。从图中可见，在 $t=t_2$ 时，酶反应速率是 50℃最大。用酶作为催化剂的工业生产流程总要相对于该流程各步反应时间的长短来选定调控的温度，最适温度的研究具有相当重要的实际意义，特别是生物反应器的运转，更应给予足够的重视。

3.3.1.2　酶的热稳定性

在酶催化反应中，一般反应物转变为产物的活化能为 25～63kJ/mol，而酶变性的活化能为210～630kJ/mol。这意味着酶在较低温度时比较稳定，在较高温度时，由于较多数目的分子具有足够的能量以达到变性状态。因此，酶变性速率会变得很快，这一点可用表 3-3 中数据加以说明。表中活化能 E_a 对于反应物转变成产物和酶变性分别为 25kJ/mol 和 250kJ/mol。反应物转变成产物的速率在 60℃是－10℃时的 11.4 倍，而酶变性的速率在 60℃时是－10℃时的 3.16×10^{10} 倍。这是根据 Arrhenius 方程 $k=Ae^{-E_a/RT}$ 计算得到的。

表 3-3　温度对反应物转变的速率和变性速率的相对影响

温度/℃	相对速率		温度/℃	相对速率	
	E_a=25kJ/mol	E_a=250kJ/mol		E_a=25kJ/mol	E_a=250kJ/mol
－10	1.0	1.0	40	6.31	1.0×10^8
0	1.55	7.94×10	60	11.4	3.16×10^{10}
20	3.24	1.26×10^5			

在一定温度范围内升温时酶失活是可逆的。因为酶分子表面构象的改变而导致的活性中心几何位置相对错开是可以恢复的。温度降低后，酶活性就恢复正常，此为酶的可逆变性。当温度上升超过了界限，分子动能增大同时基团的震动能扩大，以至超过氢键及其他正常键能水平，酶的立体构象不能维持正常，于是氢键大量破坏，酶蛋白的 α-螺旋体无规则地散开，有序的分子结构变成无序。酶分子以被破坏了三维结构的蛋白形态存在，这就是不可逆变性。可逆变性的概念对于从事食品专业的人员来说并不是一个陌生的概念。水果和蔬菜中的过氧化物酶和乳中碱性磷酸酶，在食品材料进行热处理工序后放置的过程中，可以部分地再生，就属于酶的可逆变性。但是如果温度足够高，所有的酶转变成不可逆变性形式，再将酶液保藏在较低温度时，酶就不会再生。

为测定温度对酶稳定性的影响，先将酶液在各个不同的温度下保温，而其他条件保持相同。在不同的时间间隔，依法取出一定量的酶液在相同的 pH 和温度下测定酶的活性。根据上述所得实验数据可作出图 3-11 及图 3-12。大多数酶在 20～35℃下是完全稳定的，而在 40℃以上酶活力趋于下降，且温度越高活力丧失的速率越快。一般情况下，酶在 60～70℃呈现可逆性失活，而在 70～80℃出现不可逆失活。但是个别酶的热稳定性与之存在较大差异，如牛肝的过氧化氢酶在 35℃时即不稳定，而核糖酸酶在 100℃下保持几分钟仍有活力。

如果仅需测定一个保温时间后的残存酶活力，那么可以作百分残存活力-温度图，见图 3-13。

酶的稳定性不仅是温度的函数，而且和溶液的性质密切相关。如 pH、缓冲液的离子强度和性质、体系中蛋白质浓度、保温时间以及是否存在底物、活化剂和抑制剂等都有显著的

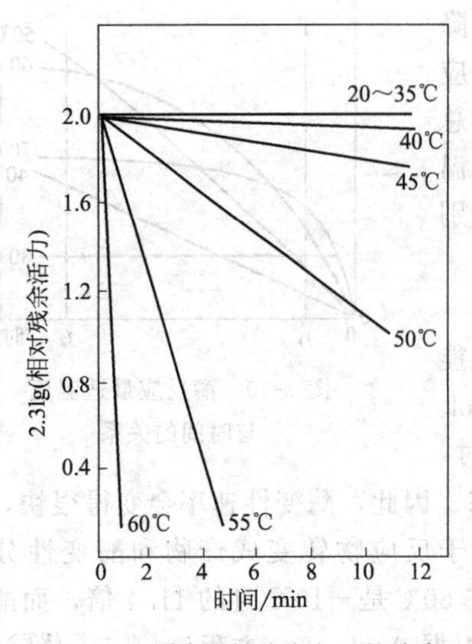

图 3-11 不同温度时酶失活的速率

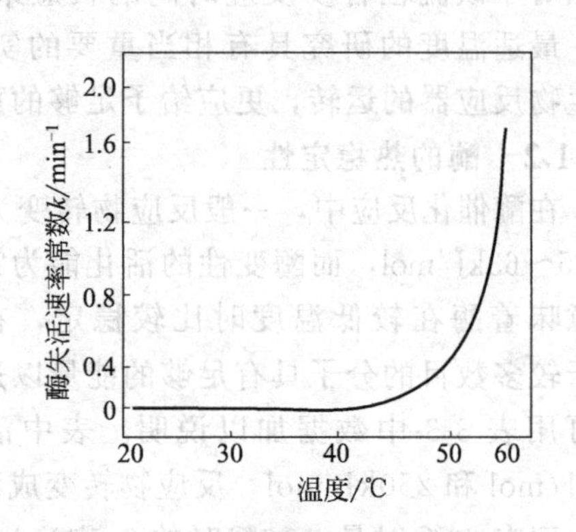

图 3-12 温度对酶稳定性的影响

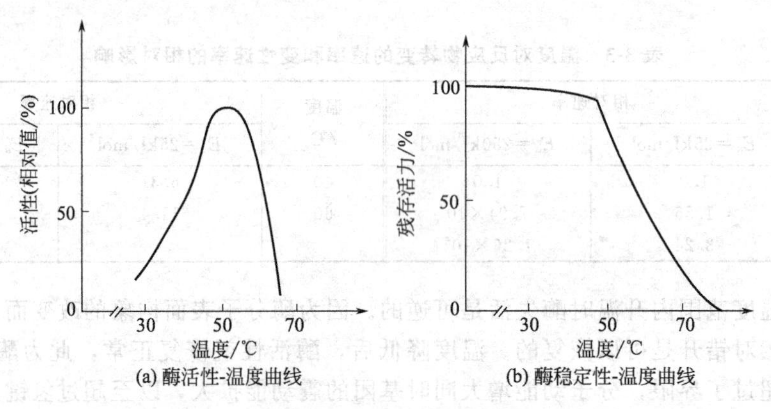

图 3-13 酶活性、稳定性与温度的关系曲线

影响。酶的温度稳定性数据仅仅是当所有其他因素已被控制和明确指出时才具有意义。另外酶分子的大小和结构复杂性同它们对热的敏感性之间存在着一些关系。一般地说，如果酶是由分子量为12000～50000的单条肽链构成，并且含二硫键，它们就能耐受热处理。反之，酶的分子愈大和结构愈复杂，它对高温就愈敏感。酶的存在状态对其热稳定性也有影响。存在于完整组织或均浆中的酶，由于它的结构被其他胶体物质所保护，因此比起它以纯化的形式存在时更为耐热。而有些酶的粗制剂的稳定条件可能完全不同于纯化形式。如胰蛋白酶的粗制剂溶液在pH5时最稳定，当温度超过70℃它不可逆地失去全部活力；另一方面，结晶的胰蛋白酶制剂溶液在pH2～3时最稳定，并是在此pH下加热煮沸，酶活力也不会永久性地损失。近年来的研究报道，少数对于冷不稳定的酶，在0～10℃时比在20～30℃时更不稳定，这类酶通常具有多个亚基成分，如谷氨酸脱羧酶。在低温下，酶活力的丧失可能是由于亚基的解聚或亚基错位引起的。这种酶只在聚合态时才表现出活力。

3.3.1.3 温度对酶反应速率的影响

温度对酶反应速率影响机理的讨论以绝对反应速率理论（也称过渡态理论）为基础。根据这一理论，在反应系统中，并不是所有的分子都能进行反应，它们需要获得一定的能量转入瞬时的活化状态，这种从基态到活化态所需的能量称为活化能。

根据绝对反应速率理论，反应速率常数 k 和温度 T 有如下的关系。

$$k=\frac{k_B T}{h}\cdot e^{\Delta G^{\neq}/RT}$$

式中，k_B 为波兹曼常数；h 为普朗克常数；$\Delta G^{\neq}$ 为自由能变化。

在此之前，为了定量地描写温度与反应速率的关系，Arrhenius 提出了一个经验方程式。

$$k=Ae^{-E_a/RT}$$

式中，A 称频率系数或 Arrhenius 因子，是比例于分子碰撞次数的常数；E_a 为特定反应系统的活化能，方程两边取对数则可变成为

$$\lg k=\lg A-\frac{E_a}{2.303RT}$$

比较可知二者十分相似，只是第一个公式中频率系数项（$k_B T/h$）包含温度项，而 Arrhenius 方程式中并不包含温度项，其中

$$\Delta H^{\neq}=E_a-RT$$

$$\Delta G^{\neq}=\Delta H^{\neq}-T\Delta S^{\neq}$$

Arrhenius 方程式原来是用于描写温度对化学反应速率的影响，但是在一定温度范围以内（一般在 45℃以下），也适用于酶促反应，只是超过 45℃时通常还伴随酶变性问题。

根据式 $\lg k=\lg A-\frac{E_a}{2.303RT}$，以 $\lg k$ 对 $\frac{1}{T}$ 作图可得一直线，直线的斜率为 $-E_a/(2.303R)$，因而可求得 E_a。表 3-4 列举了某些反应的活化能。酶能显著降低反应的活化能，因而较其他催化剂效率更高。

表 3-4 某些反应的活化能

反 应	催 化 剂	活化能/(cal/mol)①	反 应	催 化 剂	活化能/(cal/mol)①
H_2O_2 分解	无	18000	乙酸丁酯水解	H^+	16000
	胶体铂	11700		OH	10200
	Fe^{3+}	9800		胰脂肪酶	4500
	过氧化氢酶	<2000	酪蛋白水解	H^+	20000
蔗糖水解	H^+	25000		胰蛋白酶	12000
	酵母蔗糖酶	8000			

① 1cal=4.18J。

衡量温度对反应速率影响的另一物理量为温度系数（Q_{10}），即温度提高 10℃时反应速率和原来速率之比值。如果以 k_1 和 k_2 分别代表温度为 T_1 和 T_2 时的速率常数，式 $\lg k=\lg A-\frac{E_a}{2.303RT}$可变为

$$\lg\frac{k_2}{k_1}=\frac{E_a}{2.303R}\left(\frac{1}{T_1}-\frac{1}{T_2}\right)$$

由上式可知 Q_{10}（即 k_2/k_1）取决于温度和活化能。因此，知道反应的活化能 E_a 以后，还可以计算反应的温度系数。一般酶催化反应的 Q_{10} 范围为 2～3。

研究温度对酶反应速率的影响有两方面的意义：①它是酶学工作的基本内容；②是深入认识酶作用原理的重要手段。根据绝对反应速率理论，通过动力学参数可求得反应各个环节的热力学参数 $\Delta G^{\neq}$、$\Delta H^{\neq}$、$\Delta S^{\neq}$。

3.3.2 pH 对酶作用的影响

3.3.2.1 酶的pH稳定性

氢离子浓度变化与酶活性的关系不仅表现在酶促反应的最适 pH，而且表现在 pH 对酶

的稳定性效应问题。酶的 pH 稳定性与最适 pH 是截然不同的概念。

各种酶因其分子结构不同，特别是因其作用中心构象和微环境的特殊性，酶分子只在一定的 pH 条件下保持稳定，超过界限酶分子会变性；有的酶只在稳定的 pH 界限内的某一个 pH 区域才有活性，超过了这个区域，酶分子虽仍保持蛋白质的天然性质，但却不表现应有的活性或活性大大降低，包含以下几层含义。

① 酶的稳定 pH 指的是使酶蛋白分子结构（包括立体构象）维持天然状态而不曾变性的 pH。当酶受酸碱处理后，酶分子将变性，不可逆转。一般的酶在过酸或过碱的环境中放置时间过长，将受到不可逆的破坏。

② 酶分子结构保持天然状态，但由于 pH 变化而引起作用中心及微环境出现构象上的可逆调整以致酶活性不能表现出来，这称为酶的可逆性失活，酶变性必然使酶失活，但可逆性失活不等于酶变性。二者 pH 界限不相同，区别这两点在酶学工作中相当重要。

③ 酶的作用 pH 区限，指酶表现活力所要求的 pH 环境，最低 pH 和最高 pH 是它的两端界限。

④ 酶的最适 pH 指酶表现出最大活力的 pH。

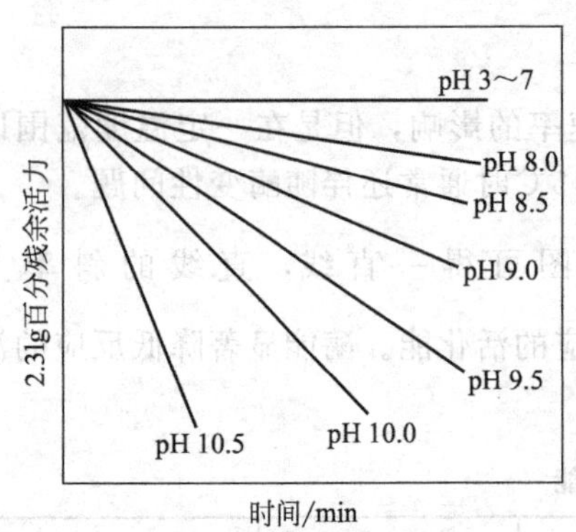

图 3-14 酶在不同 pH 下保温时的失活速率

3.3.2.2 酶的pH稳定性的实验测定

为了了解酶在酸碱中的稳定性情况，通常都要制备一条酶稳定性-pH 曲线。方法是将酶溶液分成若干份，然后分别置于不同 pH 的同种缓冲液中，保温一定时间，最后再调整至某一共同的 pH 和温度测定酶活力。

根据上述实验数据，可以酶的百分残存活力的对数对保温时间作图，见图 3-14。

如果 pH 仅影响酶的变性，那么这个关系表现为线性，直线的斜率是酶失活的一级速率常数。由图中可知，该酶在 pH3～7 范围内十分稳定。然而并非所有酶的失活都遵循一级反应动力学，这是由于除了变性以外，还有其他因素影响酶活力的损失。

如果仅测定不同 pH 的一个保温时间后残存酶活力，那么可以百分残存活力对 pH 作图，一般的酶稳定性 pH 曲线即以这种形式表示。

3.3.2.3 影响酶的pH稳定性的因素

许多因素影响酶的 pH 稳定性，在测定酶的稳定性～pH 曲线时，尤其应注意介质的组成和温度条件，因为它们可以和 pH 同时对酶的稳定性产生影响。此外其他因素如缓冲剂的种类和浓度、底物是否存在、介质的离子强度和介电常数以及 pH 对酶的辅助因子或活化剂稳定性等都将对酶的 pH 稳定性产生影响。

图 3-15 描述了在不同条件下，pH 对胰蛋白酶稳定性的影响，pH 稳定曲线是保温条件的函数。在 30℃保温 24h，酶在 pH 2.5 时具有最高稳定性，而在 pH 小于 1 和 pH 大于 8 时残存的酶活力很低。但是当酶在不同的 pH 于 0℃保持 15min 时，直到 pH 10 还能保留全部活力，pH 超过 10，酶的稳定性下降，在 pH 12 时酶的稳定性最低，在 pH 13 附近酶的稳定性提高，但在 pH 超过 13 时酶的稳定性又显著下降。

胰蛋白酶 pH 稳定性是两个过程的结果，pH 低于 2.5（24h，30℃）时的不稳定性是蛋白质不可逆变性的结果，在 pH 2.5～8.5 时，酶活力的丧失是由于自动消化，即胰蛋白酶自我水解的结果。可以这样解释：天然的酶分子和可逆变性的酶分子处于平衡，而前者能利用后者作为底物。当 pH 提高到 13 时，大多数酶处在可逆变性形式（15min，0℃），很少或

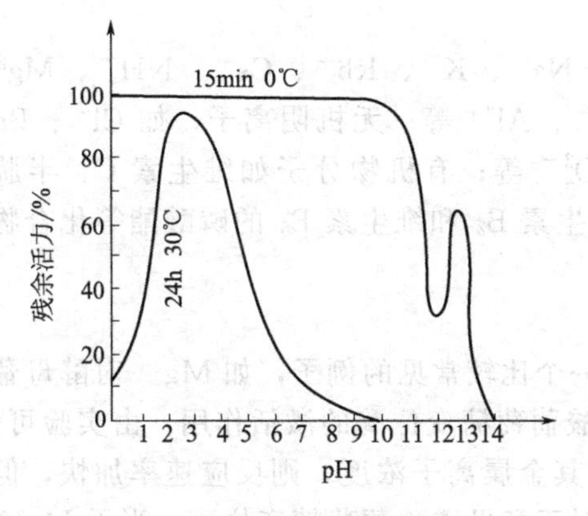

图 3-15　两组条件下，胰蛋白酶的 pH 稳定性

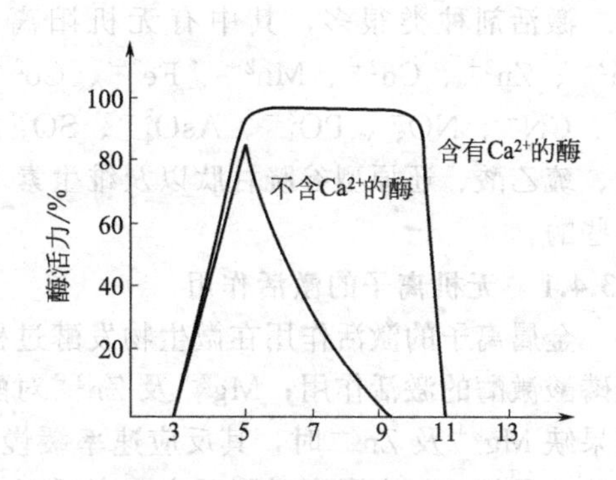

图 3-16　猪胰 α-淀粉酶（含 Ca^{2+} 和不含 Ca^{2+}）的 pH 稳定性

没有天然酶去执行自动消化，因而酶在 pH 13 时较 pH 12 时要稳定。pH 超过 13 时，酶的不可逆变性变得很快，因而在 0℃下保持 15min，酶的活力全部丧失。

酶辅因子的存在与否，对酶 pH 稳定性有较大影响。图 3-16 给出了猪胰 α-淀粉酶的 pH 曲线。每分子的 α-淀粉酶含有一个 Ca^{2+}，Ca^{2+} 并没有参与底物同酶的结合，或底物转变成产物，它起着稳定酶蛋白结构的作用。不含 Ca^{2+} 的酶和含有 Ca^{2+} 的酶相比较其稳定性较低，特别是在 pH 7～11 的范围内。

在测定酶的 pH 稳定性时温度是极为重要的参数，在一个温度下测定酶的 pH 稳定性所得到的结果，不能随意外延到较高的温度。另外，酸碱对酶的破坏作用是随时间略加的，因此应注意在相应条件下的保温时间。

3.3.3　高浓度底物的抑制作用

按照米氏理论，酶促反应底物浓度的增加是有一个极限的，当底物浓度过高时反应速率又重新下降，这是高浓度底物对反应起了抑制作用。其原因有如下几点。

① 酶促反应是在水溶液中进行的，水在反应中有利于分子的扩散和运动。当底物浓度过高时就使水的有效浓度降低，使反应速率下降。

② 过量的底物与酶的激活剂（如某些金属离子）结合，降低了激活剂的有效浓度而使反应速率下降。

③ 一定的底物是与酶分子中一定的活性部位结合的，并形成不稳定的中间产物。过量的底物分子聚集在酶分子上就可能生成无活性的中间产物，这个中间产物是不能分解为反应产物的。其反应式如下。

$$\begin{array}{c} E+S \rightleftharpoons ES \longrightarrow E+P \\ + \\ nS \\ \updownarrow \\ ES_{1+n} \end{array}$$

式中，nS 为过量的底物分子群；ES_{1+n} 为无活性的中间产物。

3.3.4　激活剂对酶促反应的影响

同抑制作用相反，许多酶促反应必须有其他适当物质存在时才能表现酶的催化活力或加强其催化效力，这种作用称酶的激活作用。引起激活作用的物质称为激活剂。激活剂和辅酶或辅基（或某些金属作为辅基）不同，如果无激活剂存在时，酶仍能表现一定的活力，而辅酶或辅基不存在时，酶则完全不呈活力。

激活剂种类很多，其中有无机阳离子，如 Na^+、K^+、Rb^+、Cs^+、NH_4^+、Mg^{2+}、Ca^{2+}、Zn^{2+}、Cd^{2+}、Mn^{2+}、Fe^{2+}、Co^{2+}、Ni^{2+}、Al^{3+} 等；无机阴离子，如 Cl^-、Br^-、I^-、CN^-、NO_3^-、PO_4^{3-}、AsO_4^{3-}、$SO_3{}^{2-}$、SeO_4^{2-} 等；有机物分子如维生素 C、半胱氨酸、巯乙酸、还原型谷胱甘肽以及维生素 B_1、维生素 B_2 和维生素 B_6 的磷酸酯等化合物和一些酶。

3.3.4.1 无机离子的激活作用

金属离子的激活作用在微生物发酵过程中是一个比较常见的例子，如 Mg^{2+} 对酵母葡萄糖磷酸激酶的激活作用；Mg^{2+} 及 Zn^{2+} 对酵母磷酸葡萄糖变位酶的激活作用。由实验可知，如果缺 Mg^{2+} 及 Zn^{2+} 时，其反应速率缓慢，增加其金属离子浓度，则反应速率加快，但当这些离子超过一定限度时则反应速率反而减弱。对于酵母磷酸葡萄糖变位酶，当无 Mg^{2+} 存在时，其活力仅为 15%，Mg^{2+} 浓度在 3×10^{-3} mol/L 时，其活力达到最大。

一般认为，金属离子的激活作用是由于金属离子与酶结合，此结合物又与底物结合成三位一体的“酶-金属-底物”复合物，这里金属离子的存在更有利于底物同酶的活力（部位）的催化部位和结合部位相结合使反应加速进行，金属离子在其中起了某种搭桥的作用。

无机负离子对酶的激活作用在实践中也是常见的现象。例如 Cl^- 为淀粉酶活力所必需，当用透析法去掉 Cl^- 时，淀粉酶即丧失其活力；又如 Cl^-、NO_3^-、SO_4^{2-} 为枯草杆菌（BF-7658）淀粉酶的激活剂。其作用机制还不大清楚，有人认为这里负离子为酶的活力所必需的因子，而且对酶的热稳定性亦起保护作用。

3.3.4.2 酶原的活化

有些酶在细胞内分泌出来时处于无活力状态（称为酶原），它必需经过适当物质的作用后才能变为有活力的酶。若酶原被具有活力的同种酶所激活，则称为酶的自身激活作用。例如，胰蛋白酶原在胰蛋白酶或肠激酶的作用下，使酶原变为有活力的酶。这种转变的实质是在酶原肽链的某些地方断裂而失去一个六肽的结果，使得酶原被隐蔽的活力部位显露出来。其作用机制如图 3-17 所示。

试验测定表明，胰蛋白酶原和胰蛋白酶具有相同的分子质量，都只有一个肽链。就氨基酸组成来说，两者仅有微小的差别。这些都说明酶原变成酶时并不发生重大的改变，活化时只有一个肽键被打开，即在赖氨酸与异亮氨酸之间，在肽链的 N-末端部分失去了一个六肽，同时隐蔽的活性基被释放出来或形成新的活性部位。

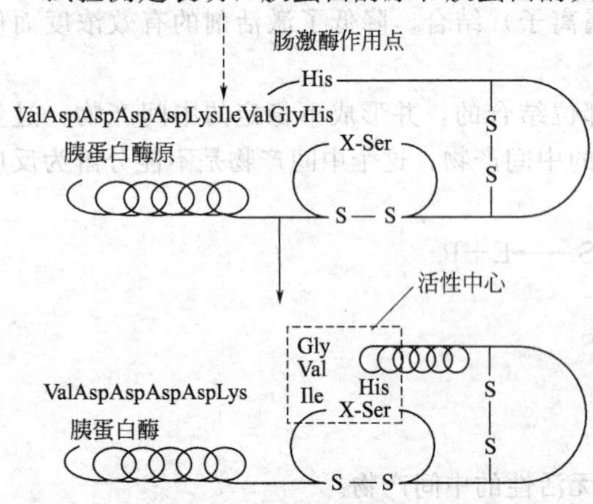

图 3-17 胰蛋白酶原的活化

Val—缬氨酸；Asp—天冬氨酸；Lys—赖氨酸；Ile—异亮氨酸；Gly—甘氨酸；His—组氨酸；Ser—丝氨酸
X—特异性部位

3.3.5 抑制剂对酶促反应的影响

酶促反应是一个复杂的化学反应，有的化学物质能对它起促进作用，但也有许多物质可以减弱、抑制甚至破坏酶的作用，后者称为酶的抑制剂。由于抑制而引起的作用称为抑制作用。

酶的抑制剂有许多种：重金属离子（如 Ag^+、Hg^{2+}、Cu^{2+} 等）、一氧化碳、硫化氢、氰氢酸、氟化物、有机阳离子（如生物碱、染料等)、碘代乙酸、对氯汞苯甲酸、二异丙基氟磷酸、乙二胺四乙酸以及表面活性剂等。

有的抑制作用可通过加入其他物质或用其他方法解除使酶活性恢复，这种抑制称为可逆性抑制。例如，抗坏血酸（维生素C）对于酵母蔗糖酶有较强的抑制作用，但加入半胱氨酸后这种抑制即解除。相反，有的抑制作用不能因加入某种物质或其他方法而解除，这种抑制称为不可逆抑制。例如，某些磷化合物对胆碱酯酶的作用和氰化物对黄素酶的作用等。

研究抑制作用的机制无论在理论上还是在实践上都有重要意义。某些物质引起生物体中毒现象，往往是由于酶或酶系被损害。例如，杀虫剂和消毒防腐剂的应用就是由于它们对昆虫和微生物的酶的抑制作用。同时，这个研究还有助于阐明酶的催化本质和机制。因为，抑制作用可以是由于某种抑制剂与酶的活性部位结合，阻碍了中间产物的形成或分解，或由于酶的变性作用等所造成。这种抑制作用有特异性，但因变性作用而引起的抑制作用无特异性。就对酶的活性有特异抑制的抑制物讨论如下。

就酶的抑制动力学而言，可分为竞争性抑制和非竞争性抑制两种。

3.3.5.1 酶的竞争性抑制

抑制剂、底物与酶分子的竞相结合而引起的抑制作用称为竞争性抑制。其抑制强度决定于抑制剂和底物与酶分子的亲和力。

这种抑制作用，有两个反应竞相进行。

$$E+S \rightleftharpoons ES \rightleftharpoons E+P$$

$$E+I \rightleftharpoons EI$$

其中，I为抑制剂，[EI]为抑制剂与酶结合的无活性中间产物。设K_i为EI的解离常数。E_0为酶的总浓度。根据质量作用定律，则

$$(c_{E0}-c_{ES}-c_{EI})c_s=K_m c_{ES}$$

$$(c_{E0}-c_{ES}-c_{EI})c_I=K_i c_{EI}$$

解出c_{ES}并消去c_{EI}，得

$$c_{ES}=\frac{c_{E0}}{\frac{K_m}{c_S}\left(1+\frac{c_I}{K_i}\right)+1}$$

由于$V_i=Kc_{ES}$（实际反应速率），而无抑制时的最大速率V_m与c_{E0}成正比。

因此，$V_i=Kc_{ES}=K\dfrac{c_{E0}}{\frac{K_m}{c_S}\left(1+\frac{c_I}{K_i}\right)+1}$

或

$$\frac{V_i}{V_m}=\frac{1}{\frac{K_m}{c_S}\left(1+\frac{c_I}{K_i}\right)+1}$$

上式与米氏方程式比较，上式仅多出K_m乘以$1+\frac{c_I}{K_i}$。因此，在竞争性抑制中K_m值增加了。

从上式可知，如果$c_S \gg K_m\left(1+\frac{c_I}{K_i}\right)$，则$V_i$便接近于或等于$V_m$；若$K_i$值小而$c_I$值大，则有抑制作用，其抑制程度决定于$c_S$。同米氏方程一样，上式也可用直线来表示。

$$\frac{1}{V_i}=\frac{1}{V_m}\left[K_m+\frac{K_m c_I}{K_i}\right]\frac{1}{c_S}+\frac{1}{V_m}=\frac{K_m}{V_m}\left(1+\frac{c_I}{K_i}\right)\frac{1}{c_S}+\frac{1}{V_m}$$

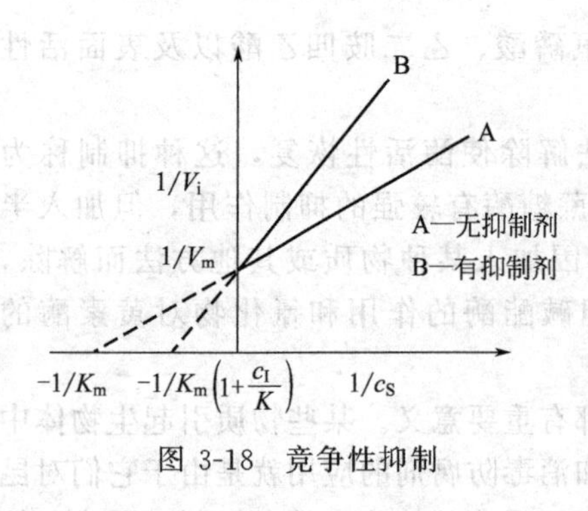

图 3-18 竞争性抑制

这里，斜率不是$\frac{K_m}{V_m}$，而是$\frac{K_m}{V_m}\left(1+\frac{c_I}{K_i}\right)$，即斜率增大了。但截距并未增加，见图 3-18。$1+\frac{c_I}{K_i}$称为抑制因子。

这种抑制的特点是底物浓度增加时，抑制作用减小，即抑制作用的大小取决于抑制剂的浓度与底物浓度之比。如一些金属离子所引起的抑制及丙二酸对琥珀酸脱氢酶的抑制作用即是如此，此类抑制剂往往具有与底物分子相似的化学结构。

3.3.5.2 非竞争性抑制

非竞争性抑制与竞争性抑制有区别，它不受底物浓度 c_S 的影响，而取决于酶浓度、抑制剂浓度和 K_i 的大小，抑制剂也不必具有与底物相似的化学结构，因为酶分子的结合基团或部位不是原来与底物结合的基团。

在非竞争性抑制中，根据质量作用定律，从 $E+I \rightleftharpoons EI$ 式可得

$$K_i=\frac{(c_{E0}-c_{EI})\ c_I}{c_{EI}}$$

或

$$c_{EI}=\frac{c_E c_I}{K_i+c_I}$$

设 V_m 为无抑制剂时最大反应速率，V_i 为有抑制剂时的反应速率

因 V_m 与 c_{E0}成正比，V_i 与（$c_{E0}-c_I$）成正比。即

$$\frac{V_m}{V_i}=\frac{c_{E0}}{c_{E0}-c_{EI}}=\frac{c_{E0}}{c_{E0}-\frac{c_{E0}c_I}{K_i+c_I}}=\frac{1}{\frac{K_i}{K_i+c_I}}$$

故

$$\frac{V_i}{V_m}=\frac{K_i}{K_i+c_I}$$

由上式可知，有抑制剂时反应速率受 K_i 和 c_I 的影响，而与 c_S 无关。当 c_I 很小时$\frac{V_i}{V_m}$将近于 1，即$V_i \approx V_m$。

将上式写成：

$$\frac{1}{V_m}=\frac{1}{V_i}\times\frac{K_i}{K_i+c_I}$$

代入米氏方程的倒数式则得

$$\frac{1}{V_i}=\left(1+\frac{c_S}{K_i}\right)\left(\frac{1}{V_m}+\frac{K_m}{V_m}\times\frac{1}{c_S}\right)$$

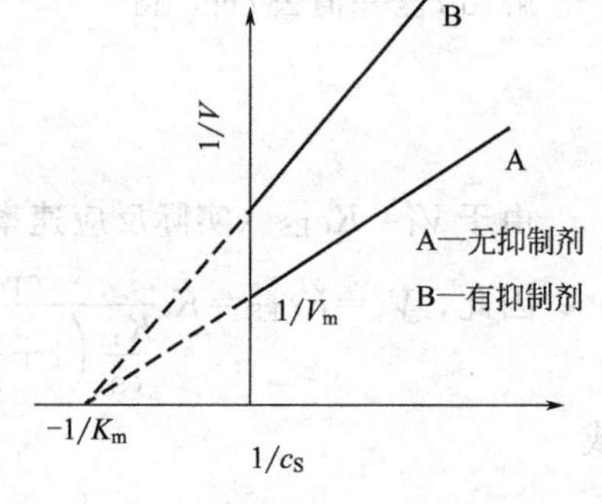

图 3-19 非竞争性抑制

以$\frac{1}{V_i}$对$\frac{1}{c_S}$作图得图 3-19。由图可知，其斜率和截距都增大了，即各乘以一个抑制因子。

复习思考题

1. 快速平衡法和恒态法在推导米氏方程中有何异同点？
2. 分析多底物酶促反应动力学描述方法的各自特点。
3. 阐述竞争性抑制与非竞争性抑制的各自特点。

参考文献

1 王璋编．食品酶学．北京：中国轻工业出版社，1991
2 彭志英编著．食品酶学导论．北京：中国轻工业出版社，2002
3 于国平主编．食品酶学．哈尔滨：东北农业大学出版社，1998
4 沈同主编．生物化学（上册）．北京：高等教育出版社，2002
5 Fennema，Owen R. Food Chemistry. Second Edition. New York：Marcel Dekker，Inc.，1985
6 Schwimmer，Sigmund. Source Book of Food Enzymology. Westport，Connecticut，U. S. A. the AVI Publishing Company，Inc.

第4章 固定化酶与固定化细胞

知识要点

1. 固定化酶和固定化细胞的定义及特点
2. 固定化酶的制备原则
3. 固定化酶和固定化细胞的制备方法
4. 固定化酶和固定化细胞的性质
5. 固定化酶和固定化细胞的应用

4.1 固定化技术的发展史

酶作为一种生物催化剂，因其催化作用具有高度专一性、催化条件温和、无污染等特点，广泛应用于食品加工、医药和精细化工等行业。但在使用过程中，人们也注意到酶的一些不足之处，如酶稳定性差、容易变性失活、不能重复使用，并且反应后混入产品，后续产品及酶纯化分离困难，使其难以在工业中更为广泛地应用。为适应工业化生产的需要，人们模仿人体酶的作用方式，通过固定化技术对酶加以改造固定，克服游离酶在使用过程中的一些缺陷。

将酶固定化以后，既保持了酶的催化特性，又克服了游离酶的不足之处，使其具有一般化学催化剂能回收反复使用的优点，并可以在生产工艺上实现连续化和自动化。固定化酶的出现为酶的应用开辟了新的前景。事实上，早在1916年Nelson和Griffin就用吸附的方法实现了酶的固定化，他们将蔗糖酶吸附在骨炭粉上，发现吸附以后酶不溶于水而且具有与液体酶同样的活性，可惜这个重要的发现长期以来没有得到酶学家的重视。系统地进行酶的固定化研究则是从20世纪50年代开始的。1953年Grubhofer和Schleith将聚氨基苯乙烯树脂重氮化，然后将淀粉酶、羧肽酶、胃蛋白酶和核糖核酸酶等酶与这种载体结合，制成了固定化酶。60年代后期，酶固定化技术迅速发展，出现了很多新的酶的固定化方法。1969年，日本学者千烟一郎等将固定化氨基酰化酶应用于DL-氨基酸的光学拆分上，以来生产L-氨基酸，开创了固定化酶应用于工业生产的先例。

在20世纪60年代后期对酶的固定化研究主要是将酶与水不溶性载体结合起来，成为不溶于水的酶衍生物，所以最初曾称为水不溶酶（water insoluble enzyme）和固相酶（solid phase enzyme）。但是随着理论与技术的发展，后来发现也可以将溶解状态的酶固定在一个有限的空间内使其不能自由流动，也能达到固定酶的作用，如把酶包埋在凝胶内，酶本身是可溶的，因此，用水不溶酶和固相酶的名称就不恰当了。所以在1971年召开的第一届国际酶工程会议上，建议采用统一的英文名称Immobilized Enzyme。

用于固定化的酶，起初都是采用经提取和分离纯化后的酶，后来随着固定化技术的发展，作为固定化的对象已不一定是酶，也可对含酶细胞或细胞器进行固定化。1973年，千烟一郎等成功地使用固定化大肠杆菌菌体中的天冬氨酸酶，由反丁烯二酸连续生产L-天冬氨酸，将固定化微生物细胞首次应用于工业生产，使细胞固定化技术迅速发展。1976年，法国首次用固定化酵母细胞生产啤酒和酒精。1978 年，日本的铃木等人用固定化枯草杆菌生产 α-淀粉酶研究成功，开始了用固定化活细胞进行酶生产。此后，采用固定化细胞生产蛋白酶、糖化酶、果胶酶、溶菌酶、天冬酰胺酶等的研究相继取得可喜成果。目前，固定化技术已从最初的固定化死细胞扩展到固定化活细胞，从固定化微生物细胞扩展到固定化植物细胞、动物细胞以及用 DNA 重组技术和细胞融合技术人工组建的细胞、原生质体等。如 1982 年，日本首次研究用固定化原生质体生产谷氨酸。1986 年，中国科学家利用固定化原生质体发酵生产碱性磷酸酶和葡萄糖氧化酶等相继获得成功。

对于固定化技术的研究，早期各国主要集中于各种固定化酶制备方法的研究。近年来，各国的研究重点已经转向固定化技术在工业、医学、化学分析、环境保护和能源开发等方面的实际应用，以及酶和细胞固定化后的作用机理等。目前固定化技术已经取得了许多重要成果，充分发挥了固定化酶和固定化细胞在改革工艺和降低成本方面的巨大潜力。但从目前的发展状况来看，尽管酶的种类繁多，但已经固定化的酶却相对有限，采用固定化酶技术大规模生产的企业尚属少数，真正在工业上使用的固定化酶还仅限于葡萄糖异构酶、葡萄糖氧化酶和青霉素酰化酶等为数不多的十几个酶种，故仍需大力研究开发使更多的固定化酶和细胞能适于工业规模生产。

4.2　酶的固定化

4.2.1　固定化酶的定义

所谓固定化酶（immobilized enzyme），是指在一定的空间范围内起催化作用，并能反复和连续使用的酶。固定化酶的出现，解决了酶在工程化应用中存在的问题，极大地提高了酶的应用价值。

固定化酶与水溶性酶相比，具有以下优点。

① 固定化酶可重复使用，使酶的使用效率提高、使用成本降低。一般在反应完成后，采用过滤或离心等简单的方法就可回收、重复使用。尤其是对于一些比较贵重的酶来说，重复使用可大大降低成本。

② 固定化酶极易与反应体系分离，简化了提纯工艺，而且产品收率高、质量好。

③ 在多数情况下，酶经固定化后稳定性得到提高。如对热、pH 等的稳定性提高，对抑制剂的敏感性降低，可较长时间地使用或贮藏。

④ 固定化酶具有一定的机械强度，可以用搅拌或装柱的方式作用于底物溶液，便于酶催化反应的连续化和自动化操作。

⑤ 固定化酶的催化反应过程更易控制。例如，当使用填充式反应器时，底物不与酶接触，既可使酶反应终止。

⑥ 固定化酶与游离酶相比更适于多酶体系的使用，不仅可利用多酶体系中的协同效应使酶催化反应速率大大提高，而且还可以控制反应按一定顺序进行。

固定化酶的这些优点为其在各个领域的应用开辟了新途径，尤其是对于食品工业来说，酶的固定化，不仅可反复使用，而且易于产物分离，产物不含酶。因此省去了热处理使酶失活的步骤，这对于提高食品的质量极为有利。所以很多人把固定化酶称为“长效的酶”、“无公害催化剂”。

但是，固定化酶绝非尽善尽美，也有其缺点。

① 固定化可能造成酶的部分失活，酶活力有损失。

② 酶催化微环境的改变可能导致其反应动力学发生变化。

③ 固定化使酶的使用成本增加，使工厂的初始投资增大。

④ 固定化酶一般只适用于水溶性的小分子底物，对于大分子底物不适宜。

⑤ 与完整菌体细胞相比，固定化酶不适宜于多酶反应，特别是需要辅助因子参加的反应。

⑥ 胞内酶进行固定化时必须经过酶的分离纯化操作。

目前人们正从多方面改进固定化酶的条件，降低其成本，使更多的固定化酶得到工业规模的应用。

4.2.2 固定化酶的制备原则

固定化酶的制备方法、制备材料多种多样，不同的制备方法和材料导致固定化后酶的特性不同。对于特定的目标酶，要根据酶自身的性质、应用目的、应用环境来选择固定化载体和方法。具体选择时，一般应遵循以下几个原则。

① 必须注意维持酶的构象，特别是活性中心的构象。酶的催化反应取决于酶本身蛋白质分子所特有的高级结构和活性中心，为了不损害酶的催化活性及专一性，酶在固定化状态下发挥催化作用时，既需要保证其高级结构，又要使构成活性中心的氨基酸残基不发生变化。这就要求酶与载体的结合部位不应当是酶的活性部位，应避免活性中心的氨基酸残基参与固定化反应。另外，由于酶蛋白的高级结构是借助疏水键、氢键、盐键等较弱的键维持的，所以固定化时应采取尽可能温和的条件，避免那些可能导致酶蛋白高级结构破坏的条件，如高温、强酸、强碱、有机溶剂等处理。

② 酶与载体必须有一定的结合程度。酶的固定化既不影响酶的原有构象，又能使固定化酶有效地回收贮藏，利于反复使用。

③ 固定化应有利于自动化、机械化操作。这要求用于固定化的载体必须有一定的机械强度，才能使之在制备过程中不易破坏或受损。

④ 固定化酶应有最小的空间位阻。固定化应尽可能不妨碍酶与底物的接近，以提高催化的效率和产物的量。

⑤ 固定化酶应有最大的稳定性。在应用过程中，所选载体应不和底物、产物或反应液发生化学反应。

⑥ 固定化酶的成本适中。工业生产必须要考虑到固定化成本，要求固定化酶应是廉价的。

4.2.3 酶的固定化方法

酶的固定化方法很多，主要可分为四类，见图 4-1，即吸附法、包埋法、共价结合法和交联法等。吸附法和共价结合法又可统称为载体结合法。

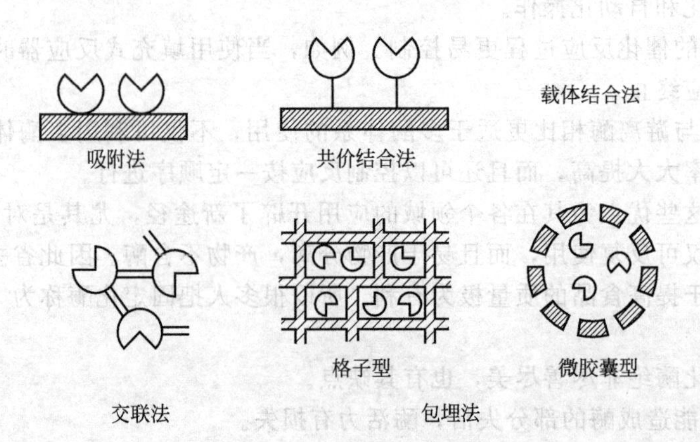

图 4-1 酶的固定方法示意

4.2.3.1 吸附法

吸附法（adsorption）是通过载体表面和酶分子表面间的次级键相互作用而达到固定目的的方法，是固定化中最简单的方法。酶与载体之间的亲和力是范德华力、疏水相互作用、离子键和氢键等。此方法又可分为物理吸附法和离子吸附法。

（1）物理吸附法　物理吸附法（physical adsorption）是通过物理方法将酶直接吸附在载体表面上而使酶固定化的方法，是制备固定化酶最早采用的方法。如α-淀粉酶、糖化酶、葡萄糖氧化酶等都曾采用过此法进行固定化。物理吸附法常用的有机载体如淀粉、纤维素、胶原等；无机载体如活性炭、氧化铝、皂土、多孔玻璃、硅胶、二氧化钛、羟基磷灰石等。

物理吸附法制备固定化酶，操作简单、价廉、条件温和，载体可反复使用，酶与载体结合后活性部位及空间构象变化不大，故所制得的固定化酶活力较高。但由于靠物理吸附作用，酶和载体结合不牢固，在使用过程中容易脱落，造成酶的丢失，所以使用受到限制。常与交联法结合使用。

（2）离子吸附法　离子吸附法（ion adsorption）是将酶与含有离子交换基团的水不溶性载体以静电作用力相结合的固定化方法，即通过离子键使酶与载体相结合。此法固定的酶有葡萄糖异构酶、糖化酶、β-淀粉酶、纤维素酶等，在工业上用途较广。如最早应用于工业化生产的氨基酰化酶就是使用多糖类阴离子交换剂二乙氨基乙基（DEAE）-葡聚糖凝胶固定化的。

离子吸附法所使用的载体是某些离子交换剂。常用的阴离子交换剂有DEAE-纤维素、混合胺类（ECTEOLA）-纤维素、四乙氨基乙基（TEAE）-纤维素、DEAE-葡聚糖凝胶等；阳离子交换剂有羧甲基（CM）-纤维素、纤维素-柠檬盐、Amberlite CG-50、IRC-50、IR-120、Dowex-50等。其吸附容量一般大于物理吸附剂。

离子吸附法具有操作简便、条件温和、酶活力不易丧失等优点。例如氨基酰化酶的固定化：将处理成OH^-型的DEAE-葡聚糖凝胶加至含有氨基酰化酶的0.1mol/L磷酸盐缓冲液（pH7.0）中，于37℃条件下搅拌5h，氨基酰化酶就可与DEAE-葡聚糖凝胶通过离子键结合，制成固定化氨基酰化酶。其缺点是酶与载体的结合力不够牢固，易受环境因素的影响。当使用高浓度的底物、高离子强度和pH发生变化时，酶往往会从载体上脱落。所以这种方法制备的固定化酶，在使用时一定要控制好pH、离子强度和温度等操作条件。

4.2.3.2 共价结合法

共价结合法（covalent binding）是将酶与聚合物载体以共价键结合的固定化方法。酶分子中能和载体形成共价键的基团有以下几种。

① 氨基：赖氨酸的ε-氨基和多肽链N-末端的α-氨基。

② 羧基：天冬氨酸的β-羧基，谷氨酸的α-羧基和末端的α-羧基。

③ 酚基：酪氨酸的酚基。

④ 巯基：半胱氨酸的巯基。

⑤ 羟基：丝氨酸、苏氨酸的羟基。

⑥ 咪唑基：组氨酸的咪唑基。

⑦ 吲哚基：色氨酸的吲哚基。

其中最普遍的共价键结合基团是氨基、羧基或酪氨酸和组氨酸的芳环。常用来和酶共价偶联的载体的功能基团有芳香氨基、羟基、羧基和羧甲基等。这种方法是固定化酶研究中最活跃的一大类方法。但必须注意，参加共价结合的氨基酸残基应当是酶催化活性非必需基团，如若共价结合包括了酶活性中心有关的基团，会导致酶的活力损失。

共价法所用载体的性质也会对固定化酶有很大影响。理想的载体应具备如下特点：结构疏松、表面积大、具有一定的亲水性、没有或很少有非专一性吸附、有一定的机械强度以及带有在温和条件下可和酶的侧链基团进行结合反应的功能基团。常用的载体有天然高分子衍生物，如纤维素、葡聚糖凝胶、琼脂糖等；合成高聚物，如聚丙烯酰胺、多聚氨基酸等；无机载体如多孔玻璃、金属氧化物等。

酶与载体的结合选择什么样的反应，取决于载体上的功能基团与酶分子上的非必需侧链基团。一般来说载体上的功能基团和酶分子上的侧链基团间不具有直接反应的能力，因此在进行反应前往往需要先进行活化，活化反应可能比较激烈，易导致酶变性失效。故通常总是先使载体上的功能基团活化，然后再在比较温和的条件下将酶和活化了的载体偶联。使载体活化的方法很多，最常用的方法有重氮法、叠氮法、溴化氢法、烷化法等。

(1) 重氮法　重氮法是将酶蛋白与水不溶性载体的重氮基团通过共价键相连接而固定化的方法，是共价键法中使用最多的一种。常用的载体有多糖类的芳族氨基衍生物、氨基酸的共聚体和聚丙烯酰胺等。

如具有苯氨基的不溶性载体，可先用稀盐酸和亚硝酸钠处理成重氮盐衍生物，再在温和条件下和酶分子上相应基团直接偶联，如反应式 (4-1) 所示。酶蛋白中的游离氨基，组氨酸中的咪唑基，酪氨酸中的酚基都能进行重氮结合。

$$R-C_6H_4-NH_2 \xrightarrow[HCl]{NaNO_2} R-C_6H_4-N_2Cl^- + E \longrightarrow R-C_6H_4-N{=}N-E \tag{4-1}$$

(2) 叠氮法　即载体活化生成叠氮化合物，再与酶分子上的相应基团偶联成固定化酶。含有羟基、羧基、羧甲基等基团如 CMC、CM-sephadex（交联葡聚糖）、聚天冬氨酸、乙烯-顺丁烯二酸酐共聚物等的载体都可用此法活化。其中使用最多的是羧甲基纤维素叠氮法，如反应式 (4-2) 所示，先将羧甲基纤维素用甲醇酯化，生成羧甲基纤维素甲酯，再与肼反应生成羧甲基纤维素的酰肼衍生物，酰肼衍生物用亚硝酸（由硝酸钠和盐酸反应生成）活化，生成叠氮衍生物，该叠氮基团可与酶分子中的氨基形成肽键而固定化酶，也可以和酶分子中的羟基、酚羟基、巯基反应，使酶固定化。

$$R-O-CH_2COOH \xrightarrow[HCl]{CH_3OH} R-O-CH_2COOCH_3 \xrightarrow{NH_2NH_2} R-O-CH_2CONHNH_2$$

$$\xrightarrow[HCl]{NaNO_2} R-O-CH_2-CON_3 + H_2N-E \longrightarrow R-O-CH_2-CONH-E \tag{4-2}$$

(3) 溴化氰法　即用溴化氰将含有羟基的载体，如纤维素、葡聚糖凝胶、琼脂糖凝胶等，活化生成亚氨基碳酸酯衍生物，然后再与酶分子上的氨基偶联，制成固定化酶。任何具有连位羟基的高聚物都可用溴化氰法来活化。由于该法可在非常缓和的条件下与酶蛋白的氨基发生反应，近年来已成为普遍使用的固定化方法。尤其是溴化氰活化的琼脂糖已在实验室广泛用于固定化酶以及亲和层析的固定化吸附剂。

如反应式 (4-3) 和式 (4-4) 所示，在碱性条件下载体的羟基和溴化氰反应，生成大量活泼的亚氨碳酸酯衍生物和少量不活泼的氨基甲酸衍生物，前者可直接和酶的氨基进行共价偶联而制成固定化酶，其中生成的异脲型为主要产物。

$$R(OH)(OH) \xrightarrow[碱性]{CNBr} \left[R(O-C{\equiv}N)(OH)\right] \longrightarrow \begin{cases} R(OCONH_2)(OH) & \text{氨基甲酸衍生物} \\ R(O)(O)C{=}NH & \text{亚氨碳酸酯衍生物} \end{cases} \tag{4-3}$$

$$R\langle\begin{smallmatrix}O\\O\end{smallmatrix}\rangle C{=}NH + E \longrightarrow \begin{cases} R(OH)\text{—}O\text{—}C({=}NH)\text{—}NH\text{—}E & \text{异脲型} \\ R\langle\begin{smallmatrix}O\\O\end{smallmatrix}\rangle C{=}N\text{—}E & \text{亚氨碳酸酯型} \\ R(OH)\text{—}O\text{—}C({=}O)\text{—}NH\text{—}E & \text{氨基甲酸酯型} \end{cases} \quad (4\text{-}4)$$

（4）烷化法和芳基化法　以卤素为功能团的载体可与酶分子上的氨基、巯基、酚基等发生烷基化或芳基化反应而使酶固定化。此法常用的载体有卤乙酰、三嗪基或卤异丁烯基的衍生物。

如含羟基的载体在碱性条件下可用三氯均三嗪等多卤代物活化，形成含卤素基团的活化载体，引入卤素基后直接与酶的氨基偶联成固定化酶，如反应式（4-5）。此外，也和酶分子上的酚羟基或巯基等偶联。

$$R\text{—}OH + Cl\text{—}C_3N_3Cl_2 \longrightarrow R\text{—}O\text{—}C_3N_3Cl_2 \xrightarrow{E\text{—}NH_2} R\text{—}C_3N_3(Cl)(NH\text{—}E) \quad (4\text{-}5)$$

从上面介绍的四种制备方法可看出，用共价键结合法制备的固定化酶，酶和载体之间都是通过化学反应以共价键偶联。由于共价键的键能高，酶和载体之间的结合相当牢固，即使用高浓度底物溶液或盐溶液，也不会使酶分子从载体上脱落下来，具有酶稳定性好、可连续使用较长时间的优点。但是采用该方法时，载体活化的难度较大、操作复杂、反应条件较剧烈，制备过程中酶直接参与化学反应，易引起酶蛋白空间构象变化影响酶的活性，酶活回收率一般为 30%左右，甚至酶的底物的专一性等性质也会发生变化，往往需要严格控制操作条件才能获得活力较高的固定化酶。现在已有不少活化的商品化酶固定化载体，它们的使用不需做大量的处理工作，商品一般以干的固定相或预装柱的形式供应，一般情况下这些固定相已经活化好，酶的固定化只要将酶在合适的 pH 和其他相关条件下，让酶循环通过柱子便可完成。

4.2.3.3　包埋法

包埋法（entrapment）是将酶包埋在高聚物的细微凝胶网格中或高分子半透膜内的固定化方法。前者又称为凝胶包埋法，酶被包埋成网格型；后者又称为微胶囊包埋法，酶被包埋成微胶囊型。包埋法制备的固定化酶可防止酶渗出，底物需要渗入格子内或半透膜内与酶接触。此法较为简便，固定化时一般不需要与酶蛋白的氨基酸残基起结合反应，酶分子本身不参加水不溶性格子或半透膜的形成，仅仅是被包围起来，因而从原理上而言，由于酶分子本身不发生物理化学变化，酶的高级结构较少改变，故酶的回收率较高，适于固定各种类型的酶。但也有局限性，由于只有小分子的底物和产物可以通过高聚物网架扩散，故包埋法只适用于小分子底物和产物的酶，对那些底物和产物是大分子的酶则不适合。而且高聚物网格或半透性膜对小分子物质扩散的阻力有可能会导致固定化酶的动力学行为改变和活力的降低。

(1) 凝胶包埋法　凝胶包埋法常用的载体有海藻酸钠凝胶、角叉菜胶、明胶、琼脂凝胶、卡拉胶等天然凝胶以及聚丙烯酰胺、聚乙烯醇和光交联树脂等合成凝胶或树脂。

天然凝胶采用溶胶状天然高分子物质在酶存在下凝胶化的方法，包埋时条件温和、操作简便，对酶活性的影响甚少，但强度较差。合成的高分子则采用合成高分子的单体或预聚物在酶存在下聚合的方法。合成载体的强度较高，但需在一定的条件下进行聚合反应，才能把酶包埋起来，聚合反应的条件往往会引起部分酶的变性失活，所以包埋条件的控制非常重要。如聚丙烯酰胺包埋是最常用的包埋法，制备时在酶溶液中加入丙烯酰胺单体和交联剂N,N'-亚甲基双丙烯酰胺，在氮气的保护下，加聚合反应催化剂四甲基乙二胺和聚合引发剂过硫酸钾等使其在酶分子周围进行聚合，形成交联的高聚物网络，酶分子便被包埋在刚聚合的凝胶内。

(2) 微胶囊包埋法　微胶囊型包埋即将酶包埋在各种高聚物制成的半透膜微胶囊内的方法。常用于制造微胶囊的材料有聚酰胺、火棉胶、醋酸纤维素等。

用微胶囊型包埋法制得的微囊型固定化酶的直径通常为几微米到数百微米，胶囊孔径为几埃至数百埃［1埃（Å）=0.1nm］，适合于小分子底物和产物的酶的固定化，如脲酶、天冬酰胺酶、尿酸酶、过氧化氢酶等。此法需要一定的反应条件和制备技术，被包埋的酶不易流失。其制造方法有界面聚合法、界面沉淀法、二级乳化法、液膜（脂质体）法等。

① 界面聚合法　此法是将含有酶的亲水性单体乳化分散在与水不相溶的有机溶剂中，再加入溶于有机溶剂的疏水性单体。亲水性单体和疏水性单体在油水两相界面上发生聚合反应，形成高分子聚合物半透膜，使酶被包埋于半透膜内。常用的亲水单体有乙二醇、丙三醇等；疏水单体有聚异氰酸酯、多元酰氯等。在包埋过程中由于发生化学反应，可能会引起某些酶失活。此法曾用聚脲制备天冬酰胺酶、脲酶等的微囊。

② 界面沉淀法　是一种简单的微囊化法，此法是利用某些高聚物在水相和有机相的界面上溶解度较低而形成皮膜将酶包埋。一般是先将含高浓度血红蛋白的酶溶液在与水不互溶的有机相中乳化，在油溶性的表面活性剂存在下形成油包水的微滴，再将溶于有机溶剂的高聚物加入乳化液中，然后加入一种不溶解高聚物的有机溶剂，使高聚物在油-水界面上沉淀析出形成膜，将酶包埋，最后在乳化剂的帮助下由有机相转入水相。此法条件温和，酶不易失活，但要完全除去膜上残留的有机溶剂很困难。作为膜材料的高聚物有硝酸纤维素、聚苯乙烯和聚甲基丙烯酸甲酯等。此法曾用于固定化天冬酰胺酶、脲酶等。

③ 二级乳化法　是将酶溶液首先在高聚物有机相中分散成极细液滴，形成第一个"油包水"型乳化液，此乳化液再在水相中分散形成第二个乳化液，在不断搅拌下，低温真空蒸出有机溶剂，使有机高聚物溶液固化，便得到包含多滴酶液的固体球微囊。常用的高聚物有乙基纤维素、聚苯乙烯、氯化橡胶等，常用的有机溶剂为苯、环己烷和氯仿。此法制备比较容易，酶几乎不失活，但残留的有机溶剂难以完全去除，而且膜也比较厚，会影响底物扩散。此法曾用乙基纤维素和聚苯乙烯制备成过氧化氢酶、脂肪酶等微囊。

④ 液膜法（脂质体法）　上述微囊法是用半透膜包埋酶液，近年又研究出以脂质体为液膜代替半透膜的新微囊法。脂质体包埋法是由表面活性剂和卵磷脂等形成液膜包埋酶的方法，此法的最大特征是底物和产物的膜透过性不依赖于膜孔径的大小，而与底物和产物在膜组分中的溶解度有关，因此可以加快底物透过膜的速率。此法曾用于糖化酶的固定化。

4.2.3.4 交联法

交联法（cross-linking）是使用双功能或多功能试剂使酶分子之间相互交联呈网状结构的固定化方法。与共价键结合法一样此法也是利用共价键固定化酶，所不同的是它不使用载体。由于酶蛋白的官能团，如氨基、酚基、巯基和咪唑基，参与此反应，所以酶活性中心的构造可能受到影响而使酶失活明显。但是尽可能地降低交联剂浓度和缩短反应时间将有利于固定化酶活力的提高。

常用的双功能试剂有戊二醛、己二胺、异氰酸衍生物、双偶氮联苯和 N,N'-乙烯双顺丁烯二酰亚胺等，其中使用最广泛的是戊二醛。戊二醛和酶蛋白中的游离氨基发生 Schiff 反应，形成席夫碱，从而使酶分子之间相互交联形成固定化酶，如反应式（4-6）所示。

```
OHC(CH2)3CHO+E→ —CH═N—E—N═CH(CH2)3CH
                          |                ‖
                          N                N
                          ‖                |
                          CH               E
                          |                |
                       (CH2)3              N        (4-6)
                          |                ‖
                          CH               CH
                          ‖                |
                          N
                          |
                   —CH═N—E—N═CH—
```

交联法制备的固定化酶，结合牢固，但由于反应条件较剧烈，酶活力损失较大，活力回收率一般比较小（30%），但固定后酶的稳定性较好。由于交联法制备的固定化酶颗粒较细，且交联剂一般价格昂贵，此法很少单独使用，一般与其他方法联合使用。如将酶用角叉菜胶包埋后用戊二醛交联，或先用硅胶吸附，再用戊二醛交联等。这种采用两个或多个方法进行固定化的技术，称为双重或多重固定化法。

往往一种酶可以用不同方法固定化，但没有一种固定化方法可以普遍地适用于每一种酶，特定的酶要根据酶的化学特性和组成、底物和产物性质、具体的应用目的等来选择特定的固定化方法。在实际应用时常将两种或数种固定化方法并用，以取长补短。

以上四种固定化酶的方法中，以共价键结合法的研究最为深入，离子吸附法较为实用。包埋法以及交联法可以并用。各种固定化方法的优缺点详见表 4-1。

表 4-1　各种固定化方法的比较

固定化方法	吸附法		包埋法	共价结合法	交联法
	物理吸附法	离子吸附法			
制备	易	易	较难	难	较难
结合程度	弱	中等	强	强	强
活力回收率	高，但酶易流失	高	高	低	中等
再生	可能	可能	不可能	不可能	不可能
固定化成本	低	低	低	高	中等
底物专一性	不变	不变	不变	可变	可变

4.2.4　固定化酶的形状与性质

4.2.4.1　固定化酶的形状

固定化酶的形式多样，依不同用途有颗粒、线条、薄膜和酶管等形状。其中颗粒占绝大多数，它和线条这两种形式主要用于工业发酵生产，如装成酶柱用于连续生产，或在反应器中进行批式搅拌反应；薄膜主要用于酶电极，应用于分析化学中；酶管机械强度较大，宜用于工业生产。

4.2.4.2　固定化酶的性质

酶在水溶液中以自由的游离状态存在，但是固定后酶分子便从游离的状态变为牢固地结合于载体的状态，其结果往往引起酶性质的改变。为此，在固定化酶的应用过程中，必须了解固定化酶的性质与游离酶之间的差别，并对操作条件加以适当调整。

(1) 酶的活力 固定化酶的活力在多数情况下比天然酶的活力低，其原因可能是：①酶活性中心的重要氨基酸与水不溶性载体相结合。②当酶与载体结合时，它的高级结构发生了变化。其构象的改变导致了酶与底物结合能力或催化底物转化能力的改变。③酶被固定化后，虽不失活，但酶与底物的相互作用受到空间位阻的影响。

也有个别酶经固定化后其活力升高，可能是由于固定化后酶的抗抑能力提高使得它反而比游离酶活力高。

(2) 酶的稳定性 游离酶的一个突出缺点是稳定性差，而固定化酶的稳定性一般都比游离酶提高得多，这对酶的应用非常有利。其稳定性增强主要表现在如下几个方面。

① 操作稳定性 酶的固定化方法不同，所得的固定化酶的操作稳定性亦有差异。固定化酶在操作中可以长时间保留活力，一般情况下，半衰期在一个月以上，有工业应用价值。

② 贮藏稳定性 固定化可延长酶的贮藏有效期。但长期贮藏，活力也不免下降，最好能立即使用。如果贮藏条件比较好，亦可较长时间保持活力。例如，固定化胰蛋白酶，在0.0025mol/L磷酸缓冲液中于20℃保存数月，活力尚不损失。

③ 热稳定性 热稳定性对工业应用非常重要。大多数酶在固定化之后其热稳定性都有所提高，能耐受较高的温度，但有些酶的耐热性反而下降。采用吸附法来进行酶的固定化时，有时会导致酶热稳定性的降低。例如由DEAE-Cellulose离子结合的固定化转化酶，在40℃加热30min，它的活力只剩余4%，而游离酶在同一条件下其活力仍为100%。

④ 对蛋白酶的稳定性 酶经固定化后，其对蛋白酶的抵抗力提高。这可能是因为蛋白酶是大分子，由于受到空间位阻的影响，不能有效接触固定化酶。例如，千烟一郎发现，用尼龙或聚脲膜包埋，或用聚丙烯酰胺凝胶包埋的固定化天门冬酰胺酶，对蛋白酶极为稳定。而在同一条件下，游离酶几乎全部失活。另外对有机试剂和酶抑制剂的耐受性也得到了提高。

⑤ 酸碱稳定性 多数固定化酶的酸碱稳定性高于游离酶，稳定pH范围变宽。极少数酶固定化后稳定性下降，可能是由于固定化过程使酶活性构象的敏感区受到牵连而导致的。

(3) 酶的反应特性 固定化酶的反应特性，如底物专一性、酶反应的最适pH、酶反应的最适温度、动力学常数、最大反应速率等均与游离酶不同。

① 底物特异性 固定化酶的底物特异性与底物分子量的大小有一定关系。一般来说，当酶的底物为小分子化合物时，固定化酶的底物特异性大多数情况下不发生变化。例如，氨基酰化酶、葡萄糖氧化酶、葡萄糖异构酶等，固定化前后的底物特异性没有变化；而当酶的底物为大分子化合物时，如蛋白酶、α-淀粉酶、磷酸二酯酶等，固定化酶的底物特异性往往会发生变化。这是由于载体引起的空间位阻作用，使大分子底物难于与酶分子接近而无法进行催化反应，酶的催化活力难以发挥出来，催化活性大大下降；而分子量较小的底物受到空间位阻作用的影响较小，与游离酶没有显著区别。

酶底物为大分子化合物时，底物分子量不同对固定化酶底物特异性的影响也不同，一般随着底物分子量的增大，固定化酶的活力下降。例如，糖化酶用CMC叠氮衍生物固定化时，对分子量8000的直链淀粉的活性为游离酶的77%，而对分子量为50万的直链淀粉的活性只有15%～17%。

② 反应的最适pH 酶被固定后，其最适pH和pH曲线常会发生偏移，可能有以下三个方面原因：一是酶本身电荷在固定化前后发生变化；二是由于载体电荷性质的影响致使固定化酶分子内外扩散层的氢离子浓度产生差异；三是由于酶催化反应产物导致固定化酶分子内部形成带电微环境。

载体的电荷性质对固定化酶的作用最适pH有明显的影响。一般来说，用带负电荷载体制备的固定化酶的最适pH较游离酶偏高，即向碱性偏移；用带正电荷载体制备的固定化酶的最适 pH 较游离酶偏低，即向酸性偏移。使用带负电荷的载体时，由于载体的聚阴离子效应会吸引反应液中的阳离子（H^+）到其表面，使固定化酶扩散层的 H^+ 浓度比周围外部溶液高，从而造成固定化酶反应区域 pH 比外部溶液的 pH 偏酸，这样实际上酶的反应是在比反应液的 pH 偏酸一侧进行，外部溶液的 pH 只有向碱性偏移才能抵消微环境作用；反之，用带正电荷的载体制备的固定化酶的最适 pH 比游离酶的最适 pH 低一些。

产物性质对固定化酶的最适 pH 的影响，一般来说，产物为酸性时，固定化酶的最适 pH 与游离酶相比升高；产物为碱性时，固定化酶的最适 pH 与游离酶相比降低。这是由于酶经固定化后产物的扩散受到一定的限制所造成的。当产物为酸性时，由于扩散限制，使固定化酶所处微环境的 pH 与周围环境相比较低，需提高周围反应液的 pH，才能使酶分子所处的催化微环境达到酶反应的最适 pH。

③ 反应的最适温度　固定化酶的最适温度多数较游离酶高，如色氨酸酶经共价结合后最适温度比固定前提高 5～15℃，但也有不变甚至降低的情况。固定化酶的作用最适温度会受固定化方法以及固定化载体的影响。

④ 米氏常数　米氏常数 K_m 反映了酶与底物的亲和力。酶经固定化后，酶蛋白分子的高级结构的变化以及载体电荷的影响可导致底物和酶的亲和力的变化。有时使用载体结合法制成的固定化酶的 K_m 会变动，其原因主要是由于载体与底物间的静电相互作用的缘故。当两者所带电荷相反时，载体和底物之间的吸引力增加，使固定化酶周围的底物浓度增大，从而使酶的 K_m 值减小；而当两者电荷相反时，载体与底物之间相互排斥，固定化酶的 K_m 值比游离酶的 K_m 值增大。另外，K_m 值还与载体颗粒大小有关，一般而言，载体的颗粒越小，K_m 值在固定化前后的变化越小。

例如，用 CMC 叠氮衍生物结合法制成的固定化无花果酶的 K_m 比游离酶减少 1/10，这是因为正电荷底物与载体多阴离子的 CMC 间的静电引力提高，所以固定化酶区域的底物浓度比外部溶液高，在较高底物浓度下酶反应可以更快地进行，表观 K_m 就下降了。相反，用尼龙膜或聚脲膜作成天门冬酰胺酶微胶囊固定化酶的 K_m 值较游离酶多两个数量级，这是由于在凝胶中底物浓度减少的缘故，内部底物浓度低于外部区域的浓度，表观 K_m 就上升了。

⑤ 最大反应速率　固定化酶的最大反应速率与游离酶大多数是相同的。有些酶的最大反应速率会因固定化方法的不同而有所差异。

4.2.5　影响固定化酶性能的因素

固定化酶的制备方法、所选载体材料不同，固定化后酶的特性不同。即使同样的固定化方法和载体，对不同的酶来说，固定化后酶的特性变化也有差异。酶固定化后所引起的酶性质的改变，一般认为可能有两种原因，一是酶本身的变化，酶固定化实际上是酶的一种修饰，因此酶本身的结构、带电性必然随着固定化的不同而受到不同程度的影响和变化；二是受固定化载体的物理或化学性质的影响。所谓酶本身的变化，主要是由于活性中心的氨基酸残基、高级结构和电荷状态等发生了变化；载体的影响，则主要体现在固定化酶的周围，形成了能对底物产生影响的扩散层，以及静电的相互作用等引起的。上述原因带来的扩散限制效应、空间效应、电荷效应以及载体性质造成的分配效应等因素都必然会对酶的性质产生影响。酶经固定化后性质的改变被认为是下述各种因素综合影响的结果。

(1) 微环境的影响　所谓微环境是指紧邻固定化酶的环境区域。微环境效应是由于固定化酶处于与整体溶液（宏观体系）完全不同的物理环境中产生的，主要是载体、产物的疏水、亲水及电荷性质带来的影响。这在多电解质载体制备的固定化酶中最为显著，带电的载体使酶在固定化后具有十分不同的微环境。

(2) 扩散限制、分配效应的影响　这两种效应都和微环境密切相关。

固定化酶反应系统中酶分子和底物、抑制剂等处于不同相中，底物必须通过水不溶性载体周围的扩散层，从主体溶液传递到固定化酶内部活力部位才能和酶接触反应，同样，产物也从固定化酶活力部位扩散到主体溶液，因此发生扩散限制作用。扩散限制效应，是指底物、产物和其他效应物在微环境中的迁移运转速率受到的限制作用，即底物、产物、效应物在微观反应区与宏观体系之间的迁移速率低于理论反应速率的效应。有外扩散限制和内扩散限制两种类型。

外扩散限制是指物质从宏观体系穿过包围在固定化酶颗粒周围近乎停滞的液膜层（又称Nernst层）达到微粒表面时所受到的限制。在充分混合的反应器内，可通过增加搅拌程度来减小但不能避免外扩散限制作用；在管式反应器内可以采用增加流速的方法，或用更浓的底物或黏度较低的底物的方法来减小其影响。

内扩散限制是指上述物质进一步向微粒内部酶所在点扩散所受到的限制。内扩散效应一般是由于载体的孔径小（和弯曲）引起的。如对于高载量的固定化酶产生的内扩散限制常会导致酶活性的下降。这是由于载体颗粒外层部分的酶分子消耗了进入颗粒的大部分，甚至是全部的底物，而处于颗粒较深部的酶分子很少有机会与底物作用而未发挥其催化作用而使固定化酶的活力下降。一般可通过如下一些方法来降低内扩散限制的影响：使用低分子量底物、高底物浓度、低载量的固定化酶、高孔率载体，且孔径要尽可能的大，尽可能不弯曲，固定化酶的颗粒尽可能小等等。

分配效应是由于载体性质造成的酶的底物或其他效应物在微观环境和宏观体系之间的不等性分配，从而影响酶促反应速率的一种效应。分配效应通常是由微环境效应引起的，例如，亲水底物会有选择地吸附在亲水载体表面或孔内，使底物的局部浓度增加；而疏水底物会被亲水载体排斥。同样，带正电荷的底物和质子会吸在带负电荷的载体上，使局部底物浓度增加，同时还会导致载体内的 pH 降低。这样的分配效应使固定化酶的最适 pH 和 K_m 值不同于用游离酶所得的值，如前面已经讨论过，底物带正电荷、载体材料带负电荷的情况下，固定化酶的 K_m 会减小，而最适 pH 会向碱性偏移。

(3) 立体屏蔽的影响　立体屏蔽是指固定化后由于载体空隙太小，或固定化的结合方式不对，使酶活性中心或调节部位造成某种空间障碍，使效应物或底物与酶的邻近或接触受到干扰，不易与酶接触。因此，选择载体的孔径不可忽视。尤其是固定化酶作用于高分子底物时，载体的空间位阻可能显著地影响酶的催化功能。可采用载体加“臂”的方法，改善这种立体屏蔽的不利影响。

(4) 酶分子构象改变、化学改变的影响　酶在固定化过程中，由于酶和载体之间相互作用，引起酶分子构象发生某种扭曲、形变，从而导致酶和底物的结合能力或催化底物转化能力发生改变，以及效应物对酶的变构效应改变。在大多数情况下，固定化致使酶活性不同程度地下降。尤其是载体对酶的修饰氨基酸是组成活性部位的一部分，或者是对保持酶的三维结构十分重要时，这种构象效应对酶的活性影响特别严重。另外，共价结合引起酶的化学改变，在大多情况下，化学改变可能导致酶分子总的净电荷的改变，也可能对酶的活性中心区发生专一的邻近效应。

4.2.6 固定化酶的评价指标

游离的酶被固定化以后，酶的催化性质往往发生变化，为了了解被固定化后酶的性质，可以通过测定固定化酶的各种参数，来判断固定化方法的优劣以及固定化酶的实用性。常见的评估指标有酶活力、相对酶活力、酶结合率或活力回收率以及半衰期等。

(1) 固定化酶的活力　酶活力是指酶催化一定反应的能力，可用酶催化反应的快慢来表示。固定化酶由于载体的作用与游离酶性质有一些区别，故其活力测定方法与游离酶有所不同。固定化酶的单位可定义为每毫克干重固定化酶每分钟转化底物（或产物）的量，单位为

$\mu mol \cdot min^{-1} \cdot mg^{-1}$。如是酶膜、酶管、酶板，则以单位面积的反应初速率来表示，即$\mu mol \cdot min^{-1} \cdot cm^{-2}$。表示固定化酶的活力一般要注明下列测定条件：温度、pH、搅拌速度、固定化酶的干燥条件、固定化的原酶含量或蛋白质含量及用于固定化酶的原酶的比活力等条件。

常用的固定化酶活力的测定方法有振荡测定法、反应柱测定、连续测定法。振荡测定法是将一定量的固定化酶放在一定形状、大小的容器中，加入一定量的底物溶液，在特定的温度、pH 等条件下，振荡搅拌使其催化一定的时间后取出一定量的反应液测定底物的减少量或产物的增加量。反应柱测定法是将一定量的固定化酶装进具有恒温装置的反应柱中，使条件适宜的底物溶液以一定的速率流过固定化酶柱，收集流出的反应液并测定底物的消耗量或产物的生成量。连续测定法是利用连续分光光度测定等手段，对固定化酶反应液进行连续测定，测出底物的消耗量或产物的生成量。实际测定时常将振荡反应器中的反应液或固定化酶柱中流出的反应液连续引进连续测定仪（如双束紫外光分光光度计等）的流动比色杯中，进行连续分光光度测定。

测定时必须注意测定条件如底物浓度、搅拌速度（振荡测定法）、底物溶液流速（反应柱测定法）、pH、温度、激活剂、反应时间等条件的选择。如用振荡法测定时，搅拌速度不能过大也不能过小，在低速时，反应速率随振荡或搅拌速度的增加而升高，在达到一定的速率后不再升高，若继续增大振荡或搅拌速度，可能会引起固定化酶结构的破坏，缩短固定化酶的使用寿命。一般可根据固定化酶的特性选用适宜的条件，但最好是采用与实际应用的工艺条件相同的条件进行测定。

(2) 固定化酶的结合效率与酶活力回收率　将一定量的酶进行固定化时，不是全部酶都结合到载体上成为固定化酶，而总是有一部分没有结合上。

酶结合效率是指酶与载体结合的分率，一般由加入的总酶活力减去未结合的酶活力的差值与加入总活力的百分数来表示，它反映了固定化方法的固定化效率。

$$酶结合效率=\frac{加入的总酶活力-未结合的酶活力}{加入的总酶活力}\times 100\%$$

酶活力回收率是指固定化酶的总活力与用于固定化的酶总活力的百分数。

$$酶活力回收率=\frac{固定化酶总活力}{用于固定化的酶总活力}\times 100\%$$

通过酶结合效率或酶活力回收率的测定可用来评价酶固定化效果的好坏，当固定化载体和固定化方法对酶活力影响较大时，两者的数值差别较大。酶活力回收率反映了固定化方法及载体等因素对酶活力的影响，一般情况下，活力回收率应小于 1，若大于 1，可能是由于某些抑制因素被排除的结果，或者反应为放热反应，由于载体颗粒内的热传递受限制使载体颗粒的温度升高，从而使酶活性增强。

(3) 固定化酶的相对酶活力　具有相同酶蛋白量的固定化酶与游离酶活力的比值称为相对酶活力。它与载体的结构、颗粒大小、底物分子量大小及酶的结合效率有关。相对酶活力的高低表明了固定化酶应用价值的大小，相对酶活力太低则没有实际应用价值。

(4) 固定化酶的半衰期　即固定化酶的活力下降为初始活力一半所经历的时间。它是衡量固定化酶操作稳定性的关键因素，其测定方法与化工催化剂半衰期的测定方法相似，可以通过长期实际操作，也可以通过较短时间的操作来推算。

4.3 细胞的固定化

利用胞内酶制作固定化酶时，先要把细胞破碎，才能将里面的酶提取出来，这就增加了工序和成本。因此人们设想直接固定那些含有所需胞内酶的细胞，并且就用这样的细胞来催化化学反应。20世纪70年代，在固定化酶的基础上科学家们研制成固定化细胞，并且用于生产。70年代末，法国研究成功固定化细胞生产啤酒，80年代初中国的居乃琥等用固定化细胞批量生产啤酒和酒精取得重要研究成果。

固定化细胞就是被限制自由移动的细胞，即细胞被约束或限制在一定的空间范围内，但仍保留催化活性并能被反复连续使用。与酶的固定化相比，固定化细胞保持了胞内酶系的原始状态与天然环境，有效地利用游离细胞的完整的酶系统和细胞膜的选择通透性，既具有固定化酶的优点，又具有其自身的优越性：①无需进行酶的分离和纯化，减少酶活力的损失，同时大大降低了成本；②可进行多酶反应，且不需添加辅助因子。固定化细胞不仅可以作为单一的酶发挥作用，而且可以利用菌体中所含的复合酶系完成一系列的催化反应，对于这种多酶系统，辅助因子再生容易；③对于活细胞来说，保持了酶的原始状态，酶的稳定性更高，对污染的抵抗力更强；④细胞生长停滞时间短、细胞多、反应快等。正是由于固定化细胞的这些无可比拟的优势，尽管其出现远远晚于固定化酶，但其应用范围比固定化酶更为广泛。它由研究阶段进入生产应用的周期很大程度上超过了固定化酶。近几十年来固定化细胞技术发展十分迅猛，其应用涉及到食品及发酵工业、医药工业、化学分析、环境保护、能源开发等各个领域，充分展示了固定化细胞的美好发展前景。

当然，固定化细胞也有其自身的缺点，如必须保持菌体的完整，需防止菌体的自溶，否则影响产物的纯度；必须抑制细胞内蛋白酶对目的酶的分解；胞内多酶的存在会形成副产物；载体、细胞膜或细胞壁会造成底物渗透与扩散的障碍等。

4.3.1 固定化细胞分类、形态特征和生理状态

固定化细胞按其细胞类型有固定化微生物、植物和动物细胞三大类；按其生理状态又可分为固定化死细胞和活细胞两大类，如图4-2所示。

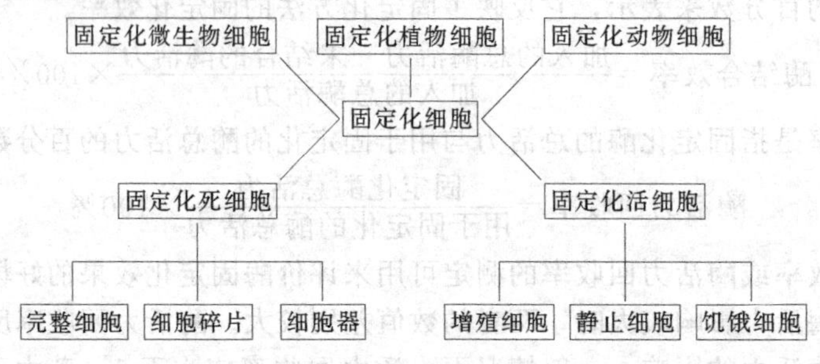

图4-2 固定化细胞的分类

到目前为止，固定化细胞已经发展到第三代。第一代固定化细胞以固定化死细胞为主体，大部分是催化比较简单的单酶反应。第二代固定化细胞以固定化增殖细胞为主体，主要利用增殖细胞内饥饿的多酶系统或者整个代谢过程来连续生产各种氨基酸、有机酸、多肽、酒精和啤酒等产品。第三代固定化细胞就是固定化动、植物细胞。

固定化细胞由于其用途和制备方法的不同，可以是颗粒状、块状、条状、薄膜状或不规则状等，其中多为球形颗粒。用吸附法制备时其形状取决于吸附物质的形状。

固定化死细胞是在固定化前或固定化后对细胞进行物理或化学方法的处理，如加热、匀浆、冷冻、干燥、表面活性剂、化学试剂等处理，使细胞处于死亡甚至破碎状态的固定化细胞，通过处理可以增加菌体细胞膜的渗透性或抑制副反应，所以比较适于单酶催化的反应。

固定化活细胞在固定化后细胞仍保存活性，其生长可以处于静止状态、饥饿状态或增殖状态。固定化静止细胞和饥饿细胞在固定化之后，细胞是活的，但是由于采取了控制措施，

细胞并不生长繁殖，而是处于休眠状态或饥饿状态。

固定化增殖细胞是将活细胞固定在载体上，并使其在连续反应过程中保持旺盛的生长、繁殖能力的一种固定化方法。例如，琼脂包埋的酵母细胞数初始为 10^6 个/cm^3，在营养培养基里培养两天后，细胞数可达 10^9～10^{10}个/cm^3。与固定化酶和固定化死细胞相比，由于细胞能够不断繁殖、不断更新，反应所需的酶也就可以不断更新，而且反应酶处于天然环境中，更加稳定，且保持了细胞原有的全部酶活性，更适合于多酶顺序连续反应。从理论上讲，只要载体不解体、不污染，就可以长期使用。

4.3.2　固定化细胞的制备

固定化酶和固定化细胞（immobilized cell）都是以酶的应用为目的，其制备方法也基本相同。一般有直接固定法、包埋法、吸附法、交联法和共价结合法，其中以包埋法的使用最为普遍。

4.3.2.1　吸附法

主要是利用细胞与载体之间的吸引力（范德华力、离子键和氢键），使细胞固定在载体上，此外还可利用专一的亲和力来固定细胞。包括物理吸附和离子吸附两种，前者是使用具有高度吸附能力的硅胶、活性炭、多孔玻璃、石英砂和纤维素等吸附剂将细胞吸附到表面上使之固定化；后者是利用细胞在解离状态下与带有相异电荷的离子交换剂之间的静电引力（即离子键合作用）而被吸附固定化，所用载体如 DEAE-纤维素、DEAE-Sephadex、CM-纤维素。

很多细胞都具有吸附到固体物质表面或其他物质表面的能力。如酵母细胞一般带负电荷，在固定化时可选择带正电的载体使其固定化；又如 α-甘露聚糖和伴刀豆球蛋白 A 具有专一亲和力，而酿酒酵母细胞壁上含有 α-甘聚糖，故可将伴刀豆球蛋白 A 先连接到载体上，然后把酵母连接到活化了的伴刀豆球蛋白上。

吸附法的优点是操作简单，固定化条件温和，载体可以反复利用，对细胞活性影响小，酶活力损失小等。它的缺点是细胞与载体的结合不牢固，细胞易受环境影响而脱落，操作稳定性差。另外，吸附的细胞数量少。当 pH 或离子强度发生变化、吸附细胞发生倍增以及与气泡和粒子等接触时，固定化细胞会变得不稳定。

4.3.2.2　包埋法

包埋法包括凝胶包埋法和微胶囊包埋法两种，其中凝胶包埋法是应用最广泛的细胞固定化方法，各种微生物、动植物细胞都可用此方法固定化。一般采用的载体为琼脂、聚丙烯酰胺、海藻酸钙、角叉菜胶、明胶、壳聚糖、纤维素等，其中聚丙烯酰胺应用最早。早在 1973 年千畑一郎采用此法固定大肠杆菌。包埋法固定细胞具有很多优点，如方法简便、条件温和，对细胞活性影响小，稳定性好、力学强度较好和包埋容量较高等。但此法也有缺点，只适用于小分子底物。

以海藻酸钙凝胶包埋法为例，其制备过程如下：室温下，将一定浓度的海藻酸钠溶液与微生物细胞混合均匀，然后滴加到氯化钙溶液中形成珠球，即成固定化细胞制剂。

4.3.2.3　直接固定法

直接固定法是借助物理或化学方法直接将细胞固定，可通过加热、冰冻或 β 射线的手段进行固定化，也可添加柠檬酸、各种絮凝剂、交联剂和变性剂处理达到固定化的目的。如热固定化法是将含酶细胞在一定的温度下加热一段时间使酶固定在菌体内的方法，但其只适合于那些热稳定性较好的酶。但在加热处理时，一定要掌握好加热温度和时间，以免引起酶的变性失活。又如凝聚法是通过添加絮凝剂使菌体细胞絮凝而直接固定化的。

4.3.2.4 交联法与共价结合法

同酶的固定化方法相同，共价结合法是利用细胞表面的氨基、羧基、羟基、巯基、咪唑基等反应基团与已活化的载体之间形成共价键而使细胞固定化。交联法是利用双功能或多功能试剂，与细胞表面的反应基团发生反应，使细胞彼此交联成网状结构而制成固定化细胞。两者都是靠化学结合的方法使细胞固定化，故所制得的固定化细胞都很稳定，使用过程中不会发生脱落，但反应条件都比较剧烈，对细胞活性影响大，细胞的死亡率非常高，且造价昂贵，因此应用受到限制。

4.3.3 固定化细胞的性质

细胞经固定化后，许多特性都发生了变化。固定化细胞和固定化酶相比，固定化细胞情况更为复杂：①固定化对酶产生的某些影响对细胞同样有表现，例如增加其稳定性；②由于细胞内环境的相对恒定和细胞的缓冲作用，固定化对胞内酶产生的影响不像固定化酶那样明显；③固定化细胞除了受固定化因素影响外，还受细胞结构及细胞膜透性影响；④固定化活细胞还要考虑菌体生长、生理生化及它们在颗粒内的分布等问题。

4.3.3.1 酶活性

由于酶在细胞内处于适宜的自然环境中，不会发生酶固定化时常遇到的共价修饰作用和构象变化的影响，所以固定化细胞在固定化时目的酶活力一般不下降或下降很小。特别是对于那些即使在游离态酶活力也不稳定的酶，用固定化方法可最大限度地保存酶活力。如天冬酶从菌体里提取出来就不稳定，经固定化酶活力会迅速降低，在这种情况下，用于工业上效果很差，而采用直接固定化微生物菌体则效果就好得多。

另外，和固定化酶不同，其催化活性还受到两方面的额外影响：一方面，由于细胞壁和细胞质膜的存在，对底物、产物等效应物的扩散存在障碍，会导致酶催化速率下降，如果经一定条件保温或表面活性剂处理，其酶活性相应升高；另一方面，固定化在载体上的生长细胞可以活化增殖，使细胞密度和催化能力有所提高。

4.3.3.2 稳定性

细胞固定化后，由于载体的缓冲作用，有可能降低其对外部恶劣环境的敏感性，一般固定化细胞的稳定性高于游离细胞。

和固定化酶相比，由于细胞膜的存在可以排除重金属离子、有机溶剂等化学变性剂的作用，会保护酶免受如剪切力和气泡等机械变性作用，而且大多数固定化细胞制剂中的细胞不会受到侵入微生物的作用，所以固定化细胞的酶活操作稳定性一般比相应的固定化酶的操作稳定性还要高。

4.3.3.2 反应特性

固定化对细胞的反应特性的影响和固定化酶大致相同，如细胞固定化后，由于空间位阻会使细胞对高分子量底物亲和力显著减少；细胞的带电性、载体的性质等因素会引起固定化细胞酶活性的最适 pH 的变化等。例如固定化在阴离子交换树脂上的大肠杆菌细胞和敏捷固氮菌（*Azotobacter agilis*）细胞的最适 pH 要比悬浮液中同样细胞的最适 pH 高些。

除此之外，和固定化酶相比，固定化完整细胞的动力学性质更为复杂，还需要考虑到：固定化后细胞可能增殖；存在着对底物和产物的外加的（细胞壁或细胞膜）扩散障碍；存在能使某些大分子（如糖类）转移到细胞内的透性酶（permeases）的主动转移系统等因素的影响。

4.3.4 固定化细胞展望

自 20 世纪 60 年代以来，固定化酶（细胞）的研究得到了长足的发展，取得了许多重要成果，尤其是固定化细胞的出现，使固定化技术的应用范围进一步拓宽。固定化细胞从其出现到应用发展非常迅速，已引起国内外广泛瞩目，是一个极其活跃的科学领域。尽管目前大量的固定化细胞工作还局限在固定化技术和应用的研究阶段，但世界各国都把固定化细胞研究的成果很快地运用于工业生产过程中，而且其应用范围远远超出食品加工、轻化工业和制药工业，现已扩展到化学分析、环境保护、能源开发等领域。可以预见，不久的将来，由固定化酶和固定化细胞所构成的具有高效、低耗、无公害、长寿命、安全、自动和连续等的生物反应器将逐渐代替传统的发酵工艺和有机合成工艺。固定化细胞在工业的各个方面已经产生并将继续产生巨大的经济和社会效益，其应用前景非常广阔。

但各种固定化方法还存在一些缺陷，在使用过程中也存在一些问题，如固定化酶和细胞在应用过程中的稳定性差、固定化方法复杂、固定化载体昂贵、缺乏大批量制造固定化细胞的一整套方法和所需设备、固定化细胞膜的通透性和副反应存在等。故固定化酶（细胞）仍有很大的研究发展空间，设计和开发性能优异的新型固定化材料，进一步研制开发简便、易行、实用的固定化方法或新的固定化技术，提高固定化后细胞的稳定性和生产周期，研究高效的固定化活细胞生物反应器等工作仍是目前固定化研究的重点内容。

4.4 固定化酶与固定化细胞的应用

4.4.1 固定化酶和细胞在工业上的应用

目前，固定化酶和固定化细胞在工业上应用的研究越来越多，其实际应用有：用固定化氨基酰化酶光学拆分乙酰-DL-氨基酸，连续制造L-氨基酸；用固定化青霉菌酰化酶制造6-氨基青霉烷酸；用固定化葡萄糖异构酶制造果葡糖浆；用固定化乳糖酶制造不含乳糖的牛奶；用固定化木瓜蛋白酶和多酚氧化酶解决啤酒的浑浊问题；用固定化活细胞实现啤酒的连续化生产，等等。下面就几例加以说明。

(1) 高果糖浆的生产　能成功地应用于食品工业的首推固定化葡萄糖异构酶，是固定化酶在工业应用方面规模最大的一项。早期工业生产果葡糖浆是采用游离的葡萄糖异构酶或含有此酶的微生物菌体分批进行的。近年来，比蔗糖更便宜的果葡糖浆的需求量日渐增大，因此世界各国都进行了旨在以大量和廉价生产果葡糖浆为目的的固定化葡萄糖异构酶的应用研究，并成功地实现了工业生产。目前，工业使用的葡萄糖异构酶有两种形式，一种是固定化酶形式，一种是固定化细胞的形式。

(2) 酒精和啤酒生产　酒精生产是目前固定化细胞应用于工业生产方面研究最活跃的领域之一，关于这方面的研究报告很多。使用的菌种大多为酿酒酵母（*Sacharomyces cerevisiae*），固定化方法大多数采用海藻酸钙凝胶和卡拉胶包埋法。

固定化酵母细胞技术用于啤酒生产后，将原来的分批发酵法改为连续生产，大大缩短了啤酒发酵和成熟时间，生产能力大大提高，而且啤酒的各项理化指标、口感及风味与传统工艺所生产出来的啤酒并无明显的差异。目前国外在啤酒工业生产中的主发酵和后发酵中都已应用了固定化技术。

(3) L-氨基酸、有机酸的生产　用有机合成法制造的氨基酸都是DL-消旋物，但是生物体系中的氨基酸大都是L-构型的，因此为了得到纯L-构型的氨基酸必须想办法将D-型与L-型两异构体分离。过去曾用旋光活性的碱和消旋物结合而予以分离，既费时又费钱；用游离酶只能批式生产，难以自动化；而用固定化酶可实现连续式生产工艺，并可实现自动控制。据千畑一郎等估算，采用固定化技术后，L-氨基酸的生产成本可降低40%。

该方法主要利用氨酰酶对L-*N*-乙酰氨基酸的专一性，及游离氨基酸和其乙酰衍生物的溶解度的不同，来生产L-氨基酸。将酶固定在DEAE-Sephadex上生产L-天门冬氨酸，是用固定化细胞最早在工业上大规模生产的氨基酸。此外，目前可用固定化细胞生产的氨基酸和有机酸还有：L-谷氨酸、L-异亮氨酸、L-瓜氨酸、L-赖氨酸、L-色氨酸、L-精氨酸、L-苹果酸、乳酸、醋酸、柠檬酸、衣康酸、曲酸、葡萄糖酸等。

(4) 6-氨基青霉烷酸（6-APA）的生产 6-APA是生产半合成青霉素的关键中间体。在6-APA的氨基上用化学方法接上适当的侧链，可以制得高效、广谱、服用方便的半合成青霉素如氨苄青霉素、甲氧苄青霉素、羧苄青霉素等。

以前工业上生产6-APA多采用化学裂解法和青霉素酰胺水解法两种。近年来，人们采用固定化青霉素酰胺酶或含青霉素酰胺酶的固定化菌体细胞来生产6-APA。用固定化青霉素酰化酶生产6-氨基青霉烷酸，不仅克服了可溶性酶使用时稳定性差、不易回收和不能反复使用的缺点，而且由于此工艺不会将蛋白质和其他杂质带入产物，简化了提纯、提高了产品质量和产量。和化学法相比，具有反应条件温和，不需低温，不需大量有机试剂和腐蚀性的化工原料，无环境污染问题等优点。工业上应用比较成功的固定化方法有皂土吸附和超滤膜相结合法，吸附在DEAE-交联葡聚糖上、吸附在大孔树脂上用戊二醛交联、包埋法和共价结合法等。

此外，固定化酶和细胞在工业上的应用还有利用固定化乳糖酶水解牛奶中的乳糖，用于脱乳糖牛奶的生产，用固定化木瓜蛋白酶应用于啤酒澄清，用固定化细胞来生产所需各种酶、辅酶等。

4.4.2 化学分析和临床诊断方面的应用

酶法分析具有灵敏度高、专一性强的优点，但由于纯酶不够稳定且价格昂贵，因而限制了其应用范围。固定化酶的出现，使其测定不但显现高度的灵敏性和完全的作用专一性，而且酶被固定化后稳定性好，可以反复使用，并可避免由酶制剂引入的杂质，为酶学分析法的应用开辟了新的途径。如将固定化酶、固定化细胞与各类材料、仪器相结合，形成的酶试纸、酶柱、酶管、酶电极、酶热敏电阻器、微生物传感器等，大大节省了分析所需时间和消耗昂贵的高纯度酶试剂的费用，促进了酶法分析更好地应用于化学分析、临床检验和环境检测。

例如将葡萄糖氧化酶、过氧化氢酶和邻苯甲苯胺（指示剂）制成的酶试纸可用于检验血、尿中葡萄糖量，诊断糖尿病，方法简便快速；用固定化乳酸脱氢酶与电化学传感器组成的酶电极可以快速测定血液中的乳酸含量。

4.4.3 医学方面的应用

在医学上，人们已将酶作为药物广泛地在医疗上加以应用，发展成为酶疗法。但用于治疗目的的酶，本身是一种蛋白质，进入人体后会产生抗体，由于抗体反应可引起患者的过敏性休克。此外，作为药物使用的酶，一般活力比较低，酶本身也不太稳定，易被蛋白酶水解，失去治疗作用。如果将酶制成微小的胶囊型固定化酶再注入人体，则可以增加稳定性，并且避免与体液接触而产主抗体。如L-天门冬酰胺酶具有治疗白血病的作用，但天然L-天门冬酰胺酶进入人体会产生抗体，使病人出现休克。因此，需将其微囊化或用可溶性高分子如羧甲基壳聚糖对其进行修饰以降低其毒副作用，这种修饰与固定在化学本质上是一样的。目前固定化酶在治疗酶缺乏症、癌症、代谢异常症以及制造人工脏器（如人工肾）方面，已取得了引人注目的成果。

4.4.4 亲和色谱上的应用

在亲和层析方面，利用酶和抑制剂、底物、辅酶之间存在的生物亲和力，形成络合物，而络合物在一定条件下能分离的特点，将酶制成固定化酶应用，可专一地分离纯化抑制剂、底物或辅酶等物质。利用这种技术，有时能一步将粗抽提物纯化成百上千倍，回收率很高。

例如，将胰蛋白酶和乙烯、顺丁烯二酸酐共聚物联结后固定化，装在玻璃柱中，在冷却和中性或弱碱性的条件下，当流过大量的含胰蛋白酶抑制剂的胰液时，抑制剂可被固定化酶专一地吸附，而其他无亲和力的杂质则流过柱被弃去，再用含盐的缓冲液洗去残留的杂质后，用pH=2的酸液洗脱，使胰蛋白酶-抑制剂配合物解离，经脱盐便可分离得到高纯度的胰蛋白酶抑制剂。

固定化酶用作亲和层析手段分离和提纯酶的底物、辅酶、抑制剂及抗体等，已经显示出广阔的前景。

4.4.5　环境保护方面的应用

消除环境污染，保护环境，是人们普遍关心的问题。固定化酶和细胞在这方面也大有用武之地：一是环境监测，二是污染物处理。

在环境监测方面，根据固定化酶用于化学分析的原理，固定化酶也可以用于测定有毒物质含量以进行环境监测。美国宾夕法尼亚大学利用多酚氧化酶制成固定化酶柱，将其与氧电极检测器合用，可以检测出水中 2×10^{-5} g/mL 的酚；固定化硫氰酸酶，可用于检测氰化物存在。在污染物处理方面，人们可以利用活性污泥法来处理工业废水，现在还可以从活性污泥中分离出微生物，然后将酶或微生物细胞固定，由此组成快速、高效、稳定、能连续处理的系统。目前已可用于BOD物质的去除、硝化-反硝化、脱磷、去酚、氰的降解、LAS降解、重金属离子的去除与回收以及印染废水的脱色处理等。

4.4.6　能源开发方面的应用

在能源开发方面，有用固定化增殖细胞直接产生氢气和甲烷以及制造固定化生化电池等。

(1) 生产氢气和甲烷　氢气作为一种清洁能源已引起人们关注，很多细菌和藻类在厌氧条件下都能产生氢气。但是，微生物体内的产氢系统很不稳定，因而很难用于连续产生氢气。而用微生物细胞固定化后，其氢化酶系统稳定性提高，能够连续产生氢气。同样，固定化细胞还可用于甲烷的发酵生产。

(2) 固定化微生物电池　将固定化氢气产生菌与铂金电极组合在一起，置于葡萄糖溶液中，构成圆筒状阳极，阴极则由碳棒组成。两者共同组成氢-氧（空气）型微生物电池。由于用葡萄糖作营养源经济上不合算，人们已开始利用各种工业废水来作为固定化氢产生菌的营养来源制造微生物电池。这样既能处理废水，又能利用废水中的有机物产生电能。但是，关于这方面的研究离实际应用还有一段距离。

4.4.7　基础理论研究方面的应用

酶在基础理论研究方面也起着越来越受到人们的关注，如研究酶结构与功能的关系，阐明酶反应机制，研究酶的亚单位结构，作为生物膜酶模型、多酶体系模型以及用于生物发光机制、微生物代谢过程、遗传工程的研究等。

(1) 酶反应机制的研究　固定化技术可用于酶反应机制的验证和研究，如Brown等曾用固定化复合酶系研究获得成功。葡萄糖生成甘油醛-3-磷酸的反应过程，中间要经过己糖激酶、磷酸葡萄糖异构酶、磷酸果糖激酶与醛缩酶的作用，将这四种酶用聚丙烯酰胺网格型包埋固定化，顺次装入柱中，再流入葡萄糖、ATP、$MgCl_2$ 的混合液则可得甘油醛-3-磷酸，既说明了单一酶的反应机制，又说明了复合酶系的反应机制。

(2) 酶亚单位结构的研究　例如，可以把酶的一个亚单位固定化，而另外的亚单位解离，然后用固定化亚单位和游离亚单位做重聚的杂交实验研究。

(3) 蛋白质、核酸等高分子物质结构的研究　如用磷酸钙凝胶吸附亮氨酸胺肽酶，制成固定化酶膜，连续水解大量的肽，根据氨基酸释放的顺序，可确定肽段中氨基酸的组成及其排列次序。

(4) 揭示酶原激活机理　有时酶原激活并不涉及蛋白水解。酪氨酸酶原固定化后，不需肽链水解就可活化至天然酶的20%～30%活力。荧光技术证明，活化酶原在结构上与固定化酪氨酸类似，证明了结构重排在酶原激活中的重要性。

(5) 作为膜结合酶的模型　因为固定化酶和膜结合酶都是附着在固体载体上起作用的，故可将提取出来的膜结合酶再固定到明确的载体上，作为膜结合酶的有用模型，来研究酶在细胞内的真实功能和天然结合膜酶的反应机制等。

(6) 生物功能研究　如用固定化链激酶和尿激酶研究血纤蛋白溶解机制方面的生物功能。

复习思考题

1. 酶的固定化方法有哪些？各有什么优缺点？
2. 影响固定化酶性能的因素有哪些？
3. 固定化细胞有哪些类型？
4. 细胞的固定化有哪些方法？各有什么优缺点？
5. 固定化酶和固定化细胞有哪些应用？

参 考 文 献

1 彭志英编．食品酶学．北京：中国轻工业出版社，1996
2 宋思扬，楼士林．生物技术概论．北京：科学技术出版社，1999
3 周晓云编．酶技术．第一版．北京：石油工业出版社，1995
4 郭勇，郑穗平编．酶学．广州：华南理工大学出版社，2000
5 罗贵民主编．酶工程．北京：化学工业出版社，2003
6 A 怀斯曼主编．酶生物技术手册．徐家立等译．北京：科学出版社，1989
7 郭勇主编．酶的生产与应用．北京：化学工业出版社，2003
8 赵永芳主编．生物化学技术原理及应用．第三版．北京：科学出版社，2002
9 伦世仪主编．生化工程．北京：中国轻工业出版社，1993
10 贺小贤主编．生物工艺原理．北京：化学工业出版社，2003
11 Ratna S. Phadke. Immobilization of Enzyme/Coenzymes for Molecular Electronics Applications. J Biosystems，1995 (35)：179～182
12 Ole Kirk，Torben Vedel Borchert，Claus Crone Fuglsang. Industrial enzyme applications. *Current Opinion In Biotechnology*. 2002，13：345～351
13 王璋编．食品酶学．北京：中国轻工业出版社，1991
14 王建龙著．生物固定化技术与水污染控制．北京：科学出版社，2002
15 张树政主编．酶制剂工业（上册）．北京：科学出版社，1998

第5章　酶分子的改造和修饰

知识要点

1. 采用基因修饰技术、蛋白质工程修饰技术修饰酶的基本理论
2. 酶分子定向进化的基本原理及选择策略
3. 定向进化技术改造酶分子的选择策略

酶分子的改造和修饰是分子酶工程学的内容。分子酶工程学就是采用基因工程和蛋白质工程的方法和技术，研究酶基因的克隆和表达、酶蛋白的结构与功能的关系以及对酶进行再设计和定向加工，以发展更优良的新酶或新功能酶的学科。其中若是采用某种生物学或化学方法改变蛋白质的一级结构，便可能改善蛋白质分子的功能性质和生物活性，这一过程称为酶分子的改造和修饰。

酶的化学本质是蛋白质，蛋白质的性质、功能和生物活性与其空间构象关系密切，任何导致其三维空间构象变化的因素，例如酸、碱、温度、金属离子等，都可以改变其功能特性和生物活性。

每一种蛋白质分子中氨基酸残基的排列次序都是严格确定的，而一级结构又决定了高级结构的形成，特别是决定了其中 α-螺旋、β-折叠等二级结构以及进一步盘绕成各种独特的紧密结构（即三级结构）的形成。蛋白质的一级结构决定了它的空间构象，是蛋白质结构的基础。酶分子的改造和修饰是以它的化学本质为基础的。

5.1　采用蛋白质工程技术修饰酶

所谓“蛋白质工程”又称为“第二代基因工程”，就是人们通过对蛋白质结构和功能间规律的了解，按照人们预定的模式人为地改变蛋白质结构，从而创造出有特异性质的蛋白质。作为近十几年来出现的一门新兴学科，它涉及到了方方面面的知识和技能，包括对蛋白质空间结构和功能活性的全面了解；X 射线衍射技术的应用及计算机模拟蛋白质模型；DNA 序列分析；寡核苷酸人工合成以及基因工程方面的操作技能等。采用基因工程的方法，原则上可以得到任何已知的蛋白质，而蛋白质工程则可能按照人们的意愿改造蛋白质分子，并创造出自然界未发现或不存在的具有特异功能性质或生物活性的蛋白质。利用蛋白质工程可以生产出具有特定氨基酸顺序、高级结构、理化性质和生理功能的新蛋白质，可以定向改造酶的性能，生产新型营养功能型食品，以全新的思路发展食品工业。

蛋白质工程是基因工程和蛋白质结构研究互相融合的产物，这一技术开辟了一条改变蛋白质结构的崭新途径，使蛋白质和酶学的研究进入了一个新的发展时期。

5.1.1　蛋白质结晶学与动力学

蛋白质结晶学与动力学是蛋白质工程的基础，即根据 X 射线衍射原理解析蛋白质中的原子在空间的位置与排列（立体结构）。自从 20 世纪 50 年代末 X 射线晶体学方法测定了第一个蛋白质——肌红蛋白的结构以来，已有二三百种蛋白质的三维结构被研究清楚，包括各种酶、激素、抗体等。一方面让人们看到了成千上万个原子在三维空间精巧而复杂的排布是怎样与它

们特定的生物学功能相关联；另一方面，人们得知蛋白质的基本结构是有规律的，如多肽链的折叠和盘绕方式。因此，蛋白质晶体学是人类所掌握的可精确测定蛋白质分子中每个原子在三维空间位置的惟一工具，并且通过比较蛋白质与配体结合前后的结构和不同活性状态的结构，提出该蛋白质发挥活性作用的分子机理。首先，必须分离足够量的纯蛋白质（至少几毫克到十几毫克），制备出衍射分辨率优于0.3nm的单晶体，然后进行数据收集、计算和分析工作。20世纪80年代以来，由于基因工程的建立，使人们方便地摆脱了对天然蛋白质的依赖，特别是当天然来源的蛋白质非常困难的时候，重组DNA技术通过对遗传物质在切割、聚合及拼接等工具酶的作用下，获得目的蛋白的重组基因，并以微生物为重组DNA的受体细胞，采用发酵的方法大量表达人们感兴趣的蛋白质，显示出无可争辩的优越性，从而使那些在机体内含量极微而难以提取的蛋白质结构也得到了充分的研究。另一方面，获得蛋白质立体结构的基本工具是X射线晶体衍射技术。同步辐射、强X射线源及镭探测器的使用，使数据收集过程大大加速，从而使测定一个大分子结构所需的时间比过去大大缩短。

要深刻了解多肽链究竟是怎样折叠成三维蛋白质的，蛋白质在发挥作用时三维结构经历了什么样的静态过程，必须对蛋白质动力学进行研究，这样才能预测基因水平的改造，才能进行真正有意义的分子设计。目前，蛋白质动力学多用一种微扰方法，即用计算机控制的图像显示系统，把所要研究蛋白质的已知三维结构显示在屏幕上，根据电子密度图可以构建能显示键长和键角的结构模型，这种结构模型通过计算机，在屏幕上可以清楚地显示出蛋白质结构的骨架及在特定环境下的表面结构，允许从分子的内部或外部观察蛋白质分子某一断面的结构，还可以用彩色图像、透视方法描绘酶及底物分子的平移和转动。仔细分析哪些氨基酸残基对分子内和分子间相互作用可能是重要的，然后通过计算机在屏幕上按预先设想替换一些侧链基团再用计算机寻找经过“微扰”后蛋白质分子的能量趋于极小的状态，预测由于这种替换可能造成的后果，在屏幕上组建的模型易于组装、操作、储存及修正，这样的分子模型是指导蛋白质工程的有力工具。

5.1.2 基因修饰技术

在蛋白质工程出现以前，人们改造蛋白质分子的手段有诱发突变、蛋白质化学修饰等。诱发突变随机性大，是否能获得预期性的突变体，只能等待自然界的恩赐。蛋白质化学修饰在一定程度上可按照人们的意愿对分子局部实施手术，由于化学修饰反应的不专一性以及由此而带来相应的副反应和附加修饰基团，从而很难对修饰结果做出结论性判断，同时对分子内部一些疏水侧链氨基酸的生物学作用的研究有局限性。在基因工程取得巨大成就的今天，由于限制性内切酶、DNA聚合酶、末端转移酶、DNA连接酶等工具酶以及各种载体的运用和发现，完全有能力克隆自然界所发现的任何一种已知蛋白质基因，并且通过发酵或细胞培养生产足够量的这种蛋白质。因此人们设想通过对编码蛋白质基因的定位改造，人为地形成蛋白质突变体，因而发展了两个行之有效的基因修饰技术：定位突变和盒式突变，这两种方法的建立为蛋白质工程奠定了基础。

5.1.2.1 定位突变技术

氨基酸由一个三联密码所决定，其中第一或第二碱基决定了氨基酸的性质。因此只需改变第一或第二碱基，就可以改变蛋白质分子中一种氨基酸残基，用另一种氨基酸残基取代之，这就叫定位突变。定位突变需借助噬菌体M_{13}的帮助，M_{13}的生长周期有两个阶段，当处于细胞外发酵液中时，质粒中的基因组以单链DNA形式存在。当侵入寄主细胞后，单链DNA基因组复制时以双链复制型存在。利用它生活周期的这一特点可制备单链DNA模板分子，经过改造后的M_{13}分子含多个限制性内切酶位点，可用来插入所要研究的基因。位点需要一段寡聚核苷酸，其碱基序列与模板分子中插入的基因序列互补，但在欲改变的一个或几个碱基位点用别的非互补的碱基代替，这样因碱基不互补不能配对，所以当引物与模板形成杂交分子（退火）时，它们与相应碱基不能形成氢键，称为错配对碱基。在适当条件下，含错配对碱基的引物分子与模板杂交，在 DNA 聚合酶Ⅰ大片段作用下从引物的 3′-端沿模板合成相应互补链，在 T_4 连接酶作用下形成闭环双链分子。经转染大肠杆菌，双链分子进入细胞后将分开并各自复制自己的互补分子。因此可得到含两种噬菌体的噬菌斑，一种由原来链复制产生，称野生型。另一种由错配碱基链产生，称为突变型，应用 DNA 顺序测定方法或生物学方法筛选，可以从大量野生型背景中找到突变体，从而分离出突变型基因，经转入表达系统可得突变型蛋白质。

图 5-1 为酪氨酸 tRNA 合成酶 Cys-35 定点突变示意图，酪氨酸 tRNA 合成酶（TyrRS）催化酪氨酸和 tRNA 之间的酰氨化反应，反应的第一步是 ATP 活化酪氨酸形成酪氨酰腺苷酸；第二步是酪氨酰基转移到 tRNA 分子上形成酪氨酰 tRNA。通过对该酶分子的模型分析，看到在 35 位的 Cys 与酪氨酰腺苷酸的核糖 3′-羟基相结合，因此将 Cys-35 作为定点突变的靶位，如采用结构与 Cys 十分相似的 Ser 取代 Cys，估计会对底物产生影响。其基本程序是：①先将其基因克隆于 pBR322，它可以在 *E. coli* 中高效表达，然后再克隆到 M_{13}mp93 上；②合成引物 5′CAAACCCGCTGTAGA G3′，这个引物除与 Cys-35 密码子 TGC 中的 T 不能配对外，其余均能与模板互补；③借助 Klenow 酶、4 种底物 dNTP 和 T4 连接酶作用，使引物延伸合成闭合环，通过蔗糖密度梯度离心分出共价闭环 DNA，转染受体菌 *E. coli*，让 M_{13} 扩增；④从 *E. coli* 培养物中分离出噬菌体，并分离单链 DNA ，点到硝酸纤维膜上，进行印迹杂交，并用 5′-^{32}P 标记的引物做探针，此探针与突变基因是完全互补的，而与野生型基因存在着错配，因此可以通过升高温度选择性地将标记引物从野生型基因上洗下，而继续结合的便是突变基因，这样就筛选出突变株。

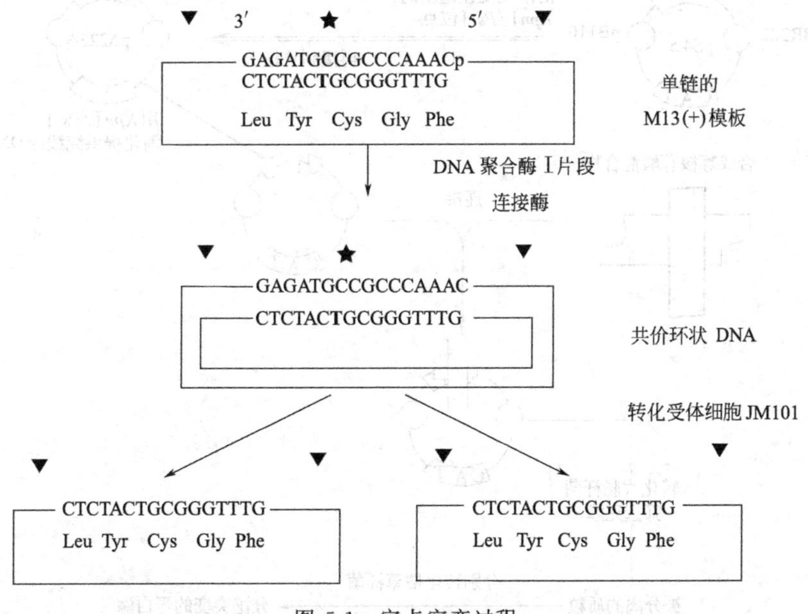

图 5-1 定点突变过程

5.1.2.2 盒式突变技术

盒式突变技术是 1985 年由 Wells 提出的一种基因修饰技术，经过一次修饰，在一个位点上可产生 20 种不同氨基酸的突变体，从而可以对蛋白质分子中某些重要氨基酸进行“饱和性”分析，大大缩短了“误试”分析的时间，加快了蛋白质工程的研究速度。

枯草杆菌蛋白酶是加酶洗涤剂中使用的主要蛋白水解酶，由于它易氧化失活，因此洗涤剂中添加的漂白剂大大降低了该酶的效力。氧化失活可以归因于其活性中心的 Ser-221 残基与其邻近第 222 位甲硫氨酸的氧化。由于 Met-222 的存在，使该酶易被氧化失活。尽管这个酶的空间结构已被测定，但人们无法从分子模型预示何种氨基酸替换甲硫氨酸后，还能保持酶的活力并同时改善对氧化的稳定性。为此 Wells 提出盒式突变方法，其要点见图 5-2。首先将完整的蛋白酶基因链接在 pS4.5 的 EcoRⅠ-BamHⅠ之间，将此片段连接到噬菌体 M13mp9 上，构成一个单链重组噬菌体（M13mp9SUBT），另外合成一个 38 体寡聚脱氧核苷酸引物，该引物缺失包括 Met-222 在内的 10 个核苷酸，并在其两侧分别设计了 KpnⅠ和 PstⅠ新的酶切位点，以此寡聚核苷酸为引物，以 M13mp9SUBT 为模板，在 DNA 聚合酶和 T4 连接酶的催化下，复制出新的突变 DNA 分子。用 EcoRⅠ-BamHⅠ消化后所获得的片段再克隆到穿梭质粒 pBS42 上，获得质粒 pΔ222，用限制型内切酶 KpnⅠ和 PstⅠ消化这个质粒，形成切口。将 5 种双链 25 体寡聚核苷酸混合物（库）在连接酶的作用下插入切口，形成 5 种不同的重组质粒。用此混合质粒转化大肠杆菌，培养后提取质粒，用限制酶 KpnⅠ处理，以消除未突变的质粒所造成的污染。用净化的质粒再转化大肠杆菌，分离单菌落，提取质粒，测定 DNA 序列，筛选突变体质粒，将 5 种突变体质粒再转化蛋白酶缺陷的枯草芽孢杆菌 BG2036，从这些转化体细胞中得到了不同的突变体，其分泌枯草芽孢杆菌蛋白酶的能力不同。上述一组实验一举可得 5 种不同的蛋白酶（以 5 种不同的氨基酸分别取代，其他顺序与野生型相同）。若分 4 个试验组进行，可以得到全部其他 19 种氨基酸的不同取代物，从而大大简化了操作程序。

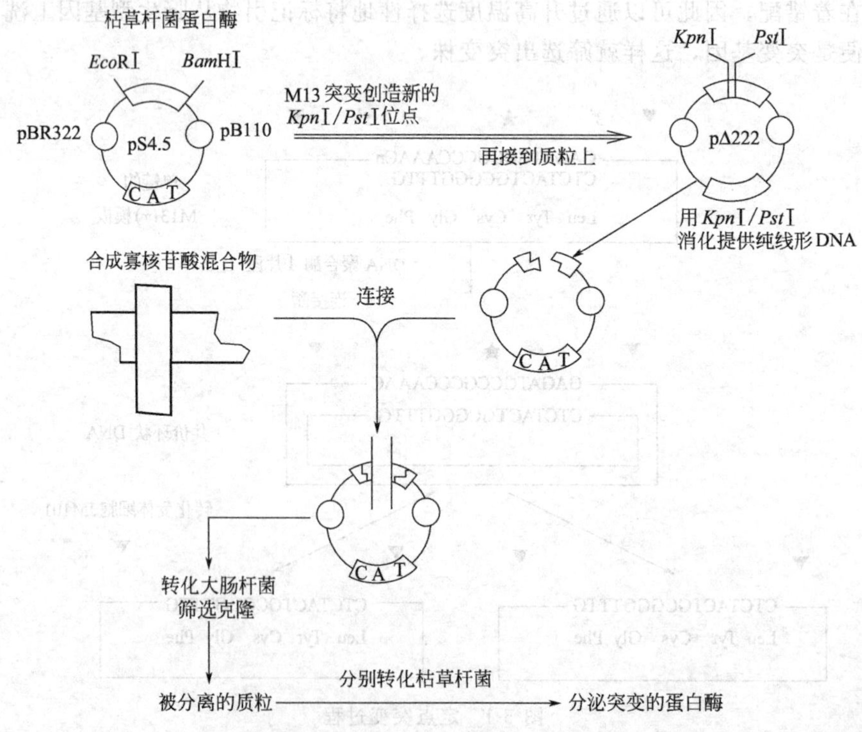

图 5-2 盒式突变法进行枯草杆菌蛋白酶的氨基酸取代

5.1.2.3 其他突变技术

理论上可以算出突变体与野生型的比值可达 50%，但实际工作中突变体出现概率常很低，从大量野生型背景中筛选突变体通常是费工费时的工作。因此为提高突变率和减少野生型背景，近年发展了多种有效的新的突变技术，其中被广泛接受的有两种：一种是由 Eckstein提出的硫代负链法，为了降低野生型背景，Eckstein发现核苷酸间磷酸基的氧被硫取代后的修饰物$\left[\begin{matrix}S\\ \|\\ —P—\end{matrix}\right]$对某些限制性内切酶有更强的耐受性。从而在引物和dCTP、$\left[\begin{matrix}S\\ \|\\ —P—\end{matrix}\right]$存在下合成负链，然后用选定的限制性内切酶处理，由于负链对酶有较高耐受性，结果仅在正链造成“缺口”，“缺口”在核酸外切酶Ⅲ作用下从3′→5′扩大并超过负链上错配对核苷酸，在聚合酶和连接酶作用下修复正链，再生复制型双链噬菌体，经过这样处理，复制型的两条链都只含突变核苷酸，减少了野生型背景；另一种方法叫做生物筛选法或UMP正链法，它基于大肠杆菌突变株RZ1032中缺失脲嘧啶糖苷酶和UTP酶，M_{13}在这种寄主中脲嘧啶（U）可以替代胸腺嘧啶（T）渗入模板而不被修复，用这种含U的模板产生的突变双链可以不经纯化直接转化正常的*E. coli*，在正常的*E. coli*中由于存在脲嘧啶修复系统，从而含U模板在正常寄主中被降解，而含突变的负链由于不含U得以保存。利用生物系统中的这一功能可以消除大量野生型背景，从而使突变率提高到80%以上。

除了上述两种行之有效的改进技术外，双引物法、缺口双链法、质粒上直接突变法以及各种方法之间的配合使用也被不同程度地应用，总之在基因定位修饰技术方面已趋于成熟。

5.1.3 蛋白质工程修饰酶分子

迄今人们已发现并鉴定了数千种酶，但真正有商业价值的并不多，这一方面是由于酶的生产成本高，另一方面则由于自然界来源的局限性，这对蛋白质工程提出了挑战，人们必须通过蛋白质工程对蛋白质分子进行改造以获得具商业价值的蛋白质（或酶）。至今采用蛋白质工程应用于酶学研究已取得了一些有价值的成果。蛋白质工程程序如图5-3所示。

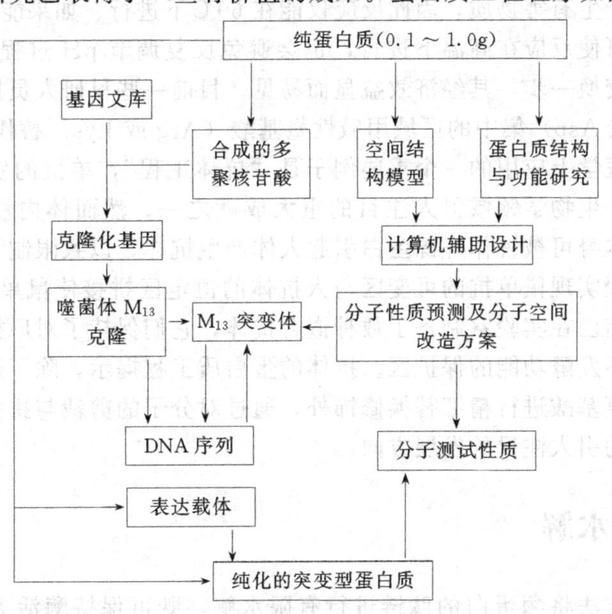

图5-3　蛋白质工程程序

丝氨酸蛋白酶是一组研究的最清楚的蛋白酶，这组蛋白酶在蛋白质水解、酶原激活过程中起着非常重要的作用。

枯草杆菌蛋白酶（subtilisin）是一种碱性丝氨酸蛋白酶，在洗涤剂和食品工业中已大规模应用。但用在洗涤剂上有个不小的缺点，即易氧化失活，特别是当其与漂白剂合用时更加突出。其原因就是靠近酶活性中心部位的Met-222被氧化成砜和亚砜所致。为了克服上述缺点，Wells 等采用盒式诱变技术将 Met-222 用其他氨基酸取代，发现用 Ala 取代后，比活力下降了 50％，而用 Lys 取代后比活力下降到 0.3％，但用 Ala、Ser 或 Leu 取代后的酶大大提高了对氧化作用的抗性，于 1mol/L 过氧化氢处理 1h 仍保持全部酶活力。这样便使该酶与漂白剂合用成为可能。

溶菌酶是一个广泛应用于食品、医药工业的酶，由于其催化速率随温度升高而升高，因此热稳定性是对此工业用酶的主要要求。T_4 溶菌酶的晶体结构研究表明，其分子含一条肽链，并折叠形成两个在空间上相对独立的单元（结构域）。活力部位位于两个结构域之间，该分子含位于 97 位和 54 位的两个未形成二硫键的半胱氨酸，即野生型酶不含二硫键。二硫键是稳定蛋白质分子的空间结构最重要的一种共价化学键，能将分子牢固地联结在一起，因此提高酶热稳定性最通常的办法是在分子中增加一对或数对二硫键。Perry 基于对空间结构模型的仔细分析，选择通过将溶菌酶第三位 Ile 突变成 Cys 来构建一对二硫键，结果与先前预想的一样，67℃时突变酶的半衰期由原来的 11min 提高到 6h。如果同时用碘乙酸封闭余下的第 54 位的 Cys 或将其突变为 Thr 或 Val，则同时提高了酶的抗氧化活力，新引入的“工程二硫键”稳定了两个结构域之间的相对位置，从而稳定了由两个结构域所形成的活力部位。引入二硫键时必须避免由于二硫键的引入带来了分子构象的改变所产生的失活效应，可以选择突变两个邻近、取向合适的 Ala 来构建二硫键。

改变工业用酶的最适 pH 是蛋白质工程的另一重要目标，葡萄糖异构酶是一个很好的例子。以淀粉为原料，经淀粉酶和糖化酶的作用生成葡萄糖浆，再以葡萄糖异构酶作用生成高果糖浆（一种新型的食品饮料甜味剂）。糖化酶的反应 pH 为酸性，但葡萄糖异构酶的最适作用 pH 为碱性。虽然一些细菌来源的葡萄糖异构酶在 80℃稳定，但在碱性 pH 下 80℃将使糖浆“焦化”并产生有害物质，因此反应仅能在 60℃下进行。如果能将酶作用的最适 pH 改在酸性，则不仅可使反应在高温下进行，也会避免反复调节 pH 过程中所产生的盐离子，从而省去最后离子交换一步，其经济效益显而易见。目前一些科研人员用盒式突变使分子中酸性氨基酸（Glu 或 Asp）集中的区域用碱性氨基酸（Arg 或 Lys）替代取得可喜效果。

蛋白质工程在医学上应用的一个重要例子是“抗体工程”，单抗的发现及其在诊断与治疗上的应用是近十年生物学领域引人注目的重大成就之一。然而体内注射动物（主要是鼠类）单抗，因它们本身可被视作外源蛋白引起人体产生抗体，以致限制了其应用前景。人们期望通过蛋白质工程实现鼠单抗的可变区与人抗体的恒定区拼接使鼠单抗“人类化”，形成所谓嵌合抗体。目前已在实验室制备了数种嵌合抗体，它们保持了对原抗原的亲和力，同时可以选择核配具有不发酵功能的保护区。抗体的蛋白质工程揭示，除了通过定位修饰对涉及蛋白质功能有关的氨基酸进行精细替换修饰外，通过对分子的剪裁与拼接构成全新的功能分子是蛋白质工程新的引人注目的发展方向。

5.2 酶法有限水解

若能用适当的方法将酶蛋白的肽链进行有限水解，既可保持酶活力，又可降低其抗原性，对酶蛋白的应用是极为有利的。常用于水解蛋白质的酶有木瓜蛋白酶、真菌蛋白酶、胰酶和胃蛋白酶等。例如木瓜蛋白酶由 180 个氨基酸连接而成，若用蛋白酶有限水解，除去整条肽链的三分之二，120 个氨基酸组成的肽段，可保持其酶活力，而其抗原性大大降低。又如酵母的烯醇化酶，除去 150 个氨基酸组成的肽段后酶活力仍可保持。

另外，有些酶蛋白原来没有活性或者酶活力不高，利用蛋白酶对这些酶蛋白进行有限水解后，除去一部分氨基酸或肽段，可使酶的空间构型发生某些细微的改变从而提高酶的催化能力。体内酶原的激活实质上便是一种自发的有限水解修饰。X射线衍射结果表明（分辨率0.2nm）α-胰凝乳蛋白酶具有球形的三维结构，其中5个氨基酸残基即N-末端的Ile16、Asp194、Asp102、Ser195和His57对该酶的活力来说是重要的，酶的活力部位之所以具有催化反应的活力就是这5个氨基酸残基协同作用的结果。这些氨基酸残基在酶蛋白的一级结构中相距很远。生物体内首先合成的胰蛋白酶原A和B是没有活力的。胰凝乳蛋白酶原A是由245个氨基残基构成的一条多肽链，当连接Arg15和Ile16的肽键被胰蛋白酶断开时，酶原转变成有活力的π-胰凝乳蛋白酶，π-胰凝乳蛋白酶经自我消化作用除去两个肽后产生α-胰凝乳蛋白酶。在体外，也可以利用这一方法来提高酶蛋白的催化活力。例如，胰蛋白酶原用蛋白酶修饰除去一个六肽，即可显示出胰蛋白酶的催化活力。用胰蛋白酶从天冬氨酰酶的C-端切去十多个氨基酸的肽段后，活力提高4.5倍。又如，天冬氨酸酶用胰蛋白酶水解，结果可使该酶的活力提高约千倍。

除可用蛋白酶对酶进行有限水解修饰外，也可用其他方法使肽链水解，以达到修饰的目的。例如，枯草杆菌中性蛋白酶，先用EDTA等金属螯合剂处理，再经纯水或稀盐酸溶液透析，可使蛋白酶部分水解，得到仍有蛋白酶活力的小分子肽段，用作消炎剂时不产生抗原性，表现出良好的疗效。但用化学方法对蛋白质水解修饰时，常常由于作用条件剧烈易导致蛋白质功能特性及生物活性的降低或丧失。

5.3 氨基酸置换修饰

酶的催化能力及其稳定性主要依赖于酶的空间结构，而酶蛋白的空间结构主要靠副键（二硫键、盐键、酯键、疏水键和范德华力等）来维持，而各种副键的形成是由不同氨基酸所带基团决定的，如半胱氨酸残基上的巯基可形成二硫键，碱性氨基酸残基上的氨基和酸性氨基酸的羟基可形成盐基等。若将肽链上的某一个氨基酸换成另一个氨基酸，则可能引起酶蛋白空间结构的某些改变。这种修饰方法称为氨基酸置换修饰。

通过氨基酸置换修饰，可使酶蛋白的结构发生某些精致的改变，从而提高酶活力或增加酶的稳定性。例如，酪氨酸-tRNA合成酶的功能是催化酪氨酸及其对应的tRNA合成酪氨酰-tRNA，若将该酶第51位的苏氨酸由脯氨酸置换，则可使酶活力提高25倍，使该酶对ATP的亲和性提高近100倍。又如将T_4溶菌酶分子中第3位的异亮氨酸变成半胱氨酸，使之与第97位的半胱氨酸形成二硫键，经过这个氨基酸置换修饰后，T_4溶菌酶活力保持不变，但该酶对温度的稳定性大大提高。

氨基酸置换修饰技术不但在酶分子修饰中应用，而且可用来修饰其他功能蛋白质或多肽，如在β-干扰素和白细胞介素的修饰中取得显著效果。干扰素的稳定性很差，这是由于分子中有三个半胱氨酸，其中两个半胱氨酸的巯基会与一分子干扰素的游离巯基结合成二硫键而使干扰素失去活性，若将这个半胱氨酸换成丝氨酸，便可使干扰素的稳定性大大提高。修饰后的干扰素在低温条件下保持半年之久其活性不变，为临床使用创造了条件。

化学方法进行氨基酸置换修饰存在着许多困难，但近年来兴起和发展的蛋白质工程，却为氨基酸置换修饰提供了可靠的手段。

5.4 亲和标记修饰

亲和标记是一种特殊的化学修饰方法。早期人们利用底物，或过渡态类似物作为竞争性抑制剂来探索酶的活性部位结构，例如丙二酸作为琥珀酸脱氢酶的竞争性抑制剂，δ-葡萄糖酸内酯作为葡萄糖苷酶的抑制剂。与此同时，又利用蛋白质侧链基团的化学修饰试剂探讨酶的活力部位。如果某一试剂使酶失活，那么可以推断能与该试剂反应的氨基酸是酶活力所必需的。利用此技术对酶的活力部位结构研究已经取得了许多有价值的结果。但是一般的化学修饰技术最突出的局限性是专一性不高，它们与酶分子反应时，不仅能作用于活力部位的必需基团，而且也能作用于活力部位以外的同类基团，这种局限性虽然可以通过底物保护的方法进行差示标记（differential labeling），但操作较烦琐。因此为了提高修饰反应的专一性，将上述两种方法结合起来，在底物类似物上结合化学反应基团，使它们与酶有较高的亲和力而引入酶的活力部位，因而抑制剂在活力部位的浓度远高于活力部位以外的区域，从而与酶共价结合使酶失活。这类试剂称为导向活力部位的抑制剂，也称为亲和标记试剂。例如胰凝乳蛋白酶的共价抑制剂对甲苯磺酰-L-苯丙氨酰氯甲酮（简称 TPCK）就是这类抑制剂。

亲和标记试剂有两种形式：K_s 型和 K_{cat} 型。K_s 型抑制剂是底物类似物上结合有化学活性基团，如上述 TPCK，它的专一性仅仅取决于它与酶结合的亲和力。K_{cat} 型抑制剂的专一性不仅取决于抑制剂与酶结合的亲和力而且取决于它作为酶底物的有效性。这种底物具有潜在的化学反应基团，当它被酶作用后转变成有高度化学反应性能的基团，从而与酶的活力部位共价结合，因此这类化合物又称为"自杀底物"（suicide substrate）。

用 E 和 Si 分别代表酶和自杀底物，I 为 Si 被催化后的抑制物，反应式表示如下。

$$E+Si \xrightleftharpoons{K_s} ESi \xrightarrow{K_{cat}} E\cdot I \xrightarrow{K_i} E\text{-}I$$

式中，K_s 为 ESi 的解离常数；K_{cat} 为 ESi 转化为 EI 的催化常数；K_i 是 E 和 I 形成共价结合的速率常数。抑制剂作用的有效性和专一性不但与 K_s 有关同时还取决于 K_{cat}，因为 Si 单独与 E 结合还不能形成抑制剂，只有生成产物 I 以后才有抑制作用，K_{cat} 越大，生成产物的速率越快，抑制作用越强。K_{cat} 比 K_s 有更高的专一性，因为它需要酶的催化才能形成酶的抑制剂。因此，即使几种酶的底物有相同的空间结构，都能与 Si 结合，但不同的酶催化底物的反应性能不同，只有能将 K_i 生成 I 的酶才受 Si 的抑制，而且生成 I 的场所在活力部位。"I" 能够集中地"攻击"活力部位必需基团，因此 K_{cat} 型抑制剂是专一性极高的试剂，已广泛地应用于探索酶的活性部位结构和研究酶的作用机制，在医疗上也有极大的应用价值。

一个不可逆抑制剂是否引入酶的活力部位，可以利用下列几点来判断。

① 与抑制剂作用后酶完全失活，酶和抑制剂的反应以化学计量进行，即 1mol 抑制剂与 1mol 酶作用引起 100%的失活。

② 酶活力的丧失程度依赖于反应时间，与抑制剂的浓度有化学计量关系，抑制反应动力学表现为一级反应。

③ 真正的底物或竞争性抑制剂能阻止抑制作用。

这类抑制剂有 3,5-/4,6 -环已烯四醇 B 环氧合物、3,5-/4,6-四羟基环氧乙烷等肌醇（inositol）具有葡萄糖吡喃环相似的结构，引入一个化学活性基团——环氧基团到肌醇分子中得到它的衍生物 3,5-/4,6-环已烯四醇 B 环氧合物（conduritol B epoxide）。该化合物对糖苷酶有很高的亲和力，分子内潜在化学活性基团——环氧环在酶的催化作用下发生类似底物质子化的变化而受到活化，变成对酶有高度反应活性的基团，能专一地不可逆地作用于不同来源的 β-葡萄糖苷酶，包括曲霉属、酵母、苦杏仁、蜗牛和哺乳动物等。对酵母的 α-葡萄糖苷酶、果糖苷酶，对兔小肠蔗糖酶和异麦芽糖酶能够共价抑制，属于 K_{cat} 型抑制剂。

5.5 大分子结合修饰

利用水溶性大分子与酶结合，使酶的空间结构发生某些细微的改变，从而改变酶的特性和功能的方法，称为大分子结合修饰法。

通常采用的水溶性大分子修饰剂有右旋糖苷、聚乙二醇、聚蔗糖（ficoll）、聚丙氨酸、白蛋白、明胶、淀粉、硬脂酸等。由于酶的结构有差异，不同的酶所能结合的修饰剂的分子数目有所差别，故在进行修饰时，需按照所要求的分子比例控制好酶和修饰剂的浓度。

大分子结合修饰是目前应用最广的酶蛋白修饰方法，经过大分子结合修饰的酶可显著提高酶活力、增强稳定性和降低抗原性。

酶的催化能力受诸多因素的影响，但本质上是有其特定的空间结构，特别是具有由其活性中心的特定构象所决定的构象。水溶性大分子与酶分子结合，由于两者的相互作用，可使酶分子的空间构型发生精细的改变，若使活性中心更有利于酶和底物的结合并形成准确的催化部位，从而使酶的活力得以提高。例如，每分子核糖核苷酸酶与6.5分子的右旋糖苷结合，可使核糖核苷酸酶活力提高2.25倍；用右旋糖苷修饰胰凝乳蛋白酶，每分子可以和11分子的右旋糖苷结合，经修饰后酶活力提高5.1倍；1分子胰蛋白酶用11分子右旋糖苷结合修饰，可使胰蛋白酶的活力提高30%。

由于受各种因素的影响，经过一段时间以后酶活力将会逐渐降低，最后失去其催化能力。酶活力减少到原来活力的一半所经过的时间称为酶的半衰期。酶的半衰期长，说明其稳定性好。反之，稳定性差其半衰期就短。尤其是作为药物使用的酶，进入体内后往往稳定性差，半衰期短。例如，对治疗血栓有显著疗效的尿激酶，在人体内的半衰期只有2～20min；有多种疗效的超氧化物歧化酶（SOD），在人体内半衰期只有6min左右。为此，如何增加酶的稳定性，延长酶的有效作用时间就成为酶工程的一大课题。

用分子结合法对酶进行修饰，对增加酶的稳定性有显著效果。用不溶性载体与酶分子结合形成固定化酶后酶的稳定性大大提高，关于这一点已多有报道，在此仅介绍水溶性大分子对酶的修饰作用。这些水溶性大分子与酶分子结合形成复合物，对酶起保护作用，使酶的空间结构难以受其他因素的影响而被破坏，从而增加酶的稳定性，延长半衰期。

超氧化物歧化酶（superoxide dismutase，E.C.1.15.1.1）简称SOD，是一种氧化还原酶。超氧离子（氧自由基）是在细胞内由代谢产生的对细胞有一定毒害性的物质，它攻击自身细胞造成溶酶体破坏，水解酶大量释放，而造成细胞损伤，细胞大量死亡。此外，自由基还可以与血浆中的一些物质形成稳定的趋化因子加重炎症。催化超氧负离子进行氧化还原反应，一方被氧化为H_2O_2，另一方被还原为O_2，因而SOD能清除体内的超氧化物负离子，治疗关节炎、皮肤炎、结肠炎、红斑狼疮等疾病，对腹水癌有抑制作用。当SOD作为一种药用酶在临床上使用时，不管何种给药方式均没有发现副作用。由此可见，SOD是一种很有前途的药用酶。此外，它还可以作为食品、日化产品的添加剂。但SOD不易进入细胞内，在体内的稳定性差，半衰期仅为6min，且具免疫原性，因而限制了其应用。用水溶性大分子结合法修饰SOD，可使其在体内稳定性大大提高，半衰期延长70倍至500多倍，见表5-1。

表5-1 天然超氧化物歧化酶（SOD）与经大分子修饰后的半衰期比较

酶	半衰期	酶	半衰期
天然SOD	6min	高分子质量-SOD	24h
左旋糖苷-SOD	7h	聚乙二醇-SOD	35h
低分子质量-SOD	14h		

经过修饰后SOD的抗原性降低了，注射时可明显抑制局部刺激反应，对胰蛋白酶消化的抵抗力也有了提高。同时，修饰后的SOD易于进入细胞内。以PEG（聚乙二醇）为例，PEG是一种表面联结的活化分子，可以诱导生物膜变化使SOD易被细胞吸收。

5.6 酶分子定向进化简介

酶分子的定向进化过程是在人为控制下使酶分子朝人们期望的特定目标进化，定向进化是近几年发展起来的基因工程和蛋白质工程的新策略，通过在试管中模拟自然界中发生的进化来实现对生物大分子的人工进化。

5.6.1 理论来源

19世纪科学家们宣扬的“存在即合理”的思想在一定程度上反映了生命科学的研究状况，近代生物学家们的目光总是在自然界中不断地挖掘生命物质。酶学研究也是这样，不断地发现新的酶，并对其结构和性质加以表征。虽然当时也有不少的酶学研究者尝试对天然酶分子加以改造，或创造一种非天然的反应环境，希望能获得比天然酶更高的活力或不同的催化活性，但是所有的工作都未能突破天然蛋白质酶的特性。

随着电子科学的迅猛发展及计算机的广泛使用，人们对生命体系有了更加深刻的认识，酶学研究也跨入了新的阶段。基因工程的出现与发展，被首先应用于酶学领域的研究，睿智的研究者看到利用基因工程的原理，可以在实验室中模拟几十亿年来发生在自然界中的漫长的进化过程，这种思想很快得到了实验的支持，并由此建立了酶分子的定向进化方法，用于构建新的非天然酶或改造天然酶分子。

5.6.2 基本原理

对酶分子的研究可以分为认识和改造两个方面，前者是利用各种生物化学、晶体学、光谱学等方法对天然酶或其突变体进行研究，获得酶分子特征、空间结构、结构和功能之间的关系以及氨基酸残基功能等方面的信息，以此为依据对酶分子进行改造称为酶分子的合理性设计，如化学修饰、定点突变（site-directed mutagenesis）。与此相对应，不需要准确的酶分子结构信息而通过随机突变、基因重组、定向筛选对其进行改造则称为酶分子的非合理性设计（irrational design），如定向进化（directed evolution）、杂合进化（hybrid evolution）等。非合理性设计的实用性较强，往往通过意想不到的突变改进酶的特性。

酶分子的定向进化属于蛋白质的非合理性设计，它不需要事先了解酶的空间结构和催化机制，人为地创造特殊的进化条件，模拟自然进化机制（随机突变、基因重组和自然选择），在体外改造酶基因，并定向选择（或筛选）出所需性质的突变酶。即在待进化酶基因的PCR扩增反应中，利用Taq DNA多聚酶不具有$3'\rightarrow5'$校对功能的性质，配合适当条件以很低的比率向目的基因中随机引入突变，构建突变库，凭借定向的选择方法选出所需性质的优化酶（或蛋白质），从而排除其他突变体。定向进化的基本规则是“获取你所筛选的突变体”。简言之，定向进化＝随机突变＋正向重组＋选择或筛选。与自然进化不同，定向进化是人为引发的，酶分子的定向进化过程完全是在人为控制下进行的，是酶分子朝着人们期望的特定目标进化。

对酶分子的设计与改造方法是基于基因工程、蛋白质工程和计算机技术互补发展和渗透的结果，它标志着人类可以按照自己的意愿和需要改造酶分子，甚至设计出自然界中原来并不存在的新酶分子。目前，在酶分子人为改造还不成熟的情况下，通过定点突变技术改造成功了大量的酶分子，获得了一些比天然酶活力提高、稳定性好的工业用酶。近年来，易错PCR、DNA改组和高突变菌株等技术的应用，在对目的基因表型有高效检测筛选系统的条件下，建立了酶分子的定向进化策略，基本上实现了酶分子的人为快速进化，见图5-4。

5.6.3 发展方向

天然酶催化的精确性和有效性往往不能满足工业化的要求，天然酶通常缺乏有商业价值

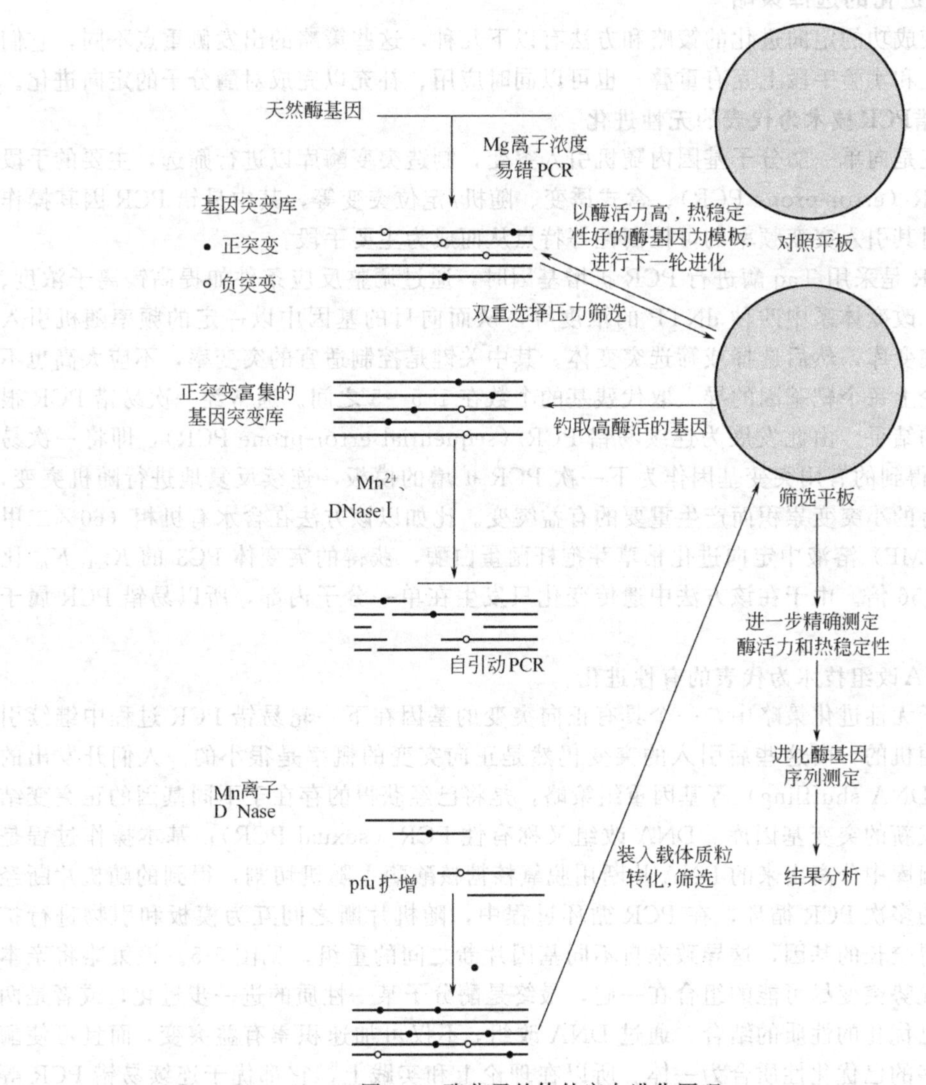

图 5-4　酶分子的体外定向进化原理

的催化功能及其他性质，因此对天然酶的改造显得十分重要。天然酶在自然条件下已经进化了千百年，但是酶分子仍然蕴藏着巨大的进化潜力，这是酶的体外进化的先决条件。酶分子存在着进化潜力的主要原因如下：①天然酶在生物体内存在的环境与酶的实际应用环境不同，这就为该酶提供了在新的筛选条件下进化的空间。②实际应用中，总是期待酶的活性和稳定性越高越好，这样可以加快反应速率、提高酶的利用率、降低反应成本，但在生物体内更重要的是各种生物分子之间的协同作用，作为一个整体去适应环境。生物对环境的适应的进化主要不是表现为某个生物分子的活力和稳定性的不断提高，而是在于整体的适应能力和调控能力的增强。在自然选择的筛选压力下，更主要的是这个系统的瓶颈部分的进化。对某个酶分子来说，其活性可以受到调节部位的调节，含量可以受到基因表达的调控，而当其活力和稳定性已经超过了满足整个体系在环境中生存的需要时，它们的提高就显得没有必要了，即失去了进化的筛选压力，因而进化的机会很有限，这也为体外定向进化留下了很大的进化空间。③某些酶或蛋白质待进化的性质不是在体内所涉及的，例如对蛋白药物改造消除其副作用，这部分性质的改善有很大的进化空间。

5.6.4 定向进化的选择策略

目前比较成功的定向进化的策略和方法有以下几种，这些策略的出发侧重点不同，它们之间在思想上和实验手段上互有重叠，也可以同时应用、补充以完成对酶分子的定向进化。

5.6.4.1 易错PCR技术为代表的无性进化

无性突变是向单一酶分子基因内随机引入突变，制造突变酶库以进行筛选，主要的手段包括易错 PCR（error-prone PCR）、盒式诱变、随机/定位突变等，其中易错 PCR 因其操作方便，以及对其引入突变频率的可控制性等特点从而成为主要手段。

易错 PCR 是采用 Taq 酶进行 PCR 扩增基因时，通过调整反应条件如提高镁离子浓度、加入锰离子、改变体系中四种 dNTP 的浓度等，从而向目的基因中以一定的频率随机引入突变，构建突变库，然后选择或筛选突变体。其中关键是控制适宜的突变率，不应太高也不应太低，理论上每个靶基因的导入取代残基的个数在 1.5～5 之间。通常经一次易错 PCR 很难获得满意的结果，由此发展为连续易错 PCR（sequential error-prone PCR），即将一次易错 PCR 扩增得到的有用突变基因作为下一次 PCR 扩增的模板，连续反复地进行随机突变，使每一次获得的小突变累积而产生重要的有益突变。比如以该方法在含水有机相（60％二甲基甲酰胺，DMF）溶液中定向进化枯草芽孢杆菌蛋白酶，获得的突变体 PC3 的 K_{cat}/K_m 比野生型提高 256 倍。由于在该方法中遗传变化只发生在单一分子内部，所以易错 PCR 属于无性进化。

5.6.4.2 DNA改组技术为代表的有性进化

在酶分子无性进化策略中，一个具有正向突变的基因在下一轮易错 PCR 过程中继续引入的突变是随机的，而这些后引入的突变仍然是正向突变的概率是很小的。人们开发出的 DNA 改组（DNA shuffling）等基因重组策略，是将已经获得的存在于不同基因的正突变结合在一起形成新的突变基因库。DNA 改组又称有性 PCR（sexual PCR），基本操作过程是从正突变基因库中分离出来的 DNA 片断用脱氧核糖核酸酶Ⅰ随机切割，得到的随机片断经过不加引物的多次 PCR 循环，在 PCR 循环过程中，随机片断之间互为模板和引物进行扩增，直到获得全长的基因，这导致来自不同基因片断之间的重组，见图 5-5。该策略将亲本基因群中的优势突变尽可能的组合在一起，最终是酶分子某一性质的进一步进化，或者是两个或更多的已优化的性质的结合。通过 DNA 改组，不仅可加速积累有益突变，而且可使酶的两个或更多的已优化性质合为一体。所以在理论上和实践上，它都优于连续易错 PCR 等无性进化策略，比如采用此策略成功地对 β-内酰胺酶进行了定向进化，得到的进化酶对头孢噻肟的抗性提高 16000 倍。

实现酶分子有性进化的方法除 DNA 改组技术外，还有体外随机重组法（radom-priming in vitro recombination，RPR）以及交错延伸法（staggered extension process，StEP）。

RPR 原理是以单链 DNA 为模板，配合一套随机序列引物，先产生大量与互补模板的不同位点的短 DNA 片断，由于碱基的错配和错误引发，这些短 DNA 片断中也会有少量的点突变。在随后的 PCR 反应中，它们互为引物进行合成，伴随组合，再组装成完整的基因长度，如果需要可以反复进行上述过程，直到获得满意的进化酶性质。

StEP 的原理是在 PCR 反应中，把常规的退火和延伸合并为一步，并大大缩短其反应时间（55℃，5s），从而只能合成出非常短的新生链，经变性的新生链再作为引物与体系内同时存在的不同模板退火而继续延伸。此过程反复进行，直到产生完整长度的基因片断，结果会产生间隔的含不同模板序列的新生 DNA 分子。这样新生 DNA 分子中含有大量的突变组合，将有利于新的酶的性质的产生。StEP 法重组发生在单一试管中，不需分离亲本 DNA 和产生的重组 DNA。它采用的是变换模板机制，这正是逆转录病毒所采用的进化过程。该法

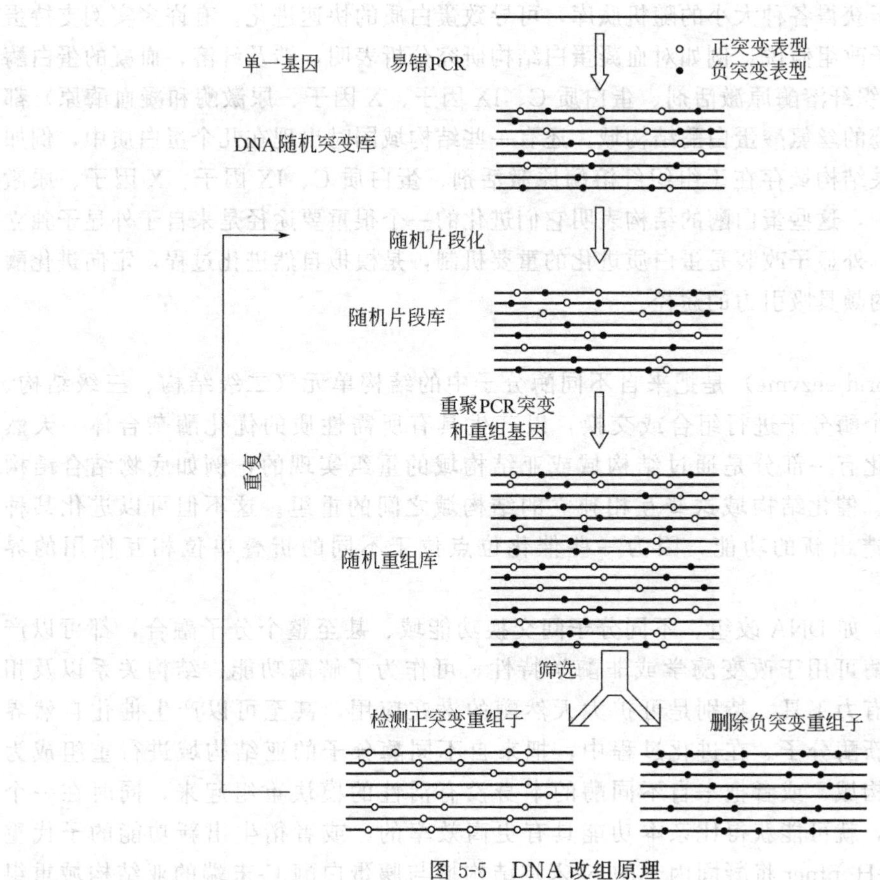

图 5-5　DNA 改组原理

简便且有效，为酶的体外定向进化提供了又一强有力的工具。

5.6.4.3　基因家族之间的同源重组

以单一的酶分子进行定向进化时基因的多样化起源于 PCR 等反应中的随机突变，但由于突变大多是有害的或是中性的，采用这种过程可能产生集中有利突变的速度较慢。如果从自然界中存在的基因家族出发，利用它们之间的同源顺序进行 DNA 改组则可首先实现同源重组。由于每一个天然酶都经历了千百年的进化，并且基因之间存在着比较显著的差异，所以获得的突变重组基因库中既体现了基因的多样化，又最大限度地排除了那些不需要的突变。这种策略拓宽了酶分子突变库中的序列空间，而且由于限制了有害突变的掺入，并没有增加突变库的大小和筛选难度，从而保证了对很大的序列空间中有希望的区域进行快速定位。比如 Stemmer 从 4 种微生物中选择编码头孢菌素酶的 4 个同源基因，对它们进行单独进化或同源重组进化来对两种进化模式进行比较。单基因进化得到的突变酶中，对头孢羟羧氧胺的抗性最高提高了 8 倍，而用家族同源重组进化的方法使抗性比其中两种微生物来源的天然酶提高了 270 倍，比另两种来源的提高了 540 倍。

5.6.4.4　外显子改组

真核基因中，编码序列被内含子间隔分开，转录后内含子被剪切，仅剩下编码序列（外显子）。外显子改组（exon shuffling）类似于 DNA 改组，两者都是在各自含突变的片段间进行交换，前者尤其适用于真核生物。在自然界中，不同分子的内含子间发生同源重组导致不同外显子的结合，是产生新蛋白质的有效途径之一。与 DNA 改组不同，外显子改组是靠同一种分子间内含子的同源性带动，而DNA改组不受任何限制，发生在整个基因片段上。外显子改组可用于获得各种大小的随机肽库，可导致蛋白质的快速进化。有许多实例支持蛋白质进化的外显子改组假说。例如对血凝蛋白结构研究分析表明，涉及纤溶、血凝的蛋白酶（如纤溶酶原、组织纤溶酶原激活剂、蛋白质C、IX因子、X因子、尿激酶和凝血酶原）都包含类似胰蛋白酶的丝氨酸蛋白酶结构域，还有一些结构域同时出现在几个蛋白质中，例如表皮生长因子相关结构域存在于组织纤溶酶原激活剂、蛋白质C、IX因子、X因子、尿激酶和凝血酶原之中，这些蛋白酶的结构表明它们进化的一个很重要途径是来自于外显子独立编码的模块组装。外显子改装是蛋白质进化的重要机制，是模拟自然进化过程，定向进化酶分子是获得新酶的颇具吸引力的途径。

5.6.4.5 杂合酶

杂合酶（hybrid enzyme）是把来自不同酶分子中的结构单元（二级结构、三级结构、功能域）或是整个酶分子进行组合或交换，以产生具有所需性质的优化酶杂合体。天然蛋白质功能的进化有一部分是通过结构域或亚结构域的重组实现的，例如底物结合结构域、调节结构域、催化结构域这些互相独立的结构域之间的重组。这不但可以进化某种功能，还可以创造出新的功能，因为一些催化位点位于不同的折叠单位相互作用的界面上。

有许多途径，如DNA改组、不同分子间交换功能域、甚至整个分子融合，都可以产生杂合酶。杂合酶可用于改变酶学或非酶学特性，可作为了解酶功能、结构关系以及相关酶结构特征的有力工具。特别是可扩大天然酶的潜在应用，甚至可以产生催化自然界不存在的反应的新酶分子。在进化过程中，把来自不同酶分子的亚结构域进行重组成为一个新的单一结构域，或者把来自不同酶的本身没有活性的模块重组起来，同时在一个进化体系中筛选，就可能获得比亲本功能具有更高效率的，或者衍生出新功能的子代重组体。比如Karl-Hopfner将凝固因子的N-末端结构域与胰蛋白酶C-末端的亚结构域重组在一起，创造出一个新的有活性的酶，这个酶可以水解的底物范围变宽，并且表现出一些不同于亲本的性质。

杂合酶技术是将DNA水平上的突变筛选与蛋白质水平上的酶学研究相结合的一门综合技术。它将传统酶学活性筛选法同简便的DNA重组技术有机地结合起来。这一技术的引入，使酶工程的研究摒弃了烦琐的蛋白质序列研究和繁重的菌种筛选方法，为加快构建新酶和改进生物工艺过程开创了一条新路。反过来，DNA和蛋白质研究技术的突破也必将推动杂合酶技术的发展。

5.6.4.6 计算机辅助设计

酶分子定向进化属于非合理设计，可以不依靠酶分子的结构信息对酶进行改造，但这不是说与酶分子相关的结构数据没有意义。相反，对这些信息的充分利用可以大大减小由于盲目的随机突变形成的突变库容量过大而给筛选带来的困难，所以尽可能根据已经获得的相关数据进行合理化设计，以此为指导来完成定向进化的改造。Frances H. Arnold用计算的方法限制突变库的大小，减小搜索范围从而优化酶的定向进化方法。他们建立了一个进化酶分子模型，用统计学方法计算后发现，在有限的突变库中有益的突变集中发生在那些对替换容忍程度大的氨基酸残基上。他们以枯草芽孢杆菌蛋白酶E和T_4溶菌酶为模型，运用均数场理论从酶分子的结构出发，计算每个氨基酸残基替换的容忍性，并从这个结果出发有目的的选择在酶分子中进行突变的区域范围。这样筛选含正向突变可能性大的突变库，有效地减小了突变库的大小，增大了筛选效率和成功的可能性。

5.7 定向进化的应用

定向进化技术已被广泛应用于各种酶分子的改造，使其朝人们期望的性质进化，获得了许多满意的结果。对酶性质的改造主要有以下几个方面。

5.7.1 提高酶分子的催化活力

提高酶分子的催化活力是对酶分子进行改造的最基本的愿望之一。大多数实验室都涉及对目的酶催化活力的提高，例如张今等对L-天冬氨酸酶和大肠杆菌操纵子otsBA进行了定向进化研究，以提高酶的催化能力。

L-天冬氨酸酶是一种重要的工业用酶，可催化富马酸和氨生成L-天冬氨酸。L-天冬氨酸在医药、食品、化工等领域具有非常广泛的用途。由于L-天冬氨酸酶的活性部位尚未完全确定，催化机理也需进一步证实，在这种条件下通过酶的合理化设计来提高酶活力具有一定的困难。为此采用定向进化的方法对酶基因进行改造，以期获得活力较高的酶。

定向进化的基本思想是采用易错PCR→筛选→（优势突变重组→筛选）$_n$的实验路线。共进行了4轮易错PCR，每一轮易错PCR约筛选3000个菌落，最终得到了一株酶活力提高28倍的突变体。通过对天然酶和进化酶的酶学性质进行分析，结果表明进化酶的pH稳定性和热稳定性均优于天然酶，更适合于工业化生产L-天冬氨酸。进化酶基因测序结果表明共发生了7个碱基突变，其中3个点突变引起了氨基酸的改变：$Asn^{217}Lys$，$Thr^{233}Arg$，$Val^{367}Gly$。Thr^{233}位于亚基间相互作用的界面上，距离Lys^{327}在1.5nm以内，推测突变后的Arg^{233}可与底物α-COOH的羰基氧作用，一方面进一步加强了酶与底物的亲和力，另一方面更加稳定了碳负离子中间体，从而引起了该进化酶的K_m的下降和K_{cat}的提高。Val^{367}位于结构域2第5个α-螺旋的一端，其突变成Gly后破坏了这一部分的α-螺旋，形成转角结构，但5个长α-螺旋的基本结构没有破坏。L-天冬氨酸酶活性位点的重要催化残基如Lys^{327}、Ser^{143}、Arg^{29}没有改变，暗示该进化酶的催化机理与天然酶相同。

5.7.2 提高酶分子稳定性

提高酶的稳定性特别是热稳定性是蛋白质研究人员另一个最基本的愿望。在工业生产中高温可以提高底物的溶解度、降低介质黏度、减少微生物污染和增加酶活力。每种酶分子都有特异的最适温度范围，增加和降低温度都将导致酶活力不同程度的降低。不管在实验室还是在自然界，酶的催化活力和最适温度都会在进化过程中不断变化。在提高枯草芽孢杆菌蛋白酶的稳定性方面，定向进化取得了巨大的成功。Zhao H等利用连续的易错PCR技术以获得随机点突变，并用交错延伸的方法重组DNA，采用连续提高培养温度对突变体进行筛选最终获得了一株突变体，不仅将枯草芽孢杆菌蛋白酶的最适温度提高了17℃，还使酶在65℃的半衰期增加了200倍。这种热稳定性突变与来自*Thermoactinomuces vulgaris*的同源嗜热枯草芽孢杆菌蛋白酶E的功能完全一样。序列比较表明，这种热稳定的突变酶与嗜热枯草芽孢杆菌蛋白酶E之间存在157个氨基酸的差异，但其中只有8个氨基酸与它的耐热性相关。另外在食品处理、洗涤工业、环境保护和生物合成方面，低温酶有广泛的用途。通过定向进化方法创造了一个低温枯草芽孢杆菌蛋白酶BPN′，在10℃的催化活力为原来的两倍。

5.7.3 适应人工环境中提高酶活力或稳定性

利用有机溶剂可以提高底物的溶解度或提高专一反应的速率，而天然酶在有机溶剂中，即使有时能保持天然构象也极易失活，因此在这种分子的应用环境中对酶分子的定向进化就十分必要。例如前文提及的枯草芽孢杆菌蛋白酶在60%DMF中的定向进化，提高了酶活力和稳定性。最近利用定向进化和基因重组，创造了对硝基苄基酯酶在DMF中使合成抗生素中间体脱保护，在30%DMF中酶活力提高了100倍。有时候需要将常温中的酶在低温中应用，这就应该提高常温酶在低温下的活力，Kano利用随机突变来提高中温酶在较低温度下的活力，他在10℃筛选枯草芽孢杆菌蛋白酶BPN′的活力，使得该酶K_{cat}值达到了常温野生型的级别，但K_m值却急剧下降，造成了10℃时水解速率增加了10%，1℃时水解速率增加了30%，而进化酶在更高温度下的稳定性却没有变。

洗涤工业中对酶分子的稳定性提出了更高的要求，Okkels JS通过对*Thermomyces lanuginosea*来源的脂肪酶的基因进行随机突变重组和对酶蛋白分子的选择区域进行定点突变，然后再在酿酒酵母中进行重组，获得的突变体具备了人们希望获得的良好的洗涤性状。

5.7.4 提高底物专一性和增加对新底物催化活力

提高酶的专一性可以使酶更加适用于工业化生产。一些定向进化实验表明，底物专一性可以通过进化来提高，酶催化效率的提高可以通过降低K_m值来实现。例如张今等利用定向进化将一个半乳糖苷酶改造成一个以果糖为底物的酶，K_{cat}下降到了原有值的$\frac{1}{4}$，而K_m值下降到了原有值的$\frac{1}{40}$。Kichise等采用体外进化实验，首次获得了高活性的细菌合成生物降解性聚酯聚羟基烷酸酯（PHA）的关键酶。选择豚鼠气单胞菌（*Aeromonas caviae* FA440）的合成酶［PhaC（Ac）］为目标酶进行进化，方法是集中在PhaC（Ac）基因的一个小的区域中，由易错PCR介导随机突变，然后用聚酯累积方式筛选具有更高活性的酶。Witkowski等对脂肪酸生物合成中的β-酮酯酰合成酶采用随机突变获得的突变体中，以谷氨酸取代活性位点上的亲核性半胱氨酸（Cys^{161}）完全抑制了缩合反应，但却促进了丙二酰脱羧反应进行，使反应速率提高两个数量级以上，与此对应用丝氨酸、丙氨酸、天冬酰胺、甘氨酸和苏氨酸取代半胱氨酸（Cys^{161}）对缩合反应不利，对丙二酰脱羧反应也没有明显的影响。

5.7.5 对映体选择性的定向进化

Matcham报道了定向进化方法提高*R*-转氨酶对映体的选择性。转氨酶可应用于生产几种手性氨基酸，大多数转氨酶转化酮酸的效率都高于99%，但是一种*S*-型选择性的转氨酶转化β-丁酮，仅有65%的手性专一性。通过对10000个随机突变菌株的筛选，获得了10个手性专一性在80%～90%之间的酶，有个别的突变体专一性达到了85%～91%。

5.7.6 变换催化反应的专一性

调整酶的底物专一性对于合理化设计而言是十分困难的，同时早期也有研究者试图利用定点突变来改变酶的底物专一性，但是取得的成效却十分有限，而这项工作采用定向进化则比较容易达到目的。例如Yano T等采用DNA改组技术并结合有效的筛选方法，用于创造一种大肠杆菌转氨酶，这种新的酶分子可以催化β-支链的氨基酸分子的氨基转移，而天然的大肠杆菌转氨酶却基本不能或很少能够利用这种支链氨基酸。具有这种新活力的转氨酶缺陷的ilvE基因的宿主菌（这种基因缺陷将导致宿主不能合成Ileu、Leu和Val，在缺乏这三种氨基酸的培养基上不能生长），可以在不添加这些氨基酸的基础培养基上生长，4轮的改组导致了天冬氨酸转氨酶对非天然底物Val和2-氧代-Val的活力增加了5个数量级，同时对天然底物天冬氨酸的催化活力增加了30倍。

总之，酶分子的定向进化策略是非常有效的，是更接近于自然进化过程的一种蛋白质工程研究新策略，是分子进化的一个重要分支，是组合化学的思想和方法在酶分子改造上的应用。应该强调的是，为了提高酶体外定向进化的成功率，需要注意以下几个关键问题：①明确目的酶在所需功能方面的进化程度和潜力。②选择一个最接近人们需要的酶分子作为起点，如果选择失误则可能中途夭折。③若用于理论研究，应控制较低的突变频率。只有选择最佳进化策略，保证库中所有克隆只含单一氨基酸取代，才能够将一代到另一代的功能变化与突变型一一对应起来。④建立有效且灵敏的筛选或选择方法，确保检测出由单一氨基酸取代而引起的功能变化。

复习思考题

1. 什么是蛋白质工程？它与基因工程有何不同？
2. 举例说明定位突变原理及其应用。
3. 简述酶法有限水解的原理及其意义。
4. 酶分子体外进化的原理是什么？
5. 酶分子定向进化的策略有哪几种？举例说明定向进化在改造酶学性质方面的应用。
6. 酶工程与人类关系如何？简述它的发展前景。

参 考 文 献

1 彭志英著．食品酶学导论．北京：中国轻工业出版社，2002
2 杨开宇，孟广震等．基因表达调控与生物技术中的酶学．北京：科学出版社，1990
3 Wells J. A. et al. *Gene*. 1985，(34)：315
4 罗贵民主编，曹淑桂，张今副主编．现代生物技术丛书——酶工程．北京：化学工业出版社，2003
5 张今著．进化生物技术——酶定向分子进化．北京：科学出版社，2002
6 Zhao H，Arnold F H. *Protein Eng*，1999，12：47
7 钱世钧．酶制剂研制的国内外进展和发展策略．生物加工过程．2002，5
8 郭勇编著．实用生物技术丛书——酶的生产与应用．北京：化学工业出版社，2003
9 严萍，梁海秋，杨辉等．分子酶工程的研究进展．生物技术通讯．2004，15 (3)
10 宋贤良等．国内外食品生物技术研究进展．粮食与油脂，2002，6
11 德重正信．*Science*. 1977，47：422～495
12 Zhao H，Giver L，Zhao Z. *Nature Biotech*，1998. 16：258
13 Yano T，Oue S，et al. *Proc Natl Acad Sci*. 1998，95：5511
14 Crameri A C，Raillard S，Stemmer W P C. DNA shuffling of a family of genes from diverse species accelerates directed evolution. *Nature*，1997，391：288～291
15 Zhang J，Dawes G，Stemmer W P C. Evolution of an effective fucosidase from a galactosidase by DNA shuffling. *Proc Natl Acad Sci*，1997，94：4504～4509
16 Moore J C，Arnold F H. Directed evolution of a para-nitrobenzyl esterase. *Nature Biotechnol*，1996，14：458～467
17 Moore J C，Jin H M，Kuchner O，et al. Strategies for the *in vitro* evolution of protein function：enzyme evolution by random recombination of improved sequences. *J Mol Biol*，1997，272：336～347
18 Arnold F H. Directed evolution：creating biocatalysis for the future. *Chemical Eng Sci*，1996，51：5091～5102
19 Lorimer I A L，Pastan I. Random recombination of antibody single chain Fv sequences after fragmentation with DNase Ⅰ in the presence of Mn^{2+}. *Nucleic Acids Research*，1995，23：3067～3068
20 Zhao H M，Arnold F H. Optimization of DNA shuffling for hight-fidelity recombination. *Nucleic Acids Research*，1997，25：1307～1308
21 Hu W S，Bowman E H，Delviks K A. Homologous recombination ocucurs in a distinct retroviral subpopulation and exhibits high negative interference. *J Virol*，1997，71：6028～6036

22 Kichise T, Taguchi S, Doi Y. *Appl Environ Microbiol*, 2002, 68 (5): 2411~2419
23 Witkowski A, Joshi A K, Lindqvist Y et al. Biochemistry, 1999, 38 (36): 11643~11650
24 Winter G, Fersht AR. Engineering Eznyme. *Trends in Biotechnology*, 1984, 2 (5): 115
25 Voet. D. et al. Biochemistry. 2nd Edition. New York: John Wiley &Sons, 1995
26 Dugas H. Bioorganic chemistry. 3rd Edition. Berlin: Springer, 1995
27 Halgas J. Biocatalysts in organic chem. Amsterdam: Elsevier, 1992
28 Drauz K, et al. A Comprehensive Handbook, Enzyme catalysis in organic synthesis. New York: VCH, 1995

第6章 食品工业中应用的酶

知识要点

1. 糖酶的种类及其自身的特性
2. α-淀粉酶与β-淀粉酶的区别
3. 纤维酶的分类、作用模式及影响因素
4. 蛋白酶的不同分类方法
5. 丝氨酸蛋白酶的性质
6. 弹性蛋白酶的物理特性及酶促特性
7. 酯酶的分类
8. 脂肪酶催化机制
9. 葡萄糖氧化酶特性及活性测定
10. 过氧化物酶的作用机理、底物体系及酶的热稳定性
11. 过氧化物酶与原料和加工食品的风味、颜色、质地和营养的关系
12. 脂肪氧合酶的催化作用机理、酶活力的主要影响因素及对食品质量的影响
13. 脂肪氧合酶作用的初期产物的进一步变化及其对食品质量的影响状况
14. 脂肪氧合酶的一般研究方法

6.1 糖酶

6.1.1 淀粉酶

淀粉酶属于水解酶类，是催化淀粉（包括糖原、糊精）水解的一类酶的统称。此类酶广泛存在于动物、植物和微生物中，是产量最大和应用最广泛的一类酶。其生产量占整个酶制剂总产量的50%以上。

根据淀粉酶对淀粉的作用方式不同，淀粉酶可分为四种主要类型，即α-淀粉酶、β-淀粉酶、葡萄糖淀粉酶和异淀粉酶，其特性见表6-1。

6.1.1.1 α-淀粉酶

α-淀粉酶（E.C.3.2.1.1）作用于淀粉时，可以从底物分子内部不规则地切开α-1,4-糖苷键，但不水解支链淀粉的α-1,6键，也不水解靠近分支点的α-1,6键附近的α-1,4键，水解产物为麦芽糖、少量葡萄糖以及一系列分子量不等的低聚糖和糊精。由于所产生的还原糖在光学结构上是α-型，故称为α-淀粉酶。

几种微生物α-淀粉酶的性质见表6-2。

(1) α-淀粉酶的氨基酸组成　不同来源的α-淀粉酶，其氨基酸组成存在差异。α-淀粉酶由许多氨基酸组成，其中天冬氨酸和谷氨酸等含二羟基和羟基的氨基酸含量相当高，而蛋氨

表 6-1 淀粉酶的分类及特性

EC 编号	系统名称	常用名	作用特性
E.C.3.2.1.1	α-1,4-葡聚糖-4-葡聚糖水解酶	α-淀粉酶、液化酶、淀粉-1,4-糊精酶、内断型淀粉酶	不规则地分解淀粉、糖原类物质的α-1,4-糖苷键
E.C.3.2.1.2	α-1,4-葡聚糖-4-麦芽糖水解酶	β-淀粉酶、淀粉-1,4-麦芽糖苷酶、外断型淀粉酶	从非还原性末端以葡萄糖为单位顺次分解淀粉、糖原类物质的α-1,4-糖苷键
E.C.3.2.1.3	α-1,4-葡聚糖-葡萄糖水解酶	糖化型淀粉酶、糖化酶、葡萄糖淀粉酶、淀粉-1,4-葡萄糖苷酶、淀粉葡萄糖苷酶	从非还原性末端以葡萄糖为单位顺次分解淀粉、糖原类物质的α-1,4-糖苷键
E.C.3.2.1.9	支链淀粉：1,6-葡聚糖水解酶	异淀粉酶、淀粉-1,6-糊精酶、R-酶、脱支酶	分解支链淀粉、糖原类物质的α-1,4-糖苷键

表 6-2 各种 α-淀粉酶的性质

酶来源	主要水解产物	耐热性/℃ (15min)	pH 稳定性 (30℃,24h)	适宜 pH	Ca^{2+}保护作用
枯草杆菌(液化型)	糊精、麦芽糖(30%)、葡萄糖(6%)	65～80	4.8～10.6	5.4～6.0	+
枯草杆菌(糖化型)	葡萄糖(41%)、麦芽糖(58%)、麦芽三糖、糊精	55～70	4.0～9.0	4.6～5.2	−
枯草杆菌(耐热型)	糊精、麦芽糖、葡萄糖	75～90	5.0		+
米曲霉	麦芽糖(50%)	55～70	4.7～9.5	4.9～5.2	+
黑曲霉	麦芽糖(50%)	55～70	4.7～9.5	4.9～5.2	+
黑曲霉(耐酸型)	麦芽糖(50%)	55～70	1.8～6.5	4.0	+
根霉	麦芽糖(50%)	50～60	5.4～7.0	3.6	−

酸和胱氨酸等含硫氨基酸的含量特别低，这可能与α-淀粉酶的稳定性和催化活性有关。枯草杆菌液化型α-淀粉酶缺乏胱氨酸与半胱氨酸，因此它不含—SH键和二硫键。酪蛋白的肽链靠氢键、疏水键与其他键折叠为紧密的结构。

α-淀粉酶的分子量约50000。枯草杆菌液化型α-淀粉酶结晶的分子量为96900，用葡聚糖凝胶过滤可得到分子量约为50000和约100000的2个组分。分子量50000的成分是α-淀粉酶的单聚体，在有锌存在时，两个单体交联成含1个原子锌的二聚体，EDTA可使二聚体解离为单体。嗜热脂肪芽孢杆菌某些菌株的α-淀粉酶分子量只有15000，但另一些菌株的分子量也有50000左右。

枯草杆菌糖化型α-淀粉酶只含一个半胱氨酸，其—SH基以掩蔽状态存在。天然的酶不受PCMB（对氯汞苯甲酸）的抑制，米曲霉α-淀粉酶中含几个胱氨酸分子，尚有一个掩蔽的半胱氨酸残基。酶蛋白中缺乏暴露的—SH基或二硫键，也许这是一些α-淀粉酶耐热、耐碱性的原因。酪氨酸对米曲霉与枯草杆菌α-淀粉酶活性甚为重要，它的酚基中的—OH与酶稳定性有关。

（2）pH对酶活性的影响　一般来说，α-淀粉酶在pH 5.5～8.0稳定，pH 4以下易失活，酶活性的最适pH为5～6。酶的催化活性与酶的稳定性是有区别的，前者指酶催化反应速率的快慢，活性高，反应速率高；反之，则反应速率低；后者表示酶具有催化活性而不失活。酶最稳定的pH与酶活性的最适pH不一定是一致的，且不同来源的α-淀粉酶其最适pH也不一样。例如，黑曲霉NRRL330的α-淀粉酶的最适pH为4.0，在pH 2.5、40℃处理30min尚不失活；但在pH 7.0时55℃处理15min，活性几乎全部丧失。米曲霉则相反，其α-淀粉酶经过pH 7.0时55℃处理15min，酶活性几乎没有损失，而在pH 2.5处理则完全失活。

（3）温度对酶活性的影响 温度对酶活性有很大的影响，α-淀粉酶是耐热性较好的一种淀粉酶，不同来源的α-淀粉酶，其耐热程度不一样，一般是动物α-淀粉酶＞麦芽α-淀粉酶＞丝状菌α-淀粉酶＞细菌α-淀粉酶。纯化的α-淀粉酶在50℃以上容易失活，但是有大量Ca^{2+}存在时酶的热稳定性增加。芽孢杆菌的α-淀粉酶耐热性较强，例如枯草杆菌α-淀粉酶在65℃稳定；嗜热脂肪芽孢杆菌α-淀粉酶经85℃处理20min，酶活尚残存70%；凝结芽孢杆菌α-淀粉酶在Ca^{2+}存在下，90℃时的半衰期长达90min。有的嗜热芽孢杆菌的α-淀粉酶在110℃仍能液化淀粉；地衣芽孢杆菌的α-淀粉酶其热稳定性不依赖Ca^{2+}。霉菌α-淀粉酶的耐热性较低，黑曲霉耐酸性α-淀粉酶的耐热性比其非耐热性α-淀粉酶的高，在pH 4时55℃加热24h也不失活。但拟内孢霉α-淀粉酶在40℃以下很不稳定。

（4）Ca^{2+}与α-淀粉酶活性的关系 α-淀粉酶是一种金属酶，每分子酶至少含一个Ca^{2+}，多的可达10个Ca^{2+}，钙使酶分子保持适当构象，Ca^{2+}对大多数α-淀粉酶活性的稳定性起重要作用，从而维持其最大的活性与稳定性。

不同来源的α-淀粉酶与Ca^{2+}的结合牢固度依次为：霉菌＞细菌＞哺乳动物＞植物。Ca^{2+}对麦芽α-淀粉酶的保护作用最明显。枯草杆菌糖化型α-淀粉酶（BSA）同Ca^{2+}的结合比液化型（BLA）更为紧密，向BSA中添加Ca^{2+}对酶活性几乎无影响，只用EDTA处理也不能引起失活，只有在低pH（3.0）条件下用EDTA处理才能去除Ca^{2+}，但若添加与EDTA当量的Ca^{2+}，并将pH恢复至中性，则仍然可恢复它的活性。

除Ca^{2+}外，其他二价碱土金属Sr^{2+}、Ba^{2+}、Mg^{2+}等也有使无Ca^{2+}的α-淀粉酶恢复活性的能力。枯草杆菌液化型α-淀粉酶（BLA）的耐热性因Na^{+}、Cl^{-}和底物淀粉的存在而提高，当NaCl与Ca^{2+}共存时可显著提高α-淀粉酶的耐热性。

（5）淀粉酶对底物的水解作用 淀粉是由葡萄糖单位组成的大分子，它与水在催化剂的作用下生成较小的糊精、低聚糖，进而水解成最小构成单位——葡萄糖，这个过程称为淀粉的水解。淀粉的水解可用酸或淀粉酶作为催化剂。酶水解具有较强的专一性，不同的酶作用于不同的键，例如α-淀粉酶从淀粉分子内部随机切割α-1,4键，但不能水解α-1,6键、α-1,3键，甚至不能水解紧靠分支点的α-1,4键。

（6）α-淀粉酶的稳定化 α-淀粉酶制剂中添加Ca^{2+}、Na^{+}可以延长保藏期。例如1g结晶α-淀粉酶添加80g醋酸钙、50g食盐做成酶制剂后，稀释到任何浓度均可保持其耐热性。浓缩的枯草杆菌α-淀粉酶液中可添加5%～15%食盐为稳定剂。甘油、山梨醇也是α-淀粉酶的稳定剂。

不同阴离子的钙盐对α-淀粉酶的稳定效果不同。其中以醋酸钙的稳定效果最好，乳酸钙、甲酸钙效果较好，氯化钙最差。硼砂、硼酸氢钠可以增强细菌α-淀粉酶的耐热性。例如，枯草杆菌发酵液中加入10%食盐、7%氯化钙、1%硼砂做成液体酶后，经80℃处理10min，残留活性60.7%，而对照（无硼砂）残留活性只有25.8%。

6.1.1.2 β-淀粉酶

β-淀粉酶（E.C.3.2.1.2）又称淀粉-1,4-麦芽糖苷酶，广泛存在于大麦、小麦、甘薯、豆类以及一些蔬菜中，一般单独存在或与α-淀粉酶共存。其中大麦、小麦、甘薯、豆类来源的β-淀粉酶已被制成结晶。另外，不少微生物也能产生β-淀粉酶，其对淀粉的作用与高等植物的β-淀粉酶基本一致，但在耐热性方面优于高等植物的β-淀粉酶。

（1）β-淀粉酶的性质 β-淀粉酶为单成分酶，来源不同的β-淀粉酶对淀粉的作用方式基本一样，但最适作用pH、稳定性等却有差异，见表6-3。

表 6-3 不同植物来源 β-淀粉酶酶学特性

项目	酶源			
	大豆	小麦	大麦	甘薯
每毫克氮的酶活性	2780	1450	1160	2500
每毫克酶蛋白的酶活性	250	198	235	378
酶蛋白的含氮量/%	14.7	14.3	14.1	15.1
有无与酶活性有关的—SH 基	+	+	+	+
最适 pH	5.3	5.2	—	—
pH 稳定性范围	5.0～8.0	4.5～9.2	4.5～8.0	—
等电点	5.1	6.0	6.0	4.8
最大吸收波长/nm	280	280	280	—
淀粉分解率/%	63	67	—	—
淀粉分解后的主要产物	麦芽糖	麦芽糖	麦芽糖	麦芽糖
淀粉分解终了时的碘色反应	蓝色	蓝色	蓝色	蓝色
分解麦芽糖的作用	—	—	—	—

β-淀粉酶最早来源于高等植物，后来有人发现许多芽孢杆菌属的细菌具有 β-淀粉酶活性，并发现多黏芽孢杆菌能产生类似于大麦芽抽提物的淀粉酶或淀粉酶系。目前，研究微生物来源的 β-淀粉酶比较多，并且已在工业生产中得到应用。

Ca^{2+} 能够降低 β-淀粉酶的稳定性，与对 α-淀粉酶的作用效果相反。利用这一差别，可在 70℃、pH 6～7、有 Ca^{2+} 存在时，使 β-淀粉酶失活以纯化 α-淀粉酶。

(2) β-淀粉酶的水解方式 β-淀粉酶作用于淀粉的 α-1,4-糖苷键，其分解作用由非还原性末端开始，按麦芽糖单位依次水解，同时发生沃尔登转位反应（Walden inversion），使产物由 α-型变为 β-型麦芽糖，因此称为 β-淀粉酶。该酶作用于直链淀粉时，理论水解率为 100%，但实际上因直链淀粉中含有微量的分支点，故往往不能彻底水解。该酶作用于支链淀粉时，因不能水解 α-1,6 键，故遇到分解点就停止作用，并在分支点残留 1 或 2 个葡萄糖基，也不能跨越分支点去水解分支点以内的 α-1,4 键，其水解最终产物是麦芽糖和 β-极限糊精。β-淀粉酶不能作用于淀粉分子内部，所以 β-淀粉酶又称为外断型淀粉酶。

6.1.1.3 葡萄糖淀粉酶

葡萄糖淀粉酶（E.C.3.2.1.3）系统名为 α-1,4-葡聚糖：葡萄糖水解酶，它能将淀粉全部水解成葡萄糖，通常用作淀粉的糖化剂，故习惯上称之为糖化酶。葡萄糖淀粉酶是一种重要的工业酶制剂，目前年产量约 70000t，是中国产量最大的酶种。该酶广泛用于酒精、酿酒以及食品发酵工业中。

(1) 葡萄糖淀粉酶的性质 不同来源的葡萄糖淀粉酶其最适作用温度和最适 pH 存在差别。例如，曲霉来源的酶为 55～60℃，pH3.5～5.0；根霉来源的酶为 50～55℃，pH5.4～5.5；拟内孢霉来源的酶为 50℃，pH4.8～5.0。葡萄糖淀粉酶的一般性质见表 6-4。

表 6-4 葡萄糖淀粉酶的一般性质

项目	特性	项目	特性
分子量	50000～112000	对金属离子要求	无
碳水化合物含量	3.2%～20%	底物	直链淀粉、支链淀粉、糖原、糊精、麦芽糖
等电点	3.4～7.0		
最适 pH	4.0～5.0	催化的键	α-1,4-、α-1,6-糖苷键
最适温度	40～60℃	切开机制	外切
pH 稳定性	3.0～7.0	来源	根霉、曲霉
热稳定性	<60℃		

葡萄糖淀粉酶是一种糖蛋白，生产葡萄糖淀粉酶的菌株往往可产生几种葡萄糖淀粉酶的同功酶。这些同功酶在氨基酸组成及理化性质上有所不同。例如黑曲霉葡萄糖淀粉酶中至少存在2种类型，其中葡萄糖淀粉酶Ⅰ型能被生淀粉吸附而100％水解生淀粉；葡萄糖淀粉酶Ⅱ型不能被生淀粉吸附，对糯米淀粉的水解力弱，其水解β-极限糊精的能力更弱。泡盛曲霉葡萄糖淀粉酶中亦分离出Ⅰ、Ⅱ和Ⅲ三种类型，其中Ⅰ型可100％水解生淀粉，其余2种不能水解生淀粉。这种多型性可能是由于天然葡萄糖淀粉酶受到发酵时共存的酸性蛋白酶及糖苷酶水解修饰所引起。

葡萄糖淀粉酶与α-淀粉酶共存时水解生成淀粉可产生协同作用，水解力增加3倍。不同来源的葡萄糖淀粉酶水解生淀粉的能力不同。大米淀粉和玉米淀粉比甘薯淀粉易于水解。

多数葡萄糖淀粉酶在60℃以上不稳定，某些黑曲霉等可产生最适反应温度70℃以上的葡萄糖淀粉酶，具有重大应用价值。

(2) 葡萄糖淀粉酶的水解方式　葡萄糖淀粉酶是一种外断型淀粉酶，该酶的底物专一性很低，它不仅能从淀粉分子的非还原性末端切开α-1,4-糖苷键，还能将α-1,6-糖苷键和α-1,3-糖苷键切开，只是后两种键的水解速率比较慢。水解作用由底物分子的尾端进行，属于外切酶。此酶水解淀粉分子和较大分子的低聚糖，属于单链式，即水解1个分子完成以后，再水解另一个分子。但水解较小分子的低聚糖属于多链式，即水解1个分子几次后脱离，再水解另一个分子。葡萄糖淀粉酶所水解的底物分子越大，水解速率越快，而且酶的水解速率还受到底物分子排列上的下一个键的影响。该酶能够容易地水解含1个α-1,6键的潘糖，却很难水解只含1个α-1,6键的异麦芽糖，对含有两个α-1,6键的异麦芽糖基麦芽糖则完全无法水解，其水解分支密集的糖原较水解淀粉困难，若以分子结构中含有α-1,6键和α-1,4键的潘糖为底物时，首先切开的是α-1,6键，然后切开α-1,4键，因此它作用于支链淀粉时，在遇到α-1,6键分支处便形成一个类似于潘糖的结构，将α-1,6键切开，再将α-1,4键迅速切开，故水解支链淀粉的速率受水解α-1,6键水解速率的控制。

(3) 葡萄糖淀粉酶的类型　葡萄糖淀粉酶只存在于微生物界，许多霉菌都可以生产葡萄糖淀粉酶。工业生产所用菌种是根霉、黑曲霉以及拟内孢霉等真菌，包括雪白根霉、德氏根霉、黑曲霉、泡盛曲霉、海枣曲霉、臭曲霉、红曲霉等的变异株。其中黑曲霉是最重要的生产菌种。葡萄糖淀粉酶是胞外酶，可从培养液中提取出来。它是惟一用150m³大发酵罐大量廉价生产的酶，因为其培养条件不适于杂菌生长，污染杂菌问题较少。

理论上葡萄糖淀粉酶可将淀粉100％地水解为葡萄糖，但事实上对淀粉的水解能力随不同来源的微生物酶而不同，分为100％和80％水解率两大类型。前者称为根霉型葡萄糖淀粉酶，后者称为黑曲霉型葡萄糖淀粉酶，见表6-5。该酶作用于淀粉糊时反应液的碘色反应消失得很慢，糊液黏度下降的速率也比较慢，但因为酶水解产物葡萄糖的不断积累，淀粉糊液

表6-5　不用来源的葡萄糖淀粉酶对淀粉分解限度的比较

类　型	菌　种	淀粉分解限度/％	麦芽糖分解力
根霉型	德氏根霉	92,100	＋＋
根霉型	泡盛曲霉	100	＋
根霉型	拟内孢霉	100,95	＋＋
根霉型	宇佐美曲霉	70	(γ-淀粉酶)
黑曲霉型	河内根霉	80	
黑曲霉型	黑曲霉	80	
黑曲霉型	泡盛曲霉	80	＋
黑曲霉型	链孢霉	75	＋
黑曲霉型	米曲霉	78	＋

的还原能力却上升很快。当它与α-淀粉酶共同作用于淀粉时，产生葡萄糖的速率较快。

根霉型葡萄糖淀粉酶和黑曲霉型葡萄糖淀粉酶对分支底物的水解力有显著差异，尤其是对β-极限糊精，根霉葡萄糖淀粉酶可将其完全水解，而黑曲霉葡萄糖淀粉酶只能水解40%。通过对残留糊精的分析，发现含较多磷酸键。若能补充磷酸酶则黑曲霉同样可将β-极限糊精水解到底。这两种酶的区别在于对磷酸键的水解能力不同。

霉菌生产的淀粉酶是一种混合酶，即生产葡萄糖淀粉酶的菌株同时也产生α-淀粉酶和少量葡萄糖苷转移酶（即α-葡萄糖苷酶，又称麦芽糖酶），这三者的比例因菌株、培养条件、培养基成分的不同而异。根据所产酶的活性，可将葡萄糖淀粉酶生产菌株分为五种类型，见表6-6。根霉的葡萄糖淀粉酶强，α-淀粉酶弱，葡萄糖苷转移酶活力也弱，能100%水解淀粉；米曲霉的α-淀粉酶强，葡萄糖淀粉酶弱，水解液中主要是麦芽糖，葡萄糖苷转移酶活力也弱；黑曲霉的葡萄糖淀粉酶强，葡萄糖苷转移酶也强，故水解淀粉的分解率只有80%左右。

表6-6 霉菌淀粉酶系的类型

类型	酶活力			
	α-淀粉酶	葡萄糖淀粉酶	葡萄糖苷转移酶	非发酵性糖生成量
米曲霉	强	弱	弱	少
黑曲霉	弱	强	强	中
泡盛曲霉	中	中	强	多
德氏曲霉	中	强	无	少
河内根霉	弱	弱	中	少

葡萄糖苷转移酶对淀粉的糖化有重要影响。它可以切开麦芽糖的α-1,4键，将游离葡萄糖转移到其他葡萄糖残基的α-1,6位和α-1,3位而生成各种寡糖，例如非发酵性的潘糖和异麦芽糖等，但是它不能将游离的葡萄糖合成寡糖。在酒精发酵后期，发酵醪中的糖浓度降到很低时，由于葡萄糖苷转移酶的可逆反应，这种非发酵性寡糖仍可转变为葡萄糖。但在制造葡萄糖时，因糖浓度高，葡萄糖苷转移酶的存在可使葡萄糖收率降低，因此制造葡萄糖时需用不产生葡萄糖苷转移酶的菌种制造的葡萄糖淀粉酶，例如德氏根霉、雪白根霉、黑曲霉的突变株等。酶法制造葡萄糖时，即使采用高纯度的葡萄糖淀粉酶，在葡萄糖浓度高的情况下保温，有时也会出现α-1,4和α-1,6的寡糖，特别是异麦芽糖和异麦芽三糖。有些场合甚至使30%以上的葡萄糖生成寡糖而造成葡萄糖的减产。但这种寡糖纯系葡萄糖淀粉酶的一种逆聚合反应的结果，而非葡萄糖苷转移酶的作用。

6.1.1.4 异淀粉酶

异淀粉酶（E.C.3.2.1.9）又叫脱支酶，其系统名为支链淀粉α-1,6-葡聚糖水解酶，只对支链淀粉、糖原等分支点有专一性。该酶最早由日本丸尾等于1940年在酵母细胞提取液中发现。该酶对糯米淀粉作用时即呈透明，数日后产生白色沉淀，碘色反应从红色变为蓝色，且可使淀粉的聚合度增加，因而被误认为是一种合成淀粉酶，命名为淀粉合成酶。但是以后的研究表明，上述碘色反应颜色的变化与支链淀粉和直链淀粉的性能有关，确定该酶作用不是“合成”淀粉，而是“切断”支链淀粉的α-1,6-糖苷键，故又被重新命名为脱支酶或异淀粉酶。以后，又相继在高等植物及其他微生物中发现这种类型的酶。由于来源不同，作用也有差异，名称更不统一。目前异淀粉酶有两种分类方法，一种是把水解支链淀粉和糖原的α-1,6-键的酶统称为异淀粉酶，它包括异淀粉酶（isoamylase）和普鲁蓝酶（pullulanase，又名茁霉多糖酶）。另一种分类根据来源不同，分为酵母异淀粉酶、高等植物异淀粉酶（又

称 *R*-酶）和细菌异淀粉酶。

中国的异淀粉酶研究工作开始于1973年，并筛选出活性较高的产酶菌株——产气气杆菌10016，在3000L发酵罐扩大试验结果表明，酶活性超过500U/mL，粗酶收率68%以上。用于饴糖生产效果较显著，麦芽糖量普遍提高5%～16%，而糊精含量有所降低，产品甜度、熬制温度等也有所提高。一般异淀粉酶或因热稳定性差（<50℃），或因最适pH太高（pH 6左右），故不能与β-淀粉酶或糖化酶并用。丹麦NOVO公司开发出由酸性普鲁蓝芽孢杆菌生产的异淀粉酶（商品名Promozyme200），具有耐热、耐酸特点，故更适合于淀粉糖化作用。

（1）异淀粉酶的底物专一性　不同来源的异淀粉酶对于底物作用的专一性有所不同，这主要表现在对于各种支链低聚糖以及茁霉多糖的分解能力上。产气气杆菌所产生的异淀粉酶能够分解茁霉多糖，因而特将这种类型的异淀粉酶称之为茁霉多糖酶。假单胞菌所产生的异淀粉酶则不能切开茁霉多糖的α-1,6-糖苷键。就异淀粉酶对各种分支低聚糖的作用结果来看，所有异淀粉酶对于潘糖、异麦芽糖、异潘糖等α-1,6-糖苷键只挂有1个葡萄糖残基的低聚糖，或仅含α-1,6-糖苷键的多糖都没有作用，也就是说受到切开的α-1,6-糖苷键的两端，至少应含有两个以上的α-1,4-葡萄糖单位。

异淀粉酶对淀粉的作用是先将淀粉水解成G2～G6等一系列低聚糖，通过缩合反应或转葡萄糖基反应，将G5、G6水解成G2、G3、G4，而G3需经过过渡物G4最后降解成麦芽糖，通过一系列反应几乎将淀粉完全转化为麦芽糖。

（2）pH、温度和金属离子对异淀粉酶的影响　不同类型异淀粉酶的作用条件不同，金属离子对异淀粉酶活性有影响。例如，产气气杆菌10016菌株异淀粉酶，加入金属络合物EDTA进行反应，酶活几乎全部丧失，说明该酶反应需要金属离子。所以异淀粉酶催化反应需金属离子激活。Mg^{2+}与Cu^{2+}略有激活效应，Hg^{2+}、Cu^{2+}、Fe^{3+}、Al^{3+}等有强烈抑制作用。

6.1.2 转化酶

转化酶（E.C.3.2.1.26）或β-呋喃果糖苷酶（β-D-呋喃果糖苷果糖水解酶）催化蔗糖水解成葡萄糖和果糖，使得溶液的旋光率净改变86.25°，因此可以用测定旋光率的方法测定反应速率。也正因为在反应期间溶液的旋光率发生了转化（从+66.5°至−19.75°），所以催化此反应的酶被称为转化酶。

转化酶（Invertase）或β-呋喃果糖苷酶广泛地分布在自然界中，在植物、动物和微生物中存在。能水解蔗糖的酶有两种：β-呋喃果糖苷酶和α-葡萄糖苷酶，前者催化水解C(2)—O键，后者催化水解C（1)—O键。

从酵母分离得到的转化酶以蔗糖为底物时的K_m是0.016mol/L，最适pH范围是4.5～5.5。它的最适温度随酶制剂底物蔗糖浓度的改变而改变，因此很难确定。对于稀的蔗糖溶液，酶的最适温度是55℃。

转化酶在食品工业中具有重要作用，①浓的蔗糖溶液经转化酶作用后可水解成较甜的糖浆；②蔗糖溶液转化后具有较高的沸点、较低的凝固点和较高的渗透压；③经转化作用生成的单糖具有比蔗糖更高的溶解度，且不易从高浓度的糖浆中结晶出来。

6.1.3 乳糖酶

β-半乳糖苷酶（β-D-半乳糖苷半乳糖水解酶，E.C.3.2.1.23）通常被称为乳糖酶，乳糖酶能催化β-D-半乳糖苷和α-L-阿拉伯糖苷水解。其中研究最多的是催化乳糖水解，产物为半乳糖和葡萄糖，水解后糖液的甜度提高。乳糖的溶解度较低，在冷冻乳制品中容易析出，使得产品带有颗粒状结构。乳糖部分水解后可以防止出现这种现象。生活在亚洲一些地区的居民，由于体内缺乏乳糖酶而不能代谢乳糖，因而对牛奶有过敏性反应。服用乳糖酶或在乳中添加乳糖酶可以消除或减轻乳糖引起的腹胀、腹泻等症状。

在食品工业中使用的乳糖酶是从酵母和霉菌生产的。在表 6-7 中列出了温度对酵母、霉菌和细菌乳糖酶活力的影响。不同来源的乳糖酶的最适 pH 有很大的差别。酵母、霉菌和细菌乳糖酶的最适 pH 分别为 6.0、5.0 和 7.0 左右。如果考虑到在牛乳、脱脂牛乳和浓缩乳制品中乳糖的水解，那么酵母乳糖酶在上述产品的 pH 条件下具有最高的活力。如果考虑到奶酪工业的副产品乳清和浓缩乳清中乳糖的水解作用，那么霉菌乳糖酶在这些产品的 pH 条件下具有最高的活力。

表 6-7 温度对乳糖酶活力的影响

温度/℃	乳糖酶相对活力		
	米曲霉乳糖酶	酵母乳糖酶	大肠杆菌乳糖酶
10	1.5	4.0	2.0
26	16.0	12.0	9.0
30	18.0	12.0	10.0
34	27.0	13.0	9.0
37	33.0	14.0	11.0
50	66.0	4.0	4.0

6.1.4 纤维素酶

纤维素酶（β-1,4-葡聚糖 4-葡聚糖水解酶，E.C.3.2.1.4）是降解纤维素生成葡萄糖的一组酶的总称，它不是单种酶，而是起协同作用的多组分酶系，作用于纤维素以及从纤维素衍生出来的产物。因为它有可能将废纸和木屑等富含纤维素的废物转变成食品原料，从长远的观点来看，开发研制纤维素酶是非常重要的。

6.1.4.1 纤维素酶的物理特性

纤维素酶的各组分大多数是糖蛋白，含糖的比例很不相同，糖和蛋白质之间的结合方式亦不同，有的是通过共价结合，有的是可解离的复合物。绿色木霉纤维素酶的 C_1 酶（纤维二糖水解酶）和 Cx 酶（β-1,4-葡聚糖酶）的氨基酸组成有相同之处，其中天冬氨酸、苏氨酸、丝氨酸、丙氨酸、谷氨酸和甘氨酸的含量较多；而含硫氨基酸（半胱氨酸和蛋氨酸）的含量则很少。

绿色木霉、康氏木霉和粉红镰孢等的 C_1 和 Cx 酶的分子量范围为 45000～75000；而绿色木霉的康氏木霉的一个 Cx 组分的分子量为 13000，已发现的最小的 Cx 分子量只有 5300。

6.1.4.2 纤维素酶分类和作用模式

可以将纤维素酶分成三类：①纤维二糖水解酶（Cellobio－hydrolase），它对纤维素具有最高的亲和力，也能降解结晶的纤维素；②β-1,4-葡聚糖酶，包括外切 β-1,4-葡聚糖酶和内切 β-1,4-葡聚糖酶两种酶。前者从纤维素链的非还原性末端逐个地将葡萄糖水解下来，而后者以随机的方式从纤维素链的内部将它裂开。大多数外切 β-1,4-葡聚糖酶将水解下来的葡萄糖的构型从 β-型转变成 α-型，而内切 β-1,4-葡聚糖酶并不改变产物的构型；③β-葡萄糖苷酶，水解纤维二糖和短链的纤维寡糖生成葡萄糖，作用于小分子量底物时表现出最高的活力。

6.1.4.3 影响纤维素酶作用的因素

纤维素酶的最适 pH 一般在 4.5～6.5。从黑曲霉产生的纤维素酶制剂的最适 pH 为 4.5～5.5。而酶制剂的最适 pH 将随底物的改变而变化，或随酶活力测定方法的不同而变化。

纤维素酶具有很高的热稳定性。例如，疣孢状漆斑菌（*Myrothecium verrucaria*）纤维素酶在没有底物存在时，在100℃加热10min，仍然有20%的活力保留下来。从黑曲霉分离的不同种类的纤维素酶具有明显不同的热稳定性，其中外切酶经沸腾2min即完全失活，而在相同条件下，内切酶仅失去25%～37%的活力。由于内切酶在高温下，特别当存在底物时，不易变性，因此它能在高温下使用。疣孢状漆斑菌纤维素酶的最适温度为60℃，烟曲霉菌（*Aspergillus fumigatus*）纤维素酶的最适温度为55℃。

由于纤维素酶具有非常高的耐热性，因此可以利用它的这一性质来区分它和果胶酶的作用，后者经短时间沸腾即可失活。但并非所有的纤维素酶都具有高的热稳定性，例如黑曲霉外切纤维素酶在高温下很易失活，还有一些微生物的纤维素酶的最适温度是相当低的，例如从球状毛壳菌（*Chaetomium globosum*）分离的纤维素酶的最适温度是33～35℃（pH 5.0，CMC作为底物）。

葡萄糖酸内酯能有效地抑制纤维素酶，重金属离子如铜和汞离子，也能抑制纤维素酶，但是半胱氨酸能消除它们的抑制作用，甚至进一步激活纤维素酶。植物组织中含有天然的纤维素酶抑制剂；它能保护植物免遭霉菌的腐烂作用，这些抑制剂是酚类化合物。如果植物组织中存在着高的氧化酶活力，那么它能将酚类化合物氧化成醌类化合物，后者能抑制纤维素酶。

6.1.5 果胶酶

6.1.5.1 果胶物质

果胶物质是指植物中呈胶态的聚合碳水化合物，它的主要成分是脱水半乳糖醛酸，存在于所有的高等植物中。果胶物质可分为原果胶（protopectin）、果胶酸（pectic acid）和果胶酯酸（pectinic acid）三类。

6.1.5.2 果胶酶的分类

果胶酶（E. C. 3. 2. 1. 15）是指分解植物主要成分——果胶质的酶类。与纤维素酶相似，它是一类复合酶，包括两类，一类能催化果胶解聚，另一类能催化果胶分子中的酯水解，如图6-1所示。

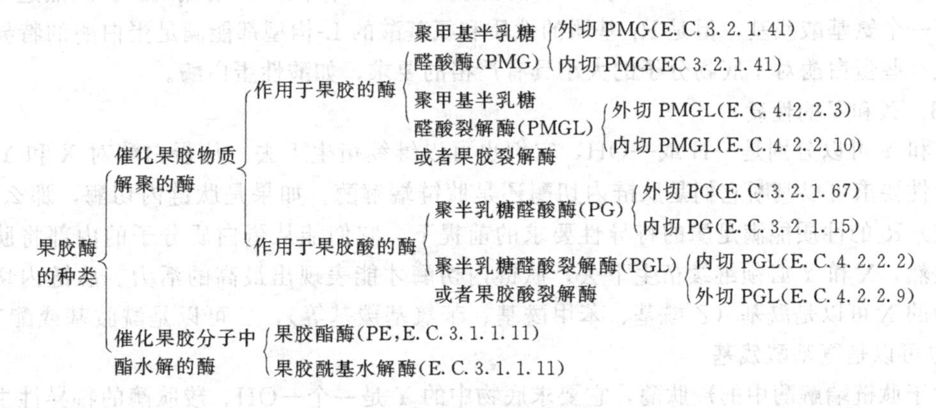

图6-1　果胶酶的分类

6.2 蛋白酶

6.2.1 蛋白酶的特异要求

蛋白酶是最重要的一种工业酶制剂，能催化蛋白质和多肽水解，广泛存在于动物内脏、植物茎叶、果实和微生物中。

蛋白酶也是研究得比较深入的一种酶，已制成结晶或得到高度纯化物的蛋白酶达100多种，其中不少酶的一级结构以及立体结构（三级结构）也已阐明。近20年来，微生物蛋白酶的研究，特别是酸性蛋白酶蓬勃开展。另外还结合实用开展了耐热、耐酸、耐盐性蛋白酶生产菌的选育，以及以石油为原料发酵生产碱性蛋白酶的研究。到目前为止，国际市场上商品蛋白酶有100多种。

蛋白酶是食品工业中最重要的一类酶。在干酪生产、肉类嫩化和植物蛋白质改性中都大量地使用蛋白酶。此外，胃蛋白酶、胰凝乳蛋白酶、羧肽酶和氨肽酶都是人体消化道中的蛋白酶，在它们的作用下，人体摄入的蛋白质被水解成小分子肽和氨基酸。血液吞噬细胞中的蛋白酶能水解外来的蛋白质，而细胞中溶菌体含有的组织蛋白酶能促使蛋白质的细胞代谢。

蛋白酶催化的最普通的反应是水解蛋白质中的肽键，见反应式（6-1）。

$$^{+}H_3N-\underset{H}{\overset{R_1}{C}}-\overset{O}{\overset{\|}{C}}-\underset{H}{N}-\underset{H}{\overset{R_2}{C}}-\overset{O}{\overset{\|}{C}}-O^{-} \xrightarrow{\text{蛋白酶}} {}^{+}H_3N-\underset{H}{\overset{R_1}{C}}-\overset{O}{\overset{\|}{C}}-OH + {}^{+}H_3N-\underset{H}{\overset{R_2}{C}}-\overset{O}{\overset{\|}{C}}-OH \qquad (6\text{-}1)$$

6.2.1.1 R_1和R_2基团的性质

蛋白酶对于R_1和（或）R_2基团具有特异性要求。例如，胰凝乳蛋白酶仅能水解R_1是酪氨酸、苯丙氨酸或色氨酸残基为侧链的肽键；胰蛋白酶仅能水解R_1是精氨酸或赖氨酸残基为侧链的肽键。另一方面，胃蛋白酶和羧肽酶对R_2基团具有特异性要求，如果R_2是苯丙胺酸残基的侧链，那么这两种酶能以最高的速率水解肽键。

蛋白酶不仅对R_1和（或）R_2基团的性质具有特异性的要求，而且提供这些侧链的氨基酸必须是L-型的。天然存在的蛋白质或多肽都是由L-氨基酸构成的。

6.2.1.2 底物分子的大小

对于有些蛋白酶，底物分子的大小是不重要的。例如，α-胰凝乳蛋白酶和胰蛋白酶的最佳合成酰胺类底物分别是α-*N*-乙酰基-L-酪氨酰胺和α-*N*-苯甲酰-L-精氨酰胺。虽然这些底物仅含有一个氨基酸残基，但是R_1基团的性质和氨基酸的L-构型都能满足蛋白酶的特异性要求。但有些蛋白酶对于底物分子的大小具有严格的要求，如酸性蛋白酶。

6.2.1.3 X和Y的性质

X和Y可以分别是—H或—OH，它们也可以继续衍生下去。从蛋白酶对X和Y性质的特异性要求可以判断它们是肽链内切酶还是肽链端解酶。如果是肽链内切酶，那么在R_1和（或）R_2的性质能满足酶的特异性要求的前提下，它们能从蛋白质分子的内部将肽链裂开。显然，X和Y必须继续衍生下去，肽链内切酶才能表现出最高的活力。肽链内切酶的底物中的X可以是酰基（乙酰基、苯甲酰基、苄氧基羰基等），Y可以是酰胺基或酯基，X和Y也可以是氨基酸残基。

对于肽链端解酶中的羧肽酶，它要求底物中的Y是一个—OH。羧肽酶的特异性主要表现在对R_1侧链结构的要求上，然而仅在X不是—H时，它才表现出高的活力。

对于肽链端解酶中的氨肽酶，它要求底物中的X是—H，并优先选择Y不是—OH的底物。氨肽酶的特异性主要表现在对R_1侧链结构的要求上。

6.2.1.4 对肽键的要求

大多数蛋白酶不仅限于水解肽键，它们还能作用于酰胺（$—NH_2$）、酯（—COOR）、硫羟酸酯（—COSR）和异羟肟酸（—CONHOH）。例如，对于α-胰凝乳蛋白酶、胰蛋白酶和一些别的蛋白酶，底物只要能和酶的活性部位相结合，并使底物中敏感的键正确地定向到接近催化基团的位置反应就能发生，敏感键的性质并不是至关紧要的。但胃蛋白酶和其他一些酸性蛋白酶对于被水解的键的性质具有较高的识别能力。如果肽键被换成酯键，即使 R_2 的性质能满足酶的特异性要求，这样的化合物也不能作为酶的底物。

6.2.2 蛋白酶的分类

6.2.2.1 按蛋白酶水解蛋白质的方式分类

蛋白酶按其水解蛋白质的不同分有以下几种。

① 切开蛋白质分子内部肽键 —CO$\downarrow$NH— 生成分子量较小的多肽类，这类酶一般叫内肽酶。例如动物器脏的蛋白酶、胰蛋白酶，植物中提取的木瓜蛋白酶、无花果蛋白酶、菠萝蛋白酶以及微生物蛋白酶等都属于这类酶。

② 切开蛋白质或多肽分子氨基或羧基末端的肽键而游离出氨基酸，这类酶叫外肽酶。作用于氨基末端的称为氨肽酶，作用于羧基末端的称为羧肽酶。

③ 水解蛋白质或多肽酯键的酶，作用方式如下。

$$\cdots NH-\overset{\displaystyle R}{\overset{|}{CH}}-CO\overset{\downarrow}{-}OR$$

④ 水解蛋白质或多肽酰胺键的酶，作用方式如下。

$$\cdots NH-\overset{\displaystyle R}{\overset{|}{CH}}-CO\overset{\downarrow}{-}NH_2-$$

此外，有些蛋白酶还可以合成肽类，或者将一个肽转移到另一个肽上，利用蛋白酶的转肽作用可以合成肽链更长的聚合物；利用这种转肽作用可将蛋氨酸强化大豆蛋白，提高其营养价值。

6.2.2.2 按酶的来源分类

分为动物蛋白酶、植物蛋白酶和微生物蛋白酶。微生物蛋白酶又可分为细菌蛋白酶、霉菌蛋白酶、酵母蛋白酶和放线菌蛋白酶，如木瓜蛋白酶、无花果蛋白酶和菠萝蛋白酶等来自植物；胰蛋白酶来自胰脏；胃蛋白酶和凝乳酶来自胃。

6.2.2.3 按蛋白酶作用的最适pH分类

可分为酸性蛋白酶（最适 pH 2.5～5.0）；碱性蛋白酶（pH 9～11）；中性蛋白酶（pH 7～8）。

6.2.2.4 根据蛋白酶的活性中心和最适反应pH分类

按活性中心及最适反应 pH，可以将蛋白酶分为丝氨酸蛋白酶、巯基蛋白酶、金属蛋白酶和酸性蛋白酶4种。

① 丝氨酸蛋白酶　其活性中心含有丝氨酸，这类酶几乎全是内肽酶，如胰蛋白酶、糜蛋白酶、弹性蛋白酶、枯草杆菌碱性蛋白酶、凝血酶等均属此类。

② 巯基蛋白酶　这一类蛋白酶的活性部位中含有一个或更多的巯基，受氧化剂、烷化剂和重金属离子的抑制。木瓜酶、无花果酶、菠萝酶等植物蛋白酶和某些链球菌蛋白酶属于这一类。

③ 金属蛋白酶　这一类蛋白酶中含有 Mg^{2+}、Zn^{2+}、Mn^{2+}、Co^{2+}、Fe^{2+}、Cu^{2+} 等金属离子。这些金属离子与酶蛋白牢固地结合，但是用金属螯合剂如乙二胺四乙酸（EDTA）、邻菲绕啉（OP）等能将金属离子从酶蛋白中分离出去，使酶失活。另外，氰化物也能有效地抑制金属蛋白酶。这类酶包括许多微生物中性蛋白酶、胰羧肽酶A和某些氨肽酶。

④ 酸性蛋白酶　这一类蛋白酶的活性部位中有两个羧基，能被对溴酚乙酰溴（*p*-BPB）或重氮试剂抑制。胃蛋白酶、凝乳酶和许多霉菌蛋白酶在酸性 pH 范围内具有活力，它们属

于这一类酶。

6.2.3 常用蛋白酶及其特性

6.2.3.1 酸性蛋白酶

酸性蛋白酶广泛存在于霉菌、酵母菌和担子菌中，细菌中极少发现，其最适 pH 为 2.5～5，分子量 30000～40000，等电点低（pI 3～5）。酸性蛋白酶主要是一种羧基蛋白酶，大多数在其活性中心含有两个天冬氨酸残基。酶蛋白中酸性氨基酸含量高而碱性氨基酸含量低。不同微生物的酸性蛋白酶其氨基酸组成虽有所差别，但性质基本相同，见表 6-8。许多性质也与动物胃蛋白酶相似，其活性中心肽段也基本相似，它对 DFP、PCMP（对氯汞苯甲酸）及 EDTA 不敏感，但能为 DAN（二重氮乙酰正亮氨酸甲酯）及 EPNP（1,2-环-3-对硝基苯氧基丙烷）、SDS（十二烷基磺酸钠）等抑制。DAN、EPNP 之所以能使酶失活是由于活性中心天冬氨酸残基被酯化。DAN 只同有活性的酶反应，不与失活的酶起反应。*p*-BPB（对溴酚乙酰溴）虽然也可同酶的一个天冬氨酸残基反应，但其反应的天冬氨酸的位置与以上两种抑制剂不一样，故不能引起青霉酸性蛋白酶失活。

表 6-8 几种酸性蛋白酶的性质

菌种	最适 pH	抑制剂					最适温度/℃
		DAN	EPNP	*p*-BPB	S-PI	SDS	
紫微青霉	2.6	+	+	−	+		60
拟青霉	2.5～3.0	巯基	试剂	NBS		+	
斋藤曲霉	2.5～3.0	+	+		+	+	
中华曲霉	2.9～3.3	+	+		+	+	
微小毛霉	4～4.3	+	重金属	+	+		
黏红酵母	2～2.5	+	+	−	+	−	60
杜邦青霉	2～3					+	75
血红栓菌	2.3～2.5	+	+		+	−	
芽枝霉	2.9～3.0	+	+		+		55
米曲霉	3～4						
黑曲霉酸性蛋白酶 A	2.0	−	+	−			65
黑曲霉酸性蛋白酶 B	2.5～3						55
黑曲霉 3.350	2.5				+	+	47
胃蛋白酶 A	1.8～2.0	+	+	+			

酸性蛋白酶在 pH 2～6 范围内稳定。若在 pH 7、40℃处理 30min 立即失活。斋藤曲霉酸性蛋白酶，最适 pH 2.5～3.0，但在 pH 4.0 的培养液中稳定，在 pH 2.0、30℃可引起严重的失活。在 pH 6～7 酶发生变性失活，添加 2mol·L^{-1} NaCl 可以增加酶的稳定性。紫微青霉酸性蛋白酶最适 pH 2.6，而稳定 pH 4.9。

一般霉菌酸性蛋白酶在 50℃以上很不稳定，斋藤曲霉酸性蛋白酶在 pH 5.5、50℃，黑曲霉 3.350 的酶在 pH 2.5、60℃处理 20min 可引起完全失活。但是紫微青霉酸性蛋白酶在 60℃，杜邦青霉 K1014 酸性蛋白酶在 60℃，1h 仍不致失活。黑曲霉大孢子变异株 DBD-0406 酸性蛋白酶 A，其最适作用温度为 70℃。有些酸性蛋白酶不耐低温。许多酸性蛋白酶分子中含有 5%～10%多糖对酶稳定有益。

微生物酸性蛋白酶与胃蛋白酶所不同是许多霉菌酸性蛋白酶能裂开胰蛋白酶原的赖氨酸与异亮氨酸间的肽键（Lys6～Ile7），使活性中心暴露而被激活，利用此原理可在有其他酸性或碱性肽酶共存下，专一地测定霉菌酸性蛋白酶的活性。与胃蛋白酶另一个不同点是霉菌酸性蛋白酶需要较大分子的底物，其最小底物为苄氧基十二肽，作用于蛋白质的专一性比胃蛋白酶或枯草杆菌中性蛋白酶广，胃蛋白酶作用过的底物蛋白还可被酸性蛋白酶进一步分解。

青霉胃蛋白酶的活性中心肽段与动物胃蛋白酶的非常相似，DAN只同活性中心的天冬氨酸反应，并且只同有活性的酶反应。又因这种抑制剂与酶形成的有标记的结合物，在蛋白质水解后可通过氨基酸分析而测出，故常用作专性试剂。而EPNP则是另一种羧基试剂，它可同活性中心另一个天冬氨酸残基反应而使酶失活。

青霉胃蛋白酶分子中的5个赖氨酸之一受到化学修饰亦可引起失活。斋藤曲霉酸性蛋白酶（曲肽酶A）中，与活性有关的氨基酸是一个色氨酸、3个组氨酸和近20个酪氨酸残基，但色氨酸不在活性中心，而是牢固地结合在酶分子的疏水键上，有稳定构象的作用。曲肽酶A是由单一的多肽链构成，十二烷基硫酸钠（SDS）引起失活是由于分子构象的α-螺旋化所致。

6.2.3.2 碱性蛋白酶

碱性蛋白酶广泛存在于细菌、放线菌和真菌中，研究最为广泛和深入的是芽孢杆菌的丝氨酸蛋白酶。这种酶在洗涤剂、制革、丝绸等工业上有广泛用途。

多数微生物碱性蛋白酶在pH 7～11范围内有活性。以酪蛋白为底物时的最适pH为9.5～10.5，这种酶除水解肽键外，还具有水解酯键、酰胺键和转酯及转肽的能力。

多数微生物碱性蛋白酶不耐热，若在50～60℃加热10～15min，几乎有一半酶的活性下降50%，只有费氏链霉菌与立德链霉菌等的碱性蛋白酶，经70℃处理30min，酶活性仅损失10%～15%。费氏链霉菌碱性蛋白酶1B既耐热又耐碱（最适pH 11～11.5）。不少链霉菌碱性蛋白酶即使在pH 12～13仍有活性，可是超过50℃就引起失活。

碱土金属，特别是钙对碱性蛋白酶有明显的热稳定作用。碱性蛋白酶的分子量比中性蛋白酶小，在20000～34000，而等电点高（pI 8～9）。许多碱性蛋白酶的氨基酸已经测定。芽孢杆菌碱性蛋白酶中，不含半胱氨酸残基。两种枯草杆菌碱性蛋白酶（卡斯柏格枯草杆菌碱性蛋白酶和诺沃枯草杆菌碱性蛋白酶）的高级结构也已阐明。这两种酶的化学性质几乎毫无区别，它们的分子量分别是27532与27287，各有275和274个氨基酸残基。但它们的一级结构和酶的构象存在很大差异，在酶分子中有83个氨基酸不同，可是在活性部分的肽段第64～74个、第218～229个氨基酸的顺序却完全相同。

碱性蛋白酶与胰蛋白酶都是丝氨酸酶。除DFP外，苯甲磺酰氟（PMSF）和其他磺酰卤化物以及来自马铃薯、大麦、大豆的蛋白酶抑制物（系一种蛋白质）均可引起碱性蛋白酶的失活。活性中心的丝氨酸可能是通过它的羟基同底物多肽的羧基结合，并形成酶同底物的配合物，在这里进行了酰化和去酰化反应而使底物水解。如将枯草杆菌BPN′的碱性蛋白酶活性中心的丝氨酸残基用—SH基取代变成巯基枯草杆菌碱性蛋白酶，它的专一性发生了变化，酯酶活性只对硝基酚酯起作用，它的酰胺酶活性只有对咪唑酰胺有作用。

枯草杆菌碱性蛋白酶由单条肽链所构成，它不需任何辅基，未发现需要激活因素，也未发现曲霉碱性蛋白酶的激活剂。

微生物碱性蛋白酶具有强烈的酯酶活性，可水解甲苯磺酰精氨酸甲酯（TAME）和各种对硝基苯基酯，例如，苯酯基甘氨酸对硝基苯酯（CBZ-glycine-p-nitrophenl ester）等。因此能够以此作为底物，在有中性蛋白酶共存下精确地测定碱性蛋白酶。

枯草杆菌与糜蛋白酶一样，最佳的合成底物是乙酰基酪氨酸乙酯：Ac—Tyr→O—Et，它要求切开点羧基侧是芳香族疏水性的氨基酸残基（酪氨酸、苯丙氨酸等）。专一性强烈地受到切开点两侧氨基酸残基，尤其是P1-P4-氨基酸的影响，因此对天然底物的专一性甚广，它对酪蛋白的作用比对血红蛋白或牛血清蛋白更容易，在蛋白酶活性测定时需加注意。

根据微生物碱性蛋白酶对切开点羧基侧的专一性，分为四类：①类似于胰蛋白酶的碱性蛋白酶，对碱性氨基酸例如精氨酸、赖氨酸残基有专一性；②对芳香族或疏水性氨基酸残基有专一性，如枯草杆菌碱性蛋白酶；③对小分子脂肪族氨基酸残基有专一性，例如黏细菌α-裂解型蛋白酶，这是一种溶解细菌细胞壁的蛋白酶；④对酸性残基有专一性，如葡萄球菌碱性蛋白酶。

6.2.3.3 中性蛋白酶

中性蛋白酶是最早用于工业生产的蛋白酶。大多数微生物中性蛋白酶是金属酶，一部分酶蛋白总含有一原子锌，分子量为35000～40000，等电点pI 8～9。它们是微生物蛋白酶中最不稳定的酶，很易自溶，即使在低温冰冻干燥也会造成分子量的明显减少。

代表性的中性蛋白酶是耐热解蛋白芽孢杆菌所产生的热解素与枯草杆菌的中性蛋白酶。这些酶在pH 6～7稳定，超出此范围则迅速失活。以酪蛋白为底物时，枯草杆菌蛋白酶最适pH为7～8，热解素最适pH是7～9，曲霉菌的酶是pH6.5～7.5。

一般中性蛋白酶的热稳定性较差，枯草杆菌中性蛋白酶在pH 7、60℃处理15min失活90%；栖土曲霉3.942中性蛋白酶55℃处理10min，失活80%以上；而放线菌166中性蛋白酶的热稳定性更差，只在35℃以下稳定，45℃迅速失活。只有少数例外，如热解素在80℃处理1h，尚存酶活50%；有的枯草杆菌中性蛋白酶，在pH 7，65℃酶活几乎无损失。酶的最适温度取决于反应时间，在反应时间10～30min内，最适温度为45～50℃。钙离子可以增加酶的稳定性并减少酶自溶，故中性蛋白酶提纯过程的每一步都需有钙离子的存在。

用合成底物实验表明，中性蛋白酶只水解由亮氨酸、苯丙氨酸、酪氨酸等疏水大分子氨基酸提供氨基的肽键。对不同氨基酸构成的肽键的水解能力，因酶的来源而异，大体是亮氨酸＞苯丙氨酸＞酪氨酸。

6.2.3.4 丝氨酸蛋白酶

（1）一般性质 丝氨酸蛋白酶的活性部位中除了含有丝氨酸残基外，一般还含有咪唑基。各种丝氨酸蛋白酶的作用模式基本相同，但与底物相结合的酶的特异性基团不一定相同，如表6-9所示。α-胰凝乳蛋白酶、胰蛋白酶和弹性蛋白酶具有不同的底物特异性。由于在α-胰凝乳蛋白酶和胰蛋白酶的结合部位都含有Gly-216和G1y-226残基，因此它们结合底物的“口袋”就显得十分敞开，于是体积较大的氨基酸残基的侧链能进入这个“口袋”。这两种酶的差别在于胰蛋白酶在“口袋”的底部含有Asp-189，而α-胰凝乳蛋白酶含有Ser-189。Asp-189的羧基的负电荷与底物赖氨酸的ε-氨基的正电荷之间形成静电相互作用。由于弹性蛋白酶的结合底物的“口袋”已被Val-216和Thr-226两个大体积的氨基酸残基侧链所占据，因而只有小体积的氨基酸残基侧链如—CH_3才能进入，这样弹性蛋白酶对R_1的特异性要求是必须为丙氨酸残基。

表6-9 各种丝氨酸蛋白酶的底物特异性

酶	特异性(提供R_1的氨基酸残基)		
α-胰凝乳蛋白酶	Tyr	Phe	Try
胰凝乳蛋白酶B	Tyr	Phe	Try
胰蛋白酶	Lys	Arg	
凝血酶	Lys	Arg	
弹性蛋白酶	Ala		
α-裂解蛋白酶	Tyr	Phe	Try
枯草杆菌蛋白酶	Tyr	Phe	Try

胰凝乳蛋白酶、胰蛋白酶和弹性蛋白酶的作用机制是相似的，这可能因为它们都是从胰脏分泌出来的。但微生物蛋白酶、枯草杆菌蛋白酶和α-裂解蛋白酶的作用机制与α-胰凝乳蛋

白酶很相似就不能这样解释了。

(2) α-胰凝乳蛋白酶　α-胰凝乳蛋白酶由三条多肽链组成，它们以两个键间二硫键连接在一起。α-胰凝乳蛋白酶还含有三个链内二硫键，酶的分子量为25000左右。

牛胰脏产生两种没有活性的酶原，胰蛋白酶原A和B。这两种酶原在氨基酸的组成上有明显的差别，这可以从它们不同的等电点（A为8.5和B为4.5）上反映出来。当它们转变成活性酶时，在物理性质上仍有明显的差别，而它们的特异性是相同的。

胰凝乳蛋白酶原A转变成α-胰凝乳蛋白酶的整个过程是：胰凝乳蛋白酶原A是由245个氨基酸残基构成的一条多肽链，它含有5个二硫键形成的交联。当连接Arg15和Ile16的肽键被胰蛋白酶裂开时，酶原转变成活性酶π-胰凝乳蛋白酶，π-胰凝乳蛋白酶经自溶作用除去两个肽后产生α-胰凝乳蛋白酶。胰凝乳蛋白酶在酸性和接近中性pH条件下是稳定的，它的最适pH范围是7～9。

(3) 胰蛋白酶　胰蛋白酶是胰脏中主要的蛋白酶。在食品工业中使用胰蛋白酶粗制剂生产水解蛋白质，而在医药工业中则使用高度纯化的酶制剂。在所有的蛋白酶甚至在所有的酶中，胰蛋白酶是研究得最彻底的一种酶。主要原因不是在于它在食品工业中的应用，而是在于它是一种重要的消化酶。此外，对它的研究也阐明了其他蛋白酶的一些重要性质。胰蛋白酶仅能作用于几种肽键，与α-胰凝乳蛋白酶相比，它具有较高的特异性；胰蛋白酶是在消化道中从没有活力的胰蛋白酶原转变而成的，这个转变是按照自动催化，即胰蛋白酶催化胰蛋白酶原的方式进行的。

牛胰蛋白酶由233个氨基酸残基组成，它的一级结构和立体结构都已研究清楚。虽然哺乳类动物的胰蛋白酶的氨酸基残基的数目和顺序因动物品种不同而稍有变化，但是它们都是丝氨酸蛋白酶，并且作用机制也是相同的。酶在pH低于6的条件下是非常稳定的，在pH 3时最稳定。在较高的pH时它经自动催化即自我消化作用而遭破坏。酶作用于蛋白质和大多数合成底物时的最适pH范围是7～9。

一些天然存在的蛋白质能使胰蛋白酶失活，其中最有名的是大豆、菜豆和小麦蛋白酶抑制剂及卵糖蛋白。除了卵糖蛋白是含25%碳水化合物的糖蛋白外，其余的都是低分子量的蛋白质。如果在含大豆的饲料和大豆食品中存在胰蛋白酶抑制剂，那么将影响胰蛋白酶对大豆蛋白质的消化能力，这会造成重大的经济损失。因此在含大豆的饲料和食品的加工中，有效地破坏胰蛋白酶抑制剂是非常必要的。

(4) 巯基蛋白酶　这一类蛋白酶的活性部位中含有巯基，巯基试剂能抑制它们。巯基蛋白酶包括高等植物蛋白酶中的木瓜蛋白酶、无花果蛋白酶、菠萝蛋白酶和中华猕猴桃蛋白酶以及微生物蛋白酶中的链球菌蛋白酶。不同来源的巯基蛋白酶在活性部位附近的氨基酸残基的顺序是类似的，它们也具有类似的酶反应动力学，巯基蛋白酶具有较宽的底物特异性，例如木瓜蛋白酶和无花果蛋白酶能以大致相同的速率水解含有L-精氨酸、L-赖氨酸、甘氨酸和L-瓜氨酸的底物。

巯基蛋白酶中最重要的是木瓜蛋白酶，它存在于木瓜汁液中。木瓜蛋白酶的分子量是23900。酶的一级结构和立体结构都已经被研究清楚，至少有3个氨基酸残基存在于酶的活性部位，它们是Cys25，His159和Asp158。当Cys25被氧化剂氧化或与重金属离子结合时，酶活力被抑制，而还原剂半胱氨酸（或亚硫酸盐）或EDTA能恢复酶的活力。显然还原剂的作用是使—SH从—S—S—键再生，而EDTA的作用是螯合金属离子。

木瓜蛋白酶溶液在pH 5时酶具有良好的稳定性；如果溶液的pH低于3和高于11时酶很快失活。木瓜蛋白酶的最适pH随底物而变动，以蛋清蛋白和酪蛋白为底物时酶的最适pH是7，而以明胶为底物时，酶的最适pH降到5。与其他蛋白酶相比，木瓜蛋白酶具有较高的热稳定性。例如，酶液在 pH 7、70℃下加热 30min，使牛乳凝结的活力仅下降 20%。除了蛋白质外，木瓜蛋白酶对酯和酰胺类底物表现出很高的活力。木瓜蛋白酶也具有从蛋白质的水解物再合成蛋白质类物质的能力。这种活力有可能被用来改善植物蛋白质的营养价值或功能性质，例如，将蛋氨酸并入到大豆蛋白质中。

(5) 金属蛋白酶 几乎所有的金属蛋白酶都是肽链端切酶，它们都含有金属。例如羧肽酶 A、羧肽酶 B 和亮氨酸氨肽酶含有 Zn^{2+}，也有含有其他金属的金属蛋白酶。所有的金属离子似乎都是二价的。但它们是否在酶催化作用中执行着类似的功能还不十分清楚。金属螯合剂能抑制酶的作用。

羧肽酶 A 以酶原的形式从牛的胰脏中分泌出来，它由三条多肽链复合而成，分子量为 80000。在胰蛋白酶的作用下，酶原转变成活性羧肽酶 A，它是一条由 307 个氨基酸残基构成的多肽链，分子量为 34500。牛胰脏还分泌羧肽酶 B 的酶原，经活化转变成羧肽酶 B。这两种羧肽酶在作用的机制上是十分相似的，它们都含有 Zn^{2+}，都要求底物的 C-末端氨基酸的羧基必须是游离的。但它们在底物特异性上有很大的差别。羧肽酶 B 要求肽的 C-末端氨基酸残基必须是精氨酸或赖氨酸，而羧肽酶 A 只能作用于 C-末端氨基酸残基除精氨酸、赖氨酸、脯氨酸或羟脯氨酸以外的肽；金属螯合剂能将 Zn^{2+} 从羧肽酶 A 中除去。不含金属离子的酶蛋白虽然能和底物相结合，但是已失去酶的活力。一个（或两个）酪氨酸残基和一个组氨酸残基存在于羧肽酶 A 的活性部位中。羧肽酶 A 的最适 pH 为 7～8。

在氨肽酶中，已对亮氨酸氨肽酶作了充分的研究。从猪的肠黏膜和许多其他动物组织可以获得亮氨酸氨肽酶。酶具有较宽广的底物特异性。它之所以被称为亮氨酸氨肽酶，是因为首先发现它能水解 N-末端氨基酸残基是亮氨酸的二肽和三肽。事实上，这个酶还能水解许多 N-末端氨基酸的酰胺、酯和肽。亮氨酸氨肽酶的最适 pH 在 8 左右。

当蛋白质在酶或酸催化下水解时，往往有苦味肽产生。这些苦味肽的 C-末端氨基酸一般具有大体积的疏水侧链。而这些苦味肽往往是羧肽酶 A 的合适底物，因此可以利用羧肽酶 A 来除去这些能使水解蛋白质带有苦味的肽。如果采用霉菌蛋白酶粗制剂水解大豆蛋白质，那么水解产物的苦味比采用相应的纯酶制剂要小得多。从分析水解产物中游离氨基酸所得数据证明，采用粗酶制剂时游离氨基酸中含有较多的疏水性氨基酸。因此可以推测苦味肽的降解是由于在粗酶制剂中含有羧肽酶的活力。事实上，在一些微生物来源的蛋白酶制剂中确实含有羧肽酶和氨肽酶的活力。

(6) 弹性蛋白酶 弹性蛋白酶（elastase）是一种广谱性蛋白水解酶类，能水解多种蛋白质。由于其在医学上具有降低胆固醇，促进脂肪在细胞内溶化分解和抑制动脉粥样硬化等作用，使得人们越来越关注弹性蛋白酶的性质和在各方面的应用。国内外仍主要利用动物胰腺生产弹性蛋白酶，由于原料来源和中间环节限制了弹性蛋白酶产量，故其价格昂贵。目前，科研工作者正研究利用微生物发酵生产微生物源弹性蛋白酶，以降低弹性蛋白酶的生产成本，拓宽弹性蛋白酶的应用。

① 弹性蛋白酶的物理特性 弹性蛋白酶是一种肽链内切酶，因其能够专一性地水解不溶性的弹性蛋白而得名。弹性蛋白酶为白色针状结晶或淡黄色、深黄色粉末，溶于水，不溶于乙醇，有吸湿性，也可是浅褐色至褐色的液体。

由动物胰脏提纯的弹性蛋白酶由 240 个氨基酸残基构成，分子量约为 25000，等电点为 9.5，最适 pH 为 8.1～8.8；在 4～6℃，pH 5～10 条件下，酶活性可维持几天。冻干粉末在 5℃以下可保存 6～12 个月，遇强酸就立即失活，作为蛋白分解酶的弹性蛋白酶优先水解中性脂肪族氨基酸羧基端肽键，对弹性蛋白有极高的专一性，即使是变性酪蛋白和骨胶原(不包括天然骨胶原和角朊）以及血红蛋白、卵白蛋白和血纤蛋白等都能被水解，弹性蛋白酶还同样能与一些合成的物质发生反应。弹性蛋白酶是一种单体酶（monomeric emzyme），无辅酶，不含辅基和金属离子，分子内有四对二硫键，其一级结构和四级结基本清楚，肽链的走向和空间构型与糜蛋白酶极为相似。

微生物弹性蛋白酶与胰弹性蛋白酶一样，具有较广的水解特性，不但能降解弹性蛋白，而且能分解酪蛋白、明胶、血纤维蛋白、血红蛋白、白蛋白等多种蛋白质，是一种广谱的肽链内切酶。国外也用它作为药用酶，其作用效果与胰弹性蛋白酶相似。来源不同的微生物弹性蛋白酶都能降解天然底物——弹性蛋白，作为同工不同源蛋白质，其特点、性质、分子量、大小等有所差异，其等电点也各不相同。

② 弹性蛋白酶降解弹性蛋白的酶促特性　弹性蛋白酶至少有两个活性中心，一个是水解活性中心，使弹性蛋白某些键断裂，弹性蛋白结构松弛，亲水基团大量暴露出来而溶于水；另一个是蛋白水解活性中心，表现出广谱蛋白水解活性。其降解反应分为几步：①弹性蛋白的结构变松散，酶的活性中心同弹性蛋白的特定部位接触，使其断裂，从而使得弹性蛋白松弛下来，但不溶解。②弹性蛋白酶使更多的肽键断裂，最终导致弹性蛋白颗粒的某些肽键断裂而进入溶液。弹性蛋白的降解反应，表现出广谱蛋白水解活性。

第一步的松弛并没有引起蛋白降解，而是增加了更多肽键断裂的可能性，最终弹性蛋白颗粒的某些肽键断裂而溶解，于是可溶性蛋白得到大量溶解。

a. pH 范围、等电点和温度　来源不同的微生物弹性蛋白酶都能降解其天然底物——弹性硬蛋白，作为同工不同源的蛋白质，其最适 pH 范围、等电点和温度都有所差异，但多数酶蛋白的等电点和温度都较高。来自嗜碱性芽孢杆菌产生的弹性蛋白酶具有较高的等电点（pI=10.0），在 pH 偏碱性范围内具有较高的活性。*Pseudomonas aeruginosa* 纯化后的弹性蛋白酶作用弹性蛋白和其他蛋白质的最适 pH 接近 8.0，其与胰弹性蛋白酶相似，与 *Flavobacterium* 弹性蛋白酶不相同。结晶的 *Flavobacterium immotum* NO. 9-35 的弹性蛋白酶最佳分解弹性蛋白的 pH 为 7.2，等电点 pI 在 8.3～8.9。芳香杆菌弹性蛋白酶的最适作用 pH 为 7.4，在 pH 4.5～9.5 范围内稳定，最适作用温度为 50℃，pI 8.9，比胰弹性蛋白酶稍低。微生物产生的弹性蛋白酶的等电点和温度稳定范围要比一般的蛋白酶高。目前发现的最高耐受温度是 70℃。

b. 酶降解底物的特异性　不同微生物来源的弹性蛋白酶，其分解底物的特点是不同的。有的菌源性弹性蛋白酶不仅能降解其天然底物——弹性蛋白，还能分解其他蛋白质，具有广谱水解性。而有的菌源性弹性蛋白酶只能专一降解弹性蛋白，水解具有专一性。即使是同一属来源的弹性蛋白酶，可能有完全不同的水解底物的特异性，如来自 *Flavobacterium elastolyticum* 的弹性蛋白酶不具有蛋白酶水解专一性，而来自于 *Pseudonomas aeruginosa*，*F. immotum* NO. 9-35 和胰脏的结晶弹性蛋白酶不仅具有弹性酶水解活性，还具有分解各种蛋白质的广谱蛋白质水解活性。即使是同一菌种，若来自于不同地区，其分解蛋白质的特异性也是不尽相同的。如有的研究者利用抑制剂——大豆胰蛋白抑制剂和高浓度 NaCl 来研究其弹性蛋白酶水解和广谱蛋白质水解能力。发现两种抑制剂对弹性蛋白水解活性和其他蛋白质水解力是完全一致的。高浓度 NaCl 能显著抑制弹性蛋白酶水解活性，而对其他蛋白质的水解无影响。而大豆蛋白抑制剂能显著抑制其他蛋白质水解活性，对弹性蛋白质水解活性无影响。

c. 激活剂、抑制剂　微生物来源尤其是细菌产生的弹性蛋白酶被认为是一种含锌离子的金属蛋白酶，其活性的表现要依赖于金属离子的作用，同时也受到其他作用制剂如螯合剂、还原剂、抑制剂、盐离子等的影响。但是不同微生物来源的弹性蛋白酶受作用剂影响的效应可能是不一致的。如从中草药——白前中分离纯化得到的弹性蛋白酶抑制剂能有效地抑制弹性蛋白酶活性，对治疗肺气肿有显著作用。*P. aeruginosa* 的弹性蛋白酶受到螯合剂如EDTA、DPA、高浓度柠檬酸钠、重金属离子（镍、钴、水银等）、草酸铵的抑制，使其弹性蛋白水解活性和其他蛋白质水解活性同时降低。而其他抑制剂如大豆蛋白抑制剂、半胱氨酸、DFP、氰化钠等对它们的活性无影响。但钙离子、锌离子能激活弹性蛋白酶，它们是酶活性中心的一部分。*Vibrio cholerae* 产生的弹性蛋白酶受各种抑制剂和激活剂的影响。发现该菌源性酶活性受到还原剂、PSM、非专一性蛋白酶抑制剂 α-2-巨球蛋白的抑制而失活，但它能抗大豆胰蛋白抑制剂、PMSF 以及胰弹性蛋白酶抑制剂的作用。可见不同微生物来源的弹性蛋白酶，其受抑制剂和激活剂的作用是不同的。即使是同一种抑制剂，它对不同菌源性弹性蛋白酶影响效果是不一样的。大多数微生物弹性蛋白酶还受到金属离子如 Ca^{2+}、Zn^{2+} 的激活，是一种金属蛋白酶，它的活性实现要依靠 Ca^{2+} 或 Zn^{2+} 的作用，不同微生物来源的弹性蛋白酶所需要的金属离子是不尽相同的。如绿脓杆菌产生的弹性蛋白酶是依赖于金属离子 Zn^{2+} 的蛋白酶，Zn^{2+} 是表现其酶活性和专一性的必需成分。同时研究发现，作用剂对弹性蛋白酶的影响还受到作用的环境如 pH 的影响。NaCl 对弹性蛋白水解活性的抑制还依赖于介质的 pH，其抑制效应在高 pH 时较大。胰弹性蛋白酶在 pH 8.8 时抑制率达 77%，绿脓杆菌弹性蛋白酶在 pH 8.0，0.1mol・L^{-1} NaCl 时抑制率达 80%。因此抑制作用受 pH、微生物的种类及其他环境因素的影响，这一点是所有弹性蛋白酶的通性。

6.3 酯酶

酯酶（esterase）广义上是指具有催化水解酯键能力的一类酶的统称；而通常所说的酯酶往往指羧酸酯酶（E. C. 3.1.1.1）。酯酶普遍存在于动物、植物、真菌和细菌中，在水分子的参与下能够催化裂解酯键形成相应的酸和醇。酯酶在食品、医药、日用化工、生物防护等领域应用广泛，主要用于酯的合成与交换、多肽合成、立体异构体的转化与拆分等催化反应。

6.3.1 酯酶的分类

根据酶促反应中酯酶对有机磷化合物的作用，酯酶可以分为三大类：A 类酯酶、B 类酯酶、C 类酯酶。这一分类法即 Aldrige 的分类方法。A 类酯酶以有机磷化合物为底物，曾经将 A 类酯酶归为芳香族酯酶（E. C. 3.1.1.2），目前趋向于将 A 类酯酶与双异丙基氟磷酸酯酶（DFPase）组成新的一类有机磷化合物水解酶。B 类酯酶则被有机磷化合物所抑制。C 类酯酶不与有机磷化合物作用。A 类酯酶主要分为双异丙基氟磷酸酯酶（DFPase）和对氧磷酯酶（Paraoxonase）两大类，前者催化水解双异丙基氟磷酸酯（DFP，diisopropyl fluorophosphate）及有关化合物（梭曼、沙林和塔崩）；后者水解 oxon 类有机磷化合物（对氧磷、磷酸二乙基对硝基苯基酯、Paraoxon、Coroxon、Diazoxon 等）。B 类酯酶又称为羧酸酯酶或脂肪族酯酶或有机磷酸敏感性酯酶，属于丝氨酸酶类，能够水解含有羧酯键、硫酯键、酰胺键的许多物质，主要包括脂族酯酶和胆碱酯酶。B 类酯酶和 A 类酯酶对有机磷化合物敏感性的差异主要在于两者活性中心的氨基酸序列的不同，A 类酯酶活性中心的半胱氨酸与有机磷化合物形成的磷酰-硫中间复合体水解极快，而 B 类酯酶的活性中心的相应部位为丝氨酸，形成的磷酰-氧中间复合体不易分解。

按照国际系统分类法中分类的原则，根据酶促反应的反应性质，酯酶属于水解酶类中催化水解酯键的酶类（E. C. 3.1）。酯酶对底物酯的酸或醇部分表现为基团的催化特异性，而不是同时对两部分具有特异性的要求。故根据酯酶对底物酯中酸部分的特异性的要求，酯酶可以进一步分为羧基酯类水解酶（E. C. 3.1.1）、磷酸单酯水解酶（E. C. 3.1.3）、磷酸二酯水解酶（E. C. 3. 1. 4）、三磷酸单酯水解酶（E. C. 3. 1. 5）、硫酸酯水解酶（E. C. 3. 1. 6）。硫酯水解酶（E. C. 3. 1. 2）则是根据酶对底物酯中醇部分的特异性命名，包括许多有水参与的能裂开酰基 CoA 和催化水解硫醇衍生物的各种酯酶。

另外，可以依据酯酶的来源划分为动物源性酯酶、植物源性酯酶和微生物源性酯酶。目前，酯酶的获得主要是来源于动物的内脏，研究较多的也是动植物酯酶；而研究和利用较多的微生物源性酯酶是微生物脂肪酶（lipase），已有大量的市售商业化的脂肪酶或者酶制剂。对于食品工业来说，羧酸酯水解酶、脂肪酶和磷酸酯水解酶的应用最广泛。

6.3.2 羧酸酯类水解酶

羧酸酯类水解酶（E. C. 3. 1. 1. x）能够催化水解羧酸酯类，形成相应的羧酸和醇。目前根据酶学委员会的规定，催化羧酸酯水解的酶有 20 种，编号从 E. C. 3. 1. 1. 1 到 E. C. 3. 1. 1. 20，见表 6-10。各种酯酶对底物的特异性和反应条件要求各异，故依据酶对底物的特异性的有无，催化羧酸酯水解的酯酶可以进一步分为非特异性羧酸酯水解酶和特异性羧酸酯水解酶。

表 6-10 羧酸酯水解酶的种类及其催化的反应

系统名称	习惯名称	酶编号 E. C.	催化的反应式
羧酸酯水解酶	羧酸酯酶	3.1.1.1	羧酸酯＋水→羧酸＋醇
芳香酯水解酶	芳香酯酶	3.1.1.2	乙酸苯酯＋水→酚＋乙酸
甘油酯水解酶	脂肪酶	3.1.1.3	甘油三酯＋水→甘油二/一酯＋脂肪酸
磷脂酯酰基水解酶	磷脂酶 A	3.1.1.4	卵磷脂＋水→溶血卵磷脂＋不饱和脂肪酸
溶血卵脂酯酰基水解酶	溶血磷脂酶、磷脂酶 B	3.1.1.5	溶血卵磷脂＋水→甘油磷酸胆碱＋脂肪酸
乙酰酯乙酰基水解酶	乙酰酯酶	3.1.1.6	乙酰酯＋水→醇＋乙酸
乙酰胆碱乙酰基水解酶	乙酰胆碱酯酶	3.1.1.7	乙酰胆碱＋水→胆碱＋乙酸
脂酰胆碱酯酰基水解酶	胆碱酯酶	3.1.1.8	脂酰胆碱＋水→胆碱＋酸
苯甲酰基胆碱水解酶	苯甲酰基胆碱酶	3.1.1.9	苯甲酰基胆碱＋水→苯甲酰＋胆碱
阿托品酯酰基水解酶	阿托品酯酶	3.1.1.10	阿托品＋水→托品＋阿托品酸
果胶：果胶酸糖基水解酶	果胶酯酶	3.1.1.11	果胶＋nH_2O→n 果胶＋果胶酸
维生素 A 乙酰酯水解酶	维生素 A 酯酶	3.1.1.12	维生素 A 乙酰酸＋水→维生素 A＋乙酸
固醇酯水解酶	胆固醇酯酶	3.1.1.13	胆固醇酯＋水→胆固醇＋酸
叶绿素脱植基叶绿素水解酶	叶绿素酶	3.1.1.14	叶绿素＋水→植醇＋脱植基叶绿素
L-阿拉伯糖酸-γ-内酯水解酶	阿拉伯糖酸内酯酶	3.1.1.15	L-阿拉伯糖酸-γ-内酯＋水→L-阿拉伯糖酸
4-羟甲基-4-羟基异巴豆酸内酯水解酶	4-羟甲基-4-羟基异巴豆酸内酯酶	3.1.1.16	4-羟甲基-4-羟基异巴豆酸内酯＋水→3-氧己二酸
D-葡萄糖酸-δ-内酯水解酶	葡萄糖酸内酯酶	3.1.1.17	D-葡萄糖-δ-内酯＋水→D-葡萄糖酸
D/L 古洛糖酸-γ-内酯水解酶	醛糖酸内酯酶	3.1.1.18	D/L 古洛糖酸-γ-内酯＋水→D/L 古洛糖酸
D-葡萄糖酸-γ-内酯水解酶	糖醛糖酸内酯酶	3.1.1.19	D-葡萄糖酸-γ-内酯＋水→D-葡萄糖酸
单宁酰基水解酶	单宁酶	3.1.1.20	鞣酸＋水→没食子酸盐＋没食子酸

6.3.2.1 羧酸酯水解酶

羧酸酯酶（carboxylesterase）（E. C. 3. 1. 1. 1）是能够催化水解羧酸酯生成羧酸和醇的非特异性酯酶，与单酰丙三醇酯酶、胆碱酯酶和芳酰胺酯酶同属 B-类酯酶。羧酸酯酶从结构上与脂肪酶均属于 α/β-水解酶大家族，在氨基酸序列上按 Ser-Asp-His 排列，称为 SAH 三联体结构，Ser、His、Asp 构成了酶的典型的活性区。利用 X 射线晶体学的方法已经证实植物羧酸酯酶、微生物脂肪酶和动物胰脂肪酶活性中心由丝氨酸、天冬氨酸和组氨酸组成，而人肝羧酸酯酶的催化中心由丝氨酸、谷氨酸和组氨酸构成（Ser203、Glu335、His448）。羧酸酯酶能有效地催化含有酯键、酰胺键和硫酯键物质的水解，活性中心的丝氨酸残基与有机磷化合物形成不易分解的磷酰-氧中间复合体，抑制其催化活性。羧酸酯酶底物的特异性较差，底物的化学结构存在着非常大的差异，并且酶的等电点、分子量不尽相同。羧酸酯酶对羧酯类化合物、硫酯类化合物和酰胺类化合物具有不同程度的水解作用，特别是对丁胺类化合物或丁酯类化合物的催化活性最强。在特定的非水相系统中，羧酸酯酶能够催化分解反应的逆反应，即酯化合成和转酯反应。

羧酸酯酶即通常意义上的酯酶，能够催化水解脂肪酸族及芳香族酯类化合物，α-萘酚酯及对硝基苯酯类物质也是其特异性较高的底物，其催化活性随碳链的增加而降低，当碳链增到 C_8 时其活性几乎全部消失。羧酸酯酶视其酶特性能够催化短链甘油酯或中、长链甘油酯类物质，其水解能力与脂肪链的长度相关。碳链从 C_2 到 C_8 时，随着碳链的递增，酶的水解活性增至最高，随后碳链递增酶活力降低。虽然羧酸酯酶具有水解部分甘油酯类化合物的能力，但其与脂肪酶（E. C. 3. 1. 1. 3）存在着质的区别：对底物催化作用的碳链长度要求不同，脂肪酶优先催化碳链长度大于10个碳原子的长链酯类，而酯酶优先催化碳链长度小于10个碳原子的短链酯类；对底物的物理状态要求不同，脂肪酶要求底物处在油-水界面的异构系统中才具有催化作用，而酯酶只对水溶性的底物起作用。界面酶学和非界面酶学的研究与应用的巨大发展促进了酯酶和脂肪酶多功能催化应用的开发。证实了酶的水相酶学和非水相酶学的催化作用，酯酶和脂肪酶在有机物中能够完成酯化、转酯和酯交换等众多反应。例如，在几乎没有水的系统中，0. 3mol・L^{-1}的丁酸和 0. 3mol・L^{-1}的庚烷的己烷中，酯酶的催化照样能够进行，2h 后的酯化率达 90%。

6.3.2.2 磷脂酶

磷脂是广泛存在于生物体中的含有磷酸的复合酯。根据其含有的醇的差异，分为甘油磷脂类和鞘氨醇磷脂类。其中磷酸甘油酯即甘油磷脂在食品中大量存在，甘油磷脂所含甘油的第一、第二个羟基被脂肪酸酯化，而第三个羟基则被磷酸酯化，磷酸再与氨基醇（胆碱、乙醇氨或丝氨酸）或肌醇结合形成一些重要的磷脂，见图 6-2。卵磷脂和脑磷脂等磷脂类化合物在蛋制品、豆制品等中大量存在，具有调节生物膜的生物活性和机体正常代谢的功能，素有“大脑的食物”和“血管的清道夫”的美誉。

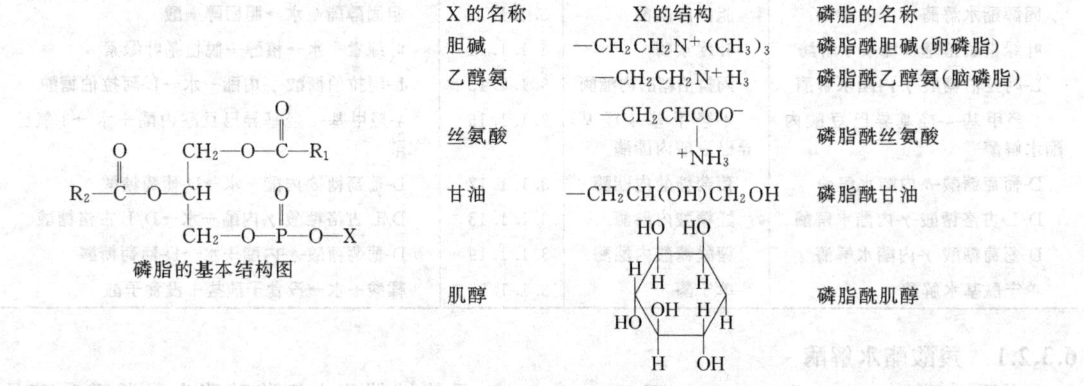

磷脂的基本结构图

X 的名称	X 的结构	磷脂的名称
胆碱	$—CH_2CH_2N^+(CH_3)_3$	磷脂酰胆碱（卵磷脂）
乙醇氨	$—CH_2CH_2N^+H_3$	磷脂酰乙醇氨（脑磷脂）
丝氨酸	$—CH_2CH(COO^-)(^+NH_3)$	磷脂酰丝氨酸
甘油	$—CH_2CH(OH)CH_2OH$	磷脂酰甘油
肌醇		磷脂酰肌醇

图 6-2 几种重要磷脂的结构

分子中有四个酯键能被磷脂酶水解。如图 6-3，以卵磷脂为例，酯键 A 和酯键 B 为羧基酯键，而酯键 C 和酯键 D 为磷酸基酯键。

磷脂酶是指催化磷脂分子中酯键水解的酶，共分为四大类 A_1、A_2、C、D，分别催化磷脂中不同的酯键。其中磷脂酶C和磷脂酶D分别催化酯键C和酯键D，它们属于磷酸酯水解酶，将在下文中介绍。磷脂酶 A_1 和磷脂酶 A_2 属于特异性羧基酯水解酶。磷脂酶 A_1 能够专一地水解天然磷脂分子中酯键A，得到Sn-2酰基溶血磷脂酰乙醇胺和溶血磷脂酰胆碱；磷脂酶 A_2(E.C.3.1.1.4）专一地催化水解磷脂分子中酯键B，生成溶血磷脂（磷脂类化合物酶解后失去一分子脂肪酸形成的物质称为溶血磷脂）和脂肪酸。羧酸脂酶系统分类表中的溶血卵磷脂酰基水解酶（E.C.3.1.1.4），又称磷脂酶B、溶血卵磷脂酶、卵磷脂酶B。溶血卵磷脂酶专一地催化酯键A水解，仅对溶血卵磷脂或溶血脑磷脂具有催化活性。溶血卵磷脂酰基水解酶在动物肝脏和胰脏、霉菌及大麦芽中均有存在，动植物中的溶血卵磷脂酶最适pH 6～7，而青霉中的溶血卵磷脂酶的最适pH为4。目前，磷脂酶B是指能同时水解磷脂分子中酯键A和酯键B的磷脂酶，已经证实点青霉（*Penicillum notatum*）磷脂酶具有同时催化脂键A和脂键B的能力。

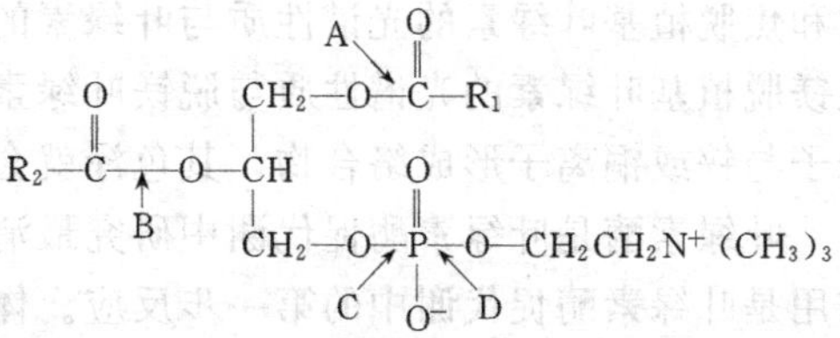

图6-3 卵磷脂分子中酯键结构

6.3.2.3 果胶酯酶（E.C.3.1.1.11）

果胶质是植物中由碳水化合物聚合而成的胶状物，存在于植物细胞间层和细胞壁中。果胶质的存在影响果汁饮料的澄清度和生产得率，故利用果胶酶（E.C.3.2.1.15）降解果汁中的果胶物质，是提高果汁产率和果汁澄清的较佳方法。

果胶酶是一种多酶体系，至少有八种酶作用于果胶的不同位点，基本分为两大类：解聚酶和果胶酯酶（PE）（E.C.3.1.1.11）。解聚酶利用内切或外切的方式使果胶解聚；果胶酯酶（PE）则催化果胶分子中果胶酯酸的水解，形成低酯果胶和果胶酸。果胶酯酶对果胶中聚半乳糖醛酸中的甲酯具有高度的特异性，却不能水解聚甘露糖醛酸甲酯。果胶中的甲酯是果胶酯酶的特异底物，但该特异性是相对的，个别酶也能分解果胶中的乙酯、丙酯和聚丙酯。植物源性的果胶酯酶从果胶分子的还原末端或其邻近的游离羧基开始，沿着分子链以单链机制进行水解。

果胶酶在高等植物中分布较广，柑橘、番茄、香蕉、苹果、梨、土豆和葡萄等水果中都含有果胶酯酶，并且在同一植物中往往存在多种果胶酯酶的同工酶。产生果胶酯酶的微生物主要集中在真菌中的青霉、镰孢霉、曲霉、根霉、核盘霉和毛盘孢霉等菌体；细菌中的枯草杆菌、欧文杆菌等也有产生果胶酯酶的报道。果胶酯酶的分子量、等电点、最适pH等特性，随着酶的来源不同而各异。例如，酱油曲霉No.48果胶酯酶的稳定pH为4～6，最适pH为5.0～5.5；热稳定性较差，55℃保温10min后酶活力完全丧失；最适作用温度为40℃。

目前，市售的果胶酶制剂主要含有酯酶、水解酶和裂解酶三组分，酶制剂的剂型主要为液体和固体两种。果胶酶加入到水果破碎物中，催化作用果胶质类成分生成半乳糖醛酸和寡聚半乳糖醛酸、不饱和半乳糖醛酸，使不溶性果胶质溶解和可溶果胶质黏度减低，利于果汁饮料的澄清和过滤。

6.3.2.4 叶绿素酶（E.C.3.1.1.14）

叶绿素是高等植物及藻类的重要的光合色素，也是绿色蔬菜的主要“绿色”来源。叶绿素酶促代谢途径主要包括叶绿素脱植基、脱镁作用、叶绿素四吡咯结构侧链的化学修饰等，参与酶促反应的酶主要有叶绿素酶（chlorophyllase，challase）、脱镁螯合酶（Mg-dechelatase，MDCase）、脱镁叶绿酸a氧化酶 pheophorbide a oxygenase，PaO、叶绿素红色降解物还原酶 red chlorophyll catabolites reductase，RCCR等。叶绿素的降解产物中脱植基叶绿素和焦脱植基叶绿素的光谱性质与叶绿素的基本相同，同为绿色；而脱镁脱植基叶绿素和焦脱镁脱植基叶绿素的光谱性质与脱镁叶绿素的基本相同，都为黄褐色。但若叶绿素降解产物分子与锌或铜离子形成络合物，其色泽就会从黄褐色恢复到绿色。

叶绿素酶是叶绿素酶促代谢中研究最清楚的酶之一。大量的研究证实，叶绿素酶的催化作用是叶绿素酶促代谢中的第一步反应。体外的实验发现，叶绿素酶能够催化叶绿素及其衍生物侧链酯键的水解，叶绿素在叶绿素酶的作用下，水解形成脱植基叶绿素（chlorophyllide，chlide）和植醇（phytyl）。随后，在脱镁螯合酶的作用下，脱植基叶绿素进行脱镁作用；脱镁作用可以发生在脱植基作用前，生成脱镁叶绿素后在叶绿素酶作用下脱植基，生成脱镁叶绿酸。目前，体外研究使人们能够较详细地了解叶绿素酶的催化特性，如动力学参数、pH 和温度影响等。叶绿素酶的活性测定体系区别于一般的酶，在有机溶剂或去垢剂存在时，叶绿素酶在室温时即可表现活性；而在水为微环境的体系中，其活性表现温度为65～75℃。叶绿素酶活性在偏碱性（pH 7.5～8.0）的条件下较高，橄榄叶绿素酶和柑橘叶绿素酶最适 pH 分别为 pH 8.5 和 pH 7.8。叶绿素酶的 K_m 值是 3.1～278μmol/L，其对叶绿素 b 的亲和性高于叶绿素 a，但是叶绿素酶催化脱镁叶绿素 a 的反应速率高于脱镁叶绿素 b。

叶绿素酶几乎存在于所有高等植物和藻类中，其在绿色蔬菜中的含量和活性与蔬菜“护绿”可能存在相关性，是绿色蔬菜加工中“护色”的影响因素之一。

6.3.2.5 乙酰胆碱酯酶（E.C.3.1.1.7）

胆碱酯酶（ChE）主要催化水解酰基胆碱形成胆碱和酸。胆碱酯酶依其催化底物的特异性分为乙酰胆碱酯酶（acetylcholinesterase，AchE）和丁酰胆碱酯酶（butyrylcholinesterase，BuChE）。乙酰胆碱酯酶被称为特异性胆碱酯酶，对乙酰胆碱具有底物特异性，能迅速水解乙酰胆碱 。丁酰胆碱酯酶则为非特异性胆碱酯酶，对乙酰胆碱和丁酰胆碱都具有催化作用，但对丁酰胆碱的水解迅速。

乙酰胆碱酯酶存在于所有动物的神经组织中，为蛋白质分子构成的生物催化剂，其主要功能是将传导神经兴奋的化学物质即乙酰胆碱迅速水解为乙酸和胆碱，以维持神经系统的正常生理功能。在一定的条件下，有机磷和氨基甲酸酯类农药对乙酰胆碱酯酶、丁酰胆碱酯酶的活性具有抑制作用。因此，利用有机磷和氨基甲酸酯类农药对靶标酶（乙酰胆碱酯酶、丁酰胆碱酯酶）的抑制作用，可以快速准确的测定食品中的农药残留。目前，已经有市售的酶测试纸片或酶传感器，用于食品中农药残留的快速、简便的现场初级检测。

6.3.3 磷酸酯水解酶

磷酸酯水解酶能够催化水解由磷酸作为酸部分而形成的酯的酯键。根据磷酸酯酶的底物不同，可以分为磷酸单酯水解酶（E.C.3.1.3）和磷酸二酯水解酶（E.C.3.1.4）。

6.3.3.1 磷酸单酯酶

磷酸单酯水解酶主要催化水解磷酸一酯生成相应的醇和磷酸，参与催化反应的水分子中的氧原子进入到磷酸分子中。按照不同的分类标准，磷酸单酯酶可分为不同的种类。依据酶对底物酯酸或醇部分的特异性要求，磷酸单酯酶可分为非特异性磷酸单酯酶和特异性磷酸单酯酶；前者只对底物酯的一磷酸基具有特异性要求，而后者对底物酯的一磷酸基和醇部分都有特异性要求。特异性磷酸酯酶广泛地存在于生物体中，表 6-11 列出了部分特异性磷酸酯酶，其最适催化 pH 为 6～8。

若按照酶催化作用的 pH 条件，非特异性磷酸单酯酶可进一步分为酸性磷酸酯水解酶（E.C.3.1.3.2）和碱性磷酸酯水解酶（E.C.3.1.3.1）。

表 6-11　部分特异性磷酸酯酶的名称及其编号

系统名称	习惯名称	酶编号(E.C.)
3′-核苷酸磷酸水解酶	3′-核苷酸磷酸酶	3.1.3.5
5′-核苷酸磷酸水解酶	5′-核苷酸磷酸酶	3.1.3.6
D-葡萄糖-6-磷酸 磷酸水解酶	D-葡萄糖-6-磷酸酶	3.1.3.9
D-葡萄糖-1-磷酸 磷酸水解酶	D-葡萄糖-1-磷酸酶	3.1.3.10
D-果糖-1,6-二磷酸 1-磷酸水解酶	己糖二磷酸酶	3.1.3.11

碱性磷酸酯酶（alkaline phosphatase，简称 AP），是在碱性条件下催化水解磷酸酯的一类酶，在临床医学、核酸研究、遗传工程、日用化工等方面应用较多。目前，国内外对大肠杆菌、哺乳动物、软体动物等的碱性磷酸酯酶进行了大量的研究，但是应用较多的是大肠杆菌碱性磷酸酶（EAP）和小牛肠黏膜碱性磷酸酶（CIAP）。其中，大肠杆菌碱性磷酸酯酶研究得最透彻。大肠杆菌碱性磷酸酶是一个同源二聚体金属酶，每个单体由449个氨基酸、两个 Zn^{2+} 和一个 Mg^{2+} 组成；Zn^{2+} 是 *E. coli* AP 的主要辅助因子，通过氧桥与磷酸盐作用，催化水解磷酸酯的酯键；Mg^{2+} 有利于保持酶结构的稳定性和耐热性。酶活性中心由催化三联体（Asp、Ser、Ala）、三个金属离子和它们的配体、一些水分子以及 Arg 组成；不同来源和不同催化活性的碱性磷酸酯酶，其活性中心的催化三联体序列高度保守。Mg^{2+}、Mn^{2+}、Ca^{2+} 对酶有激活作用；而 Zn^{2+} 则抑制酶的催化活性。半胱氨酸、苯丙氨酸对酶活也有抑制作用。酶的最适 pH 为 8.0，分子量 8000*Mr*；热稳定性较差，Mg^{2+} 存在时在温度90℃时其半衰期为 8min。

近年来，碱性磷酸酯酶的分子水平的研究、酶的体外定向进化、定点修饰对酶改性及基因方面的研究较多；极端微生物的耐碱性热磷酸酯酶探寻、酶催化性质的研究、酶基因的测序、重组及表达也取得了一定成果。

酸性磷酸酯酶（E.C.3.1.3.2）是一组在酸性条件下水解各种磷酸酯的酶。对底物特异性较低，属于非特异性磷酸酯酶类，系统命名为邻磷酸单酯磷酸水解酶。酸性磷酸酯酶广泛地存在于动植物组织中，微生物中的酸性磷酸酯酶也有报道；其自身是一种糖蛋白，紫色酸性磷酸酯酶是含铁的糖蛋白。金属螯合剂不能够抑制酸性磷酸酯酶的活性，而原磷酸则具有抑制其活性的能力。酶的来源不同，其催化性质各异；大豆酸性磷酸酯酶的稳定 pH 为 2～7，最适作用 pH 为 5.6；最适酶促反应温度为 37℃；酶促反应动力学参数米氏常数（K_m）为 2.78×10^{-4}mol/L。NaF 对大豆体外酸性磷酸酯酶活性的抑制作用属于可逆非竞争性抑制，其抑制常数（K_i）为 1.53×10^{-3} mol·L^{-1}。而牛乳中的酸性磷酸酯酶的最适 pH 为 4.0；耐热性能较好；Mg^{2+} 对其无激活作用，Mn^{2+} 具有轻微的激活作用；氟化物具有强烈抑制作用。

碱性磷酸酯酶和酸性磷酸酯酶的测定方法视具体情况加以选择，主要有如下几种：以磷酸对硝基苯酯作为底物，用分光光度法（pH＜7 在 340nm 和 pH7 在 400nm）测量对硝基苯酚生成的速率；以磷酸苯酯、磷酸甘油酯或其他非生色化合物作为底物，测定原磷酸生成的速率；以磷酸萘酯作为底物，测定萘酚生成的速率。

6.3.3.2　磷酸二酯水解酶

磷酸二酯水解酶（E.C.3.1.4）是指一类能够水解原磷酸形成的磷酸二酯中一个磷酸酯键的水解酶，此类水解酶主要包括催化核酸和磷酯中特定磷酸二酯键的酶。

磷酯在羧基水解酶和磷酸二酯酶的共同作用下，才能够彻底地水解，生成甘油、脂肪酸和胆碱（或乙醇胺、肌酸、丝氨酸）。以磷酯酰胆碱（卵磷酯）为例（图 6-2），专一地催化其磷酸酯键 C 和磷酸酯键 D 的磷酸二酯酶来源、性质各异。磷酯酶 C（磷酯酰胆碱胆碱磷

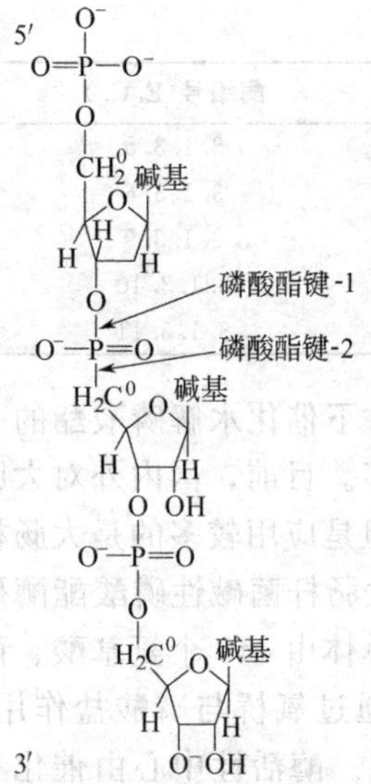

酸水解酶，E.C.3.1.4.3）催化酯键C的水解，生成1,2-甘油二酯和磷酸胆碱；而磷酯酶D（磷酯酰胆碱 磷脂水解酶，E.C.3.1.4.4）专一地水解磷酸酯键D，生成磷酯和胆碱。

核酸分解的酶类全部属于磷酸二酯键水解酶。动物、植物和微生物来源的核酸分解酶系的性质千差万别。根据酶作用RNA或DNA的磷酸二酯键部位的不同将其分为两大类：一类能是将图6-4中的磷酸酯键-1水解，生成5-核苷酸的5′-磷酸二酯酶；另一类是能将磷酸酯键-2裂解或转移，生成3′-核苷酸或2′,3′-环状磷酸二酯的3′-磷酸二酯酶。

图6-4 核酸的磷酸二酯键

核酸分子中的rRNA（占RNA总量的80%）被5′-磷酸二酯酶催化水解，能够生成有鲜味的鸟苷酸（GMP）和腺苷酸（AMP）；AMP经脱氨酶作用生成肌苷酸（IMP）。GMP、IMP与谷氨酸单钠盐（MSG）存在着鲜味的协同效应，它们按一定的比例混合能使MSG的鲜味大大提高。因此5′-磷酸二酯酶法水解酵母抽提物生成GMP或IMP，是获得MSG助鲜剂的主要方法之一。微生物中桔青霉（*Penicillum citrinum*）和金色链霉菌（*Streptomyces aureus*）是较理想的5′-磷酸二酯酶生产菌株。桔青霉的5′-磷酸二酯酶是一类含锌的蛋白质大分子，其催化作用的最适温度为70℃；最适pH 5.2～5.4；EDTA螯合了Zn^{2+}导致酶活性消失，透析后添加Zn^{2+}，酶的活性又会恢复。麦芽根中也含有5′-磷酸二酯酶，柠檬酸盐缓冲液对酶活具有较明显的促进作用；10%NaCl和$6\times10^{-3}mol\cdot L^{-1}$ $ZnCl_2$都能提高酶的活性。

6.3.4 脂肪酶

脂肪酶（Lipase，E.C.3.1.1.3，甘油酯水解酶）隶属于羧基酯水解酶类，能够逐步地将甘油三酯水解成甘油和脂肪酸，见图6-5。脂肪酶广泛地应用于食品、医药、皮革、日用化工等方面，特别是近几十年来，随着脂肪酶在水溶液中和非水介质中催化不同反应的研究，尤其是酶促反应的高度立体选择性可以专一性地用于制备难以合成的手性化合物（如光学活性药物、农药、液晶等），大大拓展了脂肪酶的应用领域。

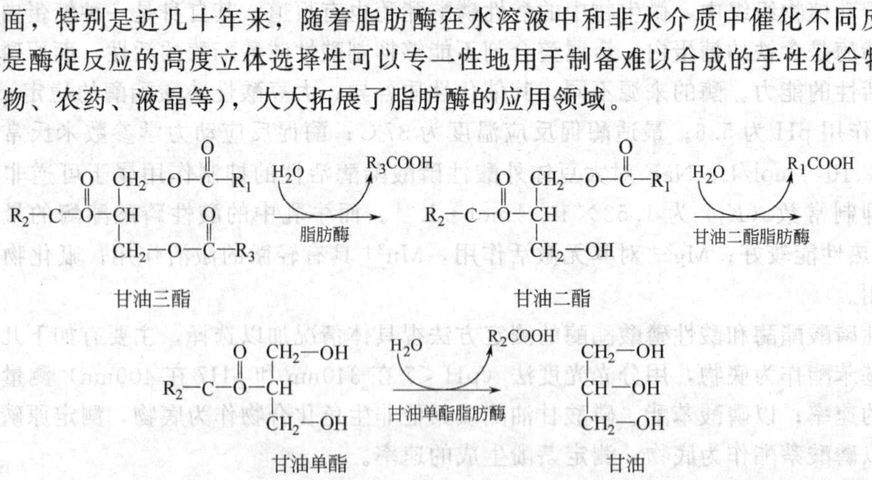

图6-5 脂肪酶对脂肪的逐步降解

6.3.4.1 脂肪酶催化机制

脂肪酶具有油-水界面的亲和力，能在油-水界面上高速率地催化水解不溶于水的脂类物质；脂肪酶作用在体系的亲水-疏水界面层，这也是区别于酯酶的一个特征。

来源不同的脂肪酶，在氨基酸序列上可能存在较大的差异，但其三级结构却非常相似。

脂肪酶的活性部位残基由丝氨酸、天冬氨酸、组氨酸组成，属于丝氨酸蛋白酶类。但是*Geotrichum candidum*脂肪酶的活性部位却是由丝氨酸、谷氨酸、组氨酸组成。脂肪酶的催化部位埋在分子中，表面被相对疏水的氨基酸残基形成的螺旋盖状结构覆盖（又称“盖子”），对三联体催化部位起保护作用。底物存在时酶构象发生变化，“盖子”打开暴露出含有活性部位的疏水部分。“盖子”中的α-螺旋的双亲性会影响脂肪酶与底物在油-水界面的结合能力，其双亲性减弱将导致脂肪酶活性的降低。“盖子”的外表面相对亲水，而面向内部的内表面则相对疏水。由于脂肪酶与油-水界面的缔合作用，导致“盖子”张开，活性部位暴露，使底物与脂肪酶结合能力增强，底物较容易地进入疏水性的通道而与活性部位结合生成酶-底物复合物。界面活化现象可提高催化部位附近的疏水性，导致α-螺旋再定向，从而暴露出催化部位；界面的存在还可以使酶形成不完全的水化层，这有利于疏水性底物的脂肪族侧链折叠到酶分子表面，使酶催化易于进行。

6.3.4.2 脂肪酶底物特异性及其分类

脂肪酶的底物特异性主要是由酶的分子及其活性部位的结构、底物的结构、酶与底物结合及酶活的影响因素等决定。按脂肪酶对底物的特异性可分为三类：脂肪酸特异性、位置特异性和立体特异性。

脂肪酸的专一性主要表现在对不同脂肪酸（碳链的长度及饱和度）的反应特异性。例如圆弧青霉（*Penicillium cyclopium*）脂肪酶对短链脂肪酸（C_8以下）特异性强；而黑曲霉（*Aspeigillus niger*），德列马根霉（*Rhizopus delemar*）脂肪酶对中等链脂肪酸（$C_8 \sim C_{12}$）具有较好的专一性；白地霉（*Geotrichum candidum*）脂肪酶则对油酸甘油酯表现出强的特异性。而哺乳动物的脂肪酶则对甘油三丁酸酯具有相对特异的脂肪酸专一性。

位置特异性是指酶对甘油三酯中Sn-1（或3）和Sn-2位酯键的识别和水解作用的差异。目前已知两种类型的脂肪酶与位置特异性相关：水解Sn-1和3位脂肪酸的脂肪酶（称为α型），即1,3-专一性脂肪酶；水解所有位置的脂肪酸的脂肪酶（称为αβ型），也就是非专一性脂肪酶。猪胰脂肪酶作用于甘油三酯时，表现为Sn-1（或3）的酯键特异性，与黑曲霉、根霉脂肪酶同属于α型；白地霉和圆弧青霉以及柱状假丝酵母的脂肪酶属于αβ型，对甘油三酯没有位置的特异性。研究中证明反应混合物中的有机溶剂能够强烈地影响某些微生物脂肪酶的位置特异性，而温度、酸碱度对位置特异性的影响很小。

立体特异性也就是对映体选择性，是指酶对底物甘油三酯中立体对映异构的1位和3位酯键的识别与选择性水解。在有机相中催化酯的合成、醇解、酸解和进行酯交换时，酶对底物的不同立体结构也表现出特异性。荧光假单胞菌（*Pseudomonas fluoresce*）的脂肪酶能够区分Sn-1和Sn-3位的二酰基甘油，但其在水解Sn-2,3-二酰基甘油酯时比水解它的对映体（Sn-1,2-二酰基甘油酯）的速率高得多；另有一种脂肪酶对Sn-1,2-二酰基甘油酯具有明显的立体专性，但是，Sn-1位碳仍然要先于Sn-2位去酰基化。

依据脂肪酶的来源不同，脂肪酶还可以分为动物性脂肪酶、植物性脂肪酶和微生物性脂肪酶。不同来源的脂肪酶可以催化同一反应，但反应条件相同时，酶促反应的效率、特异性等则不尽相同。

6.3.4.3 微生物脂肪酶的研究

微生物脂肪酶发现于20世纪初，与动物性脂肪酶和植物脂肪酶相比较，微生物脂肪酶具有种类多，催化作用的pH、温度范围广，底物专一性类型多的优点。加上微生物脂肪酶比较容易进行工业化、大规模的生产，酶制剂的纯度高，生产的周期短等特点以及脂肪酶在酶理论研究及实际应用中的重要性，使其在研究和应用上取得了长足的发展。另外，微生物脂肪酶也是市售脂肪酶制剂的主要来源，Amano、Novo、Sigma、Genencor等试剂公司都有微生物脂肪酶制剂出售。

早期微生物脂肪酶的研究多集中在产酶菌株的筛选、酶学性质的初步探讨。近年来，随着生物技术和酶工程的发展，微生物脂肪酶的催化性质、底物特异性及酶的提纯、固定化应用、酶的体外定向化及高温、碱性脂肪酶开发等方面的研究和应用不断增加。目前，在脂肪酶的分离提纯中，只有微生物来源的酶得到了结晶。脂肪酶在微生物界分布很广，细菌、放线菌、酵母菌、丝状真菌等都有产脂肪酶的菌株，已有文献报道扩展青霉、白地霉、沙雷氏菌、根霉菌、类产碱假单胞菌、无花果丝孢酵母、黑曲霉等等菌株能产生脂肪酶。

微生物脂肪酶的底物特异性、催化特性、催化作用的条件，随其产酶菌株的不同而表现出各自的特点。微生物脂肪酶作用于底物三脂酰甘油时，对水解酯键的位置专一性因酶的类型而异。大多数脂肪酶作用于三脂酰甘油的初级位（1、3位）酯键，例如 *Penicillium* sp.、*Mucor miehei* 为1,3-专一脂肪酶，但葡萄球菌、黑曲霉和圆弧青霉等脂肪酶无位置专一性，即能水解初级和次级位（2位）的酯键；*Candida cylindracea*、*Pseudomonas* sp.、*Rhizopus* sp. 则为随机酶。针对于脂肪酸的特异性，微生物脂肪酶对酸部分碳链的长短敏感，如白地霉脂肪酶则专一作用于油酸所形成的三脂酰甘油的酯键；而来源于葡萄孢属的一种脂肪酶对长链不饱和脂肪酸和亚油酸具有专一性；*Fusarium oxysporum* 脂肪酶优先作用于饱和脂肪酸。微生物脂肪酶的分子量在20000～60000不等；催化作用pH偏碱性的多，因菌株的差异而略有差异；作用温度为36～60℃，低温、中温和高温微生物脂肪酶均有报道；酶的种类不同，金属离子对其酶活的影响各异。

近年来，微生物脂肪酶的研究和应用多集中在非水相作用、高活力和稳定性、高产量、低成本的脂肪酶品种开发，酶的立体选择化学合成及拆分，新材料、药物、多肽及糖类合成等方面。脂肪酶的固定化技术及酶催化反应器也进行了系统研究，大大提高了脂肪酶的作用效率，降低生产成本。

6.4 多酚氧化酶

多酚氧化酶（1,2-邻苯二酚：氧氧化还原酶；E.C.1.10.3.1）是 Schoenbein 于1856年在蘑菇中首次发现的。1883年 Yoghid 发现日本漆树液汁变硬可能和某种活性物质相关，1938年 Keilin D. 和 Mann G. 研究了蘑菇多酚氧化酶的提取和纯化，得到多酚氧化酶并将这类酶称为 Polyphenoloxidase。其后对多酚氧化酶的研究表明，这类酶存在于许多植物组织、细菌、高等动物包括昆虫和人体中。

在高级植物中，这种酶保护植物抵御昆虫及微生物，植物受到伤害后这种酶会催化形成一层不透水的黑色素聚合物来防御微生物及干燥造成的进一步伤害。在人体中，多酚氧化酶主要造成皮肤、头发及眼睛的色素沉积。

多酚氧化酶对于果蔬贮存及加工过程中品质的影响是十分重要的，某些水果和蔬菜如桃、杏、苹果、葡萄、香蕉、草莓及一些热带水果和果汁，还有叶类蔬菜，经挤压、切削及其他机械损伤导致快速褐变，从而导致产品品质下降。发生褐变的产品的颜色和味道都会发生很大的变化，同时造成了营养成分的损失。

但对于茶叶、咖啡、可可、干梅脯和黑葡萄干等产品来说，多酚氧化酶的作用又是有益的，甚至是形成产品特征性的香气、色泽所必需的。食品科学工作者非常重视多酚氧化酶对食品品质的影响，已经就多酚氧化酶与新鲜、冷冻、干制和罐藏产品褐变的关系问题做了大量的研究。

6.4.1 多酚氧化酶的名称和在自然界的分布

多酚氧化酶（polyphenol oxidase）是核编码的铜金属酶，在细胞质中合成，普遍存在于植物、真菌、昆虫的质体中。多酚氧化酶相当稳定，甚至在土壤中、已腐烂的植物残渣上都可检测到多酚氧化酶的存在。18 世纪以来的大量研究结果表明，多酚氧化酶的作用底物包括酪氨酸、儿茶酚、一元酚等，因此也就有了许多习惯名称，如酪氨酸酶、酚酶、儿茶酚氧化酶（儿茶酚酶）、一元酚氧化酶和甲酚酶等。

近代研究结果显示，多酚氧化酶当存在分子氧时能氧化二元酚。依据其作用底物和底物特异性的差别，将其分为单酚单氧化酶［酪氨酸酶（tyrosinase），E. C. 1. 14. 18. 1］、双酚氧化酶［儿茶酚氧化酶（catecholoxidase），E. C. 1. 10. 3. 2］、漆酶（laccase，E. C. 1. 10. 3. 1）。现在所说的多酚氧化酶一般是儿茶酚氧化酶和漆酶的统称。

多酚氧化酶广泛地分布于自然界，在高等动物、植物和微生物细胞中都存在。在植物中多酚氧化酶的存在状况与品种、龄期有关。

在一些植物（如土豆、苹果、荔枝、菠菜、马铃薯、豆类、茶叶、烟草等）组织中，多酚氧化酶是与内囊体膜结合在一起的，天然状态无活性，但细胞损伤后酶被活化。在果蔬细胞组织中，多酚氧化酶存在的位置因原料的种类、品种及成熟度的不同而有差异，植物叶片中多酚氧化酶大部分存在于叶绿体内；马铃薯块茎中几乎所有的亚细胞部分都含有多酚氧化酶，其中芽、根的多酚氧化酶的活性最高，幼叶和成熟块茎中活性中等，成熟叶和茎叶活性最低。

在茶叶中的多酚氧化酶可分为游离态和结合态，前者主要存在于细胞液中，属可溶态多酚氧化酶；而后者则主要存在于叶绿体、线粒体等细胞器中，与这些细胞器的膜系统或其他特异部位结合呈不溶态。在大多数水果中，多酚氧化酶主要以结合状态存在，例如在桃、甜樱桃、杏子和苹果中，可溶态的多酚氧化酶可占总酶活力的 10%～30%。

多酚氧化酶在果蔬的不同部分的含量存在很大的差别，新采摘的鲜苹果中，多酚氧化酶存在于叶绿体和线粒体中，从这两部分分别制备的多酚氧化酶，其底物专一性略有差异。葡萄皮中多酚氧化酶的活力比在果肉中要高一些。

某些品种如菠菜、苜蓿、小麦、燕麦、豆和甘蔗叶，多酚氧化酶以前体的形式存在于叶绿体中，需要用胰蛋白酶或红光处理才能使之活化。

多酚氧化酶分子量的研究尚有很多不清楚的地方。Sherman 等人 1991 年报道从四种高级植物中获得的多酚氧化酶的分子量范围（33.0～200.0）$\times 10^3$。一般认可的蘑菇中的多酚氧化酶的分子量是 128.0×10^3；高级植物多分氧化酶分子量范围是（40.680～58.082）$\times 10^3$；从真菌细胞中获得的多酚氧化酶分子量为 30.9×10^3 左右。有报道指出有的植物多酚氧化酶的同工酶分子质量为 70×10^3。

多酚氧化酶通常是一种由 4 个亚基组成的寡聚蛋白质，如薯蓣皂小球茎多酚氧化酶和莴苣的多酚氧化酶。但大白菜、香草中多酚氧化酶则由 3 个亚基聚合形成。蘑菇的儿茶酚氧化酶则是一种多聚酶，分重链（43×10^3）和轻链（13.4×10^3）。甜菜根和香蕉果肉中的多酚氧化酶却是单体酶。

6.4.2 多酚氧化酶催化的反应及其作用的底物

多酚氧化酶可以催化如下两种不同类型的反应：①一元酚羟基化，生成相应的邻二羟基化合物；②邻二酚氧化，生成邻醌类物质。上述两反应都需要有分子氧参与。

由于在一元酚羟基化反应中常使用对甲酚作为酶作用的底物，因此与这类反应相应的酶活力又被称为甲酚酶活力。在反应中，需要有还原性的辅助物质的参与，如下面反应式（6-2）中的邻二酚。除此之外，抗坏血酸、NADPH、NADH 或四氢叶酸等也可以作为辅助因子参与反应。

$$\text{对甲酚} + \text{儿茶酚} + O_2 \longrightarrow (\text{4-甲基儿茶酚}) + (\text{邻苯醌}) + H_2O \quad (6\text{-}2)$$

对甲酚　儿茶酚

在一元酚羟基化反应中，如果在反应初始不加入邻二酚，则会出现多酚氧化酶通过催化一元酚的羟基化作用缓慢地产生邻二酚的现象；但所需要的初始还原浓度尚不清楚，有的专家认为，如遵从正常的反应动力学规律，至少要添加 1×10^{-7} mol/L 的儿茶酚。

是否所有的多酚氧化酶都能对一羟基化反应起作用还未达成共识。实验结果显示，洗净的（均质的）桃子和梨中的多酚氧化酶不能氧化一元酚，如 4-甲酚。而灰五味子（S. glaucesens）多酚氧化酶可以催化大量的一元酚完成羟基化的过程，与二元酚氧化速率相比，一羟基化反应的速率要慢得多。

考虑到邻二酚的参与过程，可以将多酚氧化酶所催化的羟基化反应的机制做下面的解释。

$$(\text{邻二酚}) + E\text{-}2Cu^{2+} \longrightarrow (\text{邻醌}) + 2H^{+} + E\text{-}2Cu^{+} \quad (6\text{-}2a)$$

$$(\text{对甲酚}) + E\text{-}2Cu^{+} + O_2 + 2H^{+} \longrightarrow (\text{4-甲基邻二酚}) + E\text{-}2Cu^{2+} + H_2O \quad (6\text{-}2b)$$

合并上面式（6-2a）与式（6-2b）就得到总反应式（6-2）。根据式（6-2a），邻二酚的作用是将酶的状态从 E-2Cu^{2+} 还原成 E-2Cu^{+}，后者能将一元酚羟基化生成二酚，见式（6-2b）。

反应体系中不存在邻二酚的反应情况，可以用下式进行解释。少量以 E-2Cu^{2+} 状态存在的酶能将一元酚氧化生成邻位醌，这时总反应式（6-3）如下。

$$(\text{对甲酚}) + O_2 \longrightarrow (\text{4-甲基邻醌}) + H_2O \quad (6\text{-}3)$$

显然，在这样的情况下反应速率是很低的。

多酚氧化酶催化的第二类反应即邻二酚被氧化成邻苯醌反应，见式（6-4）。

$$2\,(\text{邻二酚}) + O_2 \longrightarrow 2\,(\text{邻苯醌}) + 2H_2O \quad (6\text{-}4)$$

反应的机制如下：氧首先与酶结合，然后邻二酚与酶结合，接着氢从酚转移到 Cu^{2+} 形成氢过氧化络合物，此结合物再同第二个邻二酚结合，反应中没有自由基中间物形成。

多酚氧化酶实际上包含了催化氧化与羟基化的两部分酶蛋白，来自于同一生物材料的氧化与羟基化活力之比随来源不同而有很大的差异。由于羟基化活力与小分子辅助因子有关，所以在采用某些分离纯化手段处理过程中羟基化的活力往往会有较大的损失。

但对于不同来源的多酚氧化酶，如从马铃薯、苹果、甜菜叶、蚕豆和蘑菇中分离得到的酶，同时具有氧化和羟基化的活力；而从烟叶、茶叶、芒果、香蕉、梨和甜樱桃分离得到的酶不能作用于一元酚。

多酚氧化酶催化的氧化反应的最初产物邻位醌将继续变化：①相互作用生成高分子量聚合物；②与氨基酸或蛋白质作用生成高分子复合物；③氧化那些氧化还原电位较低的化合物。其中非酶反应①和②导致黑色素（melanin）的生成，聚合度由低到高，聚合物的颜色由红转褐直至褐黑色。而反应③的产物可能是无色的。因此，酶促褐变实际上是多酚氧化酶作用的间接结果。

在高等植物中，酚类化合物极为丰富。水果和蔬菜中也同样含有许多种类的酚类化合物，但只有其中的一小部分可以作为多酚氧化酶的底物，见表6-12。多酚氧化酶最重要的天然底物主要包括儿茶素（catechins）、3,4-二羟基肉桂酸酯（3,4-dihydroxy cinnamate）、3,4-二羟基苯丙氨酸（3,4-dihydroxy phenylalanine，DOPA）和酪氨酸（tyrosine），结构式见图6-6。3,4-二羟基肉桂酸酯中的绿原酸（chlorogenic acid，3-*o*-咖啡酰奎宁酸）是多酚氧化酶在自然界中分布最广的底物。3,4-二羟基苯丙氨酸是多酚氧化酶催化酪氨酸羟基化的产物。

表6-12　常见果蔬多酚氧化酶的主要底物

来源	酚类底物
苹果	绿原酸(肉)、儿茶酚、儿茶素(皮)、咖啡酸、3,4-二羟基苯丙氨酸(DOPA)、3,4-二羟基苯甲酸、*p*-甲酚、4-甲基儿茶酚、无色花青素 *p*-香豆酸、黄烷醇糖苷
杏	异绿原酸、咖啡酸、4-甲基儿茶酚、绿原酸、儿茶素、表儿茶酸、连苯三酚、儿茶酚、*p*-香豆酸衍生物
鳄梨	4-甲基儿茶酚、多巴胺、连苯三酚、儿茶酚、绿原酸、咖啡酸、DOPA
香蕉	3,4-二羟基苯(基)、乙胺(dopamine)、无色花翠素、无色花青素
可可	儿茶素、无色花色素、花青素、复合单宁酸
咖啡豆	绿原酸、咖啡酸
茄子	绿原酸、咖啡酸、香豆酸、肉桂酸衍生物
葡萄	儿茶素、绿原酸、儿茶酚、咖啡酸、DOPA、单宁、原儿茶酸、树脂酚、对苯二酚
莴苣(生菜)	酪氨酸、咖啡酸、绿原酸衍生物
芒果	盐酸多巴胺、4-甲基儿茶酚、咖啡酸、儿茶酚、儿茶素、绿原酸、酪氨酸、多巴、*p*-甲酚
蘑菇	酪氨酸、儿茶酚、多巴、多巴胺、肾上腺素、去甲肾上腺素
桃	绿原酸、连苯三酚、4-甲基儿茶酚、儿茶酚、咖啡酸、没食子酸、儿茶素、多巴胺
梨	绿原酸、儿茶酚、儿茶素、咖啡酸、多巴、3,4-二羟基苯甲酸、*p*-甲酚苯酮酸、*m*-甲酚
李子	绿原酸、儿茶素、咖啡酸、儿茶酚、多巴
马铃薯	绿原酸、咖啡酸、儿茶酚、多巴、*p*-甲酚、*p*-二羟基苯丙酸、*p*-二羟基
白薯	绿原酸、咖啡酸
茶	黄烷醇、儿茶素、单宁、肉桂酸衍生物

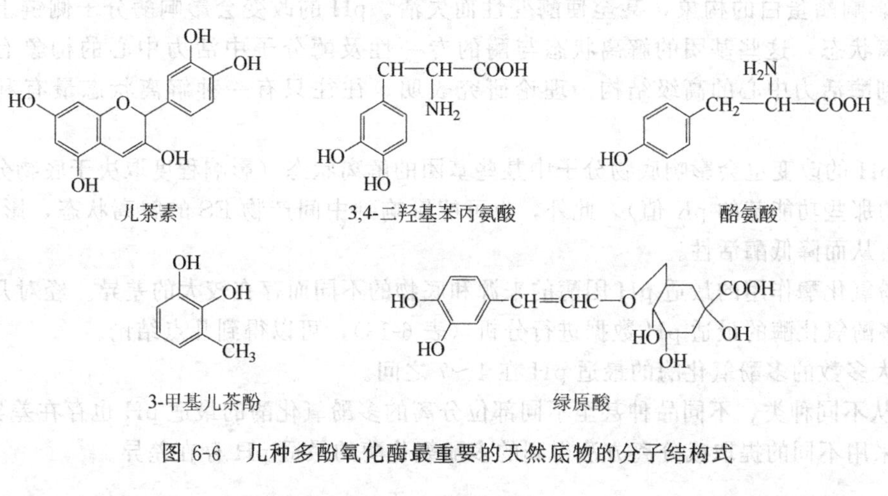

儿茶素　　3,4-二羟基苯丙氨酸　　酪氨酸

3-甲基儿茶酚　　绿原酸

图6-6　几种多酚氧化酶最重要的天然底物的分子结构式

一元酚和二酚中取代基的位置也是决定酚类化合物能否被多酚氧化酶作用的一个重要因素。多酚氧化酶只能催化在对位上有一个大于—CH_3 的取代基的一元酚羟基化。多酚氧化酶氧化对位取代的3,4-二羟基酚的速率高于2,3-二羟基苯甲酸。2,3-二羟基4-甲氧基苯甲酸和2,3-二羟基苯磺酸等化合物由于空间位阻而导致酶对它们的亲和力降低，因此不是多酚氧化酶的良好底物。如果在4位有一个给电子基团，如绿原酸和4-甲基儿茶酚，能提高底物的反应能力；反之，如果在4位有一个吸电子基团，如3,4-二羟基苯甲酸和3,4-二羟基苯甲醛，会降低底物的反应能力。这一事实证明多酚氧化酶催化机制中有一个亲电步骤决定着氧化反应的速率。

多酚氧化酶具有较高的底物专一性，以灰五味子多酚氧化酶为例，如用 K_{cat}/K_m 作为专一性系数，对于灰五味子多酚氧化酶来说最好的一元酚底物是 *N*-氯乙基-L-酪氨酸乙酯，专一性系数是 3038mmol·L^{-1}·s^{-1}。用 *N*-乙酰基替代 *N*-氯乙基系数减少到 907mmol·L^{-1}·s^{-1} 而去掉 *N*-氯乙基则系数为 236mmol·L^{-1}·s^{-1}。除去乙酯使系数变为 32.2mmol·L^{-1}·s^{-1}，对于前述各种酶底物来说，L-酪氨酸是最差的底物。一元酚间专一性系数差异主要是 K_m 变化造成的。D-酪氨酸和衍生物不能作为底物。

对于灰五味子来说，最好的二元酚底物是4-丁基邻苯二酚，系数为 3630mmol·L^{-1}·s^{-1}。除去4-丁基系数变为 87.6mmol·L^{-1}·s^{-1}。最差的底物是3，4-二羟基苯甲酸，系数为 8.01mmol·L^{-1}·s^{-1}。二者的 K_m 值相似，而后者的 K_{cat} 值仅为前者的1/405。因此两种底物的系数差别是 K_{cat} 的差别引起的。

多酚氧化酶对底物的相对专一性因来源不同而变化。例如，桃子中多酚氧化酶对4-愈创木酚及儿茶酚作用只有52%（与土豆中多酚氧化酶相比），而蚕豆叶多酚氧化酶有200%～225%的活力。土豆、桃、蚕豆叶及梨中分别作用于绿原酸或儿茶酚活力为140%、22.2%、8%及71.8%。

6.4.3 pH和温度对多酚氧化酶活力的影响

6.4.3.1 pH对酶活力的影响

大部分酶的活力受其环境pH的影响，在一定pH条件下，酶反应具有最大速率，高于或低于此值，反应速率下降，通常称此pH为酶反应的最适pH（optimum pH）。最适pH有时因底物种类、浓度及缓冲液成分不同而不同。因此酶的最适pH并不是一个常数，只是在一定条件下才有意义。

pH影响酶活力的原因可能有以下几个方面。

① 影响酶蛋白的构象，甚至使酶变性而失活。pH的改变会影响酶分子侧链上有关基团的解离状态，这些基团的解离状态与酶的专一性及酶分子中活力中心的构象有关，从而影响到酶活力中心的高级结构。理论研究表明，往往只有一种解离状态最有利于与底物结合。

② pH的改变也会影响底物分子中某些基团的解离状态（影响程度取决于底物分子中与其结合的那些功能基的p*K*值）。此外，也可能影响到中间产物ES的解离状态，影响到ES的形成，从而降低酶活性。

多酚氧化酶作用的最适pH因酶的来源和底物的不同而存在较大的差异。经对几种常见果蔬中多酚氧化酶的最适pH数据进行分析（表6-13），可以得到几点结论。

a. 大多数的多酚氧化酶的最适pH在4～7之间。

b. 从不同种类、不同品种甚至不同部位分离的多酚氧化酶的最适pH也存在差异。

c. 采用不同的提取或分离方法得到的多酚氧化酶的最适pH存在差异。

表 6-13 几种果蔬的多酚氧化酶活力及最适 pH

来 源	最适 pH	说 明
苹果	7.0	组织提取液
	5.0	叶绿体
	4.8～5.0	线粒体
	5.1 和 7.0	皮,结合态酶
	4.2 和 7.0	皮,可溶态和高度纯
梨	6.2	
桃	6.0～6.5	底物:儿茶酚
		不同品种的最适 pH 存在较大的差异
葡萄	6.2	底物:绿原酸
	6.5	底物:儿茶酚
	7.0	底物:儿茶素、联苯三酚
香蕉	6.0～7.0	不同的激活方式
马铃薯	5.8	底物:儿茶酚
蘑菇	5.5～7.0	底物:儿茶酚
	6.0～7.0	底物:对甲酚

d. 测定酶活力时所采用的底物和缓冲液对酶的最适 pH 也有影响。

e. 大多数多酚氧化酶具有一个最适 pH，在一些情况下具有第二个最适 pH。

由此可见，影响多酚氧化酶作用的最适 pH 的因素是比较复杂的。已经发现，在一些果蔬中的多酚氧化酶具有很多同工酶或多种分子形式，这可能是产生上述情况的一个原因。

6.4.3.2 温度对多酚氧化酶活力的影响

温度对酶促反应速率的影响有两方面：一方面是当温度升高时，反应速率也加快，这与一般化学反应一样。另一方面，随温度升高而使酶逐步变性，即通过减少有活性的酶而降低酶促反应速率，酶反应的最适温度就是这两种过程平衡的结果。在低于最适温度时，前一种效应为主，在高于最适温度时，则后一效应为主，因而酶活性迅速丧失，反应速率很快下降。最适温度不是酶的特征物理常数，而是上述影响的综合结果，它不是一个固定值，而与酶作用时间的长短有关。

以桃中的多酚氧化酶为例，酶的活力从 3℃开始随温度升高而提高，在 37℃时达到最高值，然后下降，在 3℃的酶的活力相当于最高值的 50%。杏和香蕉中多酚氧化酶的活力分别在 25℃和 37℃时达到最高值。马铃薯中多酚氧化酶以儿茶酚为底物时，它的活力在 22℃时达到最高值；以联苯三酚（pyrogallol）为底物时，它的活力在 15℃和 35℃之间以近乎以线性方式增加。温度对苹果中多酚氧化酶活力的影响与上述情况类似。以绿原酸为底物时，它的活力在 25℃或 30℃大时达到最高值；而以联苯三酚为底物时，酶活力随温度升高而急剧提高，但是直到 35℃还没有出现最高值。

多酚氧化酶的热稳定性较差，在溶解状态下经 70～90℃的短时间热处理，已足以使它部分地或全部地不可逆失活。同时多酚氧化酶的热稳定性还与它们的来源、纯度、存在形态有关。

6. 4. 4 多酚氧化酶的激活剂、抑制剂和果蔬酶促褐变的防止

6.4.4.1 激活剂

植物中存在的酚氧化酶在天然状态下一般以非活性形式存在。非活性多酚氧化酶可以通过高盐处理、机械损伤、酸碱刺激或在尿素、表面活性剂、蛋白酶以及胰酶的作用下而活

化。其激活机制主要包括：增溶作用、同工酶的互变和分子修饰作用，以及酶-抑制剂复合物的分离和酶蛋白的水解等使酶构象发生变化从而活化非活性的多酚氧化酶。几乎所有活化因素都是采用不同的方法通过解除对活性中心的屏蔽来实现的，红薯中建立起来的多酚氧化酶前体肽的立体结构模型似乎可以解释多酚氧化酶的活化机制。在该模型中，红薯多酚氧化酶前体肽C-末端存在着约32个氨基酸残基的延伸区域，它屏蔽了多酚氧化酶的活性中心，是酶活力保持潜伏性的重要原因。胰岛素、胰液素、蛋白酶水解通过分解掉多酚氧化酶C-末端的延伸区域，解除其对活性中心的屏蔽作用，并最终活化非活性形式。胰岛素水解活化潜伏多酚氧化酶的动力学机制类似于酶原激活，胰岛素与非活性形式结合生成中间产物并释放小肽，最终使非活性形式变为活性酶。

6.4.4.2 多酚氧化酶的抑制剂和酶促褐变的防止

目前关于多酚氧化酶活性的抑制方式主要可以分为化学抑制、物理控制和分子生物学方法。化学抑制一般采用化学抑制剂或者植物激素，常规的抑制剂包括硫脲、EDTA、巯基乙醇、亚硫酸钠、柠檬酸等。近年来，关于天然抑制剂的研究也取得了可喜的成果，如从植物中寻找到一些具有抑制效应的天然物质如皂角苷和三萜系配糖、谷胱甘肽、环庚三烯酚酮的类似物、含羞草酸、内源抗氧化剂、β-环式糊精、L-抗坏血酸 、三磷酸盐、山梨酸、安息香酸、苯乙烯酸、金针菇提取物等。另外，还有人工合成的多酚氧化酶的竞争性抑制剂如4-羟基苯甲酸酯。物理控制（如改变贮藏环境中的气体成分、热处理、高压灭菌、辐射、超声处理等）与化学抑制手段相比，专一性比较差，但是由于其可以避免化学抑制物带来的污染，因此往往作为一种辅助手段和化学抑制结合使用。此外，还可以采用分子生物学的方法，如利用转基因技术阻碍多酚氧化酶基因的表达、使用反义RNA技术降低多酚氧化酶活性等。

在果蔬加工中，多酚氧化酶的抑制和阻止酶促褐变是联系在一起的。阻止酶促褐变具有很多方式，除灭酶及酶的抑制外，还可以采取去除酶反应中的另一个底物（O_2）的方式。加入的多酚氧化酶抑制剂主要与酶反应的产物作用，阻止它在第二步非酶反应中形成有色化合物。在食品加工和保藏中使用多酚氧化酶的抑制剂仍然是防止产品酶促褐变最重要的手段之一。多酚氧化酶抑制作用的机制也是相当复杂的，在许多情况下抑制剂同时作用于酶、底物和酶反应的产物。

在食品加工中使用的酶促褐变抑制剂必须符合食品添加剂有关管理办法和相关标准的要求。多酚氧化酶抑制剂其不同的作用方式主要包括：直接抑制酶的活性、与酶反应产物或底物作用。多酚氧化酶抑制剂的作用机制归纳起来可以分为以下几种类型。

（1）金属螯合作用　因多酚氧化酶是以铜作为辅基的金属蛋白，许多金属螯合剂，如氰化物、一氧化碳、柠檬酸、铜锌灵、2-巯基苯并噻唑、二巯基丙醇或叠氮化合物对酶都具有抑制作用。

（2）竞争性抑制作用　如苯甲酸和一些取代肉桂酸是甜樱桃、苹果、梨、杏和马铃薯中多酚氧化酶的竞争性抑制剂。相对平衡常数 Kr 的次序如下：肉桂酸＜对羟苯基丙烯酸＜阿魏酸＜间羟苯基丙烯酸＜邻羟苯基丙烯酸＜苯甲酸。

某些化合物因可以与邻二酚的氧化产物醌发生反应，可以抑制酶促褐变的作用，起到护色作用，如常用的抗坏血酸、二氧化硫、偏重亚硫酸盐。此外，还有某些化合物因可以与酚类底物作用，如高分子量的不溶性聚乙烯吡咯烷酮（PVPP）能与酚类化合物强烈地缔合、原儿茶酸-3,4-二氧合酶将酚类化合物的苯环裂解，破坏了酶作用的酚类底物。有些酶催化酚类化合物的苯环甲基化或氧化裂解从而将酶的底物转变成酶的抑制剂，如邻甲基转移酶将咖啡酸转变成阿魏酸，后者是酶的抑制剂。

6.4.4.3　多酚氧化酶的抑制剂在防止水果和蔬菜褐变中的应用

褐变的控制是果蔬生产中的关键之一。国内外关于果蔬护色的研究报道很多，也取得了许多令人满意的成果。控制褐变一般采取物理与化学（添加抑制剂）相结合的方法。迄今为止，研究已发现多种实用有效的护色工艺。这些护色剂包括亚硫酸盐、柠檬酸、氯化钙、(异）抗坏血酸及其钠盐、锌离子［$ZnCl_2$、$Zn(Ac)_2$］、EDTA、L-半胱氨酸（L-Cys）、4-取代基间苯二酚（4-HR）、肉桂酸、食盐和糖等。其中亚硫酸盐的安全性备受质疑，美国FDA已限制其在食品生产中的应用。食盐和糖作为护色剂，其价格低且对人体无害，这无疑会令从事食品行业的专家感兴趣。果蔬护色应结合使用多种护色剂，这样可避免因单一护色剂使用浓度过高而引起的缺陷，并且能适应各种产品不同褐变类型的护色需要。值得注意的是使用化学方法应结合物理方法如低温和气调包装（MAP）等才能达到更为理想的褐变控制效果。

表6-14所列均为果蔬护色实例。其中抗坏血酸对多酚氧化酶反应体系的作用是相当复杂的，它既可以作为醌的还原刘，又可以作为酶分子中铜离子的螯合剂，甚至可以作为竞争性抑制剂被多酚氧化酶直接氧化。但是，当存在低氧化还原电位的化合物时，抗坏血酸也可能作为助氧化剂，如在以3,4-二羟基苯丙氨酸为底物的多酚氧化酶反应体系中，氧气被消耗的速率由于存在抗坏血酸而增加。抗坏血酸对酶促褐变的抑制效果在很大程度上取决于它的浓度，如果它的浓度很低，那么在还原过程中很快被耗尽，因此只能在有限的时间内防止有色聚合物的生成。但在果蔬中加入高浓度的抗坏血酸时，它能还原反应中生成的醌，直到酶失活时为止，并且酶失活是不可逆的。因此高浓度的抗坏血酸具有持久性的防止褐变的效果。

表6-14　多酚氧化酶抑制剂在防止水果和蔬菜褐变中的应用

水果或蔬菜	抑制剂及用量	说　明
苹果	SO_2,50mg/kg＋苯甲酸	抑制效果与品种有关
苹果	SO_2,100mg/kg＋1%$CaCl_2$	pH 7～9色泽稳定9周
苹果	30%糖＋0.32%～0.4%$CaCl_2$	冷冻前在35℃下浸泡1h,能防止在解冻时的褐变
苹果汁	肉桂酸,0.5mmol/L	防止褐变7h
苹果汁	苹果酸,0.5%～1%	pH 2.7～2.8
苹果或葡萄汁	SO_2,10～50mg/kg＋膨润土,0.5～1g/L	膨润土吸附酶蛋白
梨	NaCl,1%或柠檬酸,2%	浸入
葡萄汁	SO_2,20mg/kg	
葡萄汁和甜葡萄酒	SO_2,50mg/kg＋山梨酸,100mg/kg	护色和防止发霉
新鲜水果	磷酸-亚硫酸氢钠(4:1～1:2)或焦磷酸-亚硫酸氢钠(2:1)	协同混合物
葡萄酒	不溶性PVPP,2g/L	接触30s,除去酚,PVP再生
马铃薯	半胱氨酸,0.5mmol/L	完全抑制
马铃薯	亚硫酸盐,600～2500mg/kg	浸入
马铃薯	半胱氨酸,10^{-3}～10^{-2}mol/L	抑制100min

除抗坏血酸外，SO_2或亚硫酸盐是最常用的防止果蔬褐变的抑制剂。由于经济上的原因，SO_2或亚硫酸盐使用的量或许比抗坏血酸更多。这些化合物对于多酚氧化酶反应体系的作用也很复杂。亚硫酸盐抑制褐变主要通过不可逆地与醌生成无色加成产物，与此同时，降低了酶作用于一元酚和二羟基酚的活力。

亚硫酸盐也消耗在醌的还原过程中，因此它的抑制效果取决于它的浓度以及反应体系中酚的性质和浓度。如果在反应体系中仅存在一元酚，那么，低浓度的亚硫酸盐就能有效地抑制酶促褐变，这是因为在酶促反应过程中醌形成的速率很低和相当一部分酶抑制剂能直接作用于酶。亚硫酸盐和一些有机酸同时使用也能显著地提高防止酶促褐变的效果。最常使用的有机酸是柠檬酸和苹果酸。

6.4.5 多酚氧化酶的多种分子形式

酶分子结构多样性是普遍存在的。多酚氧化酶的同工酶研究起步较早，如高粱、甘蔗、芒果、水稻、松树以及茶中的同工酶已经得到了较为深入的研究。茶多酚氧化酶同工酶的研究最早是 20 世纪 60 年代初，1963～1966 年，Bendall 和 Gregorg 分离了 5 种同工酶，1971 年 Pruidze 等人分离出 6 种同工酶，1971 年 Buzan 等人测定了这 6 种同工酶的分子量。近年来的实验结果表明在植物多酚氧化酶的酶谱中，多的可达 10 条。

多酚氧化酶同工酶的分离一般采用聚丙烯酰胺等电聚焦电泳（垂直平板电泳）和圆盘电泳。同工酶分析已广泛应用于植物种质资源、遗传育种、生理代谢、个体发育及适应不良环境变化等研究领域。

产生多酚氧化酶的原因是很复杂的，研究表明，多酚氧化酶相关亚基的结合方式差异、酶在细胞中定位的不同等都可能是造成分子多样性的原因。

6.4.6 多酚氧化酶活力的测定

多酚氧化酶是一种重要的末端氧化酶，不管是对其进行性质、同工酶、活性以及影响因子的研究，还是对生理功能、基因克隆等方面的研究，都需要把多酚氧化酶从物体中分离纯化。1912 年 Bernald 和 Marn 的酶提取方法（鲜叶加兽皮粉捣碎，再以酒精沉淀，最后得到的白色干燥粉，即为酶制剂），早期分离得到的酶大多数是不溶性的，活力很低。后来学者在提取介质中加入多酚吸附剂，才分离出可溶的多酚氧化酶，即首次将 Polycar-AT（PVP）用于茶叶酶学研究，并指出高效多酚吸附剂如 PVP 的使用对任何富含多酚的植物酶学都是有必要的。Coggon 等（1993 年）采用液氮低温冷冻提取，介质的 pH 7.0，加入 Tween-80 或 Sephadex G-50，该改良方法可获得活力较高的可溶性多酚氧化酶。在苹果研究中，发现品种不同酶活力也不同，为了有效地控制酶促褐变，有学者利用乳化剂（Triton X-100）和酚结合剂——交联聚乙烯吡咯烷酮（PVPP）相结合的方式提取多酚氧化酶，从而解决了单纯用丙酮粉法预处理而导致的酶特性的改变。在一般材料中的多酚氧化酶的研究多采用丙酮粉法和缓冲液匀浆法。如有的学者进行小麦活性检测采用的是缓冲液匀浆法，而在枣果实多酚氧化酶性质的研究中有的学者则采用的是丙酮粉法。综上所述，多酚氧化酶一般采用如下几种提取方法：①丙酮粉法（常规法）；②匀浆法；③匀浆浸提法。在这些方法中有实验者表明丙酮粉法对多酚氧化酶酶提取活性损失较大，活性得率较低，但其酶粉活性尚可、体积小、便于贮存，可直接应用。缓冲液匀浆法提取活性得率较高，但酶液本身活性较高，不利于酶的应用，尚需进行浓缩、提纯才能达到应用的要求。另据报道采用匀浆法和丙酮粉法二者结合的方法，是一种很好的提酶方法。多酚氧化酶活性的测定方法一般包括以下四种：①检压法的原理是在一定的温度、pH 和基质浓度下，多酚氧化酶氧化基质的速率与单位酶浓度和单位时间内的耗氧量成正比。因此用瓦氏呼吸计测定耗氧率可知多酚氧化酶活性的高低。②氧电极法主要是利用氧电极测定反应中的耗氧量来表示酶活力。③分光光度法主要原理是多酚氧化酶催化邻苯二酚氧化生成有色产物，单位时间内有色产物在 460nm 处的吸光度与酶活性强弱成正比。④碘量滴定法。这些方法中分光光度法操作简便，结果较准确，目前最常用。

需要指出的是，多酚氧化酶的羟基化活力必须采用氧气吸收的方法测定。

6.4.7　几种水果和蔬菜中的多酚氧化酶及其底物

前已述及，不同的水果和蔬菜中的多酚氧化酶的酶学特性不尽相同，但其酶促褐变的倾向均与果蔬中酚类化合物，特别是绿原酸和儿茶素的含量有关，同时还与果蔬中还原性物质，如抗坏血酸等的存在有关。下面就几种重要的水果和蔬菜的多酚氧化酶活力的水平、它们的内源底物及在贮藏加工中褐变的问题进行简介。

6.4.7.1　苹果

在苹果生长过程中，总酚含量逐渐下降，至成熟期趋于稳定。多酚氧化酶活力的变化趋势与总酚的情况类似。因此未成熟的比成熟的更易褐变。

在贮藏过程中，苹果中总酚含量及多酚氧化酶活力的变化与品种、采收龄期和贮藏条件有关。在贮藏过程中，虽然总酚的含量下降，但是绿原酸含量在逐渐增加，达到最大值后再下降；儿茶素的含量呈不规则地下降趋势。同时可溶态的多酚氧化酶活力增加，相应地结合态酶活力减小。

机械损伤可以引发酶促褐变，但褐变的速率起初较高，随后下降到零，这个现象同酶促反应过程中由于产物的积累而造成酶的失活是一致的。

6.4.7.2　梨

梨中总酚的分布是不均一的，如硬细胞周围的组织中酚含量很低，而在生长期中向阳一面的梨组织中含有较高数量的绿原酸。梨在采收后的贮藏过程中多酚氧化酶的活力先降低，然后稳定地增加，此时褐变的倾向也同时增加。

6.4.7.3　桃

桃的不同品种中所含有的酚类底物是不同的，有些含量很高（绿原酸在总酚中所占的比例少于50%），很容易发生褐变；有些品种的含量很低（绿原酸是惟一的酶底物）。在桃子成熟的早期阶段（离柄阶段），多酚氧化酶的活力很高，然后下降，在第5或第6周达到稳定期（约为最初的1/5）。在多酚氧化酶活力下降的同时，邻二酚含量也减少。在桃子成熟时，酶的最适pH从6.2稍微变化到6.0和6.5，即有两个最适pH，可以用细胞内合成了酶的同工酶来解释这个现象。

6.4.7.4　马铃薯

在马铃薯块茎中，多酚氧化酶的活力和多酚的分布是不均匀的。在块茎的外部（芽眼和皮），酶的活力最高，而在脐、芽眼和皮中，酚类化合物浓度最高。绿原酸存在于芽眼和皮以及邻近的皮层。在贮藏期间，在马铃薯块茎的外部，多酚氧化酶活力和多酚的含量增加，而在马铃薯块茎内部，多酚氧化酶活力减少。

马铃薯块茎褐变的速率与品种、贮藏条件有关。

马铃薯中酪氨酸的含量是决定褐变速率的主要因素，贮藏过程中，马铃薯中酪氨酸的含量和褐变速率一起增加，20℃比5℃时的褐变速率更高。而机械损伤在引发褐变的同时，其中游离酪氨酸的量减少，由于没有发现有效的赖氨酸损失，因此多酚氧化酶作用生成的醌可能直接聚合成黑色素，而没有偶联到蛋白质上去。

6.5　葡萄糖氧化酶

葡萄糖氧化酶是1928年发现由黑曲霉和灰绿青霉产生的酶类，它能在氧存在的条件下，催化葡萄糖氧化成δ-D-葡萄糖酸内酯。其反应式（6-5）如下。

$$\beta\text{-D-葡萄糖} + O_2 \xrightarrow{\text{葡萄糖氧化酶}} \text{葡萄糖酸内酯} + H_2O_2 \tag{6-5}$$

β-D-葡萄糖　　　　葡萄糖酸内酯

除上述微生物产生葡萄糖氧化酶外，其他的真菌如米曲霉、点青霉、酵母菌也能产生葡萄糖氧化酶，但高等植物和动物中还没有发现葡萄糖氧化酶。目前，工业化生产葡萄糖氧化酶是利用黑曲霉或金黄色青霉菌进行深层发酵提取，也有的用青霉发酵生产。在动物组织中的一些酶，如葡萄糖脱氢酶和葡萄糖-6-磷酸脱氢酶也能催化D-葡萄糖（或它的衍生物）氧化成δ-D-葡萄糖酸内酯，但是这些酶的催化反应不需要有分子氧参加，而且过氧化氢不是反应的产物之一。据此可将这些酶和葡萄糖氧化酶区分开来。

葡萄糖氧化酶主要在生产各种食品时用于分解原料中的葡萄糖，以保证成品在贮藏期色泽不变红，还可作为食品贮藏的抗氧化剂。

6.5.1 葡萄糖氧化酶的性质

6.5.1.1 物理性质

粉状的葡萄糖氧化酶呈灰黄色，液状的葡萄糖氧化酶为淡褐色，精制液体状酶为淡黄色。易溶于水，不溶解于乙醚、氯仿、甘油、乙二醇等，50%丙酮和66%甲醇能沉淀该酶，溶液在摇动时泡沫呈棕绿色，不能透过硝化纤维膜。

6.5.1.2 化学性质

该酶的最适pH为4.8～6.2，作用温度为40～60℃，最适作用温度为50～55℃。葡萄糖氧化酶能高度特异性地结合β-D-吡喃葡萄糖，葡萄糖分子C_1上的羟基对于酶的催化作用是必需的条件，而且羟基位于β-位时酶的活性比位于α-位时酶的活性高大约160倍。底物的分子结构在C_1、C_2、C_3、C_4、C_5、C_6位上的改变使葡萄糖氧化酶的活性大幅度下降，但在不同的程度上还表现出一定的活性，见表6-15。葡萄糖氧化酶对于L-葡萄糖和2-*O*-甲基-D-葡萄糖是完全没有活性的。

表6-15 葡萄糖氧化酶的底物特异性

葡萄糖改性的位置	化合物	同β-D-葡萄糖的差别	相对速率
	β-D-葡萄糖		100
1	α-D-葡萄糖	C_1位上OH的构型	0.64
1	1,5-脱水-D-葡萄糖	C_1位上OH被H取代	0
2	2-脱氧-D-葡萄糖	C_2位上OH被H取代	3.3
2	D-甘露醇	C_2位上OH的构型	0.98
2	2-*O*-甲基-D-葡萄糖	C_2位上OH甲基取代	0
3	3-脱氧-D-葡萄糖	C_3位上OH被H取代	1.0
4	D-半乳糖	C_4位上OH的构型	0.5
4	4-脱氧-D-葡萄糖	C_4位上OH被H取代	2.0
5	5-脱氧-D-葡萄糖	C_5位上OH被H取代	0.05
5	L-葡萄糖	C_5位上CH_2OH的构型	0
6	6-脱氧-D-葡萄糖	C_6位上OH被H取代	10
6	木糖	C_3位上被H取代	0.98

（1）葡萄糖氧化酶作用机理　目前葡萄糖氧化酶的工业酶制剂主要是用黑曲霉发酵生产的，因此黑曲霉葡萄糖氧化酶是研究最深入的一种。黑曲霉葡萄糖氧化酶属于糖蛋白类，蛋

白质部分和碳水化合物部分通过氨基酸残基的羧基侧链和糖残基上的氨基之间的酰胺键连接起来。该酶的分子量为160000，如用β-巯基乙醇裂开酶分子中的二硫键，就产生两个等分子量80000的亚基。每个酶的分子中含有两个FAD，从纯酶样品中分离出6个组分，它们的等电点略有差别，在3.88～4.33，6个组分中的蛋白质组成部分是相同的，但碳水化合物部分的组成是不同的。酶分子中不含有类似于磷酸根和硫酸根那样的带电基团，6个组分中具有相同的C-末端氨基酸顺序即Ala-Met-Glu-COOH，N-末端氨基酸顺序未见报道。6个组分中均以葡萄糖为底物时的K_m值和周转数没有显著的差异。

黑曲霉葡萄糖氧化酶和青霉菌葡萄糖氧化酶在性质上的主要差别是以葡萄糖为底物时的K_m值不同，青霉菌葡萄糖氧化酶的K_m值为11mmol/L，黑曲霉葡萄糖氧化酶的K_m值为30mmol/L，大了近三倍。另一个差别是黑曲霉葡萄糖氧化酶失去FAD后酶处于不可逆的失活状态，而青霉菌葡萄糖氧化酶在重新加入FAD后能部分地恢复活力。黑曲霉葡萄糖氧化酶中的碳水化合物部分即没有参加酶的催化作用，也没有维持酶蛋白质空间构型的作用。

研究表明，葡萄糖氧化酶催化反应的速率同时取决于O_2和葡萄糖的浓度，反应遵循乒乓机理，可用下面的图6-7表示。

$$E_{FAD}\xrightarrow{Glc}(E_{FAD-Glc}\rightarrow E_{FADH_2-L})\xrightarrow{L\uparrow}E_{FADH_2}\xrightarrow{O_2}(E_{FADH_2-O_2}\rightarrow E_{FADH_2O_2})\xrightarrow{H_2O_2\uparrow}E_{FAD}$$

图6-7　葡萄糖氧化酶催化反应机理

图中的G代表β-D-葡萄糖，L代表δ-D-葡萄糖酸内酯。也可用反应式（6-6）描述。

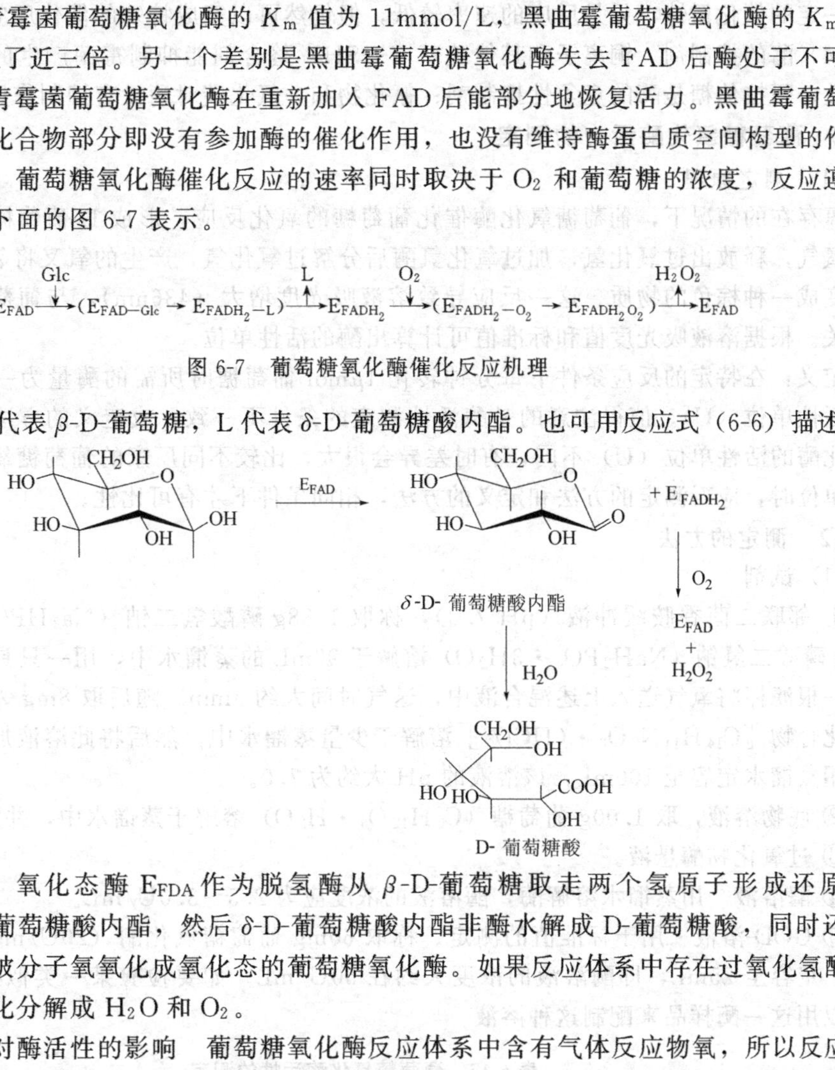

$$\beta\text{-D-葡萄糖}\xrightarrow{E_{FAD}}\delta\text{-D-葡萄糖酸内酯}+E_{FADH_2};\quad E_{FADH_2}\xrightarrow{O_2}E_{FAD}+H_2O_2;\quad \delta\text{-D-葡萄糖酸内酯}\xrightarrow{H_2O}\text{D-葡萄糖酸} \tag{6-6}$$

反应式中，氧化态酶E_{FDA}作为脱氢酶从β-D-葡萄糖取走两个氢原子形成还原态酶E_{FDAH_2}和δ-D-葡萄糖酸内酯，然后δ-D-葡萄糖酸内酯非酶水解成D-葡萄糖酸，同时还原态葡萄糖氧化酶被分子氧氧化成氧化态的葡萄糖氧化酶。如果反应体系中存在过氧化氢酶，那么H_2O_2被催化分解成H_2O和O_2。

（2）温度对酶活性的影响　葡萄糖氧化酶反应体系中含有气体反应物氧，所以反应温度的变化导致氧在反应体系中浓度的改变，因为温度升高时，反应体系中氧气的溶解度下降，这就抵消了温度升高对酶反应速率的影响。从下表6-16中可以看出：其一是葡萄糖氧化酶催化的反应具有较低的Q_{10}；其二是葡萄糖氧化酶在较宽的温度范围内（30～60℃）具有活性，且差异不大。表中所列出的葡萄糖氧化酶活性，是采用量压法测定30min内反应体系吸收氧气的数量而得到的。

（3）pH对酶活性的影响　葡萄糖氧化酶的活性在pH为4.5～7.0基本上相同，变化不大，pH高于7.0或低于4.5活性急剧地下降。但同样的pH条件下葡萄糖底物的存在对酶

表 6-16 温度对葡萄糖氧化酶活性的影响

温度/℃	O_2 吸收/μL	相对活性	Q_{10}	温度/℃	O_2 吸收/μL	相对活性	Q_{10}
0	154	0.51		40	330	1.1	1.1
10	178	0.59	1.15	50	314	1.05	0.95
20	230	0.77	1.3	60	306	1.02	0.97
30	300	1.0	1.3				

活性有保护作用，如 pH 在 8.1 时，当无葡萄糖底物时，酶活性在 10min 内损失 90%，当存在葡萄糖底物时酶活性在 40min 内仅损失 20%。低 pH 条件下，霉菌葡萄糖氧化酶仍然具有一定的催化活性，只是反应的速率较低，但仍然可以完成特殊的催化反应。

(4) 酶的抑制剂　铜离子和其他巯基（—SH）螯合剂能抑制霉菌产生的葡萄糖氧化酶的活性，阿拉伯糖是酶的竞争性抑制剂；氰化物和一氧化碳对酶没有抑制作用。

6.5.2 葡萄糖氧化酶活力的测定

6.5.2.1 测定原理

氧存在的情况下，葡萄糖氧化酶催化葡萄糖的氧化反应，形成 D-葡萄糖酸，反应时吸收了氧气，释放出过氧化氢，加过氧化氢酶后分解过氧化氢，产生的氧又将邻联二茴香胺氧化，变成一种棕色的物质。这一反应导致溶液吸光度增大（436nm），与葡萄糖氧化酶的活性有关。根据溶液吸光度值和标准值可计算出酶的活性单位。

定义：在特定的反应条件下每分钟转化 1μmol 葡萄糖时所需的酶量为一个葡萄糖氧化酶的活性单位（U）。值得注意的是酶活性测定的条件不一致、或定义的方法不同导致葡萄糖氧化酶的活性单位（U）不同，有时差异会很大，比较不同厂家的葡萄糖氧化酶酶制剂的活性单位时，应看测定的方法和定义的方法，相同条件下才有可比性。

6.5.2.2 测定的方法

(1) 试剂

① 邻联二茴香胺缓冲液（pH 7.0），称取 1.38g 磷酸氢二钠（$Na_2HPO_4 \cdot 2H_2O$）和 0.72g 磷酸二氢钠（$NaH_2PO_4 \cdot 3H_2O$）溶解于 90mL 的蒸馏水中，用一只具有细孔的喷嘴或用一根滤棒将氧气送入上述混合液中，送气时间大约 3min。随后取 8mg 邻联二茴香胺二氢氯化合物［$C_{14}H_{14}N_2O_2 \cdot (HCl)_2$］溶解于少量蒸馏水中，然后将此溶液加入上述混合液中，用蒸馏水定容至 100mL，该溶液的 pH 大约为 7.0。

② 底物溶液，取 1.00g 葡萄糖（$C_6H_{12}O_6 \cdot H_2O$）溶解于蒸馏水中，并定容至 10mL。

③ 过氧化物酶悬液。

④ 酶溶液　用蒸馏水溶解酶，酶溶液的浓度应为 2.5～3.0U/mL。

⑤ GOD-溶液　用于标准值的测定。称取 60mg 葡萄糖氧化酶（20U/mg）溶解于蒸馏水中，定容至 25mL，即酶溶液的浓度大约在 50U/mL。如要检验某一类似很高活性的酶，也可以用这一酶样品来配制这种溶液。

表 6-17 葡萄糖氧化酶活性的测定

反应试剂	添加量/mL	反应试剂	添加量/mL
邻联二茴香胺缓冲液	2.48	过氧化物酶悬液	0.01
底物溶液	0.50	酶溶液	0.01

(2) 操作方法　用移液管取邻联二茴香胺缓冲液 2.48mL、0.5mL 底物溶液和 0.01mL 过氧化物酶溶液滴入 1cm 的比色皿中，调温度至 25℃，然后加 0.01mL 的酶溶液，用分光光度计（436nm）以空气为参比测定吸光度，先让吸光度升高 0.05，再测定吸光度继续升

高至0.1时所需要的时间，见表6-17。

(3) 酶活性的计算 借助标准值进行计算。标准值表示转换1μmol葡萄糖会改变多少吸光度。为此需将上述底物溶液按1∶1000稀释（0.1mL此稀释溶液中含有0.05μmol的一倍结晶水葡萄糖）。用移液管将0.1mL稀释过的底物溶液和0.1mL GOD-溶液滴入一只1cm的比色皿中，调温度至25℃。待完全氧化后（大约5min后）加2.48mL邻联二茴香胺缓冲液、0.01mL过氧化物酶溶液和0.31mL蒸馏水混合。在436nm处以空气为参比测定吸光度，测定为0.17。根据公式计算酶的活性。

$$\frac{0.1\times 60}{t\times E_{436}\times 20\times m_{w}}=\text{活性(U/g)}$$

式中 0.1——是436nm测得时间t秒钟内吸光度的增大值；

t——在436nm处吸光度增大0.1所需的时间，s；

60——在60s内一个单位转换1μmol葡萄糖；

E_{436}——标准值436nm处吸光度；

20——换算系数（从0.05至1μmol葡萄糖）；

m_w——0.01mL所用酶溶液中含酶的质量，g。

例如，称取待测定的葡萄糖氧化酶样品0.0127g，蒸馏水溶解后定容至50mL。0.01mL该溶液中含有0.00000254g样品。按上述操作，在68s内吸光度增大0.1。测定标准值后知转换0.05μmol葡萄糖后吸光度增大0.169。酶活性计算式如下。

$$\text{酶活性单位}=\frac{0.1\times 60}{68\times 0.169\times 20\times 0.00000254}=10280\text{U/g}$$

6.6 过氧化物酶

过氧化物酶［peroxidase，E.C.1.11.1.7（X）］是广泛存在于各种动物、植物（辣根、芜菁、无花果、烟叶、土豆）和微生物（酵母细胞色素C）的一类氧化酶。催化由过氧化氢参与的各种还原剂的氧化反应（6-7）：

$$RH_2+H_2O_2\longrightarrow 2H_2O+R \tag{6-7}$$

过氧化物酶的研究可追溯到1809年用愈创树脂为底物进行的颜色反应。但直到一个世纪之后才开展此酶的分离和命名。已知的催化反应底物超过200种，以及多种过氧化物和辅助因子。迄今研究最深入的应首推辣根过氧化物酶（horseradishpero-xidase，HRP）。早在1940年，Thorell即用电泳方法从部分纯化的辣根组织中区分出两种不同的HRP，之后此酶在植物正常和应激反应代谢中发挥重要作用而受到广泛关注，并对此酶进行了大量研究，涉及酶的种类、等电点、氨基酸组成和序列、生理功能，以及基因表达和调控的分子机制等。现在此酶作为一种商品化试剂也广泛用于免疫组织化学、电镜技术、酶联反应和免疫印迹等生物学研究，并成为重要的诊断试剂。

过氧化物酶广泛存在于动物、植物、真菌和细菌中。基于序列相似性比较，可将含血红素过氧化物酶划分成两个过氧化物酶超家族（superfamily），一个由真菌、细菌和植物来源的过氧化物酶组成；另一个则由动物来源的过氧化物酶组成；目前对于真菌、植物和细菌来源的过氧化物酶的研究已经拓宽到几十种，依来源不同，可将植物过氧化物酶超家族内的成员进一步归为三类：Ⅰ类过氧化物酶是胞内型过氧化物酶，包括酵母细胞色素C过氧化物酶、抗坏血酸过氧化物酶和细菌来源的触酶-过氧化物酶；Ⅱ类过氧化物酶是来源于真菌的胞外型过氧化物酶，包括各种真菌产生的木素过氧化物酶和锰过氧化物酶；Ⅲ类过氧化物酶是来源于高等植物的分泌型过氧化物酶。

此外，还有些学者根据等电点将其分为酸性或阴离子（pI<7.0）、中性（pI=7.0）和碱性或阳离子（pI>7.0）三种过氧化物酶。根据催化底物特性可分为愈创木酚过氧化物酶、谷胱甘肽过氧化物酶和抗坏血酸过氧化物酶等。根据植物来源不同可分为辣根过氧化物酶、番茄过氧化物酶、花生过氧化物酶等。根据结合状态可分为可溶态、离子结合态和共价结合态过氧化物酶。

但依据其辅基性质的分类方式目前较为常用，即分为含铁过氧化物酶和黄素蛋白过氧化物酶。

（1）含铁的过氧化物酶　可以分为①高铁血红素过氧化物酶：包括来自高等植物，动物（甲状腺碘过氧化物酶）和微生物（酵母的细胞色素c过氧化物酶）。这些酶都含有高铁血红素Ⅲ，以酸性丙酮处理，它们都能被从蛋白质部分分离除去；②绿（髓）过氧化物酶：存在于牛乳（乳过氧化物酶）、髓细胞（绿过氧物酶）和多种组织中。

（2）黄素蛋白过氧化物酶　从几种链状球菌包括粪链球菌和从几种动物组织动纯化出了黄素蛋白过氧化物酶。这些过氧化物酶的辅酶是FAD。

6.6.1　过氧化物酶在自然界的分布

过氧化物酶广泛分布于动物、植物和微生物中。研究发现其在细胞中的位置也比较复杂，它们可存在于细胞壁内、细胞膜、细胞器、细胞质及质外体内。据此有的学者将其分为线粒体过氧化物酶、叶绿体（类囊体）过氧化物酶、液泡过氧化物酶、胞间和胞内过氧化物酶等。

但归结起来，依据其是否与细胞器联结，将其分为可溶态酶和结合态酶是最简洁、实用的。在提取方式方面，可溶态酶和结合态酶存在很大差异：可溶态酶用低离子强度的缓冲液（0.05～0.18mol/L）就可以提取出来；以离子态结合在细胞器上的酶，则需高离子强度的缓冲液才能提取出来；而提取共价结合的酶必须用果胶酶或纤维素酶降解组织匀浆才能完成。

在果蔬中，成熟期尤其是跃变期，过氧化物酶的活力和其他酶的活力一起增加，如多半乳糖酶和纤维素酶，它们通常与水果的成熟有关。过氧化物酶能够促进许多反应，种类很多，通常不会被另外的酶抑制。在水果和蔬菜中，过氧化物酶不是以单个酶的形式存在的，像许多其他植物酶一样，许多同工酶具有过氧化物酶的活力，即同工过氧化物酶。在所有的植物组织中都含有天然的酚类化合物，只要有少量氧存在，它们就可以被过氧化物酶氧化。由于易被过氧化物酶催化氧化的物质种类很多，形成的产物范围也非常广，因此很难将采摘后变化如风味和质构的损失同某个酶反应联系起来。

辣根是过氧化物酶最重要的来源。辣根中20%的过氧化物酶活力与细胞壁相结合，用2mol/L NaCl可以将这部分酶活力的93%提取出来。与细胞壁结合得非常牢固的那部分酶占辣根中过氧化物酶总活力的1.4%，其中的75%可借助于纤维素酶的作用提取出来。

在刀豆中，可溶态和离子结合态的过氧化物酶具有相同的含量，而共价结合态的酶的含量只相当于它们的1/5。

在梨的果肉中，过氧化物酶浓集在粗砂细胞周围的柔组织细胞中，并与细胞壁结合。酶在梨核和梨核区活力最高。酶的提取率随$CaCl_2$浓度增加而提高，但当$CaCl_2$浓度超过0.2mol/L时，酶提取率下降。

一些化合物能诱导过氧化物酶的产生。赤霉素能使玉米中的过氧化物酶的活力提高1.75倍。苯基硼酸能使成熟的番茄叶中的过氧化物酶活力提高1倍。乙烯和水能使甘薯中的过氧化物酶的活力分别提高10倍和25倍。乙烯能同时提高豌豆中可溶态和离子结合态过氧化物酶的活力。

6.6.2 过氧化物酶催化的反应

过氧化物酶能催化四类反应：①有氢供体存在的条件下催化氢过氧化物或过氧化氢分解，即过氧化活力；②氧化作用；③在没有其他氢供体存在的条件下催化过氧化氢分解；④羟基化作用。

第一类反应的总反应式（6-8）可表示如下。

$$ROOH + AH_2 \xrightarrow{\text{过氧化物酶}} H_2O + ROH + A \qquad (6\text{-}8)$$

式中R为—H、—CH_3或—C_2H_5；AH为氢供体（还原形式）和A为氢供体（氧化形式）。许多化合物可以作为反应中的氢供体，它们包括酚类化合物（对甲酚、愈创木酚和间苯二酚）、芳香族酚（苯胺、联苯胺、邻苯二胺和邻联茴香胺，图6-8）、NADH和NADPH。

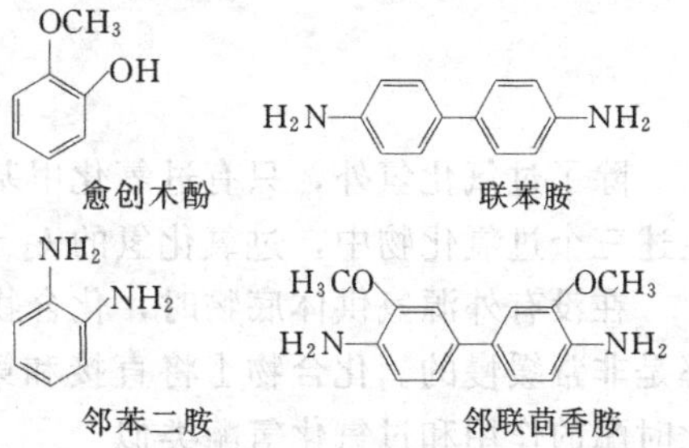

愈创木酚 联苯胺 邻苯二胺 邻联茴香胺

图6-8 一些过氧化物酶的氢供体底物

第二类反应是在没有过氧化氢存在时的氧化作用，反应需要O_2和辅助因素，Mn^{2+}和酚。许多化合物如草酸、草酰乙酸、酮丙二酸、二羟基富马酸和吲哚乙酸等能作为这类反应的底物。反应的立体化学结构如式（6-9）。

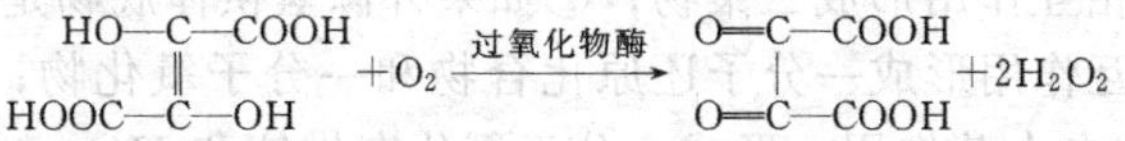

$$\text{HO—C—COOH} \;\|\; \text{HOOC—C—OH} + O_2 \xrightarrow{\text{过氧化物酶}} \text{O═C—COOH} \;|\; \text{O═C—COOH} + 2H_2O_2 \qquad (6\text{-}9)$$

二羟基富马酸 二羟基琥珀酸

此反应有二三分钟的诱导期，增加酶的浓度可以缩短诱导期。如果加入一定量的H_2O_2能消除诱导期。

存在于各种植物中的不同同工酶具有不同的过氧化活力与氧化活力之比。抑制剂对这两类酶活力的影响也是截然不同的，例如氰化物对间苯三酚在Mn^{2+}存在时的氧化作用几乎没有影响，而对三个不同的氢供体（联苯三酚、对甲氧基苯胺和联苯胺）参加的过氧化作用具有强烈的抑制作用。因此这两种活力也许有两个分开的活性部位。

第三类反应，即在没有氢供体存在的条件下催化过氧化氢分解，见式（6-10）。

$$2H_2O_2 \longrightarrow 2H_2O + O_2 \qquad (6\text{-}10)$$

这类反应的速率比起前两类反应来是可以忽略的。

第四类反应，即从一元酚和氧生成邻三羟基酚，反应必须有氢供体参加。

过氧化物酶作用的机制可以归纳为如下过程：

过氧化物酶（E）在H_2O_2存在下催化底物（AH_2）氧化的循环过程中，一般认为酶与H_2O_2生成活化中间化合物Ⅰ和Ⅱ，然后Ⅰ和Ⅱ再对底物进行氧化：

$$E + H_2O_2 \longrightarrow E\text{-Ⅰ} \qquad (a)$$

$$E\text{-Ⅰ} + AH_2 \longrightarrow E\text{-Ⅱ} + AH \qquad (b)$$

$$E\text{-Ⅱ} + AH_2 \longrightarrow E + AH \qquad (c)$$

在第一步反应过程中，酶被H_2O_2氧化失去两个电子成为卟啉基正离子E-Ⅰ，随后，E-Ⅰ被一个底物分子AH_2还原得到一个电子，成为中间化合物E-Ⅱ，最后E-Ⅱ又被另一个底物分子AH_2还原而得到一个电子，从而完成一个催化循环过程。

对H_2O_2氧化HRP而形成中间化合物HRP-Ⅰ和HRP-Ⅱ的机理研究的结果表明：HRP-Ⅰ和HRP-Ⅱ都是较稳定的化合物，它们都含有Fe—O结构，并有不同的光谱特征。

P. A. Loach 认为在中性和酸性溶液中，化合物Ⅰ的形成如下所示。

HRP的催化循环示意图

除了过氧化氢外，只有过氧化甲基和过氧化乙基能同过氧化物酶作用生成化合物Ⅰ。在上述三个过氧化物中，过氧化氢的 k_1 最大。

在没有外源氢供体底物时，化合物Ⅰ转变成化合物Ⅱ和化合物Ⅱ转变成过氧化物酶的速率是非常缓慢的。化合物Ⅰ将直接和第二个 H_2O_2 分子作用生成 H_2O、O_2 和过氧化物酶。此时酶的作用和过氧化氢酶类似。

同时，上述反应所产生的自由基的去路主要有三种情形：①如果外源氢供体底物是愈创木酚，那么自由基将相互作用形成二聚物；②如果外源氢供体底物是抗坏血酸或二羟基富马酸，那么自由基将相互作用形成一分子还原化合物和一分子氧化物；③O_2 能与氢供体底物（如二羟基富马酸）的自由基作用，形成一分于氧化态供体和 HO_2・自由基，后者在没有芳香族化合物存在时能与第二个外源氢供体底物所产生的自由基作用，形成 H_2O_2。

6.6.3 过氧化物酶的底物

过氧化物酶的底物包括过氧化物和氢供体两部分。

6.6.3.1 过氧化物

过氧化物酶的过氧化物底物主要是 H_2O_2，但高浓度 H_2O_2 将会因其强氧化作用造成酶失活。所以一般用过氧化氢酶除去反应体系中过量的 H_2O_2。同时在较低的浓度范围内 H_2O_2 浓度也会影响过氧化物酶的活力，如葡萄中过氧化物酶的活力在过氧化氢的浓度为 6.37×10^{-2} mol/L 时达到最大值，而在 1.91×10^{-2} mol/L 时的活力仅相当于最大值的一半。马铃薯和辣根中的过氧化物酶活力在过氧化氢的浓度分别为 0.74×10^{-2} mol/L 和 0.3×10^{-2} mol/L 时达到最高值。

6.6.3.2 氢供体

过氧化物酶对于氢供体的特异性要求很高。研究表明，不同的过氧化物酶具有不同的底物特异性，甚至不同的过氧化物酶在很多酶学特性方面都存在较大的差异。有些来自于同一种植物的可溶态和结合态的过氧化物酶都具有不同的底物特异性。但由于分离手段的限制，制得的过氧化物酶往往是多种同工酶的混合物，这样的粗酶不具有较高的底物特异性。

在研究工作中，要依据测定过氧化物酶活力的目的来选择氢供体。在定性检查果蔬热处理的效果时，一般使用愈创木酚。当它的浓度为 2.4×10^{-2} mol/L 时，酶反应达到最高速率。辣根过氧化物酶对愈创木酚的 K_m 是 0.7×10^{-2} mol/L。在组织化学染色和在凝胶电泳或等电聚焦中检测同工酶时使用联苯胺。邻联茴香胺和邻苯二胺也是被广泛使用的底物。由于不同的同工酶对于各种不同的底物具有不同的敏感性，因此在检测同一种过氧化物酶的同工酶时，最好同时使用几种氢供体底物。

6.6.4 过氧化物酶的最适pH和最适温度

6.6.4.1 过氧化物酶的最适pH

同很多酶一样，过氧化物酶的最适pH受多种因素的影响，如酶的来源、同工酶的组成、底物和缓冲液等。果蔬中的过氧化物酶一般都含有多种同工酶，而不同的同工酶的最适pH又存在一定的差别，所以很多资料所提供的过氧化物酶最适pH往往具有较宽的范围。即便是同一种果蔬中的可溶态和结合态过氧化物酶也可能具有不同的最适pH。

高酸性的反应条件下，过氧化物酶的血红素和蛋白质部分发生分离，酶蛋白发生一定程度的变性，会导致酶的活力下降，但这种变性是可逆的，如果pH调整到适宜的范围，酶活力还可以恢复。但这种可逆变性状态在外界环境条件发生不利变化时，有可能转化成不可逆变性状态。如在pH 2.4和25℃时，低浓度的氯化物能使血红素完全脱离酶蛋白质，酶活力有较明显的下降。继续用0.1mol/L NaOH调节pH至6.8，酶活力得到较大幅度的恢复。但如果不调节pH，而继续加热到70℃，则这种恢复的状况将不会出现。

光谱学实验显示，在中性和碱性pH条件下，酶处于天然状态，光谱数据指出此时酶蛋白质结构中含有α-螺旋结构。当酶经酸化后，α-螺旋结构被破坏，酶蛋白质结构中产生β-结构。当血红素和酶蛋白分离后，即使在中性条件下酶蛋白质中仅含有β-结构。

6.6.4.2 过氧化物酶的最适温度

与最适pH的情况类似，过氧化物酶在最适作用温度也受到诸多因素影响，但最为重要的是来源。如马铃薯和花椰菜（均浆）中过氧化物酶的最适温度存在较大的差别，分别为55℃和35～40℃。

6.6.5 过氧化物酶的热稳定性

过氧化物酶作为植物细胞内重要的组成成分，具有许多非常重要的生理功能。很多研究显示，在果蔬中过氧化物酶具有比其他酶更高的耐热性，常利用它作为热处理条件的指标。

许多果蔬中的过氧化物酶的热失活是一个双相和部分可逆的过程。所谓热失活的双相过程指的是由于过氧化物酶中含有不同的耐热性质部分，其中不耐热部分在热处理时很快失活，而耐热部分在同样温度下失活速率较低。所谓热失活的部分可逆过程指的是经热处理后的酶液在室温或较低温度下贮藏时，它的部分活力可以再生。

在采摘后的植物性食品中，过氧化物酶与原料和加工食品的风味、颜色、质地和营养的败坏有关。梨中过氧化物酶的活力和异味的关系已经被深入研究。活性酶可以在－18℃的低温和低水分含量下使水果和蔬菜腐败，异味的产生通常与过氧化物酶对内源脂类和酚类成分的氧化作用有关。橘汁中的过氧化物酶活力和其风味的感官得分呈非常明显的负相关，因此有人建议可以使用过氧化物酶活力作为橘汁异味的指标。豆角中过氧化物酶活力可以作为充分漂烫的最好指标。

所以通过加热等方式来抑制过氧化物酶的活性，长久以来就是食品科学工作者最为重视的研究课题之一。

6.6.5.1 热处理中过氧化物酶的失活

很多过氧化物酶热失活的研究结果提示，过氧化物酶的热失活是一个相对较为复杂的过程，即具有双相特征。如在80～90℃条件下处理过氧化物酶时，在起始阶段酶活力快速下降，然后经过一个酶活力下降速率逐渐变缓的过程后，下降的趋势再次出现较为平稳的阶段。

研究表明，在热失活过程中过氧化物酶分子聚集成寡聚体，分子量增加一倍。这个过程包括酶分子展开和展开的酶分子进一步堆积。酶分子展开后血红素基暴露，这就增加了血红素蛋白非酶催化脂肪氧化的能力。

对于某些果蔬，例如青刀豆中过氧化物酶在较低温度下热处理时，酶失活之前有一个潜伏期，甘蓝中过氧化物酶甚至出现激活现象。这些现象可归之于：在失活之前，酶从天然形式转变成过渡活化形式，后者的活力不同于它的最初形式，然后再失活。由于不同来源的过氧化物酶分子结构上存在着差别，因此它们在热失活的机制上是不完全相同的。

由于许多果蔬中的过氧化物酶含有同工酶，这些同工酶在耐热性上是有差别的。

6.6.5.2 影响过氧化物酶热稳定性的因素

过氧化物酶热失活的因素主要同酶的来源及热处理的参数有关。

(1) 酶来源的影响　不同来源的过氧化物酶具有不同的耐热性，如马铃薯和花椰菜中的过氧化物酶在95℃加热10min就完全而不可逆地失活，而甘蓝中的过氧化物酶在120℃加热10min仍然有0.3%的酶活力保存下来；三个甘蓝品种中的过氧化物酶一个在55℃下加热10min酶活力反而增加，而另两个在相同条件下稍微下降。当植物中过氧化物酶活力水平较高时，它的耐热性也较高。过氧化物酶的天然环境，即细胞物质，对酶耐热性的影响是复杂的，它们可能对酶具有保护作用，也可能降低酶的耐热性。

(2) 水分含量的影响　在低水分含量时，谷类中过氧化物酶的耐热性显著增加。例如，在水分含量低于40%时，谷类中过氧化物酶的热稳定性与水分含量成反比。这个事实对于加工脱水水果和蔬菜具有重要的参考价值。

(3) 化学物质的影响　一些外加化学物质会影响过氧化物酶热失活的速率。以辣根中过氧化物酶为例，加入羟高铁血红素能降低酶的热失活速率。糖能提高苹果和梨中过氧化物酶的热稳定性，而在较低浓度范围内，盐会降低酶的热稳定性。

(4) pH的影响　大量研究结果表明，在pH 7时酶热失活的速率最低，在pH 4.0和pH 10时酶热失活的速率分别提高到8倍和2倍。

(5) 温度的影响　当介质的pH被确定后，热处理的时间和温度是影响过氧化物酶失活的最主要的外部因素。如果温度也被确定，则加热时间愈长，导致酶完全破坏的可能性就愈大。高温短时间（HTST）是一种比较温和的热处理方式，虽然它能使过氧化物酶较快地失活，但是它往往引起失活酶的再生。

此外，过氧化物酶的表观热稳定性还与测定酶活力时所采用的氢供体底物有关。

6.6.5.3 过氧化物酶活力的再生

经热处理失活的过氧化物酶，在常温下保存时酶活力部分地恢复即酶的再生，这是过氧化物酶的一个特征。虽然这个现象早在20世纪初已被发现，但是有关它的机制仍然没有研究清楚。如将部分纯化的辣根过氧化物酶溶液在70℃加热1h，然后在30℃下连续测定酶的活力，测定结果显示酶活力的再生具有双相特征，并分别遵循一级动力学。起始阶段的酶再生速率常数为$2.00\times10^{-2}\,min^{-1}$；而相应于平缓部分为$4.30\times10^{-3}\,min^{-1}$。再生的酶活力最高可达到未经热处理酶液活力的20%～30%；在40℃时辣根过氧化物酶再生仍然具有两相一级动力学特征，而酶再生速率常数分别提高到$3.39\times10^{-2}\,min^{-1}$和$1.37\times10^{-2}\,min^{-1}$。再生的酶活力最高可达到未经热处理酶液活力的30%～40%。

6.6.6 化学试剂对过氧化物酶的影响

某些化学试剂能影响过氧化物酶的活性，其作用方式包括直接作用于酶和作用于一个底物或反应的产物。

① 直接作用于酶的化学试剂　直接作用于酶的化学试剂主要包括Fe络合剂（氰化物、叠氮化物和氟化物）、表面活性剂（卵磷脂、单甘脂）和高分子离子聚合物（果胶）等。

② 作用于底物的化学试剂　在这一类试剂中，最为重要的是SO_2和亚硫酸盐。如0.1%～0.15%的焦亚硫酸钠就能防止豌豆产生不良风味，但仅能部分地控制酶的再生。

SO_2 对酶的抑制作用取决于它与 H_2O_2 的相对量。

6.6.7 过氧化物酶的提取和纯化、同工酶、分子量和其他特征

6.6.7.1 过氧化物酶的提取和纯化

过氧化物酶可以用常规酶抽提和纯化方法加以分离和纯化，包括硫酸铵沉淀或丙酮沉淀、透析、阴离子和阳离子交换柱层析、凝胶过滤以及各种电泳技术等方法。抽提用的缓冲液多为磷酸盐、醋酸盐、Tris-Cl 或 Tris-Mes 缓冲液；pH 范围在 5.5～7.5。抽提液中常加入二硫苏糖醇（DTT）或 2-巯基乙醇、抗坏血酸等抗氧化剂，不溶性聚乙烯吡咯烷酮可除酚类物质，加入苯甲磺酰氟（PMSF）抑制蛋白降解，用牛血清白蛋白（BSA）等稳定蛋白等。

80%饱和度的硫酸铵足以沉淀植物组织中的大部分过氧化物酶酶蛋白，丙酮沉淀法对酶活性影响也不大。羧甲基（CM）纤维素等阳离子交换剂和 DEAE 纤维素等阴离子交换剂常被用来分离和纯化阳离子和阴离子过氧化物酶，Sephadex G 系列和 Sephacryl 系列凝胶过滤介质也被广泛用于过氧化物酶的分离和纯化。用伴刀豆凝集素 A（concanavalin A）柱与糖蛋白的亲和特性，可以将过氧化物酶与非糖基化蛋白加以分离，并用 Shiff 试剂加以鉴定。

需要特别注意的是与愈创木酚过氧化物酶相比，抗坏血酸过氧化物酶很不稳定，尤其是在缺乏电子受体的情况下更不稳定，如在无抗坏血酸时，叶绿体内的过氧化物酶半衰期低于 30s。因而在测定此过氧化物酶时，必须加入抗坏血酸；因为愈创木酚过氧化物酶与 H_2O_2 产生的酚和羟基自由基能迅速氧化抗坏血酸，故需要通过凝胶过滤或透析去除低分子干扰物质。

为了分离不同结合态的过氧化物酶，可采用低浓度的缓冲液（0.02～0.1mmol/L）抽提可溶态组分，而采用高盐缓冲液（1～3mol/L NaCl 或 KCl，或 3mol/L LiCl，或 0.2～0.4mol/L $CaCl_2$）抽提离子结合态过氧化物酶，用 2.5%（P/V）果胶酶和 0.5%纤维素酶（P/V）GF 20℃处理植物组织残渣，可抽提与细胞壁共价结合的过氧化物酶。用高效液相色谱可以纯化 POD 多肽片段。纯化后的样品可用于氨基酸组成分析和序列测定及指纹图谱分析。

根据过氧化物酶血红素蛋白具有 403nm（heme 吸收峰）和 280nm 两个吸收峰的特性，可用 *RZ* 值（OD_{403nm}/OD_{280nm}）来判断过氧化物酶的纯度。*RZ* 值（Reinheit Zabl 德文）表示。*RZ*>3 为高质量，*RZ*>2.5 为中等质量，*RZ*<2.5 则需要纯化。*RZ* 值越小，表示杂蛋白越多，如 *RZ* 为 0.6，则表示有 75%的杂蛋白。

6.6.7.2 过氧化物酶的同工酶、分子量和其他特征

过氧化物酶是一种由单一肽链与卟啉（protoporphyrin）构成的血红素蛋白（hemoprotein），过氧化物酶蛋白的分子量约为 35000 左右，约由 300 个左右氨基酸残基组成，其中存在酸碱催化域（acid/base catalysisdomain）和血红素结合区域（ligandofheme），常含 8 个半胱氨酸、2 个葡萄糖胺、约 8 个糖和 2～6 个糖基化位点、一个原高铁血红素（protohematin）和 2 个钙离子、N-端为吡咯烷酮碳酸、C-端为精氨酸。但抗坏血酸过氧化物酶和细胞色素 c 过氧化物酶缺少相应的半胱氨酸残基。等电点范围为 3.5～10。

同工酶的研究依赖于现代分析手段的不断完善，随着分离技术的不断进步，越来越多的同工酶被分离出来。例如用薄层色谱未能从青刀豆过氧化物酶分离出同工酶，而用聚丙烯酰胺凝胶电泳可分离出四种同工酶。如果采用分辨率更高的薄层等电聚焦技术（pH 3～10），则可以分离出 20 种同工酶。

植物过氧化物酶的同工酶分布较为复杂的情况，在已经完成相关分析的同工酶中，它们的很多理化性质，甚至酶学特性都存在一定的差别。如电泳迁移率、等电点、底物特异性、

耐热性和对抑制剂的敏感性上都有差别，甚至在分子量上也有差别。

多数植物过氧化物酶能与碳水化合物结合成为糖基化蛋白，而植物抗坏血酸过氧化物酶和真菌细胞色素过氧化物酶及高等动物过氧化物酶则无碳水化合物成分。如多数 HRP 同工酶都含有 15%～17%的碳水化合物，少数同工酶仅含有 7%的碳水化合物。糖基化有避免蛋白酶降解和稳定酶蛋白构象的功效。糖基化碳水化合物的结构与相同结构和特点的酶蛋白结合会产生类似同工酶的现象。

6.6.8 过氧化物酶活力测定的方法

由于酶的种类繁多，过氧化物酶的活力测定所采用的方法也各不相同。如木素过氧化物酶的测定方法，采用黎芦醇作为底物，它在 310nm 处无光吸收，而当 H_2O_2 存在时，黎芦醇可被木素过氧化物酶氧化为葵黎芦，此时在 310nm 处则有强烈光吸收，因此一般用其光密度增加速率 $\Delta OD/t$（min）来表示酶的活力。

很多有机化合物特别是氧化还原型染料常被用作测定锰过氧化物酶活力的底物，而 Mn^{3+} 是锰过氧化物酶作用的直接产物，在 238nm 处测定 Mn^{3+} 的光吸收值是测定锰过氧化物酶活力的一个较为灵敏简便的方法，此法还可用于连续测定。

常用的测定过氧化物酶的过氧化活力的方法，是在有氢供体存在的条件下过氧化物酶催化过氧化氢分解的同时形成了有色化合物。根据反应的这个特点，可以采用分光光度法测定过氧化物酶的活力及定性测定果蔬热烫后残余过氧化物酶活力。该方法必须选择适宜 H_2O_2 和氢供体底物的浓度以及缓冲液的 pH 以确保反应以最高速率进行。

愈创木酚是经常被使用的氢供体底物，在过氧化物酶催化的反应（6-11）中，它被转变成四愈创木酚。

$$4\,(\text{愈创木酚, 含 }OCH_3,\ OH) + 4H_2O_2 \xrightarrow{\text{过氧化物酶}} (\text{四愈创木酚, 含 4 个 }OCH_3) + 8H_2O \qquad (6\text{-}11)$$

在测定果蔬热处理后过氧化物酶的残余活力时，常采用愈创木酚作为氢供体底物，在早期的定性测定果蔬中过氧化物酶活力时，也采用了愈创木酚。但邻苯二胺在过氧化物酶活力测定和同工酶检测上比愈创木酚更为灵敏。在测定纯酶的活力以及检测过氧化物酶经凝胶电泳分离后的同工酶时，往往优先使用邻联茴香胺作为氢供体底物。

6.6.9 辣根中过氧化物酶的性质

辣根过氧化物酶（horseradishperoxidase HRP）是生物检测中用得非常多的工具酶，其应用范围很广、经济价值都很高。因此了解和研究辣根过氧化物酶是非常必要的。辣根过氧化物酶很长时间以来一直被人们认为是一种在较高温度下也比较稳定的酶，这种性质可能是和与酶相连的碳氢化合物有关。辣根过氧化物酶与众多的过氧物酶相比，对有机溶剂的失活作用抵抗力较强，适用的反应底物的范围广，因此成为研究过氧物酶的首选对象。

辣根过氧化物酶由许多同工酶组成，已经报道的共有 42 种。其中主要的酶 A、B 及 C 的等电点分别为 6.1、6.9 及 8.9。同工酶 C 完全的主要结构已经有人描述。这种酶含有一个辅基（高铁血红素），两个 Ca 原子，308 个氨基酸中含有两个二硫键，基于氨基酸组分测定出分子量为 33890。碳水化合物部分由 *N*-乙酰葡萄糖胺、甘露糖、墨角藻糖、木糖组成，主要与半个分子的 C-末端的天冬酰胺丝氨酸/苏氨酸序列相连。HRP-C 的分子量通过计算碳水化合物组分测得接近于 44000。

天然的酶（HRP-C）含有三价铁原子配位于原叶啉的吡咯环中的4个N原子。第五个配位是一个咪唑配位体，靠近组氨酸170。第六个配位未被占用。与肌红蛋白相比血红素囊更易被覆盖且不易使溶剂进入。近组氨酸170及远组氨酸42残基区域不仅在植物且在微生物过氧化物酶中被高度保存。

HRP-C每个酶分子中含有2mol Ca，每个Ca原子对正确的折叠结构都十分重要。Ca在高相似结合位上负责维持在血红素基团附近的蛋白质结构。关于重组酶的研究也建议Ca^{2+}对于正确的折叠和活力是十分关键的。除去Ca^{2+}引起血红素远端及近端结构的变化。这种结构的变化影响还原过程的速率常数，导致酶活力的降低。

6.7 脂肪氧合酶

脂肪氧合酶（lipoxygenase LOX 油酸：氧 氧化还原酶 E.C.1.3.11.12），其结构中含有非血红素铁，是催化含有顺，顺-1,4-戊二烯系多不饱和脂肪酸氧化的加双氧酶。广泛地存在于动植物界中，在藻类、面包酵母、真菌以及氰细菌中均发现有脂肪氧合酶的存在，尤其是豆科植物包括豌豆、菜豆、花生、萝卜和马铃薯。

1932年Andre和Hou首先发现大豆蛋白制品产生豆腥味是因为其中多元不饱和脂肪酸发生酶促反应的结果，其中关键的酶就是脂肪氧合酶。1947年Theorell等首次从大豆中获得了脂肪氧合酶的结晶，分子量为102000，并有LOX的存在。LOX是一种含非血红素铁的蛋白，酶蛋白由单肽链组成，它专门催化具有顺，顺-1,4戊二烯结构的不饱和脂肪酸的加氧反应，在植物中其底物主要是亚油酸（linoleic acid）和亚麻酸（lionlenic acid），在动物体内其底物主要是花生四烯酸（arachidonic acid）。在亚油酸和亚麻酸上的加氧位置是C9和C13，在花生四烯酸上的加氧位主要是C5、C12和C15，也可在C8、C9和C11位上加氧，见图6-9。

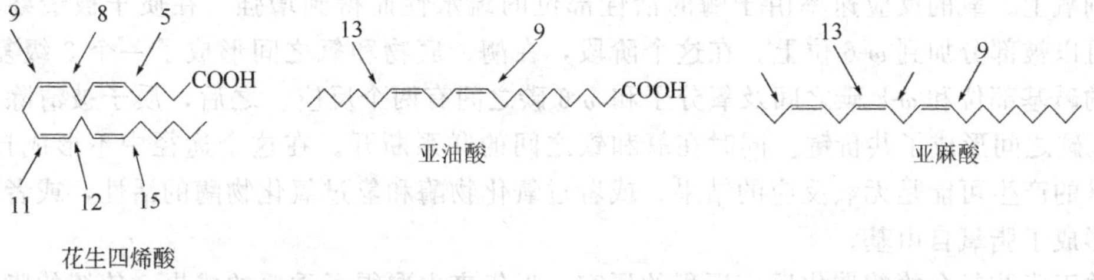

图6-9　花生四烯酸、亚油酸和亚麻酸及在脂肪氧合酶催化下加氧位置图示

6.7.1 脂肪氧合酶催化的反应

脂肪氧合酶对于它作用的底物具有特异性的要求，含有顺，顺-1,4-戊二烯的直链脂肪酸、脂肪酸酯和醇都有可能作为脂肪氧合酶的底物。最普通的底物是必需脂肪酸——亚油酸、亚麻酸和花生四烯酸。在不饱和脂肪酸中，顺,顺-1,4-戊二烯的位置对脂肪氧合酶的作用有显著的影响。如果采用从—CH_3末端起编号的ω-编号系统，那么在ω-6具有双键是必要的，而顺,顺-1,4-戊二烯单位的亚甲基在ω-8位的脂肪酸异构体是脂肪氧合酶的最佳底物，如下图。

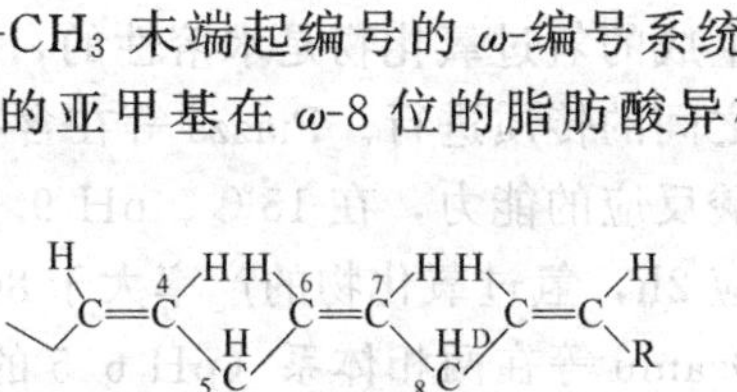

一般认为脂肪氧合酶的催化机制有有氧和无氧两种，它们也可能同时发生。氢过氧化物

产物的形成有 3 个步骤：①原始酶的激活；②从激活的亚甲基基团上去掉一个质子；③分子氧加入到底物分子中，形成氢过氧化物。

在原始酶中，铁以高自旋的形式大量存在，它不结合分子氧，因此这类物质不可能催化多不饱和脂肪酸的过氧化。Fe(Ⅲ) 在被激活的脂肪氧合酶中存在，被认为能够使反应开始。由于脂肪过氧化物-Fe(Ⅲ) 的含量很低（1%），催化反应最初的速率很低。激活的 Fe(Ⅱ) 能被氧化成为 Fe(Ⅲ)，增加氢过氧化物，如向大豆 LOX-1 中加入 13S-OOH（13 顺-亚油酸氢过氧化物），使初始速率提高，但如果产物类似物缺乏氢过氧化物基团，比如氧化氢，或缺乏长烃基链的氢过氧化物，或者 H_2O_2，则反应速率不能增加。

因此长的烃基链和氢过氧化物基团对于激活酶活力是必需的。而且，只有大量的真正由酶形成的氢过氧化物才能对该动力学有所作用。LOX-1 催化亚油酸氧化的迟滞期对 13S-OOH 非常敏感，而 9S-OOH（9 顺-亚油酸氢过氧化物）则不起作用。

第二步是 H 从与酶结合的底物中的去除，形成一个自由基。在脂肪酸底物对 Fe^{3+} 的无氧还原中，底物产生了自由基。H 的去除发生在底物与氧形成共价键之前。中间过程的描述是 ω-8 位上的 L-H 的去除，随后是 ω-6 和 ω-9 双键 π 电子的重新分布，形成共轭戊二烯自由基。第三步中，当过氧自由基捕捉到一个 H 原子时，氧的双自由基可能立体定位的生成。但也有人认为，酶-底物复合物可能带有 Fe^{3+} 键。

以上过程见图 6-10。以前认为，在自由基和非自由基途径中，在有氧和无氧反应中 H 从亚甲基中的去除是一样的。在现在这个新途径中，无氧反应同以前报道的一样，但对于有氧反应，认为在酶、底物和氧分子之间发生了三个成分复合物的相互转换，最近对结构的研究表明，过氧化物酶中的铁能与 6 个配合基结合。这些配合基中的 4 个是组氨酸氮原子和异亮氨酸氧原子。另外两个配合基可能是底物分子和氧分子的双键。酶中 Fe(Ⅲ) 的复合状态的表达见图 6-10（b）。在 ω-8H 去除之前，在氧和底物分子之间没有相互作用。但如果质子被酶中的碱基部分吸引，H 和 ω-8 碳之间的电子就退回到碳链上然后通过复合物中心的铁桥移动到氧上。氧的反应速率由于酶的活性部位的疏水性而得到增强。在质子被最终清除之前，可以被部分加到 ω-6 位上。在这个阶段，在酶、底物和氧之间形成了一个 3 级复合物，在酶的碱基部位和 ω-8 碳之间及氧分子和 ω-6 碳之间有两个反应。之后，质子被清除，在氧和 ω-6 碳之间形成了共价键。同时在氧和铁之间的联系断开。在这个途径中不形成自由基。自由基的产生可能是无氧反应的结果，或者过氧化物酶和氢过氧化物酶的活性，或者是均裂断裂形成了脂氧自由基。

关于脂肪氧合酶的催化反应历程的研究，近年来也取得了重要的成果。传统的脂肪氧合酶催化不饱和脂肪酸的研究是在较稀的脂肪酸水溶液中进行的，这一方面是由于较高的底物浓度会对酶产生抑制，另一方面是由于不饱和脂肪酸在水中的溶解度较低。

近年来，研究者对酶在有机溶剂中专一活性的变化进行了深入研究，证明了酶在有机溶剂中酶的稳定性得到了提高。随后，许多研究者开始探索非传统介质中脂肪氧合酶的催化反应。Gargouri 等研究了大豆脂肪氧合酶在两相体系中的行为，先将底物（亚油酸）溶于非极性溶剂（辛烷）中，由于生成的氢过氧化物是水溶性的，可以进入水相中，因而催化反应通过亚油酸在有机相与水相之间的传质进行。Piazza 等在含有机溶剂和缓冲液的体系中考察固定化脂肪氧合酶催化亚油酸反应的能力，在 15℃、pH 9.0 的硼酸盐缓冲液和水饱和的辛烷两相体系中鼓入空气，反应 2h，氢过氧化物的产率大于 80%，产物中 13-氢过氧化亚油酸占 97%（物质的量分数）；Osamu 等在两相体系（pH 6.5 的硼酸盐缓冲液/己烷）中研究了大豆脂肪氧合酶催化 γ-亚麻酸生成 9-氢过氧化-γ-亚麻酸（9GOOH），最大产率为 35%，Ca^{2+} 能增大 9GOOH 的产率。9GOOH 可以作为前列腺素生物合成的起始原料。采用两相

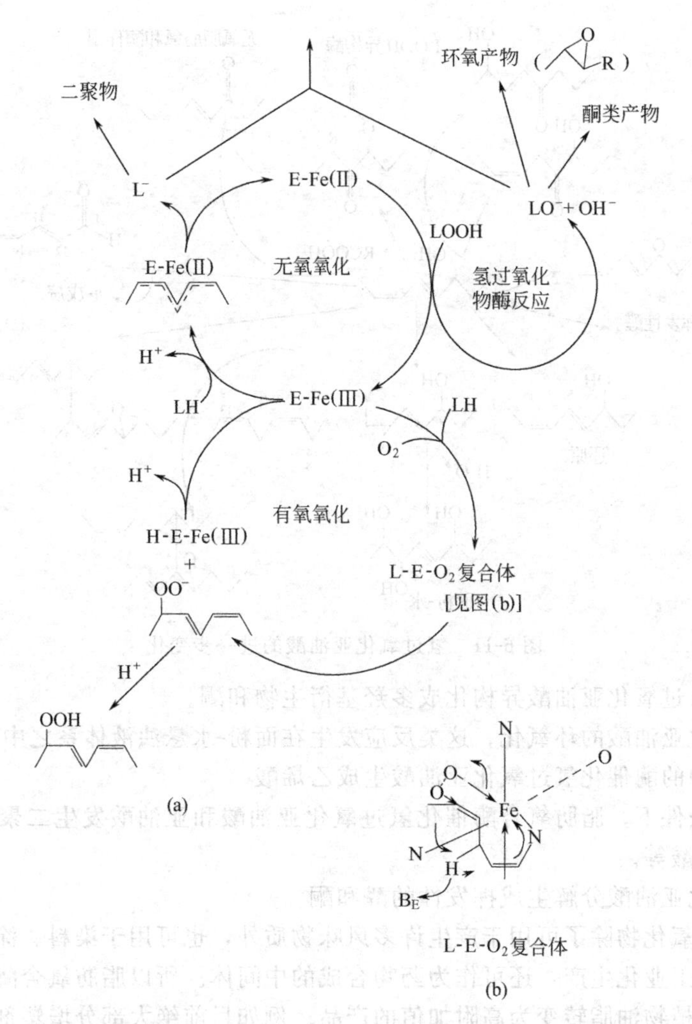

图 6-10　脂肪氧合酶催化含顺,顺-1,4-戊二烯结构的多不饱和脂肪酸的氧化过程

(a) 整体反应过程；(b) 脂肪酸、酶和氧形成的复合体的立体结构 (B_E 为酶)

反应体系同时避免了底物和产物对酶的抑制。Kermasha 等以亚油酸为模型底物，考察了大豆脂肪氧合酶在有机溶剂中的催化反应。研究结果表明，与在水溶液中相比，LOX 的活性在单相的异辛烷、辛烷、已烷介质中分别增加 2.6 倍、2.2 倍和 1.8 倍，而甲苯、氯仿、二氯甲烷对 LOX 活性有抑制作用。Pourplanche 等在大豆脂肪氧合酶（LOX-l）催化的反应体系中添加水溶性助剂，如山梨醇、蔗糖、麦芽糖等。研究结果表明，这些水溶性助剂的加入改变了酶的微环境，引起酶的构象的细微变化，进而影响酶的选择性，使反应产物中 9-氢过氧化物的比例增大。sudharshan 等研究了卵磷脂脱氧胆酸盐混合胶束对 LOX-1 催化位置专一性的影响。脂肪酸的烃基末端插入胶束中，而羧基暴露在胶束表面，LOX-1 的最适 pH 为 7.6 和 10.0，且以亚油酸为底物时，产物基本上都是 9-氢过氧化物。经圆二色谱研究，酶的三级结构有微小变化，二级结构未受影响。

6.7.2　脂肪氧合酶作用的初期产物的进一步变化

如果将氢过氧化亚油酸看作脂肪氧合酶的初期产物，那么它进一步变化的产物是十分复杂的，图 6-11 指出了氢过氧化亚油酸变化的可能途径。

① 氢过氧化亚油酸的还原，过氧化物酶体系参与这类反应。

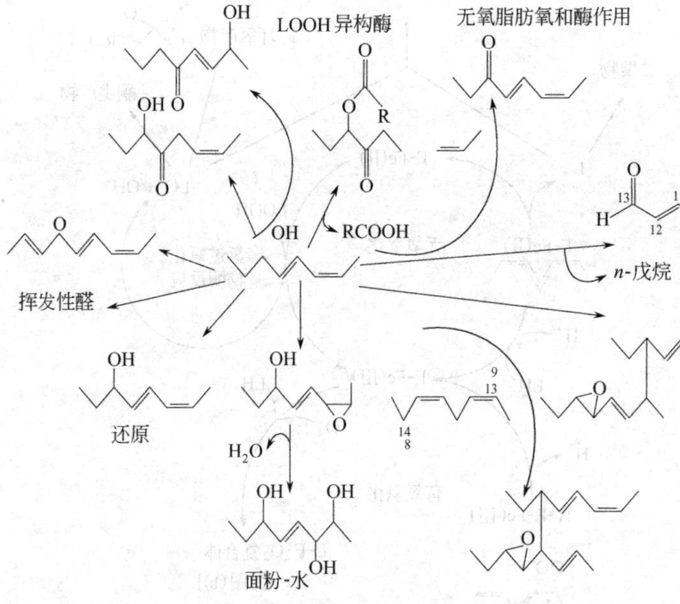

图 6-11 氢过氧化亚油酸的进一步变化

② 酶催化氢过氧化亚油酸异构化成多羟基衍生物和酮。

③ 氢过氧化亚油酸的环氧化，这类反应发生在面粉-水悬浊液体系之中。

④ 马铃薯中的酶催化氢过氧化亚油酸生成乙烯酸。

⑤ 在无氧条件下，脂肪氧合酶催化氢过氧化亚油酸和亚油酸发生二聚反应，同时生成戊烷和氧化二烯酸等。

⑥ 氢过氧化亚油酸分解生成挥发性的醛和酮。

脂质的氢过氧化物除了可用于产生许多风味物质外，也可用于染料、涂料、洗涤剂、聚氯乙烯增塑剂的工业化生产，还可作为药物合成的中间体。所以脂肪氧合酶也被用于其他工业催化用途，使植物油脂转变为高附加值的产品。例如目前绝大部分增塑剂以石油原料来制备，若利用脂肪氧合酶对脂肪酸进行选择性催化，形成特定的脂肪酸氢过氧化物衍生物，再将之环氧化生成环氧化脂质，则可以减小对石油的依赖，使天然油脂在这一工业领域中成为石油的代替品。

6.7.3 脂肪氧合酶的同工酶

1970 年，Christopher 等利用离子交换层析法将脂肪氧合酶分离成Ⅰ型和Ⅱ型，这两种组分在许多性质上都不同。大豆脂肪氧合酶有 4 种电泳类型，LOX-1 主要出现在层析法分离的Ⅰ型中，LOX-2 和 LOX-3 出现在Ⅱ型中，层析法的不断改进又将 LOX-3 分离成 LOX-3a 和 LOX-3b，这几种同工酶的性质比较见表 6-18。

脂肪氧合酶是一种单一的多肽链蛋白质。借助电子顺磁共振（EPR）、X 射线衍射（XRD）、红外（IR）、圆二色（CD）、磁性圆二色（MCD）等技术，人们对脂肪氧合酶的结构有了深入的了解。1987 年，利用分子克隆技术首次确定了大豆脂肪氧合酶（LOX-1）完整的氨基酸序列。1993 年，脂肪氧合酶的 XRD 结构及其催化位点的结构首次被报道。现在已经研究出了 3 种脂肪氧合酶的晶体结构，包括两种大豆脂肪氧合酶同工酶和 1 种鼠网织红细胞中的脂肪氧合酶。脂肪氧合酶有 839 个氨基酸残基（大豆 LOX-1）。植物脂肪氧合酶的氨基酸残基比动物脂肪氧合酶多 25%，但它们的氨基酸序列在某些区域内有很大的相关性，初期催化反应的机理基本相同。

表 6-18 几种脂肪氧合酶同工酶性质比较

性 质	LOX-1	LOX-2	LOX-3a	LOX-3b
最适 pH	9	6.8	7	7
Ca^{2+} 相关性	Ca^{2+} 激活	Ca^{2+} 激活	Ca^{2+} 抑制	Ca^{2+} 抑制
热稳定性	热稳定	受热易失活	受热易失活	受热易失活
等电点	5.70	5.85	5.95	6.20
二硫键数	4	4	3	3
含 HS—数	4	4.2	5.6 或 6	5.9
底物特性	阴离子底物(脂肪酸)	酯化底物	单氧化物	单氧化物
生成的氢过氧化物类型	13 位	9 位或 13 位	9 位或 13 位	9 位或 13 位
动力学常数 K_m/(mmol/L)	0.012(亚油酸)	0.016(花生四烯酸)	0.34(花生四烯酸)	0.34(花生四烯酸)

通过确定大豆脂肪氧合酶（LOX-1、LOX-2）的初级结构，可以观察到一个富含组氨酸（His）残基的区域。进一步的研究表明，His499、His 504 和 His 690（LOX-1）对键合铁原子很重要。铁原子活性中心位点包括 5 个内源配体和 1 个空余的外源配体。对大豆 LOX-1、LOX-3 来说，内源配位体由 3 个 His 残基（His499、His 504 和 His 690）、1 个 Ile839 残基末端碳原子上的羧基以及一个配位距离较一般配位键稍长的 Asn694 残基上的 δ-氧原子组成。第 6 个配位点也许被水分子配体占据，此位点是催化机制的关键。

6.7.4 脂肪氧合酶活力的测定

大豆脂氧酶的分析与纯化在 20 世纪 70～80 年代成为不少科学家努力研究的对象。由于同工酶的存在，更形复杂化的异质性使分析 LOX 采用了多种技术与方法。LOX 活性用多元不饱和脂肪酸如亚油酸、亚麻酸或花生四烯酸为底物，利用氧电极和分光光度法定量。

6.7.4.1 氧电极法

根据底物浓度一定，反应体系中的溶解氧浓度的变化与酶活力大小呈线性关系进行定量测定。由于 LOX 催化反应时耗氧，溶液中氧浓度减少。其减少的速率与酶活力大小成正比，利用氧电极可以精确地测定酶活力，此方法灵敏度极高，但测定时的温度要注意控制。此法最好与分光光度计法配合使用，因为用花生四烯酸为底物时测 LOX-2 的活力和用亚油酸为底物测 LOX-3 的活力可靠性欠佳。

6.7.4.2 分光光度法

LOX 使多元不饱和脂肪酸氧化形成具有共轭双键的过氧化物，此化合物在 234nm 波长处有吸收峰。峰的高度与酶活力有显著的正相关，可用分光光度计定量测定。测定时亦需控制好温度和时间等因素。此法迅速而灵敏，但底物浓度要尽量低，低到能反应线性关系的浓度即为合理。测定时记录 234nm 处的吸收值。

6.7.4.3 显色法

其原理是利用脂肪氧合酶偶联氧化反应，将还原性化学物质氧化产生显色反应。该方法简便、快速、成本低，不需要特殊设备。缺点是受酶液浊度的影响较大，灵敏度不高。

6.7.4.4 量压法

通过测量氧气被底物消耗的速率来测算酶的活力。该法具有广泛的适用性，它不仅适合于纯酶，而且也能应用在粗酶提取液活力的测定上。但量压法具有一些明显的缺点，这主要是指它的灵敏度较低，因此不能准确地测定反应中最初时刻氧气的消耗。如果延长测定的时间至 30min，那么脂肪氧合酶催化不饱和脂肪酸氧化的第二期反应将会干扰酶活力的测定。此外，在量压法中必不可少的振荡也会导致酶的失活。

6.7.4.5 同位素标记法

将作用底物如亚油酸进行同位素标记，根据代谢产物中放射性物质的多少即放射强度来确定 LOX 活性的大小。此法同时还可用来研究代谢产物的种类及比例，跟踪反应的进程，具有较高的准确性，但价格昂贵，操作不便，常用作酶的定位分析时采用。

亚油酸是测定脂肪氧合酶活力的最佳底物，由于它在水溶液中的溶解度取决于 pH，因此给实际的测定带来了困难。如果用硼酸缓冲液（pH 9.0）稀释亚油酸的乙醇溶液，那么就可以得到清澈的亚油酸钠溶液。此底物溶液甚至可被用于分光光度法测定脂肪氧合酶的活力，但仅限于 pH 9.0 和 pH 9.0 以上的 pH 范围。如果在反应混合物中加入 Tween-20 或其他乳化剂，就可以改进亚油酸的溶解性质，从而能在较为宽广的 pH 范围内采用此底物乳状液，根据分光光度法测定脂肪氧合酶的活力。十八-9,12-二烯硫酸酯具有良好的溶解性质，它可以作为脂肪氧合酶的底物。分子中末端阴离子并不影响它与酶的结合，因此采用此类底物是分光光度法测定脂肪氧合酶活力的一个重要改进。

6.7.5 pH 对脂肪氧合酶作用的影响

依据酶催化反应的基本原理，pH 对酶活力的影响主要是因为 pH 的改变会影响酶分子侧链上有关基团的解离状态，这些基团的解离状态与酶的专一性及酶分子中活性中心的构象有关，从而影响到酶活性中心的高级结构。同时也会影响底物分子中某些基团的解离状态。

脂肪氧合酶在遵从上述原理的同时，尚有其特殊性，就是它的作用底物亚油酸的溶解特性。由于脂肪氧合酶通常的底物亚油酸在 pH 低于 7 的范围内实际上是不溶解的。所以在 pH 低于 7 的环境条件下，影响反应速率的主要因素应该是亚油酸的溶解度及其在水相中的分散状态。尽管从实验数据得到钟形曲线，而且对大多数脂肪氧合酶这类曲线的最高点相当于 pH 7.0～8.0，但这样的实验结论应该是 pH 对酶、底物解离状态和构象影响以及底物溶解状态影响的综合结果。图 6-12 指出了表面活性剂 Tween 20 对大豆脂肪氧合酶活力-pH 曲线的影响。当使用 Tween 20 时（曲线 A），脂肪氧合酶的最适 pH 为 7.0，酶活力在此 pH 的两侧近乎对称地下降；当不使用 Tween 20 时（曲线 B），脂肪氧合酶的最适 pH 向碱性方向移动到 7.5，而且在整个 pH 范围内脂肪氧合酶的活力较低，在酸性 pH 范围内酶活力的下降尤为显著，在 pH 为 9 时两者的差别趋向于消失。

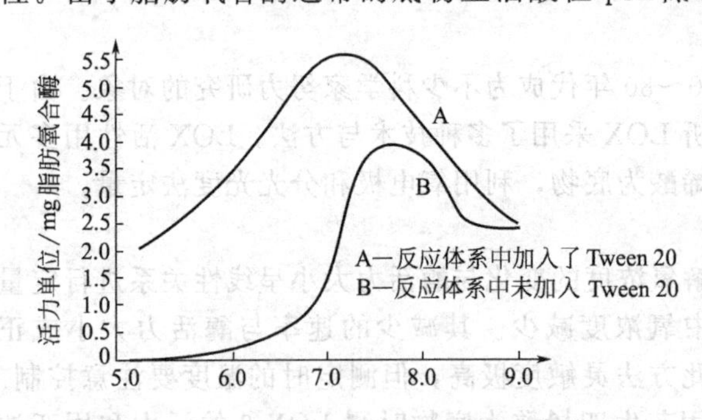

图 6-12 pH 对大豆脂肪氧合酶活力的影响

6.7.6 脂肪氧合酶的作用对食品质量的影响

脂肪氧合酶对食品质量的影响可以从利与弊两个方面来考察。脂肪氧合酶是食品原料中固有的一种酶，它的作用对食品质量的影响比较复杂，既有助于提高某些质量指标如颜色、质构、风味等，又可能对某些质量指标如营养成分含量、食品颜色等有不利的影响。

食品原料中脂肪氧合酶普遍存在。如果在食品贮藏加工中处理不当，由 LOX 催化的各种反应会大大影响产品的品质，并且 LOX 代谢产物——脂肪酸氢过氧化物能直接与食品中的有效成分氨基酸和蛋白质结合，降低产品的营养价值。所以食品贮藏加工中要求尽可能地降低原料中的 LOX 含量和活性。

脂肪氧化对于食品质量和人们的健康具有重要意义。脂肪氧化能改变食品的香气、风味、味道、质地、颜色和营养。VE 含量不足会引起脂类过氧化反应，它会导致组织尤其是膜的损伤。

一些食品的香气、风味和味道的改变通常是由多不饱和脂肪的氧化直接形成的产物引起的。更值得注意的是形成的自由基中间物，它们能与其他成分比如蛋白质、氨基酸、核酸、碳水化合物、维生素和色素，直接反应甚至使其发生改变，某些形成的物质可能有毒，比如潜在致癌物，Malonaldehyde。Malonaldehyde 可以作为含有二级氨基和亚硝酸盐的食品中形成 *N*-亚硝胺的催化剂。胆固醇的氧化产物可能有毒甚至致癌。脂肪酸氢过氧化物在 *N*-亚硝氨的形成中可以作为催化剂，比如在煎肉或烤肉当中。

脂肪氧合酶可能与漂烫的豌豆、豆角和其他豆科植物中的叶绿素的降解有关。

脂肪氧合酶在食品中的首次应用是对小麦面团中的类胡萝卜素的漂白，通常的做法是加入少量的具有较高脂肪氧合酶活力的大豆粉。

以大豆粉形式存在的脂肪氧合酶还可以加入到面团中来改变面团的流变性质，它可以增大面团体积并改善面团质构。脂肪氧合酶还能够增加面团抵抗过度混合的能力。对脂肪氧合酶这种能力的解释有多种，最易接受的是脂肪的氢过氧化物对麸质的硫醇基团的氧化。该假设由于脂肪氧合酶可以代替溴酸盐、碘酸盐等氧化剂而得到强化。一些研究人员认为脂肪氧合酶有助于释放被结合的脂肪。脂肪氧合酶还对延迟面包老化有明显作用。

脂肪氧合酶可以使水果和蔬菜产生愉快的风味和香气。在西红柿中由多不饱和脂肪酸形成的 2-已烯醛是很重要的。水果中由脂肪氧合酶引起的脂肪氧化的最初产物由其他酶类转化成为醇和酸，然后形成酯。

6.7.7　脂肪氧合酶的抑制

脂肪氧合酶的辅酶中含有 Fe^{3+}，其活化态为 Fe^{3+}，Fe^{2+} 为非活化态，所以通过降低 Fe^{3+} 浓度可以抑制脂肪氧合酶的活性，因此人们可以通过对 Fe^{3+} 的络合或者还原使脂肪氧合酶活性降低。

BHT 和 TBHQ 都是人工合成的效果较好的油脂抗氧化剂，它们能有效地抵制油脂的过氧化作用，而这一机制和脂肪氧合酶催化脂质过氧化反应在本质上是一样的。此外，半胱氨酸、Vc 等抗氧化剂对脂肪氧合酶活性也有抑制作用。

许多研究工作说明，酚类抗氧化剂能抑制脂肪氧合酶。棓酸丙酯、去甲二氢愈创木酸、茶多酚、V_E、迷迭香等多酚类抗氧化剂，都具有稳定氢过氧化物和消除游离自由基的能力。例如，棓酸丙酯在控制豌豆泥中的脂肪氧合酶的活力上非常有效。在实际应用中，抗氧化剂的有效性因难以在细胞破碎前将它引入到完整的组织中去而受到限制，但正是在食品材料研磨或粉碎时，脂肪氧合酶才显示出它的活力。

迄今为止，认为抗氧化剂的作用机制至少包括 3 种。通过酚羟基与自由基进行抽氢反应生成稳定的半醌自由基，从而中断链式反应以完成抗氧化作用；通过抗氧化剂的还原作用直接给出电子而清除自由基；通过抗氧化剂对金属离子的配合，降低若干需金属离子催化的反应的速率，从而间接实现抗氧化作用。上述物质就是几种机理的综合作用。

经过大量的实验总结，加热和控制 pH 是抑制脂肪氧合酶简便、实用的方法。控制食品加工时的温度是使脂肪氧合酶失活的最有效手段。如在豆奶加工中，将未浸泡的脱壳大豆在加热到 80～100℃的热水中研磨 10min 就可以消除不良风味。将脱壳的大豆在 100℃和干燥条件下加热或蒸煮也能得到类似的结果。在加工整粒大豆食品时，可采取浸泡 4h，然后热烫 10min 的方法使脂肪氧合酶失活。

将食品材料调节到 pH 偏酸性再热处理是使脂肪氧合酶失活的有效方法。例如，将大豆在 pH 3.88 和水一起研磨，然后再烧煮，能使脂肪氧合酶变性。

复习思考题

1. α-淀粉酶与 β-淀粉酶的主要区别有哪些？

2. 葡萄糖淀粉酶的作用特点及主要来源有哪些?
3. 纤维素酶的作用模式有哪些?
4. 蛋白酶的主要分类方式有哪些?
5. 弹性蛋白酶的来源。酶促特性及其主要的应用。
6. 以卵磷脂为例说明其降解所涉及的酶及特点。
7. 脂肪酶的催化特异性具体表现在哪些方面?
8. 试分析酵母中RNA彻底分解所需要的酶的种类?
9. 葡萄糖氧化酶催化反应的机理什么?写出分子反应式。
10. 测定葡萄糖氧化酶的活性时的注意事项是什么?
11. 支链淀粉完全降解为葡萄糖需要哪些酶的参与?
12. 纤维素降解的过程涉及哪些酶类?
13. 酸性蛋白酶、碱性蛋白酶、中性蛋白酶的来源及特性有哪些?
14. 丝氨酸蛋白酶的种类及其各自的特性有哪些?
15. 过氧化物酶所催化的反应类型有哪些?
16. 过氧化物酶的最适pH主要和哪些因素有关?
17. 如何理解食品酶学在食品科学体系中的重要意义?
18. 简述影响过氧化物酶热稳定性的因素。
19. 如何过氧化物酶热处理后酶活力的再生现象?
20. 简述脂肪氧合酶在食源材料中的分布及其利弊。
21. 脂肪氧合酶在植物中主要有哪些典型的作用底物，其氧化作用部位在哪里?
22. 脂肪氧合酶活力测定过程中有哪些必须注意的问题?

参 考 文 献

1 王璋编．食品酶学．北京：中国轻工业出版社，1991
2 孙俊良主编．酶制剂生产技术．北京：科学出版社．2004
3 周晓云编著．酶技术．北京：石油工业出版社，1995
4 张树政主编．酶制剂工业．北京：科学出版社，1984
5 郭勇编著．酶的生产与应用．北京：化学工业出版社，2003
6 腾霞，孙曼霁．羧酸酯酶研究进展．生命的科学，2003，15 (1)：31～36
7 于自然，黄熙泰主编．现代生物化学．北京：化学工业出版社，2001
8 张憋，陈德慰．绿色蔬菜加工中叶绿素金属离子络合物的研究进展．无锡轻工大学学报，2001，20 (4)：440～444
9 唐蕾．叶绿素酶研究的新进展．生命的化学，2002，22 (4)：373～374
10 徐恩斌，张忠兵，谢渭芬．乙酰胆碱酯酶的研究进展．国外医学・生理、病理科学与临床分册，2003，23 (1)：73～75
11 龚宁萍，陈朝银．耐热碱性磷酸酯酶的研究进展．药物生物技术，2004，11 (3)：207～210
12 徐卉芳，张先恩，张治平，张用梅．大肠杆菌碱性磷酸酶的体外定向进化研究．生物化学与生物物理进展，2003，30 (1)：89～94
13 张剑铭，何增耀，蔡建民．氟化钠对大豆酸性磷酸酯酶的抑制动力学研究．浙江农业大学学报，1996，22 (5)：453～456
14 彭立凤．微生物脂肪酶的研究进展．生物技术通报，1999，(2)：17～22
15 Balacao V M，Paiva A L，Malcata F X. Bioreactors with Immobilized Lipase. State of Art. *Enzyme Microb Technol*，1996，18 (6)：392～416
16 周晓云编著．酶技术．北京：石油工业出版社，1995

17 姜锡瑞，段钢．酶制剂实用技术手册．北京：中国轻工业出版社，2002
18 彭志英．食品酶学导论．北京：中国轻工业出版社，2002
19 贺稚非等．胞外弹性蛋白酶的理化特性及影响因素．食品与发酵工业，2005，(31) 4：10～13
20 李洪军，贺稚非等．微生物弹性蛋白酶催化动力学特性研究．食品科技，2003.7（增刊）112～116
21 陈列，常文保等．过氧化物酶催化反应的底物结构的研究．高等学校化学学报，1995
22 Siegel B Z. Plant peroxidases－an organic perspectives. Plant Growth Regulation. 1993
23 Dawson J H. Probe structure-function relations in heme-containing oxygenases and peroxidases. *Science*，1988
24 Dunford H B，Stillman J S. On the function and mechanism of peroxidases. *Coord Chem Rev*，1976
25 Banci，L. Structural properties of peroxidases. *Journal of Biotechnology*，1997
26 David F，Hildebrand R T. Lipoxygenases. *Physiol Plant*，1989
27 Gardner H W. Recent investigations into the lipoxygenase pathway of plants. *Biochem Biophysical Acta*. 1991
28 Tucker G A，Woods L F J. 酶在食品加工中的应用．第二版．李雁群，肖功年译．北京：中国轻工业出版社，2002
29 Naz，S. Enzymes and Food. Oxford，New York：Oxford University Press，2002

第7章　酶在粮油食品加工中的应用

知识要点

1. 酶在焙烤食品加工、制糖工业、糊精和麦芽糊精生产、环状糊精生产、油脂生产以及在改善食品的品质、风味和颜色中的应用

2. 酶的基本性质和应用原理及葡萄糖、果葡糖浆、饴糖、高麦芽糖浆、麦芽糖、麦芽糖醇、糊精、麦芽糊精和环状糊精等产品酶法生产的基本过程

自古以来，酶和食品就有着天然的联系，人们在生产各种食品时有意无意就利用酶。近50年来，酶科学得到了飞速发展，目前人类发现的酶已超过3000种。随着酶技术的发展，酶在粮油食品加工中得到了广泛应用。本章着重介绍酶在焙烤食品加工、制糖工业、糊精和麦芽糊精生产、环状糊精生产、油脂生产以及在改善食品的品质、风味和颜色中的应用。

7.1　焙烤食品加工中的应用

焙烤食品加工业是一个传统的工业，酶在该领域中的应用已经有几百年的历史，并且已生产出了许多高品质的产品。在过去的十几年里，许多研究主要致力于在焙烤食品加工过程中添加小麦内源酶和酵母酶，这些酶现在已被广泛接受。小麦和小麦粉中含有大量的活性酶，不同内源酶的活性变化很大，主要取决于不同的种植、收割和贮藏条件。如果其中的酶活性太高，则不适宜于用来制造面包；相反，如果活性太低，将导致产品质量较差。因此调节酶的活性和使得其他来源的酶与小麦内源酶的量最优化就构成了焙烤工业中酶应用的开始和基本原理。另外，随着焙烤工业的发展，焙烤用原料、焙烤工艺以及消费者需求也在发生变化，使焙烤工业面临着许多需要解决的问题，譬如，如何生产更多的各种各样的高品质的新鲜产品，怎样保持其天然品质等，这些问题的解决在很多情况下需要酶的帮助。本节着重介绍这些酶在焙烤食品加工中的应用，并介绍它们的作用机理。

7.1.1　淀粉酶

淀粉酶是水解淀粉酶的总称。工业酶可由植物、动物和微生物三种不同的来源产生。应用于焙烤食品加工中淀粉降解酶的一些性质见表7-1。

表7-1　淀粉降解酶的一些性质

类　型	T_{opt}/℃	T_{50}/℃	类　型	T_{opt}/℃	T_{50}/℃
完整小麦			真菌		
α-淀粉酶	60～66	75	α-淀粉酶	55～60	60～70
β-淀粉酶	48～51	60	葡萄糖淀粉酶	40～45	65～70
已发芽小麦			细菌		
α-淀粉酶	55～60	65～75	α-淀粉酶	70～80	85～90

注：T_{opt}—最佳活力时的温度（真菌葡萄糖淀粉酶pH=4.5，其他酶pH=5～6）；

T_{50}—50%酶被钝化时的温度。

焙烤食品中通过添加α-淀粉酶来改善质量。α-淀粉酶作用于糊化后的淀粉时，可从分子内部切开α-1,4 糖苷键而生成糊精，使淀粉液黏度急剧下降。另外，由于α-淀粉酶的作用使淀粉分子变小，更有利于α-淀粉酶的作用，这样使面团中酵母可利用的糖量增加，促进酵母的代谢。这一点对目前采用快速发酵法生产面包来说是很重要的。同时由于α-淀粉酶的作用产生还原糖，有利于增加面包的风味、表皮色泽，并改善面包的纹理结构，增大面包体积。

目前应用于焙烤业的α-淀粉酶有麦芽α-淀粉酶、真菌α-淀粉酶和细菌α-淀粉酶。不同来源的淀粉酶会使面包品质产生差异。如表 7-2 所示，添加麦芽淀粉酶、霉菌淀粉酶、细菌淀粉酶时，对面包质量有影响，即使同一种淀粉酶，由于来源不同也有明显的差异。这些淀粉酶的作用机理并无差异，但它们耐热性有着相当大的不同，见表 7-3。因此对焙烤制品的质量有很大影响。

表 7-2　α-淀粉酶的种类及添加量对面包品质的影响

α-淀粉酶种类	α-淀粉酶添加量 /(SKB/$g_{面粉}$)	面包容积 /mL	面包内质得分数	
			出炉	食感
对照	0	2.45	80	80
麦芽淀粉酶	0.20	2.75	95	95
	0.80	3.00	85	90
	1.60	2.86	90	85
霉菌淀粉酶	0.80	2.30	85	85
	1.60	2.95	80	80
细菌淀粉酶	0.01	2.60	90	90
	0.05	2.60	90	80
	0.20	2.64	75	60

表 7-3　各种α-淀粉酶的耐热性比较

温度 /℃	酶残留量/%			温度 /℃	酶残留量/%		
	麦芽淀粉酶	霉菌淀粉酶	细菌淀粉酶		麦芽淀粉酶	霉菌淀粉酶	细菌淀粉酶
30	100	100	100	80	25	1	92
60	100	100	100	85	1		58
65	100	100	100	90			22
70	100	58	100	95			8
75	58	3	100				

麦芽α-淀粉酶是最初应用于面包生产的酶。在生产上是大麦或小麦经浸泡、发芽、干燥、脱根、粉碎成粉末后，以麦芽粉的形式直接添加到面粉中。麦芽粉不仅含有α-淀粉酶，而且还含有β-淀粉酶和蛋白酶等，这两种酶是焙烤加工的面粉中所含的最重要的酶。它们不仅能改善面包的质量如色泽、风味和组织结构等，而且还能软化面筋，改善面团的操作性能，但不能改善面包制品的货架期。

真菌淀粉酶的添加方式与麦芽粉相同。它也能水解淀粉，形成焙烤食品的最佳性能。但是真菌淀粉酶的热稳定性差，往往在淀粉开始糊化前已大部分失活。因而真菌淀粉酶对淀粉的水解作用甚低，不会使制品中产生过多的糊精而发黏。

细菌淀粉酶一般使用枯草杆菌α-淀粉酶，由于其高度的热稳定性，在焙烤时仍有酶的活性存在，产生过多的可溶性糊精，结果使最终制品发黏而不被人们接受。这与酶用量和耐高温有关。

一些研究认为面包的变陈与淀粉起变化有关。当淀粉粒从溶解的形式返回到不溶的形式时，淀粉中的水分变成了非结合态。当淀粉不再能将水分保留在内时，就失去了柔软性，面包变得又硬又脆。通过选择适当的淀粉酶，能够在焙烤中对淀粉进行改性，干扰支链淀粉的再结晶，阻碍面包内膨胀的淀粉粒与蛋白质网状结构的交互作用，延缓面包的回凝变陈，面包也就能在更长时间中保持柔软。由此可见，淀粉酶对于面包的保质也是有利的。

7.1.2 蛋白酶

目前在焙烤工业中使用的蛋白酶有霉菌蛋白酶、细菌蛋白酶和植物蛋白酶。其中以霉菌蛋白酶的应用最为广泛，研究也最彻底。

面包生产中应用蛋白酶能改变面筋性能，其作用形式和面团调制时力的作用及还原剂的化学反应不同。蛋白酶的作用不是破坏二硫键，而是断开形成面筋的三维网状结构。蛋白酶在面包生产中的作用主要表现在面团发酵过程中。由于蛋白酶的作用，使面粉中的蛋白质降解为肽、氨基酸，以供给酵母氮源，促进发酵。这是因为在发酵初期酵母可利用存在于面粉中的含氮化合物，而发酵后期含氮化合物不足，添加蛋白酶的效果就能较充分地显示出来。应用蛋白酶可以缩短发酵时间。尽管蛋白酶的种类不同，切断肽键的位置不同，但作用于面筋都可将它分解成为相对分子量较小的物质，从而降低了面团的黏度，因此适当地添加蛋白酶，可使面团的黏性适中并缩短面团调制时间。由于降低了面团弹性，使面团的延伸性增强，面筋的膜变薄，发酵时面筋的网孔变得细密，可获得触感柔软、紧密而均匀一致的面包。此外，由于蛋白酶在55～60℃失活，因此在烘烤过程中基本不发生作用，但在面团发酵时生成的氨基酸会与糖发生反应，可使面包外皮色泽改善，增加面包香味。

蛋白酶不仅应用于面包生产中，而且细菌蛋白酶或霉菌蛋白酶也曾在硬脆饼干的生产中使用。蛋白酶与还原剂在饼干面团中的作用机理不同。蛋白酶对面筋蛋白质的破坏作用是不可逆的。它能改善饼干面团黏弹性，使面团具有在不撕展的情况下压成很薄的片状，同时使面团在烘焙时保持平整而不卷边。

需要注意的是蛋白酶添加量必须适宜。如果蛋白酶用量过多，会使面团松弛，降低持气能力。不同来源的蛋白酶其添加量不同。此外，应注意选用专一性较弱的蛋白酶。因为面筋的肽键没有必要小到氨基酸及小分子肽的程度，以不使面筋的网状结构发生大的变化为度。同时，在面团中使用的蛋白酶主要是在面团发酵的初期发挥作用，在烘烤过程中又希望它的作用消失，故应选用热稳定性低的蛋白酶较为适宜。

7.1.3 脂肪氧合酶

这种酶广泛地分布于各种植物中，在豆类中具有较高的活力，其中尤以大豆中的活力为最高，见表7-4。

表7-4 几种植物中脂肪氧合酶的相对活力

植　物	大豆	绿豆	豌豆	小麦	花生
相对活力/%	100	47	35	2	1

脂肪氧合酶在焙烤工业中起着重要的作用。在面团的调制过程中，添加脂肪酶可防止面包老化，这是因为脂肪酶能将甘油三酯分解为单或双甘油酯。脂肪氧合酶能催化面粉中的不饱和脂肪酸发生氧化，生成芳香的羰基化合物而增加面包风味。此外这种酶氧化不饱和脂肪酸产生的氢过氧化物进一步氧化蛋白质分子中的巯基（—SH），形成二硫桥（—S—S—），并能诱导蛋白质分子聚合，使蛋白质分子变得更大，从而增加面团的搅拌耐力，改善面团结构。另外，脂肪氧合酶还能使面粉中的胡萝卜素氧化而退色，从而使面包芯变白，这有利于制造白色面包。使用此酶可使面粉中的亚油酸氧化生成过氧化物，由过氧化物再氧化麸质的

巯基，或直接由氧来氧化巯基，从而促进麸质的形成。

另一方面，据报道，内源脂肪氧合酶对面糊的品质有害。它能引起芳香成分的损失以及能导致异味物质（如三元酸）的形成，尤其是在这种酶的量多和面团的机器输入功高时发生。

大豆粉是一种很好的脂肪氧合酶来源。在一些面包中（如港式面包）通常以大豆粉或脱脂大豆粉的形式添加，添加量一般约为面粉的 0.5%～3.0%。

7.1.4 戊聚糖酶

戊聚糖酶可来源于许多微生物，木霉、绿色木霉是常用的酶源，作为面团改良用酶已有一段时间。它能提高面团的机械调理性能，增大面包体积及延缓面包老化等功能。不过需要注意的是，使用过量会引起戊聚糖的过度降解，造成面团发黏、面包焙烤品质的整体下降。

戊聚糖酶在面包制作中的作用机理至今仍没有定论。有研究表明，戊聚糖酶可增加面筋的筋力。有人认为戊聚糖酶的改良作用在于对不可溶戊聚糖的部分降解，增加了可溶性戊聚糖的含量，使面筋网络的形成更加充分。另有生化分析认为，戊聚糖酶的加入可使面筋中戊聚糖含量降低，从而改善面筋与淀粉的网络结构。Weegels（1990 年）认为麦谷蛋白与戊聚糖的结合会严重妨碍面筋网络的形成，戊聚糖酶的作用则破坏了这种结合。最近已研究了戊聚糖酶对小麦面粉和黑麦面粉中戊聚糖的作用。结果表明：戊聚糖能结合水使产品烘烤后硬化（面包的干硬），而戊聚糖酶具有消除戊聚糖和防干硬的特性。利用戊聚糖酶使纤维素溶解，还可以降低纤维素对面包制作特性的影响。

由于消费者偏爱，在一些国家全小麦面包是生产的一种主要类型。目前应用不同的纤维原料出现了生产和品质问题，这是由于不同的纤维原料具有不同的束水性能，导致面团的吸水速率和吸水量产生差异。戊聚糖酶可用来校正这些差异以及解决与生产高纤维面包相关的品质问题。正因如此，全小麦面包和高纤维面包也许会成为戊聚糖酶应用的一个主要领域。在其他焙烤制品的生产中几乎没有应用戊聚糖酶的报道。

7.1.5 脂肪酶

脂肪酶可从植物、动物和微生物中得到，在焙烤中最有名的一种来源是大豆粉。它属于非特异性羧酸酯水解酶，作用于脂肪酸甘油酯酯键，彻底水解后的产物为甘油和脂肪酸，最适作用 pH 因酶来源不同而异，一般为 7.0～8.5（来源于植物的 pH 为 5.0），作用温度为 30～40℃。

脂肪酶能够调整面团的性能，如改进面团的流变性，增加面团在过度发酵时的稳定性，增加烘烤膨胀性以使面包有更大的体积，改进不含起酥油面团的面包瓤结构。脂肪酶之所以具有良好的调整面团性能，是因为它能提高面团中面筋的强度和弹性。最近，Lund 大学进行的一项研究表明，在焙烤过程中加热到 100℃时，脂肪酶可增加液-晶相逆六角相的热稳定性。有学者认为，这可能就是脂肪酶在面包制造中的作用机理之一。但是若过量使用脂肪酶，面筋复合物的强度就会过大，使面团变得太硬，降低面团体积的增加速度，产生相反效果。

脂肪酶能改进无油配方或含油配方面包的膨胀性，但对于含有氢化起酥油的面包配方，则没有作用。在改进面包瓤的弹性方面，脂肪酶也没有太大的作用。

与众多酶制剂一样，脂肪酶的添加量在很大程度上与面包类型、面包制作配方相关，最适添加量由烘焙实验确定。

7.1.6 葡萄糖氧化酶、巯基氧化酶

工业上可以用多种霉菌来生产葡萄糖氧化酶，通常使用的是黑曲霉、橘色青霉和特异青霉（*Penicillium notatum*，有时也叫点青霉或符号青霉），这些霉菌在受控条件下进行深层

发酵，再经有机溶剂、吸附剂等分离纯制后就可得到精品酶，生产出的葡萄糖氧化酶具有大致相同的分子量（约为 1.5×10^5），每个酶分子含有两个黄素腺嘌呤（FAD）。产品溶于水，但不溶于乙醇等有机溶剂。

葡萄糖氧化酶（glucose oxidase）能催化葡萄糖的氧化，在有氧条件下能将葡萄糖氧化成与其性质完全不同的葡萄糖-δ-内酯，并伴随有过氧化氢的形成。这个反应需要氧气的存在，因此发生在仍含有气态氧气的混合过程中。其反应如下式所示。

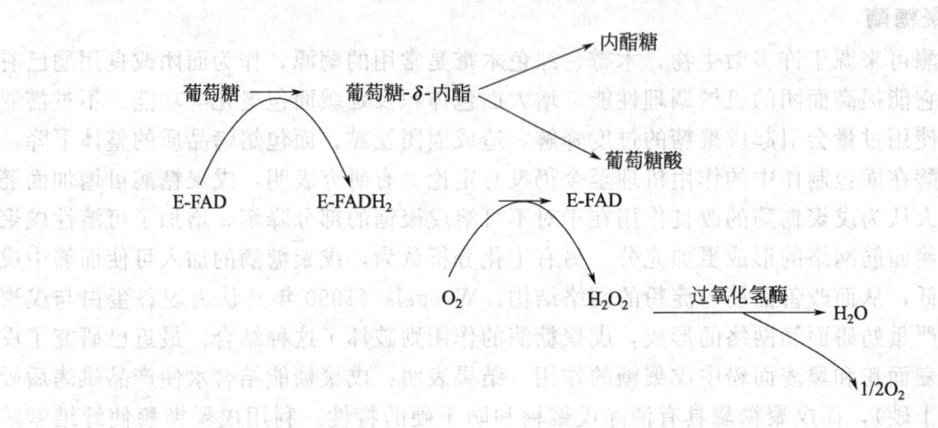

葡萄糖氧化酶对 β-D-葡萄糖具有很高的专一性，pH 在 4.5～7.5 内均有很高的活性，在实际应用中，由于底物葡萄糖起着稳定剂的作用，因此适用的 pH 范围更宽，从而也扩大了该酶的使用范围。与其他酶类一样，反应的最适温度为 30～60℃，在此范围内酶的活性随温度的升高而增加，但是由于该反应是需氧反应，温度变化影响氧在反应体系中的溶解度。温度升高氧的溶解度下降，从而抵消了因升温而加速反应的效应，因此葡萄糖氧化酶的最适温度低于 40℃，在实际生产中通常使用 30～32℃。

传统的观点认为葡萄糖氧化酶通过对面团中面筋的氧化而达到改良面包品质的目的。葡萄糖氧化酶可氧化面筋蛋白中的—SH 键，从而加强了面筋蛋白间三维空间的网状结构，强化了面筋，生成了更强、更具弹性的面团，对机械冲力有更强的承受力，更好的入炉急涨特性以及更大的面包体积，从而使烘焙质量得到提高。该酶在面团中起作用，在烘焙过程中失活。对于某些面筋较弱的小麦面粉，如大部分国产小麦，其作用更为明显。例如，葡萄糖氧化酶添加量为 0.05‰，强筋面粉（特一粉）的拉伸阻力和能量平均比对照样增加了 23.3% 和 16.2%；面筋粉（富强粉）的拉伸阻力和能量平均比对照样增加了 107.7% 和 87.1%。葡萄糖氧化酶通过氧化面粉中的葡萄糖，生成葡萄糖酸和过氧化氢，过氧化氢进一步氧化面粉中的硫氢基（—SH）使之生成二硫键（—S—S—），从而增强了面筋网络，提高了面团强度，起到改善面粉质量的作用。注意防止过量添加，过量会导致面筋过强而变脆。葡萄糖氧化酶在广泛的温度范围内都具有活性，见图 7-1。在 pH 为 3.5～7.0 时稳定，见图 7-2。同时可耐温至少 50℃，甚至可用于 60℃。在冷藏条件下（5℃）葡萄糖氧化酶标识活力至少为一年。用量为 $0.25\sim7.00\mathrm{g}/100\mathrm{kg}_{\text{面粉}}$。

但是最新有研究表明，其作用对象主要是面粉中的水可提取物质，包括可溶性戊聚糖和蛋白质。其催化反应的产物之一是 H_2O_2，面粉中天然存在着过氧化物酶，而 H_2O_2/过氧化物酶是已知促使阿拉伯木聚糖产生氧化胶凝的最有效的氧化体系，由此可以预见在添加了葡萄糖氧化酶的面团中，阿拉伯木聚糖的性质可能会发生改变。由此影响到面团乃至面包的品质，葡萄糖氧化酶对面包品质的改良作用也可能与此有关。

巯基氧化酶能从黑曲霉中分离得到，可更加直接地作用于蛋白质二硫桥的形成，因为它

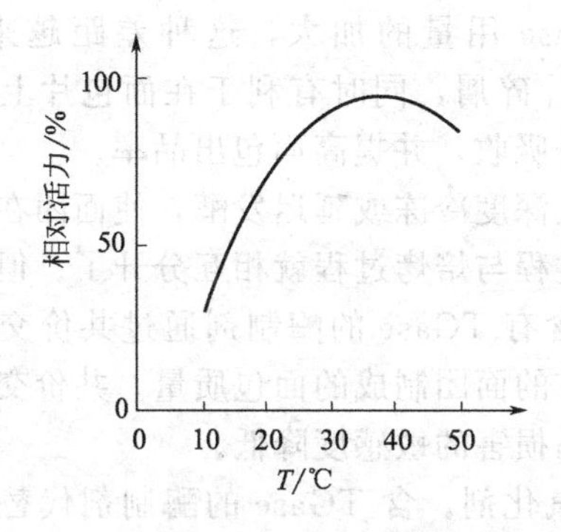

图 7-1 pH 5.1时葡萄糖氧化酶相对活力与温度的关系

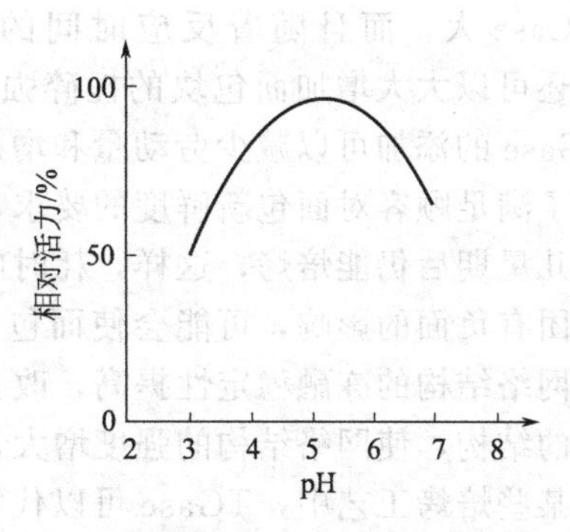

图 7-2 温度为25℃时葡萄糖氧化酶相对活力与pH的关系

直接氧化游离的巯基。巯基氧化酶也能产生过氧化氢。

葡萄糖氧化酶在提高面团的持气能力方面比脂肪氧化酶更有效。1989年Haarasilta和Vaeisaenen发明了利用葡萄糖氧化酶和巯基氧化酶作为面团强化剂的专利，还发明了结合使用纤维素降解酶和葡萄糖氧化酶来代替溴酸盐的技术。这一点相当重要，因为利用抗坏血酸来代替溴酸钾将导致问题产生和品质降低。1994年Mutsaers证实了他们的结论，发现了两种酶作用的显著差异。单独利用巯基氧化酶产生一种比利用葡萄糖氧化酶延伸性更强的面团。两种酶结合使用将大大地提高面团的稳定性。

7.1.7 乳糖分解酶

乳糖酶分布在植物（主要在杏仁、桃及苹果中）、微生物（米曲霉、臭曲霉和脆壁酵母）以及哺乳动物的肠内。

在一些面包的生产中添加脱脂奶粉及乳糖。乳糖酶可以将乳糖分解为葡萄糖和半乳糖。奶粉中的乳糖不能被酵母所利用，因酵母细胞中不能分泌出乳糖酶，所以乳糖全部作为剩余糖存在于面团中。由于乳糖熔点低，在烘烤含奶粉的面包时要降低烘焙温度。通过乳糖酶的作用可将乳糖分解成可发酵性糖类，加速酵母的发酵产生气体，使面包体积增大。另外剩余的半乳糖则可参与着色反应，改善面包的色泽。其用量一般为加入奶粉量的0.006%以下。

7.1.8 谷氨酰胺转氨酶

谷氨酰胺转氨酶（E.C.2.3.2.13，简称TGase）是一种催化酰基转移反应的转移酶，最初是从豚鼠肝中分离获得，后来从其他动物、酵母、霉菌中相继发现了TGase。虽然人们对微生物TGase的发现较动植物中的晚，但微生物TGase种类多，与动植物TGase相比，它的最适作用pH、温度和底物专一性等具有广泛多样性，而且微生物工业化生产TGase具有生产成本低、产酶周期短和不受环境制约等优点。

TGase可催化蛋白质以及肽键中谷氨酰胺残基的γ-羧酰胺基和伯胺之间的酰胺基转移反应，利用该反应可以将赖氨酸引入蛋白质以改善蛋白质的营养特性；当蛋白质中赖氨酸残基的γ-氨基作为酰基受体时，蛋白质在分子内或分子间形成。通过该反应，蛋白质分子间发生交联，使得食品以及其他制品产生质构变化，从而赋予产品特有的质构特性和黏合性能；当不存在伯胺时，水会成为酰基的受体，谷氨酰胺残基脱去氨基，该反应可以用于改变蛋白质的等电点及溶解度。

Gottmann等人在1992年首先使用TGase处理焙烤制品，他们发现在和面过程中添加TGase可以提高面团稳定性和面块的体积，用TGase处理弱筋小麦面粉同样可以制得体积大、组织结构好的面包。Gerrard等人在面团应力松弛试验中发现，TGase可以显著增加面团的应力松弛时间。虽然L-抗坏血酸和溴酸钾也能增加面团的应力松弛时间，但其程度远不及 TGase 大，而且随着反应时间的延长或 TGase 用量的加大，这种差距越来越大。TGase 还可以大大增加面包块的捏碎强度，减少切片碎屑，同时有利于在面包片上涂抹黄油。TGase 的添加可以减少劳动量和增加面团的水分吸收，并提高面包出品率。

为了满足顾客对面包新鲜度的要求，面团经常被深度冷冻或延迟发酵，使面团在贮藏了几天或几星期后仍能焙烤，这样，耗时的面团制备过程与焙烤过程就相互分开了。但深度冷冻对面团有负面的影响，可能会使面包质量变差。含有 TGase 的酶制剂通过共价交联作用使面筋网络结构的冻融稳定性提高，改善经深度冷冻的面团制成的面包质量。共价交联能稳定面筋的结构，使网络结构的强度增大，从而对冰晶损害的敏感度降低。

在某些焙烤工艺中，TGase 可以代替乳化剂和氧化剂。含 TGase 的酶制剂代替乳化剂后能改善面团的稳定性，提高焙烤产品的质量，面包颜色较白，内部结构均一，且面包体积较大。TGase 也可用来代替某些化学氧化剂如溴酸钾、偶氮甲酰胺等。氧化剂通过形成二硫键来加强面筋的弹性和韧性，可改善面包的品质，但许多国家对这些氧化剂的使用有严格的限制，有的国家甚至禁止使用。TGase 是一种天然的蛋白质，因具有独特的共价交联作用可以代替化学氧化剂，从而降低氧化剂的用量。

在高纤维面包的制作过程中，高比例的纤维含量破坏了面团中淀粉、面筋和戊聚糖等成分的平衡，从而降低了面团的可焙烤性。当加了含 TGase 的酶制剂后，可以制得混合均匀的面团，提高面团的稳定性，在使用机械分割和机械成型的情况下效果更好。TGase 也可用于薄层状面团，Gerrard 等人发现，在薄层状面团中使用 TGase 能显著提高新月形面包的体积。在馒头制作中，TGase 可以提高面筋蛋白的吸水量，在蒸煮过程中有更多的水分释放给淀粉，同时可以使面团表面不黏而利于机械加工，这在用炉子焙烤和用蒸汽蒸煮的工艺中都有利。

TGase 不仅可用于面包，而且还可用于其他焙烤制品，例如蛋糕、蓬松油酥点心、饼干和面包糠。通过添加 TGase 可能防止蛋糕在焙烤后的塌陷，蛋糕的体积、内在的结构和蛋糕的质构也得到提高。添加 TGase 的蓬松油酥点心的体积比对照组的要大，产品的体积可增大 30%。添加 TGase 后，焙烤产品（如蓬松油酥点心和饼干）的脆度加强，并且脆度趋向于更加持久。使用 TGase 可降低油炸圈饼的吸油率，没使用 TGase 的油炸圈饼含 18.2%的脂肪，而添加 TGase（$0.1U/g_{面粉}$）的油炸圈饼只含 13.8%的脂肪，吸油率降低了 25%。用 TGase 处理油炸面包圈得到了类似的结果，而且油炸面包圈的脆度也得到了提高。

7.1.9 混合酶

在面包制造中使用混合酶制剂并不是一项新技术。众所周知，戊聚糖酶或木聚糖酶与真菌淀粉酶结合使用时能产生协同作用。一般来说，较高的纯木聚糖酶用量可使面团体积增大，但当用量过高时，面团就会变得太黏。将木聚糖酶与少量的真菌淀粉酶结合使用时，就可采用较少量的 α-淀粉酶和木聚糖酶，制得较大体积和较好总体质量评分的面团，并避免发黏的问题。

由于脂肪酶不会使面团发黏，而且能够大大地改进面团的稳定性和面包瓤的结构，因此木聚糖酶或淀粉酶与脂肪酶之间的协同作用为改进面包质量提供了许多可行性。不但减少所需的酶制剂用量，且较大程度地增加面团体积的同时又不会使面团发黏，制成的面包具有细腻、柔滑、均匀的面包瓤结构。

麦芽淀粉酶是一种既不会影响面包体积，又不会影响面包瓤结构的抗老化酶。将这种酶与其他酶如真菌淀粉酶、木聚糖酶和脂肪酶结合使用，就能保证面包的质量参数如体积、面团稳定性和面包瓤结构，延长保质期、增加面包瓤柔软性和弹性。

葡萄糖氧化酶具有很好的氧化作用，能使面团的强度增大，但也会使之干硬，而高用量的真菌淀粉酶则能赋予面团较好的延伸性，将这两种酶结合使用就能产生协同作用。在某些焙烤食品配方和加工方法中将葡萄糖氧化酶与真菌 α-淀粉酶结合使用，可取代某些面包配方中使用的溴酸盐等氧化剂。此外，当两种酶与少量的抗坏血酸一起使用时，面团不仅非常稳定，而且能够增加水吸收能力，使面包体积有更大的增长，面包皮也更为松脆，从而提高面包整体的感官品质。

上述只介绍了各种酶在面包中的应用，在具体应用时还要根据实际情况来选用适宜的酶及其用量，才能获得高质量的面包。

7.2 制糖工业中的应用

酶在制糖工业的应用历史悠久。约3000年前淀粉制糖首先开始于中国，麦芽将米中淀粉水解成麦芽糖用作食品甜味料，这便是酶技术的应用。西方国家开始较晚，1811年Kirchoff在德国添加硫酸于马铃薯淀粉乳制胶黏剂，错误地多加了酸，得到甜的糖浆，这是淀粉制糖的开始。20世纪20年代初美国较大规模生产淀粉糖品，用酸法技术制葡萄糖和糖浆等。60年代初期酶法技术获得发展，先是酸酶法，以后是双酶法，不同酶法逐步代替了酸法技术。1967年又采用异构化酶将甜度较低葡萄糖转变成更甜的果糖生产果葡糖浆，大大促进了淀粉制糖工业的发展。酶不仅用于生产葡萄糖、果葡糖浆、麦芽糖，还可以用于生产饴糖、高麦芽糖浆、麦芽糖醇等。在这些产品的酶法生产过程中应用的酶有α-淀粉酶、β-淀粉酶、葡萄糖淀粉酶、脱支酶和葡萄糖异构酶、环状糊精葡萄糖基转移酶等。一些酶的性质见表7-5。

表7-5 一些淀粉酶的性质

来源	淀粉酶种类	淀粉分解机理		其他性质
		切断的键	主要生成糖的种类及比例	
植物				
麦芽	α(β)	α-1,4	糊精及麦芽糖	Ca^{2+}能保护酶
动物				
唾液	α	α-1,4	糊精及麦芽糖	Ca^{2+}能保护酶 Cl^-能活化酶
胰脏(猪)	α	α-1,4	糊精及麦芽糖	Ca^{2+}能保护酶 Cl^-能活化酶
细菌				
枯草杆菌(*B. Subtilis*)	α(糖化型、液化型)	α-1,4	葡萄糖6%、麦芽糖30%、糊精	Ca^{2+}能保护酶
根霉(*Rhizopus*)	α(G. A.)	α-1,4 (α-1,4;α-1,6)	葡萄糖100%	Ca^{2+}不能保护酶
霉菌				
黑曲酶(*Asp. niger*)	α(G. A.)	α-1,4 (α-1,4;α-1,6)	葡萄糖90%、其他为寡糖	—
米曲酶(*Asp. oryza*)	α(G. A.)	α-1,4 (α-1,4;α-1,6)	葡萄糖80%～90%、其他为寡糖	—
酵母				
拟内孢霉(*Endomycopsis*)	α(G. A.)	α-1,4 (α-1,4;α-1,6)	葡萄糖80%、其他为寡糖	耐热性低
不完全菌				
卵孢霉(*Oospora*)	α	α-1,4	糊精、麦芽糖	Ca^{2+}能保护酶

注：G. A.—葡萄糖淀粉酶；α—α淀粉酶；β—β淀粉酶；( )—内为同时生成的酶；霉菌生成的糖是在G. A.共存下分解生成的。

7.2.1 葡萄糖生产中的应用

葡萄糖的生产方法很多，有酸法、酸酶法、全酶法等。以前惯用酸法生产葡萄糖，但酸法在*DE*值高于55时产生异味。20世纪50年代末，日本成功地应用酶法水解淀粉制得葡萄糖，之后，葡萄糖的生产在国内外大都逐渐采用酶法。与酸法相比，该法生产葡萄糖具有如下优点。

① 酶法制糖工艺可直接使用淀粉质粗原料，如大米、玉米、木薯片等；而酸法制糖工艺需要使用精原料，如玉米淀粉、木薯淀粉等。

② 酶法制糖工艺水解反应温和，不纯产物较少，淀粉转化率高，可达96%以上；而酸法制糖工艺水解反应激烈，不纯产物也多，淀粉转化率一般只在90%～92%。

③ 酶法制糖工艺蛋白质凝聚结团好，去除率高，糖液色泽浅，透光率常在80%以上，远高于酸法工艺的40%～60%。

④ 酸法制糖工艺投料浓度低于酶法制糖工艺，对设备材质要求耐酸耐压，糖化液有强烈苦味，色泽深，为使水解率达到要求，工艺管理困难，水解中止需要中和；酶法制糖工艺不需要设备耐酸耐压，糖化液无苦味和色泽生成，而且水解中止时不必中和。

酶法生产葡萄糖所用的酶主要是*α*-淀粉酶和葡萄糖淀粉酶。*α*-淀粉酶（E.C.3.2.1.1）广泛分布于植物界、动物界和微生物界。生产中使用的*α*-淀粉酶有中温*α*-淀粉酶和耐高温*α*-淀粉酶。*α*-淀粉酶以随机的方式作用于淀粉而产生还原糖。以直链淀粉为底物时，反应一般按两个阶段进行。首先直接淀粉快速地降解产生寡糖，在这一阶段，直链淀粉的黏度以及与碘发生呈色反应的能力很快地下降。第二阶段的反应比第一段要慢得多。它包括寡糖缓慢地水解生成最终产物葡萄糖和麦芽糖。第二阶段的反应并不遵循第一阶段随机作用的模式。*α*-淀粉作用于支链淀粉时，产生葡萄糖、麦芽糖和一系列*α*-极限糊精（由4个或更多个葡萄糖基构成的寡糖），后者都含有*α*-1,6-糖苷键。葡萄糖淀粉酶（E.C.3.2.1.3）又称糖化酶，是一种外切酶，它从淀粉分子非还原性末端逐个地将葡萄糖单位水解下来，具有较低的特异性，既能作用于*α*-1,4-糖苷键，又能作用于*α*-1,3-糖苷键和*α*-1,6-糖苷键，但水解这三种糖苷键的速率是不同的。当有*α*-淀粉酶参与作用时，葡萄糖淀粉酶可使淀粉完全降解。商业上各种不同纯度的葡萄糖淀粉酶主要是由霉菌中的曲霉和根霉生产的。

酶法生产葡萄糖是以淀粉为原材料，先经*α*-淀粉酶液化，再用糖化酶催化生成葡萄糖。其简单工艺过程如下。

淀粉 → 调浆 → 酶法液化（最好采用喷射液化法） → 酶法糖化 → 脱色 → 过滤 →

离子交换 → 真空浓缩 → 液体葡萄糖 → 固体葡萄糖

葡萄糖产品可以是结晶或粉状的固体葡萄糖，也可以不经结晶及干燥制成液体葡萄糖浆。液体葡萄糖可进一步用于生产果糖、高果糖浆，也可用作各种发酵产品，如酒精、白酒、谷氨酸等的生产原料。

7.2.1.1 结晶葡萄糖

结晶葡萄糖是相对于液体葡萄糖浆、固体全糖粉而言的，是以结晶状态存在的葡萄糖的总称，产品种类较多，名称也不统一。按用途分类，结晶葡萄糖可分为注射用葡萄糖、口服用葡萄糖、工业用葡萄糖和湿固糖四种。

以淀粉为原料，采用酸法、酸酶法或双酶法，制出高转化葡萄糖浆（液体葡萄糖），再经过精制（硅藻土过滤、活性炭脱色与过滤、离子交换树脂处理等）、浓缩、结晶（冷却结晶、蒸发结晶或真空蒸发结晶）和离心分离、干燥等工序即制成结晶葡萄糖。

针对不同的葡萄糖品种，应选择不同的结晶生产工艺路线。例如，生产口服和工业用的一水葡萄糖可采用一次冷却结晶流程；生产注射级一水葡萄糖，应选用二次冷却结晶工艺流程；生产注射级无水*α*-D-葡萄糖，可选用直接真空煮糖结晶流程，也可选用冷却结晶-煮糖结晶流程；生产无水 α-D-葡萄糖，选用冷却结晶-真空蒸发结晶流程。

结晶器是生产葡萄糖结晶最主要的设备，常用的有冷却结晶器（罐）、蒸发结晶器（煮糖罐）和真空蒸发结晶器（强制循环蒸发结晶器）三种类型。此外，过滤分离设备、干燥与筛分设备等也是生产结晶葡萄糖的主要设备。表 7-6 列出了葡萄糖结晶常用的主要设备。

表 7-6 生产结晶葡萄糖的主要设备

工 段	一水葡萄糖		无水葡萄糖(注射级)
	口服级	注射级	
调浆	蒸后糖液贮罐 母液蒸后贮罐	浓糖加碳加热罐 板框压滤机	蒸后浓糖贮罐
冷却	冷却器	浓糖冷却槽	板式热交换器
一次结晶	冷却结晶机	冷却结晶机	冷却结晶机 板式热交换器
二次结晶		冷却结晶机 溶糖罐	溶糖罐 煮糖罐 真空泵 换热器 助晶机
离心分离	螺旋给料机 离心分离机 母液贮罐 洗水贮罐	螺旋给料机 离心分离机 母液贮罐 洗水贮罐	螺旋给料机 离心分离机 母液贮罐 洗水贮罐
干燥	干燥装置	干燥装置	干燥装置
筛分	转动筛	转动筛	转动筛

7.2.1.2 葡萄糖粉

淀粉经液化、糖化所得的糖化液，净化后浓缩干燥，未经结晶分离，即包括未结晶的部分，全部变成商品淀粉糖，称为全糖。全糖商品有全糖浆和全糖粉（葡萄糖粉）。显然，不经结晶分离的全糖生产，其产品得率较高、过程简单，成本也低于结晶葡萄糖。

为了保证全糖产品的纯度适于食品工业使用，应采用酶法制全糖。按照口服葡萄糖的工艺要求，酶法糖液经脱色、交换、浓缩至 75%以上，即得全糖浆，再经结晶固化、切削粉碎或经喷雾结晶，就得到全糖粉。其主要工艺技术要点如下。

① 淀粉配成 33%的淀粉乳。

② 加耐高温 α-淀粉酶（2×10^4U/mL）0.5～0.6L/$t_{淀粉}$，调节 pH 6～6.5。

③ 一级喷射液化：105℃，40～60min。

④ 二级喷射液化：135℃，汽液分离，停留 8min。

⑤ 过滤：滤除未液化的固形物和喷射过程凝固的蛋白质。液化液 *DE* 值 12～15，透光率 85%以上，也可在最后再加一次精制淀粉酶。

⑥ 糖化：加糖化酶（10×10^4U/mL）0.75～1L/$t_{淀粉}$，在 60℃、pH 4.5 下维持 32～48h，转化率 97%～98%，*DE* 值 97.5%～98%。

⑦ 除胶：可加入糖量 1%的膨润土，再通过有助滤剂硅藻土的过滤机。

⑧ 脱色：pH 5.0、80℃、30min，用活性炭（质量为糖质量的 0.2%～0.4%）脱色，透光度达 80%以上。

⑨ 交换：采用阳-阴离子交换树脂，每 1m^3 树脂加料速率为 2m^3 糖液。每 1m^3 树脂每次交换负荷为糖液 15m^3 左右，一般不小于 10m^3，然后再生。

⑩ 浓缩：从 30%左右浓缩到 75%以上成为全糖浆，可作为商品出厂。蒸发浓缩设备可采用外加热蒸发器或降膜蒸发器、刮板蒸发器。

⑪ 结晶固化制粉：将净化的糖液浓缩到 85%～90%时加入一定量的晶种，搅拌均匀，倒入结晶槽中，在 40～50℃下使之迅速结晶凝固，并进一步在 10～25℃放置 72h，继续养

晶，使无水葡萄糖转为一水葡萄糖。当结晶体成为糖块后进行粉碎。对块状固体葡萄糖的粉碎不能使用普通粉碎机，必须用切削的方法。因为普通粉碎机会使固体葡萄糖在撞击时溶化成饼，粘结在机器上。切削法粉碎固体葡萄糖能保证含有结晶水的一水葡萄糖成细片，然后经干燥机使游离水分降至1%，再过筛获得成品全糖粉。

也可采用喷雾结晶成粉：*DE* 值 97 以上的糖化液经净化并浓缩至 78%以上时，维持在 50℃下慢慢搅拌形成微晶，物料呈糖膏状，通过泵进入离心喷雾干燥器干燥筒中。此时，雾状糖膏迅速形成结晶颗粒，并又接触到周围的雾滴而长大，随之成球形而下落。这是在一个短时间内产生全糖颗粒的过程。

但无论是结晶固化还是喷雾结晶，都决定于葡萄糖的浓度和纯度。纯度低于 60%的葡萄糖液不能制取结晶产品。正确控制糖浆的浓度，便于获得所要求的结晶。

需指出的是，葡萄糖生产中所采用的α-淀粉酶和糖化酶都应达到一定的纯度，尤其是糖化酶中应不含或少含α-葡萄糖苷转移酶（简称α-糖苷酶），否则会严重影响葡萄糖的得率及结晶，因为该酶可催化葡萄糖生成异麦芽低聚糖。

7.2.2 果葡糖浆生产中的应用

全世界的淀粉糖产量已达 1000 多万吨，其中 70%为果葡糖浆。果葡糖浆由葡萄糖异构酶催化葡萄糖异构化生成部分果糖而得到的葡萄糖与果糖的混合糖浆。葡萄糖的甜度只有蔗糖的 70%，而果糖的甜度比蔗糖高，当糖浆中的果糖含量达 42%时其甜度与蔗糖相同。由于甜度提高了，糖使用量减少了，而且摄取果糖后血糖不易升高，还有滋润肌肤的作用，因此很受人们的欢迎。

日本首先使用游离葡萄糖异构酶工业化生产果葡糖浆，1973 年以后，国内外纷纷采用固定化葡萄糖异构酶进行连续化生产。果葡糖浆生产所使用的葡萄糖，一般是由淀粉浆经α-淀粉酶液化，再经糖化酶糖化得到的葡萄糖，通过层析等方法分离纯化制成含量为 40%～45%的精制葡萄糖液，要求 *DE* 值大于 96。将精制葡萄糖液 pH 调节为 6.5～7.0，加入 0.01mol/L 的硫酸镁，在 60～70℃的温度条件下，由葡萄糖异构酶催化生成果葡糖浆。异构化率一般为 42%～45%。

钙离子对α-淀粉酶有保护作用，在淀粉液化时需要添加，但它对葡萄糖异构酶却有抑制作用，所以葡萄糖溶液需用层析等方法精制。

葡萄糖异构酶（glucose isomerase，E.C.5.3.1.5）的确切名称是木糖异构酶（xylose isomerase），发现于 1957 年，生产菌种主要是放线菌、芽孢杆菌、节杆菌等。多数微生物培养基中需要木糖诱导，需要 Mg^{2+}、Co^{2+} 存在。工业上采用的菌种几经更迭，现在使用的不需菌种木糖诱导，不用 Co^{2+} 的菌种有暗色产色链霉菌（Gist Brocades 公司、Nagase 公司）、凝结芽孢杆菌（Novo 公司）、橄榄色链球菌（Miles 公司）、米苏里游动放线菌（Gist Brocades 公司）和芽杆菌（ICI，Americas 公司）。

葡萄糖异构酶是一种催化 D-木糖、D-葡萄糖、D-核糖等醛糖可逆地转化为酮糖（即 D-木酮糖、D-果糖和 D-核酮糖）的异构酶，见下式。葡萄糖通过该酶作用，可以将 1%～50%

```
    CHO                        CH2OH
     |                           |
  H—C—OH                        C═O
     |                           |
 HO—C—H     ⇌ 异构化 ⇌       HO—C—H
     |                           |
  H—C—OH                     H—C—OH
     |                           |
  H—C—OH                     H—C—OH
     |                           |
    CH2OH                      CH2OH
  D-葡萄糖                     D-果糖
```

的糖分转化为果糖。果糖甜度超过葡萄糖2～3倍，是一种较理想的营养甜味剂、可代替蔗糖用于饮料、糕点、冷饮、罐头等食品工业。

该酶最适pH根据其来源不同而有所差别。一般放线菌产生的葡萄糖异构酶，其最适pH在6.5～8.5。但在碱性范围内，葡萄糖容易分解而使糖浆的色泽加深，为此生产时pH一般控制在6.5～7.0。

D-木糖异构酶对底物的选择性是很严格的。短乳杆菌和凝结芽孢杆菌的酶只对C2与C4的羧基是顺式的戊糖和已糖有专一性，而对L-木糖、D-或L-阿拉伯糖、D-来苏糖、D-甘露糖以及半乳糖都无作用。白色链霉菌还可催化阿洛酮糖和鼠李糖的异构化，米苏里游动放线菌可催化半乳糖异构化。这些酶的活力都与Mg^{2+}有关。

葡萄糖转化为果糖的异构化反应是吸热反应。随着反应温度的升高，反应平衡向有利于生成果糖的方向变化，如表7-7所示。异构化反应的温度越高，平衡时混合糖液中果糖的含量也越高。但当温度超过70℃时，葡萄糖异构酶容易变性失活，所以异构化反应的温度以60～70℃为宜。在此温度下，异构化反应平衡时，果糖可达53.5%～56.5%。但要使反应达到平衡，需要很长的时间。在生产上一般控制异构化率为42%～45%较为适宜。

表7-7 不同温度下反应平衡时糖组成

反应温度/℃	25	40	60	70	80
葡萄糖/%	57.5	52.1	46.5	43.5	41.2
果糖/%	42.5	47.9	53.5	56.5	58.2

由表7-7可见，提高温度将促进果糖的生成，因此得到耐高温的异构酶是非常重要的。已从嗜热的*Thermotogo*中分离出一种超级嗜热的木糖异构酶，其最适温度接近100℃，这种酶能把葡萄糖转化为果糖，这样就能在高温条件下反应提高果糖的产量。

异构化完成后，混合糖液经精制、浓缩，至固形物含量达71%左右，即为果葡糖浆。其中含果糖42%左右，葡萄糖52%左右，另有6%左右为低聚糖。若将异构化后混合糖液中的葡萄糖与果糖分离，将分离出的葡萄糖再进行异构化，如此反复进行，可使更多的葡萄糖转化为果糖。由此可得到果糖含量达55%、90%甚至更高的糖浆，称为高果糖浆。果葡糖浆生产工艺流程如图7-3。

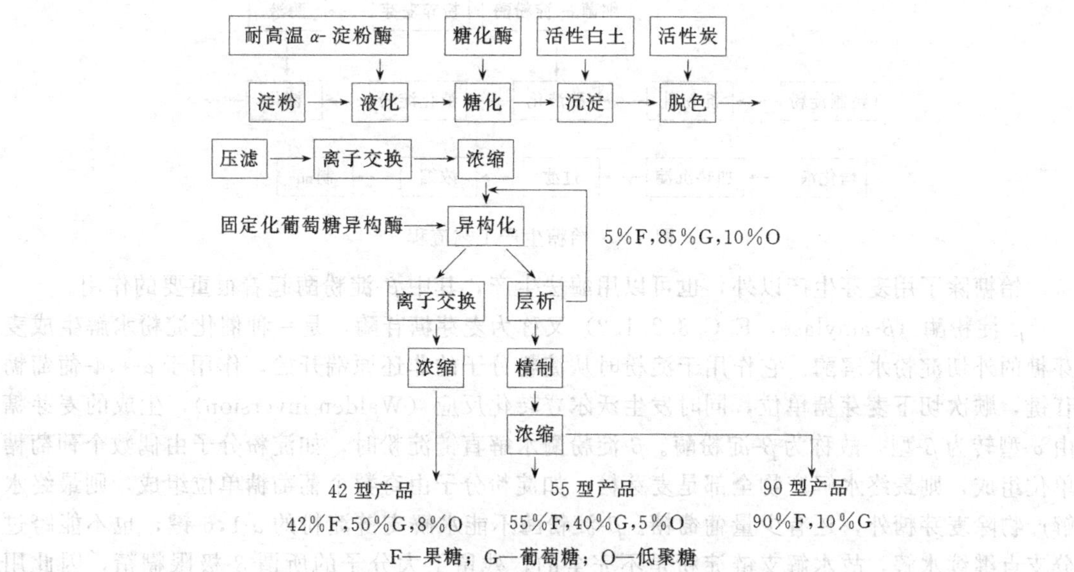

图7-3 果葡糖浆生产工艺流程

7.2.3 饴糖、麦芽糖、高麦芽糖浆和麦芽糖醇生产中的应用

饴糖、麦芽糖、高麦芽糖浆，其名称是按制法和麦芽糖含量不同而相对区分的。饴糖是中国的传统食品，也是现代生产麦芽糖与高麦芽糖浆的基础。麦芽糖浆是以麦芽二糖为主要成分的液态淀粉糖产品，其中葡萄糖相对较少。一般用酶法水解淀粉或原粮制得。按麦芽糖与其他糖分相对组成的多少，麦芽糖浆又可分为（普通）麦芽糖浆、高麦芽糖浆、超高麦芽糖浆。三种产品的组成见表7-8。

表7-8 三种麦芽糖浆产品的组成

产品名称	葡萄糖/%	麦芽糖/%	三糖以上的糖/%
普通麦芽糖浆	5～10	40～50	40～50
高麦芽糖浆	3～5	55～60	35～42
超高麦芽糖浆	0.5～5	70～80以上	15～25

7.2.3.1 饴糖的生产

中国的饴糖制造已有两千多年历史，传统生产是用米蒸熟成饭，拌入磨碎的麦芽浆，利用麦芽中的α-淀粉酶和β-淀粉酶，将淀粉糖化成麦芽糖浆。这种方法既费劳力又费粮食。后来国内饴糖已改用碎米粉等为原料，先用细菌淀粉酶液化，再加少量麦芽浆糖化，这种新工艺使麦芽用量由10%减到1%，而且生产也可以实现机械化和管道化，大大提高了生产效率，节约了粮食。

制麦芽饴糖时，淀粉乳的液化程度*DE*约为10～15，也有在液化时就降低温度，随即使用麦芽进行糖化的。此时，添加相当于淀粉量约0.3%～0.5%的麦芽（只用麦芽抽出液），在55～60℃作用约5h。

添加麦芽后，搅拌约20min，静置，在糖化终了时，浮游的凝固物大部分沉淀在底部，得到澄清的糖化液。分解率约为35%。

糖化结束后加热到90℃以上使酶失活。随即加沉淀剂，加热、过滤，由真空浓缩到水分含量为16%左右，得到麦芽饴糖。制品因有色素，如有必要，可用活性炭或离子交换树脂处理得到精制麦芽饴糖，工艺流程见图7-4。

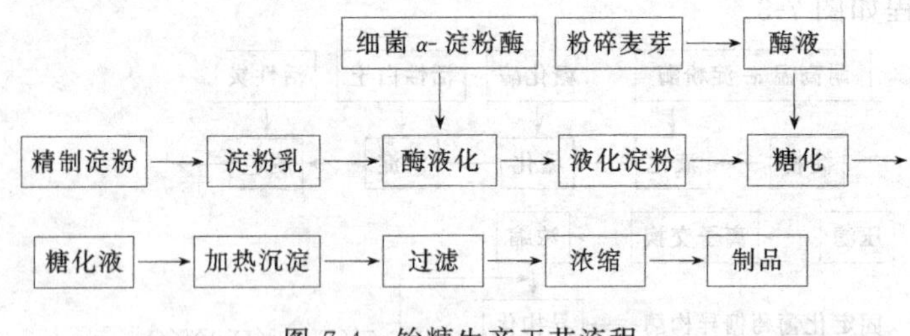

图7-4 饴糖生产工艺流程

饴糖除了用麦芽生产以外，也可以用酶法生产，其中β-淀粉酶起着很重要的作用。

β-淀粉酶（β-amylase，E.C.3.2.1.2）又称为麦芽糖苷酶，是一种催化淀粉水解生成麦芽糖的外切淀粉水解酶。它作用于淀粉时从淀粉分子的非还原端开始，作用于α-1,4-葡萄糖苷键，顺次切下麦芽糖单位，同时发生沃尔登转化反应（Walden inversion），生成的麦芽糖由α-型转为β-型，故称为β-淀粉酶。β-淀粉酶水解直链淀粉时，如淀粉分子由偶数个葡萄糖单位组成，则最终水解产物全部是麦芽糖；如淀粉分子由奇数个葡萄糖单位组成，则最终水解产物除麦芽糖外，还有少量葡萄糖。β-淀粉酶不能水解支链淀粉的α-1,6-键，也不能跨过分支点继续水解，故水解支链淀粉是不完全的，残留下大分子的所谓β-极限糊精，因此用麦芽粉酶水解淀粉时麦芽糖的含量通常低于40%～50%。

饴糖的酶法生产是将大米或糯米磨成粉浆，调节到浓度为18～20Bě，pH为6.0～6.5，加入一定量的α-淀粉酶，在85～90℃反应一段时间，以碘反应颜色正好消失时为终点（DE15～20）。液化结束后，冷却至62℃左右，加入一定量的β-淀粉酶，保温反应一段时间使糊精生成麦芽糖。酶法生产的饴糖中麦芽糖的含量可达60%～70%，可以从中分离得到麦芽糖。

若在加入β-淀粉酶进行糖化的同时，添加一些支链淀粉酶，则因后者切开支链淀粉α-1,6-键，而得到只含α-1,4-键的直链淀粉。由此可以减少界限糊精的量而生产出麦芽糖含量更高的饴糖。

7.2.3.2　麦芽糖的生产

工艺流程包括调浆、液化、糖化等步骤，见图7-5。

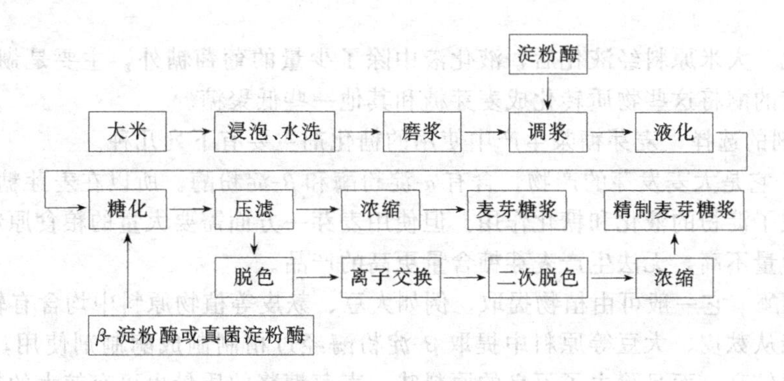

图7-5　麦芽糖的生产

（1）调浆　大米经磨浆后的，加水调淀粉乳浓度至15～17Bě，调节pH为6.2～6.5，耐高温淀粉酶添加量为12U/$g_{原料}$，加$CaCl_2$0.03%～0.05%。

（2）液化　麦芽糖生产中，液化DE值的控制是至关重要的。如果液化液中葡萄糖含量增多，最终糖化液中的麦芽糖含量就会减少。因此，液化液DE值应控制在低水平，一般以10%～12%为宜。

① 液化酶的选择　麦芽糖浆的酶法工艺，在耐高温淀粉酶出现之前大多采用中温淀粉酶液化。此法在工艺上有其不足。一是液化温度低，淀粉液化不彻底、不均匀，而且大分子糊精较多，过滤性能不好；二是中温淀粉酶含有较多的蛋白酶，在液化过程中会水解原料中的部分蛋白质成为氨基酸。这样既不利于蛋白质凝聚后从液化液中除去，又会使液化液中的葡萄糖等与之反应生成有色物质，加深麦芽糖浆的色泽。耐高温淀粉酶与中温淀粉酶相比，液化温度高，正常液化温度在105℃左右，最高可达110℃，所以淀粉液化更为彻底。耐高温淀粉酶所含的蛋白酶量极少，不影响蛋白质从液化液中凝聚后除去。目前，麦芽糖工业上已普遍采用耐高温淀粉酶作为淀粉液化用酶。

② 液化操作　麦芽糖浆的生产，从液化设备分有间歇式、连续式、喷射式等。喷射式液化采用喷射器连续液化，生产量大，液化均匀，是大中型麦芽糖浆生产厂常采用的液化方法。其喷射操作过程如下。

蒸汽首先进入喷射器，将液化系统的设备、管路预热至液化温度。当温度达到稳定状态后，将已含有耐高温淀粉酶的粉浆直接用泵送入喷射器与蒸汽相混合，同时利用进料回流阀控制进料速率，保持喷射器出口温度在105℃。为保证喷射液化的顺利进行，供给喷射器的蒸汽压力需在0.4MPa左右。压力过低，常会引起供汽不足而造成液化不全。喷射后料液需经高温维持5min左右，以便淀粉彻底糊化，料液进入保温罐后继续液化至结束，液化时间60～

100min。液化结束后，为保持液化液质量的稳定，需升温灭酶。升温前可适当降低液化液的pH，一般可降至pH 5.8左右，以利于提高液化液的灭酶效果。一般情况下，液化液升温灭酶时可将料温升至125℃以上，维持时间10min，可达到杀灭耐高温淀粉酶活力的目的。

采用间歇式液化的厂不少。采用间歇式液化时，可在调浆后将粉浆直接打入液化罐。液化罐内可预先放入一定量的底水，也有不加底水的。如果没有底水，液化时可将粉浆一次性打入液化罐内，然后直接通入蒸汽。蒸汽的供给，重要的一点是汽量要足，要保证料液迅速升温达到并超过其糊化温度，直至煮沸，使淀粉液化能与糊化在短时间内同步进行，以获得良好的液化效果。如果在加温煮沸后，一边将煮沸的料液引入另一液化罐继续液化直至结束，一边将调好的粉浆送入液化罐煮沸液化，则可实现连续液化。如果液化时先放入底水，可在通入蒸汽后先将底水煮沸。然后在沸腾状态下将调好的粉浆送入液化罐，满罐后继续液化至结束。

（3）糖化　大米原料经液化后，液化液中除了少量的葡萄糖外，主要是糊精和低聚糖，必须通过相应的酶将这些物质转化成麦芽糖和其他一些低聚糖。

① 糖化剂的选择　麦芽糖浆生产中使用的糖化剂主要有下列几种。

a. 麦芽　它是大麦发芽的产物，含有α-淀粉酶和β-淀粉酶。所以在麦芽糖浆的生产中，麦芽同时完成了淀粉的液化和糖化作用。但使用麦芽一方面需要大量的粮食原料，另一方面是麦芽糖的含量不高，无法生产麦芽糖含量更高的产品。

b. β-淀粉酶　它一般可由植物提取，例如大豆、麸皮等植物原料中均含有较多量的β-淀粉酶。如果能从麸皮、大豆等原料中提取β-淀粉酶经过精制制成酶制剂使用，不仅β-淀粉酶的单位活力较高，而且除去了不良的原料味，麦芽糖浆的质量也可有较大的提高，这是酶法工艺的优点。

β-淀粉酶可除从植物中提取外，还可通过微生物的发酵过程获得。但从目前实际生产情况看，采用植物β-淀粉酶的还是居大多数。

c. 真菌淀粉酶　它不同于一般常用的β-淀粉酶，是由微生物产生的一种酶，它的主要产物是麦芽糖和麦芽三糖。真菌淀粉酶是一种内切酶。能从淀粉分子内部切开分子中的α-1,4-葡萄糖苷键，大量生成麦芽糖和包括麦芽二糖在内的一些低聚糖以及少量葡萄糖。真菌淀粉酶与β-淀粉酶相比，糖浆中麦芽糖的含量要稍高一些，例如利用β-淀粉酶做糖化剂时，糖浆中的麦芽糖含量一般不超过55%，而利用真菌淀粉酶做糖化剂时，糖浆中的麦芽糖含量可达到55%～60%。所以有一些厂直接利用真菌淀粉酶来生产高麦芽糖浆，同时不再添加普鲁兰酶或异淀粉酶等脱支酶做辅助用酶。

d. 脱支酶　异淀粉酶（isoamylase）和普鲁兰酶（pullulanase）都是脱支酶。脱支酶是水解支链淀粉、糖原等大分子化合物中α-1,6-糖苷键的酶。其中异淀粉酶只能水解支链淀粉中的α-1,6-糖苷键，不能水解直链淀粉中的α-1,6-糖苷键；普鲁兰酶不仅能水解支链淀粉中的α-1,6-糖苷键，也能水解含α-1,6-糖苷键的葡萄糖聚合物，如普鲁兰（多聚麦芽三糖）等。由于上述几种麦芽糖糖化剂均没有切开淀粉分子中α-1,6-葡萄糖苷键的能力，所以在糖化结束后，糖化液中会有大量的带有α-1,6-葡萄糖苷键的糊精分子存在，阻止了糖化剂的进一步作用。如果糖化时同时添加脱支酶，它就能将糊精分子中的α-1,6-葡萄糖苷键迅速切开，糖化剂的作用就能继续深入下去，直至糖化全部完成。所以，生产高麦芽糖浆，特别是超高麦芽糖浆时，添加脱支酶是必不可少的。

② 糖化操作　糖化时，应根据不同产品、不同酶制剂的特性决定不同的糖化条件。生产普通麦芽糖浆可按下列条件进行：液化液经冷却至58～60℃时，调节pH至5.5～5.8，加入β-淀粉酶150～250U/$g_{原料}$，糖化6～12h。在糖化温度相同的条件下，酶的用量越大、

糖化时间越长，糖液中麦芽糖含量越高。在上述糖化条件下，麦芽糖含量在40%～50%。

液体的麦芽糖经干燥成粉末产品时，可采用喷雾干燥，也可用结晶和喷雾结合方法制造结晶麦芽糖粉末。另一种制备高纯度麦芽糖的方法是采用渗析膜分离法，纯度可达95%～98%，再经结晶一次可提高到99%以上。

麦芽糖最重要的特点是甜味适中、溶液黏度低、增稠性强、吸湿性也低，而且有极好的热稳定性，在糖果、糕点、饮料等工业上应用极广。高纯度麦芽糖可代替葡萄糖用于静脉注射，即使在高浓度麦芽糖情况下，也不引起血糖升高，因此适用于糖尿病患者。还能与蛋白质、氨基酸、维生素、电解质和其他物料等混合配制注射液供给病人营养。还能用插管鼻吸法补充病人营养。

7.2.3.3 高麦芽糖浆的生产

高麦芽糖浆是含麦芽糖为主的淀粉糖浆（麦芽糖含量在50%～60%以上），仅含少量葡萄糖，具有很小的吸水性、较小的黏度、较高的透明度、温和适口的甜度、较好的导热性等优良性能，因而颇受糖果业的欢迎。在果冻、糕点、饮料等产品生产中也有应用。在日本和欧共体国家，已普遍生产和应用高麦芽糖浆，是液体淀粉糖浆中占主要地位的品种。

其制法是以含固形物35%、*DE*10左右的淀粉液化液，加入霉菌α-淀粉酶（fungamyl 800L）0.5%～0.8%，于pH 5.5、55℃水解48h，再经脱色、精制、浓缩而成。日本是用大豆β-淀粉酶水解低*DE*液化淀粉而制成。麦芽糖浆的组成因所采用的原料和酶的不同而异，不同组成的糖浆风味也不一样。

淀粉经麦芽糖基外切淀粉酶（如大麦β-淀粉酶）部分水解会形成难以被进一步水解的极限糊精。因此这种情况下麦芽糖的最大形成量为60%。如果反应中有脱支酶参与，就不会形成β-极限糊精，而麦芽糖的产量比较高。

工业生产的脱支酶主要来自克氏杆菌（*K. pneumoniae*）或蜡状芽孢杆菌变异株（*B. cereus var*，*mycoides*），以及酸性普鲁兰芽孢杆菌（*B. acidopullulytieas*）。该酶水解茁霉多糖-聚麦芽糖的α-1,6-键，故又称为茁霉多糖酶。β-淀粉酶主要来自大豆（大豆蛋白质生产时综合利用的产物）及麦芽，微生物也生产β-淀粉酶（主要为黏芽孢杆菌、蜡状芽孢杆菌等），因这类微生物还同时生产脱支酶，故水解淀粉时麦芽糖得率可达90%～95%，但这类微生物耐热性不是很理想。

要生产麦芽糖含量高于80%的糖浆，必须防止形成链长短不一的葡萄糖聚合物（聚合度为5、7、9等）。这是因为在用β-淀粉酶水解之后，这些聚合物会形成麦芽三糖。因此起始底物的葡萄糖值应该低。

假单胞菌异淀粉酶和肺炎克雷伯氏菌茁霉多糖酶二者同大麦β-淀粉酶联合使用时，适于高麦芽糖浆的生产；两种酶联合使用时，麦芽糖含量最高；单独使用，异淀粉酶优于曲霉多糖酶，见图7-6。

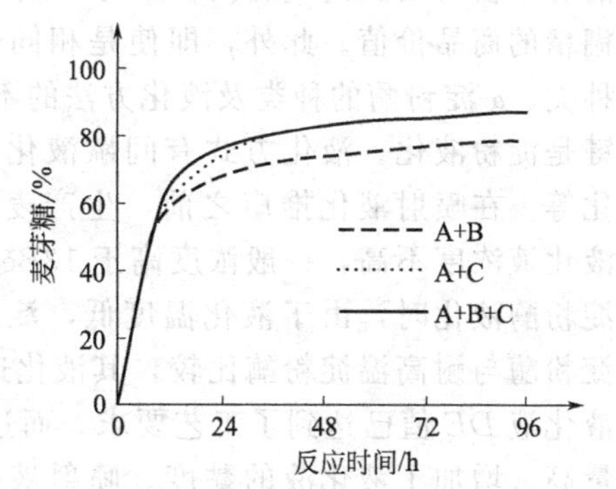

图7-6 采用大麦β-淀粉酶由麦芽糖糊精生产高麦芽糖浆

A—β-淀粉酶；B—茁霉多糖酶；C—异淀粉酶；底物—30%玉米淀粉；先用酶液化到*DE*值8，pH 5～5.5，50℃；酶的剂量—β-淀粉酶2U/g干物质，茁霉多糖酶1.5U/g干物质，异淀粉酶200U/g干物质

应用交联的丙烯酰胺和丙烯酸为载体，使用固定酶柱法也能生产高麦芽糖浆。这种固定法操作简单、条件温和。但液化淀粉浓度很高时会发生凝沉和流通阻塞问题。对于连续生产，将液化淀粉立即经热交换器、过滤器，再进入固定化酶柱还是可行的。也能用活性炭固定化酶柱生产超高麦芽糖浆。由麦芽糖浆制备超高麦芽糖浆还能用阳离子交换树

脂柱分离法、炭柱分离法、超滤法等。

7.2.3.4 麦芽糖醇的生产

麦芽糖的半缩醛羟基被还原成羟基，转变成麦芽糖醇，甜度增高，相对甜度约为蔗糖的0.9倍，味道纯正，接近蔗糖，但不被消化，又不被口腔微生物代谢，不会引起龋齿病，为无热量的食品甜味料，特别适于糖尿病、高血压、肥胖病患者食用。

由麦芽糖制糖醇用加压氢化法，用镍为催化剂。将麦芽糖配成50%的溶液在9.8MPa压力下氢化，加入10%的镍，于90～125℃搅拌氢化到还原糖残存量0.5%以下，过滤去除镍催化剂，用活性炭和离子交换树脂精制得澄清无色的麦芽糖醇液。

若将所得麦芽糖醇溶液浓缩到含量为80%，加入1%无水麦芽糖醇晶体为晶种，不断搅拌，3d后由50℃冷却到20℃，用离心机分离晶膏，再用少量水洗晶体，得无水麦芽糖醇，纯度达99.8%。无水麦芽糖醇熔点为146.5～147℃，溶解度为100g水溶解165g（25℃），甜度较麦芽糖高，一般湿度下不吸潮。

麦芽糖醇的热稳定性好，在高温下既不分解也不变色。在硬糖果生产中应用时，中等程度转化糖浆熬糖温度约130℃，麦芽糖浆则可提高到约155℃。若通过氢化，将其转化为麦芽糖醇，则能大大提高其受热稳定性，加热到约200℃，或达到无水状态也不变色或分解，与含氮物质共同受热也是如此。这种氢化糖浆具有较高的甜度和较低的黏度。

7.3 糊精和麦芽糊精生产中的应用

糊精是淀粉低程度水解的产物，其中*DE*值在20或以下的糊精称为麦芽糊精，又称为水溶性糊精或麦精粉等。糊精和麦芽糊精易溶于水、黏度大、吸湿性低、甜度低，是食品工业中良好的增稠剂、填充剂和吸收剂，可广泛用于食品、饮料、糖果和罐头中。另外，在医药工业、纺织工业、造纸工业、化工工业等部门也有极广的应用。

麦芽糊精的生产方法有酸法、酶法、酸酶法等几种。其中，酸法、酸酶法工艺需要使用精制淀粉，而且水解反应速率高，操作难度大，酸水解因长链淀粉易析出形成白色浑浊而影响产品外观。目前大多已改用酶法工艺。酶法工艺与以往酸法的最大区别在于前者不会析出长链直链淀粉成分，故不会产生白色沉淀物，从而大大提高了糊精和麦芽糊精的商品价值。此外，即使是相同价值的糊精和麦芽糊精，其特性也会因原料淀粉的种类、α-淀粉酶的种类及液化方法的不同而有变化，这在使用时必须注意。酶法工艺的关键是淀粉液化。液化方式有间歇液化、喷射液化；有中温淀粉酶液化、耐高温淀粉酶液化等。在喷射液化推广之前，生产麦芽糊精大多采用间歇液化。间歇液化生产能力低，液化液浓度不高，一般浓度高于13Bé时就会出现液化困难、过滤困难等现象。采用中温淀粉酶液化时，由于液化温度低，淀粉液化质量不高，这些问题难以解决。同时，中温淀粉酶与耐高温淀粉酶比较，其液化速率高，特别在液化初期，*DE*值上升很快，往往是液化液*DE*值已达到了工艺要求，而过滤仍然十分困难。其原因是液化液中大分子糊精含量高，增加了液化液的黏度。喷射液化，由于料液与蒸汽在瞬间混合升温，淀粉糊化与液化同步进行，所以液化液黏度不会成为液化操作的阻力。特别是采用耐高温淀粉酶液化时液化温度可达105℃以上，因此淀粉液化彻底、大分子糊精减少、成品水溶性更好。如果使用高温酶，最好采用喷射液化法。

喷射液化的方式有一次加酶一次加温的一段液化和一次加酶二次加温的二段液化等方式。由于在第一次喷射液化后，又经125～140℃的高温处理，所以淀粉二段液化效果更好，大分子糊精更少，蛋白质凝聚更充分。其结果是不仅液化液过滤速度快，而且色泽也浅，不用活性炭脱色即可直接过滤。

淀粉在α-淀粉酶的作用下生成糊精。控制酶反应液的*DE*值，可以得到含有一定量麦芽糖的麦芽糊精。由于所用α-淀粉酶的来源不同，液化方式应不同，所得麦芽糊精组成成分也不一样。麦芽糊精的主要成分组成为G8以下的G3、G6、G7等低聚糖为主。

酶法生产糊精和麦芽糊精的工艺流程如图7-7。

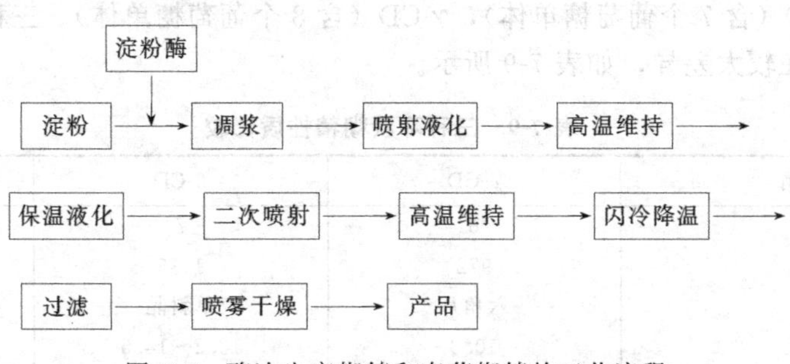

图7-7 酶法生产糊精和麦芽糊精的工艺流程

工艺要点包括以下几个方面。

① 调浆 采用耐高温淀粉酶喷射液化工艺时，可将淀粉粉浆浓度调至20～25Bě，pH 6.2～6.4，加$CaCl_2$ 0.03%～0.05%，耐高温淀粉酶用量10～12U/$g_{淀粉}$。耐高温淀粉酶用量直接影响最终成品的*DE*值，而且与喷射温度、液化时间等因素相互影响。所以耐高温淀粉酶的具体用量，需根据产品规格，主要是产品*DE*值的不同，严格按照生产工艺执行。

② 喷射液化 喷射温度越高，对淀粉液化越有利。采用耐高温淀粉酶液化时，一方面由于酶本身的特性，使淀粉分子的水解比较均匀，大分子糊精的含量比较低；另一方面，由于喷射液化温度高，在105℃以上的液化温度下淀粉分子的水解更彻底、更均匀，这是提高麦芽糊精收率和麦芽糊精质量的关键操作。具体操作中，喷射温度可控制在105～107℃，并在高温下维持5min。

③ 保温液化 喷射液化后，料液经闪冷将温度降至95～97℃，在此温度下继续液化至结束。具体液化时间需依据不同产品严格按生产工艺进行。定时测定*DE*值，得到含有一定量葡萄糖和麦芽糖的糊精液。如果控制*DE*值在20或20以下范围内，则得到麦芽糊精液。

④ 二次喷射 二次喷射时喷射温度为125～140℃。经此高温处理，一方面可达到杀灭耐高温淀粉酶活力的目的，使液化液*DE*值保持稳定；另一方面可以促使淀粉分子进一步膨胀断裂，成为更短的糊精分子，以提高成品的可溶性。在一段液化中，由于淀粉液化未经高温处理，所以耐高温淀粉酶活力的杀灭往往依靠降低液化液的pH来完成。一般情况下，液化液pH降至5.0以下时，耐高温淀粉酶将会很快失活，液化液*DE*值也将达到稳定。

⑤ 高温维持 二次喷射后，必须让料液在高温下维持一段时间才能使淀粉分子液化更趋均匀。高温下维持的时间一般为5～10min，随即可经闪冷将料温降至80℃过滤。

⑥ 喷雾干燥 通常液化液过滤后需经浓缩，以提高其中的固形物含量。但在耐高温淀粉酶喷射液化工艺中，由于调浆浓度高，达到23～25Bě，液化液经压滤后，干物质含量可达40%以上，此时便可不经浓缩而直接喷雾干燥。喷雾干燥的基本原理是物料（糊精或麦芽糊精溶液）经高压或高速离心形成较为细小的雾状液滴，与热风逆流接触进行大量热交换，由于雾状物料表面积较大，所以水分能在短时间蒸发，物料也被迅速干燥成微粉。其喷雾干燥工艺参数为：进料质量分数40%～50%，进料温度60～80℃，进风温度130～160℃，出风温度70～80℃，产品水分小于或等于5%。

7.4 环状糊精生产中的应用

环状糊精（CDs）是由6个以上葡萄糖单位以α-1,4-葡萄糖苷键连接而成的一类环状结构化合物。工业上生产的CDs主要是6～8个呋喃葡萄糖单体的环状物，即α-CD（含6个葡萄糖单体）、β-CD（含7个葡萄糖单体），γ-CD（含8个葡萄糖单体）。三种环状糊精的结构相似，但性质存在较大差异，如表7-9所示。

表 7-9 三种环状糊精性质比较

环状糊精	α-CD	β-CD	γ-CD
葡萄糖单位数	6	7	8
分子量	972	1135	1297
结晶形状	六角片	单斜晶	方片或长方柱
结晶水分/%	10.2	13.2～14.5	8.13～17.7
水中溶解度(25℃)/(g/100mL)	14.5	1.85	23.2
碘复合物颜色	蓝	黄	紫褐
洞穴内径/m	$(5\sim6)\times10^{-10}$	$(7\sim8)\times10^{-10}$	$(8\sim9)\times10^{-10}$
体积/m^3	1.74×10^{-8}	2.62×10^{-8}	4.72×10^{-8}

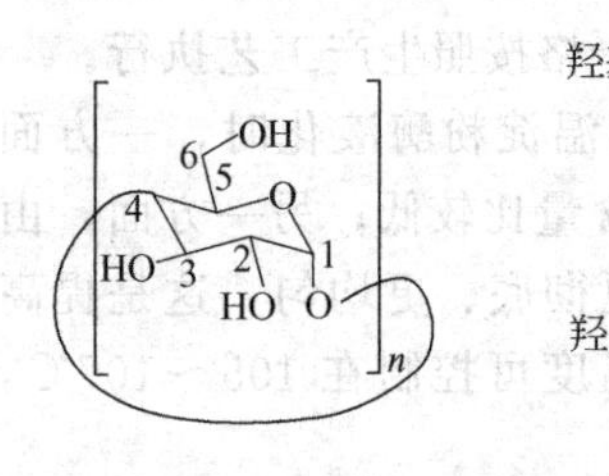

n=6（α—CD）；n=7（β—CD）；n=8（γ—CD）

图 7-8 α、β和γ环糊精的结构示意

环状糊精最显著的特征是具有一个环外亲水、环内疏水且有一定尺寸的立体手性空腔，可以和许多底物（或称为客体、被包合物）分子形成包合配合物，因而是一类研究最广泛的类酶天然生物大分子。它们的分子表面分布众多化学反应性相同的羟基，这些可修饰也可生成氢键的基团与邻近的疏水空腔共存，其结构如图7-8和图7-9所示。

利用化学合成法可以生产环状糊精，但该法十分复杂且不经济。另一种方法是采用酶法生产，通过环状糊精-葡萄糖基转移酶（E.C.2.4.1.19，以下简称CGTase）的催化转化而形成。1939年Tilden等首次发现从软化芽孢杆菌（*B. macerans*）分泌的酶能使淀粉生成环状糊精，以后很长时间内没有发现其他微生物产生CGTase，因而将此酶命名为软化芽孢杆菌淀粉酶。后来又发现巨大芽孢杆菌等亦产生此酶。迄今为止，CGTase只能从细菌中分离到，并且是根据合成的环状化合物的主

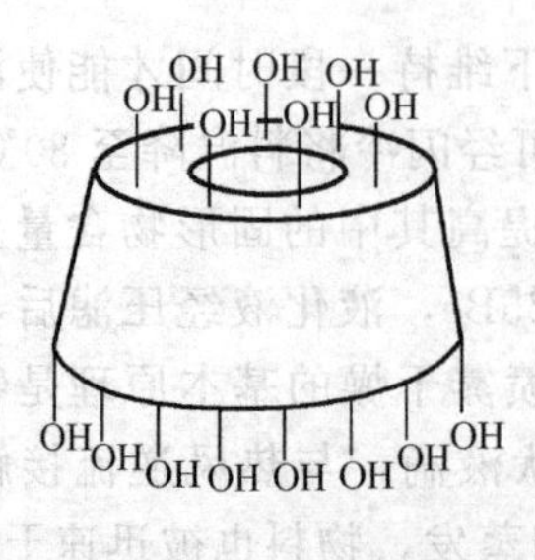

β-环糊精的形象表达式

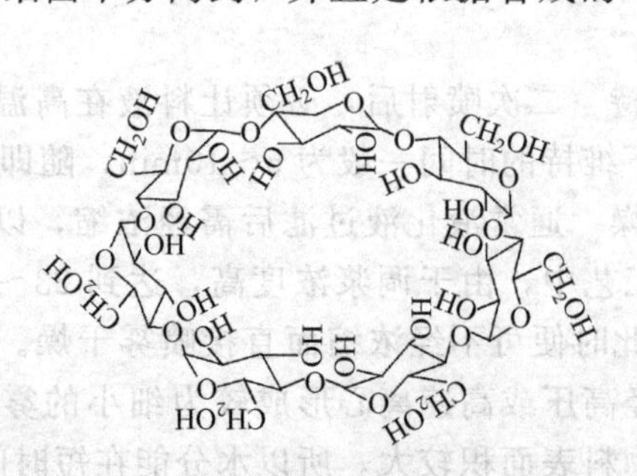

β-环糊精的化学结构

图 7-9 β-环糊精的形象表达式和化学结构

要种类进行分类的。工业化生产现在主要是应用环状芽孢杆菌（*B. circulans*）。近来，有人阐述了利用超滤生物反应器由碾碎的玉米淀粉生产环糊精的工艺（Kim 等，1993）。

环状糊精-葡萄糖基转移酶通过催化分子内转葡萄糖基反应，将淀粉转化成环糊精（CD）。在有适当受体（如蔗糖或葡萄糖）存在下，它还可通过分子内葡萄糖基转移反应将葡萄糖基从一个 α-1,4-葡聚糖或 CD 转移到受体分子上（偶联反应或歧化反应），还可以水解 α-1,4-葡聚糖或 CD，它的三种催化形式如下。

① 分子内葡萄糖基转移反应

淀粉⟶α-CD、β-CD、γ-CD

② 分子间葡萄糖基转移反应（偶联反应）

淀粉＋蔗糖(受体)⟶麦芽低聚糖⟶蔗糖

③ 水解作用

淀粉⟶麦芽低聚糖

许多芽孢杆菌都可以产生 CGTase，用不同菌株所产生的 CGTase 的性质和 CD 的型式及比例各异，见表 7-10。每一类 CGTase 都有能力合成 α-CDs、β-CDs 和 γ-CDs，形成的产物中三者的确切比例取决于酶的来源、底物和反应条件。由软化芽孢杆菌生成的环状糊精 G6（6 个葡萄糖分子的环状糊精）较多，形成 G6 特有的针状结晶。相反，巨大芽孢杆菌分泌的酶生成 G7 较多。环状芽孢杆菌、芽孢杆菌属分泌的 CGTase 主要是生成 G7，嗜热脂肪芽孢杆菌分泌的 CGTase 主要生成 G6。

表 7-10 不同菌株所产 CGTase 的性质

菌 种	最适 pH	pH 稳定性	热稳定性/℃	CD 型式	CD 得率/%
软化芽孢杆菌	5.2～5.7	8.0～10.0	<55	α>β	60.0
巨大芽孢杆菌	5.2～6.2	7.0～10.0	<55	β>α	60.0
环状芽孢杆菌	7.0～9.0	7.0～9.0	<55	β>α	—
嗜碱性芽孢杆菌					
酸性酶	4.5～4.7	6.0～10.0	<65	β	70.0
中性酶	7.0	6.0～8.0	<60	β	75.8
嗜热脂肪芽孢杆菌	6.0	8.0～10.0	<50	α>β	—

CGTase 的用途主要是催化产生环状糊精和偶联糖，环状糊精的用途如前所述。偶联糖主要用于预防蛀牙，原因是这种糖不易被蛀牙诱发菌所产生的右旋糖酐蔗糖酶所水解而形成不溶性的右旋糖酐，右旋糖酐会附着在牙齿表面，形成菌斑。

检查 CGTase 的方法是：将未知微生物培养液加入 pH 5.5 的 4%可溶性淀粉，45℃保温一夜，再加入三氯乙烯，若有 CD 生成即会生成白色沉淀，这是一种 CD 与三氯乙烯生成的包接化合物。

环状糊精的生产一般可分为三个阶段：第一阶段是制造环状糊精合成菌；第二阶段是利用酶作用于淀粉糊来合成环状糊精；第三阶段是环状糊精的分离提取与精制。

7.4.1 β-CD 的生产

β-CD 的生产通常采用巨大芽孢杆菌和嗜碱芽孢杆菌发酵生产的环状糊精葡萄糖苷转移酶为催化剂进行生产。通常使用木薯淀粉、马铃薯淀粉、甘薯淀粉以及可溶性淀粉为原料。其生产工艺流程如图 7-10 所示。

工业上生产 β-环状糊精以玉米淀粉或土豆淀粉为原料，配成 10%～15%的淀粉浆，调节 pH 至 8.0～8.5，加入适量酶液，在 85～95℃搅拌液化 30min，冷却至 55～60℃，追加 CGT 酶液，保温反应 16～20h，直至 β-CD 产量达到高峰并呈下降趋势时加热至 100℃终止

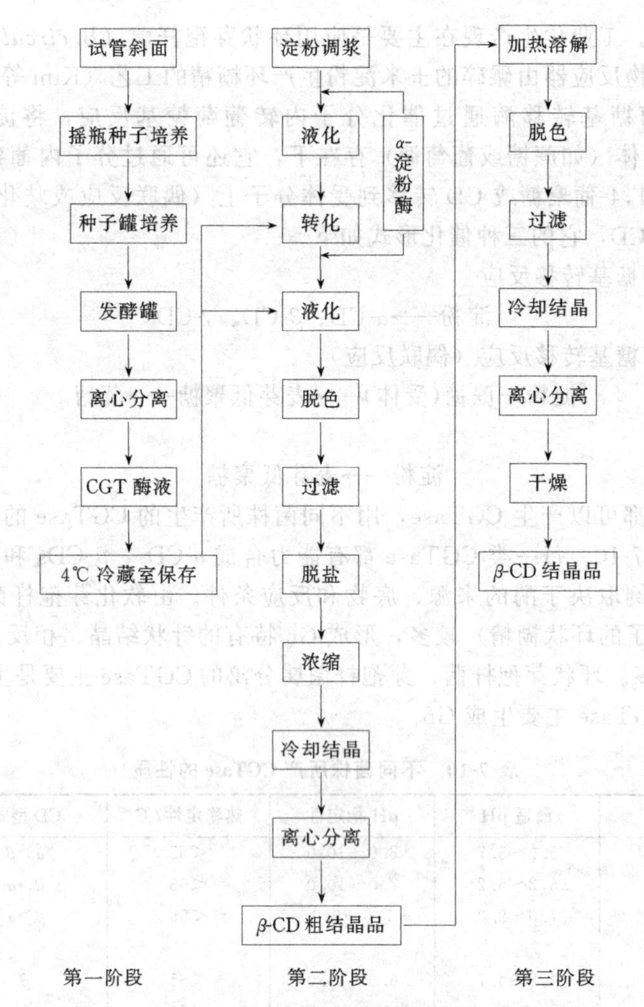

图 7-10 β-CD 生产工艺流程

酶促反应，调节 pH 至 6.0～6.5，加入 β-淀粉酶，使未反应的淀粉和糊精水解，降低反应液的黏度。然后经活性炭脱色过滤，再经离子交换树脂精制，真空蒸发至 45%～50%时，加入重结晶母液一起浓缩至 60%左右，各品种混合均匀，一起放入冷却结晶槽中流水降温结晶，再用离心机脱水并用少量蒸馏水洗涤，离心过滤，用低温气流干燥或 50～60℃烘干，即得到 β-CD 粗品（β-CD 含量在 90%以上）。如果将结晶后的粗品在 100℃下用蒸馏水溶解，活性炭脱色，再重结晶，干燥后可以得 β-CD 精品（β-CD 含量在 99%以上）。

7.4.2 α-CD 的生产

α-CD 的生产是以软化芽孢杆菌、肺炎克氏杆菌和嗜热脂肪芽孢杆菌等微生物发酵生产的 CGTase 作用于淀粉糊转移反应，可以制得以 α-CD 为主，同时含有 β-CD 和 γ-CD 的混合物。由于 α-CD 的溶解度较大，故不能用低温结晶的办法来分离。分离原理是利用以上三种 CD 在水中的溶解度不同及其与有机溶剂形成包接物的难易程度和包接物溶解度的差异，可选择性地将 α-CD 分离出来。目前已发明多种方法分离 CD，如在酶促反应液中先加入一定量的环己院，先将 β-CD 沉淀出来，然后再在母液中加入一定量的环己烷，即可将 α-CD 分离出来。也可用溴代苯沉淀除去 β-CD，在其母液中加入四氯乙烷即沉淀出 α-CD。

7.4.3 γ-CD 的生产

γ-CD 由于生成量少，分离更加困难。一般可以将 β-CD 的结晶母液经浓缩后加入溴代苯或二乙醚，将γ-CD沉淀，再加入正丙醇使之结晶分离。日本学者发明了一种新的γ-CD的生产方法，是在α-葡萄糖氟化物和β-CD或麦芽糖氟化物和α-CD混合体系合成γ-CD。在α-葡萄糖氟化物和β-CD混合体系中加入巨大芽孢杆菌产生的CGTase，于40℃反应30min，α-CD和γ-CD的生成量之比为1∶2。在麦芽糖氟化物和α-CD的混合物中加入软化芽孢杆菌所产生的CGTase，在40℃作用1h，α-CD、β-CD和γ-CD的生成量之比为9∶2∶0.9，这为γ-CD的生产提供了一条新途径。

环状糊精的生产以直链淀粉含量高的淀粉为原料，CD转化率相对较高，加入脱支酶可使CD的转化率提高4%～6%。随着食品分离技术的发展，膜分离技术应用于CD的分离成为可能，α-CD、γ-CD生产可望不用有机溶剂，分离效率提高，生产成本降低。

7.5　油脂生产中的应用

在油脂生产中应用的酶主要是脂肪酶。脂肪酶的全称是甘油三酰酯水解酶（E.C.3.1.1.3），基本功能是催化甘油三酰酯水解为甘油和脂肪酸。根据其来源可分为动物脂肪酶、植物脂肪酶、微生物脂肪酶三大类。微生物脂肪酶种类多、来源广、易选育培养，因而是商业用脂肪酶的主要来源。不同来源的脂肪酶具有不同的催化特性，包括酶的活性、最适pH和温度、最佳的底物浓度以及底物专一性等。脂肪酶具有宽广的底物专一性，可以催化甘油酯键、硫酯键、酰胺键的水解。脂肪酶功能的多样性更表现在它在有机溶剂（如正己烷、超临界CO_2）中具有良好的稳定性和完全的催化活性，在近无水环境中，脂肪酶能有效地催化酯化反应，一些脂肪酶的酯化催化活性高于水解催化活性。显然，脂肪酶也可以催化酯交换反应。脂肪酶的这些特点可以被广泛应用于油脂改性加工的各个方面，生产出许多有价值的产品。

7.5.1　油脂水解

脂肪酶是分解天然油脂的酶，水解发生的位置是油脂的酯键。脂肪酶的底物甘油三酸酯的醇部分是甘油，而酸部分是水不溶性的12个碳原子以上的长链脂肪酸，工业上已用于油脂水解的脂肪酶如表7-12所示。大多数微生物脂肪酶作用于甘油三酸酯的α-位。但发现黑曲霉、柱形假丝酵母等菌所产生的脂肪酶无位置专一性，既能水解α-位酯键，也能水解β-位酯键。酶法水解油脂与高压水解及皂化法比较有许多特点，见表7-11。脂肪酶催化天然油脂水解制取脂肪酸的方法与高温高压蒸汽裂解方法相比，具有耗能少、设备投资低、脂肪酸色泽浅和质量高、水解率较高等优点。特别是一些含有不饱和键较多、易氧化和产生副反应的油脂水解更为适宜。但目前酶水解费用仍高于高压水解法。

表7-11　酶法与高压水解法、皂化法比较

酶　法	皂　化　法	高压水解法
脂肪酸色泽同油脂	需用酸分解	脂肪酸色深，需蒸馏
甘油无盐，色浅	甘油含盐、色素必须蒸馏	甘油有色素，需蒸馏
间歇法，能耗低	投资大、能耗大	投资大、能耗大
不能与Fe、Ni、Co等物质接触，否则抑制酶活性，酸价较高，须循环使用	耗碱、酸多	部分脂肪酸分解，重排

利用各种不同的酶可开发不同产品，如无位置选择性的脂肪酶可完全水解油脂最终得到脂肪酸和甘油，而利用有位置选择的脂肪酶可部分定向水解得到高含量的β-甘油单酯。早在1982年，日本油脂公司尼崎工厂就已完成了酶法生产脂肪酸中试，并投产千吨脂肪酸生产线。1983年日本三好油脂公司用酶法批量生产脂肪酸，使制造肥皂粉用脂肪酸生产成本

下降一半以上。脂肪酶作为水解应用的一个有吸引力的可能性是利用其手性专一性。例如通过不对称的水解，使萜烯醇酯溶解，并重新合成有更好活性的萜烯醇酯，但这是在精细化工产品制造中找到应用的可能性。当然某些精细化工产品作为香精成分是有价值的。最近的应用实例是，不少于13种商品脂肪酶被用来在正庚烷中制取丁酸和丙酸的异戊醇和香叶醇酯。也有使用一种商品脂肪酶来制取更有活性的内酯如3-烷基戊内酯的报道。目前研究较多、产率较高的微生物脂肪酶见表7-12。

表7-12 高产率脂肪酶

脂肪酶	反应类型	产率/%	脂肪酶	反应类型	产率/%
荧光假单胞菌脂肪酶	水解	94～96	假单胞菌脂肪酶	水解	95
荧光假单胞菌脂肪酶	甘油解	90	黏质色杆菌脂肪酶	甘油解	83
黑曲霉8901脂肪酶	水解	79～82	米里毛霉脂肪酶	甘油解	80
皱褶假丝酵母脂肪酶	水解	95～98			

一酰甘油酯是在食品、医药、化妆品工业中应用最广泛的一种乳化剂。用脂肪酶催化油脂的甘油解生产甘油一酯是一种非常有效的方法。甘油在油脂中的溶解性差，反应采用反相胶束法或微乳化法进行，或将甘油吸附在硅藻土等极性载体上分散于油相中。在乳化体系中，使用微生物脂肪酶在最适温度催化油脂的甘油解，甘油一酯的得率约20%～30%。将反应混合物冷却（约8℃）使甘油一酯结晶析出，使反应向甘油一酯生成的方向进行，甘油一酯的最终得率为70%～99%。此方法可以实现连续操作，反应受到温度、水分含量、底物比例、酶的来源和用量的影响。在某些有机溶剂中进行酶催化甘油解反应可以提高甘油一酯的得率。甘油一酯也可以用脂肪酶催化甘油与脂肪酸或脂肪酸甲酯反应获得。反应在微水环境中进行，保持低水分含量是反应进行的关键。反应的结果得到甘油酯的混合物。选择合适的酶、脂肪酸种类、溶剂和反应形式，可提高选择性和甘油一酯的得率。将甘油吸附到硅胶等极性载体上和1,3-位专一性的脂肪酶一起加到脂肪酸或脂肪酸甲酯中反应，在最适条件下完全反应时甘油一酯的得率达70%。然后，将固性载体和酶过滤除去，反应混合物冷却使甘油一酯析出，未反应物或附产物作为原料循环利用，反应可以连续进行，产品为纯的1(3)-甘油单酸酯。

1,3-位专一性的微生物脂肪酶，如Lipozyme（Novo公司）可以方便地催化水解甘油三酯得到甘油一酯。油脂的酶催化水解在油水两相界面上进行，采用两相体系或微乳化体系加快反应，选择合适的条件提高酶的选择性，甘油一酯的得率可达70%～80%。

7.5.2 酯交换、合成反应中的应用

利用此反应，使用不同底物专一性的脂肪酶和底物可以合成多种结构特点的结构化油脂。

天然可可脂具有独特的甘油三酯结构特征，价格昂贵。因为它是软脂酰甘油、硬脂酰甘油（POS）和二硬脂酰油酰甘油（SOS）的混合物而具有特殊的熔点和晶体结构。酶法酯交换有其优点，这是因为有可能利用酶的1,3-位专一性来减少酯交换混合物中的杂质。酶的专一性特征提供了从便宜的原料生产类可可脂的方法。在*Sn*-1,3-位专一性的*Rhizopus dedemar*脂肪酶的作用下与硬脂酸或其甲酯进行酯交换，产物以POS和SOS为主，分提后得到的油脂的组成和性质与天然可可脂极为相似，而且能很好地发挥糖果用油脂的功能作用。图7-11表明了酶法酯交换的可能的产品数量，虽然仍然很多，但比任意酯交换反应所得的产品少。

棕榈油是当今世界产量第二的植物油，其产量稳定、价格便宜，但品位较低，主要用作油炸食品用油。其中熔点物POMF的主要成分是1,3-二棕榈酰-2-油酰甘油酯（POP），在1,3-位专一性的*Rhizopus dedemar*脂肪酶的作用下与硬脂酸或其甲酯进行酯交换，产物以

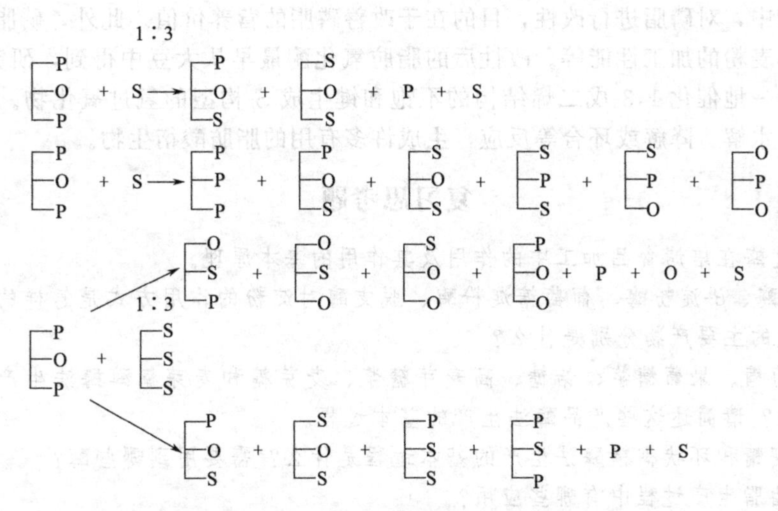

图 7-11　二软脂酰甘油与硬脂酰或三硬脂酰甘油之间
通过1,3-位专一性脂肪酶或随机的化学法或酶法酯交换反应的结果
注：当使用专一性酶时，混合物中的杂质大大减少。由于实际上酰基迁移的存在，差异不会像图中表示的那样大。此外，由于还会有一定量的水存在，所以也会形成单或双酰基甘油

POS和SOS为主，分提后得到的油脂的组成和性质与天然可可脂极为相似。这是无溶剂体系酶催化对油脂进行改良的最成功的应用。

糖脂是非离子型表面活性剂，可消化，并具有抗肿瘤活性。使用脂肪酶催化合成糖脂，可以避免使用剧毒的溶剂和催化剂。利用脂肪酶的催化酯化反应能力，可以合成有生物活性的甾醇酯，合成用作食用香料的薄荷醇和香茅醇酯等。也可以用脂肪酶的底物专一性进行手性合成和旋光拆分。利用脂肪酶可以催化皂角和木焦油中的脂肪酸与脂肪醇酯化合成可生物降解的燃料代替石油，从而减少污染。

7.5.3　用于油脂提取

在油脂提取过程中，应用细胞壁降解酶（如半纤维素酶、纤维素酶和果胶酶）的混合物可以很好地应用于传统的原料，特别是热带油料如椰子、橄榄油的采油，至于菜籽油等其他油的酶法提取还在进一步研究之中。在鱼油分离中也有用蛋白酶辅助的可能性，并且可能更早得到实际应用。

另外，磷脂酶与脂肪氧化酶在油脂生产中也有应用。此领域中最新实用例子是磷脂酶A_2用于油脂的脱胶，如图7-12所示。利用磷脂酶A_2将磷脂分子上β-位酯键水解生成大豆溶血磷脂，简化了油脂制造工艺，避免了水的加入。大豆磷脂的亲水性和乳化能力都显著改善，在高温和低温条件下都能保持良好的乳化性，且不受盐浓度的影响。溶血磷脂具有抗氧化性和抗菌性，在日本有工业化生产。特别是磷脂酶已经被用来将鱼油中得到的多不饱和脂

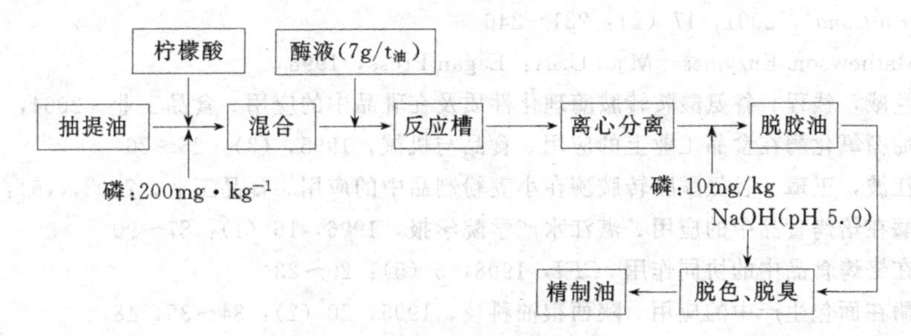

图 7-12　大豆油的脱胶工艺

肪酸掺入磷脂中，对磷脂进行改性，目的在于改善磷脂的营养价值。此外，磷脂酶还可以提高蛋黄酱和小麦粉的加工性能等。改性后的脂肪氧化酶最早从大豆中得到，研究历史最短。脂肪氧化酶专一地催化1,3-戊二烯结构的不饱和键生成S-构型的氢过氧化物。氢过氧化物可发生酶解、水解、降解或环合等反应，生成许多有用的脂肪酸衍生物。

复习思考题

1. 请阐述酶在焙烤食品加工中的作用及其作用的基本原理。

2. α-淀粉酶、β-淀粉酶、葡萄糖淀粉酶、脱支酶对淀粉的作用方式是怎样的？这些酶作用淀粉后生成的主要产物分别是什么？

3. 在葡萄糖、果葡糖浆、饴糖、高麦芽糖浆、麦芽糖和麦芽糖醇酶法生产过程中，分别应用哪些酶？请简述这些产品酶法生产的基本过程。

4. 麦芽糊精和环状糊精酶法生产的基本过程是什么？需要用到哪些酶？

5. 酶在油脂生产过程中有哪些应用？

参考文献

1 Losche K. Enzyme in Baking. *Cereal Foods World*，1993，38：22～25

2 Qisi J. Synergistic effects of enzymes for breadmaking. Cereal Foods World，1997，42：802～807

3 Vemulapalli V，Hoseney R C. Glucose oxidative effects on water solubles. *Cereal Chem*，1998，75：859～862

4 Lzydorczyk M S，Biliaderis C G，Bushuk W. Oxidative gelation studies of water soluble pentosans from wheat. *J Cereal Sci*，1990，11：153～169

5 Gerrard J A，Payle S E，Wilson A J，et al. Properties and crumb strength of while pan bread as affected by microbial transglutaminase. *J Food Sci*，1998，63：472～475

6 Gerrard J A，Newbeery M P，Ross M. Pastry life and volume as affected microbial transglutaminase. *J Food Sci*，2000，65：312～315

7 Weels P L，de Jager A M，Voorpostel A M B，et al. Advances in Dutch Agrobiotechnology. Wageningen：PUDOC，1990

8 Haarasilta S，Vaeisaenen S. European Patent Application. EP0321811A1. 1989

9 Haarasilta S，Vaeisaenen S. European Patent Application. EP0338452A1. 1989

10 Mutsaers J H M *Cereal Foods World*，1994，39：607～609

11 Kim T J，Lee Y D，Kim H S. *Biotechnol Bioeng*，1993，41：88～94

12 Gupta R，Gigras P，Mohapatra H，et al. Microbial α-amylases：a biotechnological perspective. *Process Biochemistry*，2003，38（11）：1599～1616

13 Beilen Jan B. van，Li Zhi. Enzyme technology：an overview. *Current pinion in Biotechnology*，2002，13（4）：338～344

14 Kuraishi C，Yamazaki K，Susa Y. Transglutaminase：its utilization in the food industry［J］. *Food Reviews International*，2001，17（2）：221～246

15 Paul R，Mathewson. Enzymes［M］. USA：Eagan Press，1998

16 马微，张兰威，钱程．谷氨酸胺转胺酶理化性质及在乳品中的应用．食品工业，2004，（3）：24～25

17 靳烨．葡萄糖氧化酶在食品工业上的应用．食品与机械，1995，（3）：25～26

18 倪新华，江波，王璋．谷氨酰胺转胺酶在小麦粉制品中的应用．食品工业，2002，（5）：6～8

19 叶盛权．酶在焙烤食品中的应用．湛江水产学院学报，1996，16（1）：87～90

20 斯旗．酶在焙烤食品中的协同作用．*CFI*，1998，5（5）：20～23

21 杜连起．酶在面包生产中的应用．陕西粮油科技，1995，20（2）：34～35，48

22 周云，张守文．面包生产中应用的新型酶制剂．哈尔滨商业大学学报（自然科学版），2002，18（2）：

205～210

23 靳烨．增香酶在食品工业中的应用．*CFI*，1995，2（9）：18～19

24 唐传核，彭志英．酶在食品工业中的应用现状．山西食品工业，2002，（1）：13～15

25 万军民，胡智文，陈文兴等．环糊精及其衍生物功能性能研究进展．化学试剂，2004，26（1）：15～20

26 张红印，郑晓冬．酶技术及其在食品工业中的应用．粮油加工与食品机械，2002，（6）：31～33

27 常致成．酶催化油脂水解技术新进展及发展趋势．表面活性剂工业，2002，（3）：5～14

28 G A Tucker，L F J Woods 著．酶在食品加工中的应用．第二版．李雁群，肖功年译．北京：中国轻工业出版社，2002

29 姜锡瑞．酶制剂应用手册．北京：中国轻工业出版社，1999

30 王岁楼．食品生物技术．北京：海洋出版社，1999

31 张力田．淀粉糖．北京：中国轻工业出版社，1998

32 周晓云．酶技术．北京：石油工业出版社，1995

33 张燕萍．变性淀粉制造与应用．北京：化学工业出版社，2001

34 彭志英．食品生物技术．北京：中国轻工业出版社，1999

35 罗贵民．酶工程．北京：化学工业出版社，2002

36 相池孝亮，小野正之，柳田藤治等著．酶应用手册．黄文年，胡学智译．上海科学技术出版社，1989

37 郭勇．酶的生产与应用．北京：化学工业出版社，2003

38 姜锡瑞．酶制剂应用技术．北京：中国轻工业出版社，1997

39 G G 伯奇等主编．酶与食品加工．郑寿亭，郑士民，高培基等译．北京：轻工业出版社，1991

40 彭志英．食品酶学导论．北京：中国轻工业出版社，2002

第 8 章　酶在果蔬加工中的应用

知识要点

1. 应用于果蔬汁中的常用酶制剂及其主要作用
2. 果蔬汁加工中常用的酶制剂及其用途
3. 果酒生产中酶制剂的应用
4. 果蔬加工中新型酶制剂的发展情况概述

果蔬汁及其饮料制品在近十几年得到了迅速发展，酶在其中扮演的角色不可忽视。它既可以以内源酶的形式自发地产生作用，如红茶生产中的多酚氧化酶的氧化作用，是红茶特有风味和色泽产生的主要原因；也可以在果蔬汁生产中通过添加具有高度专一性的酶制剂达到商业产品的标准要求。表 8-1 是常用于果蔬汁及饮料生产中的酶，生产者可以根据自己的需求选用合适的酶制剂。

表 8-1　应用在果蔬汁及饮料生产中的酶

酶的名称	所应用的商品	主要作用
淀粉酶(E. C. 3. 2. 1. 1)	啤酒、酒精(E/A)	淀粉的降解
淀粉酶(E. C. 3. 2. 1. 2)	啤酒、酒精(E/A)	淀粉的降解
淀粉葡萄糖苷酶(E. C. 3. 2. 1. 3)	苹果汁(A)	早季水果中淀粉的降解
纤维素酶(E. C. 3. 2. 1. 4)	苹果汁(A)	水果的液化
酯酶	苹果汁(E)	果汁产香
β-葡聚糖酶	啤酒、酒精、葡萄酒(A)	提高过滤性能
葡萄糖氧化酶(E. C. 1. 1. 3. 4)	多数商品	瓶装饮料的除氧
转化酶(E. C. 3. 2. 1. 26)	可可(E)	产味
脂肪氧合酶(E. C. 1. 13. 11. 12)	苹果汁、茶(E)	产香
柚皮苷酶	柑橘汁(A)	降低苦味
果胶酯酶(E. C. 3. 1. 1. 11)	苹果酒(E/A)、 苹果酒(A)、柑橘汁(E/A)	果汁澄清
过氧化物酶(E. C. 1. 11. 1. 7)	茶(E)	颜色和风味
聚半乳糖醛酸酶(E. C. 3. 2. 1. 15)	苹果汁(A)	果汁澄清
多酚氧化酶(E. C. 1. 10. 3. 1)	茶、可可(E)	颜色和风味
蛋白酶	可可(E)、啤酒/酒精(A)	颜色和风味，防止冷浑浊
单宁酶	茶	提高速溶茶的溶解能力
萜烯糖苷酶	葡萄酒(A)	改良风味

注：E 表示内源酶；A 表示外加酶。

8.1　果蔬食品、饮料生产中的应用

8.1.1　果蔬汁加工中的应用

果胶物质存在于水果和蔬菜中，它的变化对于水果和蔬菜的结构有重要的影响。果胶酶能降解果胶物质，因而在食品加工和贮藏中起重要的作用。微生物果胶酶是食品工业中使用量最大的酶制剂之一，它主要应用于果汁的萃取和澄清。

8.1.1.1 果胶酶在苹果汁澄清中的应用

在果汁中的可溶性果胶起着一种保护胶体的作用，如果它被部分水解，就会导致微小的不溶性颗粒絮凝。果汁的浑浊粒子是蛋白质-碳水混合物的复合物。果汁的正常 pH 条件下(一般 3.5 左右)，粒子表面带负电荷，显然这些负电荷是由果胶和其他多糖提供的。在果胶等构成的保护层里面则是带正电的蛋白质。果胶部分水解后使带正电的蛋白质暴露出来，当它们和其他带负电荷的粒子相撞时，就能导致絮凝作用。于是，可以下这样的结论：苹果汁的澄清包括酶催化果胶解聚和非酶的静电相互作用两个阶段。苹果可以加工成含有大量果肉的果汁，也可以加工成经离心除去大颗粒悬浮物的浑浊汁。但是用酶处理方法生产的澄清苹果汁具有澄清和淡棕色的外观，消费者普遍乐于接受，澄清苹果汁经浓缩成高固形物含量72°Brix（白利度）的浓缩汁后，可再配制各种饮料。

在苹果汁的加工中使用果胶酶的作用包括减轻提取果汁的困难和促使果汁中悬浮的粒子产生沉降，通过过滤或离心的方法分离沉淀物质。对于苹果来说，未经果胶酶处理直接压榨也有可能得到高产量的浑浊汁，但是必须用果胶酶处理浑浊汁后，才有可能用过滤的方法将导致果汁浑浊的粒子沉淀下来，得到澄清的果汁。苹果汁澄清的工艺包括一系列的步骤。通常先将果胶酶溶于水或果汁后加入浑浊果汁中，果汁在搅拌过程中黏度逐渐下降，黏度下降的速率取决于温度、果胶酶的用量和苹果的品种及成熟度。接着，果汁中细小的粒子开始聚结成絮凝物而沉淀下来。由于上清液中仍然含有少量的悬浮物，因此还需要加入硅藻土作为助凝剂，然后再用离心或过滤的方法得到稳定的澄清果汁。由于苹果中存在多酚氧化酶，因此果汁的褐变是难免的。褐变作用往往在果汁澄清之前已完成，当吸附色素的凝聚物被分离后，澄清果汁呈浅棕色。

许多商品微生物酶制剂曾经被用来使苹果汁以及其他果汁澄清。正如前面已经提到的，微生物果胶酶中往往含有多种果胶酶的活力，它们具有不同的作用模式，因此不同的果胶酶制剂在澄清苹果汁时具有不完全相同的效果。从工业生产的角度来考虑，果汁中絮凝物形成的速率，絮凝物的紧密性和果汁在过滤之前上清液的澄清度，是评价果胶酶制剂最重要的参数。研究结果表明，聚半乳糖醛酸酶和果胶酯酶混合酶制剂能使苹果汁澄清，而纯的内切聚半乳糖醛酸酶不能降低采用超滤法从苹果汁分离得到的天然可溶性果胶（约 90%酯化度）的黏度。如果使用从霉菌制备的高纯度果胶裂解酶，也可以使苹果汁澄清。果汁中果胶的酯化程度决定酶制剂中各种果胶酶活力在澄清作用中的相对重要性。苹果汁含有高度酯化的果胶，因此它易于被果胶裂解酶澄清，但单独使用内切聚半乳糖醛酸酶几乎没有效果，即使将它加入到裂解酶中去同时使用，也不会显著提高澄清的效果。

在苹果汁中的可溶性果胶起着一种保护胶体的作用，如果它被部分地水解，就会导致微小的不溶性颗粒絮凝。例如采用内切聚半乳糖醛酸酶和果胶酯酶混合酶制剂，当 30%酯键和 5%糖苷键被水解时，苹果汁就能达到完全澄清。苹果汁中的浑浊粒子是蛋白质-碳水化合物复合物，其中蛋白质占 36%。在苹果汁的 pH 条件下（3.5 左右)，粒子表面带负电荷，显然这些负电荷是由果胶和其他多糖提供的。在果胶等构成的保护层里面则是带正电的蛋白质。果胶部分水解后使带正电的蛋白质暴露出来，当它们和其他带负电荷的粒子相撞时，就能导致絮凝作用。因此苹果汁的澄清包括酶催化果胶解聚和非酶的静电相互作用。

8.1.1.2 果胶酶在葡萄汁加工中的应用

葡萄在破碎后具有很高的黏稠性，仅仅用压榨的方法很难提高果汁的提取率。由于使用了热稳定性高的果胶酶和设备的不断改进，从而提高了葡萄汁的生产水平。目前已能生产色泽良好的澄清果汁，并且达到高产量和加工时间短的要求。一般先将采收的葡萄清洗和整理，然后加入果胶酶制剂混合均匀，将其加热至 60～65℃，在连续搅拌的情况下保持 30min 左右。当一体积滤液和二体积乙醇混合不再产生黏稠状的沉淀时，就可以认为葡萄汁的质量达到了标准。

8.1.1.3 酶在胡萝卜汁加工中的应用

胡萝卜是一种营养价值较高的蔬菜，尤其是β-胡萝卜素含量为所有果蔬之首。目前胡萝卜汁的市场价格与其β-胡萝卜素含量密切相关，含量越高，价格也越高。因此提高胡萝卜出汁率和增加β-胡萝卜素在果汁中的含量具有非常重要的意义。有学者试验采用了丹麦诺维信公司提供的CitrozymPermiuml和Cellubrixl对提高胡萝卜出汁率和增加β-胡萝卜素含量进行了研究，工艺过程如下：鲜胡萝卜清洗去皮、破碎、加热灭酶（85～90℃）、冷却(45～50℃)、调节pH至4.5、酶解（45～50℃，30min）、榨汁、均质、过滤、装瓶、杀菌，分析检测胡萝卜汁，CitrozymPermiuml和Cellubrixl酶制剂分别具有分解酯化果胶和纤维素的作用，合理用量均为50mg·L^{-1}。应用于生产实践，这两种酶复配对于胡萝卜汁的可溶性固形物以及密度没有影响；但果汁的黏度有明显的降低；胡萝卜的出汁率大幅度地提高20%～25%和β-胡萝卜素含量增加了35%～38%，而出汁率和β-胡萝卜素含量的提高并没有随着酶量的增加而增大，更重要的是不影响胡萝卜汁的稳定性。该结果对实际工业应用具有极高的经济推广价值。

8.1.1.4 果胶酶对浑浊橘汁稳定性的影响

天然橘汁的色泽和风味主要依赖于果汁中的浑浊成分，因此澄清的橘汁是不能被消费者所接受的。柑橘含有果胶和果胶酯酶，果胶主要存在于橘皮和囊衣中，而果胶酯酶主要存在于囊衣中。从柑橘提取果汁，果汁中同时含有果胶和果胶酯酶。新鲜制备的柑橘汁中含有各种不溶解的微小的粒子（$<2\mu m$），它们导致果汁处于浑浊的状态。这些不溶解的颗粒主要由果胶、蛋白质和脂肪所构成，也可能含有橙皮柑。如果果汁不经热处理，那么由于果胶酯酶的作用，使果胶转变成低甲氧基果胶，它有可能与果汁中的高价阳离子作用生成不溶解的果胶酸盐。由于果胶酸盐的吸附作用，导致浑浊粒子沉降。如果柑橘果汁中不存在高浓度的高价阳离子，那么由低甲氧基果胶提供的浑浊粒子的表面负电荷将提高颗粒的稳定性。实验数据也证明，在pH 3.5时浑浊粒子产生絮凝现象，而在pH 5.0时却没有此现象。

8.1.1.5 酶在果汁超滤工艺中的作用

超滤比传统的过滤速度快、效果好，但如果果胶的残留物和一些中性聚糖分解不彻底，则在超滤时极易堵塞超滤膜，使超滤速度下降，超滤膜难以清洗。将酶技术应用于超滤工艺中，使原来难以解决的问题变得非常容易。酶制剂能提高超滤膜的通透率，用酶制剂清洗超滤膜片，能缩短清洗时间、增加膜片的使用寿命。用于超滤和清洗的酶有鼠李糖苷酶、半乳聚糖酶、阿拉伯聚糖酶、半乳甘露聚糖酶、淀粉酶、果胶酶等。国外的酶制剂公司甚至研制出了专门用于果汁超滤工艺的复合酶制剂，如Novo Nordisk公司研制的Novoform 58和Novoform 43就是超滤专用酶。用这些复合酶制剂进行超滤实验可知，酶制剂能增加超滤膜的通透量，增幅可达1.2～2.0m^3/h。同时可减少膜清洗时间至4h左右，缩短了化学清洗时间约2h，增加了超滤膜的使用寿命，增加了产量，节省了能源。

8.1.1.6 酶技术对果蔬汁营养成分的影响

利用酶技术生产果蔬汁不仅能提高果蔬汁的出汁率、提高产量、简化生产加工工艺，而且保留了果蔬汁中的营养成分。利用酶液化工艺生产的苹果汁、山楂汁、南瓜汁、胡萝卜汁等果蔬汁饮料中可溶性固形物的含量明显提高，而这些可溶性固形物由可溶性蛋白质和多糖类物质等营养成分组成，果蔬汁中的胡萝卜素的保存率也明显提高。实验表明，用酶液化工艺生产的南瓜汁含固形物8.5%～10%，类胡萝卜素含量21.2mg/kg；而用传统工艺生产的南瓜汁含固形物为5%～6%，类胡萝卜素含量仅为8.4mg/kg，可见用酶液化工艺加工的胡萝卜汁中的类胡萝卜素的含量明显高于用传统工艺加工的胡萝卜汁。水果和蔬菜中的 V_C 在果蔬汁加工中极易被氧化破坏。葡萄糖氧化酶能把 β-D-吡喃葡萄糖转化成葡萄糖酸，同时消耗氧气。利用葡萄糖氧化酶的耗氧性，能保护果蔬汁中的 V_C。

8.1.1.7 酶制剂作为防腐剂用于果蔬汁饮料中

溶菌酶能使 *N*-乙酰胞壁酸（*N*-acetyl-muramicicid，NAM）与 β-*N*-乙酰葡萄糖胺（β-*N*-acetylglucosamine，NAG）之间的 β-1,4-糖苷键断开。而细菌（如革兰氏阳性细菌）细胞壁的主要化学成分是肽聚糖，肽聚糖正是由 NAM 和 NAG 靠 β-1,4 糖苷键交替排列形成的骨架，并通过 NAM 部分的乳酰基与寡肽（通常 4～5 个氨基酸）交联而成。因此溶菌酶能使细菌细胞壁水解而起到溶菌防腐作用。就黄瓜汁饮料和蜜橘汁饮料对溶菌酶的防腐性进行实验，将黄瓜汁和蜜橘汁在 37℃下保温 7d。由实验可知：添加了溶菌酶的果蔬汁中细菌总数和大肠杆菌的总数较对照实验的总数明显降低。与化学防腐剂（如苯甲酸钠）相比，溶菌酶是一种天然蛋白质，对人体无副作用。随着人们对绿色食品认识的不断提高，溶菌酶作为防腐剂应用于果蔬汁饮料中将成为必然的发展趋势。

8.1.1.8 新型果胶酶Pectinex SMASH XXL在果蔬汁加工中的应用

在果汁加工技术中，酶起着十分重要的作用。实际上，在苹果汁和浆果汁的生产中使用果胶酶和淀粉酶已经有 60 多年的历史了。传统的果胶酶是将果胶结构完全降解，但新的果胶酶将会更多地控制，是专一的反应。因而不必降解过多的细胞壁物质。新一代果蔬加工用酶以 XXL 做后缀来表示。其中，苹果汁加工厂最感兴趣的是 Pectinex SMASH XXL，它用于苹果果浆的处理，Pectinex XXL 用于果汁脱果胶的澄清处理。

Pectinex SMASH XXL 是由经选育并纯化的酶活力组成，基本上是没有负面作用的酶活力，是纯净的果胶裂解酶。它通过将细胞壁结构降解到最佳程度，使之能获得果汁与固形物分离的良好效果，并使得自流汁量增加。无论是滗析式榨机、带式榨机或其他榨机都可以提高效率，增加生产能力。在采用 HPX 5005i Bucher 榨汁机的工业生产试验中，添加 Pectinex SMASH XXL，投料量 15t/h，产量高达 11t/h，创造出苹果汁出汁率高达 90%（质量比）以上的记录。出汁率高意味着果渣少，废料处理成本下降。

Pectinex SMASH XXL 适用于不同地区、不同成熟度的多品种原料（无论是新鲜或贮藏过的苹果），还适用于不同的加工温度。水解后的原料由于不含被传统果胶酶所降解的许多物质，果汁比较纯净，如苹果汁，能得到更佳的口味和较淡的色泽。当前，果汁生产行业普遍认为苹果汁中的半乳糖醛酸和纤维二糖含量低，说明其质量“好”。Pectinex SMASH XXL 与传统果胶酶相比，它的优点之一是不会产生半乳糖醛酸和纤维二糖。

（1）果汁的澄清和脱胶　榨汁后，果汁为浑浊汁，其中的胶体物质是高分子量的可溶物，会使浑浊果汁更黏稠。Pectinex SMASH XXL 不会从果蔬中释放不必要的胶体物质，因此果汁容易澄清。但为了生产澄清果汁，还需要另一种酶来进一步降解可溶性果胶，建议用新酶 Pectinex SMASH XXL 彻底去除果胶。这是一种新的果胶裂解酶，是传统果胶酶和阿拉伯聚糖酶（用于完全去除阿拉伯糖）的混合物。通过果胶试验表明，澄清的果汁样品完全去除了果胶。Pectinex SMASH XXL 效果极好，能使成品果汁易于过滤并能满足全部果汁相关质量指标，特别是低含量的半乳糖醛酸和纤维二糖。

（2）稳定的浑浊果汁　常规果胶酶产品破坏浑浊物稳定性，使其不适合生产浑浊苹果汁。果胶裂解酶的特殊作用，不会引起果汁澄清，Pectinex SMASH XXL 则不同，果浆通过处理，可以增加出汁率和产量，生产出完全稳定的浑浊苹果汁，这在过去是很难实现的。酶法生产稳定的浑浊果汁，还引起橙汁、热带水果汁和蔬菜汁生产厂的兴趣，对这些厂家来说，酶的应用还是件新鲜事。

(3) 浆果类水果和葡萄汁的加工 XXL系列酶制剂建立了新的产品标准，新产品在高温、低温情况下仍然保持稳定。因而，特别适用于各种浆果类水果和葡萄的加工，如Concrrd葡萄等。新产品Pectinex BE XXL酶含有果胶裂解酶和多种酶的副活性。该产品可在相对高温55～60℃条件下工作，能够使被加工的水果很好地释放色泽，这是浆果汁和葡萄汁最重要的指标之一。

8.1.1.9 新型酶制剂——粥化酶在果蔬汁加工中的应用

粥化酶（macerating enzymes）又称软化酶，它是一种含有果胶酶、半纤维素酶、纤维素酶及蛋白酶、淀粉酶等的复合酶制剂。这种粥化酶由赵允麟研究开发，通过单一微生物（黑曲霉）培养产生，其中各种酶的组成比例可根据使用要求的不同，通过菌种或营养、培养条件的改变而变化。它在果蔬饮料加工中可增加水果、蔬菜的出汁率，从而提高果蔬汁饮料的产量，并可提高产品的质量（保持果蔬原有风味）及产品的稳定性；亦可使果蔬加工的方法、工艺简化，能耗下降。因此这种新型的粥化酶在果蔬饮料加工业中将有广阔的应用前景。

国外的果蔬加工业中，虽然也早已应用酶的复合制剂（国内许多合资企业亦已引进），但这些制剂均由多种单一酶迭加复合而成，成本较高，而且由于各种酶的酶源不同，它们的作用条件并不完全一致，因此使用效果往往不甚理想。以著名的土耳其最大的果汁生产商Aroma公司的苹果汁生产为例，其生产流程如图8-1。

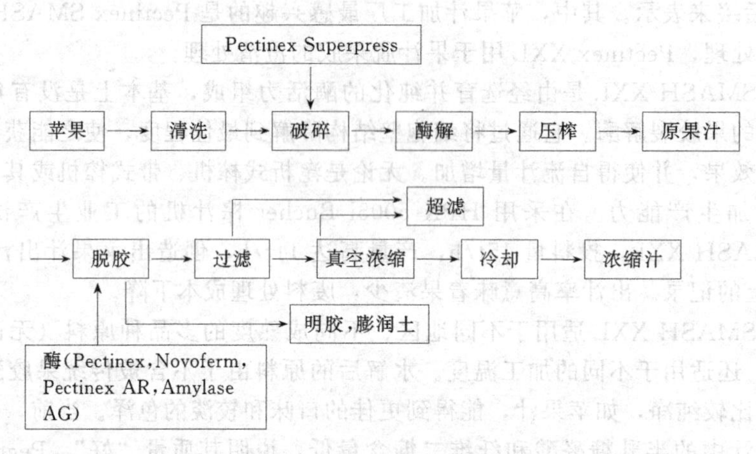

图8-1 苹果汁的生产

至少需添加5种酶（由Novo Nordisk公司提供），采用这工艺后，苹果的出汁率由70%～75%增加至80%～85%，挤压速度加快（20min挤压一批），能耗下降，浓缩汁澄清而稳定。

在苹果汁生产中，如采用粥化酶，将使生产过程更简捷，添加的成本大大降低。在苹果破碎酶解时，加入粥化酶Ⅰ，在果汁脱胶时加入粥化酶Ⅱ（粥化酶Ⅰ、粥化酶Ⅱ仅是复合酶中酶系的组成不同），添加酶的成本仅为国外酶制剂的15%～20%。

使用粥化酶Ⅰ的目的主要在于提高果蔬的出汁率。由于果蔬植物的细胞壁、细胞膜是由果胶质、纤维素、半纤维素、蛋白质构成，它们在通常的情况下很难破碎，细胞内汁液难以释放，压榨难度大、出汁率低。加入粥化酶Ⅰ后，果胶物质被解聚成可溶性果胶，纤维素、半纤维素降解，在果胶酶、纤维素酶、半纤维素酶、蛋白质的协同作用下，植物细胞壁容易破碎，细胞汁液释放率大大增加（可增加15%～25%）。另外，压榨效率亦有所提高。

使用粥化酶Ⅱ的目的在于果汁的澄清及易于过滤、超滤。经压榨后的苹果汁是浑浊的，原因是其中含有大量的果胶质（呈胶体状态），还有少量不溶性的淀粉（包括阿拉伯聚糖）、不溶性蛋白等，如果要得到澄清的果汁，其过滤特别困难。而加入粥化酶Ⅱ，浑浊苹果汁中的果胶进一步解聚，使浑浊粒子形成不溶性颗粒沉淀；不溶性的淀粉多糖、蛋白亦分别被降解，从而使果汁的透光率大大提高，使用合理甚至可不添加澄清剂（明胶）。另外经试验证明，添加粥化酶后可使过滤或超滤的速度加快。提高超滤膜的通透量，完全可以替代 NovoNordisk 公司 Novoferm 43、Novoferm 58 等超滤专用酶。

除了在苹果汁加工中的应用，粥化酶在许多果蔬饮料加工业中均有很好的使用效果。无论是果汁加工（山楂、草莓、葡萄等），还是蔬菜汁、泥加工（胡萝卜、南瓜、番茄等），出汁率均有较大幅度的提高（20%～35%）。果蔬汁的质量及稳定性都优于传统生产工艺。

因此，随着人民生活水平的提高及对方便食品的需求与日俱增，作为果蔬加工的重要工具酶——粥化酶的市场潜力无疑是十分可观的。

8.1.2 柑橘制品的苦味去除

在某些柑橘制品中，有时认为苦味不超量是一种理想的柑橘制品特征，但在混合体系中苦味也会抑制柑橘果汁的应用，因此部分脱苦的柑橘具有重要的商业价值。柑橘类果汁在提炼之后不久就会变苦，这主要是由于柠檬苦素和柚皮苷所致。酶法脱苦主要是利用不同的酶分别作用于柠檬苦素和柚皮苷，生成不含苦味的物质。工业生产中常用固定化柚皮苷酶减少柑橘类果汁中的柚皮苷含量以去除苦味物质取得良好的效果。柚皮苷酶可从商品柑橘果胶制剂、曲霉（*Aspergillus*）等获得。柚皮苷酶有两种酶活性-鼠李糖苷酶和葡萄糖苷酶，水解柚皮苷成为鼠李糖和没有苦味的糖苷配基柚配质，因而起脱苦作用。Tsen 等在 1989 年使用甲壳素生产固定化柚皮苷酶，并研究了固定化的动力学因子。Manio'n 等使用空心玻璃床作为载体，分别使用 DEAE Sephadex 和单宁氨基乙基纤维（tanninaminoethyl cellulose）作为载体生产固定化柚皮苷酶。

8.1.2.1 最适pH和温度对酶活性的影响

当载体上固定柚皮苷酶达到最大酶活性时，其后再固定的酶并不增加固定化酶的总活性。从青霉中得到柚皮苷酶的最适 pH 为 3.5。若将柚皮苷酶固定，其最适 pH 会发生向上或向下的偏移，这主要是由载体的带电性质和产物性质决定的。Goldson 等以及 Soures 等分别使用马来醛共聚物和醋酸纤维、三醋酸纤维共价固定柚皮苷酶，并和非固定化酶相比较，酶的最适 pH 均有所上升，其原因是负离子交换载体被使用，使 H^+ 吸附在载体周围从而使最适 pH 升高。固定化酶作用的最适温度受固定化方法和固定化载体的影响。Manio'n 等报道了固定在多孔玻璃上的柚皮苷酶，因为活化能的降低而有更高的催化活性。通过分析判定并结合生产应用时，将 2%（质量分数）的柚皮苷酶加入柑橘类果汁，在最适 pH 3.5，温度 30～40℃，脱苦时间 60min 可脱除苦味物质 85%～90%，口感尝不出苦味，消费者易接受。

8.1.2.2 酶在不同浓度果汁中受到的抑制作用

不同浓度果汁在同样的比值（载体表面积/果汁体积）、作用时间及温度下，水解的柚皮苷比例并不相同，这主要是在不同浓度果汁中有不同的糖浓度。Manio'n 和 Ono 分别指出鼠李糖和柠檬酸是柚皮苷酶的抑制剂。因此适当稀释使反应产物鼠李糖和葡萄糖浓度降低，以及适当地搅拌使反应产物尽快从酶活性中心分散将有助于柚皮苷酶脱苦。如在柑橘原汁中，由于柑橘种类和品种不同，其所含苦味物质的成分和含量也有所不同，应用于柚皮苷酶可将原汁中的柚皮苷分子中的鼠李糖和葡萄糖切下，成为水溶性柚皮素，将原汁置于酶液中保温 30min 以及适当搅拌可使柚皮苷溶解除去，既改善原汁产品的口感，又提高产品的稳定性。湖南省农科院农产品加工研究所将脱苦酶应用于 65°Brix 柑橘浓缩汁中，解决了果汁苦味问题，使苦味物质脱除率>85%，而原汁中固有的营养成分几乎不受脱苦酶的影响，其效果非常理想，使柑橘浓缩汁品质稳定性显著提高，增加了经济效益，增强了产品的市场竞争力。

8.1.3 果蔬保鲜中的应用

过氧化物酶在果蔬保鲜中的重要功能与其氧化吲哚乙酸的作用有关，它通过此作用参与植物生长调节。过氧化物酶是果蔬成熟和衰老的指标，例如，苹果在气调贮藏中，过氧化物酶出现两个峰值，一个相当于呼吸转折，而另一个相当于衰老开始。但伴随着两个酶活力峰值，并没有出现新的同工酶。过氧化物酶可能与果蔬成熟时叶绿素的降解有关。此外，在一些果蔬中，例如红椒，使胡萝卜素褪色的酶具有过氧化物酶的特征。

过氧化物酶在果蔬加工和保藏中的主要作用包括两方面：①过氧化物酶的活力与果蔬产品，特别是那些非酸性蔬菜，在贮藏期间形成的不良风味有关；②过氧化物酶属于最耐热的酶类，它在果蔬加工中常被用作热处理是否充分的指标，这是因为当果蔬中的过氧化物酶在热加工中失活时，其他的酶以活性形式存在的可能性很小。因此过氧化物酶常常作为果蔬烫漂程度控制的标志酶。只有在充分烫漂保证过氧化物酶基本失活的情况下，冷冻食品才能在长期贮藏中保持良好的质量。这是十分异乎寻常的性质。

8.1.4 酶法促进果蔬汁的香气与风味

果蔬汁香气与风味是影响其质量的主要因素，极易在加工过程中损失。近年来的研究表明，在果蔬汁中添加酶制剂可使风味前体物水解产生香味物质。风味前体物通常是与糖形成糖苷以键合态形式存在的风味物质。研究表明，单萜类化合物是嗅觉最为敏感的芳香物质，而果蔬中大多数单萜类物质均与吡喃、呋喃糖以键合态形式存在，果蔬成熟过程中内在β-葡萄糖苷酶游离释放出部分单萜类物质，但仍有大量键合态的萜类未被水解，因此可通过外加β-葡萄糖苷酶促进果蔬汁的香气与风味。早先的研究中外加酶是从水果中提取出来的，非常不经济，现在已可从曲霉、酵母中分离出风味酶。若将风味酶添加到果蔬汁中，可使果蔬汁恢复原来新鲜的风味。Riou 等从米曲霉中分离出一种可耐受高葡萄糖值的β-葡萄糖苷酶，该酶可将香叶醇、橙花醇、沉香醇从鲜葡萄汁中相应的单萜β-葡萄糖苷中游离出来。生产实践表明，用葡萄糖氧化酶可减少果蔬汁中所含的氧气和葡萄糖，改善果蔬汁的香气和风味，而从酵母中分离出的β-葡萄糖苷酶具有促进果蔬汁风味的能力。Tron 等从黑曲霉分离出分子量为 118000 和 109000 的β-葡萄糖苷酶，可同时水解纤维素二糖、乙醇香叶醇和锦葵色素-3-葡萄糖苷，研究表明，分子量为 118000 的β-葡萄糖苷酶水解纤维素二糖、乙醇香叶醇时活性高，适用于风味强化，相反分子量为 109000 的β-葡萄糖苷酶则适用于果蔬汁脱色。

8.2 果酒生产中的应用

目前，酶制剂广泛用于葡萄酒、苹果酒的生产中。

在葡萄酒生产中，葡萄经压榨出汁后加入果胶分解酶，目的是促进葡萄酒本身在发酵后更快地澄清，加酶的时间最好是在刚开始阶段添加，因为发酵后乙醇含量很高（达 12%），会抑制酶的活性。果胶分解酶在葡萄酒生产中的另一应用与葡萄酒加热酿造法的新技术联系在一起，这种方法广泛应用于高品质的红葡萄酒生产中。首先将葡萄麦芽汁加热到 50℃保持几小时，以溶解葡萄表皮中的花色苷，但是不会过滤出能产生葡萄酒涩味的多余的花青素配基多酚。通过这个方法的应用可以生产出颜色美观的葡萄酒，而且不需要通过陈酿来降低涩味，达到可接受的含量。这种工艺与传统的酿造工艺相比，不需要占用大量的仓库和资金，但是加热过程中，葡萄中大量的果胶被释放出来，这种情况在传统工艺中是不会出现的。解决的方法是必须在加热的麦芽汁中加入分解果胶的酶制剂，以降低果汁的黏度。这种工艺的另一优点是加强了花色苷的提取，可能是酶的作用，使其在细胞结构中分解，而使色素更容易释放到溶液中，从而赋予葡萄酒更好的色泽。

虽然葡萄酒的许多芳香成分是由酵母代谢产生的醇类和酯类，但是某些葡萄品种如“Muscat”“Gewurztraminer”，发酵产生的风味就与其他葡萄酒的风味有所不同，其原因是这些葡萄品种中存在挥发性的单萜类物质，如芳樟醇、香叶醇和橙花醇。这些物质在葡萄的榨汁、发酵和贮藏过程中被释放出来。不像其他水果的香气成分是挥发性物质，它们与糖以糖苷键的形式结合起来。葡萄中内源酶对这些化合物的作用非常弱，许多键合态的芳香物质仍然保存在果汁中，不会在葡萄酒中出现，但是人们有意识地添加外源的糖苷酶如 β-葡萄糖糖苷酶，它们可从糖苷中水解出单萜类化合物，就具有相当大的商业价值。真菌中的果胶酶（如来自黑曲霉）的副作用足以做到这一点，或者利用大量的假丝酵母的胞外糖苷酶来代替，在未来的研究中很可能会利用基因工程将这种活性结合到发酵酵母中。

现代的研究表明，控制酶的活力是生产高质量苹果酒的一部分。新鲜压榨的苹果汁颜色会变成深褐色，静置时产生浑浊，这是由于胞内多酚氧化酶的作用，使果胶发生部分脱甲基作用，然后与果汁中的蛋白质络合，形成悬浮的浑浊物。如果这些浑浊黏性的果汁在榨汁后立刻进行酵母发酵，由于果胶的存在，传统方式要使苹果酒的终产物得到澄清是不可能的。在法国的苹果酒生产中采用的澄清工艺或者称作净化工艺可以解决这个问题，但澄清工艺主要取决于苹果中含有的果胶甲基酯酶（PME）的强弱，并且其中不含有半乳糖醛酸酶（PG）。当苹果果胶发生高度甲氧基化作用时，PME 将会使苹果果胶产生游离的聚半乳糖酸。目前的研究直接针对苹果酒生产中的薄弱环节，即在苹果汁中是否含有足够的 PME。如果添加外源的 PME，就可以加快生产而且完全可靠。由于解聚的半乳糖酸不能形成钙胶，因此 PME 中不含有聚半乳糖醛酸酶活性（PG），这一点十分重要。与法国相比，英国的苹果酒工业对净化的研究走的是另一条途径，即直接在果汁中添加酶实现苹果酒的标准化生产，所有含有 PG 和 PME 的混合物通常都在发酵之前用来解决后面果胶引起的浑浊等一系列潜在的问题。

8.3 酶法在果蔬汁免疫检测方面的应用

酶免疫分析是用酶标记各种异性配基（抗体、抗原等），利用酶催化放大作用和特异性作用而建立的标记免疫分析。用于果蔬汁免疫检测的酶主要有辣根过氧化物酶、碱性磷酸酶、β-D 半乳糖苷酶及葡萄糖氧化酶，实际应用时根据需要合理选酶。据报道，橙汁中柠檬苦素含量是衡量其风味的重要指标，用碱性磷酸酶和辣根过氧化物酶做酶源，可定量免疫测定橙汁中的柠檬苦素。酶用于免疫检测时必须提供反应底物。同时固定化葡萄糖氧化酶与辣根过氧化物酶，前者作用于葡萄糖产生（H_2O_2），恰是辣根过氧化物酶的反应底物。以这两种复合酶为酶源，可高速、灵敏地定量检测果蔬汁中的葡萄糖含量。果蔬汁中存在的农残、防霉剂等有毒化学成分，不仅会影响产品质量，而且含量超标会危害人体健康。Bushway 等用固定化酶免疫检测定量果蔬汁中的防霉剂，30min 内完成 8 个样品检测，与高效液相色谱检测结果相符。如柳其芳用酶联免疫吸附法测定黄曲霉毒素 B_1（简称 AFB_1），它是利用抗原抗体的免疫反应和酶的高效催化作用原理将 AFB_1 特异性抗体包被于聚苯乙烯反应板的孔穴中，再加入样品提取液（未知抗原）及酶标 AFB_1 抗原（已知抗原），使两者与抗体之间进行免疫竞争反应，然后加酶底物显色，颜色的深浅取决于抗体和酶标 AFB_1 抗原结合的量，即样品中 AFB_1 多，则被抗体结合酶标 AFB_1 抗原少，颜色浅，反之则深，颜色的深浅可以反映样品中 AFB_1 含量的多少。赵肖磊等用廉价的植物酶检测果蔬汁中的农药残留，已取得良好的效果。运用植物酶依据的原理是有机磷、氨基甲酸酯类杀虫剂能抑制植物酶的活性，而植物酶被抑制的程度又可用量热法来测定。微生物也是果蔬汁质量检测的重要指标，利用酶免疫法可有效、准确地测出果蔬汁中多种酵母。此外，还可利用酶联免疫分析法快速检测果蔬制品中所采用的各种原料。

随着酶技术的发展，酶在果蔬汁加工业中的应用将会越来越广泛。尤其是近几年来酶工程技术的发展，以及果蔬汁加工用酶的推广应用，使国内果蔬汁加工业的生产厂商受益匪浅。使用酶技术不仅可改变传统的加工方法，还可以解决传统工艺不易解决的问题，而且还丰富了果蔬汁产品市场，提高了产品的市场竞争能力。

复习思考题

1. 果蔬汁加工中常用的酶制剂及其用途。
2. 果蔬加工中新型酶制剂的发展情况概述。
3. 国产粥化酶在果蔬汁加工中的作用机理。

参考文献

1 G A Tucker，L F Woods 著．酶在食品加工中的应用．李雁群，肖攻年译．北京：中国轻工业出版社，2002

2 王璋编．食品酶学．北京：中国轻工业出版社，1991

3 Baron A and Drilleau J F. Use of Pectic Enzymes in the Cider Industry. In Use of Enzymes in Food Techology ed. Dupuy，P.，Lavoisier，Paris. 1982

4 McMurrough I，Hennigan G P and Cleary K. Interactions of proteoses and polyphenols in worts and beers. *J Inst Brew*，1985

第9章 酶在动物性食品加工中的应用

知识要点

1. 蛋白质酶水解物的研究与生产应用
2. 酶法提取明胶的研究与应用
3. 肉类嫩化的内源酶与外源酶机制及应用
4. 酶在水产品生产中的应用
5. 酶在乳品工业的应用

9.1 酶在肉制品和水产食品加工中的应用

9.1.1 蛋白质酶水解物的生产应用

9.1.1.1 蛋白质酶水解物的研究背景

随着生物技术的发展，人们对蛋白质水解方式及其产物的功能性质进行了系统的研究，利用酶法水解来改善蛋白质的功能性质已被应用于工业化生产。利用酶水解蛋白质，改善蛋白质的功能性质，可将它的应用范围拓宽到医药工业和食品工业。

(1) 蛋白质酶水解物的研究进展　食品中蛋白质的水解通常是为了提高营养价值、改善食品品质、增加溶解度、降低起泡性或凝聚性、改善乳化性、除去异味以及毒性物质等。蛋白质随着水解程度的提高而逐渐形成胨、肽、氨基酸等的混合物。用酸法和碱法水解蛋白质至少已有100多年的历史，酸或碱水解能破坏L-型氨基酸，形成D-型氨基酸，产物复杂，蛋白质的营养价值损失大。与酸法或碱法比较，酶法水解效率高，而且条件温和，在营养成分的保留上有着不可比拟的优点。20世纪70年代出现了大量有关食用蛋白水解研究的报道，标志着食用蛋白质的水解研究作为一门相对独立的研究领域的建立。迄今为止，以低分子肽类作为保健食品基料在许多方面获得了广泛应用。水解蛋白质所用的酶为蛋白酶。从其来源讲，可分为动物蛋白酶、植物蛋白酶和微生物蛋白酶。动物蛋白酶中，胰蛋白酶、胃蛋白酶的酶解效果好，但价格太高，副反应多，不适于工业化生产。植物蛋白酶中以木瓜蛋白酶、菠萝蛋白酶应用相对较多，但其水解效率低、反应周期长、受外界因素影响大、成本高，同样不适于工业化生产。而来自微生物的蛋白酶活性较高，同时它们可以通过工业化生产得到，具有价格低廉的优点。目前较常用的微生物蛋白酶是碱性蛋白酶和中性蛋白酶。

对于蛋白水解物来说，最重要的选择标准是营养价值、费用、风味、抗原性、溶解性和其他功能性质。常用的蛋白质是酪蛋白、乳清蛋白和大豆蛋白，另外还有明胶、鱼、小麦、马铃薯等，通常动物性蛋白质酶水解物简称HAP，植物性蛋白质酶水解物简称HVP。若从经济、营养和实用的角度来看，以酪蛋白、明胶和蛋清蛋白作为水解原料最为适宜。中国关于食用蛋白水解的研究报道自20世纪90年代开始出现，主要的原料蛋白为乳清、大豆、酪蛋白、蚕蛹蛋白、鱼蛋白及血清蛋白等。

(2) 蛋白质酶水解物的功能性质　在蛋白质水解过程中，蛋白质分子发生很大变化，即可离解的基团（NH_4^+，COO^-）数目的增多；亲水性及净电荷数的增加；分子内部的疏水性残基暴露；功能性质如溶解性、黏度、乳化作用、起泡性、胶凝性及风味等发生变化。蛋白质酶水解物在较大范围的 pH、温度、氮浓度和离子强度条件下具有较好的溶解性能。蛋白质酶水解物的乳化性可通过控制水解度得以改善，但高度水解的蛋白质的乳化能力急剧下降，乳化稳定性差。蛋白质酶水解物的黏度和蛋白质比较明显下降，在受热情况下不发生胶凝变性，热稳定性好。但是蛋白质在水解达到一定程度时产生苦味肽。苦味肽都含有一些长链烷基侧链或芳香侧链，疏水性较强，通过控制水解度可以降低苦味肽的产生量。

① 溶解性质　蛋白质酶水解物最重要的性质之一是它在一定的 pH、温度、氮浓度和离子强度情况下的溶解性，酶水解提高了原蛋白质的溶解性。这种溶解性增加的性质对低过敏性婴儿食品和含水解物营养食品的加工是非常重要的，常用于水果饮料（低 pH）的蛋白质强化。富含蛋白水解物的营养食品在加工过程中要经过杀菌处理，这要求蛋白水解物受热不凝集、不沉淀，热稳定性好。同时，蛋白水解物营养食品经常要强化 Ca、Fe、P、Cl 等矿物元素，故蛋白水解物应在一定离子强度下保持稳定。

② 乳化性质　蛋白水解物的乳化性质可通过控制水解度得以改善。许多研究表明，当蛋白质被酶水解后，在一定 pH、离子强度和温度的条件下，水解物的分子量是决定乳化能力的主要因素。当水解度较低时，肽的分子量较大，能增加乳化力；但当水解度较高时，分子量的降低使肽分子不能像完整蛋白质分子一样在界面展开和定向，无法减小界面张力，因此乳化能力下降，通常认为具有 20 个以上氨基酸簇的肽类只有良好的乳化性，而小肽分子的乳化稳定性较差。

③ 起泡性质　搅打蛋清蛋白质的水分散系，形成泡沫，卵黏蛋白对泡沫有稳定作用。当卵清蛋白被酶水解后，在水解度较低或中等情况下，蛋清蛋白水解物的起泡性将增加，但随着水解度的进一步升高，起泡性有所降低，且泡沫稳定性下降。

（3）蛋白质酶水解物的消化吸收　肽是蛋白质水解的主要产物，人们对肽的理化性质和生理功能的研究颇为广泛和深入。传统的生物化学观点认为，蛋白质是在消化道中由各种蛋白酶作用分解为氨基酸，以氨基酸的形式吸收进入血液。20 世纪五六十年代，首先提出了肽的完整吸收理论，以后的营养试验和药理试验证实：在某些情况下，完整的肽是可以通过肽载体进入循环的。蛋白质进入消化道后，在消化道蛋白酶作用下，1/3 生成氨基酸，2/3 生成小肽。游离氨基酸由氨基酸载体转运，进入肠细胞，为耗能的主动运输；小肽进入肠细胞方式与游离氨基酸吸收机制类似，但小肽吸收主要依靠 H^+ 浓度梯度而游离氨基酸主要依靠 Na^+ 浓度梯度。小肽被肠细胞摄入后，在肠细胞内进一步水解，以游离氨基酸形式进入循环参与体内代谢，不被水解的小肽直接由肠细胞基底面进入血液循环。人体内有许多活性肽，它们起着激素、递质的作用。源于天然食品的蛋白质有些具有生物活性，如免疫球蛋白的调节作用等。也有一些蛋白质经适当酶、适度水解后生成某些小肽，提供潜在的生物活性。这些食品源性的活性肽均为小肽，一般含有 2～7 个氨基酸残基，由于其无毒副作用，引起了人们的极大关注。

9.1.1.2　蛋白质酶水解物的生产应用

（1）蛋白质酶水解程度的生产控制　良好的水解条件是确保蛋白质水解液品质的关键。水解通过水解参数如温度、水解时间、pH 和 AN/TN 的比率（AN：水解物中的氨基氮；TN：整个底物的总氮量）来控制。水解时蛋白质回收率、氨基酸组成和分布、分子量分布范围是水解产品较重要的指标。在一定温度和 pH 的条件下，酶的浓度愈高，水解速度愈快；水解时间愈长，AN/TN 值愈高，但应综合考虑水解效率与增加的成本。衡量蛋白水解物效率可采用氮回收率、水解度等指标，以此来确定最佳的水解参数。蛋白水解物的生产除分批间歇生产外，还有超滤反应器连续生产法，即当蛋白水解物连续通过超滤膜时，其小分子可连续地流出超滤膜，酶和蛋白质等大分子则不能通过超滤膜而流回反应槽中继续水解，此间不断补充新的蛋白质溶液于反应槽中，形成一个完整的连续水解过程。这样的一套连续水解系统，在相同的酶与底物浓度下，其水解效率较高且处理量较大，但较难控制，滤膜易堵塞，离实际应用仍有一段距离。20 世纪 70 年代，国外开始研究采用连续超滤膜反应器生产蛋白水解物，水解原料包括乳清蛋白、酪蛋白、大豆蛋白及鱼蛋白等，已有关于超滤反应器进行蛋白水解的专利。中国关于此方面的报道较少，且只处于实验室研究阶段。

(2) 蛋白质酶水解物的应用　蛋白质酶水解物由于其理化性质有所改善，应用范围大大拓宽。蛋白质在等电点时的溶解度很低，限制了它作为营养强化剂的应用，而蛋白质酶水解物在等电点时溶解度增加，常用于水果饮料的蛋白质强化。这种溶解性增加的性质对于低过敏性婴儿食品和含水解物营养食品的加工是非常重要的，因为在强化蛋白水解物的营养食品中经常要强化一些矿物元素，故要求蛋白质酶水解物在高离子强度下应保持稳定。蛋白质酶水解物与蛋白质相比，黏度降低，这种流变学性质的变化使加工变得容易，如输送、搅拌、喷雾干燥工艺的实施。

蛋白质酶水解物作为优质的氮源，在营养保健方面对人类具有非常强的吸引力。由于蛋白质酶水解物已经过酶消化，其主要成分为小肽，故与蛋白质相比更易消化吸收。而且由于水解物分子量较低，其致敏性与蛋白质比较明显下降，当肽分子量小于 2000 时过敏性基本消失。蛋白质酶水解物的易消化吸收、低致敏性能，使其在医药食品中获得广泛应用，如可用来补充各种原因引起的营养不良患者的营养，也可作为运动员食品，补充消耗的体力。在美国，蛋白质酶水解物类产品早已应用于运动员膳食，并取得了良好效果。许多成人和婴幼儿患食品过敏症。婴幼儿由于胃肠道发育不成熟，对蛋白质不易消化吸收，且肠壁薄，通透性强，未被消化或消化不完全的异体蛋白吸收入血，易引起过敏反应。可供非母乳喂养的某些蛋白质过敏婴幼儿选择的蛋白源有限，若要完全避免过敏，非常可能患上营养不良。作为替代食品，蛋白质酶水解物有着不可比拟的优点，蛋白质经过预消化为小肽，易于吸收。这样，既能去除过敏隐患，又能避免营养不良，满足营养需要。一些代谢性胃肠道功能紊乱患者如克隆氏病、短肠综合征、肠瘘等病人，因其消化吸收功能受损，对蛋白质的消化吸收功能降低引起负氮平衡；外伤、烧伤等患者组织修复需要补充大量蛋白质；还有一些中风、昏迷、意识障碍患者，无法自主进食；高热、高代谢疾病患者体内处于负氮平衡，癌症等消耗性疾病晚期危重病人都需补充营养。传统的方法为静脉输液（如脂肪乳、氨基酸注射液、白蛋白注射液等），操作麻烦、易感染、费用高。以蛋白质酶水解物为基料的胃肠道营养用药在这一领域显出绝对的优势，蛋白质作为必需营养成分，以其水解物形式摄入体内，能被更有效地吸收、利用，既避免了静脉输液的麻烦，又避免了口服氨基酸引起的高渗腹泻，且费用相对较低，更易为广大患者和家属接受。由于活性肽具有一定的生理功能，常用作医药、保健食品基料，既适用于普通人群，同时也适用于特殊人群。抗高血压肽使血管紧张素Ⅱ形成减少，舒缓激肽增加，使高血压病患者血压降低，但不影响正常人血压，适用于高血压病、高脂血症患者；酪蛋白磷酸肽具抗龋齿，促钙、锌吸收功能，适用于儿童；免疫促进肽、抗菌肽可增强免疫力，增加抗病能力，可用于身体衰弱、免疫功能缺陷的患者等等。

(3) 蛋白质酶水解物的开发状况　国外对蛋白水解物和活性肽的研究比较深入。蛋白质酶水解物和活性肽类食品在西欧、日本和美国早已有各种商品化产品，以酪蛋白、乳清、血清、蛋清、大豆、玉米、大米、小麦、水产品等为原料的蛋白质酶水解物类产品已上市或正在研制。日本以蛋白水解物为基料的医药品市场规模每年逾200亿日元，食品在80亿日元以上。中国的蛋白质酶水解物和活性肽的研究相对滞后。1994年起，这方面的研究才日渐增多。目前，中国国内对大豆肽、乳清肽的研究较多，也有一些关于螺旋藻、鸡肉、鱼肉、海洋生物水解的报道。对活性肽的研究则较少，主要研究抗高血压肽和酪蛋白磷酸肽。利用水解物开发出产品（如肽粉、饮料等）的报道从1997年才开始出现，但发展较快。现在，中国有些厂家已经开始开发大豆肽、乳肽等蛋白质酶水解物类产品，并投入生产。纵观蛋白水解物类产品的研究开发状况，各国在蛋白水解物类医药品方面的投资比较大，研究开发的产品比较多。预计今后一定时期，该类产品的开发将向保健食品方面倾斜。

9.1.2 明胶的生产应用

9.1.2.1 酶法提取明胶的研究现状

近几年中国国内对酶法提取明胶的研究主要集中在食品领域。将经灰碱脱毛后的羊皮下脚料先用氢氧化钙浸泡，调整酸度后经酶处理后提胶，得到的产品灰分含量很高，同时黏度也未达到明胶的国家标准。北京农业大学的杜敏等人将原料皮先后经酶处理、碱处理，以除去皮中的糖蛋白等杂蛋白，然后挤压漂洗、绞碎、丙酮脱脂、干燥并粉碎得胶原蛋白粉，在此基础上他们用强酸在沸水浴中继续水解胶原蛋白粉得到水解胶原。严格意义上说，以上的研究并不是酶法提取明胶，因为在用酶处理皮的同时，又用酸或碱对皮进行了作用，因此最后的产物并不具备单独用酶处理得到产物的分子量分布。北京大学的赵胜年研究了胰酶、碱性蛋白酶和中性蛋白酶对高温变性后的猪皮的水解情况，得到的水解胶原蛋白溶液经浓缩、喷雾干燥后为淡黄色粉剂。研究中未涉及到反应条件对产物分子量分布影响的研究，但由于酶对失活后胶原蛋白的作用较失活前要强得多，可以预见本工艺得到的水解胶原分子量相对比较小。另外由于碱法生产明胶污染太大，用酶法替代碱法在国内外研究越来越多。四川大学的刘白玲用浸碱皮做原料，对生物酶法生产明胶进行了实验探索，发现用枯草杆菌 ASl.398 中性蛋白酶作用皮后得到的明胶分子量要低于传统碱法得到的明胶，而用胰酶作用皮后提取的明胶虽然分子量较大，但提胶率却很低。国外近几年已经申请了不少相关的专利，并呈增加趋势。中国早在1990年就有相关的专利，专利的方法是首先将预处理后切碎的皮块加入脂肪酶、酶激活剂和碱性蛋白酶于36～42℃进行酶浴；然后将底物中加入氢键断裂剂和交联断裂剂或用碱处理法进行胶解；最后在pH为3.5～6.5，65～75℃提胶，生产周期较传统方法大大缩短，专利未提供最后产品性能的信息。

9.1.2.2 酶法提取明胶应注意的问题

（1）酶法提取明胶工艺中酶的选择　对明胶有作用的蛋白酶较多，但为了获得较高的经济价值，在选取酶的时候一般要考虑酶对胶原作用的强弱及酶的价格。如果酶对胶原的作用太弱，则无法得到高的明胶溶解率。而酶的纯度直接影响酶的价格，纯度较高的酶与工业用酶的价格往往相差上千倍，甚至更大。因此开发的产品除非有特殊要求，一般可以考虑选择用已完全工业化的酶，而在实际使用过程中对选用的酶初步纯化，除去其中的物理杂质，同时这也可以改善酶及水解产品的色泽。除此以外，还必须考虑酶对胶原的作用位点，因为这直接影响最后水解产物分子量的分布，对水解产物是否适合开发所需的产品起着至关重要的作用。

要得到较小分子量的水解产物，可以选用几种不同的酶组合使用。具体工艺中可以用上述几种酶同时作用于皮，也可以先后分别作用于皮。

（2）不同酶法提取明胶工艺的选择　酶法提取明胶具体实验工艺及条件的选取通常应考虑要开发的产品对分子量的要求及酶的最适作用温度、pH等。一般蛋白酶在高温时具有较高酶活力，尤其是一些高温蛋白酶，高温也可以使维持胶原稳定的氢键、疏水键等加速被破坏，增加皮的溶出率，因此直接将皮在较高温度的酶溶液下作用是文献中采用较多的明胶提取工艺。但高温时蛋白酶的酶活力衰减非常快，采用此工艺不能有效发挥酶的作用。同时由于皮直接溶解在酶溶液中，因此最后酶全部存在于水解产物中，要开发一些对水解产物纯度要求较高的产品，这种工艺显然不适合。

要充分发挥酶的作用，可以先在相对较低的温度下作用皮，然后弃去酶溶液，加入蒸馏水，再在较高温度下作用皮。而皮经酶溶液处理一段时间后，酶渗透进入皮块内部，通过简单的水洗已经很难将其除去。因此在两步法提取皮胶原工艺中，如果不采取其他方法抑制皮内的酶活力，在进行明胶提取时，皮内的酶将继续作用皮块。如果要得到大分子量的水解产物，就必须对皮内的酶活力进行抑制。要得到小分子的水解产物，则可以选择不抑制酶活，以充分发挥酶的作用。

皮在酶处理以前可以先进行一定程度的预处理，以除去皮中的脂肪及部分杂蛋白。如果要得到分子量不连续分布的水解产物，在预处理时不能用太剧烈的条件。文献表明，用酶作用碱皮，最后的水解产物的分子量完全连续。这说明在灰碱脱毛过程中，胶原已经被部分水解。

9.1.3 肉类的嫩化

9.1.3.1 背景

由于肉在中国是价格较贵的食品，所以人们在屠宰店里和超市的柜台前挑选一块肉时都特别认真。肉的嫩度对消费者来说是一个重要的质量指标，受到屠宰操作中诸多因素的影响。屠宰以后立即销售的肉质量是不高的，因为动物尸体要在良好的贮藏条件下有足够的挂置时间来产生充分的嫩度和风味，这个过程称为宰后肉类的成熟。经过成熟，肉类得到嫩化，这主要由于肌肉中的内源酶的作用。为了加快成熟速度（如牛、羊肉），通过外源酶改善肉的嫩度在生产中也逐渐得到一定的应用。

在活肌肉中，肌浆中的ATP保持在较高水平。屠宰以后，如果这种能源水平下降到原含量的15%～20%时，胴体中的肌肉纤维就会进入死后僵直。肌肉的伸展性也随之消失，嫩度很差。牛肉应该在冷藏的条件下（1～2℃）放置2～3周较为理想，尽管这样贮藏成本很高。在成熟期间质地方面的主要改善由肌原纤维的削弱引起，而成熟对结缔组织也有一定的影响。

9.1.3.2 内源酶

经过许多年人们已经认识到死后僵直的解除是由于肌肉蛋白酶的作用所引起。与躯体中的其他组织一样，肌肉含有许多可能对死后的变化起作用的不同类型的蛋白水解酶见表9-1。

表 9-1　肌肉中可能与肌原纤维和结缔组织的死后削弱有关的蛋白酶

蛋白酶	分类	活性pH范围
非溶酶体酶		
钙激活酶Ⅰ（μ钙激活酶）	半胱氨酸	6.5～8.0
钙激活酶Ⅱ（m钙激活酶）	半胱氨酸	6.5～8.0
溶酶体酶		
组织蛋白酶B①	半胱氨酸	3.0～6.0
组织蛋白酶D	天冬氨酸	2.5～5.0
组织蛋白酶H	半胱氨酸	5.0～7.0
组织蛋白酶L①	半胱氨酸	3.0～6.0

① 具有胶原水解活性的蛋白酶。

如果要讨论酶在成熟期的潜在功能作用，则考虑其活性的最适 pH 范围更方便。这个参数对肉的质量极为重要，因为一旦僵直形成，pH 即从最初的中性附近降低到接近 5.5。pH 下降的速度和实际的极限值对肉的质量有很大的影响。

(1) 在中性 pH 下有活性的蛋白酶 钙激活酶 (calpain)，按照肉品科学的观点可能是到目前为止鉴别出来的最重要的肌肉蛋白酶。自从报道肌肉中的肌浆钙激活因子 (CASF) 以来，钙激活酶已经被认为在促进肌原纤维削弱中有着显著的地位。钙激活酶具有两个主要同源型 μ 钙激活酶（钙蛋白酶Ⅰ）和 m 钙激活酶（钙蛋白酶Ⅱ）。纯化的 μ 钙激活酶由 50～100μmol/LCa^{2+} 激活，m 钙激活酶由约 1～2mmol/L Ca^{2+} 激活。另外，肌肉中同时存在一个天然的蛋白抑制剂——钙蛋白酶抑制蛋白 (calpainstatin)，共同构成钙激活酶系统。在测定钙蛋白酶活力时，必须首先将钙蛋白酶抑制蛋白从组织的粗提取物中除去。肉品科学家对钙激活酶系统对肉的成熟嫩化作用有极大的兴趣。

(2) 在酸性 pH 下有活性的蛋白酶 肌肉细胞像躯体中的其他细胞一样含有小的膜结合泡囊，即溶酶体 (lysome)。这些亚细胞结构定位在肌肉细胞周边附近，并且充满了水解酶。溶酶体蛋白酶（包括内肽酶和外肽酶）历史上称为组织蛋白酶 (cathepsin)，被广泛地研究。与肉的成熟最相关的内肽酶是组织蛋白酶 B、D、H 和 L。

单独的组织蛋白酶对肌原纤维蛋白的作用已经在多个实验室进行了研究。组织蛋白酶 D 在 pH 5 以下最有效，即使在死后的 pH 5.5 下与肌原纤维培养时，这个酶也会导致肌原纤维部分断裂。另一些研究发现，这个酶能削弱粗丝。但是，在环境温度以下这个酶对完整肌原纤维的活性低得难于觉察，因此对冷藏条件下胴体的成熟没有什么作用。组织蛋白酶 B 能削弱肌原纤维的 Z 盘、M 线以及 A 带。根据 SDS-PAGE 结果，肌动蛋白和肌球蛋白被优先降解。组织蛋白酶 H 能降解肌球蛋白，但对完整肌原纤维没有明显作用。因此这个酶对于成熟相对更不重要，它的主要作用局限于降解肌肉中可溶的成分。组织蛋白酶 L 似乎是溶酶体酶中削弱肌原纤维方面最有效的。肌原纤维与这个酶一起培养导致 Z 盘被完全去除，还引起这些结构更进一步的破裂和碎解。组织蛋白酶 L 在 pH 4.5～5 最有效，但在 pH 6 时仍表现出相当的活力。SDS-PAGE 的结果表明这个酶能降解肌原纤维蛋白如肌球蛋白的轻链和重链、肌动蛋白、原肌球蛋白、伴肌动蛋白、肌联蛋白和 α-辅肌动蛋白。在电泳图中发现一些新的多肽碎片，包括在分子量 30000 附近的两个带。近期的研究表明组织蛋白酶 L 在降解肌球蛋白的快同源型上比组织蛋白酶 B 更有效。

(3) 钙激活酶系统在成熟过程中的作用 根据用单个纯化酶进行的体外研究表明，钙激活酶最接近地模拟了在完整的成熟肉中观察到的变化。大量的生物化学反应在屠宰后仍在肌肉中继续，并且这些复杂方式的相互作用导致一些重要的参数发生变化，如图 9-1 所示。

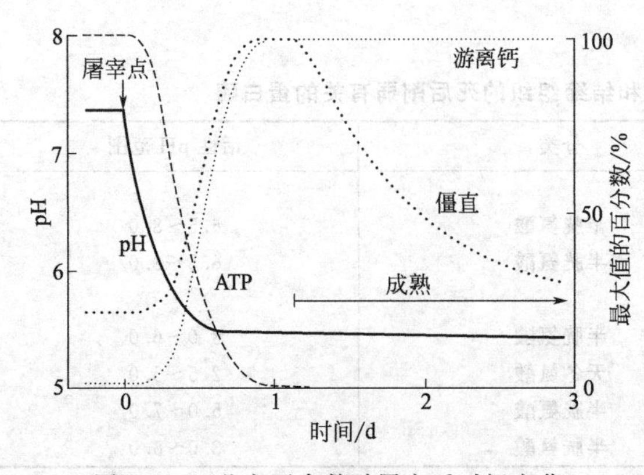

图 9-1 一些主要参数随屠宰后时间变化

向僵直状态的细条肉中添加过量的 Ca^{2+} (10～30mmol/L) 足以激活 m 钙激活酶，能加快成熟，并且在 24h 的处理时间内达到完全嫩化。相似地，发现将牛排浸泡在 $CaCl_2$ 溶液中能改善嫩度，可能是 m 钙蛋白酶活化所引起。当对贮藏的肉中的钙蛋白酶和钙蛋白酶抑制蛋白进行分析时，发现 μ 钙蛋白酶和钙蛋白酶抑制蛋白快速消失，而 m 钙蛋白酶相对稳定。Koohmaraie 等 (1987 年) 指出在屠宰后的第一天损失掉牛胴体中 50% 的 μ 钙蛋白酶和80%的钙蛋白酶抑制蛋白，此后下降较慢。

虽然钙蛋白酶可以参加到成熟的前阶段中，但是组织蛋白酶在成熟过程的后期（老化期）显得更有效。pH的下降使溶酶体的稳定性降低，从而允许酶泄漏到基质中，并且最终进入胞外空间。研究表明，溶酶体中酶的释放是在僵直软化时开始的，并在3～4d（对于牛肉来说）完全释放。与μ钙蛋白酶不同，组织蛋白酶通常非常稳定。例如，在贮存了8个月的腌制火腿中还保持有25%的残留活力。

在屠宰后对胴体进行电刺激（electrical stimulation），组织蛋白酶的活力得到明显促进。由电刺激所引起的pH的快速和较早的下降加快了溶酶体酶的释放，可能对嫩度改善有作用。在正常的极限pH（5.5）的肉中，由于组织蛋白酶的明显活性，肌原纤维蛋白有更大程度的降解。

9.1.3.3 外源酶

肉的食用质量在很大程度上取决于它的质地。由于嫩度是最重要的因素，人们在降低硬度的方法上做了大量的研究。人工嫩化的历史至少要追溯到500年前，许多墨西哥印第安人用从巴婆树和番木瓜树上采来的叶子包裹肉使肉在煮制时可以吸收植物的汁。在这种植物提取物中的嫩化剂称为“木瓜蛋白酶”，其商业制剂由干燥的胶乳制得。

在现代技术中，已广泛考虑采用外源酶来进行肉的嫩化。嫩化可以由打断肌原纤维或胶原纤维的蛋白酶来实现。

纯的木瓜蛋白酶对胶原不是非常有效，但从无花果中得到的无花果蛋白酶和从菠萝中得到的菠萝蛋白酶有强得多的作用，而且都对肌原纤维蛋白的降解有效。从菠萝果中得到的菠萝蛋白酶比从菠萝茎中制得的菠萝蛋白酶有更强的胶原蛋白的水解活性。

在目前的各种蛋白酶中，粗制木瓜蛋白酶由于安全和廉价的原因，作为肉的嫩化剂应用是最广泛的。这种酶从干燥的胶乳制得，以粉状销售，在世界的许多地方都生产。菠萝蛋白酶、无花果蛋白酶和某些其他的蛋白酶尽管对降解结缔组织有更高的效率，但它们的生产成本都更高或安全性没有木瓜蛋白酶好。

木瓜蛋白酶对于肌原纤维蛋白在40～70℃有最强的活性，这个温度范围是在煮制过程中的，而在冷却肉中几乎没有蛋白水解活力。在60℃以上的温度，胶原纤维开始变性并变得易于被木瓜蛋白酶降解，而且在70℃附近断裂最多。其他植物蛋白酶，特别是菠萝果的菠萝蛋白酶对变性的胶原蛋白表现出高得多的活力，但所有这些酶对未变性的天然胶原纤维都没什么活性。因此有必要使用这些嫩化剂来调节酶的总量以适应煮制类型。用酶处理过的肉的供应商要提供煮制指导以避免过于嫩化和嫩化不足。从生姜根茎得到的热稳定性的半胱氨酸蛋白酶可嫩化牛肉。与木瓜蛋白酶相反，高剂量的生姜根茎蛋白酶在处理肉时不会导致肉质软糊。

应用外源酶处理肉可采用几种方法：①撒粉；②蘸；③浸泡；④混合；⑤多针注射；⑥血管泵注。

处理过程中常见的问题是酶在肉中的分布不好，因此煮制时酶浓度高的地方会形成软糊的斑点或区域。酶掺入到肉块中时如果用多针注射，过于嫩化的部位位于针孔附近，在注射后翻动肉块能在很大程度上分散注射进去的酶而使问题减轻。据称酶制剂中搀加包含磷酸盐在内的一些盐类能使注射的木瓜蛋白酶更容易分散。

对于像牛排这样的产品，嫩化剂可以用来弥补成熟时间不足和含有少量结缔组织造成嫩度差的缺陷。Swift公司开发的一个工艺提供了一个在马上要屠宰的活动物身上安全地注射木瓜蛋白酶的方法。这个工艺能使酶在肌肉组织中均匀分布。而且，含有更多结缔组织的肌肉一般都会有大量的血管，因此能积累更多的酶。内脏也含有很多酶，因而不适合传统的烹制。在上述工艺中，木瓜蛋白酶以浓缩的形式在动物圈养时注射到其颈静脉中。要注射的酶被预先氧化使之完全失活。注射后的动物在30min内宰杀，这样经过肾损失的酶极少。在达到极限pH的胴体中，完成无氧酵解以后，通过积累像谷胱甘肽一类的酶的激活剂，肌肉内部形成还原性环境。但在冷藏温度下，木瓜蛋白酶形成其活性形式的还原过程非常慢，直到肉被煮制的时候激活过程才能完成，激活过程在45℃时进行得最快。和在动物宰杀后再用酶处理的肉一样，所有嫩化过程都在煮制期间发生，因此为了获得最好的嫩化效果，煮制要小心控制过程。上述工艺主要用来生产有高质量保证的产品肉，据统计，英国牛肉产品大约2%是用了宰杀前注射木瓜蛋白酶处理的，而在美国这个比例更高。

人们研究过几个微生物蛋白酶（特别是真菌蛋白酶）的嫩化潜力，并获得了一些使用这些酶的专利。最近，研究了一种从里氏木霉得到的类似组织蛋白酶D的蛋白酶。在实验室试验中，这种酶在极限pH 5.5附近引起明显的肌原纤维蛋白降解，但对肌肉的结缔组织没有得到可检测的作用。在中国能买到用于肉品和其他工业的植物和微生物酶制剂。

据称通过死前注射与锌螯合剂结合的EDTA钙盐以消除锌离子可能造成的抑制，由此来使钙蛋白酶提前激活。最近Koohmaraie和他的同事（1989年）根据提高组织中Ca^{2+}浓度可以加速胴体成熟过程中钙激活酶的反应原理，在绵羊宰杀后将Ca^{2+}注入到颈动脉中来达到嫩化的目的。

通过破坏结缔组织改善嫩度已有许多试验研究，但目前在商业上还没有明显的进展。降解胶原纤维最好的酶是胶原蛋白酶，这种酶优先水解结缔组织蛋白，而对其他蛋白的活性极低。哺乳动物胶原蛋白酶表现出严格的专一性，只在三股螺旋的胶原链中的单个位点断裂。而且，它们对变性的胶原蛋白和胶原蛋白肽的反应比较慢。相反，细菌胶原蛋白酶对天然胶原蛋白能在数个位点断裂，而且由于胶原蛋白的变化，它能引起胶原蛋白碎片更快地降解。因此细菌胶原蛋白酶比哺乳动物酶有更高的比活力。将这种胶原蛋白酶应用到肉质嫩化中的主要缺点是，这些酶要获得准许是有疑问的，因为这些微生物是没有批准用来生产食品用酶的。最有潜力的做法是把胶原蛋白酶基因转到可生产食品用酶的微生物（像酵母或乳酸杆菌等）中。一个更有益于此的方法是对原有酶的有用结构进行修饰的蛋白质工程，这样的修饰可能改善最适pH，使其更接近5.5——通常是肉的极限pH。另一种修饰可以降低失活温度和/或改善低温下的活性以适应工厂的加工条件。

9.1.4 水产品生产中的应用

9.1.4.1 脱乙酰酶（deacetylase，E.C.3.5.7.41）

甲壳素，又称几丁质(chitin)，广泛存在于甲壳类动物(虾、蟹等)及昆虫的外壳，真菌的细胞壁中也大量存在，是自然界产量仅次于纤维素的第二大生物有机资源，它由*N*-乙酰氨基-D-葡萄糖单体(D-GlcNAc)通过β-1,4-糖苷键连接而成的直链高分子化合物。当分子中的乙酰基被部分或全部脱除后，生成所谓的壳聚糖(chitosan)，成为*N*-葡萄糖胺(GlcN)，壳聚糖分子中有大量的游离氨基，分子带正电荷，化学性质活泼，易于对其进行各种化学修饰，并且易溶于中性及酸性水溶液中，因而有广泛应用价值。例如用于污水处理、饮用水及饮料的澄清、食品的防腐剂、增稠剂、稳定剂，可降解包装材料、化妆品保湿剂、人造皮肤、手术缝合线、反渗透膜和超滤膜、酶的固定化载体、层析材料、药物缓释剂、赋形剂等。另外据报道，壳聚糖还有许多保健功能，可以作为膳食纤维添加到食品中，还可以降血脂、促进免疫球蛋白的产生、抗肿瘤、促进伤口愈合、促进骨骼生长等，应用前景广阔。

甲壳素脱乙酰酶（chitin deacetylase，以下简称CDA）最初由Yoshio Araki等人于1974年在里氏毛霉（*Mucor rouxii*）中发现并初步分离纯化。该酶催化的反应如下。

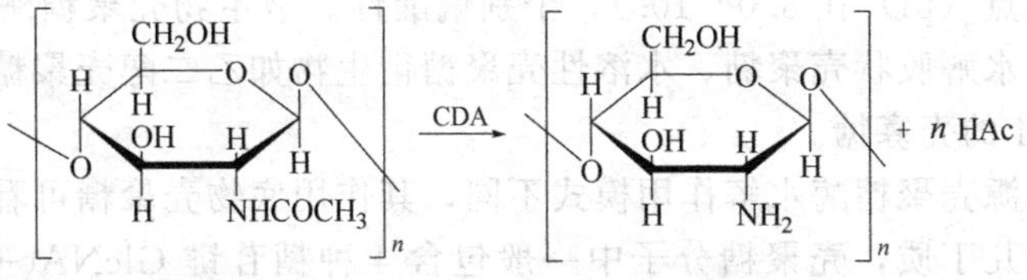

CH₂OH 结构式：甲壳素 $\xrightarrow{CDA}$ 壳聚糖 + n HAc

甲壳素　　　　壳聚糖

自发现该酶以来，该酶已逐渐引起世界各国科学家们的关注，因为该酶能催化水解甲壳素分子上的乙酰基，可以利用它代替现有的浓碱热解法生产高质量的壳聚糖。这不但可以解决目前壳聚糖生产中的环境污染问题，而且可以生产出用化学法不能解决的壳聚糖产品质量问题，因此该酶还有重要的工业应用的潜在价值。

除了在里氏毛霉中发现 CDA，H. Kauss 等人于 1982 年又从半知菌纲中发现该酶存在，这是首次从非接合菌中发现该酶。以后在这两纲中又陆续发现许多真菌可以生产 CDA，包括 *Mucor racemosus*，*Mucor miehei*，*Rhizopus nigricans* 等。另外，在酿酒酵母（*Saccharomyces cerevisiae*）中以及无脊椎动物中也有存在；甚至在感染了 *C. lagenaruim* 的黄瓜叶中也检出了 CDA 的活力；最近还有一篇美国专利报道了一株产碱杆菌属的细菌也可以产生 CDA，这是迄今为止所发现的惟一一株能产 CDA 的细菌。

值得一提的是，在许多细菌中存在有肽聚糖脱乙酰酶，由于肽聚糖的结构与甲壳素十分相似，故肽聚糖脱乙酰酶对甲壳素也能表现出微弱的活性。

9.1.4.2　甲壳素酶和壳聚糖酶

壳聚糖是甲壳素脱乙酰产物，在工业、农业中有重要应用价值，但由于水溶性差，其应用受到一定限制。近年来发现壳聚糖降解产物即甲壳低聚糖具有独特的生理功能，因而筛选产甲壳素酶、壳聚糖酶微生物，用酶法制备甲壳低聚糖已成为目前研究热点。

（1）甲壳素酶或几丁质酶　甲壳素在生物体内被水解成 *N*-乙酰葡萄糖胺是由甲壳素水解酶系来完成的。该酶系为复合酶体，主要包含有两种酶，两者相互协同作用。甲壳素酶（chitinase，E. C. 3. 2. 1. 14）随机地降解甲壳素，生成甲壳二糖（chitobiose）及少量甲壳三糖（chitotriose）；*N*-乙酰葡糖胺酶，也称为甲壳二糖酶（chitobiase，E. C. 3. 2. 1. 10），水解甲壳二糖生成 *N*-乙酰葡糖胺（NAG）。据报道，许多植物叶子中可检测出甲壳素酶活性，并同时包括外切酶活和内切酶活。甲壳素酶的外切或和内切作用方式主要取决于底物的性质。

为了提高甲壳素酶的产量和酶活，利用基因诱导、分子克隆等手段对原菌株进行基因改进甚至制造转基因植物取得较大的进展。黏质沙雷氏菌（*Serratia macescens*）是研究最为热门的微生物之一，QMB1466 菌株经 UV 和 EMS 处理后，得到的菌株较原菌株全酶活提高2～3 倍，并且该酶可水解结晶状甲壳素，产物可得到 NAG。

（2）壳聚糖酶　壳聚糖酶（chitosanase，E. C. 3. 2. 1. 99）是专一性降解壳聚糖的水解酶，对甲壳素、壳聚糖降解酶的研究是甲壳素科学中的一个最重要分支。它是一种不同于甲壳素酶的新酶，这种酶对胶态甲壳素（几丁质）不水解，但是能够降解完全脱乙酰化的壳聚糖，所以它被认为是对线性的壳聚糖具有水解专一性的一种酶。1984 年向国际酶学委员会申请登记编号 E. C. 3. 2. 1. 99。此后，经过将近 30 年的一系列的研究，人们又相继从多种微生物（包括细菌、放线菌、真菌以及病毒等）及单子叶和双子叶植物的不同组织中发现有壳聚糖酶活性。

一般微生物产生的壳聚糖酶分子量在 10000～50000，但是个别微生物所产生的壳聚糖酶分子量＞100000。壳聚糖酶的最适作用 pH 为 4.0～8.0，最适作用温度为 30～70℃。大部分壳聚糖酶等电点（pI）在 8.0～10.1，个别偏酸性。微生物壳聚糖酶对底物具有一定的专一性，一般都可水解胶状壳聚糖、水溶性壳聚糖衍生物如乙二醇壳聚糖等，酶解终产物一般为聚合度为 2～4 的壳寡糖。

不同微生物来源壳聚糖酶水解作用模式不同，其作用底物壳聚糖可看作是部分脱乙酰化或完全脱乙酰化的几丁质，壳聚糖分子中一般包含 4 种糖苷键 GlcNAc-GlcNAc，GlcN-GlcN，GlcN-GlcNAc，GlcNAc-GlcN，各种糖苷键比例取决于脱乙酰化程度。

壳聚糖酶被认为能作用于壳聚糖分子中的 GlcN-GlcN 糖苷键，而不能作用 GlcNAc-GlcNAc 糖苷键。因此根据其作用底物糖苷键的类型，壳聚糖酶被分为 3 类。根据酶解产物的不同，壳聚糖酶可分为内切酶和外切酶。内切酶作用方式是随机切断壳聚糖链，产生相对分子量较小的低聚糖，适合于制备壳低聚糖。从已报道文献来看，大部分微生物产生的壳聚糖酶为内切酶。外切酶则从糖链的非还原性末端逐个切下单糖体残基，产物为氨基葡萄糖。微生物 *Bacillus amyloliquefaciens* UTK、*Aspergillus oryzae* IAM2660，既产内切酶，又产外切酶。

壳聚糖酶在工业上可用于制备甲壳低聚糖（chitooligosaccharides，简称 COSs）。由于 COSs 水溶性好，更利于人体吸收，因而 COSs 在食品工业中可作为食品添加剂。COSs 在医药、诊断试剂方面具有非常诱人的前景，特别是聚合度在 4 以上的 COSs 具有抗感染、抗癌以及调节、改善免疫活性的功能；COSs 在植物生理方面也得到应用，COSs 具有抗菌的功能，能对植物病原菌产生拮抗，同时能诱导植物产生抗菌物质；COSs 还可以用于化妆品领域。正是由于 COSs 广泛的应用前景，利用壳聚糖酶来制备 COSs 已成为目前研究的热点。

9.1.4.3　卡拉胶酶

卡拉胶被广泛应用于食品、医药、化工等工业，目前从海洋来源的麒麟菜、沙菜中提取卡拉胶仍沿用酸碱法，而且在高温下进行，反应复杂，并造成污染。卡拉胶除用作食品添加剂外，降解产物不同链长的卡拉胶在临床上应用其抗凝血性，硫酸酯含量越多其抗凝血性越好，如肝素一样与血纤维蛋白原形成可溶性络合物，而且毒性小，从开发海洋生物资源角度看，卡拉胶的利用潜力大。因此，采用酶法降解卡拉胶具有重要学术价值和广阔的应用前景。

微生物来源的卡拉胶酶（carrageeninase）包括海洋细菌（*Pseudoalteromonas carrageenovora*），食鹿角菜交替单胞菌（*Alteromonas carrageenovora*）和噬纤维菌属的细菌（*Cytophaga drobachiensis*）等。

1987 年 Sarwar G 等人报道了采用噬纤维菌属的细菌（*Cytophaga* sp. 1k - C783）产生胞外卡拉胶酶。1991 年 Potin P 等人从红叶藻属（*Delesseria sanguinea*）分离出一株能降解不同硫酸化半乳糖聚合物的细菌。1997 年 Oestgaard K 等采用海洋细菌（*Pseudoalteromonas carrageenovora*）发酵罐生产 κ-卡拉胶酶。碳源为乳糖，添加 0.15%卡拉胶作为诱导物。同时，近年来，对卡拉胶的酶源开发、分离提纯、理化特性及其应用研究受到关注，但由于菌种产酶活力不高，尚未批量生产，中国对卡拉胶酶的研究仍处于起步阶段。

9.1.4.4　转谷氨酰胺酶

（1）转谷氨酰胺酶的性质与来源　转谷氨酰胺酶（transglutaminase 缩写为 TGase；E.C.2.3.2.13）或称为蛋白质-谷氨酰胺 γ-谷氨酰胺基转移酶是一种能催化多肽或蛋白质的谷氨酰胺残基的 γ-羟胺基团（酰基的供体）与许多伯胺化合物（酰基受体）之间的酰基转移反应的酶，其中酰基受体包括蛋白质赖氨酸残基的 ε-氨基。当不存在伯胺底物时，水会成为酰基的受体，从而 TGase 催化谷氨酰胺残基的脱氨反应。TGase 可通过胺的导入、交联以及脱胺三种途径改性蛋白质（图 9-2），其中蛋白或多肽交联所形成的桥称为 ε-(γ-谷氨酰胺基）赖氨酸（G—L）键。

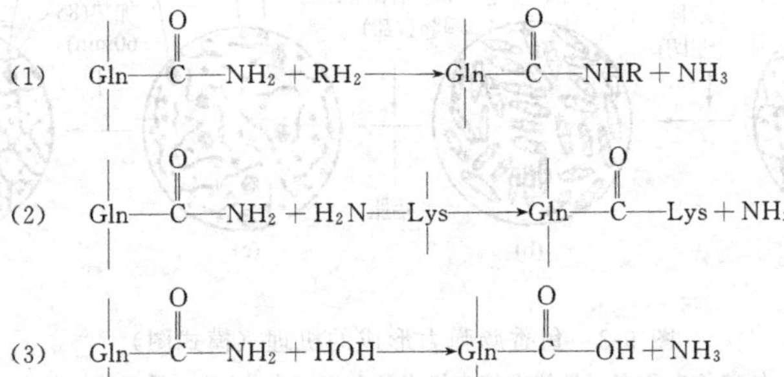

$$(1)\quad \text{Gln}-\overset{\displaystyle O}{\overset{\|}{C}}-NH_2 + RH_2 \longrightarrow \text{Gln}-\overset{\displaystyle O}{\overset{\|}{C}}-NHR + NH_3$$

$$(2)\quad \text{Gln}-\overset{\displaystyle O}{\overset{\|}{C}}-NH_2 + H_2N-\text{Lys} \longrightarrow \text{Gln}-\overset{\displaystyle O}{\overset{\|}{C}}-\text{Lys} + NH_3$$

$$(3)\quad \text{Gln}-\overset{\displaystyle O}{\overset{\|}{C}}-NH_2 + HOH \longrightarrow \text{Gln}-\overset{\displaystyle O}{\overset{\|}{C}}-OH + NH_3$$

图 9-2　转谷氨酰胺酶（TGase）催化的反应

（1）酰基转移反应；（2）蛋白或多肽的 Gln 和 Lys 之间的交联反应；（3）脱氨反应

目前，采用转谷氨酰胺酶改性蛋白质的研究已成为热门研究领域。早在 20 世纪 80 年代，日本的 Motoki 等研究组详细地探讨了采用豚鼠转谷氨酰胺酶用于蛋白质修饰，包括乳蛋白和大豆球蛋白等，结果显示该酶可很有效地用于构建具有新型独特功能的蛋白。但由于酶来源以及价格的限制，该酶用于食品蛋白质的修饰进展一直不大。直到 1989 年，Nonaka 等人从土壤中分离到一种产生胞外转谷氨酰胺酶的放线菌菌株（命名为 *Streptoverticillum* S-8112），到目前已大量生产食品用的转谷氨酰胺酶。1993 年，日本味之素公司首次上市以转谷氨酰胺酶为主的食品用酶制剂，包括 TG-K、TG-S 和 TG-B 三个系列，采用转谷氨酰胺酶用于食品蛋白质的改性已成为现实。

（2）转谷氨酰胺酶在水产品加工中的应用

① 鱼糜制品加工过程中的凝胶化技术　在鱼肉的碎肉馅中，添加 2%～3% 的食盐后再擂溃，馅即成为高黏度的肉糊，这种肉糊就叫做“鱼糜”。如根据市场需要，进一步添加调味剂等辅助材料将“鱼糜”制作成适应贮运及消费要求的形状，并加热凝固成有弹性的胶凝性食品，就总称为“鱼糜制品”。

生鲜鱼肉被加热时，会流出大量的滴液（drip），冷凝后，鱼肉会变成脆弱的加热鱼肉。但如向同一种鱼肉中加入 2%～3% 的食盐并将其磨碎成肉糊后再加热，就不再会有上述现象发生，滴液会成为不游离的橡胶状、柔软、富于弹性的凝胶体。

鱼肉的水分含量约在 80% 左右，其中大部分由肌肉组织的保水机构——肌纤维间、肌原纤维间及肌丝间的毛细管力保持着的。如对原样的鱼肉加热，由于其蛋白质纤维变性凝固，失去了保水机能，释放出的水分就成为滴液离开鱼肉组织。而当鱼肉成为肉糊时，构成肌原纤维的肌丝由于食盐的盐溶作用被溶解、分散，它就以肌动球蛋白的形式起水合作用。由于鱼肉的这种丝状巨大分子的相互络合，致使肉糊呈现非牛顿黏度，但经过加热，此络合形式就固定成为网状结构，水被封闭在网格之中，成为钝态成分。由此可以解释鱼糜制品的形成。图 9-3 所示为鱼香肠弹力形成的机理，作为图解说明可供对照。这种富有“黏弹性”的结构是此类鱼糜制品最重要的品质要素。

a. 食盐在鱼糜中的作用　盐水浓度对鱼肉蛋白质溶出量的曲线与鱼肉糊中食盐浓度对形成鱼糕凝胶体黏弹性强度的曲线完全一致。这就表明肌原纤维的溶出表现在开始先成为肌动球蛋白的溶胶体，然后才可能形成制品的黏弹性。溶解肌原纤维的食盐的最低含量为 2.3%，相当于鱼肉（水分含量约为 80%）重的 2%，如低于此值，则不形成肉糊；反之，如在 3% 以上，则食味受到影响。因此，鱼糜制品中的食盐含量，不管原料条件、制品种

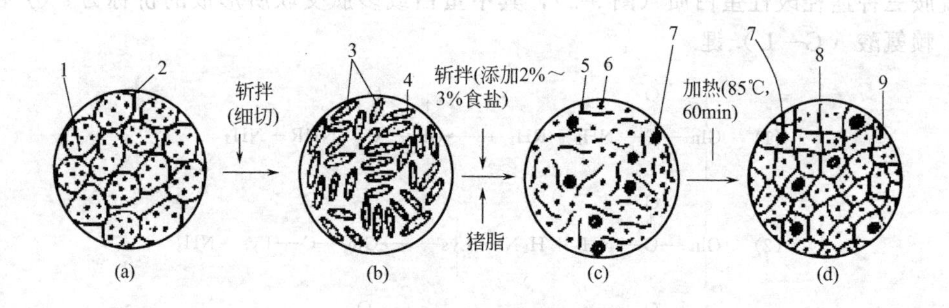

图 9-3 鱼香肠弹力形成的机理（模式图）

(a) 绞碎的生鱼肉（悬挂在绞肉机中的鱼肉状态）；(b) 易于溶出的鱼肉蛋白（斩拌初期添加食盐前的状态）；(c) 从肌肉细胞中溶出的盐溶性蛋白质（溶胶状）；(d) 纤维状蛋白质经热凝固形成网状结构，其中紧包着水分子和脂肪粒子，构成弹力（凝胶状）

1,4,6,9—水分子；2—绞碎的鱼肉；3—肌肉细胞；5,8—纤维状蛋白质粒子；7—脂肪粒子

类、地方喜好如何，都应限制在2%～3%的范围内。

b. 关于鱼糜的“稳定”和“复原” 肉糊从肌动球蛋白的溶胶体到鱼糕凝胶体的变化是由两个阶段产生的。第一阶段是通过50℃以下的温度域时，与这一穿过效应相应进行的是凝胶体结构的形成，此即“稳定（setting）”阶段；第二段是通过以60℃为中心的50～70℃温度域产生的构造劣化，此为“复原（softenning）”阶段。因此，使用同一肉糊缓缓通过20～40℃温度域，会促进其“稳定”性的形式，如迅速通过60℃附近的温度域，阻止其出现“复原”现象，则可获得强力的凝胶体，否则，连弱的凝胶体也得不到。由这种加热效应所得凝胶体的不同物性，就是鱼糕类制品的重要特征。

“稳定”现象可认为是肌动球蛋白因受盐溶作用被拆解，分子之间由桥键形成纤维溶胶状，可能再在内部转谷氨酰胺酶的作用下形成三维网络结构，使游离水被填装封闭在网络中的过程，但形成这一结构的上述机制尚待进一步证实。“稳定”的速率随温度的增高而加快，但其“稳定”程度则是在低温下随放置时间的延长而增强。鱼糜的易“稳定”度随鱼种而异。作为易“稳定”度的指标在30℃加温2h后凝胶体的胶凝强度与在50℃或60℃加热20min后凝胶体的胶凝强度之比。胶凝强度以抗拉强度$S(g/cm^2)$与断裂延伸率$\varepsilon(\Delta l/l_0)$之积表示。一是罗非鱼和鲣鱼、鲔鱼、旗鱼等体温较高鱼类的肉糜较难“稳定”，而明太鱼等冷水性鱼肉糜则易于“稳定”。二是许多红身鱼类（远东拟沙丁鱼例外）都较白身鱼难“稳定”。三是鲨鱼类比硬骨鱼类、淡水鱼类比海水鱼类难“稳定”。这种随鱼种而异的原因，可认为应归因于肌动球蛋白的分子结构差异和鱼本身内源转谷氨酰胺酶的差异造成热“稳定”性的不同。凝胶体形成与其“稳定”效应的关系是，鱼糜经过预先“稳定”、再行高温加热所形成凝胶体的胶凝强度，远高于未经预先稳定就进行高温加热的鱼糜。就是说，高温（90℃）加热的胶凝强度，是受鱼糜在“稳定”温度域内滞留的效应所左右的。促进“稳定”的物质如铬酸钾、过氧化氢、胱氨酸、脱氧抗坏血酸等能使蛋白质的—SH基氧化，在其分子之间形成S—S桥键，故有促进胶凝化的作用；而蔗糖、葡萄糖、山梨糖醇等则是抑制“稳定”的物质，其机理是：多数—OH基在蛋白质表面上由氢键连接，掩盖了蛋白质分子间的桥键部位，并与周围的水分子起水合作用，使之处于钝化状态。

“复原”现象是指从“稳定”温度域得到的凝胶体在70℃以下的温度域内逐渐劣化、崩溃的现象。在60℃左右最易出现，在50℃以下经过长时间也会出现。但经过80℃以上温度加热过的凝胶体，再通过“复原”的温度域，则不会出现“复原”现象。鱼糜的难“复原”度也随鱼种而异。这可由不同鱼种鱼糜内组织蛋白酶的活性差异来解释。难“复原”度的指标是在60℃下加热2h后凝胶体的胶凝强度与在50℃（或60℃，或40℃）加热20min后凝胶体的胶凝强度之比。鱼糜的难“复原”度与其易“稳定”度之间没有一定的关系。不同鱼种呈现的表观黏弹性形成能力的强弱，由肉糊通过“稳定”温度域终了时造成何种强度的凝胶体（潜在的凝胶体形成能力）以及这种结构通过“复原”温度域时出现何种程度的劣化（“复原”的难易度）决定的。随着肉糊温度的增高，不同种鱼肉凝胶体的胶凝强度特性曲线各不相同。但根据其通过“稳定”温度域（<50℃）时的胶凝化速率和通过“复原”温度域（50～70℃）凝胶体的劣化速率来看，可将许多鱼种大致归为4种类型：a.“稳定”难、“复原”易的鲐鱼类（包括舵鲣、黑鲔、蓝点鲅、罗非鱼等）；b.“稳定”难、“复原”也难的旗鱼类（大眼兔头鲀、普通鲻鱼、白斑星鲨、灰星鲨、鲤鱼等）；c.“稳定”易、“复原”亦易的黄姑鱼类（远东拟抄丁鱼、金线鱼、马面鲀、明太鱼等）；d.“稳定”易、“复原”难的美拟鲈（拟鲈科）类（飞鱼、桂皮斑鲆、花斑蛇鲻等）。就是说，选择、搭配使用原料鱼，不仅根据其鱼糜“黏弹性”的形成能力，还要参考其“稳定”与“复原”的难易度。在加热鱼肉糊时，可分二段加热。如将其缓慢通过“稳定”温度域后，再迅速通过“复原”温度域，则可生产出黏弹性强的凝胶体。在“稳定”温度域内，一般是开始就在10℃以下的低温保持一夜，或在30～40℃间保持数十分钟，效果较好。如在40℃以上使之“稳定”，不仅效果低，反而可能引起“复原”现象。

② 低值鱼肉制作优质鱼糜制品技术　利用日本味之素公司生产的转谷氨酰胺酶制剂“ACTIVA活力发”TG-AK添加于低值鱼肉带鱼中，生产具有优质鱼糜弹性的高档鱼糜制品。“ACTIVA活力发”TG-AK配方为转谷氨酰胺酶0.6%、磷酸三钠（无水）60%、大豆蛋白及其他39.4%，酶活力最高达60U/g。

a. 工艺流程

采购鱼糜→解冻→称量→加水→加酶→混合→成型→反应→蒸煮→冷却

b. 工艺条件

分别称取刚解冻的鱼糜原料，先加水再加所需酶量；每组用5mL蒸馏水先将转谷氨酰胺酶制剂溶解，后加入原料中粉碎搅拌均匀；放入0℃的冰箱中16h，然后水浴40℃，1h使之反应；将各组反应后的鱼糜混合物装入塑料盒中（ϕ40×12mm），压实，每盒质量为15g；在85℃恒温水浴中，煮40min，捞出沥干水分；充分冷却至0～1℃。

c. 试验结果

带鱼鱼糜原料与转谷氨酰胺酶制剂TG-AK的酶活性，由表9-2可知，带鱼鱼糜原料和转谷氨酰胺酶制剂TG-AK的酶活性分别为0.11U/g和40U/g。

表9-2 带鱼鱼糜原料与转谷氨酰胺酶制剂TG-AK的酶活性

原材料	酶活性/(U/g)
带鱼鱼糜原料	0.11
酶制剂TG-AK	40

转谷氨酰胺酶制剂对带鱼鱼糜制品硬度的影响，从图9-4可知，随着酶制剂添加量的增加，带鱼鱼糜制品硬度显著提高（$P<0.05$）；外加水量为60%，酶制剂添加量为0.9%时硬度达78.1，比相应对照组（酶制剂添加量为0)硬度39.9提高71%。表明酶处理对带鱼鱼糜制品硬度有显著影响。外加水量30%各酶处理组比对应外加水量60%各酶处理组硬度均显著提高（$P<0.05$），表明外加水量不同对带鱼鱼糜制品硬度也有显著影响。

转谷氨酰胺酶制剂对带鱼鱼糜制品弹性的影响，从图9-5可知，随着酶制剂添加量的增加，带鱼鱼糜制品弹性显著提高（$P<0.05$）。外加水量为60%，酶制剂添加量为0.9%时弹性达0.56，比相应对照组（酶制剂添加量为0）弹性0.2提高230%。表明酶处理对带鱼

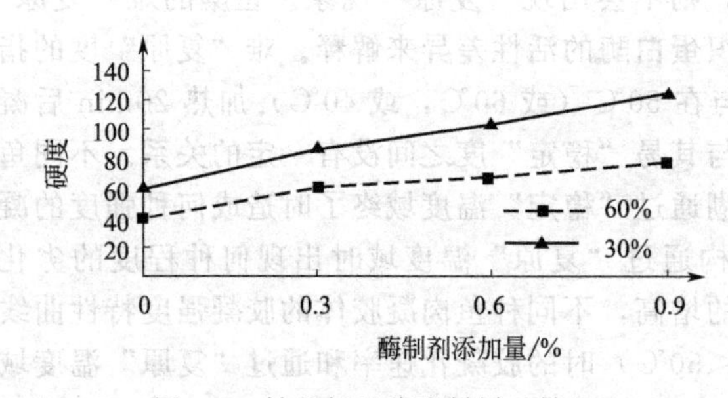

图 9-4 转谷氨酰胺酶制剂对带鱼鱼糜制品硬度的影响

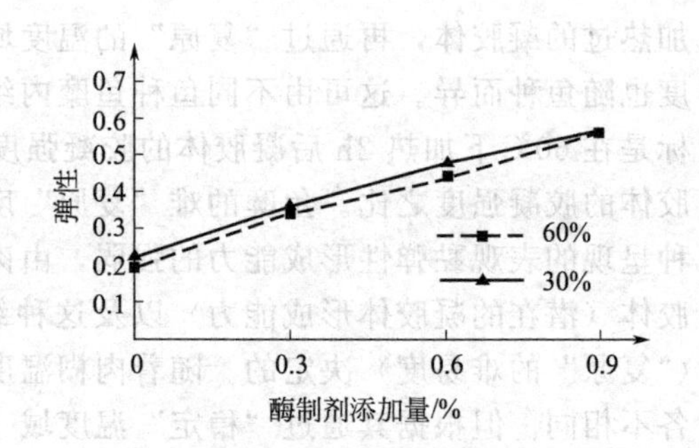

图 9-5 转谷氨酰胺酶制剂对带鱼鱼糜制品弹性的影响

鱼糜制品弹性有显著影响。但外加水量30%各酶处理组比对应外加水量60%各酶处理组硬度均高，表明外加水量不同对带鱼鱼糜制品弹性影响不显著（$P>0.05$）。

d. 试验结论

带鱼鱼糜添加了0.6%～0.9%的转谷氨酰胺酶制剂 TG-AK，其硬度和弹性比对照组大大提高，达到了优质鱼糜的要求。

9.1.4.5 酶香鱼制作

酶香鱼是用发酵方法加工的腌制品，其特点是在食盐的控制下鱼肉蛋白质经酶适度分解，提高食用的风味和滋味，同时更易于人体消化吸收。酶香鱼加工原料为鳓鱼、黄鱼、鲳鱼等，以鳓鱼最好。中国广东、福建等省有较久的加工历史，经验丰富。其加工期为5～6月份和9～10月份。鳓鱼俗称鲙鱼、白鳞鱼、曹白鱼，肉质肥美，在盐渍发酵过程中，鱼体自身的各种酶及自然沾染的微生物对鱼体蛋白质进行分解，产生多种呈味物质，使酶香鳓鱼制品具有特殊的酶香气味。

（1）原料整理　选用原料必须新鲜，最好是鳞片完整、产卵前的较大鳓鱼，冰藏后的鳓鱼不宜采用。洗去体表黏液，分级后分别腌制。

（2）工艺要点

①发酵腌制　用盐时，左手握鱼，腹向右方，拇指掀开鳃盖，右手以木棒自鳃部向鱼腹塞盐，再在两腮和鱼体上敷盐，用盐量以4d能全部溶化为宜。敷盐后入桶腌渍，先在桶底撒一层薄盐，再将鱼投入桶内，排列整齐，使鱼头向桶边缘，鱼背压鱼腹，一层鱼一层盐。用盐总量为鱼重的28%～30%，其中鱼鳃和鱼腹7%，鱼面敷10%，下桶盐11%～13%。鱼体发酵时间根据气温高低调整，20℃左右时为2～3d，25～35℃左右时为1～2d，在发酵期间不加压石，发酵过后即加压石，使卤水浸没鱼体3～4cm为度，然后加盖。6～7d腌渍成熟。

② 出料　出料时，用手轻按鱼饽上下数次，在原卤中洗去盐粒等物，如卤水浑浊，需再用饱和盐水洗涤1次，但必须保持鳞片完整。洗净沥水4h后包装。

③ 包装　包装容器必须坚固洁净、卫生。按制品等级分别包装，并加成品鱼重6%～8%的食盐。包装后附加标签，注明制品名称、等级、毛重、净重、包装日期、加工厂名等。

9.2 乳制品工业中的应用

在欧美，牛奶和干酪是主要的食品之一，产量和人均消费量都很可观。中国随着改革开放和人民生活水平的提高，以及消费观念的变化，对牛奶和干酪等奶制品的需求也呈上升趋势。在乳制品加工中，不管是内源酶还是外源酶（酶制剂），与乳制品生产与质量有密切关系。目前在乳制品工业中起重要作用的酶主要有凝乳酶、蛋白酶、乳糖酶、脂肪酶、过氧化氢酶等，主要用于对乳品质量的控制，改善干酪的成熟速度，以及对废液乳清的处理。

9.2.1 乳中的内源酶与乳品质量

牛乳中酶的来源有三个：乳腺分泌、挤乳后由于微生物代谢生成和由于白血球破裂而生成。牛乳中的酶种类很多，但与乳品生产有密切关系的主要为水解酶类和氧化还原酶类。

9.2.1.1 水解酶类

(1) 脂酶（脂肪酶）　牛乳中的脂酶至少有两种，一是只附在脂肪球膜上的膜脂酶，它在常乳中不常见，而在末乳、乳房炎乳及其他一些生理异常乳中常出现。另一种是存在于脱脂乳中与酪蛋白相结合的乳浆脂酶（plasma lipase）。脂酶的分子量一般为7000～8000，最适作用温度为37℃，最适pH为9.0～9.2。钝化温度至少80～85℃。钝化温度与脂酶的来源有关。来源于微生物的脂酶耐热性高，已经钝化的酶有恢复活力的可能。乳脂肪在脂酶的作用下水解产生游离脂肪酸，从而使牛乳带上脂肪分解的酸败气味，这是乳制品特别是奶油生产上常见的问题。为了抑制脂酶的活性，在奶油生产中一般采用不低于80～85℃的高温或超高温处理。另外，加工过程也能使脂酶增加其作用机会，例如均质处理，由于破坏脂肪球膜而增加了脂酶与乳脂肪的接触面，使乳脂肪更易水解，故均质后应及时进行杀菌处理。

(2) 磷酸酶　牛乳中的磷酸酶有两种：一种是酸性磷酸酶，存在于乳清中；另一种为碱性磷酸酶，吸附于脂肪球膜处。其中碱性磷酸酶的最适pH为7.6～7.8，经60℃、30min或71～75℃、15～30s加热后可钝化，故可以利用这种性质来检验低温巴氏杀菌法处理的消毒牛乳的杀菌程度是否完全。

(3) 蛋白酶　牛乳中的蛋白酶分别来自乳本身和污染的微生物。乳中蛋白酶多为细菌性酶，细菌性的蛋白酶使蛋白质水解后形成蛋白胨、多肽及氨基酸。其中由乳酸菌形成的蛋白酶，在乳中特别是在干酪中具有非常重要的意义。蛋白酶在高于75～80℃的温度中即被破坏，在70℃以下时，可以稳定地耐受长时间的加热，在37～42℃时，这种酶在弱碱性环境中作用最大，中性及酸性环境中作用减弱。

9.2.1.2 氧化还原酶

主要包括过氧化氢酶、过氧化物酶和还原酶。

(1) 过氧化氢酶　牛乳中的过氧化氢酶主要来自白血球的细胞成分，特别在初乳和乳房炎乳中含量较多。所以，利用对过氧化氢酶的测定可判定牛乳是否为乳房炎乳或其他异常乳。经65℃、30min加热，95%的过氧化氢酶会钝化；经75℃、20min加热，则100%钝化。

(2) 过氧化物酶　过氧化物酶是最早从乳中发现的酶，它能促使过氧化氢分解产生活泼的新生态氧，从而使乳中的多元酚、芳香胺及某些化合物氧化。过氧化物酶主要来自于白血球的细胞成分，其数量与细菌无关，是乳中固有的酶。过氧化物酶作用的最适温度为25℃，最适pH是6.8，钝化温度和时间大约为76℃、20min；77～78℃、5min；85℃、10s。通过测定过氧化物酶的活性可以判断牛乳是否经过热处理或判断热处理的程度。

(3) 还原酶　还原酶由挤乳后进入乳中的微生物代谢产生。还原酶（reductase）能使甲基蓝还原为无色。乳中还原酶的量与微生物的污染程度正相关，因此可通过测定还原酶的活力来判断乳的新鲜程度。

9.2.2 干酪的生产应用

9.2.2.1 干酪生产中发酵剂产生酶的应用

已经知道氨基酸和肽在奶酪风味形成中是重要的，但是究竟哪些具体的肽酶对于天然风味的形成是重要的尚不清楚。近些年来，对发酵剂和奶酪次级菌群产生的酶的作用进行了大量研究，特别对具有强化风味形成能力的新的发酵剂方面的兴趣在不断增长。中国国家十五“863”计划已把新型发酵剂的研制列为农产品深加工的高新技术，通过对奶酪质量（包括风味和质地）有显著影响的标志性关键酶的研究可以筛选并分离到新型的奶酪发酵剂，或者应用现代重组 DNA 技术进行构建。目前，研究主要集中在鉴别负责风味形成的乳酸菌(LAB）的酶（如 LAB 肽酶），一旦成功，新的改进菌株将随之产生。最近研究观察到从肽链中专一地切除谷氨酸的外切酶具有特别显著的效果。

9.2.2.2 外源酶的应用

（1）凝乳酶的应用　天然凝乳酶（chymosin）是在未断奶的小牛的第四胃中发现的天冬氨酸蛋白酶。这个酶使牛乳中的 κ-酪蛋白中的苯丙氨酸和亮氨酸之间裂解，结果导致凝乳。这个过程是干酪制作中的基本过程。

$$\text{酪蛋白酸钙}+\text{凝乳酶}\longrightarrow\text{副酪蛋白钙}\downarrow+\text{糖肽}+\text{凝乳酶}$$

但是从小牛胃中得到的这种酶的数量有限，所以该酶成了重组 DNA 研究的首选。20 世纪 80 年代初，已成功把小牛胃中的天然凝乳酶基因通过基因工程方法克隆至细菌如大肠杆菌（*E. coli*）和真菌如酵母菌（*S. Cerevisiae*）中，通过微生物发酵方法生产重组凝乳酶了。1990 年美国 FDA 批准上市。重组凝乳酶（E. C. 3. 4. 23. 4）的商业生产克服了在奶酪工业应用的凝乳酶的全球性短缺，而且美国 Cheddar 干酪生产中大约 50％采用重组凝乳酶。研究表明，这种酶制剂可以替代传统的天然凝乳酶成功地制得硬干酪。丹麦 NOVO 公司科技工作者已开发出第二代、第三代微生物凝乳酶，其热稳定性已降低至与天然凝乳酶相同的程度。通过对酶的修饰，将酶部分氧化以得到较低的酶钝化温度。在硬干酪成熟的过程中，可溶性氮的增长和天然凝乳酶已达到同等的作用。因而，在使用微生物重组凝乳酶时不会发生快速老熟的现象。

（2）改善干酪成熟质量外源酶的应用　传统上干酪制作过程中成熟时间太长，这对于工业规模的奶酪制造来说是一个缺点，因为工厂要求快速周转以降低设备和人工成本。通过外源酶的应用，可加速干酪成熟，改善奶酪质量。

大多数加快熟化的研究都应用了蛋白质和脂肪的分解。可以控制蛋白质分解成肽和氨基酸，也可以控制脂肪分解成脂肪酸、内酯和丙酮，从而控制干酪成熟。通过添加包含多种外源酶的酶熟化系统是比较成功的。酶使干酪熟化加快，但是在酶发挥了作用后也要有办法控制酶的作用。在加速干酪熟化中应用的酶有：①蛋白酶；②脂肪酶；③β-半乳糖苷酶；④肽酶；⑤酯酶。

蛋白酶和脂肪酶是当前开发干酪酶熟化系统的首选。在实践中如果将一种脂肪酶加入到 Cheddar 干酪中，则要特别小心地控制剂量以避免出现酸败的风味。很低的游离脂肪酸含量就能形成 Cheddar 干酪的风味。在实验室脂肪酶的应用不太成功。能产生平衡的脂肪酸的脂肪酶更适应市场需要。凝乳酶和蛋白酶的共同作用使酪蛋白降解为肽。这些肽中许多都有苦味或酸味，但是肽酶会把这些肽降解成为具有风味增强特性的氨基酸和小肽，这是到目前为止考虑用蛋白酶加速熟化的关键。早期应用蛋白酶没有获得成功是因为只注意到了蛋白质降解的开始阶段。研究人员直接从正在销售的干酪中提取蛋白酶和内肽酶加入干酪中，产生了很强的风味，但是同时也产生了一些风味和质构上的缺陷。

因此如何选择酶进行应用是非常重要的。中性细菌蛋白酶是形成风味的“基础”酶；在肽酶和中性蛋白酶都存在的情况下，蛋白质的水解相对较广泛。如果没有肽酶，这样的蛋白质水解度将产生苦味，但是高的氨基酸、肽之比反映了肽酶防止形成苦味肽的能力。中性蛋白酶能产生一定的风味而又不产生苦味，所以是个优质酶，而且它在干酪的pH下的存活期相对较短，因此它在干酪熟化早期为肽酶提供底物，但又不会在加工的后期存活而使奶酪产生缺陷。大多数中性细菌蛋白酶都有这个特性。

添加蛋白水解酶到干酪中的时间和方式也很关键。过早地加入酶，底物（酪蛋白）过早地被攻击（在乳中），不仅酶本身会留到乳清中丢失，而且通过酶作用产生的低分子量的肽也损失于乳清中，从而降低干酪的产量；还会导致脆弱的凝乳。大多数加入到乳中的酶都分散在乳清中而没有留在凝乳中会造成巨大的经济损失。已经有一个办法来使酶保留在凝乳中。酶的包埋（胶囊化）可能是将酶掺入干酪中所遇到问题的解决办法。理想的胶囊化体系应该是这样一个体系，即酶可以加入到乳中得到很好的分散，而又能避免在凝乳形成之前与乳发生作用；这个体系还应能把所有的酶都留在凝乳中而不会污染乳清。人们已经研究了多种微胶囊化材料，采用的材料有明胶、乳脂和磷脂脂质体。这项技术可以满足干酪熟化技术的需要。

9.2.3　低乳糖奶的生产应用

牛奶和干酪制造业产生的副产物乳清中含有大量的乳糖。乳糖的存在易造成乳糖不耐症。除北欧人和非洲牧民具有乳糖耐受性外，世界人口中70%的大于3周岁的人是乳糖不耐受的。乳糖不耐受的人摄入的乳糖不能因小肠中乳糖酶的水平很低被水解。但是乳糖可以通过吸收进入血液从尿中排出，或者进入大肠。大肠中过量的乳糖会导致：①乳糖被大肠微生物菌群发酵产生氢气和二氧化碳气体，这会引起发酵性的腹泻和膨胀病、肠胃气胀、嗳气和痉挛以及带水的爆发性的腹泻；②由于酸度低使钙的吸收不良；③由于渗透压效应而引起组织脱水。

如何利用牛奶和乳清中的乳糖一直是长久以来人们研究的课题。乳糖酶，即β-半乳糖苷酶（β-galactosidase，E.C.3.2.1.23）的开发为解决这一问题提供了有效的手段。乳糖酶在动植物和微生物体中分布广泛。但实际应用时一般从微生物中得到。一般以黑曲霉（*A. niger*）、米曲霉（*A. oryzae*）、乳酸克鲁维酵母（*K. lactis*）及脆壁克鲁维酵母（*K. fragie*）等作为酶源，通过酵母发酵生产的乳糖酶最适pH为6～7，最适温度为35～42℃，对于牛奶和乳清处理来说，该反应条件是最理想的。而霉菌乳糖酶的最适pH为4～5，最适温度为35～45℃。因而较适用于酸性乳清的处理。使用乳糖酶对乳糖水解，可以使牛奶变为低乳糖奶，使乳清转化成非常有应用潜力的食品配料，因为乳糖水解后变成了葡萄糖和半乳糖两个组成单位，这样就制成了一种糖浆。这种工艺将使世界人口中大部分人能食用乳产品。

利用玻璃作为载体制成的固定化乳糖酶的活力高，能耐低pH，稳定性好，因此可在稳定状态下较长时间地使用。这两种乳糖酶的激活剂为K^+、Mg^{2+}和Mn^{2+}，抑制剂为重金属离子、Na^+和Ca^{2+}。同时，这两种乳糖酶均受到半乳糖酶的抑制，因此要达到乳糖的完全水解有一定困难，除非使用酶的浓度很高。使用时，乳糖酶可以是可溶性的游离酶进行间歇式反应，也可以利用以玻璃或醋酸纤维为载体的固定化酶进行连续反应。游离酶大都用于乳清固形物的处理。固定化酶已用于牛奶或乳清的处理。近来已采用无菌的乳糖酶对牛奶处理，并采用超高温灭菌生产无菌盒装牛奶。在生物反应器中进行乳糖酶水解乳清的操作时，如果乳糖浓度很高，酶会产生大量的低聚糖时则不使用这种酶。高温可以提高乳糖的转化速率，有利于避免微生物污染，但如果酶的热稳定性低，生物反应器就不能在高温下操作。应用从嗜热细菌中得到的乳糖酶和膜生物反应器可以解决上述问题。

如果将用于食品加工的乳糖水解，可以避免乳糖在冷冻、浓缩的乳制品中结晶。在含乳的风味饮料生产中，使乳糖水解可以降低蔗糖需要量的20%～40%，减少热量10%。在酸奶和干酪制造中水解乳的应用可以加快酸化过程，因为乳糖水解是加工中的限速步骤；先让乳糖水解可以减少酸奶生产的停留时间，加快干酪结构和风味的形成。此外，对于发酵乳制品的生产，就使不能把乳糖作为惟一碳源的微生物的应用成为可能。乳糖的水解使溶解度低又无甜味的乳糖转化为葡萄糖和半乳糖，而它们的溶解度是乳糖的3～4倍，甜度相当于蔗糖的0.8倍。浓缩的水解乳清或乳清超滤透过物，在高甜不受欢迎的产品中，可以作为替代甜味剂代替玉米糖。水解乳清中，葡萄糖和半乳糖的还原性与乳清蛋白的存在使乳清糖浆能进行美拉德褐变反应，这个反应使焙烤产品和糖果制品能形成可控制的褐色，因而可以替代所用的鸡蛋和蔗糖。水解乳清还可以用作酒精饮料发酵培养基的替代物。由二糖水解所产生的乳清糖浆渗透压的增大使这种糖浆可以作为糖果工业中有用的湿润剂。从未经水解处理的乳中所得的冷却和浓缩的乳清糖浆，常常有由于乳糖结晶所致的起砂问题。但水解乳清中的单糖溶解度大，用水解乳清制的冰淇淋和其他冷冻甜点就不会出现这样的缺陷，并且稳定性得到改善，容易用勺子舀起，甜度也得到增强。

9.3 蛋品加工中的应用

9.3.1 蛋清或蛋壳中溶菌酶的工业提取研究

研究确定了从新鲜蛋清中提取溶菌酶的工业提取方法。通过控制温度、调节酸度和加盐，可以使溶菌酶得到分离和纯化。采用超滤的方法将溶菌酶提取液浓缩及脱盐并进一步纯化。最后采用喷雾干燥的方法制成产品。产品活力可达11000 U/mg。

9.3.1.1 工艺流程

蛋清→搅打均匀→酶提取→冷却→离心→蛋白沉淀物→蛋白片上清液→调节pH至中性→超滤→喷雾干燥→产品

9.3.1.2 工艺条件

蛋清搅打以均匀且不发泡为度。将一定量的柠檬酸、氯化钠溶于与蛋清相等体积的去离子水中，然后在一定温度下与蛋清混合均匀，整个混合过程控制在5min内完成，混合时的温度、酸的加入量及氯化钠的加入量的确定采用正交实验法。以酶活力作为优化的考察指标，上述混合液混匀后保温5min，再迅速冷却至30℃以下，3000r/min离心，上清液用碱调节pH至中性；采用截留量为10000的超滤膜，控制氮气压力为0.15 MPa，进行超滤脱盐及浓缩；以不同的进风温度进行喷雾干燥后测定产品的水分含量及活力。

9.3.1.3 结果

(1) 提取条件的优化　酸的加入量对溶菌酶活力的影响最大，其次是温度。蛋清中溶菌酶的等电点在pH 10.8左右，在偏酸性和偏碱性的溶液中其稳定性都较好。蛋清中其他蛋白质等电点约在pH 4.6～5.0。加酸适量既不会破坏溶菌酶，又便于杂蛋白的沉淀，使溶菌酶得到分离纯化。根据正交实验结果，选取加酸量为4%。

温度太高时，杂蛋白的脱除率高，但由于温度的升高会导致酶蛋白活性中心结构变化，同样会造成酶活力下降。该酶对热较稳定，在80℃以上时变性才较为明显。选取80℃为提取温度是可行的。

溶菌酶在较高离子强度的溶液中溶解度较大，而在相同离子强度的溶液中，蛋清中的其他蛋白的稳定性却大大降低。另外，钠离子对溶菌酶还有一定的激活作用。根据正交实验结果选取加盐量为3%。

（2）超滤脱盐及浓缩　根据实验，浓缩至原始体积的 1/7～1/8 左右时，尚能保持较理想的超滤速度和 91% 的脱盐率。浓缩至如此程度，既能保证工业化生产的可行性，又便于后序工艺的进行。

（3）喷雾干燥条件对产品的影响　溶菌酶的耐热性较强，喷雾干燥又能使产品受热时间短，因此不同进风温度对酶活力的影响较小，但对水分含量有较大影响。较高的水分含量不利于产品保存。故选取进风温度 80～90℃，排风温度控制在 65～70℃。

9.3.1.4　结论

优化的提取条件：加酸量为 4%，加盐量为 3%，提取温度 80℃；超滤浓缩至原始体积的 1/7～1/8；喷雾干燥进风温度 80～90℃，排风温度控制在 65～70℃；产品活力可达 11000U·mg^{-1}。

9.3.2　酶在干蛋白品生产过程中的应用

干燥蛋制品简称干蛋品，它是将鲜蛋液经过干燥脱水处理后的一类蛋制品，具有体积小、质量稳定、便于贮存和运输等优点。根据加工方法不同，干蛋品分为干蛋片和干蛋粉两种。干蛋片主要是蛋白片；蛋粉包括全蛋粉、蛋白粉和蛋黄粉。中国主要生产干蛋白片、全蛋粉及蛋黄粉。

蛋白片又称干蛋白或鸡蛋白片，是指将鸡蛋的蛋白经过搅拌过滤、发酵、干燥制成的蛋制品。

9.3.2.1　搅拌过滤

为了使浓厚蛋白与稀薄蛋白混合均匀便于发酵，同时除去蛋液中的杂质，蛋白必须经过搅拌和过滤。过滤使用离心泵过滤器。

9.3.2.2　发酵

发酵是干蛋白加工过程中的关键工艺。中国生产干蛋白一般采用自然发酵，即通过细菌、酵母菌及酶的作用使蛋白液中的糖分解转化，同时使蛋白质分解变成水样状态。

（1）发酵的作用　通过发酵除去糖分，防止蛋白液中还原糖与氨基酸之间发生美拉德反应引起产品出现褐变现象。降低蛋白液的黏度，使蛋白液澄清，提高成品的打擦度（起泡力）、光泽度及透明度。使大分子蛋白质分解成小分子产物以增加成品的水溶物含量。此外，由于发酵后的蛋白液黏性下降，其中的蛋壳碎片、蛋壳膜及其他杂质也易于滤出。蛋白液如果不经发酵而生产干蛋白，成品的溶解性差、黏性强、打擦度低，在贮藏中还会出现赤变和水溶物显著下降的变化，因此加工干蛋白必须经过发酵。

（2）发酵的方法　将蛋白液装入事先经过清洗并消毒的木桶或缸内，随即盖上纱布盖。加液量不应超过容器容积的 75%，否则，发酵时形成的泡沫会溢出桶外。发酵车间温度应保持在 26～30℃之间，发酵时间在夏季需 30h，其余季节应随气温高低适当延长发酵时间。在发酵过程中，由于微生物和酶的共同作用，蛋白液中的糖分被充分利用，便大量地产酸、产气，大量泡沫出现在蛋白的表面。通过发酵，蛋白液逐渐由碱性变为酸性，黏度逐步降低，打擦度不断升高。

（3）蛋白液发酵成熟的鉴定　蛋白液发酵成熟与否将直接影响干蛋白的质量，因此正确掌握发酵成熟期是发酵的关键。蛋白液的发酵是否成熟，必须综合发酵过程中各种性状的变化加以判断。成熟的蛋白液一般应具有以下特征。

① 蛋白液在容器中有大量泡沫已经顶起而停止上升，并已开始下塌，表面裂开，裂开处有一层小泡沫，这是蛋白液发酵成熟的标志之一。

② 蛋白液滋味甜酸，无生蛋白味。

③ 取 30mL 蛋白液（由容器底部龙头处放出）装入试管中，将试管反复倒置，经五六

秒钟后观察，蛋白液中无气泡上升，蛋白为澄清半透明的淡黄色。

④ 放出的蛋白液用手指试验，蛋白的黏性基本消失。

⑤ 蛋白液的pH为5.2～5.4。如果pH在5.7以上，说明发酵不足；如果pH在5.0以下，表明蛋白液发酵过度。

经以上方法初步鉴定后，若认为已发酵成熟，还要进行打擦度试验。取蛋白液284mL，加水146mL，放入霍勃脱氏打蛋机的紫铜锅内，以2号、3号转速各搅拌1.5min，削平泡沫，若泡沫高度在16cm以上，再参照其他特征便可判定蛋白液发酵是否成熟。

(4) 放蛋白液　放蛋白液俗称放浆，一般分三次进行。第一次放出总量的75%，剩余蛋液在原容器内澄清，然后每隔3～6h进行第二次、第三次放浆，每次放出约10%，剩余的5%为杂质与发酵产物，均不能用于干蛋白加工。第一次放出的蛋白液为黄褐色透明液体，无异味，所以其质量最好。第二次、第三次放出的蛋白液呈暗赤色并略带臭气，质量较差。为了提高产品质量，在第一次放浆后，将发酵间的温度降低至12℃以下并静置3～6h，不仅抑制了细菌的生长繁殖，而且可以使杂质沉淀，蛋白液澄清，产品无臭气。

由于自然发酵易受污染细菌的影响而降低产品质量，一些国家采用细菌纯培养物（如产气气杆菌、弗氏埃希氏菌、乳酸链球菌等）或酵母纯培养物（如面包酵母）发酵、酶（葡萄糖氧化酶、过氧化氢酶）法脱糖等技术，使生产出的干蛋白质量大大提高。

9.3.2.3　过滤与中和

过滤是为了除去发酵液中的杂质，中和则是将蛋白液的pH调节为中性或弱碱性。发酵蛋白液呈酸性，若不进行中和，成品酸度高、品质差，且酸性的发酵蛋白液在烘干中易产生气泡，这对成品的外观和透明度有影响。另外，用未经中和的蛋白液加工出的干蛋白，不耐贮藏，容易破碎。

中和方法如下：先用细铜丝布将蛋液过滤于大陶瓷缸中，缓慢加入纯净的氨水（要边加边搅拌），使溶液最终pH到7.0～8.4。pH的测定可采用精密pH试纸法、pH计（酸碱度计）测定法、小样滴定法等，生产中可根据实际情况选择一种方法测定即可。

9.3.2.4　烘干

烘干是在不使蛋白液凝固的原则下，利用适宜的温度使蛋白液中的水分逐渐蒸发，将蛋白液烘干成透明的薄晶片。中国多采用热水浅盘烘干法。

(1) 设备及用具

① 水流烘架　放置蛋白液烘盘，烘架长约4m，共6～8层。每层水流架上设有水槽，烘盘放在水槽上面。水槽由马口铁制成，深20cm，一端（或中间）装进水管，热水放入水槽；另一端装出水管，由水泵送回锅炉房或热水池，待加热后，再由水泵送入进水管而进入水槽。

② 铝制烘盘　盛装蛋白液使用，为(30×30) cm² 的方形盘，深5cm，装于水流架上。

③ 打泡沫板　刮泡沫用，为木制薄片，长度与烘盘内径相同。

④ 藤架　用于放置揭起的蛋白片，以便蛋白片上未凝结的蛋白液流入烘盘内。

(2) 烘干方法　浇浆前使水流架水温升到70℃左右，对烘盘进行烘烤消毒，然后降温并控制水流温度为54～56℃。

烘制过程中，由于蛋白液加热后要产生泡沫，盘底及四周的凡士林在受热后也会浮于蛋白液的表面。这些泡沫应及时除去，否则烘干的蛋白片因有气泡而影响成品的光泽度与透明度。因此在浇蛋白液2h后应打水沫，在7～9h后打油沫。在刮除泡沫时，水沫和油沫要分别存放。

从浇蛋白液开始，经11～13h烘制，蛋白液表面凝成一层薄片，再经1～2h，薄片厚度可达1mm，这时可进行第一次揭片。放在藤架上，并使其上的蛋白液滴入烘盘内。随后经1h左右揭第二次，再经30min左右揭第三次。第三次揭片后，余下的蛋白液往往还要进行一次揭片（但片张一般不完整），然后将烘架及盘内的干蛋白碎屑、粉末收集起来另行处理。

为了保证产品质量，烘制车间所用一切小工具在用完一次后必须清洗消毒。烘制过程中应严格控制水槽内的水温。水温过高，蛋白质变性；水温过低，烘制时间长，不能杀灭肠道致病菌（如沙门氏菌）。在美国、日本等国家，生产干蛋白片也有应用浅盘干燥的方法，但他们多采用50～55℃的热风干燥，烘干时间一般为12～36h。

9.3.2.5 晾白

就是将初步烘干的蛋白片进一步烘干至规定的含水量标准。晾白前蛋白片含水约24%，晾白后含水量应降至16%左右。晾白车间一般利用蒸汽排管加热，室内温度控制在40～50℃，蛋白片经4～5h即可晾干。

9.3.2.6 拣选及焐藏

将大片干蛋白破碎成2cm的小片，同时将厚块、潮块、无光泽的蛋白片及杂质拣除，并将厚块、潮块继续晾干。烘干车间及晾白车间收集的蛋白碎片，需用孔径1mm的铜筛筛去粉末，拣出杂质，再按比例搭配于同批的大片中。对于含少量杂质的蛋白碎屑及筛分出的蛋白粉末，应加水溶解后过滤，再烘干成片，作为次品处理。拣选后将合格的蛋白小薄片放入铝盘，用干净白布盖好，冷却至接近室温时倒入木箱盖好，放置48～72h，其自行蒸发或吸收使水分达到水分平衡、均匀一致，这一过程称为焐藏。焐藏时间应根据当地的干湿情况适当掌握，以控制其成品的正常含水量。

9.3.2.7 包装与贮藏

先将经过消毒的马口铁箱内铺好衬纸，放入木箱（外包装）内，然后将干蛋白片及碎屑按比例搭配装入箱内，经焊封后盖上木盖，用钉固定。箱外注名商标、品名、规格、净重等标志。包装好的产品应存放于清洁、干燥、通风良好的仓库内，不能与有异味的物品堆放在一起，库温应控制在24℃以下。

复习思考题

1. 蛋白质酶水解物的功能性质？
2. 查资料了解蛋白质酶水解物的其他应用与开发？
3. 肉类嫩化的原理与方法？
4. 酶在水产品生产中有哪些应用？
5. 乳中的内源酶有哪些？与乳品质量有何关系？
6. 举例说明酶在干酪生产中应用。
7. 干蛋白片加工中为何进行发酵？在此方面有何进展？

参 考 文 献

1 张树政．酶制剂工业．北京：科学出版社，1998
2 梅乐和等．生化生产工艺学．北京：科学出版社，2000
3 彭志英．食品酶学．北京：中国轻工业出版社，2002
4 姜锡瑞．酶制剂应用手册．北京：中国轻工业出版社，1999
5 G A Tucker. 酶在食品加工中的应用．北京：中国轻工业出版社，2002
6 王丽哲．水产品实用加工技术．北京：金盾出版社，2000
7 纪家笙等．水产品工业手册．北京：中国轻工业出版社，1999
8 吴光红等．水产品加工工艺与配方．北京：科学技术文献出版社，2001

9 林洪等．水产品保鲜技术．北京：中国轻工业出版社，2001
10 高福成．新型海洋食品．北京：中国轻工业出版社，1999
11 G M Hall. 水产品加工技术．北京：中国轻工业出版社，2002
12 周光宏．畜产品加工学．北京：中国农业出版社，2002
13 王丽哲．兔产品加工新技术．北京：中国农业出版社，2002
14 孔保华等．肉品科学与技术．北京：中国轻工业出版社，2003
15 孙京新等．转谷氨酰胺酶制剂对带鱼鱼糜制品质构特性的影响．中国食品学报，2004，4（1）
16 陈小娥等．微生物壳聚糖酶研究进展．海洋科学，2004，28（3）
17 迟玉杰．蛋白质酶水解物的研究与开发．中国食物与营养，2003，（8）
18 胡胜等．皮胶原蛋白的酶法提取及在高附加值领域的应用．皮革科学与工程，2002，12（5）

第 10 章　酶在贮藏保鲜中的应用

知识要点

1. 葡萄糖氧化酶作为保鲜剂的作用机理及其在食品保鲜中的应用
2. 溶菌酶的抗菌作用机理及其在食品保鲜中的应用
3. LP 体系的组成和保鲜作用原理

食品在加工、运输和贮藏过程中，常常由于受到微生物、氧气、温度、湿度、光线等各种因素的影响，而使食品的色、香、味及营养发生变化，甚至导致食品腐败变质，不能食用。因此，在食品领域内各类食品的防腐保鲜始终是一个需要解决的重要问题。据估计，全世界每年约有 10%～20%的食品由于腐败而废弃，而在中国，食品的腐败变质状况更为严重，造成了很大的经济损失。在现有的食品生产和加工中，为了达到食品防腐保鲜、延长保质期的目的，一般大都采用添加防腐剂、保鲜剂或热杀菌等方法，而向食品中添加防腐剂是一种既简便、又行之有效的方法。

目前，绿色健康消费已成为新的消费时尚，首选绿色天然食品的观念已在消费者心中根深蒂固，食品中一些必用的添加剂、防腐剂也在向着安全、营养、无公害的方向发展。尤其是随着科学技术的进步以及检测手段的不断完善，人们逐渐发现在过去认为安全的一些化学防腐剂实际上也具有致癌或潜在致癌的可能性，寻找并开发一些天然高效、安全无毒、性能稳定、广谱杀菌的食品防腐剂正逐渐成为食品科学研究领域中的一大热点。而酶法保鲜作为一种新型的、无公害的保鲜技术引起了人们的极大关注，具有非常广阔的前景。

酶法保鲜技术是利用生物酶的高效催化作用，防止或消除外界因素对食品的不良影响，从而保持食品原有的优良品质和特性的技术。此法与其他方法相比具有以下优点。

① 酶制剂本身无毒、无味、无嗅，安全性高。

② 酶作用条件温和，一般不会损害食品的质量。酶制剂在常温下反应，反应的酸碱条件要求不苛刻，一般可在 pH 3～9 进行反应，反应温度在 25～90℃之间。

③ 酶对底物有严格的专一性，添加到成分复杂的原料中不会引起不必要的化学变化。所用的酶制剂只对底物分子的特定部位发生作用，因而可使副反应产物降低到最低程度。如葡萄糖氧化酶只能专一地作用于葡萄糖，而对食品中其他的数以百计的化合物则不起催化作用。

④ 酶的用量少。由于酶催化具有高效性，用低浓度的酶也能达到防腐保鲜的目的。

⑤ 反应终点易于控制，必要时简单的加热方法就能使酶失活，终止其反应。

正是由于酶法保鲜具有上述优点，因此可广泛应用于各种食品的保鲜，有效地防止外界因素，特别是氧和微生物对食品造成的不良影响。目前应用较多的是葡萄糖氧化酶和溶菌酶的保鲜技术。

10.1　葡萄糖氧化酶在食品保鲜方面的应用

葡萄糖氧化酶（glucose oxidase，简写为 GOD，E. C. 1. 1. 3. 4）系统命名为 β-D-葡萄糖

氧化还原酶，其广泛分布于动植物和微生物体内，最先于1928年在黑曲霉和灰绿青霉中发现。一般由黑曲霉（*Aspergillus niger*）和青霉（*Penicillium* sp.）产生。

该酶对β-D-葡萄糖具有高度专一性，它可催化葡萄糖与氧反应，生成葡萄糖酸和过氧化氢，见式（10-1），式（10-2）。其催化过程不仅能使葡萄糖氧化变性，而且在反应中消耗掉一个氧分子，因此，它可作为除葡萄糖剂和脱氧剂广泛应用于食品保鲜。另外，因为反应最后一步需过氧化氢酶的参与，一般的葡萄糖氧化酶制剂中都含有一定量的过氧化氢酶。

$$\text{葡萄糖}+O_2 \xrightarrow{\text{葡萄糖氧化酶}} \text{葡萄糖酸}+H_2O_2 \tag{10-1}$$

$$H_2O_2+H_2O \xrightarrow{\text{过氧化氢酶}} 2H_2O+O_2\uparrow \tag{10-2}$$

葡萄糖氧化酶是食品工业中应用非常广泛的一种酶制剂，作为一种天然食品添加剂，GOD对人体无毒、无副作用，FAO/WHO（1994年）规定，源自黑曲霉者，ADI不做特殊规定。

10.1.1 脱糖保鲜

用葡萄糖氧化酶去除食品中残留的葡萄糖，目前应用最多的是脱水制品如蛋白粉、蛋白片的生产。由于蛋白中含有0.5%～0.6%的葡萄糖，在贮存期间容易与蛋白质的氨基酸发生美拉德反应，使产品的色泽、溶解度和泡沫稳定性下降，并产生不良气味，严重影响全蛋粉（或蛋白、蛋黄粉）的质量。以前主要是利用干或湿酵母发酵的方法除去葡萄糖，但该法周期长，卫生条件差，产品的颜色、气味都不理想。而利用葡萄糖氧化酶可以克服这些缺点。

葡萄糖氧化酶在蛋粉脱糖中的应用，一般是在蛋液中加入适量的葡萄糖氧化酶（100～200mg/kg），不断地供给适量的氧气在合适的条件下（30～32℃）处理一段时间，使葡萄糖完全氧化，从而防止葡萄糖的羰基与蛋白质的氨基反应而使蛋白制品出现褐变、小黑点或使全蛋白粉溶解度下降等现象。另外，还有一个额外的优点就是反应中产生的过氧化氢有一定的杀菌作用，可以降低产品中的细菌数，增加产品的卫生可靠性。

葡萄糖氧化酶的这一作用还可用于全脂奶粉、谷物、可可、咖啡、虾类、脱水蔬菜、肉类等食品，防止由葡萄糖引起的褐变。

10.1.2 脱氧保鲜

除微生物外，氧化是造成食品色、香、味变差的最重要因素，含量很低的氧就足以造成食品色泽变深、味道变质。食品除氧是食品贮藏中的必要手段，但很多除氧方法效果都不尽理想。酶是人们开发的几种天然物质作为抗氧化剂中的一种，其中葡萄糖氧化酶联合过氧化氢酶去除氧气是目前惟一在商业上得到广泛使用的食品抗氧化剂，也是最早在食品中应用和研究最深入、广泛的去氧酶体系。从选择抗氧化剂的特性来说，葡萄糖氧化酶是一种理想的脱氧剂，对于已经发生的氧化变质作用，它可以阻止进一步发展，或者在未变质时，它能防止发生变质，葡萄糖氧化酶的这一特性是食品工业上最重要也是最有发展的应用。

目前，许多国家已将GOD作为公认的安全抗氧化剂而广泛应用于各种食品和食品加工工艺中，表10-1列出了GOD作为脱氧剂在一些食品中的应用。

葡萄糖氧化酶可直接加入到罐装果汁、果酒、水果罐头及色拉调料中，起到防止食品氧化变质的作用。在实际应用中，也常利用葡萄糖氧化酶的除氧特性用于食品的脱氧包装。如将葡萄糖氧化酶和其底物葡萄糖混合在一起，包装于不透水但透气的薄膜袋中，密闭后置于装有需要保鲜食品的密闭容器中，密闭容器中的氧气透过薄膜进入袋中，在葡萄糖氧化酶的

表 10-1　葡萄糖氧化酶在食品中的除氧保鲜作用

食品种类	主要作用
酒类	
白葡萄酒	除氧，防止在多酚氧化酶的作用下发生褐变
啤酒	除去啤酒中的溶解氧与瓶颈氧，防止老化味，保持啤酒原有风味，延长啤酒保质期
清酒	除去瓶中氧，防止着色及质量起变化
瓶装及罐头食品类	防止氧化变质，防止铁或锡的溶出，防止罐壁腐蚀
果汁及果汁饮料	除掉溶解氧，抑制或减少褐变和褪色现象，保护果汁中的维生素 C
水产品	
鱼	除氧，降低脂肪氧合酶、多酚氧化酶的活力，防止色变；并使鱼制品表面 pH 降低，抑制细菌生长
虾	防止变色，防止酸败

催化作用下与葡萄糖发生反应，从而除去密闭容器中的氧，或者在包装纸表层直接涂布葡萄糖、葡萄糖氧化酶、过氧化氢酶，达到除氧保鲜的目的。目前国外已采用各种不同的包装方式用于茶叶、冰淇淋、奶粉、罐头等产品的除氧包装，并设计出各种各样的片剂、涂层、吸氧袋等用于不同的产品中除氧。

据日本专利报道，用每毫升含 1 单位葡萄糖氧化酶的 4% 葡萄糖溶液处理鲜鱼，可延长鲜鱼保存期，比未处理鲜鱼的鲜度提高 67%。而且可以使鱼水分消耗少，保持鲜鱼重量。另外据报道，中国湖南农业大学与岳阳市金牛生物科技有限公司联合开发出了一种大米生物保鲜剂，该保鲜剂主要由葡萄糖氧化酶、壳聚糖等成分组成，对大米防潮、防菌、防变质有很好的效果，可使仓储大米保鲜期达 6 个月以上，最长可达两年。

除以上食品外，在氧的存在下容易发生氧化作用的花生、面制品、油炸食品等富含油脂的食品，易发生褐变的马铃薯、苹果、梨、果酱类食品中，利用葡萄糖氧化酶这种理想的除氧保鲜剂，也可有效地防止氧化的发生。

10.1.3　防止微生物繁殖

葡萄糖氧化酶本身并不具有抗微生物的作用，但由于葡萄糖氧化酶能除去氧，所以能防止好气菌的生长繁殖；形成的葡糖酸引起 pH 下降，也有抑菌作用；同时由于产生的过氧化氢具有细胞毒性，也可起到杀菌作用。例如用葡萄糖氧化酶处理未杀菌啤酒，与未处理的不杀菌啤酒相比，含菌量可大大减少；用于包装糕点，可防止霉菌的生长。但是目前关于葡萄糖氧化酶作为食品防腐剂抗微生物的效果有关报道不尽一致，需要进一步研究。

葡萄糖氧化酶一般不作为食品防腐剂使用，更多的是与过氧化氢酶一起作为抗氧化剂广泛应用于食品。

10.2　溶菌酶在食品保鲜方面的应用

人们对溶菌酶的研究始于 20 世纪初，1922 年英国细菌学家弗莱明（Alexander Fleming）发现人的唾液、鼻黏液、眼泪中存在有溶解细菌细胞壁的酶，因其具有溶菌作用，故命名为溶菌酶。

溶菌酶（lysozyme，LZM，E.C.3.2.1.17），又称胞壁质酶（muramidase）或 *N*-乙酰胞壁质聚糖水解酶（*N*-acetylmuramide glycanohydrlase）。广泛存在于鸟类、家禽的蛋清和哺乳动物的组织和分泌液以及某些植物组织、微生物中。其中以鸡蛋清中含量居多，约含 0.3%，因而多数商品溶菌酶都是从蛋清中提取的，中国是采用蛋厂鸡蛋壳中残留的蛋清为原料生产的。

溶菌酶本身是一种无毒性的蛋白质，LD_{50} 为 20g/kg（大鼠，口服），作为一种存在于人体正常体液及组织中的非特异性免疫因素，溶菌酶对人体完全无毒副作用，且具有多种药理作用，它具有抗菌、抗病毒、抗肿瘤的功效。因此，将溶菌酶作为食品贮藏过程中的杀菌剂和防腐剂，代替化学合成的食品防腐剂具有一定的潜在应用价值，是近年来备受关注的一种安全性很高的天然抗菌物质。目前已被许多国家和组织（美国、日本、FAO/WHO、中国等）批准作为食品防腐剂或保鲜剂使用。

根据来源不同，溶菌酶可以分为三类：动物溶菌酶、植物溶菌酶和微生物溶菌酶，来源不同其性质及作用机制略有差异。目前人们正研究用微生物发酵法生产溶菌酶，并采用酶修饰法对其进行修饰，以期对其某些性质进行改良。

10.2.1 溶菌酶的作用机制

按作用的微生物不同可将溶菌酶分为3大类：细菌细胞壁溶解酶、酵母细胞壁溶解酶和霉菌细胞壁溶解酶。酵母细胞壁溶解酶和霉菌细胞壁溶解酶又称为真菌细胞壁溶解酶，但是降解真菌细胞壁的酶类目前还没有用作食品防腐剂。

细菌细胞壁的主要成分是肽聚糖（peptidoglycan），肽聚糖以直链形式存在，是由*N*-乙酰氨基葡萄糖（*N*-acetylglucosamine；NAG）和*N*-乙酰胞壁酸（*N*-acetylmuramic acid；NAM）两种氨基糖以β-1,4-糖苷键连接间隔排列形成的多糖支架。在*N*-乙酰胞壁酸分子上有四肽侧链，相邻聚糖纤维之间的短肽通过肽桥（革兰氏阳性菌）或肽键（革兰氏阴性菌）连接起来。

溶菌酶是一种专门作用于微生物细胞壁的水解酶，又称细胞壁溶解酶。溶菌酶可专一性地作用于肽聚糖分子的*N*-乙酰胞壁酸与乙酰葡萄糖氨之间的β-1,4-糖苷键（图10-1），结果使细菌细胞壁变得松弛，失去对细胞的保护作用，最后细菌溶解死亡，而对没有细胞壁的人体细胞不会产生不利的影响。因为革兰氏阳性菌细胞壁几乎全部由肽聚糖组成（可占胞壁干重的50%～80%），而革兰氏阴性菌只有内壁层为肽聚糖（只占胞壁干重的10%～20%），因此溶菌酶主要对革兰氏阳性菌起作用而对革兰氏阴性菌作用不大。

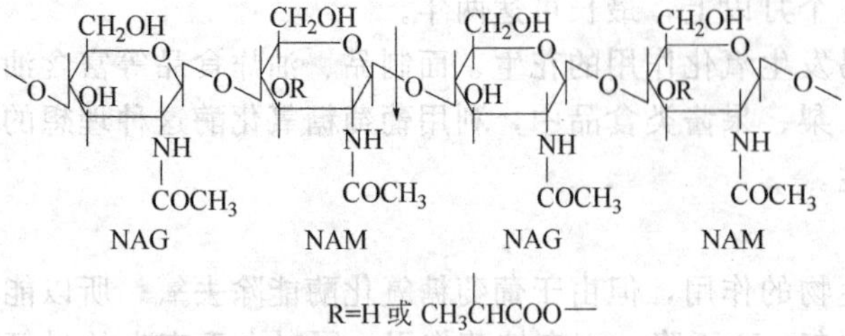

图10-1 溶菌酶的作用位点

由于溶菌酶抗菌谱较窄，另外，食品中的巯基和酸会影响溶菌酶的活性，为了加强其溶菌作用，人们常将溶菌酶与甘氨酸、植酸、聚合磷酸盐、乙醇等物质配合使用，以增强对G（一）细菌的溶菌作用。其中与甘氨酸配合使用的溶菌酶制剂，已用于面类、水产熟食品、冰淇淋和色拉等食品的防腐。

10.2.2 溶菌酶在食品保鲜中的应用

溶菌酶目前已大量应用于食品的保鲜，如清酒、干酪、香肠、奶油、糕点、生面条、水产品、熟食及冰淇淋等食品的防腐保鲜，尤其是在日本、加拿大、美国等，这类研究更加广泛深入。如早在1973年Kanebo Ltd就申请了用溶菌酶涂于表面对鲜蔬菜、鱼、肉、水果的贮藏专利，1972年Taiyo Food Ltd公司申请了用溶菌酶保存豆腐的专利。下面简要介绍其在几类食品中的应用。

（1）乳制品的防腐保鲜 人乳中含有大量的溶菌酶，而牛乳中则甚少，将溶菌酶添加至牛乳或其制品中，不仅起到防腐保鲜、延长保存期的作用，而且还有利于婴儿肠道细菌正常化，增强婴儿的免疫力，使牛乳人乳化。如欧洲不少国家常将溶菌酶加入牛奶，供婴儿饮用；也有添加溶菌酶的奶粉出售，如森永（Moninaga）公司应用蛋清溶菌酶保存婴幼儿食用的乳粉；中国国内常在乳制品如酸奶中添加，以延长酸奶的保质期。

在干酪的生产和贮藏中，常因酪酸菌作用产生醋酸和气体，易造成干酪膨胀。添加一定量的溶菌酶可代替硝酸盐等抑制丁酸菌的污染，防止因微生物污染而引起的酪酸发酵产气。另外，溶菌酶对乳酸菌生长很有利，能抑制污染菌所造成的醋酸发酵，这点是其他防腐剂所无法比拟的。

(2) 肉制品和水产品的防腐　一些新鲜水产品或海产品（鱼、虾、蛤蜊肉等），在含甘氨酸（0.1mol/L）、溶菌酶（0.05%～0.1%）和食盐（2%～4%）的混合液中浸渍 5min 后沥去水分，进行冷藏或常温贮存，可延长贮存期，且无异味和色泽的变化。也可直接将一定浓度的溶菌酶溶液喷洒在水产品上。

据报道，中国湖南农业大学和湖南万利食品工业集团公司联合开发出了一种以溶菌酶等天然物质为主的复配型冷却肉保鲜剂，可使肉类保鲜时间大大延长。适度真空包装保鲜时间可达 26～30d，托盘包装保鲜时间达到 16～21d，且肉的外观和滋味不会发生变化。

除了新鲜的水产品和肉制品外，溶菌酶也可用于水产熟制品、肉类熟制品的防腐。如作为鱼丸等水产熟制品和香肠、红肠等肉类熟制品的防腐剂，用量通常为 0.05%。

(3) 低度酒类和饮料的防腐　低度酒由于酒精含量低，较易发生变质现象，若在其中加入适量溶菌酶作为防腐剂，既延长了保存期，又不影响其风味，是低度酒类较好的防腐剂。在此方面较为典型的例子是日本用溶菌酶代替水杨酸用于清酒的防腐。日本清酒的酒精含量为 15%～17%，在清酒中大部分微生物不能生存，但有一种叫做火落菌的乳酸菌则能生长，并引起产酸和产生不愉快的臭味，过去都是添加水杨酸作为防腐剂，但水杨酸有一定毒性，目前日本食品工业上已成功地使用鸡蛋清溶菌酶代替水杨酸作为防腐剂，其加入量一般为 15mg/kg。此外，也将溶菌酶用于料酒的防腐。溶菌酶也可用于 pH 为 6.0～7.5 的饮料和果汁的防腐，如蜜橘汁饮料、黄瓜汁饮料等。

(4) 其他食品的保鲜　除以上所述食品外，溶菌酶还可用于生面条、花生酱、色拉、蛋糕等食品的防腐保鲜。如奶油蛋糕是容易腐败变质的食品之一，在糕点中加入溶菌酶可防止微生物的繁殖，起到防腐作用。

(5) 用于食品的活性包装　溶菌酶可以固定于一些包装纸上，如湿墙纸和玻璃纸上，应用于医院手术室及食品包装。如用提取的蛋清溶菌酶配制 2%～3%的酶液喷洒于包装纸上或将包装纸浸入酶液（2～3h），取出在 50～60℃条件下烘干（酶活力基本不丧失），用处理好的包装纸包装煮熟的大豆和新蒸的馒头，结果用溶菌酶处理过的纸包装可延长近 1 周的时间不变味，而用普通纸包装 1d 就会变味（常温下）发黏，可见用溶菌酶处理食品包装纸，有广泛的研究和应用前景。

在应用溶菌酶作为食品防腐剂时，必须注意酶的专一性，不同来源的溶菌酶其灭菌能力、灭菌范围不同，单独用溶菌酶的防腐保鲜作用有一定的局限性，因此可以结合其他食品添加剂或几种不同来源的溶菌酶结合作用，来提高溶菌酶的防腐能力。

10.3 其他酶在食品保鲜中的应用

10.3.1 过氧化氢酶用于食品保鲜

过氧化氢酶（hydrogen peroxidase，简写 HP，E.C.1.11.1.6）本身并不具有防腐保鲜作用，在食品中的应用主要是除去食品中残存的 H_2O_2。用于食品保鲜系统时，如上所述与葡萄糖氧化酶同时使用而达到除糖去氧和保鲜杀菌的目的，另外，也可与 H_2O_2 一起用于食品的杀菌，以除去残留的 H_2O_2。

由于过氧化氢并未被批准作为可加入食品的防腐剂，杀菌后必须将其除去。在中国过氧化氢被批准作为加工助剂使用，且规定在终端食品中不得被检出，而且要求应用于食品工业的过氧化氢必须是食品级。中国《食品添加剂使用标准》（GB 2760—1996）规定，作为食品添加剂的双氧水，使用范围限于生牛乳保鲜和袋装豆腐干。所以用过氧化氢进行杀菌保鲜必须要注意过氧化氢的残留问题，需要通过结合过氧化氢酶来分解除去过氧化氢。

在其他国家，过氧化氢杀菌法被广泛用于牛乳生产或干酪的制造，这种方法在杀菌后利用过氧化氢酶将剩余的过氧化氢除去，以达到食品卫生的要求，既简便实用，效果又好。特别是酶固定化技术兴起后，以过氧化氢作为奶保鲜剂更为可行。固定化过氧化氢酶技术保鲜奶制品的方法已被世界粮农组织和世界卫生组织批准，并确认不会对健康带来任何危害。

10.3.2 乳过氧化物酶体系在奶类食品中的应用

用于食品防腐保鲜的氧化还原酶类中，研究最多的除了葡萄糖氧化酶外还有乳过氧化物酶。乳过氧化物酶（lactoperoxidase，简写 LP）是一种天然的捕杀微生物剂，自然的生牛乳、人体的唾液和眼泪中都含有此酶。其本身单独存在时并没有杀菌作用，但与硫氰酸根 SCN^- 和 H_2O_2 共同形成的乳过氧化物酶体系（简称 LP 体系）可通过酶反应杀死微生物或使广谱微生物失活。LP 体系的杀菌机理是在乳过氧化物酶的催化作用下，过氧化氢氧化硫氰酸盐生成次硫氰酸（HOSCN），次硫氰酸的解离生成次硫氰酸根离子（$OSCN)^-$［式（10-3)］，这种活性物质能将细菌蛋白质的巯基氧化变成相应的硫（氧）基衍生物，并进一步水解生成次磺酸。这些反应产物钝化了一些有活性、具有同化作用的细菌酶，阻碍了细菌的新陈代谢作用及增殖能力，从而达到了抑制或杀灭乳中细菌，延长生牛奶保鲜期的目的。

$$SCN^- + H_2O_2 \xrightarrow{LP} OSCN^- + H_2O \tag{10-3}$$

从 20 世纪 50 年代末开始，国外就有人对 LP 体系进行探索。1978 年，英国国家乳品研究所 B. 莱特尔等人提出乳中存在大量的乳过氧化物酶体系是最有实际应用价值的抗菌体系的意见；1979 年英国、瑞典和 1980 年意大利都发表了有关专利；1986 年世界卫生组织（WHO）牛奶委员会第 21 届会议讨论并通过了国际奶联（IDF）提出的“关于利用乳过氧化物酶体系进行牛奶保鲜”的技术报告；1988 年国际奶联（IDF）颁布了《利用乳过氧化物酶保存生牛奶实施规范》并获得世界食品法典委员会（CAC）批准。中国采用乳过氧化物酶体系对生鲜牛奶保鲜的试验是从 20 世纪 80 年代初开始的，在黑龙江、陕西、内蒙、新疆、山东、四川等近 20 省的乳品厂先后都采用了乳过氧化物酶体系保存鲜奶，并获得了成功。为了促进其应用，1995 年中国又发布了《活化乳中乳过氧化物酶体系保存生鲜牛乳实施规范》(GB/T 15550—1995)。

虽然 LP 体系本身就存在于自然的生牛奶中，但是浓度较低（硫氰酸盐浓度为 3～5 mg/L，过氧化氢浓度更低)，所以需要通过外来添加物进行活化，以增加 LP 体系的抗菌强度和延长抗菌期限。通过添加过氧化氢和硫氰酸盐活化 LP 体系，在 4℃下贮存的鲜乳其贮存期可延长 5～6d，而嗜冷性细菌数目不会增加。另外，据 Goos（1980 年）报道，用活化 LP 体系鲜乳制作的干酪，可以防止卡门伯特干酪在制作和成熟过程中肠道细菌的生长，LP 体系对原料乳中微生物具有抑制和杀灭作用，而且在干酪的成熟过程中这一作用仍在发挥，特别是对大肠杆菌群更为有效，用活化 LP 体系鲜乳制作的干酪口感很好。Denis 等（1989 年）报道，LP 体系对 UHT 乳及法国软质干酪中的单胞李氏杆菌有杀灭作用，可用于软质干酪成熟过程中单胞李氏杆菌的控制。但也有人报道，用 LP 体系杀菌牛乳制作干酪会使干酪的成熟期延长，这可能是由于 LP 体系对发酵剂的抑制作用所致。

采用乳过氧化物酶体系保存生鲜牛乳是迄今为止除了冷贮之外最有效的方法。不仅保鲜效果好、时间长、方法简便易行、成本低、经济效益显著，而且对人体无害，不影响牛奶的成分和质量。目前，此方法在国际上日益受到重视。瑞典、肯尼亚、斯里兰卡、墨西哥以及巴基斯坦等国家已广泛应用。

遗憾的是，虽然 LP 系统是一种非常好的保鲜方法，但由于表达乳腺和植物重组酶的工作进展不大，LP 系统还不能大规模工业生产。所以目前实际中的应用主要是能自发产生 LP 系统的食品，如奶制品，而对于不含 LP 系统的食品，应用受到限制。

综上所述，酶法保鲜技术因其所具有的鲜明特点而引起人们关注，随着基因工程、细胞固定化技术等的发展，酶制剂在食品保鲜中也将有着更广阔的应用前景。但目前酶法保鲜的应用研究尚处在起步阶段，在实际应用时还存在一些问题：如必须考虑到产酶菌株的安全性问题；单一使用某种酶的抗菌谱较窄，只能抑制某些细菌，或只适合于某些类型的食品；酶的制备价格较为昂贵；某些酶的抗氧杀菌作用的发挥需要具备一定的条件，如很多氧化还原酶从理论上来说都可以氧气作为电子受体，去除氧而作为抗氧化剂使用，但往往需要特定的底物；或者某些酶的加入或催化底物、产物会对食品感官造成影响，在实际上要避免不期望的感官或别的令人不愉快的影响难以避免等。诸如此类的因素限制了酶在食品保鲜中的进一步使用，所以仍需大力加强这方面的应用研究。

复习思考题

1. 酶法保鲜有何特点？
2. 在食品保鲜方面应用的酶有哪些？
3. 葡萄糖氧化酶、溶菌酶用于食品保鲜的机理是什么？
4. 乳过氧化物酶体系由什么组成？其如何起到保鲜牛奶的作用？

参 考 文 献

1 郭勇主编．酶的生产与应用．北京：化学工业出版社，2003

2 Anne S. Meyer and Anette Lsaksen. Application of Enzymes as Food Antioxidants. *Trends in Food Science & Technology*，1995，9 (6)：300～304

3 谭斌．酶在食品保鲜中的应用．食品科技，1998，5：32～33

4 相泯孝亮等著．酶应用手册．黄文涛，胡学智译．上海：上海科学技术出版社，1989

5 梅丛笑，方元超．葡萄糖氧化酶在食品及饮料中的应用．江苏食品与发酵，2000，1：22～25

6 范孝用，戴平．葡萄糖氧化酶和过氧化氢酶体系在牛奶保鲜中的应用．中国食品工业，1999，2：24～27

7 刘小杰，蒋雪红等．抗微生物酶在食品工业中的应用．食品工业科技，2002，3 (32)：80～82

8 Valerie A P，Cunningham F E. The Chemistry of Lysozyme and Its Use as a Food Preservative and a Pharmaceutical. Food Science and Nutrition，1988，26 (4)：359～395

9 Tsutstumi M，Suda I et al. Preservative Effect by the Combined Use of Polyphosphate Glycerol Monocaprate and Lysozyme. *Journal of Food Hygienic Society of Japan*，1983，3 (24)：301～307

10 Claus Crone Fuglsang，Charlotte Johansen et al. Antimicrobial Enzymes：Applications and Future Potential in the Food Industry. *Trends in Food Science & Technology*，1995，12 (6)：3900～3911

11 王璋编．食品酶学．北京：中国轻工业出版社，1991

12 张树政主编．酶制剂工业、下册．北京：科学出版社，1998

13 凌关庭主编．天然食品添加剂手册．北京：化学工业出版社，2000

14 孙启鸣，牛健英等．利用乳过氧化物酶体系保存生鲜牛奶．中国乳品工业，1996，2 (24)：24～29

15 张书军，赵晓玉．牛乳中乳过氧化物酶体系及其利用．1999，2 (27)：28～29

第11章　酶在发酵方面的应用

知识要点

1. 酶在酒类生产中的应用
2. 酶制剂在调味品中的应用
3. 酶制剂在酿造食品中的应用
4. 酶制剂在有机酸生产中的应用

古代就有制曲酿酒的记载，但人类不了解酶是何物，只凭经验用酶来为人类服务。在1894年日本人高峰浪吉在美国创办Takamine工厂首次用米曲霉固体发酵生产“它卡淀粉酶”，作为消化酶。1917年法国Boidin和Effromt以枯草杆菌生产淀粉酶，用于织物退浆。这都为微生物工业化生产酶奠定了基础。20世纪30年代微生物蛋白酶开始在食品和皮革工业上应用；40年代是微生物工业化大规模生产的开始。第二次世界大战以后，随着抗生素生产的发展，1947年日本开始采用液体深层发酵法生产α-淀粉酶，从此酶制剂的生产逐步转向了以微生物发酵生产酶。60年代，用酶法生产葡萄糖获得成功，促进了淀粉酶的生产；同时期荷兰生产了碱性蛋白酶，还发现了用于工业化生产葡萄糖异构酶的产生菌，并建立了葡萄糖异构酶工业。直到今天，工业上大量生产应用的酶有几十种，这些酶大多数属于水解酶类，重要的有淀粉酶、糖化酶、蛋白酶、葡萄糖异构酶和果胶酶等。酶制剂广泛用于食品工业中，应用于发酵食品和有机酸的生产中，如酒类的酿造、酱油和食醋的发酵、有机酸的发酵等方面。

11.1　酒类生产中的应用

11.1.1　啤酒发酵中的应用

啤酒具有其特有的“麦芽的香味、洁白细腻的泡沫、酒花的苦涩、透明的酒质”等品质特征而深受世界各国人们的喜爱。传统的啤酒发酵生产是依靠麦芽中的α-淀粉酶、β-淀粉酶的水解作用生成麦芽糖，经过发酵过滤后生成全麦啤酒。这种生产工艺速度缓慢、效率低，难以适应现代化的要求。现在的工艺已经过渡到添加耐高温的β-葡聚糖酶、α-淀粉酶、β-淀粉酶、蛋白酶和α-乙酰乳酸脱羧酶等酶制剂来提高啤酒的辅料比例，提高发酵度，加快啤酒的过滤速度，增加啤酒的稳定性，防止啤酒浑浊，使酒质清澈透明，减少啤酒成品中的双乙酰的含量，同时提高了设备的利用率。

中国的啤酒近年来保持着良好的发展势头，其发展速度居世界之首，每年以约20%的速度递增，见表11-1。1996年达到1682万吨，居世界第二位，仅次于美国；2002年达到2386万吨，首次超过美国成为世界啤酒产量第一大国，2003年的年产量达到2540.48万吨，2004年达2910.05万吨。

啤酒工业的今后发展的趋势集中在以下几点。

（1）向规模化、集团化发展　小啤酒工厂生产由于成本高、质量低会逐步淘汰。世界各国啤酒发展的方向是规模化、集团化，国际上著名的啤酒企业大约有20多家，其中美国有

表 11-1　中国啤酒的近几年产量

时间/年	1996	2000	2001	2002	2003	2004
产量/万吨	1682	2231	2274	2386	2540.48	2910.05
递增速度/%	7.8	32.6	1.9	4.9	6.5	14.5

四家，美国最大的 AB 公司年产量超过千万吨，排在美国前 9 家公司总产量占全国产量的 98%，日本的麒麟、朝日、三得利和札幌垄断了日本啤酒市场。这些世界级啤酒企业看好中国市场，纷纷在中国合资办厂。

(2) 向多品种、高质量发展　随着人民生活水平的提高，为满足各种层次人们的消费需要出现了各种啤酒品种，有黑啤、黄啤、白啤、干啤、扎啤等，各地方有地方特色的啤酒颇受欢迎。

(3) 新工艺、新技术的发展　啤酒生产的技术和设备有了一些提高，从麦芽生产来说普遍采用箱式发芽，实现了温度和湿度的控制、热能的综合利用、糖化设备的改进、加热面积增大，微机自动化控制生产；采用高浓度原麦汁，连续发酵；对过滤槽的耕糟机结构进行改进；采用露天大罐发酵；酿造过程防止吸入氧气；啤酒包装线改造；酶制剂的科学使用以及这些新工艺、新技术的采用等为啤酒质量跨越式的发展提供了坚实的基础。

啤酒工业上使用的食品级酶制剂很多，用得最多的是淀粉酶类，以 α-淀粉酶为主，近年来支链淀粉酶也广泛使用。其次是蛋白酶，中国国内主要使用的木瓜蛋白酶、菠萝蛋白酶和微生物发酵生产的蛋白酶，目前一些厂家也使用 α-乙酰乳酸脱羧酶和葡萄糖氧化酶。啤酒用的酶制剂剂型有液体和固体，液体酶制剂常常成本低，使用也方便，工厂大多应用这种类型；固体酶制剂品质较高，成本也高。固定化酶制剂目前在啤酒上很少使用，这主要是工艺的特殊性所致。估计今后对过滤后啤酒用固定化酶制剂处理有发展前景，研究也活跃，中国上海工业微生物所将木瓜蛋白酶固定化已经取得很好的结果。图 11-1 列出了啤酒生产工艺中应用酶制剂进行生产的基本情况。

将现代化食品生物技术与传统啤酒发酵技术相结合，科学地使用酶制剂既能提高啤酒质量，又能降低成本、增加效益，使其发挥最大的功效是人们的目标。

11.1.1.1　使用酶制剂的目的

① 提高辅料的比例和辅料的液化速率　目前欧美啤酒口味转向清淡型，增加辅料能够达到改善啤酒口味，降低成本的目的。利用耐高温的 α-淀粉酶，增加辅料比例后能够生产出淡爽型口味的啤酒，受到消费者的欢迎。

② 提高发酵度　糖化或发酵前添加高转化率液体糖化酶能提高啤酒发酵度，生产出新品种的干啤酒。

③ 弥补麦芽质量不好的问题　发芽的麦芽中有淀粉酶、糖化酶类、蛋白酶类、脂肪酶类，其中淀粉酶、糖化酶类有 α-淀粉酶、β-淀粉酶、β-葡聚糖酶、戊糖聚糖转化酶、麦芽糖酶、纤维素酶、半纤维素酶等；蛋白酶类有蛋白酶和核酸酶；脂肪酶类有脂肪酶、磷脂酶等多种酶，

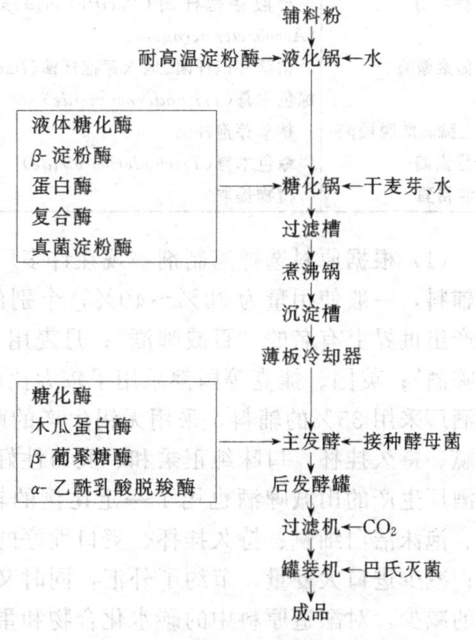

图 11-1　添加酶制剂啤酒生产工艺

其在麦芽的糖化和液化中发挥着重要作用。如果麦芽质量不佳，会出现液化不完全、糖化不彻底、过滤速度慢、收率低等现象，而添加必要的酶制剂可以弥补麦芽质量的不足。

④ 提高质量　添加了酶制剂的啤酒，由于减少或不使麦芽糊化，减少了麦皮中色素、单宁等不良杂质在糖化过程中的浸出，因此啤酒在保持色度、品味及非生物稳定性方面有一定的效果。

⑤ 降低成本　目前中国国内大型的啤酒厂多利用无锡酶制剂厂生产的酶及酶制剂类产品，出酒率平均提高了1%～2%，加快了过滤速度，成本降低了5%～10%。

⑥ 操作方便　应用耐高温的α-淀粉酶在98℃左右的高温条件下液化彻底，分层明显，便于自动化控制。

⑦ 降低成品中双乙酰含量，提高产品的质量。

⑧ 防止啤酒浑浊，使酒质清澈透明。

⑨ 提高设备利用率，便于高浓度糖化，提高质量。

11.1.1.2　酶制剂使用的原则

酶制剂的种类很多，功能各异（见表11-2），因此科学合理地选择应用酶制剂是提高产品品质的保障。

表11-2　啤酒酿造中使用的主要酶制剂

酶制剂种类	生产菌	作用
α-淀粉酶	枯草芽孢杆菌(*Bacillus subtilis*)、解淀粉芽孢杆菌(*Bacillus mylolique faciens*)	用于辅料糖化
耐高温α-淀粉	地衣芽孢杆菌(*Bacillus licheni formis*)	用于辅料糖化
糖化酶	黑曲霉(*Aspergillus niger*)、米曲霉(*Aspergillus oryzae*)	用于生产干啤酒，增加可发酵性糖
蛋白酶	黑曲霉(*Aspergillus niger*)、宇佐美曲霉黑曲霉(*Aspergillus usamii*)、枯草芽孢杆菌、栖土曲霉(*Aspergillus terricola*)、放线菌(*Astinomyces* sp.)、地衣芽孢杆菌(*Bacillus licheni formis*)	增加α-氨基酸，防止啤酒浑浊，改善麦芽的质量，加快过滤的速度
普鲁兰酶	嗜酸芽孢杆菌(*Bacillus acidophilus*)、产气气杆菌(*Aerobacter aerogenes*)	切割淀粉支链，增加出糖
β-葡聚糖酶	枯草芽孢杆菌、地衣芽孢杆菌(*Bacillus licheni formis*)、绿色木霉(*Trichoderma viride*)	改善过滤速度
α-乙酰乳酸脱羧酶	枯草芽孢杆菌	减少双乙酰的含量
纤维素酶	绿色木霉(*Trichoderma viride*)	增加可发酵性糖
β-淀粉酶	植物提取	增加可发酵性糖

(1) 根据原料选择酶制剂　现在许多厂家为了降低成本，减少麦芽用量，用大米、玉米做辅料，一般使用量为30%～40%，个别的为50%。如美国啤酒辅料比例为40%～50%，生产出世界上有名的"百威啤酒"；丹麦用35%的玉米渣做辅料生产出世界上有名的"嘉士伯啤酒"；英国、捷克等国都采用了较大比例的辅料生产出品质好的啤酒。中国北京的燕京啤酒厂采用35%的辅料，采用无锡生产的耐高温的α-淀粉酶，生产出清亮透明、泡沫洁白细腻、持久挂杯，口味纯正柔和、爽口性好的优质啤酒，是人民大会堂国宴特供啤酒；重庆啤酒厂生产的山城啤酒也用了一定比例的辅料，生产出西南地区畅销的风味独特、清亮透明、泡沫洁白细腻、持久挂杯、爽口性好的优质啤酒。提高辅料比，能够降低粮耗、降低成本；减少进口大麦量，节约了外汇，同时又能提高啤酒质量，使啤酒清淡爽口。但是因麦芽量的减少，对酿造原料中的碳水化合物和蛋白质分解不全，造成麦芽汁中的可发酵糖和α-氨基态氮偏低，酵母营养不足而影响产品质量。因此可在液化锅中加入耐高温的α-淀粉酶，在

糖化锅中加入糖化酶和蛋白酶来提高可发酵糖和 α-氨基态氮的量。

(2) 防止杂菌污染　酶制剂大多数是应用微生物发酵生产的，根据 FAO（联合国粮农组织）和 WHO（世界卫生组织）对酶制剂的规定，要求酶制剂的卫生指标为：细菌总数＜5×10^4 个/g（mL），霉菌数＜100 个/g（mL）。虽说这些微生物在麦芽汁煮沸时杀死，或在厌氧条件下的后发酵时不宜生长，但也要注意其二次污染的可能性。

(3) 注意酶制剂作用条件　在酶的最适温度、pH、时间进行反应，可达到最佳的作用效果，生产中的应用还应注意防止金属离子对酶制剂的抑制作用。注意酶制剂的最适添加量，加多了成本升高，加少了作用时间太长、效果欠佳，最好根据酶制剂生产厂家推荐用量再结合实际应用的效果确定最佳使用量。

11.1.1.3　啤酒酿造中酶制剂的应用

(1) 耐高温 α-淀粉酶的应用　该酶作用的机理是先将淀粉水解成糊精和低聚糖，最终产物为麦芽糖、麦芽三糖、麦芽五糖。最适作用温度为 95～100℃，从 70℃开始起作用，随着温度的升高作用的效果增强，甚至在 110℃仍然保持优良的液化作用，但失活加快。最适作用的 pH 范围在 6.0～6.5，pH 5.0～11.0 均有作用（25℃），当温度升高最适作用的 pH 也升高一点，温度降低，pH 偏低一点。

钙离子的浓度对耐高温 α-淀粉酶空间构型的稳定性有利，因此生产中控制钙离子的浓度在 50～70mg/kg，如果水的硬度在 3.57mmol/L 以上，钙离子的浓度在 75mg/kg 以上就不用补钙。

添加剂量一般每吨辅料需加活性单位为 20000U/mL 的酶制剂 300mL 左右。由于不同厂家的酶制剂活性单位定义有所不同，因此用量要根据具体情况适当调整，控制在 200～400mL/t。

酶制剂在啤酒酿造工艺上的使用方法如下。

① 大米的粉碎　要求粉碎细度均匀，颗粒太细影响过滤，太粗液化不彻底，细度控制在相对密度为 0.8～0.9，粉碎后在 24h 内用完。所用的玉米要脱胚，粉碎细度同大米。大麦要浸泡发芽，其表皮中含有大量多酚等有害物质，对酶有抑制作用，因此大麦要在 50℃的温水中浸泡 30min，水中加适量的甲醛除去麦皮中花色苷，浸泡后的大麦含水量在 25%～28%，然后粉碎，将大麦压扁裂开，淀粉压细。大米粉碎后加水量在 25%～28%，加酸调整 pH 为 6 左右，添加一定量的石膏改变水质。

② 加酶量　每吨辅料需加活性单位为 20000U/mL 的耐高温 α-淀粉酶 300mL/t 左右，各厂要根据具体试验而定。

③ 加热　加酶制剂后直接升温，保持在每分钟升温 1～2℃，均匀升温至 70℃，料液变稠。如果没有麦芽，继续升温料液变稀，直到 90℃，减少蒸汽量降低升温速率使温度缓慢上升，以免溢料。中国重庆啤酒厂在 90℃停留保温 20min，然后升温到 100℃保持 30min，降温到 63～66℃并料后用碘液检验为棕红色，即液化完成；也有的厂家是先碘液检验为棕红色，即液化完成以后并料。大多数厂家采用直线升温，中间不停留，直到 100℃煮沸 30min，液化结束、并料。

中国北京燕京啤酒厂是国内啤酒生产最大的企业，糊化锅内大米醪的料水体积比为 1:(5.0～7.0)，投料温度在 45～65℃之间，根据啤酒的品种而定；加入石膏，提高耐高温 α-淀粉酶的热稳定性，根据水质确定是否调节醪液的 pH，将其控制在 5.9～6.3 范围内。升温到 90℃停留保温 20min，沸腾时煮 5～40min 即可并料。

中国山东啤酒厂采用耐高温 α-淀粉酶的工艺如下：50℃下料糊化锅，30min 升温达 90℃，停留保温 20min，100℃停留保温 30min，倒入糖化锅。该厂辅料的用量从 28%提高

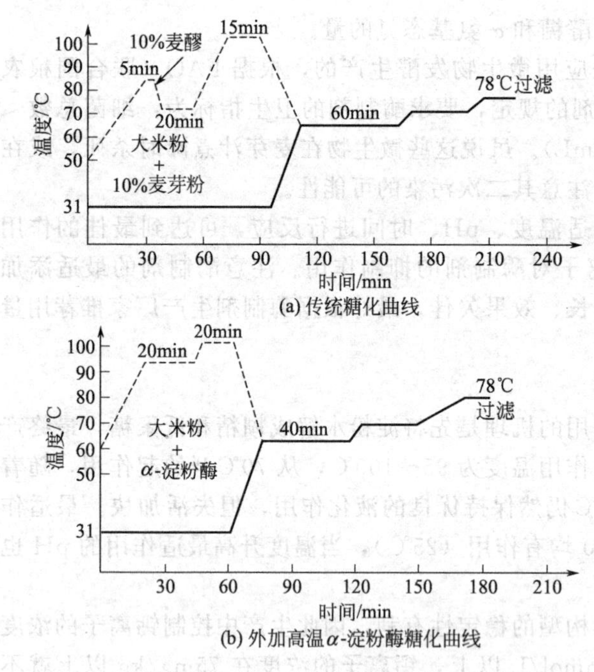

图 11-2 传统糖化曲线和加高温 α-淀粉酶糖化曲线

到35%，麦汁色淡，清亮度好，α-氨基态氮在180～210mg/L，还原糖（以麦芽糖计）在10g/100mL左右。原料利用率高，啤酒发酵度高，双乙酰还原快，在0.1mg/L以下发酵度在68%～71%，使用方法简单。图11-2为某啤酒厂的加酶制剂和不加酶制剂的糖化曲线的比较。

中温的 α-淀粉酶的作用机理同上，与高温 α-淀粉酶不同之处是酶的最适作用温度不同。中温的 α-淀粉酶在70℃开始有显著作用，辅料变稀，随着温度的升高，作用增强，在80～85℃效果最好，到90℃就失活，因此不能在90℃液化。耐高温 α-淀粉酶液化效果优于中温 α-淀粉酶，是由于淀粉颗粒受热膨化，当温度升高到100℃左右时，淀粉分子体积增大，分子之间松懈，细胞破裂，有利于酶与底物的结合，使分解速率加快，液化彻底。因此目前大多数厂家采用耐高温 α-淀粉酶。表11-3和表11-4列出了两种酶的主要区别及其作用后的效果比较。

表 11-3 耐高温 α-淀粉酶和中温 α-淀粉酶的比较

酶制剂	温度范围/℃	最适条件		用量/(U/$g_{辅料}$)	液化过程(70℃左右)	效果
		pH	温度/℃			
中温 α-淀粉酶	65～90	5.5～7.0	70～80	2～4	稀	糊化不彻底
高温 α-淀粉酶	90～110	5.0～8.0	95～100	6	稠	糊化不彻底,色度低

表 11-4 同类原料不同工艺生产麦汁的质量分析

酶制剂种类	质量分数/%	EBC色度	pH	还原糖含量/%	最终发酵度/%	α-氨基氮含量/(mg/L)	原料利用率/%
中温 α-淀粉酶	11.0	7.5	5.5	7.8	84	150	98.5
高温 α-淀粉酶	10.9	7.2	5.5	8.0	87	152	99.5
对照(加10%麦芽)	10.9	8.0	5.4	7.3	82	168	97.5

（2）糖化酶　高转化率的糖化酶是由黑曲霉优良菌种经深层发酵提取而制成的。糖化酶又称葡萄糖淀粉酶，作用的机理是它能将淀粉从非还原性末端水解 α-1,4-葡萄糖苷键。

糖化酶一般在糖化时加入，温度为60℃，适用pH范围3.0～6.0，最适作用范围在4.0～4.5。添加量为40～100U/g麦芽。

（3）β-淀粉酶　β-淀粉酶是一种外切型淀粉酶，又称淀粉-1,4-麦芽糖苷酶，它广泛存在于大麦、小麦、甘薯、大豆等高等植物及一些微生物发酵产品中，目前大多使用由植物提取的食品级 β-淀粉酶，它能使淀粉水解成麦芽糖。

最适作用温度为55～60℃，热稳定性差，在60℃以下稳定，60℃以上反应速率加快，但酶也迅速失活。

β-淀粉酶的 pH 适用范围为 5.0～6.5，最适作用 pH 为 5.5。淀粉和钙离子存在时酶的稳定性提高。在糖化锅内的添加量为 100～200U/$g_{麦芽}$。

真菌淀粉酶能水解淀粉生成麦芽糖、三糖及糊精等，pH 适应范围在 5～7，最适温度 50～55℃，在 60℃以下较为稳定。使用时在糖化锅中加入，主要用于生产干啤酒。

(4) β-葡聚糖酶　糖化工艺后的麦汁要经过过滤除去麦糟后才进行发酵，影响麦汁的过滤速度最重要因素是黏度，麦汁黏度大过滤就慢，反之就快。当麦芽的质量差或辅料比例大时，麦汁中的 β-葡聚糖分解不完全，使麦汁黏度增大过滤困难，甚至后期引起浑浊。解决的方法是在糖化时加入 β-葡聚糖酶，可达到加快过滤速度的效果。添加量可根据麦芽的质量来定，注意该酶的最适作用温度为 50～60℃，最适作用 pH 为 5.5～7.0。

(5) 木瓜蛋白酶和菠萝蛋白酶　啤酒在保质期内常常由于蛋白质和多酚类聚合成颗粒析出，同时大麦中的 β-球蛋白与麦汁中的大麦表皮和酒花中的花色苷以氢键结合形成沉淀等原因造成浑浊，大约 90%的浑浊是这些因素导致。可加入酸性的木瓜蛋白酶和菠萝蛋白酶分解蛋白质，添加硅胶或鱼胶吸附沉淀蛋白质，或添加 PVPP（聚乙烯聚吡咯烷酮）、尼龙 66 等吸附多酚类物质，提高啤酒的稳定性。木瓜蛋白酶和菠萝蛋白酶在后发酵开始时加入，添加量约 10g/t。

(6) 葡萄糖氧化酶　在啤酒中使用葡萄糖氧化酶可除去溶解氧，阻止啤酒氧化变质出现老化味。添加葡萄糖氧化酶除氧效果好、速度快、无异味，对保持啤酒的稳定性和风味有一定的效果，其除氧效果优于碳酸氢钠和异维生素 C 钠。使用量大约在 2～5g/100L，根据酶制剂厂家推荐用量加入。

(7) α-乙酰乳酸脱羧酶　双乙酰的含量是影响啤酒风味的重要指标，它是在啤酒的发酵过程中酵母菌产生的 α-乙酰乳酸和 α-乙酰羟基丁酸氧化脱羧而生成的，当双乙酰的含量达到高峰值以后即逐渐降低，但降低的速率受很多因素的影响。生产上为了降低双乙酰的含量，使贮藏的啤酒中双乙酰浓度控制在 0.1mg/L 以下，常常采用控制麦汁中 α-氨基氮含量、添加酶制剂、提高啤酒的成熟期温度和时间来解决。

NOVO 公司生产的 MatUrex 能催化 α-乙酰乳酸直接形成羟基丁酮，可缩短发酵周期，减少双乙酰含量。该酶可在冷却麦汁中与酵母菌同时加入发酵罐中，用量为 2mg/kg 左右，各厂根据双乙酰的量实验来确定。

① α-氨基氮与 α-乙酰乳酸有一定的关系，α-氨基氮含量低，双乙酰含量就高；α-氨基氮含量高，酵母生长繁殖好，同时减少双乙酰的前体物质 α-乙酰乳酸的量，加速了啤酒的成熟。α-氨基氮的量控制在 160～180mg/L 较为适宜。可添加蛋白酶提高其含量，用量在 100～200U/$g_{麦芽}$，使用时注意酶的最适作用温度和 pH，在糖化锅中加入。中国无锡杰能科公司生产的中性蛋白酶（1398 型）是食品级的，酶活力在 2×10^5U/g；诺维信公司生产的 Neutrase，酶活力液体的为 0.5AU/g，固体的为 1.5AU/g（AU 为 ANSON 酶活力单位的缩写），用量在 0.3～0.7kg/t；Gist-brocades 公司生产的 Brewers Protease，用量为 400～2000g/$t_{全粮}$。

② 提高啤酒成熟期的温度，采用低温主发酵，成熟期适当提高温度，能够加速啤酒的成熟。低温进行主发酵，8.5～10℃发酵 5～7d，酵母菌进行生长繁殖和代谢是形成风味的过程；后期适当提高温度，在 12～13℃进行后发酵 6～10d，能够加速啤酒的成熟。

11.1.2　白酒、黄酒中的应用

糖化酶在白酒、黄酒生产中的应用增加了可发酵性的糖，降低了酒渣的量，可提高出酒率，对保持原酒的风味没有影响，节约了粮食。传统白酒生产工艺中用曲进行糖化，因此曲的质量好出酒率就高，曲的质量差出酒率就低。为了保证质量、提高出酒率，目前许多厂家

在应用曲的同时结合应用糖化酶的新工艺，显著提高了出酒率。

11.1.2.1　糖化酶在大曲酒生产中的应用

生产上通常原料糖化酶的活力维持在120～140U/g为宜，因此实际应用糖化酶的量应该是总需要量的酶活力减去大曲中的酶活力部分。例如100kg的生产原料，按140U/g的酶活力，大曲的用量按20%添加，大曲的酶活力为520U/g，所用的固体酶制剂酶活力为5×10^4U/g，计算公式如下。

添加酶制剂的量(U)＝原料用量(g)×每克原料所需的糖化力(U/g)－大曲用量(g)×大曲糖化力(U/g)

$$=100000\times140-20000\times520=14000000-10400000=3600000\text{U}$$

添加酶制剂的量(kg)＝3600000÷50000÷1000＝0.072(kg)

即以原料计算，添加固体酶制剂酶活力为5×10^4U/g的糖化酶0.072kg，即是0.08%～0.1%。

大曲的用量可按如下方式进行。大曲一般为中高温曲，制曲的温度在55～58℃，糖化酶的活力在520U/g左右，添加糖化酶后大曲的用量可从传统工艺的25%下降为20%。

工艺流程和工艺特点，传统的生产工艺采用减曲加酶，优质老窖配合双轮底产酯生香。其流程如图11-3。

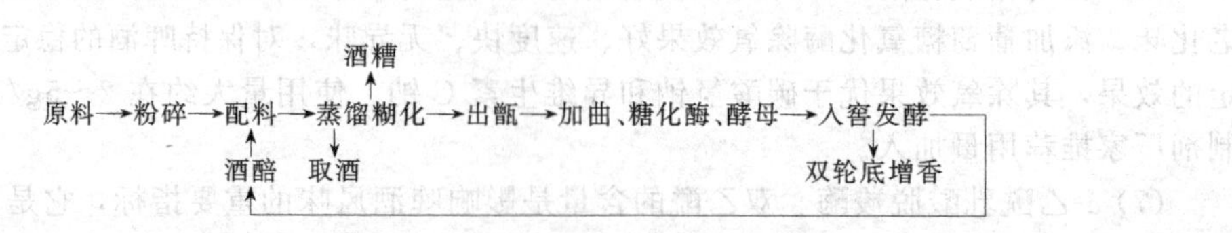

图11-3　糖化酶在大曲酒生产中应用工艺流程

酵母菌可用活性干酵母，整个发酵周期为40d。

使用糖化酶制剂后可提高出酒率，入窖开始发酵温度18～20℃，应用了糖化酶的发酵升温速率比传统工艺快，最高温度为35～36℃，比原来高出2～3℃，发酵的后期降温趋于缓和，与对照相似，这对后期生香产生酯类物质有利。表11-5和表11-6比较了酶制剂应用工艺和传统工艺中酒糟淀粉含量、出酒率和酒质成分。

表11-5　酶制剂应用工艺和传统工艺中酒糟淀粉含量和出酒率比较

项　目	新　工　艺	对　照
酒糟淀粉的含量/%	6.2	8.9
出酒率/%	48.5	44.2
提高出酒率/%	9.7	

表11-6　酶制剂应用工艺和传统工艺中酒质分析比较

项　目	总酯	总酸	感　官　评　价
新工艺的酒	3.25%	0.75%	有窖香、味正、有余香、尾净
对照酒	3.42%	0.88%	窖香明显、味正协和、余香长

由上表可知，新工艺的总酯、总酸含量略低于传统工艺生产的酒，但感官评价基本一致，特别是入口更为爽净。其不足之处可通过香醅的串蒸、勾兑来提高酒质。

应用糖化酶可缩短发酵时间，使用糖化酶制剂（酶活力为5×10^4U/g）的量适当提高，用量为原料的0.1%～0.12%，总的糖化酶活力高于原工艺，可缩短发酵时间，可由原工艺的40d缩短为30d。根据原料量计算出糖化酶的用量，加入摊凉至55～60℃的粮醅中，混合均匀糖化30min，使入窖的粮醅中还原糖高，可提高发酵初速率，有利于缩短发酵周期。

入窖温度 20～22℃，入窖后发酵的升温快，1 周达到最高发酵温度 35～36℃，比对照组提前一周左右。最高温度比对照组高出 3～4℃，发酵的起始速率提高明显，两周后发酵速率缓慢下降。

由表 11-7 和表 11-8 可看出，应用糖化酶制剂工艺可使酒糟中的淀粉含量下降，出酒率提高 11.8%；从酒质分析来看，新工艺酒与对照酒比较，感官评价差异不大，总酸和总酯略低，但发酵的周期缩短了 10d，提高了设备的利用率。

表 11-7　使用酶制剂的酒糟中淀粉和出酒率的比较

项　目	新 工 艺	对　照
酒糟淀粉的含量/%	6.5	9.1
出酒率/%	44.5	39.8
提高出酒率/%	11.8	

表 11-8　酶制剂应用工艺酒质分析比较

项　目	总　酯	总　酸	感 官 评 价
新工艺的酒	3.42%	0.75%	窖香明显、入口爽净、味正、有余香
对照酒	3.65%	0.83%	窖香浓郁、入口绵甜、味正、余香长

11.1.2.2　糖化酶在小曲白酒生产中的应用

小曲白酒大多以大米为原料，以小曲作为糖化剂，采用半固体发酵，再经蒸馏而成。小曲白酒有纯种接种发酵和自然发酵两类，纯种接种的菌种主要有根霉、酵母菌，自然发酵的小曲中含有的微生物比较复杂，有霉菌、酵母菌、细菌等，由于菌种不同，因此这种小曲白酒，在风格和香型上也稍有不同，纯种接种发酵的小曲白酒酒质清纯，出酒率高，出酒率在 65%（酒精体积分数为 50%）左右；自然发酵的小曲白酒郁香，出酒率低一些，应用糖化酶制剂可提高小曲白酒的出酒率，不改变传统工艺，有利于保持小曲白酒原有的风味。

（1）糖化酶制剂的用量　固体酶制剂酶活力为 5×10^{4}U/g，计算方法同上，一般用量为大米原料的 0.08%，添加的时间很重要，在小曲、酵母菌加入原料 24h 后才加入糖化酶。如果与小曲、酵母菌同时加入，糖化作用会过早出现，发酵作用也会提前进行，饭醅变软，影响根霉生长繁殖，对小曲白酒的风味也有影响。加酵母菌用活性干酵母，用量为大米的 0.02%。

（2）小曲用量　小曲的用量大约在 0.4%～0.6%之间，纯种小曲用量低一些，为原料大米的 0.4%，自然发酵的小曲用量高一些为 0.6%，在发酵过程中小曲对白酒的生香和甘甜的风味有利。

（3）发酵时间　大约 7d。

（4）生产工艺　流程见图 11-4。

纯种小曲、酵母菌 ↓

大米→浸米→蒸饭→摊凉→拌料→下缸 —24h→ 加入糖化酶→混匀→发酵→蒸馏→成品酒

图 11-4　糖化酶在小曲酒生产中应用工艺流程

表 11-9 表明加入糖化酶的工艺，酒质基本上保持小曲酒原有的风味不变，所以糖化酶在小曲白酒中的应用，主要以保持传统的工艺不变，配合以小曲糖化发酵为主。合理使用糖化酶，就能在提高小曲白酒出酒率的同时，保持小曲白酒的原有风味。

表 11-9 使用酶制剂出酒率的比较

项目	加糖化酶	对照
出酒率(酒精体积分数为 50%)/%	69.6	65.0
提高出酒率/%	7.0	0

11.1.2.3 糖化酶在黄酒生产中的应用

黄酒是中国的三大传统酒之一，主要产于中国南方，特别是江苏浙江一带。以自然发酵制作的麦曲，糖化力低，用曲量大，为大米的15%左右。而用黄曲霉纯种培养制曲，糖化力高，用曲量下降，为10%左右。目前的生产工艺中，大多数采用纯种培养制曲，少数的名优黄酒仍然使用自然发酵制曲。

糖化酶在黄酒生产中应用，同样是在使用麦曲的同时联合使用糖化酶制剂，可提高黄酒的出酒率，赋予黄酒足够的香味物质。特别是在工业化大规模生产中，可以简便、稳定、高效地生产，受到黄酒生产者的重视。使用的过程中要注意保持黄酒“双边”发酵过程的平衡，平衡失调，就会因糖分积累过快引起杂菌大量繁殖，或因酵母发酵过旺引起酵母早衰，导致出酒率下降或黄酒质量变差。

① 糖化酶添加时间和用量：按传统工艺与麦曲一起混合均匀加入饭缸。糖化酶用量按大米量加入 5×10^4 U/g 的固体糖化酶 0.1%，麦曲的用量为 8%。

② 发酵的时间为 20d。

③ 生产工艺流程见图 11-5。

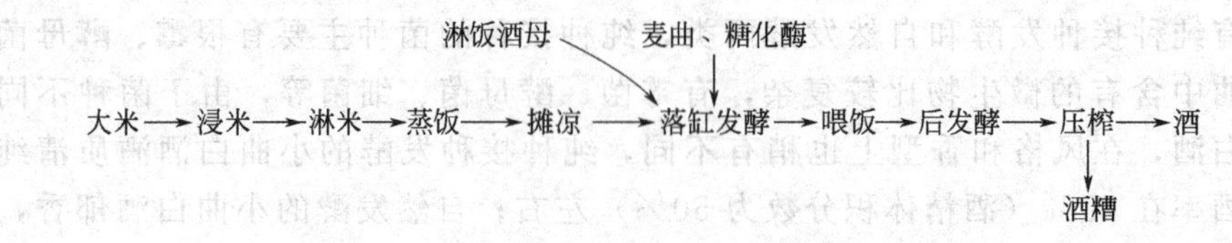

图 11-5 糖化酶在黄酒生产中的应用工艺流程

④ 使用效果：发酵醪内酒精的含量和酸度的变化如表 11-10。

表 11-10 糖化酶使用后工艺中酒精含量和酸度的变化

发酵时间/d	5	10	15	20
发酵醪酒精含量(体积分数)/%	14.2	15.1	16.2	16.7
发酵醪酸度/(g/100mL)	0.2	0.23	0.29	0.33

由表 11-10 可知，应用糖化酶的黄酒生产工艺产酒正常，产酸稳定。但没有改变原来的传统生产工艺，仍然使用麦曲。

11.2 调味品中的应用

酱油和食醋是中国传统的调味品，在食品工业中占有重要的经济地位，近年来发展很快，食醋风味独特、品种繁多，中国有名的有镇江香醋、山西老陈醋、福建红曲老醋、江苏的“恒顺香醋”、四川“保宁醋”等；有名的酱油有广东“生抽王”、上海淡色鲜酱油、福建“滗头法”酱油、湘潭龙牌酱油、鱼露酱油、广州珠江牌“草菇老抽酱油”等。这些调味品在中国畅销，有的还出口，传统的发酵酱油和食醋的工艺存在一些问题，有的厂家设备简陋、工艺原始、技术落后，质量差，导致原料利用率低，急需提高质量、提高原料利用率。目前在酱油和食醋生产中大多使用酶制剂提高产品的质量，如增加可发酵性糖和香味成分，减少酱渣、醋渣，提高原料的利用率。

11.2.1 酱油、醋

11.2.1.1 酱油的生产

酱油不仅具有较好的增色生香作用，还具有丰富的氨基酸、维生素和矿物质。目前，酱油发酵的工艺有低盐固态发酵法、高盐稀醪发酵法、天然晒露法、固态无盐发酵法（又叫速酿法）。以大豆和麸皮为原料的发酵酱油前发酵都要通风制曲，菌种的质量、制曲的工艺是影响原料利用率的关键因素。优质的种曲和技术先进的制曲工艺，加上酶制剂的应用，可大大提高原料的利用率，全氮利用率提高到 75%以上，酱油的产量也增高。

（1）生产工艺　酱油生产的工艺见图 11-6。

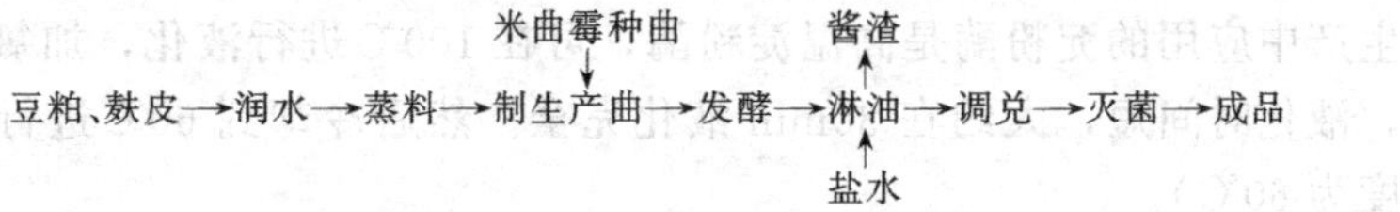

米曲霉种曲↓，酱渣↑

豆粕、麸皮→润水→蒸料→制生产曲→发酵→淋油→调兑→灭菌→成品

↑盐水

图 11-6　酱油发酵的传统工艺流程

（2）菌种　中国采用米曲霉 3.042、3.951 为多，米曲霉生长过程中产生丰富的蛋白酶，有酸性蛋白酶、碱性蛋白酶和中性蛋白酶，有利于豆粕中的蛋白质降解成氨基酸，赋予酱油特殊的香味，但对酱油鲜味起重要作用的是酸性蛋白酶和中性蛋白酶。同时米曲霉还含有淀粉酶、纤维素酶、半纤维素酶、果胶酶等，可将原料中的淀粉、果胶等大分子降解成可发酵性糖，降低酱油的黏度，提高成品率，减少酱渣。酱油中的色泽是由氨基酸结合而生成的，糖可增加酱油的黏度和甜味，因此糖对酱油色、香、味起了重要的作用。但是使用单一的菌种常常原料的转化率低，因此可结合应用酶制剂，提高成品率，促进生香。

（3）蛋白酶用于酱油生产中强化增香　酱油中的鲜味主要来自于氨基酸钠盐，因此在发酵过程中添加蛋白酶，可补充米曲霉产生的蛋白酶不足，尤其是酸性蛋白酶，有利于蛋白质的降解，因酱醅是酸性的，适合于酸性蛋白酶的水解条件。这样既有利于提高原料的利用率，又有利于增进酱油的香味。其工艺如图 11-7。

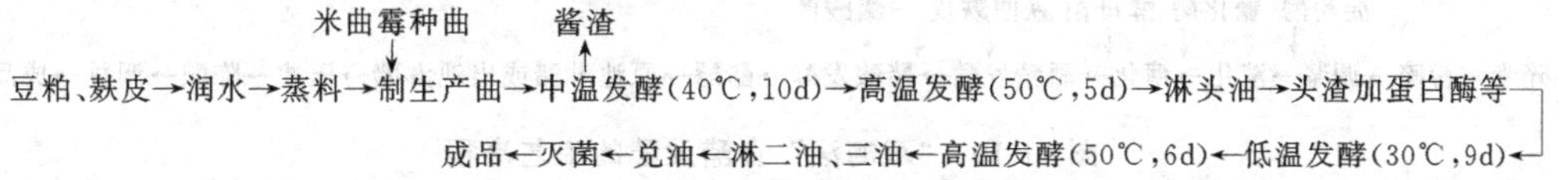

米曲霉种曲↓，酱渣↑

豆粕、麸皮→润水→蒸料→制生产曲→中温发酵(40℃,10d)→高温发酵(50℃,5d)→淋头油→头渣加蛋白酶等→低温发酵(30℃,9d)→高温发酵(50℃,6d)→淋二油、三油→兑油→灭菌→成品

图 11-7　蛋白酶在酱油发酵中应用工艺流程

进行原池淋油，头油、二油和三油可根据市场需要进行调配成特级、一级、二级等产品，这样既达到增香目的，又提高了原料中蛋白质的利用率。中国的酱油蛋白质利用率一般在 65%～75%，技术和设备先进的最高也仅 80%，使用蛋白酶后蛋白质利用率一般可达 82%～85%。但全部利用酶制剂代替种曲生产酱油风味单一，香气淡。因微生物参与发酵产生的酶系丰富，不仅有蛋白酶，还有肽酶、谷氨酰胺酶，米曲霉还可产生三种氨基肽酶，四种酸性羧基肽酶，这些酶将蛋白质降解成氨基酸，与酱油鲜味有密切关系。而且还有淀粉酶、纤维素酶、半纤维素酶、果胶酶等，同时参与酱油发酵的球拟酵母是产生酯香型的酵母，如产生烷基苯酚、4-乙基苯酚、4-乙基愈创苯酚，结合酵母发酵产生乙醇，参与发酵的乳酸菌在发酵的过程中产生乳酸，酸醇的酯化反应协同生香，赋予酱油的浓郁香味。因此蛋白酶与种曲一起应用生产的酱油可取得最好的效果。

（4）酶法液化淀粉糖浆应用新工艺　利用酶法液化淀粉糖浆添加在酱醅中发酵可以提高

酱油的成品率，降低成本。酶法液化淀粉糖浆应用于酱油生产中，使固态低盐浸出法工艺技术得到了发展，并保持产品质量，成品率稳定。酶法液化淀粉糖浆生产酱油新工艺如图 11-8。

高温淀粉酶、氯化钙↓ 米曲霉种曲↓

米→加水浸泡→清洗→磨浆→调浆→液化→降温→冷却→糖化→糖化液豆粕、麸皮→润水→蒸料→制生产曲

成品←灭菌←调配、兑油←淋三油←养坯←淋二油←养坯←淋头油←养坯←发酵←（盐、水、糖化液）

图 11-8 酶法液化淀粉糖浆生产酱油新工艺

目前，生产中应用的淀粉酶是高温淀粉酶，可在 100℃进行液化，加氯化钙有助于提高酶的稳定性，液化时间短，大约在 30min 液化完全。然后冷却到 60℃进行糖化（糖化酶作用的最适温度为 60℃）。

11.2.1.2 酶在食醋生产中的应用

传统食醋的生产工艺技术落后、设备简陋、生产规模小、工人劳动强度大，采用人工翻池通氧，产品质量不稳定。随着科学技术的进步，食醋的生产工艺技术也不断发展，出现了原池通气、原池回淋和酶制剂应用新工艺、新技术，采用碎米原料磨粉、调浆，加入高温淀粉酶液化，糖化酶糖化工艺后再酒精发酵、醋酸发酵的新工艺，减少了污染和工人的劳动强度，降低了生产成本，缩短了生产周期。

传统的食醋发酵工艺（图 11-9）以固态发酵工艺为多，工人劳动强度大、原料利用率低、成本高、污染严重、质量不稳定，而“双酶法”制醋新工艺（图 11-10）则能够克服传统工艺的缺点。

曲↓ 米糠、麸皮↓

原料→粉碎→蒸煮→入池发酵→酒精封闭发酵→醋酸开缸翻池→醋醅成熟→出池淋醋→成品

图 11-9 传统食醋发酵的工艺流程

淀粉酶↓ 糖化酶↓ 酵母菌↓ 麸曲麸皮↓ 醋酸菌↓

碎米→粉碎→调浆→液化→糖化→酒精发酵→醋酸发酵→醋醪→原池淋醋或出池淋醋→压滤→陈酿→调兑→成品

图 11-10 “双酶法”食醋发酵的工艺流程

应用高温淀粉酶和糖化酶的新工艺，经过酶法液化、糖化的原料可进行固态发酵工艺，也可进行液体深层发酵制醋工艺，缩短发酵周期，提高产品质量和成品醋的风味。许多中小型食醋厂在使用酶制剂后，提高了原料利用率，降低了成本。

11.2.2 酶法生产鲜味剂

1908 年日本人 Ikeda 发现谷氨酸钠是鲜味强化剂，开始了工业化生产氨基酸的历史。在此后的 50 年中，谷氨酸的生产都是以面筋蛋白为原料采用酸法水解后分离提取的方法。20 世纪 60 年代发展成为利用细菌发酵生产，降低了成本，提高了产量，且质量稳定。味精可由棒状杆菌发酵生产，其化学名称是 L-谷氨酸钠，是食品工业中不可缺少的鲜味剂，但棒状杆菌不能直接利用淀粉，因此工艺上要将淀粉转化成可发酵性的糖才能产生味精。淀粉酶、糖化酶在味精生产中的应用由中温淀粉酶发展到今天的耐高温的淀粉酶，先将淀粉进行糖化后再进行发酵生产味精。

（1）工艺 酶法糖化淀粉的工艺流程见图 11-11。

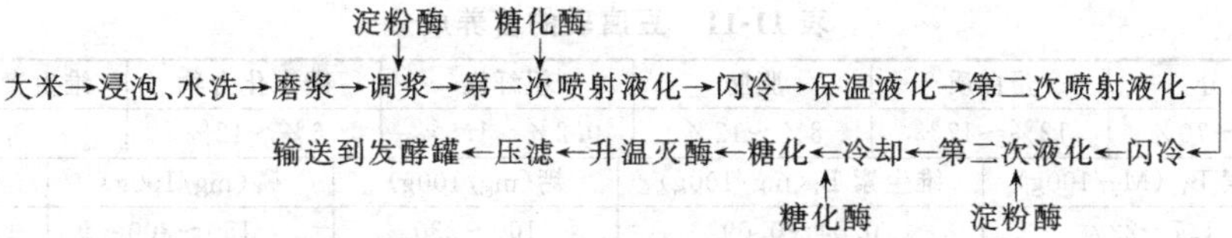

淀粉酶　糖化酶

大米→浸泡、水洗→磨浆→调浆→第一次喷射液化→闪冷→保温液化→第二次喷射液化→

输送到发酵罐←压滤←升温灭酶←糖化←冷却←第二次液化←闪冷←

糖化酶　淀粉酶

图 11-11　酶法糖化淀粉的工艺流程

味精生产上淀粉液化的方法很多，有间歇式液化、连续式液化等，但采用间歇式液化的较多，生产中可根据原料的特点选择一段液化法或二段液化法，后者工艺、设备要求高，液化的淀粉质量也要好一些。由于使用酶的种类和用量不等，因此糖化的时间差异也较大。用高温淀粉酶进行液化的速率快、时间短、设备使用率高，目前采用高温淀粉酶液化淀粉为主，再用糖化酶进行糖化，生产的糖浆液透亮，无明显杂质，无糊精反应，糖液的 *DE* 值 95%以上，质量好达要求，有利于发酵，有利于谷氨酸钠的提取和精制。

(2) 高温 α-淀粉酶应用　按原料添加耐高温 α-淀粉酶 10～12U/g，与大米浆混合均匀，加氯化钙少许（0.1%～0.2%），高温 α-淀粉酶最适作用的 pH 在 5.9～6.0，因此调浆的 pH 控制在 5.9～6.0，立即进行喷射，调料后不能长时间放置，否则出现发酸现象。可进行一次加酶二段液化工艺，也可进行两次加酶二段液化工艺，在第二次喷射后经过闪冷至95～97℃后，再加入耐高温淀粉酶 4～6U/$g_{原料}$，继续液化至终点，大约需要 60min 左右。如用中国无锡杰能科生物工程有限公司生产的高温 α-淀粉酶，一般用量在每吨原料 0.5～0.7kg 酶制剂。

(3) 糖化　中国的味精生产中糖化酶用量按原料计在 150～200U/g，糖化的时间为 20～24h，如要缩短时间，提高设备利用率，可适当提高酶的用量，但要增加成本，可根据具体工艺确定用量。糖化酶最适作用温度 60～62℃，最适作用的 pH 为 4.2～4.5，糖化过程中的化学反应是糊精转化成葡萄糖。

值得注意的是目前生产上有味精专用糖化酶，由糖化酶与普鲁兰酶组合而成，二者结合既可切割 α-1,4-糖苷键，又可切割 α-1,6-糖苷键，弥补了糖化酶只能切割 α-1,4-糖苷键的不足，这种复合酶制剂适合于各种原料，特别是支链淀粉含量高的原料，美国的味精生产厂家全部用这种酶，生产的糖浆质量好，提高了产量。

11.3　酿造食品中的应用

11.3.1　腐乳

腐乳即豆腐乳，又叫乳豆腐、霉豆腐、臭豆腐、毛霉豆腐，滋味鲜美、细腻柔滑、香味独特，是中国著名的发酵调味品之一。腐乳在中国有着悠久的酿造史，在北宋时期开始生产，盛行于明清之年。

腐乳的营养价值很高（表 11-11），其中蛋白质含量为 12%～17%，除含有大量的水解蛋白外，还含有丰富的游离氨基酸和游离脂肪酸，同时微生物发酵作用还产生维生素 B_{12}、维生素 B_2，维生素 B_2 的含量比豆腐高 6～7 倍，钙、磷、铁、锌含量也比豆腐高，且不含胆固醇，是人们喜爱的佐餐食品和调味品，因其质构类似于软干酪在欧美被称为中国干酪。

传统的豆腐乳的生产工艺（图 11-12）季节性强，发酵周期长，要 8 个月的发酵时间才成熟，而且老法制曲过程存在杂菌的污染问题，生产过程不易控制、含盐量高等，产品质量不稳定。利用现代生物技术可以有效地改善传统豆腐乳的加工方式，酶法生产豆腐乳的工艺（图 11-13）可缩短发酵周期、减少污染、产品的质量容易控制，因此具有推广价值。目前

表 11-11 豆腐乳的营养成分

成分	水分	蛋白质	脂肪	粗纤维	碳水化合物	维生素 B_2(mg/100g)
含量	58%～70%	12%～17%	8%～12%	0.2%～1.5%	6%～12%	0.13～0.36
成分	维生素 B_{12}(Mg/100g)	维生素 B_1(mg/100g)	钙(mg/100g)	磷(mg/100g)	铁(mg/100g)	
含量	1.7～22	0.04～0.09	100～230	150～300	7～16	

毛霉→扩大培养（→接种）　加盐、酒糟香料（→腌坯）

大豆→浸泡磨浆→豆乳→豆腐白坯→蒸煮→冷却→接种→毛坯→腌坯→腐乳成品

图 11-12 传统豆腐乳生产的工艺流程

毛霉→扩大培养（→接种）　加盐、酒糟、香料（→腌坯）

大豆→浸泡磨浆→豆乳→豆腐白坯→蒸煮→冷却→接种→毛坯→腌坯→腐乳成品→灭酶

复合蛋白酶（→腌坯）

毛霉→扩大培养（→接种）　加盐、酒糟、香料（→腌坯）

大豆→浸泡磨浆→豆乳→煮浆→冷却→豆腐白坯→接种→毛坯→腌坯→腐乳成品→灭酶

复合蛋白酶（→豆腐白坯）

图 11-13 添加酶制剂豆腐乳生产的工艺流程

研究中发现完全用蛋白酶保温发酵生产豆腐乳，香味相对较单一，且水解产生的肽类多，如抗氧化性肽、降血压活性肽等肽资源库，但有苦味肽产生，在发酵中加入一些辅料可在一定程度上提高香味、克服苦味；也有在传统制曲接种基础上添加蛋白酶发酵共同发酵生产的，香味好，品质也有保证，生产的周期也可缩短。

腐乳的发酵过程，前发酵是让接种的微生物大量的生长，产生丰富的酶类，但蛋白酶类主要的酶系，如毛霉和根霉主要产生中性蛋白酶、酸性蛋白酶和碱性蛋白酶，及淀粉酶、糖化酶、纤维素酶、半纤维素酶和果胶酶等。大多数厂家用五通桥毛霉、腐乳毛霉、高大毛霉和雅致放射毛霉，毛霉与曲霉比较，产生的孢子量少，耐温性差，最适生长温度为 15～25℃，以 18℃生长最好，高于 30℃生长受到抑制，35℃以上不生长，甚至死亡，因此许多厂家在夏季生产停止。后发酵的过程是各种酶类对豆坯中的蛋白质等大分子物质的水解反应、酯化反应，产生香味物质。其中，蛋白质的水解程度是影响豆腐乳的风味、质地的主要因素，蛋白质的水解形成短肽，导致大豆蛋白质的原空间构型发生变化，豆腐坯变柔软、细腻，其中大豆蛋白的水解产物氨基酸赋予腐乳鲜味。腐乳的成熟，小分子的短肽约占腐乳水溶液部分总氮量的 86.4%～88.9%，并与腐乳的鲜味有密切的关系。

传统豆腐乳的生产盐坯添加的盐量在 12%～14%，成品的食盐量控制在 8%～12%，腐乳的高盐分在生产中有三大作用，其一是使腐乳乳坯渗透析出水分，使坯体不松烂，赋予腐乳咸味；其二是抑制微生物杂菌，防腐作用；其三是对蛋白质的水解有抑制作用，防止过度水解，盐和水解产物氨基酸形成谷氨酸钠，有利于鲜味的形成。传统的发酵工艺中发酵周期长，一般要 7～8 个月成熟，必须依靠高盐来保证长时间发酵的质量安全，但盐分过高对蛋白酶有抑制作用，使成熟期延长，后发酵时间延长，占用资金、占用厂房等，导致成本增加。因此添加酶制剂、适当降低盐量，提供最适发酵温度，可提高后发酵速率，大大缩短发酵周期，便于质量控制管理。

酶制剂的添加量主要根据蛋白酶的活性单位来确定，一般固体蛋白酶添加豆坯0.01%～0.02%，如果工艺中仍然进行了接种毛霉发酵的可降低用量，反之可适当提高一点用量。复合蛋白酶的添加时间有的在煮浆冷却后加入，使其混合均匀凝固在豆坯中，有的在接种毛霉生长好后的毛坯中与酒糟等辅料一起加入。

① 酶法生产腐乳的最适后发酵条件：用复合蛋白酶最适的发酵温度为 50～55℃，pH 为 5.6～5.9，盐分在 10%，酒精度为 9%，发酵的时间为 15～20d。如果采用 30～40℃ 发酵，需要发酵 35～30d 左右才成熟。

② 产品杀菌工艺：产品成熟后，为防止酶的继续水解，采用100℃灭酶 15min。

③ 腐乳的质量指标：口感与滋味气味，有柠檬汁的滋味、气味和芳香，甜酸咸淡适口，无异味。如为块型应整齐均匀，无杂质。

④ 组织状态：透明澄清的液体，无沉淀。

⑤ 理化指标微生物指标如下。

项目	指标
水分/(g/100g)	不得超过 67.00
总酸(以乳酸计)/(g/100g)	不得超过 1.30
氨基酸态氮(以氮计)/(g/100g)	不得超过 0.50
食盐(以氯化钠计)/(g/100g)	不得超过 8.00
还原糖(以葡萄糖计)/(g/100g)	不得超过 2.00
水溶性无盐固形物/(g/100g)	不得超过 10.00
蛋白质/(g/100g)	不得超过 12.00
砷(以砷计)/(mg/kg)	不得超过 0.50
铅(以铅计)/(mg/kg)	不得超过 1.00
添加剂	按添加剂标准 GB 2760—96 执行
大肠菌群近似值/(个/100g)	不得超过 30
致病菌	不得检出

11.3.2　其他豆制品

大豆加工产品是人类植物蛋白质的重要来源，尤其是生产豆奶，占饮料市场的一大份额，此外，还利用大豆生产水解蛋白，用于肉类加工中，如生产各种风味的火腿肠。

11.3.2.1　大豆蛋白奶

生产豆奶产品，添加酶制剂可脱腥脱苦，蛋白酶和果胶酶可提高成品率，使蛋白质和脂肪的含量明显增加，风味也得到改善。其生产工艺如图 11-14。

蛋白酶（加入破碎工序）

大豆→浸泡、水洗→破碎→压榨浆→调配→高温瞬时灭菌→成品豆奶

糖、稳定剂、乙基麦芽酚（加入调配工序）

图 11-14　酶制剂生产豆奶工艺

蛋白酶的添加要适量，水解时间不能过长，以免出现苦味物质。

11.3.2.2　大豆蛋白水解物的生产

将大豆蛋白经过蛋白酶水解制成不溶性的或可溶解性的大豆蛋白水解物，经过喷雾干燥成产品用于肉类加工中，如在肉的腌制工艺中，用含大豆蛋白质的盐水注射肉的方法优于传统的盐水注射法，它提高了肉中蛋白质含量。生产高温火腿肠时添加大豆蛋白水解物的产品乳化效果好，且降低了成本。

11.4　有机酸生产中的应用

有机酸是微生物的初级代谢产物，与工业生产和人们日常生活有着十分密切的关系，也是发酵工业中历史最悠久、产量最大、价格最低的产品。目前，有机酸的生产全部用微生物发酵方法，由 20 世纪 40 年代中期的浅盘发酵技术发展到今天的液体深层发酵技术，生产出

了柠檬酸、乳酸、苹果酸、酒石酸等，并且已经改用酶法技术生产，酶制剂在有机酸生产中发挥着重要的作用。

11.4.1 柠檬酸的生产

生产柠檬酸的菌种主要为黑曲霉，也有利用正烷烃的假丝酵母，此外青霉、毛霉、木霉、葡萄孢霉也可产生。黑曲霉在生长的过程中产生α-淀粉酶和葡萄糖淀粉酶（又叫糖化酶），可使淀粉液化生成糊精和少量的还原糖，但酶活力不高，作用缓慢，如果不外加α-淀粉酶加快淀粉原料的液化，发酵的周期就会延长，能耗增大，成本增加。特别是在提高投料浓度的情况下，没有α-淀粉酶柠檬酸发酵将无法进行。黑曲霉产生的糖化酶，耐酸和耐热的能力强，在pH为2.0～2.5时仍然保持大部分活力，把糊精降解成葡萄糖，进入三羧酸循环产生柠檬酸。因此工艺上不再添加糖化酶来提高起始发酵葡萄糖的浓度，如果用薯干作原料发酵生产柠檬酸，起始发酵葡萄糖的浓度过高，使黑曲霉生长过度，酸的转化率明显降低，对积累柠檬酸反而不利。柠檬酸的生产工艺见图11-15。

原料(薯干或玉米)→粉碎→液化→发酵→过滤→中和→分离→柠檬酸钙→酸解→分离→脱色→离子交换→减压浓缩→结晶→分离→柠檬酸结晶→干燥→成品

图11-15 柠檬酸发酵的工艺流程

现在柠檬酸生产大多用玉米淀粉做原料，采用连续喷射液化、清液发酵工艺技术，发酵的残渣少，提高了淀粉的液化率及柠檬酸的提取收率，并且发酵醪液色泽比用薯干低，有利于后期产品的精制脱色，减少活性炭和酸碱的用量。

高温α-淀粉酶的添加量，每吨原料添加0.5～0.7kg高温α-淀粉酶酶制剂，或10～12U/g，与玉米粉浆混合均匀，加氯化钙少许（0.1%～0.2%），高温α-淀粉酶最适作用的pH在5.8～6.2，因此调浆的pH控制为5.8～6.2，立即进行喷射。工艺上采用二段喷射液化，第一次的喷射液化器出口温度维持在105～110℃，之后保温在95～97℃，30～60min后，进行第二次喷射，第二次加少量的高温α-淀粉酶液化，加入量为2U/$g_{玉米淀粉}$，喷射的温度在125～140℃约5min完成，在85～90℃保温30min，一般两次液化后效果均较好。用碘液检查，出现棕红色或棕黄色，过滤速度快。以玉米为原料的二段喷射液化生产工艺如图11-16。

高温α-淀粉酶↓
玉米淀粉→调浆→第一次喷射液化→保温液化→第二次喷射液化→维持高温→闪冷→二次液化（↑高温α-淀粉酶）→压滤→清液→发酵罐内发酵

图11-16 酶制剂糖化玉米淀粉的工艺流程

11.4.2 乳酸的生产

乳酸发酵以葡萄糖为原料，其代谢途径有三条：即同型乳酸发酵的糖酵解途径、异型发酵的分叉代谢途径和6-磷酸葡萄糖酸途径。多数同型乳酸发酵的微生物都不具有脱羧酶，因此不会产生丙酮酸脱羧生成乙醛的反应。微生物的同型代谢途径产生乳酸时，乳酸是惟一产物，理论产率是一分子的葡萄糖产生两分子的乳酸，转化率为100%，但微生物的生长和维持要消耗糖，因此实际转化率达不到100%，一般乳酸的转化率在80%以上就可以认为是同型发酵。在异型发酵中，生成的副产物与乳酸摩尔数之比为1∶1，因此乳酸的产量要低一些。微生物发酵生产的乳酸有三种：L-乳酸（右旋）、D-乳酸（左旋）、D,L-乳酸（消旋）。乳酸杆菌发酵生产的D-乳酸无固定的比例，一般D-乳酸占80%或更多，而L-乳酸只占小部分。随着科学技术的发展，研究发现人体没有代谢 D-乳酸的酶类，过多地摄入会引起血尿酸度的升高，代谢混乱。因此世界卫生组织规定 D-乳酸摄入量每天每千克体重不能超过 100mg，而 L-乳酸不加限制。现在欧美、日本等已经用 L-乳酸代替原有的乳酸，中国的 L-乳酸也研究成功，产品的纯度和质量达到国际同类产品的水平。

乳酸是有机酸中产量和消费量仅次于柠檬酸的重要的有机酸。乳酸的用量占有机酸总量的 15%左右。L-乳酸及其衍生物在食品工业中作为酸味剂、防腐剂、强化剂等广泛地应用在食品工业中，如饮料、酒、罐头、果酱、蜜饯等，乳酸乙酯是重要的酯香物质，是多种白酒的主体香味物质，白酒调香常常用乳酸乙酯，乳酸还应用于医药工业、化学工业中，如乳酸钙、乳酸锌、乳酸亚铁、乳酸钠，乳酸丁酯是一种很好的溶剂，用于油漆的生产。

能够产生乳酸的微生物有很多，但主要是乳酸杆菌，其次是链球菌，有工业生产价值的乳酸杆菌，主要生产 D,L-和 L-乳酸的工业用发酵菌种分别是德氏乳酸杆菌和米根霉。德氏乳酸杆菌最适生长 pH 为 5.5～6.0，pH<5.0 就受到抑制，pH<4.0 就停止生长，通常在厌氧条件下进行发酵生产乳酸，培养基中应含有碳源、氮源（部分应以氨基酸形式提供）、维生素（如叶酸、维生素 B_6、维生素 B_{12} 等），所以培养基中必须连续添加 $CaCO_3$、NH_3 或其他碱性物质中和乳酸。

许多根霉都能产生 L-乳酸，具有工业生产价值的是米根霉属，产生 L-乳酸纯度高，除产生乳酸外，还产生乙醇、富马酸、琥珀酸、苹果酸和乙酸等，因此属于异型发酵，但是又不同于一般的异型发酵，在米根霉发酵中乳酸和乙醇都通过 EMP 途径反应，而且主要产物是 L-乳酸，米根霉是严格的需氧菌，发酵过程中需充分供氧，反应式（11-1）如下。

$$2C_6H_6O_{12} \longrightarrow 3C_3H_6O_3 + C_2H_5OH + CO_2 \qquad (11\text{-}1)$$

根据反应式，L-乳酸的理论产率是 75%，在实际发酵过程中，米根霉产乳酸的产率会发生变化，经常有用葡萄糖生产 L-乳酸产率超过 75%的报道，说明实际发酵的机理比上式要复杂得多。米根霉本身有产淀粉酶的能力，因此可以用淀粉生产 L-乳酸，见图 11-7。

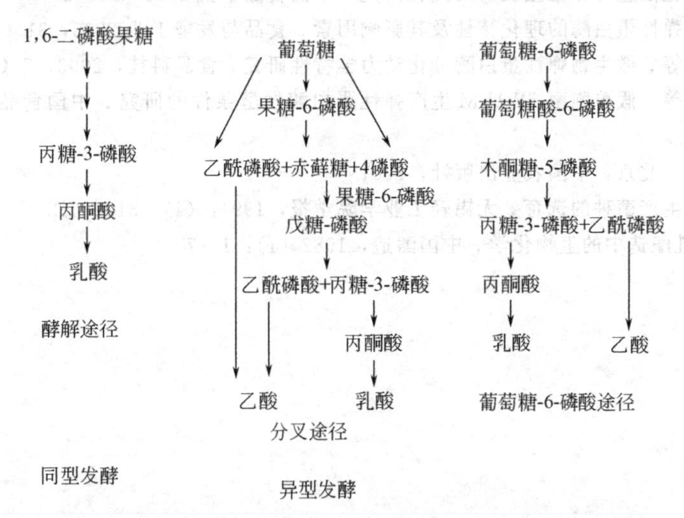

图 11-17　葡萄糖发酵生产乳酸的三种代谢途径

无论是用根霉或是乳酸杆菌发酵生产乳酸，葡萄糖均是最好的底物，因此对淀粉原料要进行水解，转化成葡萄糖，使用的酶制剂是 α-淀粉酶和葡萄糖淀粉酶（又叫糖化酶），用双酶法转化淀粉成葡萄糖，液化的工艺有间歇法及连续法两种（图 11-18 和图 11-19），与柠檬酸生产有相似之处。酶制剂的添加量和糖化时间参照柠檬酸的生产。

α-淀粉酶 → 调浆；α-淀粉酶 → 液化；糖化酶 → 糖化

原料→粉碎→调浆→糊化→降温→液化→降温、调节 pH→糖化→发酵

图 11-18 酶制剂糖化淀粉间歇液化的工艺流程

高温 α-淀粉酶 → 调浆

原料→粉碎→调浆→喷射液化→保温液化→冷却→去糖化

图 11-19 酶制剂糖化淀粉连续液化的工艺流程

复习思考题

1. 高温 α-淀粉酶和中温 α-淀粉酶在生产上应用有什么不同？

2. 用双酶法转化淀粉成葡萄糖，液化的工艺有间歇法及连续法两种，比较两种工艺的特点。

3. 双酶法转化淀粉成葡萄糖，要注意哪些技术问题？

4. 为什么高温 α-淀粉酶在生产上使用要加石膏？添加量为多少？

5. 什么原因导致啤酒的浑浊？可用什么酶可提高啤酒的稳定性？

6. 为什么糖化酶在大曲酒和小曲酒生产中应用不能改变工艺，而仍然要使用一定量的大曲和小曲？

7. 豆腐乳前发酵和后发酵的作用是什么？

8. 复合蛋白酶在豆腐乳发酵过程中主要起什么作用？

参 考 文 献

1 姜锡瑞，段钢．酶制剂实用技术手册．北京：中国轻工业出版社，2002

2 彭志英．食品酶学导论．北京：中国轻工业出版社，2002

3 岑沛霖，蔡谨．工业微生物学．北京：化学工业出版社，2000

4 贺稚非等．假单胞菌胞外弹性蛋白酶的纯化研究．中国食品学报 2005，23～27

5 贺稚非等．胞外弹性蛋白酶的理化特性及其影响因素．食品与发酵工业 2005，31（4）：10～13

6 李洪军，贺稚非等．微生物弹性蛋白酶催化动力学特性研究．食品科技，2003，7（增刊）：112～116

7 李洪军，贺稚非等．假单胞菌 SWU-M 生产弹性蛋白酶发酵条件的研究．中国食品学报 2004，4（4）：29～32

8 徐凤彩．酶工程．北京：中国农业出版社，2001

9 赵玉莲等．腐乳生产菌种的选育．无锡轻工业学院学报，1994，（4）：310～322

10 袁振远．豆腐乳酿造中的生物化学．中国酿造，1982（1）：1～7

第12章　酶在食品分析中的应用

知识要点

1. 酶分析与酶法分析的含义
2. 酶活测定的方法
3. 酶法分析的测定方法
4. 酶在食品检测分析中的具体应用
5. 酶抑制技术及在食品检测中的应用
6. 生物传感器在食品分析中的应用

酶作为一种生物催化剂，在生物体内的生化反应中发挥着重要的作用，其专一性强的催化特点赋予酶与底物间反应的“一对一”识别的特性，使酶在复杂的反应体系中排除其他物质干扰，准确地“识别”底物，催化其特有的生化反应。进而能够借助于化学反应的特征对底物的性质加以确认，即定性的分析测定底物。化学反应中的反应速率和产物的量与底物的量相关联，因此通过测定生化反应的反应速率或产物的量就可以定量地分析底物。这种利用酶定性或定量地分析测定物质的方法具有专一行强、灵敏度高的优点，广泛地应用于医疗诊断、食品分析、环境检测等领域。特别是近年来随着生物工程的快速发展，酶固定化技术和酶联免疫技术应用；使酶分析法在快速、准确、方便和自动化测定方面取得长足的进步。酶法分析的应用范围不断拓宽，其在食品分析中的应用集中在食品成分的测定、食品安全质量的评价和食品工业管理。当然，就目前实际情况来看，以酶作为分析试剂用于食品分析检测的酶法分析，在应用方面存在诸多制约因素；但其灵敏、快速、准确和方便的特点使酶法分析在食品分析中的应用前景非常广阔。

12.1　酶分析法基础知识

酶分析法是生化分析中的重要内容，在临床诊断、食品分析、环境检测及基础理论研究中发挥着重大作用。酶分析法通常包括两方面的内容：其一为酶分析即酶活力测定（enzyme assay），就是以酶为分析对象，测定样品中的酶的含量或酶活力。白酒生产过程中，酒曲的糖化酶活力的测定就是以酒曲中糖化酶为研究对象，以此评价酒曲的质量。其二为酶法分析（enzyme analysis），指利用酶自身的催化特点，用高纯度的酶制剂作为分析试剂或分析工具，通过测定酶促反应的理化变化，定性或定量地检测分析物。可以利用谷氨酸脱羧酶专一地催化L-谷氨酸形成γ-氨基丁酸和二氧化碳的反应特性，通过测定二氧化碳的合成量计算谷氨酸发酵液中L-谷氨酸的含量。两者的不同之处在于分析对象各异，就其原理与方法来说却是相同的，都利用了酶的专一性和高效性的催化能力，借助于酶促化学反应的特征测定分析物的含量；酶促反应的最适条件要求和测定方法影响着检测结果的可靠性和准确性。

12.1.1　酶活力测定

酶活力反映了酶催化特定化学反应的能力，酶活性水平和酶含量的高低可利用测定酶促反应速率而定量检测。酶的这种定量的检测常用动力学法和终点法检测。前者是设法检测单位时间内的酶促反应即酶反应速率；后者则是测定完成一定量反应需要的时间。

12.1.1.1　动力学法

动力学法（kinetics procedure）测定酶活力的原理可由米氏方程（Michaelis-Menten）［式（12-1）］推出，在一定的条件下，如固定底物浓度，则酶反应速率和酶浓度成正比。故测定了酶反应速率就可以计算出酶浓度。

$$V=\frac{k_1 c_{E0} c_S}{K_m+c_S}=\frac{k c_S}{K_m+c_S}c_{E0} \tag{12-1}$$

动力学法是酶活力测定常用的方法，关键在于反应条件的控制，其基本要求为：待测酶分子能够正常地发挥催化作用；保证反应系统中酶的浓度是影响反应速率的惟一因素，其他的因素都应处于最适于酶分子发挥催化作用的水平。具体要求有以下几方面。

第一，对底物的选择。首先是底物种类的确定，要求底物是酶的最适催化底物（或工作底物）。例如测定弹性蛋白酶活力时用弹性蛋白作为底物；当然，工作底物——地衣红弹性蛋白也可以用作测定酶活力的底物，酶作用底物后颜料地衣红就会释放到待测液中，可以利用光吸收法确定该酶的活力。其次是底物的浓度的要求。由米氏方程（Michaelis-Menten）可知：当 $c_S \gg K_m$ 时，米氏方程［式（12-1）］可以简化为零级反应速率方程［式（12-2）］，即底物不限制酶促反应速率，反应速率最大。此时所测定的酶促反应初速率真正代表酶浓度，反映了酶的催化能力。

$$V=k_1 \cdot c_{E0}=V_m \tag{12-2}$$

当 $c_S \ll K_m$ 时，米氏方程［式（12-1）］简化为一级反应速率方程［式（12-3）］；$k=V_m/K_m$ 即表观的一级反应速率常数。

$$V=\frac{V_m}{K_m}c_S=kc_S \tag{12-3}$$

因此，酶动力学法测定酶活力时，可采用高底物浓度测定，即零级反应近似法；一般 $c_S>100K_m$ 时，反应近似于零级反应，误差仅为1%，才能较准确的测定酶活力；但有一点必须说明，高底物浓度不抑制待测酶的活力。当然有时无法采用高底物浓度（底物昂贵、抑制酶反应、溶解度低或有毒）也可以采用低底物浓度测定酶活力，即一级反应近似法；最好 $c_S<0.01K_m$，使反应接近为一级反应［式（12-3）］，在一定的 c_S 下测出 V 值，计算定值速率常数 k 值；则 $V_m=k\times K_m$ 得出最大反应初速率；进而确定酶活力，弥补了底物低浓度条件下的影响。

第二，酶活测定时pH的确定。pH对酶促反应速率有多种影响，故测定酶活力的时要选择适宜的pH，并始终维持在此pH范围内。原则上以酶反应最适pH测定酶活力，但温度和底物浓度往往影响酶活力测定的环境pH。如碱性磷酸酯酶的最适pH在25℃时为10.3，而在30℃和37℃则降低，分别为10.1和9.9。因此酶促反应总是借助缓冲系统调节pH，尽量控制pH在测定要求范围内。对于缓冲体系的选择，一般遵循选择的离子的pK值须接近要调整的pH原则。另外，缓冲离子不得与酶的组分或系统中其他离子发生化学反应，抑制分析酶的酶活。缓冲离子对酶无抑制作用，Tris和磷酸缓冲液之所以为常用的缓冲体系，就在于它们对大多数酶无抑制作用。温度改变和酶活测定系统的稀释不会引起pH大的变化。缓冲离子的自身物化性质不影响酶活测定方法，比如利用光吸收法测定酶活时，缓冲离子在可见光区和紫外光区应没有吸收，否则无法准确地测定酶活。

第三，对温度的选择。酶反应对温度的变化非常敏感，酶反应的温度系数为温度每提高10℃反应速率相差约一倍。故测定酶活时，温度恒定非常主要，一般控制在±0.1℃以内。

虽然国际生化联合会议曾两次推荐标准酶反应温度为 25℃（1961 年）、30℃（1964 年），但是酶活力测定的温度的具体值因酶而异，视实验工作的实际情况而定。目前，临床诊断的酶活力测定常常采用 37℃为酶反应温度。

第四，对样品的要求。测定样品中某种酶活力时，最重要的就是设法排除样品中与该酶作用底物或产物相同的其他酶类。如果样品中存在干扰因素，就影响了测定结果的准确性。因此酶活力测定前需要采取不同测定方法或同时检测底物和产物变化量，以此确认样品中干扰因素的有无。一旦确认干扰因素存在，就必须设法排除干扰。具体消除干扰因素的方法有：选择更适宜的测定方法；加入酶的抑制剂或者限制酶辅助因子；纯化样品，使待测物与干扰因素分离开来；制备相应的空白和对照样品。

第五，空白和对照。酶的催化能力受到多种因素的限制，制备对应的酶反应空白和对照有利于测定结果的分析、比较和标定。空白指除去酶反应以外的其他反应（杂酶、自发反应）引起的变化量，其提供了未知因素的影响。空白值指不加底物、不加酶，或二者都加而预先使酶失活处理的反应系统测定的结果。对照值指使用标准酶制剂或者纯酶的反应系统测得的结果，样品酶参照对照值加以定量分析。例如葡萄糖氧化酶活力的测定，葡萄糖氧化酶可催化反应（12-4）。

$$\beta\text{-D-葡萄糖} + H_2O + O_2 \xrightarrow{\text{葡萄糖氧化酶}} \text{D-葡萄糖酸} + H_2O_2 \tag{12-4}$$

可以利用化学方法测定 D-葡萄糖酸的生成量计算葡萄糖氧化酶的酶活：用过量的氢氧化钠中和 D-葡萄糖酸，随后用盐酸滴定就可以计算出 D-葡萄糖酸的量。空白实验就是先加入 20mL 0.1mol/L 的标准 NaOH 溶液后再加入酶液 1mL，进行滴定记录其值。空白实验与样品测定实验相比较，其区别在于 0.1mol/L 的标准 NaOH 溶液与待测酶液加入顺序不同。空白实验提前加入 0.1mol/L 的标准 NaOH 溶液，目的就是预先使酶失活，终止其酶促反应，提供空白值。

动力学法检测酶活时，必须跟踪酶反应过程。在确知反应速率能经常保持恒定的情况下测定其间任意时间的反应量，才能测得准确的酶活性。测定方法总体上可以分为取样测定法（sampling method）和连续测定法（continuous method）。

① 取样测定法　取样法是指在酶反应开始后不同时间内，从反应系统中取出一定量的反应液，并用适当方法终止酶促反应；然后根据产物和底物在化学性质或物理性质上的差别进行分析，以求得单位时间的酶促反应变化量的一种方法。取样的时间间隔和取样次数与检测结果关系较大，最好在反应初期取样间隔尽量短、取样量尽量多，才能正确的测定酶促反应初速率。常用取样法测定酶活的方法主要有化学法（chemical procedure），化学法虽是一种古老的的检测方法，但其不需要仪器。绝大多数酶反应都可根据产物和底物在化学性质上的差别设计相应的检测方法。色原底物（chromgenic substratec）和荧光原底物（fluorechromgenic substrate）的开发利用大大简化了原来复杂的测定方法，提高了准确度和灵敏直观性。因此化学法检测酶活仍然被广泛应用。化学法中酶促反应终止的方法有添加酶变性剂、改变反应系统的条件（加热、pH）使酶变性。放射性化学测定法（radiochemical procedure），其最大的特点就是底物被同位素标记，常用的同位素有 ^{3}H、^{14}C、^{32}S、^{35}P、^{113}I，同位素衰变释放出 β 射线（粒子），测定分离产物（或底物）的放射性，就可推知酶的活性。放射性化学测定法灵敏度极高，可直接检测体内或体外酶的活力，是应用广泛的一种主要的方法，某些酶的检测目前只能利用此法。但其缺点很多：操作烦琐，样品需要分离处理，无法连续跟踪反应过程，同位素对人体有损伤作用，辐射淬灭会引起测定误差，如 ^{3}H 发射的射线很弱，甚至会被纸吸收。

② 连续测定法　连续测定法是指根据底物产物的理化性质不同在反应过程中对反应系统进行直接、连续观察的方法。就其测定的结果来看，连续法测定的准确性、测定效率优于取样法。其代表的方法有光学法（spectrophotometric method），根据其测定原理的差异光学法可细分为光吸收测定法、荧光测定法、旋光测定法；及电化学测定法（electrochemical procedure），主要包括选择性离子电极（ion-selective electrode）、氧电极（oxygen electrode）测定法、细电流电位测定法、电流测定法；还有pH滴定法、量热法、量气法（manometry）和溶解氧浓度法也是常用的检测酶活的连续测定法。

③ 酶偶联分析法　酶偶联分析法（enzyme coupled analysis）是指在被测酶的反应体系中加入过量的、高度专一的“偶联工具酶”，使反应延续进行到某一可以直接、连续、简便、准确测定的阶段。其即有取样法酶偶联分析，又有连续法酶偶联分析。酶偶联分析法即可以利用取样法跟踪酶反应，测定结果；又可以利用光学法或电学方法进行检测或跟踪，实现连续法测定酶活。值得注意的是，加入的偶联工具酶应该纯度高、专一性强，加入的酶反应不干扰测定结果；保证待测酶反应的反应速率是整个反应系统中惟一的速率限制因子。测得的反应速率与待测酶浓度间应有线性关系；指示酶的量足够大，能满足反应系统的要求。

12.1.1.2　终点法测定

终点法（end-point procedure），指在确定条件下让酶作用一定量的底物，然后检测反应系统达到某一指标所需要的时间，并根据时间的长短来估计酶活力的一种方法。终点法所用的时间反比于酶促反应速率，所以酶活力常常以时间的倒数（$1/t$）直接表示。终点法一般以取样方式进行测定，取样时间间隔和取样量对检测结果影响较大。精确度低、近乎半定量的缺点，以及不能实现检测或跟踪酶反应全过程，使其应用的范围很窄。但近年来，终点法在酶自动化分析和快速检测方面有新的进展。酶法自动分析中的固定浓度法，使终点法利用检测器实现了对酶反应的连续跟踪。固定浓度法是指在线性范围内测定参加反应的某一物质的理化性质（浓度、吸光度、pH等）达到某一特定值所需要的时间，所用时间的长短与初速率成反比。自动电位计测定葡萄糖氧化酶的活力，就是固定浓度法对待测酶进行自动化分析。“酶检测纸片”是终点法向快速检测方面的发展，具有方便、简单和易操作的优点；比如，“血清胆碱酯酶检定纸片”。

12.1.2　酶法分析

酶法分析（enzyme analysis）是以酶作为分析试剂，利用酶催化反应的特异性和高效性的特点，定性、定量的检测待测物。在食品组分分析、药物成分检测及体液成分含量测定等方面应用较广。

12.1.2.1　酶法分析的特点

随着生物工程的发展，酶与酶制剂的种类和应用形式不断拓宽，酶的纯度和质量逐渐提高，进而推动了酶法分析的发展。在定量分析样品组分方面，酶法分析的特点集中在以下几方面。

① 专一性强　酶是一种生物催化剂，具有底物专一性、底物选择性或反应的专一性。一般情况下，酶仅能催化特定的底物进行特定的反应，对底物的异构体或者结构类似物不加“识别”。因此即使待测物的类似物存在，原则上不影响酶对其底物的分析检测。而化学测定法检测待测物时，待测物的类似结构物也可以发生反应，导致结果偏离。医疗诊断中，测定血清中丙酮酸的方法是基于与2,4-二硝基苯肼形成腙；但是存在于血清中的乙酰醋酸等生理性或病理性的酮酸，也能发生反应，导致丙酮酸的外观浓度偏高。而借助于乳酸脱氢酶（LDH，E.C.1.1.1）的反应（12-5）可以准确测定丙酮酸的含量（pH=7时，反应向右进行）。

$$丙酮酸+NADH+H^+ \xrightarrow{LDH} 乳酸+NAD^+ \qquad (12\text{-}5)$$

② 灵敏度高　检测的限值可达 10^{-7} mol/L 以下，组合其他的检测分析方法（如荧光法、免疫法），往往能达到 ng 级至 pg 级水平。

③ 应用范围广　对酶法分析来说，其适用的范围仅限于与酶促反应相关的物质的检测分析，包括酶的底物、辅酶、酶的抑制剂或激活剂的测定。酶法分析的检测物质范围有限，但不影响其在临床诊断、食品分析、环境检测和基础研究中的应用。近年来，酶的固定化技术和生物传感器（酶传感器）的快速发展和应用，其低成本、高精度、快速检测和自动化分析的特点拓宽了酶法分析的应用领域。

另外，常规酶法分析的精确度一般，其组合的测定方法和仪器的精密程度决定着其精度的高低。酶的催化活性受多种因素的影响，使酶法分析条件的探索复杂耗时，导致其简便度较差。

12.1.2.2　酶法分析的测定方法

酶作为分析工具检测底物（或辅酶、抑制剂、激活剂），其原理、方法与酶分析基本相同。酶法分析的测定方法可以分为动力学分析法和总变量分析法（终点法分析）。

（1）动力学分析法　酶法分析过程中，待测物（底物、辅酶、抑制剂或激活剂）的浓度控制在限速水平。就是说 $c_S \ll K_m$，式（12-1）简化为式（12-3），表现为一级反应。此条件下反应速率正比于底物浓度，即底物含量与反应速率成线性关系，这也是酶法分析中动力学分析法的原理。动力学分析法常常用于辅酶、抑制剂或激活剂的测定，一般不分析检测酶的底物。

待测物是辅酶时，控制待测的辅酶浓度$<0.1K_m$（相对辅酶的 K_m），则酶促反应速率正比例于待测辅酶的浓度。根据反应速率 V 即可得出待测辅酶的含量。反应（12-6）是 D-2,3-二磷酸甘油酸（2,3-DPG）酶法分析的反应式，其中 2,3-DPG 是 PGA 变位酶的辅酶。

$$D\text{-}3\text{-}磷酸甘油酸(3\text{-}PGA) \underset{2,3\text{-}DPG}{\xrightleftharpoons{PGA变位酶}} D\text{-}2\text{-}磷酸甘油酸 \qquad (12\text{-}6)$$

PGA 变位酶的活性与 2,3-DPG 的量直接正相关，用已知量的 2,3-DPG 建立反应速率与其含量的标准曲线（图 12-1）。控制反应条件（pH=5.9，25℃），保证反应（12-6）向左进行。利用取样法测定反应（12-6）的反应速率，借助标准曲线计算出样品中 2,3-DPG 的量。

酶抑制剂的酶法分析，主要利用了抑制剂浓度与酶反应的抑制程度呈线性正相关。利用动力学方法测定酶反应的抑制程度，借助于该抑制剂的抑制酶反应的标准曲线，就可以推出待测的抑制物的含量。有机磷农药残留的测定，就是利用有机磷农药对胆碱酯酶具有抑制作用，以胆碱酯酶为分析工具检测样品中有机磷农药的残留。检测下限值能够达到 ng 级水平，广泛应用于食品中有机磷农药残留的测定。而酶激活剂的酶法分析，基于酶反应速率随激活剂浓度变化而改变，并在一定范围内具有线性比例关系。但是需要注意的是，酶反应条件除激活剂外控制在最适条件；激活剂处于低浓度范围内，高浓度的激活剂反而抑制酶反应；排除待测样品中的相似激活剂的干扰。对于异柠檬酸脱氢酶（ICDH）来说，镁、锰、锌和钴都是柠檬酸脱氢酶的激活剂。Mn^{2+} 激活程度最好，而 Co^{2+} 的激活程度最差；10^{-5} mol/L 时 Zn^{2+} 的激活程度大于 Mg^{2+}，但浓度为 3×10^{-4} mol/L 时，Zn^{2+} 就是异柠檬酸脱氢酶的一种抑制剂。

酶法分析中建立合适的反应系统和测定系统的同时，必须建立已知量的待测物浓度对应的酶反应速率的标准曲线，用于待测物的校准查对。尤为重要的是标准曲线建立时的反应系

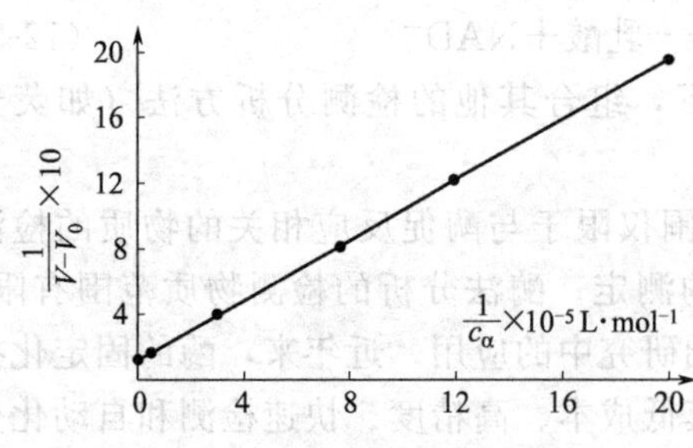

图 12-1 酶法分析 2,3-DPG 的标准曲线（根据 Sasaki）

c_α—加入的 2,3-DPG 浓度；V—PGA 变位酶的酶促反应速率；V_0—不加 2,3-DPG（$c_\alpha=0$）的酶促反应速率

统、测定系统必须与待测物采用的系统完全一致，而且待测物的浓度应控制在此曲线范围内。图 12-1就是用已知量的 D-2,3-二磷酸甘油酸预先绘制的酶法分析的标准曲线。利用取样法测定反应（12-6）的反应速率，即 PGA 变位酶的活性，就可以借助标准曲线计算出样品中 2,3-DPG 的量。

（2）总变量分析法　又称终点法或平衡法（equilibrium procedure），仅适用于酶底物的检测。根据待测物的性质，选择专一性的分析用酶。利用酶对底物的催化作用，待酶促反应完成后，借助物理或化学方法获得其总变化量，随后计算出待测物实际含量或浓度。总的变化量的获得即可以测定底物的减少量，也可以测定产物的生成量。底物检测的酶分析中，当底物接近全部转化为产物，且底物具有某种特征的理化性质（具有特有的吸收谱带等），就可以直接测定底物减少量而定量地分析检测待测的底物。胞嘧啶和腺嘌呤分别经胞嘧啶脱氨酶、腺嘌呤脱氨酶催化降解反应后，它们在 280nm 处吸光度相应地会减少，根据其吸光度的减少量就可以计算出它们在待检样品中的含量。尿酸酶（E. C. 1. 7. 3. 3）催化尿酸［反应（12-7）］产生尿囊素，尿酸在 290nm 处具有特征光吸收性质而尿囊素则无吸光性，故可通过测量在 290nm 处吸光度的变化值而定量地分析总的尿酸量。

总变量分析法中，若依据产物的生成量来检测分析待测底物的量，往往是待测底物基本上都能转变为产物，而产物可以利用化学或物理的方法区别于待测底物，借助于产物的增加量就能计算待测底物量。乙醇的酶法分析测定是利用辅酶Ⅰ（NAD）存在下，乙醇脱氢酶（ADH）可逆地将乙醇氧化成乙醛［反应（12-8）］。此反应偏向左方进行，但在碱性条件下并通过捕集形成的乙醛，反应（12-8）可完全的向右进行。乙醇在乙醛脱氢酶（Al-DH）的存在下，被定量地氧化成乙酸［式（12-9）］。反应式（12-8）和式（12-9）中形成的 NADH 在 340nm 处具有强吸光性，NAD 则无吸光性。因此 NADH 的总生成量与 1/2 的乙醇实际含量呈化学计量关系，340nm 处测定 NADH 的吸光率，进而计算出乙醇的含量。果汁、食醋及酒精饮料等中乙醇含量可以利用此法准确地检测分析。

总量变化分析法虽说一般仅用于待测底物的检测，却是应用最广泛、最普遍的酶法分析方法。应用总量变化法检测底物时，重点考虑以下几点：①酶或酶制剂与底物的专一性要强。②工具酶的用量要合适，对于单酶反应，一般控制在 1～2K_m（U/mL）左右。若采用酶偶联分析法测定，各酶的用量可由计算得出或由实验获得。③注意酶反应的平衡点问题，尽可能使酶反应偏向直接检测分析的方向，使酶促反应进行完全。否则，只能根据平衡常数或在确定条件下借助标准曲线进行计算。

$$\text{尿酸}+2H_2O+O_2 \xrightarrow{\text{尿酸酶}} \text{尿囊素}+CO_2+H_2O_2 \tag{12-7}$$

$$\text{乙醇}+NAD^+ \xrightleftharpoons{ADH} \text{乙醛}+NADH+H^+ \tag{12-8}$$

$$\text{乙醛}+NAD^+ +H_2O \xrightleftharpoons{Al\text{-}DH} \text{乙酸}+NADH+H^+ \tag{12-9}$$

酶法分析中无论是动力学分析法还是总量变化分析法，都要借助某种适宜的测定方法检测底物、产物及辅酶等量的变化。酶法分析中的测定方法与酶活测定中的测定方法基本相同，视酶促反应的情况，可以采取不同的方法测定。

12.2　酶法分析测定食品成分

食品及食品原料中的成分决定了其营养、安全性的优劣，越来越成为消费者关注的主要质量指标。酶法分析检测的良好选择性和高灵敏度，使之在食品成分分析中的地位日益凸显。酶法分析测定食品成分的原理是建立在食品的某一成分作为其专一酶的底物，利用酶法分析测定待测成分的含量。表 12-1 列出了部分能够利用酶法分析检测的食品成分及食品添加剂。随着酶法分析在食品分析中的应用，其检测分析的内容、种类及应用的广度会逐渐的拓宽。

表 12-1　酶法分析食品成分、食品添加剂的主要实例

分类		主要种类
食品成分	碳水化合物	葡萄糖、果糖、半乳糖、蔗糖、乳糖、棉子糖、麦芽糖、甘露糖、淀粉
	有机酸	柠檬酸、异柠檬酸、L-或 D-乳酸、甲酸、乙酸、抗坏血酸、苹果酸、丙酮酸
	氨基酸	谷氨酸、天冬氨酸
	醇类	乙醇、木糖醇、甘油酸、山梨醇、异辛甾烯醇
	其他成分	乙醛、尿素、肌酸、卵磷脂、焦磷酸、氨
食品添加剂	柠檬酸及其盐类	柠檬酸(结晶或无水)、柠檬酸钠(钙)
	琥珀酸及其盐类	琥珀酸、琥珀酸钠、琥珀酸二钠(结晶、无水)
	乳酸及其盐类	乳酸、乳酸钙、乳酸铁、乳酸钠液
	富马酸及其盐类	富马酸、富马酸钠
	葡萄糖酸及其化合物	葡萄糖酸、葡萄糖酸液、葡萄糖酸内酯
	L-抗坏血酸及其化合物	L-抗坏血酸、L-抗坏血酸钠、L-抗坏血酸硬脂酸酯

12.2.1　碳水化合物的测定

12.2.1.1　葡萄糖、果糖的测定

葡萄糖的酶法分析中，常用的酶为葡萄糖氧化酶（GOD，E. C. 1. 1. 3. 4）和已糖激酶（E. C. 2. 7. 1. 1）。以葡萄糖氧化酶作为分析工具，测定食品中的葡萄糖的原理基于 β-葡萄糖是葡萄糖氧化酶的专一底物，其催化反应见式（12-4）。可以借助瓦勃氏仪测压法或者氧电极的电量法测定耗氧量，进而推算出葡萄糖的量。也可以偶联过氧化氢酶（POD，E. C. 1. 11. 1. 6）催化的反应（12-10），利用比色法、荧光法或电化学指示反应测定反应中过氧化氢的量，也能计算出葡萄糖的含量。葡萄糖氧化酶分析检测食品中葡萄糖成分，特异性强、灵敏度高，检测水平可达 10^{-8} g。并且，以葡萄糖氧化酶开发的酶传感器（氧电极型），可直接检测葡萄糖的含量。但是，利用葡萄糖氧化酶进行葡萄糖的酶法分析所用的酶或酶制剂应该不受其他水解酶（乳糖酶、淀粉酶或麦芽糖酶）的污染，主要是排除样品中的双糖水解引起的干扰。样品中存在的还原剂（抗坏血酸等）大于 10mg 时，能与过氧化氢酶竞争反应（12-4）中 H_2O_2，引起结果与实际情况的偏离。

$$H_2O_2 + \text{还原性染料(无色)} \xrightarrow{\text{过氧化氢酶}} \text{氧化性染料(有色或荧光)} + 2H_2O \quad (12\text{-}10)$$

已糖激酶（HK，E. C. 2. 7. 1. 1）通过其辅酶三磷酸腺苷（ATP）催化反应（12-11）使葡萄糖磷酸化。借助酶偶联分析法，使已糖激酶与 6-磷酸葡萄糖脱氢酶（E. C. 1. 1. 1. 49）催化的反应［反应（12-12）］相组合。利用辅酶Ⅱ（NADPH）特有的光吸收，采用分光光度法（340nm 处吸光度增加）测定已糖激酶的反应速率，定量分析待测样品种的葡萄糖。

$$\text{葡萄糖} + ATP \xrightarrow{\text{已糖激酶}} \text{6-磷酸葡萄糖} + ADP \quad (12\text{-}11)$$

$$6\text{-磷酸葡萄糖}+\text{NADP}\xrightarrow{\text{6-磷酸葡萄糖脱氢酶}}6\text{-磷酸葡萄糖酸}+\text{NADPH}+\text{H}^+ \quad (12\text{-}12)$$

酶法分析测定食品中的葡萄糖时，食品试样制备应保持其原有的组分比例。固体样品用粉碎机或组织捣碎机捣碎；糊状或固液样品可用组织捣碎机破碎；液体样品可以直接取样。碳酸饮料需设法除去二氧化碳；若含有蛋白质则使蛋白质沉淀，过滤除去蛋白质沉淀，取滤液为测定试样。

酶法分析测定葡萄糖含量的酶-比色法，也是中国国家标准中第一次出现生物分析方法——“食品中葡萄糖测定方法 酶-比色法、酶-电极法（GB/T 16285—96）”，替代了长期使用的菲林氏溶液氧化还原滴定法。其原理基于 GOD 和 POD 的偶联，以苯酚和 4-氨基安替吡啉作为显色剂，在 POD 的催化下显色剂形成红色醌亚氨。红色醌亚氨是一种红色染料，在中性条件下很稳定。酶的专一性和显色剂的稳定性，保证了 GB/T 16285—96 测定结果更准确、真实。该标准的颁布实施，表明中国在食品分析这一领域已经与国际通用分析方法接轨。

果糖的酶法分析检测中，用磷酸葡萄糖异构酶（PGI）把果糖转化成葡萄糖。再利用己糖激酶和 6-磷酸葡萄糖脱氢酶催化的反应偶联，利用酶比色法测定果糖的含量。己糖激酶催化果糖为 6-磷酸果糖［反应（12-13）］，6-磷酸果糖被磷酸葡萄糖异构酶催化异构为 6-磷酸葡萄糖［反应（12-14）］，生成的 6-磷酸葡萄糖参与反应（12-12）。在 340nm 处测定反应（12-12）中吸光度的增量就得到了 $NADH+H^+$ 的值，进而计算出样品中果糖的含量。利用己糖激酶测定样品中的葡萄糖或者果糖含量时，注意考虑待测样品的颜色和其他组分对结果的影响，以便在制备样品时设法排除干扰因素。比如，对于液体类的样品，浑浊的果汁应过滤，稀释到葡萄糖和果糖的总浓度约为 0.1～0.2g/L，一般不需要褪色。但是，样品不能再稀释而颜色较深时，应将样品脱色用澄清样品液作为酶法分析的待测样品。啤酒样品进行酶法分析测定葡萄糖时，二氧化碳应通过搅拌除去等。再者，样品中往往含有多种糖类物质，若葡萄糖的含量五倍于果糖时，酶法分析果糖含量的准确性受葡萄糖的干扰。因此利用葡萄糖氧化酶和过氧化物酶使葡萄糖转化为葡萄糖酸后制备澄清的样品液分析检测果糖的含量。

$$\text{果糖}+\text{ATP}\xrightarrow{\text{己糖激酶}}6\text{-磷酸果糖}+\text{ADP} \quad (12\text{-}13)$$

$$6\text{-磷酸果糖}\xrightarrow{\text{PGI}}6\text{-磷酸葡萄糖} \quad (12\text{-}14)$$

12.2.1.2 蔗糖和淀粉的测定

酶法分析检测蔗糖在中国国家标准中以酶比色法作为分析检测的标准方法。蔗糖的酶法分析建立在葡萄糖的酶法分析检测方法基础之上，利用 β-果糖苷酶（β-FS，亦称转化酶）在 pH 为 4.6 时催化反应（12-15），蔗糖降解为葡萄糖和果糖。酶法检测蔗糖时，先将待测样品中的蔗糖酶解为葡萄糖和果糖。然后，利用葡萄糖氧化酶催化葡萄糖形成的过氧化氢，在测定液中受过氧化氢酶的催化，立即与苯酚和 4-氨基安替吡啉反应形成红色醌亚氨。由于测定液中无过氧化氢本底，也没有能使水氧化为过氧化氢的强氧化剂。因此利用比色法可以确定过氧化氢的量，从而确定了测定液的总葡萄糖的量，进而根据反应（12-15）计算出蔗糖的含量。值得一提的是，待测样品液中的葡萄糖本底应事先预知或者在 β-果糖苷酶催化反应（12-15）前后测定葡萄糖的含量，蔗糖的含量通过 β-果糖苷酶酶解前后葡萄糖含量的差值来确定。

$$\text{蔗糖}+H_2O\xrightarrow{\beta\text{-果糖苷酶}}\text{葡萄糖}+\text{果糖} \quad (12\text{-}15)$$

蔗糖的酶法测定，同样可采用己糖激酶（HK）偶联 6-磷酸葡萄糖脱氢酶的反应（12-

11）及反应（12-12），测定出β-果糖苷酶降解待测液前后的葡萄糖的含量。然后，计算出待测液中葡萄糖的差值，借助此值计算样品的蔗糖量。

淀粉的酶法测定类似于蔗糖的酶法分析，先利用淀粉葡萄糖苷酶（AGS）在 pH 为 4.6 时将淀粉水解成葡萄糖［式（12-16）］。形成的葡萄糖，在 pH＝7.6 时采用己糖激酶和 6-磷酸葡萄糖脱氢酶的偶联反应测定。也可以利用 GOD 和 POD 偶联的反应，以苯酚和 4-氨基安替吡啉作为显色剂，在 POD 的催化下显色剂形成红色醌亚氨测定出葡萄糖含量。利用葡萄糖的含量与淀粉的量之间的化学计量关系，就可以推算出淀粉的浓度。假如待测试样中存在葡萄糖本底，则设对照实验测得葡萄糖的本底量，酶法分析的葡萄糖总量减去葡萄糖本底的差值，就是淀粉水解形成的葡萄糖的量。改性淀粉（过磷酸化或氧化的淀粉）无法进行 AGS 催化的酶反应，故不能利用此法分析测定。

$$\text{淀粉}+(n-1)H_2O \xrightarrow{\text{AGS}} n\ \text{葡萄糖} \tag{12-16}$$

酶-比色法测定食品中的蔗糖和淀粉，也已经作为中国国家标准于 1996 年 12 月颁布实施，国标代号分别为 GB/T 16286 和 GB/T 16287。其测定原理建立在 GOD 偶联 POD 反应的基础之上，方法简便高效，专一性强。

12.2.1.3　半乳糖和乳糖的测定

酶法分析可以检测硬（软）干酪、巧克力、婴儿快餐食品、冰淇淋、乳饮料及酸乳等食品中的半乳糖和乳糖的含量。

半乳糖在半乳糖氧化酶的催化下能形成过氧化氢［反应（12-17）］，使其偶联过氧化氢酶的指示反应，可以用荧光法检测分析试样中的半乳糖。此法分析检测半乳糖与 GOD 偶联 POD 检测葡萄糖基本相同，采用高香草酸（HVA）试剂为指示染料，检测试样中半乳糖的下限值为 50μg/mL。而选择对羟基苯乙酸、酪氨（tyramine）与酪氨酸（tyrosine）为指示试剂，则半乳糖的检测下限值为 0.1～20μg/mL，其中对羟基苯乙酸是氧化酶最好的底物［反应（12-18）］。但是，半乳糖氧化酶对半乳糖并非高度专一性，其对来苏糖、2-脱氧-D-半乳糖、甲基-β-D-半乳糖吡啶喃苷、D-棉子糖、D-半乳糖胺、N-乙酰-D-半乳糖胺以及α-D-蜜二糖都有氧化作用；酶法检测的下限值为 0.1～20μg/mL。因此利用半乳糖氧化酶检测试样中的半乳糖，其专一性和准确性与真实值有所偏离。

$$\text{半乳糖}+O_2 \xrightarrow{\text{半乳糖氧化酶}} \text{半乳糖酸-}\delta\text{-内酯}+H_2O_2 \tag{12-17}$$

$$H_2O_2+\text{对羟基苯乙酸(无荧光)} \xrightarrow{\text{过氧化氢}} \text{联二对羟基苯乙酸(有荧光)}+H_2O \tag{12-18}$$

乳糖是葡萄糖和半乳糖单体构成的双糖，β-半乳糖苷酶能水解乳糖形成葡萄糖和半乳糖［反应（12-19）］。半乳糖在半乳糖脱氢酶（Gal-DH）存在下被 NAD 氧化成半乳糖酸。反应（12-20）中 NADH 的增量与乳糖的量存在着化学计量关系，NADH 的增量可通过测定其在 334nm、340nm 或 365nm 处吸光率获得；也可以利用酶法分析测定葡萄糖的量，推算出乳糖的含量。乳糖酶法分析（紫外光法）是食品分析中常用的酶常规检测法。

$$\text{乳糖}+H_2O \xrightarrow{\beta\text{-半乳糖苷酶}} \text{D-葡萄糖}+\beta\text{-D-半乳糖} \tag{12-19}$$

$$\beta\text{-D-半乳糖}+NAD^+ \xrightarrow{\text{Gal-DH}} \text{半乳糖酸内酯}+NADH+H^+ \tag{12-20}$$

12.2.1.4　棉子糖的测定

棉子糖是由葡萄糖、果糖和半乳糖单体构成的三糖，因此棉子糖降解后，在理论上能测定葡萄糖、果糖和半乳糖的酶法分析都能检测分析棉子糖的含量。可以借助荧光法利用半乳糖氧化酶直接检测分析试样中的棉子糖量，亦可以利用转化酶将棉子糖水解为果糖与蜜二糖后，蜜二糖经蜜二糖酶水解为葡萄糖与半乳糖，酶法分析葡萄糖和半乳糖的量即可计算出试样中棉子糖的量。

现就α-半乳糖苷酶偶联半乳糖脱氢酶反应分析测定棉子糖的酶-光吸收法加以阐述。α-半乳糖苷酶在pH为4.5的液相中催化棉子糖降解为半乳糖和蔗糖式（12-21）后，半乳糖在半乳糖脱氢酶（Gal-DH）存在下，由NAD^+氧化为半乳糖酸内酯［反应（12-20）］。反应（12-20）中形成的NADH的增加量，通过测定其在334nm、340nm或361nm处的吸光率求得。根据NADH量与棉子糖的化学计量关系，就可得出试样中的棉子糖的量。

$$\text{棉子糖}+H_2O \xrightarrow{\alpha\text{-半乳糖苷酶}} \text{半乳糖}+\text{蔗糖} \tag{12-21}$$

12.2.2 有机酸的测定

有机酸广泛地应用于食品行业，特别是柠檬酸、乳酸是果汁、果酒、清凉饮料等的良好酸味剂。乙酸是食醋的主要质量指标之一；维生素C也广泛的应用于饮料、果冻等食品中。酶法分析能高效、准确、快速地检测食品中的某些有机酸成分。

12.2.2.1 柠檬酸（盐）和D-异柠檬酸（盐）的测定

柠檬酸的酶法检测（紫外光法）的依据是NADH消光速率正比于柠檬酸的含量。首先，利用柠檬酸裂解酶（CL）分解柠檬酸（盐）为草酰乙酸和乙酸［反应（12-22）］，脱羧酶使草酰乙酸脱羧形成丙酮酸［反应（12-23）］，除去草酰乙酸后柠檬酸可以定量转化。随后，借助苹果酸脱氢酶（MDH）和乳酸脱氢酶（LDH）催化的反应（12-24）和反应（12-25），利用光吸收可求得NADH的减少量。根据NADH与柠檬酸之间存在着化学计量关系，就能够定量分析试样中柠檬酸（盐）。

$$\text{柠檬酸} \xrightarrow{\text{Cl}} \text{草酰乙酸}+\text{乙酸} \tag{12-22}$$

$$\text{草酰乙酸} \xrightleftharpoons{\text{脱羧酶}} \text{丙酮酸}+CO_2\uparrow \tag{12-23}$$

$$\text{草酰乙酸}+NADH+H^+ \xrightarrow{MDH} \text{L-苹果酸}+NAD^+ \tag{12-24}$$

$$\text{丙酮酸}+NADH+H^+ \xrightarrow{LDH} \text{L-乳酸}+NAD^+ \tag{12-25}$$

D-异柠檬酸（盐）能被异柠檬酸脱氢酶（ICDH）催化氧化为α-酮戊二酸［式（12-26）］，在334nm、340nm或365nm处测得反应（12-26）中NADPH的吸光率，根据NADPH的增量可以推算出异柠檬酸的量。反应（12-26）亦可以偶联反应（12-27），以刃天青作为指示剂，具有强烈荧光的试卤灵产生速率即是D-异柠檬酸的实际量度。因此利用荧光法也能检测D-异柠檬酸（盐）的量。

$$\text{D-异柠檬酸}+NADP^+ \xrightarrow{ICDH} \alpha\text{-酮戊二酸}+CO_2+NADPH+H^+ \tag{12-26}$$

$$NADPH+\text{刃天青(无荧光)} \xrightarrow{\text{硫酸甲基吩嗪}} \text{试卤灵(有荧光)}+NADP \tag{12-27}$$

12.2.2.2 乙酸的测定

酶法分析检测样品中的乙酸，其原理基于乙酰辅酶A合成酶（ACS，又称乙酸硫激酶）催化反应（12-28）形成乙酰辅酶A（乙酰CoA）；柠檬酸合成酶（CS）催化乙酰CoA与草酰乙酸（盐）反应［式（12-29）］形成柠檬酸（盐）。反应（12-29）中的草酰乙酸（盐），可以通过苹果酸脱氢酶（MDH）催化反应（12-30）提供。反应（12-30）中形成的NADH，在334nm、340nm或365nm处测其吸光率的增量；NADH的增量与乙酸（盐）的量存在计量关系。因为使用了前指示剂（preceding indicater reaction），NADH的增量与乙酸（盐）的浓度之间为非直线比例关系。乙酸的测定还可以通过检测反应（12-28）中的乙酰CoA的量而求得。借助乙酰CoA与磺胺发生化学反应（12-31），其中磺胺的变化量与乙酰CoA的量有化学计量关系。利用反应（12-31）中未作用的磺胺，用氨基磺酸与*N*-1-萘-1,2-亚乙基二胺加以测定，即在540nm处测量其吸光度的变化值就能推算出乙酸的浓度。

$$乙酸(盐)+ATP+CoA \xrightarrow{ACS} 乙酰CoA+AMP+焦磷酸(盐) \quad (12\text{-}28)$$

$$乙酰CoA+草酰乙酸(盐)+H_2O \xrightarrow{CS} 柠檬酸(盐)+CoA \quad (12\text{-}29)$$

$$苹果酸+NAD^+ \xrightarrow{MDH} 草酰乙酸(盐)+NADH+H^+ \quad (12\text{-}30)$$

$$乙酰\text{-}CoA+磺胺 \longrightarrow 乙酰磺胺+CoA \quad (12\text{-}31)$$

12.2.2.3 乳酸的测定

L-乳酸（L-乳酸盐）在L-乳酸脱氢酶（L-LDH）的存在下，能被NAD氧化形成丙酮酸[反应（12-32）]，反应平衡趋向于乳酸的一边。为了使L-乳酸定量地氧化成丙酮酸，可以利用反应（12-33）在L-谷氨酸的存在下，借助谷氨酸-丙酮酸转氨酶（GPT）的催化将丙酮酸捕集，使反应（12-31）平衡趋向于丙酮酸和NADH的一方。反应（12-32）中形成的NADH量与L-乳酸的浓度成化学计量的关系，NADH的增量通过测定其在334nm、340nm或365nm处的吸光率求得。D-乳酸也可以用此方法测定，只是要用D-LDH催化D-乳酸氧化为丙酮酸。

$$L\text{-}乳酸+NAD^+ \xrightleftharpoons{L\text{-}LDH} 丙酮酸+NADH+H^+ \quad (12\text{-}32)$$

$$丙酮酸+L\text{-}谷氨酸 \xrightarrow{GP} 丙氨酸+\alpha\text{-}酮戊二酸 \quad (12\text{-}33)$$

另外，欲使反应（12-32）的平衡趋向于丙酮酸的形成，也可以采取提高pH和加入肼形成腙以此来消除α-酮酸[反应（12-34）]。用分光光度法测得反应（12-34）中NADH的吸光值，进而推算乳酸的含量。或者将反应（12-32）与刃天青-硫酸甲基吩嗪指示反应相偶联，用荧光法同样能分析检测乳酸的浓度。

$$L\text{-}乳酸+NAD^+ +肼 \xrightleftharpoons{pH=9\sim10} 丙酮酸腙+NADH+H^+ \quad (12\text{-}34)$$

12.2.2.4 抗坏血酸的测定

抗坏血酸（ascorbic acid，AsA,维生素C）在蔬菜、水果等天然食品中普遍存在，其作为一种营养强化剂、抗氧化剂和增效剂广泛应用于食品生产和加工中。抗坏血酸的检测方法较多，吸光度法、荧光分析法、高效液相色谱法、电化学法和酶化学法是近几年发展起来的检测方法。

酶化学法检测抗坏血酸的原理在于其是一种强的还原剂，在电子受体吩嗪甲基硫酸盐（PMS）存在和pH为3.5的环境下，试样中的L-抗坏血酸和还原性物质[H]能将四唑盐——3-(4,5-双甲基噻唑-2)-2,5-二苯基四唑溴化物（MTT）还原为红色MTT-甲臜[反应（12-35)]，红色MTT-甲臜在可光578nm处测定其吸光率。空白实验中用抗坏血酸氧化酶（AAO）除去抗坏血酸，反应（12-36），脱氢抗坏血酸不与MTT/PMS发生化学反应。将样品的吸光率差减去空白样品吸光率差，此值与样品中抗坏血酸的量相当。

$$L\text{-}抗坏血酸+MTT \xrightarrow{PMS} 脱氢抗坏血酸+H^+ +MTT\text{-}甲臜 \quad (12\text{-}35)$$

$$抗坏血酸+O_2 \xrightarrow{AAO} 脱氢抗坏血酸+H_2O \quad (12\text{-}36)$$

酶化学法检测抗坏血酸，对L-抗坏血酸和D-抗坏血酸具有同样的特异性，二者同时被定量。试样中影响抗坏血酸氧化酶活性的成分往往导致结果误差产生，例如试样中的糖醇、SO_2、金属离子、亚硝酸盐和乙酸离子，当其在比色皿中超过某一值将影响测定结果的真实性。因此在处理试样时要注意干扰因素的排除。

12.2.2.5 苹果酸的测定

食品中苹果酸的酶法分析是利用苹果酸脱氢酶（MDH）在辅酶NAD存在下，催化氧化L-苹果酸为草酰乙酸，反应（12-37）。该反应平衡趋向于L-苹果酸一方，因此可利用谷草转氨酶（GOT）催化草酰乙酸形成L-天冬氨酸，反应（12-38），保证反应（12-37）向右方进行。反应（12-37）中NADH的形成量与苹果酸浓度存在化学计量关系，NADH的量采用光吸收法检测获得，就可以推算出苹果酸的浓度。

$$\text{L-苹果酸} + \text{NAD}^+ \xrightleftharpoons{\text{L-MDH}} \text{草酰乙酸} + \text{NADH} + \text{H}^+ \tag{12-37}$$

$$\text{草酰乙酸} + \text{L-谷氨酸} \xrightleftharpoons{\text{GOT}} \text{L-天冬氨酸} + \alpha\text{-酮戊二酸} \tag{12-38}$$

12.2.3 氨基酸的测定

氨基酸是组成蛋白质的基本单位，同时也是食品的重要呈味物质。大米的香味与胱氨酸的存在密切相关；啤酒的苦味部分原因在于三个支链氨基酸的存在；许多的山珍海味的美味感觉，多与其含有的氨基酸相关。谷氨酸单钠盐（MSG）则是目前应用最广泛的鲜味剂。一般的食品分析只是检测食品中的氨基酸总量，对氨基酸分子D-型或L-型不加定性。而酶法分析则利用酶的特异性，能分析检测食品中的D-型或L-型氨基酸的含量。

利用酶作为分析工具检测食品中的氨基酸。D-或L-型氨基酸氧化酶、L-型氨基酸脱羧酶、谷氨酸脱氢酶以及谷氨酸-草酰乙酸转氨酶（GOT）等都能利用自身的催化特异性检测相应的氨基酸。

氨基酸氧化酶（D-型或L-型）能专一性地催化氨基酸（D-型或L-型）的脱氨基作用反应（12-39）。当试样中存在L-型或D-型氨基酸和不活泼氨基酸时，利用D-型或L-型氨基酸氧化酶仍能专一性地检测试样中的氨基酸（D-型或L-型）。反应（12-39）中氨基酸的定量分析，可以通过测量耗氧量法；α-酮酸与邻苯二胺反应，借助紫外光测定生成的黄色物质；偶联过氧化物酶（POD），利用比色法或荧光法跟踪检测氨基酸；或者用铵离子选择性电极等方法对产生的氨进行电化学分析测定。该法分析测定氨基酸时，对氨基酸的构型具有特异选择性。但是，待测的试样中如有氨基酸混合物，则要利用离子交换法使之分离。

$$\text{D-或 L-氨基酸} + \text{O}_2 \xrightarrow{\text{D-或 L-氨基酸氧化酶}} \text{R—}\underset{\underset{\text{O}}{\|}}{\text{C}}\text{—COO}^- + \text{NH}_3 + \text{H}_2\text{O}_2 \tag{12-39}$$

L-氨基酸脱羧酶催化氨基酸脱羧形成二氧化碳［反应（12-40）］，释放的二氧化碳可用测压法测定。L-氨基酸脱羧酶对相应的底物具有专一性，使之检测具有良好的选择性。此酶也可以偶联胺氧化酶和过氧化氢酶与对羟基苯乙酸的混合指示反应（12-18），根据产生强荧光化合物的速率（荧光度差值/分钟）与氨基酸的实际浓度呈正比，由此推出试样中氨基酸的含量。

$$\text{R—}\underset{\underset{\text{NH}_2}{|}}{\text{CH}}\text{—COOH} \xrightarrow{\text{L-氨基酸脱羧酶}} \text{R—CH}_2\text{—NH}_2 + \text{CO}_2 \tag{12-40}$$

谷氨酸在人体内能够参与多种代谢过程，具有较高的营养价值。它不仅具有医疗和保健功能，而且其单钠盐作为鲜味剂在食品加工中应用广泛。其在食品中的酶法检测是利用谷氨酸脱氢酶（GlDH）(E.C.1.4.1.3）能够催化反应（12-41），测定NADH生产量就能定量地分析L-谷氨酸的浓度。反应（12-41）的平衡趋向于L-谷氨酸方向，故应设法在碱性条件下（pH为9～10）、添加肼捕捉α-酮酸及添加过量的NAD^+保证反应（12-41）平衡趋向于α-酮戊二酸方向。另外，如果心肌黄酶（E.C.1.6.4.3）同时存在于反应体系中，反应（12-42）形成的NADH能还原碘代硝基四唑氯化物（INT）形成在492nm处有强吸收的甲臜，反应（12-42）；心肌黄酶催化的反应（12-42）几乎不可逆，保证谷氨酸的氧化定量的进行；再者，甲臜光吸收带在可见光区，较NADH在340nm处的摩尔消光系数大3倍以上。所以谷氨酸脱氢酶偶联心肌黄酶定量分析谷氨酸的方法灵敏度更高。待测试样中的NH_4^+浓度高于谷氨酸浓度时，导致反应（12-41）向左方进行，影响测定结果的真实性；试样中高浓度的还原物能与 INT 反应，从而干扰底物的酶法分析。因此在具体的检测分析中，应注意干扰因素的排除。

$$\text{L-谷氨酸}+NAD^{+}+H_2O \xrightleftharpoons{\text{GIDH}} \alpha\text{-酮戊二酸}+NADH+NH_4^{+} \tag{12-41}$$

$$NADH+\text{碘代硝基四唑氨化物}+H^{+} \xrightarrow{\text{心肌黄酶}} NAD^{+}+\text{甲臜} \tag{12-42}$$

12.2.4　乙醇的测定

乙醇是酒精饮料、果汁及夹心巧克力等食品中常含有的成分，也是食品分析中经常检测的一种醇类成分。在 NAD^{+} 存在下，乙醇脱氢酶（ADH）(E. C. 1. 1. 1. 1) 将乙醇氧化为乙醛，反应（12-43）。此反应偏向于乙醇一方，改变反应体系的 pH 为碱性，利用乙醛脱氢酶（Al-DH）捕集乙醛［反应（12-44）］，则反应（12-43）完全向 NADH 方向进行。两反应形成的 NADH 的量与乙醇浓度的 1/2 呈化学计量关系。借助仪器测定 NADH 的吸光度的增量，就能计算出试样中乙醇的含量。反应（12-43）产生的 NADH 偶联反应（12-27），产生的具有强烈荧光的试卤灵，可以作为乙醇浓度的量度。荧光法检测分析乙醇的灵敏度较高，能检测到 0.1μg/mL 的底物水平。

$$\text{乙醇}+NAD^{+} \xrightleftharpoons{\text{ADH}} \text{乙醛}+NADH+H^{+} \tag{12-43}$$

$$\text{乙醛}+NAD^{+}+H_2O \xrightarrow{\text{Al-DH}} \text{乙酸}+NADH+H^{+} \tag{12-44}$$

乙醇脱氢酶选择性较差，也能作用于正丙醇、正丁醇、异丙醇、正戊醇及丙烯醇，故其酶法分析也能利用乙醇脱氢酶加以检测。而醇氧化酶比乙醇脱氢酶表现出更高的选择性。醇氧化酶在氧存在下，能催化低级伯醇类物质氧化为相应的醛和过氧化氢。该酶偶联过氧化物酶的反应，可用比色法和荧光法检测醇类物质。利用醇氧化酶对食品中某些醇类物质进行酶-荧光法（或-比色法）的分析检测，其专一性较强，对甲醇、乙醇、丙醇、丁醇及烯丙醇等伯醇具有较强的选择性，不作用于带支链的醇和仲醇；与荧光法偶联表现出较高的灵敏度。

12. 2. 5　其他成分的测定

酶法分析不仅能检测酶作用的底物，其对辅酶、激活剂和抑制剂同样能够进行分析检测。故食品中的无机物质、维生素、核酸类及部分农药残留等成分，也能利用酶法分析检测其含量。在此仅就胆固醇、亚硫酸盐的酶法测定做一介绍。

12.2.5.1　胆固醇的测定

血液中胆固醇（cholesterol）和甘油三酯的量，往往与动脉粥样硬化和冠心病的发病率呈正相关。故食品中的胆固醇含量，是人们选择食物时普遍关心的一种成分。常规比色法、薄层层析法和气相色谱法是测定食物中胆固醇含量的常用检测方法。美国公职分析化学家协会公定分析方法（AOAC）推荐气相色谱法，但仪器要求高，操作步骤复杂。而酶-比色法分析检测法是一种特异性强、简单、准确、快速的测定胆固醇的方法。

酶-比色法分析检测胆固醇，适合于食品中胆固醇及其胆固醇酯的测定。主要利用胆固醇酯酶降解胆固醇酯为胆固醇和相应羧酸的反应（12-45）；胆固醇在有氧气的情况下，被胆固醇氧化酶催化氧化为胆甾烯酮和 H_2O_2 的反应（12-46）。反应过程中性的 H_2O_2 可以偶联过氧化氢酶（POD）的催化能力，使无色的显色剂苯酚和 4-氨基安替吡啉形成红色醌亚氨，反应（12-47）。在 500nm 处测定醌亚氨溶液的吸光度，吸光度的值正比于样品中胆固醇的含量。如果是测定胆固醇酯，则胆固醇的含量与胆固醇酯存在化学计量关系。

$$胆固醇酯 + H_2O \xrightarrow{胆固醇酯酶} 胆固醇 + RCOOH \quad (12\text{-}45)$$

$$胆固醇 + O_2 \xrightarrow{胆固醇氧化酶} \Delta^4\text{-}胆甾烯酮 + H_2O_2 \quad (12\text{-}46)$$

$$H_2O_2 + 4\text{-}氨基安替吡啉(无色) \xrightarrow{POD} 亚氨染料(红色) + H_2O \quad (12\text{-}47)$$

利用酶-比色法测定食品试样的胆固醇含量，胆固醇浓度在 20～600mg/100mL 范围内符合比耳定律，其特异性及其测定结果与气相色谱法非常接近。但是胆固醇氧化酶也能催化氧化第 3 个碳原子的羟基在 β-位置上的固醇（羊毛甾醇除外），所以豆甾醇和谷甾醇等植物固醇同样能被胆固醇氧化酶催化。这一点在酶法分析是应予以考虑。另外，样品前处理过程中所用的试剂要排除其对比色和胆固醇氧化酶的屏蔽作用，确保测定结果的准确与真实。如常规方法中利用三氯甲烷-甲醇（2+1）对样品进行萃取。但三氯甲烷存在时能使显色剂变浑浊，影响测定结果。所以应该设法吹干三氯甲烷，排除其对测定的干扰。而用于皂化的氢氧化钾-甲醇溶液最好自己制备，排除市售溶液中稳定剂对胆固醇氧化酶的屏蔽作用，确保测定结果的准确。

12.2.5.2 亚硫酸盐的测定

亚硫酸盐作为一种食品添加剂，具有漂白、防腐及抗氧化等功能，广泛应用于食品加工中，是食品分析中经常检测的指标之一。利用酶催化作用的高度选择性，采用酶光度法检测食品中亚硫酸盐的含量，灵敏度和精确度都较高。亚硫酸盐氧化酶能把 SO_3^{2-} 催化氧化成 SO_4^{2-} 及 H_2O_2，反应（12-48）。然后利用在烟酰胺腺嘌呤磷酸二核苷酸（NADH）过氧化酶的催化作用，NADH 把 H_2O_2 还原成 H_2O 并生成 NAD^+，反应（12-49）。采用光度法测量 NADH 消光速率的减小，就能计算出 SO_3^{2-} 的浓度，其检出限为 1.2mg/kg 。亦可以把亚硫酸盐氧化酶偶联过氧化氢酶，利用色原试剂［3,3′,5,5′-四甲基联苯胺（TMB)］在过氧化氢酶的作用下快速显色，于 625nm 处具有最大吸收，吸光度的增加值与 SO_3^{2-} 的量存在化学计量关系，能准确地测定食品中的痕量亚硫酸盐。用 TMB 进行的显色酶偶联光度法测定亚硫酸盐，SO_3^{2-} 溶液在 0.15～20μg/mL 范围内符合比耳定律。反应体系的 pH 为 3.6 利于亚硫酸盐氧化酶发挥催化作用。能与 H_2O_2 反应的强氧化性或强还原性物质对测定结果有干扰反应，应注意排除干扰因素。

$$SO_3^{2-} + \frac{1}{2}O_2 + H_2O \xrightleftharpoons{亚硫酸盐氧化酶} SO_4^{2-} + H_2O_2 \quad (12\text{-}48)$$

$$NADH + H^+ + H_2O_2 \xrightarrow{过氧化酶} 2H_2O + NAD^+ \quad (12\text{-}49)$$

12.3 固定化酶技术在食品分析中的应用

固定化酶（immobilized enzyme）所具有的高稳定性能反复使用，易与反应产物分离及能实现连续化、自动化等特点，使之在食品分析、生化分析及临床诊断等领域的应用最为广泛。固定化酶可以有机结合各种材料，借助先进的分析检测仪器使酶法分析向着快速、灵敏、准确和自动化的方向发展。

食品分析检测中应用的固定化酶，根据酶固定化的载体及检测仪器的各异，固定化酶法分析可以分为酶（纸）片、酶膜、酶管、酶柱、酶电极传感器、酶热敏电阻器、酶搅拌器等。固定化酶法分析应用于食品检测，可大大节省酶试剂、操作简单、测定快速、结果准确，其应用和发展前景广阔。

12.3.1　酶(纸)片在食品分析中的应用

利用纸片作为载体将酶固定化，制成能测定某些物质含量的试纸片或纸条，是一种经济、简单、快速、灵敏的现场检测分析手段。葡萄糖检测纸片，以纸片为载体固定了葡萄糖氧化酶、过氧化物酶和邻联甲苯胺等还原性色素原，广泛地应用于临床诊断和生化分析。把酶纸片浸入待测溶液中（血液、尿液），试纸片呈现蓝色，说明含有葡萄糖，蓝色的深浅与葡萄糖含量正相关。而食品分析中应用较多的酶纸片则是有机磷农药残留快速测试酶纸片，是利用固定化酶检测酶抑制剂的一种酶法分析。其原理基于有机磷农药和氨基甲酸酯类农药对乙酰胆碱酯酶或植物酯酶特异性的抑制，利用酶抑制显色方法检测有机磷和氨基甲酸酯类在食品中的残留情况。现在已经研制出酶片（液）和底物片（液）用于农残的快速检测。美国堪萨斯研究所开发的名为农药检测器（detector）的“酶片”（enzyme ticket），对乙酰胆碱酯酶的抑制剂灵敏，检测水中有机磷和氨基甲酸酯农药的限值为 0.1～10 mg/kg。南京理工大学化学院研制的植物酶片和底物片，检测水中有机磷的限值为 0.04～10mg/L。而将植物酯酶固定在聚苯乙烯微孔板上，利用酶抑制显色法检测有机磷农药和氨基甲酸酯类农药在蔬菜中的残留，其检测灵敏度较高，检测限为 0.001～0.1mg/kg。但是，酶纸片法检测一般只是定性或半定量的初筛分析（三级方法）。

12.3.2　酶电极在食品分析中的应用

近年来，生物传感器的研制和开发不断创新，其应用范围也不断拓宽。生物传感器（biosensor）是以生物学组件作为主要功能性元件，能够感受规定的被测量物并按照一定规律将其转换成可识别信号的器件或装置。它一般由生物识别元件、转换元件及机械元件和电气元件组成，生物识别元件主要是一些生物活性材料，酶、蛋白质、DNA、抗体、抗原、生物膜等都可以作为生物识别元件。生物传感器的原理在于待测物质经扩散作用进入生物活性材料，经分子识别发生生物学反应，产生的信息继而被相应的物理或化学换能器转变成可定量和可处理的电信号，再经二次仪表放大并输出，实现对待测物的定量分析。生物传感器技术具有精确度和敏度高（检测下限可达 0.003ng/g）、特异性强、样品前处理简单（有的样品无需前处理）、响应和检测迅速（每个样品只需几十秒至几分钟），选择性好、操作简单、携带方便、能重复利用并能实现现场检测和在线检测等优点。在临床诊断、工业控制、食品和药物分析（包括生物药物研究开发）、环境保护以及生物技术、生物芯片等研究中有着广泛的应用前景。

酶电极（enzyme electrode）是最早研制和应用的酶生物传感器，主要由选择性电极感应器和覆盖在它上面的选择透性酶膜组成。通过酶膜层的催化作用使底物转化为产物，通过感应器进行检测。目前，已有多种酶电极用于食品分析检测和食品质量安全评价。现在，已经有市售的酶电极分析仪，能够检测分析食品中的赖氨酸、谷氨酸、苯丙氨酸、乳酸（盐）、葡萄糖、果糖、蔗糖、麦芽糖、淀粉等成分。日本、加拿大及中国已开发了检测鱼、虾新鲜度的酶电极生物传感器分析仪。

中国于 20 世纪 80 年代开始研究酶电极生物传感器，于 90 年代取得较大进展，相继研制了较高水平的酶电极生物传感分析仪器。不仅仅对样品进行检测分析，而且实现了在线检测和自动化分析。SBA 系列生物传感器的研制和利用，显现了酶电极在检测分析领域中的优势。现以山东科学院生物研究所研制的 SBA-50 型生物传感分析仪为例，就其应用做一简单介绍。SBA-50 型传感分析仪由一次仪表和二次仪表两部分组成。酶电极及其附属结构组成了一次仪表，主要完成生化信号向电信号的转换。利用交联剂把葡萄糖氧化酶固定在特制的膜上，酶膜覆盖在过氧化氢电极的前端，然后在酶膜和电极之间加入电解液就形成了葡萄糖氧化酶电极。一次仪表形成的电信号经电极进入二次仪表，二次仪表用 S_1 系列单片机中

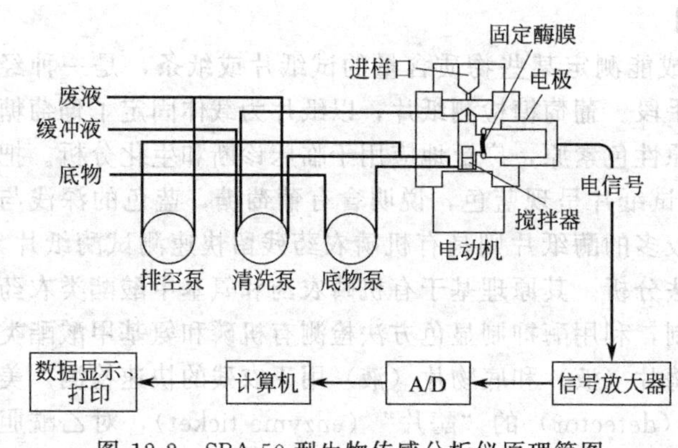

图 12-2 SBA-50 型生物传感分析仪原理简图

央控制器控制采样、信号放大、A/D 转换、清洗、搅拌、数据储存与处理、线性校正和结果打印等功能。SBA-50 型传感分析仪检测分析与葡萄糖相关的试样时，其基本原理是试样中葡萄糖在适当条件下与酶电极接触，葡萄糖氧化酶将葡萄糖氧化产生过氧化氢。产生的过氧化氢被过氧化氢电极检测并转换为电信号，电信号经放大被微机处理而显示过氧化氢测定结果（图 12-2）。过氧化氢的量与被氧化的葡萄糖的量呈正比，酶电极测得过氧化氢的量就能检测试样中的葡萄糖的含量。该酶电极在分析检测试样中葡萄糖、淀粉、麦芽糖及测定葡萄糖淀粉酶等方面具有快速、准确、简单、可靠的优点，并且在制糖工业中能发挥较大的作用。

12.3.3 酶柱及其在分析检测中的应用

酶柱就是将用于分析的工具酶固定化后填充到柱内，让待测试样通过酶柱后利用光化学或电化学方法测定流出液中底物的减少、产物的增加或辅助因子的变化，从而对试样进行分析检测。固定化酶柱可以结合分光光度计、荧光计或电量计自动地进行化学分析、临床诊断和环境监测。利用壳聚糖作为固定化酶的载体，经过纯化、造粒、固定化的步骤，制成了直径约 0.45cm 的多孔性固定化 L-天冬酰胺酶颗粒，再将固定化酶颗粒均匀装入高为 15cm、直径为 2.5cm 的带恒温装置的玻璃管反应器中，制成固定化酶酶柱。自下而上通过蠕动泵以一定流量通入新鲜血浆，可以利用固定化 L-天冬酰胺酶柱在体外清除血浆中的 L-天冬酰胺酶，从而达到治疗白血病的目的。乳酸脱氢酶用聚丙烯酰胺凝胶包埋法固定化后制成稳定的酶柱，结合其他的相关分析检测装置可用于乳酸定量测定。以羧甲基化的 N,N'-亚甲基双丙烯酰胺交联的烯丙基葡聚糖（简称 CM-CADB）凝胶树脂为载体，固定谷氨酸脱羧酶（GDC），称取 4g 固定化的 GDC，制成 25mm×2mm 的酶柱。固定化 GDC 酶柱反应器与进样系统-离子活度分析器-计算机数据采集系统相耦合，该装置可用于试样中谷氨酸的检测分析，其对底物的检出浓度为 1.0×10^{-5} mol/L，线性相应范围在 $1.0\times10^{-1.3}\sim1.0\times10^{-4.3}$ mol/L。

12.3.4 酶管及其在分析检测中的应用

酶管就是直接将酶共价结合固定在一定内径和长度的管状介质（尼龙管、聚苯乙烯管、玻璃管等）的内壁上，当待测溶液通过酶管后，生成的产物可以在自动分析系统中连续测定。具有可连续、快速、自动地测定微量样品的优点。目前，脲酶、葡萄糖氧化酶等酶管已制成多种酶管自动分仪作为商品出售。

开管柱固定化酶反应器（open tubular immobilized enzyme reactor）是分析检测中应用到的一种酶管，其分析用酶固定在粗糙化的玻璃毛细壁上，做成分析用的酶管。例如，开管式固定化葡萄糖氧化酶反应器可以用下述方法制备：①将硬质玻璃管用 GDM-IB 型玻璃抽制为外径 0.9mm、内径 0.32mm、圈径 11cm 的毛细管，利用理化方法对其进行蚀刻，使蚀刻后的毛细管内壁上有一层晶须；②在长有晶须和表面已经转化为游离硅醇基的毛细管，经理化处理后泵入 2.5%的戊二醛溶液作为固定的载体，使葡萄糖氧化酶固定在毛细管内，固定好的酶柱（管）于冰箱内保存备用，5d 活力下降 1/3，此后数周内基本不变。利用开管式固定化葡萄糖氧化酶-电化学检测的单流路流动注射分析，能分析检测试样的葡萄糖含量，其标准曲线的线性范围为 0～4μmol/L。将市售 50%葡萄糖注射液稀释 2500 倍后进样，8 次测定结果为（50.46±1.1）g·dL^{-1}（C_0V_0=2.2%，N=8）。

12.4　酶分析法评价食品的质量、安全

食品的品质一般从营养、卫生及其嗜好性三方面来评价。而食品的鲜美程度、营养价值的高低以及卫生安全状况等则是食品品质评价的基本考虑要素。但就食品质量而言是由具体的质量特性指标来评价其品质的优劣。感官评定、生化分析、生物学检定对质量特性指标的检测发挥着重大作用，其中酶分析法在食品品质分析中应用比较广泛。

12.4.1　酶活力分析评价食品品质

食品的原料来源大部分都是生物，生物体内的许多酶在食品半成品和成品中有不同程度残存。生物酶的存在与否和活性高低往往能反应食品的质量。故测定食品中酶的活性可以对食品（主要是食品原料）进行质量评价。以下就其应用实例做一简单的介绍。

鲜牛乳及乳制品中存在某些特征酶，酶的活性可以作为判断鲜乳及乳制品质量状况的指标。乳品中的指标酶主要有磷酸酯酶、过氧化物酶、过氧化氢酶、黄嘌呤氧化酶和淀粉酶等，在此仅以过氧化氢酶为例加以阐述。鲜奶中过氧化氢酶在初乳中活性较高，随后（2～3周）降到恒定的水平，约为初乳的 2/3。但是，奶牛患有乳房炎时其分泌到乳中的过氧化氢酶活性异常增高，达正常牛乳的 10 倍以上。如牛乳中污染了产生过氧化氢酶的细菌，则其酶活性也有可能增大。故牛乳中过氧化氢酶的活性高低，可以判断鲜乳的品质。可用 Tromsdorf 法对鲜乳品质进行简易的定性判断：将待测牛奶 15mL 装入 Einhorn（发酵）管内，并加入 1%过氧化氢水溶液 5mL（1/3 量），然后在 37℃中保温 3h，如果产气在 1.5mL 以上则可以认为是乳房炎阳性乳。同样，借助过氧化氢酶的活性可以判定鲜肉品质，患病动物肉中一般无过氧化物酶或含量少。肉浸液中有过氧化物酶时，可以分解过氧化氢，产生新的生态氧，将指示剂联苯胺氧化为蓝绿色化合物，经一定时间变成褐色，根据颜色的变化程度可以判定肉质的优劣。

果蔬加工生产过程中往往利用某些指标酶作为判断其在加工处理中合格与否的指标。蔬菜中普遍存在过氧化物酶（POD），其热降解及简单的颜色反应使之成为表示蔬菜热烫足够与否的指标。此外，茶叶的品质鉴定也往往以 POD 活性为指标加以判定。研究证明 POD 活性的残留与冰冻食品质量的保持相关性很小，其完全失活的热烫可能导致产品质量下降（颜色、质构和营养素及经济上的损失），故可考虑脂肪氧合酶（E.C.1.13.11.12，简称 LOX）替代 POD 作为指标酶。脂肪氧合酶也是植物组织中广泛存在的一种酶蛋白，其专一地催化含顺，顺 1,4-戊二烯结构的多元不饱和脂肪酸的加氧反应。LOX 在许多食品中能影响食品的风味而导致其质量下降，故富含 LOX 的食品中往往添加抗氧化剂抑制其催化能力，所以可以利用 LOX 的活性测定食品中抗氧化剂的存在与否。与 POD 相比较 LOX 热稳定性较差，LOX 的失活需要更短的热烫时间，故 LOX 失活的时间应该是蔬菜、水果质量下降和经济损失的最小量，所以脂肪氧合酶可以替代 POD 作为果蔬热烫合格与否的指标酶。

谷物类食品原料的特征在于即使收获也保持着生命活动，其种子往往含有大量的酶，特别是发芽时酶的种类和活性会发生很大变化。因此谷物类食品原料中指标酶的活性能反应其贮存的状态。例如，小麦开始萌发时，α-淀粉酶的活性激增。由于开始萌发的小麦面粉中淀粉受到损伤，不适合用来制作面包。通过测定 α-淀粉酶活性就可以检出此种不良的面粉。此外，植物中的脂肪酶和脂氧酶也可用作检知谷物或其加工产品是否酸败的指标。当然，利用

淀粉酶作为分析工具，在面粉中加入α-淀粉酶，保证过量α-淀粉酶存在。根据损伤的淀粉与未损伤的淀粉和淀粉酶作用的敏感程度不同，就可以评价面粉的质量。这种以淀粉酶为分析工具的酶法分析，也可以用于评价新鲜面包在贮藏中淀粉老化的进程。淀粉老化过程中，淀粉分子在分子间作用力下重新进行排列，形成更多的结晶区降低了α-淀粉酶对其作用的敏感性。因此将面包心作为酶法分析的底物，根据底物对酶作用的敏感性判断面包的新鲜度。

在酶活力分析评价食品质量时，酶活性的测定可用常规的酶活力测定方法检测。至于食品营养素的酶法评价实际上就是食品组分的检测，前已述之不再赘言。

12.4.2 酶活性抑制技术评价食品安全、卫生

目前，酶抑制技术（enzyme inhibition）广泛地应用于检测食品中的农药残留，主要是利用有机磷农药和氨甲基酸酯类农药对胆碱酯酶（乙酰胆碱酯酶或丁酰胆碱酯酶）或植物酯酶的抑制作用，而建立起来的用于分析此类农药在食品中的残留量的技术。现在，已经研制出了酶纸片，用于农药残留定性或半定量的快速检测。而酶抑制率法则是另一种酶法检测农药残留的方法，借助分光光度计测定酶偶联的显色剂的吸光度的变化值，计算出酶抑制率。通过酶抑制率判定果蔬等食品中的农药残留情况。现在，许多农药残留速测仪就是利用酶抑制技术，借助酶分析法快速、简单、自动化程度较高地检测水果、蔬菜等食品中残留的农药。RP-410 型农药速测仪，能够自动计算吸光度的差值和酶抑制率，并能打印出结果。当酶抑制率≤70%时，说明待测试样农药残留未超标；酶抑制率≥70%时，试样中农药残留超标。其判定结果仅仅是判断食品的安全情况，若想定量定性地检测农药残留，可用气相色谱、色-质联用技术、极谱分析等技术分析检测。

利用氰化物对辣根过氧化物酶（HPR，E.C.1.11.1）的抑制作用，制成辣根过氧化物酶电极，能够检测水中的微量氰化物的含量。在金电极表面组装一层半胱胺单层膜，再用戊二醛交联 HPR。该酶电极在 $6.0\times10^{-5}\sim4\times10^{-3}$ mol/LH_2O_2 的浓度范围呈线性关系，检测氰化物的线性范围为 0.3～20μg/mL，检出限为 100ng/mL。

12.4.3 酶联免疫吸附法在食品卫生检验中的应用

酶联免疫吸附测定（enzyme linked immunosorbent assay，简称 ELISA）是将酶分子与抗体分子连接成一个酶标分子，当它与固相免疫吸附中相应抗原或抗体复合物相遇时形成酶-抗原-抗体结合物，加入酶底物，底物被催化成可溶性或不溶性显色产物，可用肉眼或分光光度计定性或定量，根据显色深浅，确定待测抗原或抗体的浓度与活性。酶联免疫吸附测定法中酶或者辅酶作为标记物，标记抗原或者抗体，用酶促反应的放大作用来显示初级免疫反应。其最大的特点就是利用聚苯乙烯微量反应板（或球）吸附抗原或者抗体使之固相化，在其中进行免疫反应和酶促反应。应用于 ELISA 的酶主要有辣根过氧化氢酶（HRP）和碱性磷酸酯酶（AKP）等，其中尤以 HRP 用得最多。当酶标记抗体-抗原复合物和酶的底物相遇时，复合物中的酶水解底物，使无色的底物溶液生成有色的反应产物，然后根据颜色的深浅测出待测物。酶底物的选择对准确和迅速地显示结果影响很大，HRP 常采用 H_2O_2-邻苯二胺或 H_2O_2-邻联甲苯胺作为酶底物，由于反应产生颜色深浅与 H_2O_2的用量有关，因此在底物溶液的配制时应注意控制好 H_2O_2的用量。ELISA 检测法具有高特异性和灵敏性；检测范围在 ng 至 pg 级水平，属于超微量分析技术；结果准确、重现性好、廉价、方法操作简单等优点。ELISA 广泛地应用于食品的掺杂、抗生素残留、农药残留以及真菌、细菌、病毒、细菌与病毒产生的毒素、寄生虫以及天然毒素污染的检测分析，在食品分中的应用前景广阔。这里做一简单介绍，其具体的方法和应用希望查阅相关资料不再详述。

12.4.4　酶电极在食品质量检测中的应用

酶电极类生物传感器不仅可以直接、快速、准确地测定食品成分，而且能够对食品的品质加以评定。

现在，食品搀假及以次充好的现象比较普遍，酶电极可以通过测定食品中成分的变化而判定食品的优劣。冯德荣曾报道用葡萄糖传感器分析蜂蜜中搀假的情况，当蜂蜜中掺入蔗糖、饴糖、面粉、人工转化糖等物质时，利用葡萄糖传感器分别测定：①未加以转化的蜂蜜中葡萄糖含量；②加糖化酶转化后的葡萄糖量；③及采用稀酸转化后的葡萄糖量。检测分析结果表明：葡萄糖含量超过稀酸转化后的葡萄糖量的 50%时，可能搀有转化糖、面粉、饴糖等成分。用糖化酶处理后的蜂蜜，如葡萄糖明显增高，则表明其中搀有饴糖、面粉等。酶电极分析测定方法也可以用在乳品、含糖酒品等许多食品的品质分析上。可以利用乳酸传感器检测牛乳新鲜度，用葡萄糖传感器鉴别奶中的糊精含量等。

酶电极在判断动物性食品特别是鱼虾类食品新鲜度的应用中，与挥发性盐基氮法（TVB-N 法）、细菌菌落总数法比较，具有快速、简单、灵敏的优点。动物性食品中能量物质三磷酸腺苷（ATP）分解衰变是动物性食品新鲜度变化的本质。动物肌体在宰杀或死亡后，ATP 酶不断地分解 ATP，在 ATP 酶、肌激酶、肌苷脱氨酶等作用形成二磷酸腺苷（ADP）、一磷酸腺苷（AMP）、肌苷酸（IMP）、肌苷（H_XR）、次黄嘌呤（H_X）和黄嘌呤（X）。IMP 为鲜味物质，而 H_XR 和 H_X 导致异味。H_XR 降解为 H_X，进而降解为 X 是降解速率的决定步骤。因此，H_XR 和 H_X 的积累量越高，动物性食品的新鲜度越差。而利用固定化的黄嘌呤氧化酶（XOD）与相应的电极结合，可以制成 XOD 酶电极。该酶电极通过测定过氧化氢的形成量，可以计算出食品中 H_XR 和 H_X 的量，从而实现对待测食品新鲜度的评价。彭图志等以戊二醛为交联剂，将 XOD 固定在丝蛋白微孔膜上，以铂电极为基础电极研制了 XOD 酶电极。利用安培法测定过氧化氢的产量，从而实现对 H_X 的定量测定。该酶电极对次黄嘌呤的检测下限值为 1×10^{-7} mol/L，对鱼新鲜度的判定中与 GB 5009.44—85 和 GB 4789.2—84 规定的检测方法具有很好的相关性。

复习思考题

1. 酶活测定的主要方法及其特点？
2. 酶法分析主要适合于哪些物质的检测？
3. 酶法分析的测定方法分几类？各具有何特点？
4. 酶法分析测定食品营养成分的原理是什么？举例说明。
5. 简单介绍一下生物传感器？以酶电极为例说明其在食品分析中的应用 ？

参 考 文 献

1　清水祥一，小林猛，奥田润，杉本悦郎著．酶分析法的原理与应用．陈石根译，胡学志校．上海：上海科学技术文献出版社，1982
2　陈石根，周润琦编著．酶学．上海：复旦大学出版社，2001
3　王璋编．食品酶学．北京：中国轻工业出版社，1991
4　张宗城．食品中葡萄糖的酶-比色分析法．科学技术大学学报，1999，26（4）：533～537
5　张文德，王阶标．抗坏血酸光度分析研究进展．理化检验（化学分册），1996，32（4）：239～241
6　余碧钰，刘向龙，陆小龙等．酶催化分光光度法测定食品中总胆固醇含量．光谱实验室，1996（6）：653～655
7　狄俊伟，孟良荣，高秀萍等．酶光度分析法测定痕量亚硫酸盐．苏州大学学报（自然科学），2000，16（3）：64～71

8 刘国艳，柴春彦．生物传感器技术及其在检测动物性产品中药物残留的应用前景．中国兽医学报，2004，24(6)：625～627
9 史建国，周凤臻，冯德荣等．用葡萄糖酶电极法测定葡萄糖淀粉酶活性的研究．生物工程学报，1996，12(增刊)：226～231
10 金浩，周纪宁，方波等．利用固定化酶柱进行体外血液净化的实验研究．生物医学工程学杂志，1999，16 (4)：415～419
11 吴国琪，凌达仁，王忱等．固定化谷氨酸脱羧酶柱式反应器测定L-谷氨酸．分析化学，1999，27 (7)：759～763
12 邹公伟，胡冠九，文红梅等．开管柱固定化葡萄糖氧化酶反应器的制备及其在流动分析中的应用．高等学校化学学报，1995，15 (4)：499～502
13 EDBERC U. Enzymatic determination of sulfite in food：NMKL interlaboratory study. *J AOAC International*，1993，76 (1)：53～58
14 阳明辉，杨云慧，李春香，沈国励，俞汝勤．基于氰化物对辣根过氧化物酶的抑制作用测定氰化物的研究．分析科学学报，2004，20(5)：449～452
15 彭丽英，黄润全，苗耀先．现代免疫分析技术在食品卫生检验中的应用．山西农业大学学报，2000，20 (4)：367～369
16 朱慧莉，黎锡流，许喜林．酶联免疫吸附法及其在食品分析中的应用．食品工业科技，2001，22 (2)：80～82
17 彭图志，杨丽菊，李惠萍等．酶生物传感器测定鱼类鲜度的研究．应用科学学报，1996，14 (3)：358～363
18 Tzouwara Karayanni S M，Crouch S R. Enzymatic determinations of glucose，sucrose and maltose in food samples by flow injection analysis. *Food Chem*. 1990，(35)：109～116
19 Henniger G，Mascaro L J. Enzymic ultraviolet determination of glucose and froctose in wine：collaborative study. J Assoc Off Anal Chem，1985，68 (5)：1021～1024

第13章　酶与食品卫生及安全的关系

知识要点

1. 酶与食品卫生的关系
2. 酶作用对食品的不利影响
3. 酶在食品中的解毒作用
4. 酶联免疫吸附测定技术在食品安全检测中的应用

13.1　酶与食品卫生的一般关系

13.1.1　酶对食品卫生的不利影响

13.1.1.1　酶作用产生的有毒物质

自从酶应用于生产和生活中以来，它对健康的影响就引起广泛关注。酶存在于所有的新鲜食品中，如坚果、乳、奶油、干酪、新鲜水果和蔬菜及烧煮的肉、鱼和蛋中。当人们食用这些食品时，相当数量的酶就被摄入人体中。在这些酶中，不仅有源自动植物的酶，而且还有源自微生物的酶。在发酵和腌制食品中，例如干酪、酸奶、啤酒和腌黄瓜，其中就含有微生物来源的酶。食品中含有丰富的物质，所以在食物中可以和酶作用的底物很多。这就可能出现食物经一段时间的放置或破碎后，其中含有的成分本身是没有毒害作用，但是经酶催化降解后就会变成有毒的物质。另外，食品中的一些酶本身对人体的健康就有副作用，譬如大豆中的抗胰蛋白酶会产生呕吐、恶心、腹泻等中毒症状。

13.1.1.2　酶作用引起的致敏症状

酶对食品卫生的另外一个不利影响是可能会导致过敏症状的发生。过敏反应是人类常见的自身免疫性疾病。食物过敏往往只发生在敏感人群，是一个由来已久但又没得到有效解决的食品卫生问题。食物中能使机体产生过敏反应的抗原分子称为食物过敏原，它们大多为蛋白质。例如在烤制食品中的细菌淀粉酶和啤酒中的木瓜蛋白酶的活性就有可能部分地残存下来。在食用未经处理的新鲜菠萝时，口腔黏膜将有明显的刺激感，某些过敏反应的人群会引起过敏反应，这是因为菠萝中含有一种蛋白酶——致敏菠萝蛋白酶，此酶是食用菠萝而引起过敏反应的主要原因。直接摄入浓缩的酶粉也会引起过敏反应，在生产酶制剂的工厂中和在使用加酶洗涤剂时，可能会发生这种情况。

虽然酶及其他与酶制剂相结合的蛋白质在随同食品被摄入人体后，有可能引起过敏反应，但是这类反应的程度不大可能超过其他正常摄入的蛋白质所引起的类似反应程度。事实上，在食品加工中使用的酶制剂很少能以活性形式进入人体，这是因为它们在食品加工过程中已变性而失去活性。

13.1.1.3　酶作用导致食品中营养组分损失

一些酶的作用会导致食品中营养组分的损失，这其中包括脂肪氧合酶、硫胺素酶Ⅰ、抗坏血酸氧化酶和多酚氧化酶等。它们作用的机制都是破坏食品中的营养组分，使食品的营养价值降低。所以，为了避免由于酶作用而导致食品中营养组分的损失，一般通过降低酶的活性或使其失活的方法来加工食品。

13.1.2 酶对食品卫生的有利影响

13.1.2.1 酶的解毒反应

食品中经常含有一些毒素，或者是消化后对营养有拮抗作用的物质，它们的存在对人体的健康及该食品的发展有许多不利的影响，所以有很多科学家致力于对食品解毒的研究。酶作用之一是具有解毒功能，在消除或减少毒素作用方面起了很重要的作用。而且同其他解毒方法相比，酶法解毒可以在温和的条件下进行，符合公认的标准，不会影响到食品质量。另外酶对毒性的去除具有专一性，酶通常被认为是食品本身的一个组成部分，而不会被看作是添加的或外来的试剂，减少了大众对于食品安全的疑虑。

13.1.2.2 酶在食品安全检测方面的应用

在食品安全重要性日益增加的今天，大多数国家开始对食品的安全性问题提出更高的要求，涌现出许多食品安全检测的新技术，检测技术日益趋向于高技术化、系列化、速测化、便携化和商品化。酶法检测是利用酶催化作用的专一性对物质进行检测，已经成为分析检测的重要手段。酶法检测具有专一性、检测速度快、检测条件温和等优势，在食品安全检测中应用十分广泛，是一种具有前景的新技术。

13.2 酶作用产生有毒物和不利于健康的物质

食物中可以和酶反应的底物很多，因此食物放置一段时间或破碎后，其中含有的无毒成分可能经酶催化降解后会变成有毒的物质。

13.2.1 食品中酶作用产生的有毒物质

木薯含有生氰糖苷，虽然它本身并无毒，但是在内源糖苷酶的作用下，产生氢氰酸这样的有毒物质。如果将木薯根切成小块后彻底清洗，那么留在组织中的微量氢氰酸在随后的烧煮中通过发挥作用而被去除。

十字花科植物的种子以及皮和根含有葡萄糖芥苷，属于硫糖苷。葡萄糖芥苷在芥苷酶的作用下会产生对人和动物体有害的化合物。举例来说，菜子中的原甲状腺肿素被芥苷酶水解，水解产生的异硫氰酸酯经过环化反应生成有毒的甲状腺肿素。甲状腺肿素能使人和动物体的甲状腺代谢性增大，因此在利用油菜子饼作为新的食物蛋白质的植物资源时，去除这类有毒物质是很关键的一步。

油菜子饼的去毒可采用两类方法：①在芥苷酶作用下，控制原甲状腺肿素的水解，然后去除有毒的终产物。②用加热的方法使芥苷酶失活，然后将完整的原甲状腺肿素从植物组织中沥出。如果采用第一种处理方法，必须注意到原甲状腺肿素在芥苷酶作用下会产生至少三类最终产物：挥发性的异硫氰酸酯、甲状腺肿素、水溶性的硫氰酸酯。因此加工条件必须随终产物的物理化学性质而变化。

常见的大豆抗营养成分中抗胰蛋白酶（又称为胰蛋白酶抑制物或胰蛋白酶抑制素）是其中的一种。如生黄豆中就有这种有毒物质，它对胃肠有刺激作用，并能抑制体内蛋白酶的正常活性。一般来说，将大豆煮沸和煮熟后就会破坏抗胰蛋白酶，从而不会对人体的健康产生副作用。但如果食用未熟透的大豆，或饮用未煮沸的豆浆，很容易发生中毒症状，具体表现为呕吐、恶心、腹泻等急性胃肠炎症状。

大豆中含有另外一种毒素——凝血素。它能凝集动物的红细胞，大豆粉中一般含有大约3%的凝血素。经人体消化系统的消化后，大部分凝血素会丧失活性而失去毒性作用。但是仍然会有部分凝血素残留活性，这些具有活性的凝血素对人体红细胞起凝聚作用，从而影响人体的健康。凝血素只有在加热时才易被破坏，故吃豆类食品时一定要先煮熟后食用。豆类中以生扁豆含这种毒素较多，特别是秋后的扁豆含有毒素更多，如误食未煮熟的扁豆，数小时后就会引起头晕、头疼、恶心、呕吐、腹泻等症状。

13.2.2　食品中酶的致敏作用

菠萝中含有的致敏菠萝蛋白酶，能够引起的症状主要表现为胃部不适、恶心、呕吐、腹痛、腹泻、头晕、头痛、皮肤潮红、全身发痒、呼吸困难；病情严重者还可出现暂时性发热及短时间的休克症状，此时病人血压降低，四肢冰凉等。可用抗过敏药物治疗或采取对症治疗方法。此外，对菠萝过敏者有人试用 0.85%生理盐水饮服，然后人工刺激呕吐，反复多次直至吐出清水，具有一定效果。其中的原理是菠萝中的致敏菠萝蛋白酶遇钠盐后，即可失去致敏活性。这也是人们在食用菠萝前通常加一些盐后再进行食用的原因。

1978 年，Shibasaki 等报道水稻蛋白具有过敏作用，1987 年 Matsuda 等运用 HLPC、ELISA、SDS-PAGE 及亲和层析法分离纯化到一种存在于水稻种子胚乳中的过敏原，进一步研究发现该过敏原分子中 Pro 和 Cys 含量比谷蛋白和球蛋白要高，且这种过敏蛋白在 100℃，60min 后仍然可保持 60%的过敏反应活性。通过进一步分离得到六种过敏蛋白质，分子量分别为 14000、15500、16000、26000、33000 和 56000，并且发现 14000～16000 过敏蛋白具有 α-淀粉酶抑制剂活性，其中 33000 过敏原蛋白具有葡萄糖氧化酶Ⅰ活性，说明在水稻中含有的一些酶也可能引起过敏人群的过敏反应。

13.2.3　陈曲中酶作用产生的有毒物质

在陈曲贮存期中微生物酶的作用十分复杂，随着贮存期的延长，陈曲中酶的活力会发生变化。如在为期一年的酿造过程中操作过程中出现纰漏，不但不能得到预期的风味，而且陈曲中的酶催化产生过量的酒精和有毒物质，而这些物质不利于人的健康。

综上所述，在食品中含有的一些酶的作用可能会产生有毒或不利于健康的成分。但是在食品中的酶一般来说对人体并没有产生太大的危害。这主要是因为在食品加工中，由于一些外部条件作用（高温、高压）使酶的活性丧失。此外，食品中可能含有对人体健康有害的成分一般是微生物和毒素，而可能危及人类健康的酶少之又少。随着科技的发展和人们对食品安全的关注，对于食品中可能含有的有害成分进行了严格的控制。所以人们毋须过分担心食品中的酶的安全性，总的说来用于食品工业的酶一般都是安全可靠的。

13.3　酶作用导致食品中营养组分的损失

食品加工过程中出现营养组分损失的原因很多，其中的大多数是由非酶作用引起的，食品加工中经常进行灭菌的高温、高压等因素都会对食品营养有不同的破坏作用。但还有一些其他的因素，其中包括酶的影响，食品原料中的一些酶和作为添加剂的酶，它们对食品中营养组分的损失起着不可忽视的作用。例如脂肪氧合酶催化胡萝卜素降解而使面粉漂白，此酶在其他食品的加工过程中（譬如蔬菜的加工）也参与了胡萝卜素的破坏过程。另外，在食品加工过程中维生素 B 的损失，在大多数情况下是由于非酶因素（温度、压力）引起的，但也有例外：譬如在一些用发酵方法加工的鱼制品中，由于鱼和细菌中的硫胺素酶的作用，使这些制品缺少维生素 B。

13.3.1　脂肪氧合酶对食品中营养组分的破坏

植物食品中本身所含有的大多数酶在其正常代谢过程中常常发生酶促反应，这种作用使果蔬具有良好的风味，例如黄瓜、番茄、西瓜、马铃薯、草莓等，它们产生风味的前体物质是脂肪酸，其作用的酶是脂肪氧合酶，这些挥发性物质产生了人们期望的风味。另外在红茶和乌龙茶的发酵过程中，人们有意识地利用脂肪氧合酶的催化作用来催化亚油酸，将亚油酸氧化分解生成正己醛、乙烯醇、乙烯醛等茶叶特有的香气成分。

但是这种酶并不总是起正面效应，也会带来一些负面效应。譬如在冷冻蔬菜和一些食品加工中，脂肪氧合酶可产生不良的风味和颜色，例如在冷冻和加工蔬菜中使叶绿素发生降解，破坏以苜宿为原料的饲料中的叶黄素和其他有色类胡萝卜素，破坏添加于食品中的色素等。

脂肪氧合酶对于食品营养的破坏主要表现为：它的作用产物对维生素A的破坏；它的作用产物减少了食品中必需不饱和脂肪酸的量；这种酶作用的产物和蛋白质的必需氨基酸发生反应，从而降低了蛋白质的营养价值及功能特性。

使脂肪氧合酶失活的常用手段是控制食品加工时的温度，如在豆奶的加工中，将未浸泡的脱壳大豆在80～100℃的热水中研磨10min，即可消除不良风味。将食品材料调节到pH偏酸性时再进行热处理，也是使脂肪氧合酶失活的有效方法。另外，酚类抗氧化物能抑制脂肪氧合酶。这些抗氧化剂包括去甲二氢愈创木酸和生育酚等。

13.3.2 硫胺素酶Ⅰ对食品中维生素 B_1 的破坏

在一些用发酵方法加工的鱼制品中，由于鱼和细菌的硫胺素酶的作用，使这些制品缺少维生素 B_1。硫胺素酶Ⅰ是一种转移酶，能催化硫胺素分解。但如果将大蒜提取液和硫胺素混合在一起，那么蒜素同硫胺素结合，形成具有 V_{B_1} 活力而不能作为硫胺素酶Ⅰ底物的蒜硫胺素，从而使硫胺素得到保护（图13-1)。

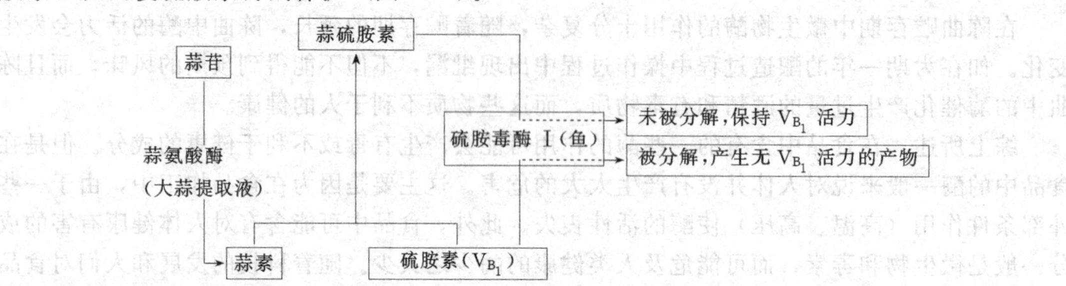

图13-1 蒜氨酸酶作用防止硫胺素酶引起的生鱼中 V_{B_1} 的损失

13.3.3 食品中的酶对食品中抗坏血酸的破坏

抗坏血酸（V_C）是最不稳定的维生素，在食品加工和贮藏中，常由于酶或非酶的因素而被氧化［式（13-1)］，虽然抗坏血酸氧化酶能催化抗坏血酸氧化生成脱氢抗坏血酸，但是后者易于通过温和的还原作用重新转变成抗坏血酸。因此，抗坏血酸被氧化成脱氢抗坏血酸并不意味着完全失去 V_C 活性，仅当脱氢抗坏血酸内酯进一步水解形成2,3-二酮古罗糖酸后，V_C 的活性才完全丧失。水解反应在中性的条件下进行得很快。在酸性条件下，即使食品材料中含有抗坏血酸氧化酶的活力，仍然能保留 V_C 的活性。果蔬中的其他氧化酶（如多酚氧化酶等）也能通过各自的间接作用破坏抗坏血酸。

$$\underset{(V_C\text{活性})}{\text{抗坏血酸}}\xrightarrow{-2H}\underset{(V_C\text{活性})}{\text{脱氢抗坏血酸}}\xrightarrow{+H_2O}\underset{(\text{无}V_C\text{活性})}{\text{二酮古罗糖酸}} \tag{13-1}$$

13.3.4 多酚氧化酶对食品中营养组分的破坏

植物组织中含有酚类物质，在完整的细胞中做呼吸传递物质，在酚-醌之间保持着动态平衡。当新鲜植物组织被损伤（通常含有多酚氧化酶）时氧大量侵入，造成醌的形成，平衡受到进一步氧化聚合形成褐变，平衡受到破坏，于是发生醌的积累，醌进一步氧化聚合形成褐色素称为黑色素或类黑精，这个过程被称作酶促褐变（图13-2)。

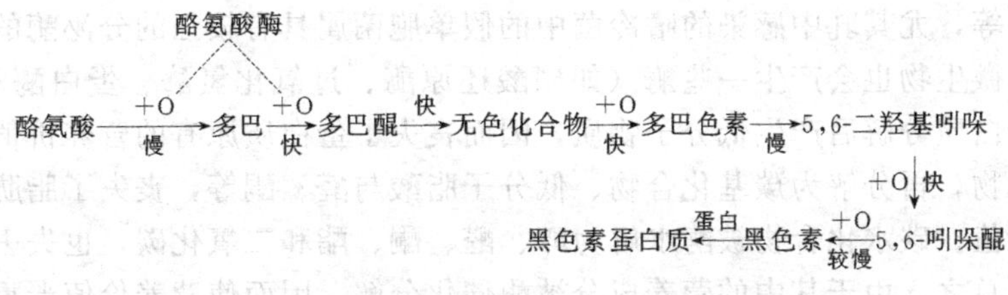

酪氨酸酶

酪氨酸 $\xrightarrow[慢]{+O}$ 多巴 $\xrightarrow[快]{+O}$ 多巴醌 $\xrightarrow{快}$ 无色化合物 $\xrightarrow[快]{+O}$ 多巴色素 $\xrightarrow[慢]{}$ 5,6-二羟基吲哚

5,6-二羟基吲哚 $\xrightarrow[快]{+O}$ 5,6-吲哚醌 $\xrightarrow[较慢]{+O}$ 黑色素 $\xrightarrow{蛋白}$ 黑色素蛋白质

图 13-2　以酪氨酸为底物的酶促褐变黑色素形成过程

水果、蔬菜在运输和处理期间的损伤部分，在装罐、干制、冷冻之前以果肉状态处于空气中时，往往会发生酶促褐变。而酶促褐变多发生在较浅色的水果和蔬菜中，例如马铃薯、苹果、桃、香蕉等，当它们受到机械损伤及处于异常环境（受冻、受热）时，在酶促作用下氧化而呈褐色。食品在冻结后解冻时，酶促褐变非常迅速，这是一种有害的现象，必须采取措施予以防止。举例来说，未烫漂的蘑菇，干制后再复水时，迅速变黑；在某些类型的面粉中存在有高活性的多酚氧化酶，会使面包、面条尤其是冷藏的面条出现黑变。其中的原因是酶催化氧化反应的最初产物邻醌继续变化，形成一些有色的物质。

酶促褐变色素的形成实质上是未催化的产物醌的二级反应引发的，是多酚氧化酶间接作用的结果。而多酚氧化酶催化形成的醌与蛋白质中赖氨酸发生作用，降低了赖氨酸的含量，从而影响到食品的营养价值。

在橘汁和香蕉泥的混合物中，由于多酚氧化酶的作用所产生的醌的氧化作用，使抗坏血酸生成脱氢抗坏血酸。氧化还原势更低的化合物形成醌，随后，它们进一步被抗坏血酸还原成二羟基酚。这样，连续不断地为酶促氧化反应提供新的底物，直到反应产物使酶变钝化，即更低氧化还原势的化合物被消耗为止。当抗坏血酸完全耗尽时，醌也就永久被还原，不能同蛋白质、氨基酸互相之间反应形成不可逆的有色聚合物。此时抗坏血酸也被氧化成脱氢抗坏血酸，由于香蕉泥的缓冲能力使橘汁的 pH 升高，最终导致脱氢抗坏血酸转变成二酮古罗糖酸。因此，酶促褐变的出现也表明受作用的组织中总抗坏血酸的损失。

酶促褐变的抑制，酶促褐变必须具备三个条件，即有多酚类物质、酚酶和氧，缺一不可。除去基质多酚类来抑制酶促褐变是不现实的。所以一般都以降低酚酶活性或驱氧来抑制。抑制酶活性的方法虽多，但由于受味变、臭变以及毒性等不易解决的问题困扰，真正用于食品加工上却不多。在食品加工中能够抑制酶活性的方法如下。

① 加热处理：在升高温度下，对食品进行适当时间的处理，可使其中的所有酶失去活性。

② 调节 pH：多数酚酶最适宜的 pH 范围是 6～7，pH 在 3.0 以下，酚酶活性几乎都完全失去。

③ 用化学药品抑制酶的活性：二氧化硫、亚硝酸钠、亚硫酸氢钠和偏亚硫酸钠等都是酚酶的强抑制剂。

④ 驱氧法：将果蔬浸泡在水中与氧隔离以抑制酶促褐变。但当果蔬重新暴露在空气中时，又能发生酶促褐变。因此可采用表面处理方法。即把切开的果蔬先用浓度较高的抗坏血酸浸泡，抗坏血酸在自动氧化过程中会消耗果蔬切口处组织表面的氧，形成一层阻氧扩散层，防止组织中的酶促褐变。

13.3.5　动物性食品中酶对营养组分的破坏

与植物食品原料中酶的机制不同，动物性食品原料中酶的作用多数是由外来的酶使其营养成分损失，其中微生物产生的酶是主要因素。例如，牛乳中含有 60 多种酶类，除了部分是乳中固有的，大部分来源于感染的微生物所分泌，乳链球菌、乳酸杆菌、大肠杆菌和一些蛋白酶分解菌等，尤其乳中感染的嗜冷菌中的假单胞菌属具有较强的分泌酶的功能。而常见的发酵香肠中微生物也会产生一些酶（如硝酸还原酶、过氧化氢酶、蛋白酶和脂酶）。食品中一些酶使蛋白质分解后产生低分子物质，因而丧失了蛋白质原有的营养价值。脂肪被酶催化产生过氧化物，再分解为羰基化合物、低分子脂酸与醛、酮等，丧失了脂肪对人体的生理作用和营养价值。碳水化合物被酶水解为醇、醛、酮、酯和二氧化碳，也失去了碳水化合物的生理功能。总之，由于其中的营养成分被酶催化分解，因而使营养价值严重降低。

13.4 酶作用的解毒反应

13.4.1 酶对豆类及豆制品中棉子糖和来苏糖的水解作用

豆类及豆制品中含有棉子糖和来苏糖等，它们都是三糖，属于寡糖。棉子糖是 α-半乳糖、β-葡萄糖及 β-果糖以 α-1,6-糖苷键和 α-1,2-糖苷键连接的。它们含有人体需要的能源物质，但由于人体缺乏能作用在 α-1,2-糖苷键的酶，不但不能利用它们，反而当这些寡糖进入肠道中被肠道中的微生物利用，产生 CO_2、H_2 以及少量的甲烷，这些气体的产生引起肠胃气胀，肠胃不适，而且甲烷等对人体有一定的危害，严重时可导致中毒。而 α-半乳糖苷酶可以作用 α-1,2-糖苷键水解棉子糖及来苏糖从而消除它们对人体产生的不良影响。

13.4.2 酶对食品中植酸的水解作用

植酸存在于自然界豆科植物及谷类等植物中，其结构式见图 13-3。它以其钙盐、镁盐及钾盐的混合状态存在，还可与铁、锌等金属离子形成不溶性化合物，当膳食中含有植酸会影响金属离子的吸收。

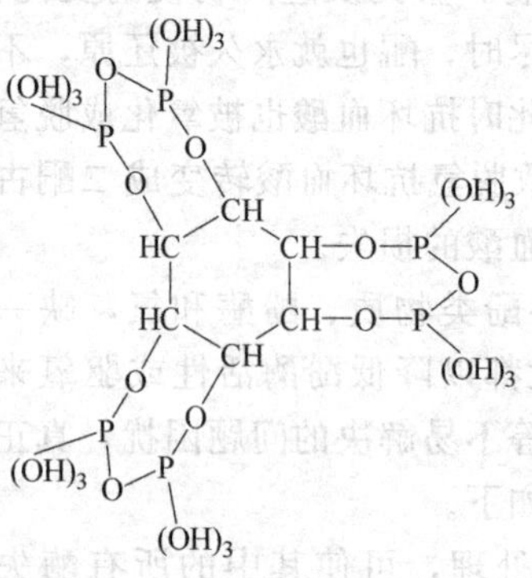

图 13-3 植酸的结构

另外，植酸会与蛋白质形成复合物，会降低蛋白质的生物学价值，不利于人体对营养物质的吸收。可以采用添加外源性植酸酶的方法来降低这些植物中植酸的含量，提高其营养价值，如从麦芽汁中提取的植酸酶可以将植酸水解为磷酸和肌醇。

13.4.3 酶对蚕豆中蚕豆病因子的解毒作用

食用蚕豆可引起血球溶解贫血病，这是人体缺乏解毒酶的表现。这种症状仅出现在血浆葡萄糖-6-磷酸脱氢酶（G6PD）水平很低的人群中。一般认为，蚕豆中的蚕豆病因子能使体内 G6PD 缺乏更为严重。蚕豆病因子属于葡萄糖苷，即蚕豆嘧啶葡萄糖苷和蚕豆嘧啶糖苷。它们比较稳定，加热法不易使它们破坏，也不易用提纯的方法将它们从蚕豆中分离出来，这是由于它们能与蚕豆蛋白质结合非常稳定的原因。

蚕豆病因子在酸或 β-葡萄糖苷酶作用下产生相应的嘧啶碱，即香豌豆嘧啶和异乌拉米尔，这些酚类碱是非常不稳定的，在加热的条件下可发生快速的氧化降解。因此可以采用先自溶然后处理的方法达到使蚕豆去毒的目的。

13.4.4 酶对黄曲霉毒素的解毒作用

黄曲霉毒素（AFT）是一群结构相似，并且在 365nm 的紫外光激发作用下产生较强荧光的毒素。其中产生发射波长为 425nm 蓝色荧光者为 B 族，产生发射波长为 450nm 绿色荧光者为 G 族，各黄曲霉毒素中以 $AFTB_1$ 毒性最强。从真菌 E-2 菌体所得的提取物液也可使样品的荧光明显减弱，即样品中 $AFTB_1$ 的量明显减少。这表示真菌 E-2 的提取液可使 $AFTB_1$ 转化，或使其发光基团发生改变而使其毒性降低。该提取液的去毒作用在 20～50℃

有效力，60℃时活力几乎全部丧失，最佳作用温度为 25℃；解毒活性范围为 pH 5.4～7.6，最佳 pH 为 6.0；有效作用时间为 60min。以上现象表明，该抽提液中起解毒作用的应该是某种酶，其米氏常数 $K_m \approx 1.1 \times 10^{-5}$ mol/L，表明该酶可能是某种变构酶，具有进一步研究的潜力。

在环菌属（*Armillariella tabescens*）中存在着可以脱除黄曲霉毒素 B_1 毒性的多酶复合体系，从中分离出一种胞内酶，命名为黄曲霉毒素脱毒酶（aflatoxin detoxifizyme）。毒理学及病理学研究表明，通过该酶的处理，黄曲霉毒素 B_1 的毒性大大降低，艾母斯试验的结果也表明用该酶处理过的黄曲霉毒素 B_1 致畸性极大降低。一般认为该酶的作用机理是通过打开双呋喃环破坏黄曲霉毒素，这同碱法脱毒的原理是不一样的。一些生物学家对固定化真菌解毒酶在花生油中 AFB_1 的去除作用进行了大量研究，证明酶法解毒是一种安全、高效的解毒方法，而且具有对食品无污染、选择性高且不影响食品营养物质等优点。

13.4.5　谷胱甘肽过氧化物酶和谷胱甘肽-S-转移酶作用的解毒作用

谷胱甘肽（GSH）是属于含有巯基的、小分子肽类物质，具有两种重要的抗氧化作用和整合解毒作用。谷胱甘肽是由谷氨酸、半胱氨酸和甘氨酸结合而成的三肽，半胱氨酸上的巯基为其活性基团（故谷胱甘肽也常简写为 G-SH），易与碘乙酸、芥子气（一种毒气）、铅、汞、砷等重金属盐络合而具有了整合解毒作用。谷胱甘肽（尤其是肝细胞内的谷胱甘肽）具有非常重要的生理作用即整合解毒作用，能与某些药物（如扑热息痛）、毒素（如自由基、重金属）等结合，参与生物转化作用，从而把机体内有害的毒物转化为无害的物质，排泄出体外。

谷胱甘肽是谷胱甘肽过氧化物酶（GSHPX）和谷胱甘肽-S-转移酶（GST）的特有底物。谷胱甘肽的解毒功能主要是通过这两种酶来完成的。GSHPX 存在于真核细胞液中，也见于线粒体中，GSHPX 的主要解毒功能在于将 H_2O_2 还原为 H_2O。氧在生物体系中可以在多种酶（如 NADPH 细胞色素 P450 还原酶、黄嘌呤氧化酶等）的催化下发生单电子还原，生成超氧阴离子（O_2^-），并衍生出一系列氧还原产物，总称为活性氧自由基。这些氧自由基可导致脂质过氧化或使细胞的某些酶丧失活性，引起细胞和组织的损伤。由于 GSHPX 能将 H_2O_2 还原为 H_2O，使得通过中间体 H_2O_2 生成高活性的膜过氧化剂·OH 这个链被打断，从而保护细胞免受氧自由基的毒性伤害。谷胱甘肽在还原氧自由基的同时自身被氧化为 GSSG，后者又通过 GSSG 还原酶的催化还原为谷胱甘肽，以保持细胞内硫醇的平衡。GSHPX 有两种类型，一是含硒型 GSHPX（SeGSHPX），它可以使 H_2O_2 还原，也可以使有机氢过氧化物还原，缺硒可降低此酶的活性。另一种不受缺硒的影响，但对 H_2O_2 的还原活性很小，只对有机氢过氧化物有一定的活性。GSHPX 对氢过氧化物具有相对的专一性，当氢过氧化物中的氢被另一有机基团取代时，酶的活性便明显降低。在巯基化合物中，仅谷胱甘肽是高活性底物。

谷胱甘肽-S-转移酶（GST）在生理上有很多重要功能，如甾酮类化合物的转化、前列腺激素的代谢、白三烯的代谢等。但就其解毒功能而言，则主要有两种，一是对有机氢过氧化物的还原；二是对活性亲电子剂的灭活。许多化学致癌物（如多环芳烃）的终致癌物大都是活性亲电子剂。它们与细胞内的 DNA 等大分子共价结合可导致细胞突变或癌变等严重后果。谷胱甘肽是存在于细胞胞液中的含—SH 的非蛋白分子，在 GST 的催化下很容易与这些亲电子剂轭合。亲电子剂与谷胱甘肽轭合后便被灭活。

13.4.6　酶对单细胞蛋白中核酸的降解作用

单细胞蛋白（single protein cell，SCP）作为食物和蛋白质的来源对现代人类的生活越来越重要，但是生产单细胞蛋白的快速生长的细胞中蛋白质和核酸含量都很高。而核酸在

pH 4.5 以下时是不溶的，它被直接消化后会导致血液中尿酸含量增加，尿酸水溶性很低，不能被继续降解，只能部分排出，残留的部分会引起痛风、关节痛，肾和膀胱结石。所以除去单细胞蛋白中的核酸对单细胞蛋白的发展与利用有重要的意义。可以用两类方法解决这个问题。

① 热处理方法，将酵母细胞在68℃下加热处理几秒钟，然后在45℃下保温2h，最后在55℃保持1h。这个过程可以激活内源的核糖核酸酶，它能降解RNA，生成的水溶性产物能通过细胞壁分泌到介质中去，从而除去一部分核酸。

② 外源酶处理方法，牛核糖核酸酶能降解单细胞中的核酸。为了帮助外源酶渗透到细胞中去，需要将试样在80℃下处理30s，这个方法一般能除去单细胞中3/4的核酸。

虽然还可以用其他的化学方法除去单细胞蛋白中的核酸，但是以内源酶和外源酶作用为基础的方法比较安全。

13.4.7 酶对有机磷农药的解毒作用

有机磷类农药在农业生产中大量使用，属于有机磷毒剂。有机磷毒剂是乙酰胆碱酯酶抑制剂，因而对人和哺乳动物、鱼类及鸟类等易产生毒害作用。目前生产和正在使用的并引起人们对其毒理学感兴趣的有机磷杀虫剂主要是磷酸酯、硫代（逐）磷酸酯以及硫代（逐）磷酰胺酯。

1989 年，Mulbry 和 Dumas 分别从 *Flavobacterium* sp. 和 *Pseudomonas Diminuta* MG 中首次分离纯化出了有机磷水解酶 OPH（又称磷酸三酯酶 PTE）。有机磷水解酶以其高于传统化学法水解处理有机磷农药上千倍速率的非凡魅力，理所当然地吸引了所有对有机磷农药污染问题头疼不已的学者们的目光，成为当时最具希望的明日之星。之后的研究也没有令人失望，有机磷水解酶不仅拥有极高的酶解速率，而且底物范围也很宽，能够断裂 P—O，P—F，P—CN 等化学键。除了有机磷农药（乙基对硫磷、对氧磷、蝇毒磷、二嗪农）可被其降解外，它还能降解沙林、梭曼等用于战争的有机磷神经毒剂。

磷酸三酯酶是降解有机磷毒剂的重要酶类，该酶对治疗有机磷中毒、有机磷毒物的生物去毒具有重要作用（图 13-4）。磷酸三酯酶断裂磷原子和解离基团之间的键，水解产物具有比有机磷杀虫剂本身更强的极性，在脂肪组织中不聚集，从而随体液排出体外。同时，由于该水解产物磷酸化能力比有机磷杀虫剂低，因此毒性也大为降低。其中对硫磷水解酶属于PTE家族，因其被发现的第一个底物对硫磷而得名。该酶水解对硫磷产生二乙基硫代磷酸和对硝基苯酚。由于二乙基硫代磷酸和对硝基苯酚的水溶性较好，因而在环境中可以被其他微生物降解，从而可实现对硫磷的完全去毒。

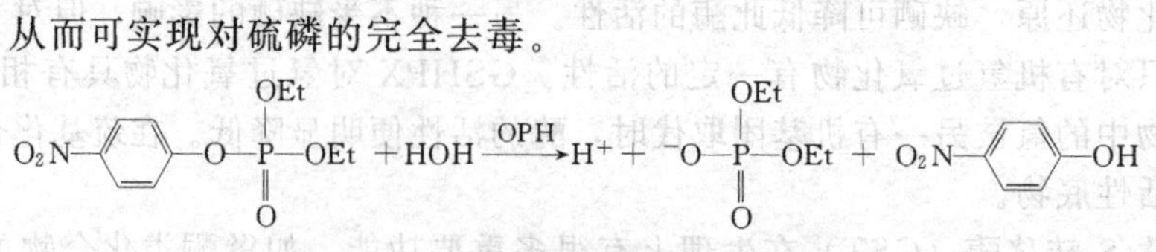

$$O_2N-C_6H_4-O-P(=O)(OEt)-OEt + HOH \xrightarrow{OPH} H^+ + {}^-O-P(=O)(OEt)-OEt + O_2N-C_6H_4-OH$$

图 13-4 有机磷水解酶的催化过程

［对氧磷的水解过程（Et：乙基），对氧磷被水解成二乙基磷酸盐和对硝基苯酚］

对硫磷水解酶能够水解多种有机磷杀虫剂，包括对硫磷、三唑磷（triazophos）、对氧磷、苯硫磷（EPN）、甲基对硫磷、毒死稗（dursban）、杀螟松、杀螟腈等。可将它们应用到洗涤剂中，从而降解蔬菜、水果表皮的农药，以确保食品卫生及人的身体健康。

13.4.8 酶对亚硝酸盐的解毒作用

亚硝酸盐（NO_2^-）作为人体内的有害物已早为人知，开始人们认为体内的亚硝酸盐主要来自于食物和肠道细菌的合成，后来有人用无菌大鼠为实验对象，发现其分泌的亚硝酸盐量远远超过从饮食中的摄入量。亚硝酸盐在人体内可引起癌症，亚硝酸盐还原酶可作用于亚硝酸盐，避免引起亚硝酸盐食物中毒和癌症。

13.4.9　酶对乳糖的促消化作用

由于遗传上的原因而缺少某种酶的人，在各方面都很健康，但对食物中的某一种组分却不像一般人那样正常消化，这样可能会导致营养不良的症状，对健康产生不利的影响。在这种情况下把胞外酶作为食品添加剂是有效的解决办法。乳糖的不消化是这方面的一个典型例子。有些儿童在喝牛奶的时候，会出现种种不适现象，如腹胀、消化不良或腹泻等反应。这是亚洲人群比较突出的“乳糖酶缺乏和乳糖不耐受”现象（临床通称“乳糖不耐”）。牛奶中的乳糖是一种双糖，因为分子太大不能在肠壁吸收，要在小肠中消化成较小的葡萄糖及半乳糖才能穿过肠壁进入血管。当小肠中的乳糖酵素太少，无法发挥作用时只能让乳糖停留在大肠内发酵，就会出现胀气、腹痛及拉肚子等现象。这是由于体内缺少β-半乳糖苷酶而不能把乳糖分解为葡萄糖和半乳糖，用来自酵母的乳糖酶（游离或固化的）来处理牛乳或牛乳产品就可以克服人体消化乳糖的困难。

以上例子表明，在很多食物中毒性化合物或营养拮抗因子都是固有成分。通常人们在食用这些食品前，对需要进行解毒物质的处理方法大多有一些了解。通过酶的作用还可能去除其他的毒素和抗营养素，表 13-1 总结了食品可能的应用方面。

表 13-1　酶作用除去食品中的毒素和抗营养素

物　质	食　品	毒　性	酶作用
乳糖	乳	肠胃不适	β-半乳糖苷酶
寡聚半乳糖	豆	胃肠气胀	α-半乳糖苷酶
核酸	单细胞蛋白质	痛风	核糖核酸酶
木酚素糖苷	红花子	导泻	β-葡萄糖苷酶
植酸	豆、小麦	矿物质缺乏	植酸酶
胰蛋白酶抑制剂	大豆	不能利用蛋白质	脲酶
蓖麻毒	蓖麻豆	呼吸和血管舒缩系统麻痹	蛋白酶
番茄素	绿色水果	生物碱	成熟水果的酶系
亚硝酸盐	各种食品	致癌物	亚硝酸盐还原酶
单宁	各种食品	亢奋	微生物嘌呤去甲基酶
胆固醇	各种食品	动脉粥样硬化	微生物酶
皂草苷	苜蓿	牛气胀病	β-葡萄糖苷酶
含氯农药	各种食品	致癌物	谷胱甘肽-S-转移酶
氰化物	水果	死亡	硫氰酸酶、氰基苯丙氨酸合成酶、腈酶
有机磷酸盐	各种食品		酯酶

酶法解毒有很多优点，通常使用胞内酶，这样就避免使用外源化学添加剂和高温加热处理（使酶失活），还可避免由于伪劣产品而造成的问题。酶可在低温下保存，在需要时则可加热使其失活。酶法加工中，由于生成副产品而造成的营养物质的损失最小。现在消费者对食品安全性和营养价值的重视度越来越高，酶法解毒具有重要的现实意义。

13.5　酶在食品安全检测方面的应用

食品是人类赖以生存和发展的物质基础，而食品安全（food safety）问题是关系到人体健康和国计民生的重大问题。食品安全就是食品中不应含有可能损害或威胁人类健康的有毒有害物质或因素，从而导致消费者产生急性或慢性毒害作用甚至感染疾病或产生危及消费者及其后代健康的隐患。随着中国与世界各国间的贸易往来日益增加，食品安全已经成为影响农业和食品工业竞争力的关键因素，并在某种程度上制约了中国农业产业结构和食品工业的战略性调整。

正因为如此，大多数国家开始对食品的安全性问题提出更高的要求，涌现出许多食品安全检测的新技术，检测技术日益趋向于高技术化、系列化、速测化、便携化和商品化发展。酶法检测是利用酶催化作用的专一性对物质进行检测，已经成为分析检测的重要手段。酶法检测是以酶的专一性为基础，以酶作用后物质的变化为依据来进行的。所以要进行酶法检测必须具备两个条件：一是要有专一性高的酶，二是对酶作用后的物质变化要有可靠的检出方法。

酶法检测发展很快，应用广泛。可用酶法检测的物质很多，而用于酶法检测的酶和检测的手段也不少。根据酶反应的不同，把酶法检测分成单酶反应、多酶偶联反应和酶标免疫反应等三类，下面分别加以说明。

13.5.1 单酶反应检测

利用单一酶与底物反应，然后用各种方法测出反应前后物质变化的情况，从而确定底物的量。这是最简单的酶法检测技术。使用的酶可以是游离基，也可以是固定化酶或单酶电极等。

通过单酶催化反应进行物质检测具有简便、快捷、灵敏、准确的特点，是酶法检测中最广泛采用的技术。通过固定化酶与能量转换器密切结合组成单酶电极，使酶法检测朝连续化，自动化的方向发展，具有广阔的应用前景。

13.5.1.1 L-谷氨酸脱羧酶

L-谷氨酸脱羧酶专一地催化 L-谷氨酸脱羧生成 γ-氨基酸和二氧化碳。生成的二氧化碳可以用气体检测法测定。该酶已广泛地用于 L-谷氨酸的定量分析，可使用游离酶、固定化酶或酶电极。检测二氧化碳可以用华勃呼吸仪或二氧化碳电极等。

13.5.1.2 脲酶

脲酶又称为尿素酶，是一种专一催化尿素水解生成氨和二氧化碳的水解酶。通过气体检测或者使用氨电极、二氧化碳电极、NH_4^+ 电极等测出氨或二氧化碳的量，就可以确定尿素的量。脲酶还可以消除大豆中的蛋白酶抑制剂，保证人体对蛋白质的利用，确保食品的安全性。

13.5.1.3 葡萄糖氧化酶

葡萄糖氧化酶是催化葡萄糖与氧反应生成葡萄糖酸和双氧水的氧化还原酶。可通过测定酸的生成量或氧的减少量来确定葡萄糖的量；也可用 pH 电极、Pt（O_2）电极、氧电极、Pt（H_2O_2）电极等测出 pH 或氧的变化量，从而确定葡萄糖的量。该酶已广泛用于食品、发酵工业等方面。

生物技术学家已经成功地设计出用于检测像葡萄糖和乳酸等代谢物的变化的生物传感器。可以用葡萄糖氧化酶的生物传感器连续监测葡萄糖浓度的变化。葡萄糖氧化酶可催化反应（13-2）。

$$\text{葡萄糖}+\text{氧气}\xrightarrow{\text{葡萄糖氧化酶}}\text{葡萄糖酸}+H_2O_2 \tag{13-2}$$

使用葡萄糖过氧化物酶的葡萄糖生物传感器的重要部分是检测氧气和过氧化氢变化的系统。该系统有几种可能的检测方法，但多是应用荧光化合物来检测氧气的变化。此传感器有一个光纤系统，能允许钌的激发和荧光的检测，将 tris（1,10-二氮杂菲）氯化钌这种成分曝露于氧气中将产生不同的荧光特性。

13.5.1.4　胆固醇氧化酶

胆固醇氧化酶是催化胆固醇与氧反应生成胆固酮（胆甾烯酮）的氧化还原酶。通过气体检测技术或用氧电极测出氧的减少量，就可以确定胆固醇的含量，其反应见式 (13-3)。

$$\text{HO-胆固醇} \xrightarrow[\text{胆固醇氧化酶}]{O} \text{O=胆固酮} \tag{13-3}$$

13.5.2　多酶偶联反应检测

多酶偶联反应检测是利用两种或两种以上的酶的联合作用，使底物通过两步或多步反应转化为易于检测的产物，从而测定被测物质的量。

13.5.2.1　葡萄糖氧化酶与过氧化物酶偶联

葡萄糖氧化酶催化葡萄糖与氧反应生成葡萄糖酸和 H_2O_2，生成的 H_2O_2 在过氧化物酶的作用下分解为水和原子氧，新生成的原子氧将无色的还原型邻联甲苯胺氧化成蓝色物质[见式 (13-4)、式 (13-5) 和式 (13-6)]，颜色深浅与葡萄糖的浓度成正比。此方法可用于测定血液中或尿液中葡萄糖的含量，从而诊断糖尿病。

$$\text{葡萄糖} + \text{氧气} \xrightarrow{\text{葡萄糖氧化酶}} \text{葡萄糖酸} + H_2O_2 \tag{13-4}$$

$$H_2O_2 \xrightarrow{\text{过氧化物酶}} H_2O_2 + [O] \tag{13-5}$$

$$\underset{\text{(无色)}}{[O] + \text{还原型领联甲苯胺}} \xrightarrow{\text{葡萄糖氧化酶}} \underset{\text{(蓝色)}}{\text{氧化型邻联甲苯胺}} \tag{13-6}$$

13.5.2.2　*β*-半乳糖苷酶与葡萄糖氧化酶偶联

利用这两种酶的偶联反应检测乳糖。首先 *β*-半乳糖苷酶催化乳糖水解生成半乳糖和葡萄糖，生成的葡萄糖在葡萄糖氧化酶的作用下生成葡萄糖酸和 H_2O_2。可以用氧电极或 H_2O_2 铂电极等测定葡萄糖的量，进而计算出乳糖的含量。

根据这一原理，还可以用蔗糖酶和葡萄糖氧化酶偶联测定蔗糖含量；用麦芽糖酶与葡萄糖氧化酶偶联，测定麦芽糖含量；用糖化酶与葡萄糖氧化酶偶联，测定淀粉含量。

这些双酶偶联也可以再与过氧化物酶一起组成三酶偶联反应，并与邻联甲苯胺共固定化制成酶试纸，分别用于检测各自的第一种酶的底物。

13.5.2.3　已糖激酶与葡萄糖氧化酶偶联

通过已糖激酶与葡萄糖氧化酶这两种酶的偶联反应可以测定 ATP 的含量。已糖激酶可以催化葡萄糖与 ATP 反应生成 6-磷酸葡萄糖，反应前后样品中的葡萄糖可通过葡萄糖氧化酶催化后用各种适宜的方法定量测定。葡萄糖的减少量与 ATP 的含量成正比，故通过测定葡萄糖的减少就可以计算 ATP 的含量。

13.5.3　酶标记免疫反应检测

酶标记免疫反应检测是将酶的检测技术与免疫检测技术相结合，用于测定样品液中抗体或抗原含量的技术。该方法首先将适宜的酶与抗原或抗体结合在一起：若要测定样品中抗原的含量，就将酶与欲测定抗原对应的抗体结合，制成酶标抗体，反之，若要测定抗体，则需要先制成酶标抗原。然后将酶标抗体（或酶标抗原）与样品液中待测抗原（或抗体），通过免疫反应结合在一起，形成酶-抗体-抗原复合物。通过测定复合物中酶的含量就可得出预测定抗原或抗体的量。

13.5.3.1 碱性磷酸酶

将碱性磷酸酶与抗体（或抗原）结合，制成碱性磷酸酶标记抗体（或碱性磷酸酶抗原）。该酶标记抗体（或酶标记抗原）与样品液中的对应抗原（或抗体），通过免疫反应结合成碱性磷酸酶-抗体-抗原复合物。将该复合物与底物硝基酚磷酸（NPP）进行反应，碱性磷酸酶催化NPP水解生成硝基酚和磷酸。硝基酚呈黄色，黄色的深浅与碱性磷酸酶的含量成正比。故此，通过分光光度计测定420nm波长下的光吸收率（A_{420}），就可测出复合物中碱性磷酸酶的量，从而计算出待测抗原（抗体）的含量。

13.5.3.2 过氧化氢酶

过氧化氢酶是催化过氧化氢分解生成氧和水的氧化还原酶。首先制成过氧化氢酶标记抗体，然后通过免疫反应生成过氧化氢酶-抗体-抗原复合物。将此复合物与过氧化氢接触，过氧化氢酶催化过氧化氢生成氧和水。生成的氧可用电极测定，从而测定过氧化氢酶的量，再计算出待测抗原（或抗体）的含量。

酶标记免疫测定已成功地用于多种抗体或抗原的测定，从而用于某些疾病的诊断。除碱性磷酸酶和过氧化氢酶之外，在商品试剂中应用的酶尚有葡萄糖氧化酶、β-半乳糖苷酶和脲酶等。

13.5.4 酶在食品安全检测中的应用

酶法检测以其发展迅速、应用广泛等特点在众多方法中脱颖而出。其中最重要的是酶标免疫反应，可应用在食品安全检测的诸多方面。而在这之中最有前景，应用最广泛的是酶联免疫检测技术。

13.5.4.1 酶联免疫吸附测定技术

酶联免疫吸附测定技术（enzyme-linked immunosorbent assay；ELISA）和其他免疫方法一样，都是以抗体和抗原的特异性结合为基础，其差别在于酶联免疫方法以酶或者辅酶作为标记物来标记抗原或抗体，用酶促反应的放大作用来显示初级免疫学反应。ELISA也不例外，但其最大的特点是利用聚苯乙烯微量反应板（或球）吸附抗原或者抗体使之固相化，在其中进行免疫反应和酶促反应。酶联免疫吸附测定法有其独特的优点。

① 专一性强　抗原与抗体的免疫反应是专一反应，而免疫酶技术以免疫反应为基础，所检测的对象是抗原（或抗体），使用的抗体除酶标记外，与普通抗体的免疫反应特性并无多大差别。

② 灵敏度高　由于抗体联结上了酶，因此借助于酶与底物的显色反应，显示抗原与抗体的结合大大提高了灵敏度，使检测水平接近于放射免疫测定法。

③ 样品易于保存　经过酶反应显示的有色产物大多比较稳定，因此有利于样品保存。

④ 结果易于观察　对检测结果既可用肉眼观察，又可用显微镜观察，也可用电子显微镜观察，这是由于某些酶反应产物能使电子密度发生改变，从而使被检物得到显示。

⑤ 可以进行定量测定。

⑥ 仪器和试剂简单　与放射免疫测定方法相比，仪器和试剂简单，易操作，而且不要求操作人员采取安全防护措施。

13.5.4.2 酶联免疫吸附测定技术在食品安全检测中的应用

（1）毒素的检测　海洋生物毒素检测和预防已纳入WHO的HACCP计划。因为有害藻类毒素自身或通过食物链在鱼类、贝类等生物体内蓄积，对生物直至人类产生危害。所以近十几年来用于海洋生物毒素检测的ELISA的方法得到迅速发展，与HPLC法和AOAC常规微生物测定法相比，它具有灵敏度好、快速简便等特点。

酶联免疫吸附法（ELISA）利用抗原抗体反应原理。酶标板微孔包被有抗黄曲霉毒素抗体，加入酶标记黄曲霉毒素结合物和含黄曲霉毒素标准液或样品提取液。游离的黄曲霉毒素和黄曲霉毒素酶标结合物竞争黄曲霉毒素的抗体结合部位（酶联免疫竞争反应）。洗去没有被抗体结合的酶标记黄曲霉毒素结合物。加入底物进行酶的催化显色反应。结合的酶标记物使无色的底物产生蓝色。加入反应停止液后颜色由蓝色转变为黄色。颜色的深浅可以反映样品中黄曲霉毒素含量的多少。用 Stat Fax 303 Plus Microstrip Reader 液晶显示酶标仪可准确定量样品中黄曲霉毒素的浓度（见图 13-5）。

(2) 农药残留检测　ELISA 已成为许多国际权威分析机构（如 AOAC）分析农药残留的首选方法。迄今为止，应用 ELISA 检测食品中的残留农药主要为除草剂、杀虫剂和杀菌剂。草甘膦的 ELISA 检出下限为 0.07μg/ml。其他残留农药（Metolsulan，Fluroxypyr，Triclopyr 和 Benalaxyl 等）的检测结果均与色谱法测定的结果一致。尽管从目前来看 ELISA 检测限度还不能完全达到国外发达国家技术法规和限量标准的要求，而且存在抗体制备不易、不能同时完成多种农药残留检测等缺点，但是由于该技术具有样本前处理简单、纯化步骤少、大量样本分析时间短、适合于做成试剂盒利于现场筛选等优点，可在蔬菜产区、蔬菜批发市场和海关配备，工商人员可随身携带或建立固定的农药残留速测点，能够随时检测蔬菜、水果等食品，有利地保证食品的卫生安全。

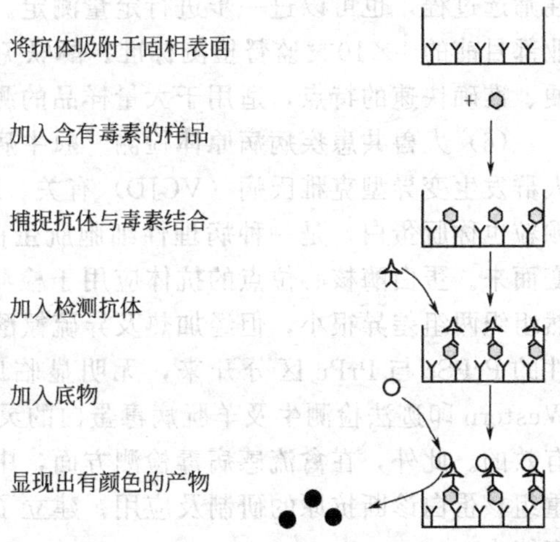

图 13-5　用 ELISA 检测毒素

(3) 微生物污染检测　食品中的有害细菌数量达到一定数目，食用后会引起各种疾病。为了有效地控制其传播，就必须有快速和可靠的检测方法。目前有许多种方法，其中通过制备单克隆抗体分析食品中细菌的 ELISA 技术研究最多，检测结果准确可靠。例如对沙门氏菌最低检测量可达 500CFU/g，仅需 22h，比常规方法缩短了 3～4d，与金黄色葡萄球菌、大肠杆菌无交叉反应。此外，以 ELISA 技术为基础的全自动沙门氏菌检测系统实现了整个过程的自动化，全程耗时仅为 45min。其原理是将捕捉抗体包被到凹形金属片的内面，可以从前增菌液中吸附被检的沙门氏菌，对于该系统来说，需要做的只是加样。在对李斯特氏菌的快速检测中，利用三株针对单核细胞增生李斯特氏菌、无害李斯特氏菌和西里杰氏李斯特氏菌共同表位的单抗，以夹心 ELISA 法，在 48h 内可从人工模拟样品中检测下限为 5CFU/g 的样品。

(4) 肉类品质检测　ELISA 在肉类食品品质检测中的应用主要包括加热终温判定分析和搀入异种肉的检测两个方面。肠道疾病的爆发和动物性食品有很大关系，而肉食品加热煮制不当是引起该疾病爆发的一个主要原因。在加热过程中一些成分的含量会降低，而一些产物的浓度会提高。当用蛋白质做指示剂时可制备抗体，这种抗体对单一蛋白质的天然状态或变性状态均具有专一性，这样它就可以指示蛋白质在加热过程中变化。因而 ELISA 可作为商业上快速判定分析肉品终温的一种方法。目前用得最多的是对乳酸脱氢酶（LDH）的免疫检测。其次是对搀入异种肉的检测，利用多克隆抗体对血清白蛋白的 ELISA 法，对鲜肉进行搀假检测。几种以单克隆抗体为基础的 ELISA 反应已得到应用。它们可以检测出1%～2%的搀假率。目前在商业上，ELISA 已可以检测十多种畜肉，该方法已被 USDA（United State Department of Agriculture）作为标准方法使用。同时，ELISA 技术也可以利用对热稳定的肌肉抗原来检测加热处理后的肉搀假情况。目前，该技术可以检测 6 种家畜熟肉制品，但是在部分肉类之间存在交叉反应。

（5）兽药残留检测　利用 ELISA 技术测定动物性食品中有害残留成分是近几年的事。随着研究的深入，由原样品的复杂处理和抽提发展为只需要高度纯化过程，加速了其在实际检测中的应用，特别是对猪肉、禽肉和水产品中重要禁用兽药残留（激素和兴奋剂）的检测。如瘦肉精酶联免疫检测法，基于抗原抗体反应进行竞争性抑制测定，不仅可作为一个定性筛选过程，也可以进一步进行定量测定。检测灵敏度可达到 0.5×10^{-9}，完全达到中国农业部目前的 1×10^{-9} 监督检测标准。酶联免疫法作为克伦特罗残留量的筛选方法具有操作简便、准确快速的特点，适用于大量样品的测定，能够成为国家标准检测方法。

（6）人兽共患疾病病原体检测　疯牛病（BSE）是牛的一种致死性神经系统疾病，它与人群发生变异型克雅氏病（VCJD）有关。对于该病病原，普遍认为是一种蛋白质性的感染颗粒也称朊蛋白，是一种病理性细胞朊蛋白（PRPSC），由正常的细胞朊蛋白（PRPC）转变而来。蛋白酶核心位点的抗体应用于检测正常及 BSE 动物脑组织 PRPC 的含量，对于天然组织两组差异很小，但经加热及异硫氰酸胍处理后，ELISA 可将牛脑匀浆物中 BSE 特异性的 PrPSc 与 PrPc 区分开来，无明显临床症状的 BSE 感染动物可被检出，经对朊蛋白 Western 印迹法检测牛及羊朊病毒蛋白的灵敏度、特异性及可靠性进行分析，证明该方法是有效的。此外，在禽流感病毒检测方面，中国已完成了禽流感流行株的分离和鉴定、禽流感重组核蛋白诊断抗原的研制及应用，建立了禽流感免疫酶诊断方法和技术，已形成试剂盒生产能力。

（7）重金属污染检测　金属硫蛋白普遍存在于自然界、细菌、植物、动物以及人类机体中，是一类对重金属离子有很强亲和力、含丰富的半胱氨酸（约 1/3）、不含芳香族氨基酸和组氨基酸的低分子量蛋白质。金属硫蛋白含有大量的巯基（—SH），能与 Hg、Cd、Cu、Ag 等重金属离子结合掩蔽金属的毒性，对细胞内的金属离子有重要的解毒作用。生物细胞，在环境受重金属污染（Cu、Hg、Cd、Pb、Zn 与金属离子）的情况下，可被诱导合成出大量的金属硫蛋白，且在一定范围内成正比，是一项对金属污染具有特异性的指标。用纯化的金属硫蛋白对兔进行免疫，兔抗血清纯化后并标记辣根过氧化酶，可实现对食品中重金属污染的超微量检测。

（8）转基因食品的检测　转基因产品的检测基因技术发展迅速，转基因生物及其产品（CMOs）的安全问题上存在争议，许多 WTO 成员对转基因农产品的进口做了一些限制，检验 CMOs 的方法，除了聚合酶连锁反应外，ELSIA 法也比较常用。

在食品安全问题备受重视的今天，酶工程无论在食品的解毒还是在食品安全检测方面都具有重要的地位。食品安全检测的发展方向是快速、灵敏、简便。酶法应用在食品安全检测中有优点也有缺点。ELISA 具有高特异性、高灵敏性、准确度高、重现性好、一次性可处理大量样品，适宜于用定性试验进行筛选，易于推广到基层等优点；但也有不能同时分析多种成分；对试剂的选择性高；对结构类似的化合物有一定程度的交叉反应等缺点。随着新 ELISA 法的不断出现及免疫试剂盒的商业化，ELISA 分析在食品安全检测领域中一定会得到进一步的应用和推广。

复习思考题

1. 食品中的酶对于食品的卫生和安全有何不利的影响？
2. 试述酶法解毒的优点？
3. 酶联免疫检测技术在食品卫生和安全检测中都有哪些应用？

参 考 文 献

1　陈庆森，冯永强，黄宝华等．食品中致病菌的快速检测技术的研究现状与进展．食品科学，2003，24（11）：148～152
2　王璋．食品酶学．北京：中国轻工业出版社，1991
3　于国萍，迟玉杰．酶及其在食品中的应用．哈尔滨：哈尔滨工程大学出版社，2000
4　张志洁，林清玉．我国食品安全检测主要应用技术的研究及现状．食品工业科技，2003，24（12）：89～92
5　Henry C，and Heppell N J. Nutritional aspects of food processing. Gaithersburg：Aspen Publishers，1998
6　Johnson G P. Introduction to food biotechnology. Boca Raton：CRC Press. 2002
7　Whitaker，John R. Handbook of food enzymology. London：Marcel Dekker Incorporated. 2002

第14章　酶在功能食品中的应用

知识要点

1. 酶在功能食品生产中的一般原理和生产方法
2. 功能性低聚糖和低聚肽的功能及研究发展状况

功能性食品（functional food），是强调其成分对人体能充分显示机体防御功能、调节生理节律、预防疾病和促进康复等功能的工业化食品。功能性食品中真正能发挥其生物学作用的成分，称为功效成分（functional composition）、活性成分、功能因子等。功效成分是功能性食品的核心。在功能性食品的发展过程中，随着研究和认识水平的提高，先后经历了第一代、第二代和第三代三个阶段。所谓第三代功能性食品就是要求功效成分清楚、结构明确、含量确定。功效成分主要包括活性多糖、低聚糖、功能性油脂、肽和蛋白质、维生素、黄酮类化合物、酶、功能性醇酚、矿物质和益生菌等。在功能性食品的生产中，主要依赖于含有上述成分的所谓功能性食品基料。

近年来，随着生物技术的高速发展，酶在功能性食品开发中扮演着越来越重要的角色，上述许多功效成分都可利用酶法生产，如低聚果糖、低聚乳果糖、异麦芽酮糖、低聚木糖等低聚糖；降压肽、酪蛋白磷肽、大豆活性肽等。

14.1　低聚寡糖生产中的应用

低聚糖（oligosaccharides）是由2～10个单糖或其衍生物聚合而成的一类寡聚体化合物，已知的低聚糖通常是由己糖通过糖苷键连接形成的直链或支链低度聚合物。根据单糖组分的差异可将低聚糖分为两类，由一种单糖结合而成的低聚糖称为均低聚糖（homooligo-saccharide），由两种或两种以上单糖结合而成的低聚糖称为杂低聚糖（heterooligo-saccharide）。若根据低聚糖的生物学功能来划分则为功能性低聚糖和普通低聚糖两大类。蔗糖、乳糖、麦芽糖等属于普通低聚糖，仅作为供能物质，无促双歧杆菌生长等特殊生理作用；而功能性低聚糖则是一类人体难以消化的糖类，所以又被称为非吸收性寡糖（non-digestable oligosaccharide）。这类低聚糖具有一般糖类的口感，但甜度和能量只有蔗糖的20%～70%，它们通常具有多重生理调节机能，有的具有防龋作用，如帕拉金糖、偶联糖；有的具有抑制肠道腐败细菌梭状荚膜菌生长的作用，如麦芽三糖、四糖等；有的不仅具有抗龋作用，还能作为双歧因子选择性地被肠道有益菌利用却不被人体消化吸收，如低聚果糖、低聚半乳糖、低聚异麦芽糖、低聚木糖、低聚葡甘聚糖等，是一类重要的双歧杆菌促生长因子（bifidus factor，BF）。低聚糖一般都具有低热、稳定、安全无毒等特性。

目前已经应用于保健食品生产的低聚糖主要包括低聚果糖、低聚乳果糖、低聚半乳糖、低聚异麦芽糖、异麦芽酮糖、低聚木糖、低聚壳聚糖、葡甘聚糖、偶合糖、L-糖等。

功能性低聚糖酶法生产过程主要包括两大类：①利用糖苷酶生产；②利用水解酶生产。可以生产的品种有低聚果糖、低聚乳果糖、低聚半乳糖、低聚木糖、低聚壳聚糖等。

14.1.1 低聚果糖

低聚果糖（fructooligosaccharides），是存在于水果、蔬菜、蜂蜜等物质中的天然活性成分，又称寡果糖或蔗果三糖族低聚糖，其结构是在蔗糖分子的果糖残基上通过 β-1,2-糖苷键连接 1～3 个果糖基而成的蔗果三糖、蔗果四糖、蔗果五糖及其混合物。其结构式（图 14-1）可以写成 GF_n（$n=2\sim6$）。经动物和人体实验证实，低聚果糖具有调节体内菌群、降低血脂、促进维生素的合成、保护肝脏、促进 Ca^{2+}、Mg^{2+}、Fe^{2+} 等矿物质吸收的功能。

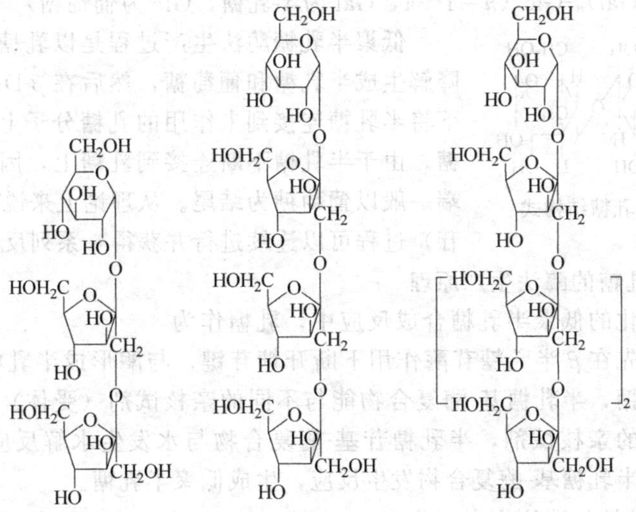

蔗果三糖　　蔗果四糖　　蔗果五糖

图 14-1　低聚果糖的化学结构

14.1.1.1 低聚果糖的生产原理

低聚果糖的生产目前主要采用 β-果糖转移酶或 β-呋喃果糖苷酶作用于蔗糖，通过分子间果糖转移而得。反应过程包括以下两个阶段：①蔗糖在酶的作用下分解为果糖基和葡萄糖；②果糖基与受体蔗糖反应合成蔗果三糖，蔗果三糖作为受体则合成蔗果四糖，蔗果四糖作为受体则转化成蔗果五糖。

在此反应的②阶段有一个果糖基与水作用生成果糖的副反应，应该加以抑制。该反应过程中还产生了较为大量的葡萄糖，葡萄糖是酶的抑制物，阻遏进一步的合成反应，所以该法的低聚果糖产率一般只能达到理论产率的 50%左右。葡萄糖的抑制作用可以通过加入葡萄糖氧化酶予以消除，葡萄糖被氧化成葡萄糖酸，从而提高产物中的低聚果糖含量。

14.1.1.2 低聚果糖的酶法生产工艺

工业上常用的果糖转移酶主要是霉菌发酵生产的，尤其是黑曲霉（*Aspergillus niger*），低聚果糖的酶法生产工艺见图 14-2。低聚果糖的转化率随蔗糖浓度的提高而增高，所以蔗糖浆的含量一般控制在 50%左右，反应时间 24～30h，温度和 pH 则根据所选用的菌株的酶学特性来确定。

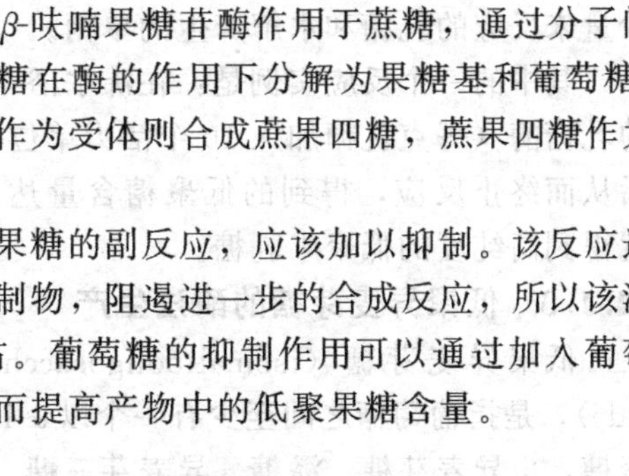

黑曲霉→培养←蔗糖培养基
↓
固定化
↓
转移反应←蔗糖浆
↓
脱色
↓
脱盐
↓
真空浓缩
↓
分离→精制
↓　　　　↓
低含量(55%)液体成品　　高含量(95%)液体成品

图 14-2　低聚果糖的酶法生产工艺流程

14.1.2 低聚半乳糖

低聚半乳糖（galactooligosaccharides）是一种天然的低聚糖，在人类母乳中含量较多，婴儿体内双歧杆菌菌群的建立很大程度上依赖于母乳中的低聚半乳糖成分。该产品具有以下功能：促进双歧杆菌、乳酸菌的增值；低热量，不导致发胖；降低龋齿发病率；保护肝脏，改善钙、铁、锌等矿物质的吸收；改善脂类的代谢，降低血脂和胆固醇；还可促消化，防便秘，降血压等。

低聚半乳糖是以乳糖为原料，经β-半乳糖苷酶（E. C. 3. 2. 1. 23）催化，在半乳糖残基上通过β-1,4-键、β-1,6-键连接1～4个半乳糖分子的寡糖类混合物，其中以β-1,4-键占多数，属于葡萄糖和半乳糖组成的杂低聚糖，半乳糖与葡萄糖之间也主要以β-1,4-键连接。其结构通式为Gal-（Gal）$_n$-Glc（n=1～4，Gal为半乳糖，Glc为葡萄糖）。

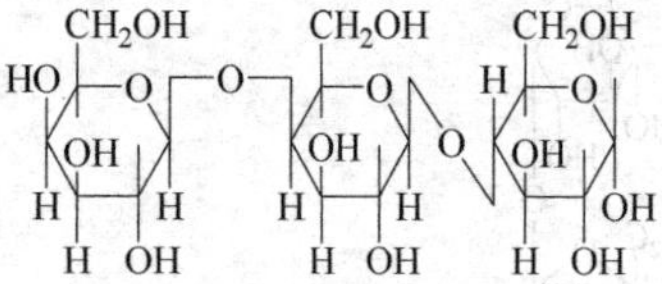

图 14-3 低聚半乳糖结构式

低聚半乳糖酶法生产过程是以乳糖为底物，首先乳糖降解生成半乳糖和葡萄糖，然后在β-D-半乳糖苷酶的作用下将半乳糖连接到未作用的乳糖分子上，生成低聚β-半乳糖。由于半乳糖不断连接到乳糖上，因而该类低聚糖的末端一般以葡萄糖为结尾。从理论上来说，该降解-连接（转苷）过程可以连续进行并获得一系列反应产物。

14.1.2.1 低聚半乳糖的酶法生产原理

在β-糖苷酶催化的低聚半乳糖合成反应中，乳糖作为糖苷配基的供体，先在β-半乳糖苷酶作用下断开糖苷键，与酶形成半乳糖基-酶复合物，并释放糖苷配基葡萄糖，半乳糖基-酶复合物能与不同的亲核试剂（受体）发生反应。在稀水溶液中，水是明显的亲核试剂，半乳糖苷基-酶复合物与水发生水解反应，生成的半乳糖、二糖或三糖都会和半乳糖基-酶复合物发生反应，生成低聚半乳糖。

14.1.2.2 低聚半乳糖的酶法生产工艺

在水相中以游离酶进行的合成工艺已成功应用于工业化大生产中。Tatsuhiko Kan的专利中就报道了用米曲霉的乳糖酶生成低聚糖的方法。具体过程为，在乳糖含量为50%～90%，温度为55～83℃，自然pH条件下，反应若干小时即获得高纯度的低聚糖半乳糖、少量未反应的乳糖和水解产生的单糖。

其中的一个反应实例是：在沸水浴中制得80%的乳糖溶液，冷却到65℃，加入一定量的乳糖酶（每克乳糖加入10个活力单位的酶），在65℃反应4h后于90℃保持20min使酶失活从而终止反应，得到的低聚糖含量达到31%，进一步脱色、过滤、脱盐、干燥、浓缩、就得到高纯度的低聚半乳糖。

14.1.3 低聚异麦芽糖的酶法生产

低聚异麦芽糖（isomaltooligosaccharide），又称分支低聚糖（branching oligosaccharide），是指葡萄糖之间至少有一个以α-1，6-糖苷键结合而成的、单糖数2～5不等的一类低聚糖，由异麦芽糖、潘糖、异麦芽三糖、异麦芽四糖以上的低聚糖，及余留下的麦芽糖、葡萄糖组成。低聚异麦芽糖在各种发酵食品和蜂蜜中天然存在。低聚异麦芽糖几乎不被人体消化吸收，产生的热值很低。低聚异麦芽糖属难发酵性糖，不被莫当斯链球菌（蛀牙菌）所利用。而且具有异麦芽残基的低聚异麦芽糖与蔗糖合用时，会强烈地抑制由蔗糖生成不溶性葡聚糖形成齿垢，阻碍发酵产酸，因此起到抗龋齿的作用。而且具有促进双歧杆菌增殖的作用。

尽管是在一定范围内的混合物，但在转苷反应的产物中，主要为异麦芽糖（isomaltose）、潘糖（pantose）和异麦芽三糖（isomaltotriose），其他聚合度或结构的低聚异麦芽糖则较少。商品低聚麦芽糖的产品规格分两种，主成分占50%以上的称为IMO-50，主成分占90%以上的称为IMO-90。

工业化生产低聚异麦芽糖是以淀粉制得的高浓度的葡萄糖浆为底物，通过α-葡萄糖苷酶催化发生α-葡萄糖基转移反应而得。黑曲霉和米曲霉（*Aspergillus oryzae*）等菌株均可产生α-葡萄糖苷酶，由其催化产生低聚异麦芽糖的转化率超过 60%，见图 14-4。*Leucomostoc mesenteroides* B-512 FM 葡萄糖蔗糖酶，能够催化蔗糖的葡萄糖基转移反应生成葡聚糖，如果反应体系中蔗糖浓度很高并且含有葡萄糖，葡萄糖基就能以葡萄糖为受体生成异麦芽糖，又以异麦芽糖为受体生成异麦芽三糖，以异麦芽三糖为受体生成异麦芽四糖，从而生成一系列低聚麦芽糖。

主要反应过程包括以下几步。

① 糖化液中糊精经糖化酶的作用生成麦芽糖和少量的低聚麦芽糖。

② 以α-1,4-糖苷键结合的麦芽糖或低聚麦芽糖经葡萄糖转苷酶的作用，生成以α-1,6-糖苷键结合的异麦芽糖、潘糖、异麦芽三糖或异麦芽四糖等。

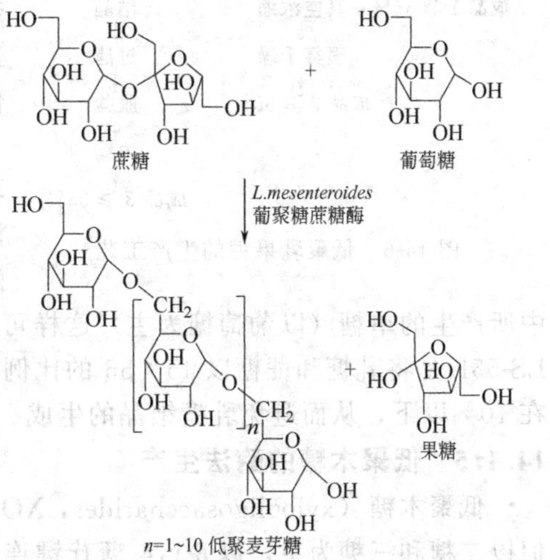

图 14-4　低聚异麦芽糖反应原理

产生β-淀粉酶的真菌和α-淀粉酶都可用于生产低聚异麦芽糖，但需以各自的最适 pH、温度、底物浓度及其液化 *DE* 值、作用时间和辅助酶作用条件来确定相应的糖化工艺条件。

应用β-淀粉酶水解液化液，以非还原性末端依次间隔地切开α-1,4-糖苷键生成麦芽糖，但当接近支链淀粉α-1,6-糖苷键时水解反应即停止。其优点是糖化液中葡萄糖含量少，终产品的糖分组成比较理想。缺点是界限糊精影响滤速。它要求底物液化 *DE* 值较低，且必须配合使用普鲁兰酶，以促进过滤的顺利进行。选择β-淀粉酶的酶活力应在 100000U/mL 以上，这样虽然价格高些，但使用效果好。

应用真菌α-淀粉酶水解液化液，由于它属于内切酶故不产生界限糊精，有利于过滤，但最终产生葡萄糖较多。如果作用时间短，三糖、四糖以上糖分比例偏高。

14.1.4　低聚乳果糖的酶法生产

低聚乳果糖（lactosucrose，*O*-β-D-Galactopyranosyl-1,4-*O*-α-D-glucopyranosyl-1,2-β-D-fructofuranoside）由 3 个单糖组成，其结构式见图 14-5。从一侧看为乳糖接上一个果糖基，从另一侧看则为蔗糖接上一个半乳糖基。低聚乳果糖是一种非还原性低聚糖，甜度为蔗糖的 30%，甜味特性类似于蔗糖。商业化生产的低聚乳果糖产品，由于含有蔗糖和乳糖等其他成分，因而甜度要高些。

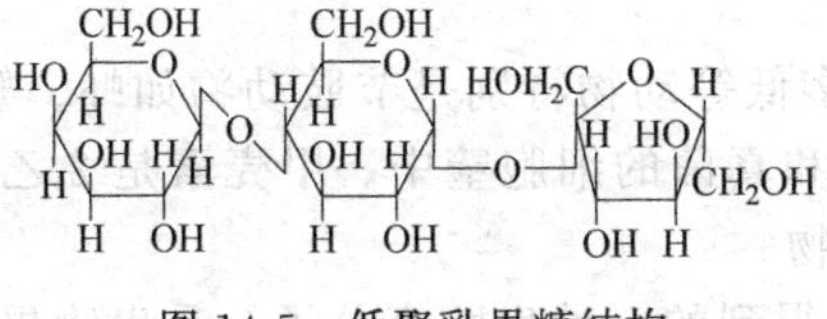

图 14-5　低聚乳果糖结构

主要反应过程包括：①蔗糖被催化降解为葡萄糖和果糖；②在节杆菌（*Arthrodbacter* sp. K-1）产β-呋喃果糖苷酶（β-fuctofuranosidase，E. C. 3. 2. 1. 26）催化下，分解下来的果糖基优先转移至乳糖分子末端的 C1 位的羟基上，从而高效地合成非还原性的半乳糖基蔗糖，即低聚乳果糖。需要注意的是，β-呋喃果糖苷酶不仅催化果糖基转移反应，而且催化蔗糖和低聚乳果糖的水解反应。

在低聚乳果糖的酶法生产过程中，反应体系的 pH、温度、底物含量、反应时间及乳糖和蔗糖的比率及糖浓度等因素，都对低聚乳果糖的生产有影响。研究表明，当蔗糖与

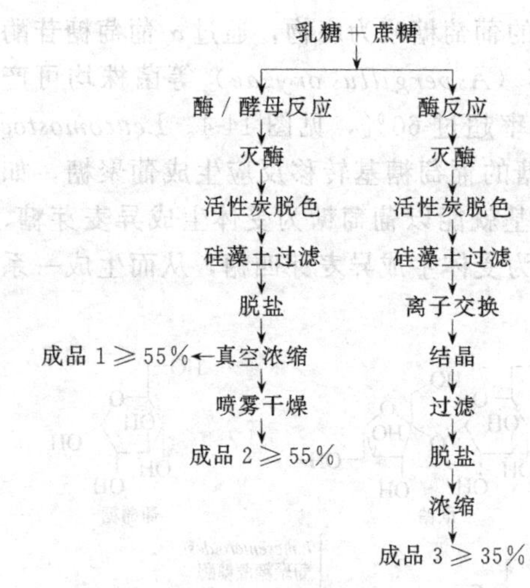

图 14-6　低聚乳果糖的生产工艺

乳糖含量比为 1∶1 时，低聚乳果糖在产物中的比例最高；而当底物含量（蔗糖＋乳糖）为30%～50%时，低聚乳果糖在产物中的含量占 50%左右。

将乳糖和蔗糖按 1∶1 的比例配成 40%含量的糖液后，加入 *Arthrobacter* sp. K-1 产生的 β-呋喃果糖苷酶，反应体系在 55℃左右反应 10h。然后加热灭酶，经过活性炭脱色，硅藻土过滤、浓缩，并且过滤除去残留的乳糖结晶后，脱盐、浓缩而得到低聚乳果糖 LS-35。

低聚乳果糖 LS-55P 的生产见图 14-6。首先将乳糖和蔗糖以 55∶45 的比例调配成 40%含量的溶液，与 *Arthrobacter* sp. K-1 产生的 β-呋喃果糖苷酶和酵母同时加入。酵母的作用是利用酶反应过程中所产生的单糖（以葡萄糖为主）这样可以提高反应液中低聚乳果糖的含量。低聚乳果糖 LS-55L 是将乳糖和蔗糖以 45∶55 的比例构成原料溶液，这样可以使成品中的乳糖含量保持在 10%以下，从而避免乳糖结晶的生成。

14.1.5　低聚木糖的酶法生产

低聚木糖（xylooligosaccharides，XO）是由 2～7 个木糖以糖苷建连接而成的低聚糖，但以二糖和三糖为主，以 β-1,4-糖苷键连接的低聚木糖的化学结构，如图 14-7 所示。低聚木糖具有重要的生理功能：减少有毒发酵产物及有害细菌酶的产生、病原菌吸附（大肠杆菌、肠炎门氏菌、肺炎克雷伯氏菌、嗜水气单胞菌等都能吸附到低聚木糖上，由于低聚木糖不被肠道中的消化酶所降解，可携带附着的病原菌通过肠道排出体外，从而防止疾病在肠道中集群，达到防止腹泻的目的），防止便秘、降低血清胆固醇、降低血压。

低聚木糖具有良好的工艺特性和生理功效。与其他功能性低聚糖相比，低聚木糖的物化性质十分稳定，对热、酸都具有很高的稳定性，室温下贮藏稳定性好，加工过程不会出现有效成分分解的现象，使用非常方便，且可以用于各种食品体系。

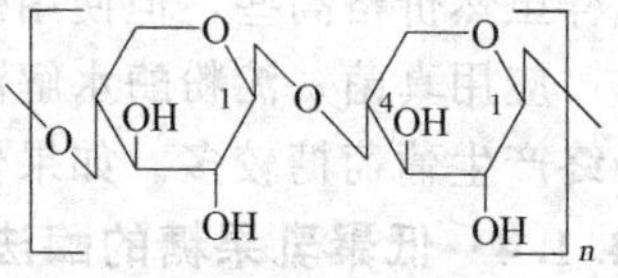

图 14-7　低聚木糖结构

酶法生产低聚木糖是以棉子壳、甘蔗渣、玉米芯、稻草、燕麦壳和花生壳等天然纤维物质为原料，采用木聚糖酶分解木聚糖，使之生成低聚木糖，再经脱色、脱盐、浓缩精制等处理，得到糖浆状的产品，若在糖浆中添加糊精等赋形剂，再经喷雾干燥，可制成粉末状产品。

14.1.6　低聚壳聚糖的酶法生产

甲壳素，又称为几丁质、甲壳质或壳多糖，是许多低等动物特别是节肢动物如虾、蟹、昆虫等外壳的重要成分，也存在于低等植物如菌藻类和真菌的细胞壁中。甲壳素是 2-乙酰氨基-2-脱氧-D-葡萄糖经 β-1,4-糖苷键连接而成的聚合物。

壳聚糖（chitosan）是由甲壳素经脱乙酰反应后而得到的一种生物高分子，是生物界中大量存在的惟一一种碱性多糖。它们的分子链中通常含有 2-乙酰胺基葡萄糖和 2-氨基葡萄糖两种结构单元，两者的比例随着脱乙酰化程度的不同而不同。甲壳素和壳聚糖（结构见图 14-8）由于生物兼容性好、易于被生物降解以及优良的成膜性、保湿性等特点，它们在食品、化工、医药等领域中有着广泛的应用。

低聚壳聚糖（chitooligosaccharide）是壳聚糖的降解产物，其聚合度通常为 2～10 。它不仅保持了壳聚糖大分子的某些性质，如降低胆固醇等；而且不同分子量范围的低聚壳聚糖还具有许多高分子的壳聚糖没有的生理功能，如保湿、免疫调节、调节肠道菌群、排除体内有毒有害物质、抗菌防腐等。

壳聚糖的结构单元不是单糖（*N*-乙酰氨基葡萄糖和氨基葡萄糖），而是壳二糖，酶解法是利用专一性或非专一性酶对甲壳素或壳聚糖进行降解的方法。最近 20 年来，国内外研究工作十分活跃。现在已发现大约有 30 多种专一性或非专一性酶可用于甲壳素和壳聚糖的降解反应，专一性酶如甲壳素酶和壳聚糖酶，非专一性酶如脂肪酶、溶菌酶、蛋白酶和葡聚糖酶等。现在只有特异性生产较高产率的甲壳二糖的甲壳素酶，还未发现特异性高产率生产三糖以上的甲壳素酶。实际上，现在国内外用酶解法生产的低聚壳聚糖聚合度都在十至十五糖之间，很难生产出十糖以下的产物。中国从 20 世纪 80 年代末即已用酶解法生产低聚壳聚糖，且批量出口。

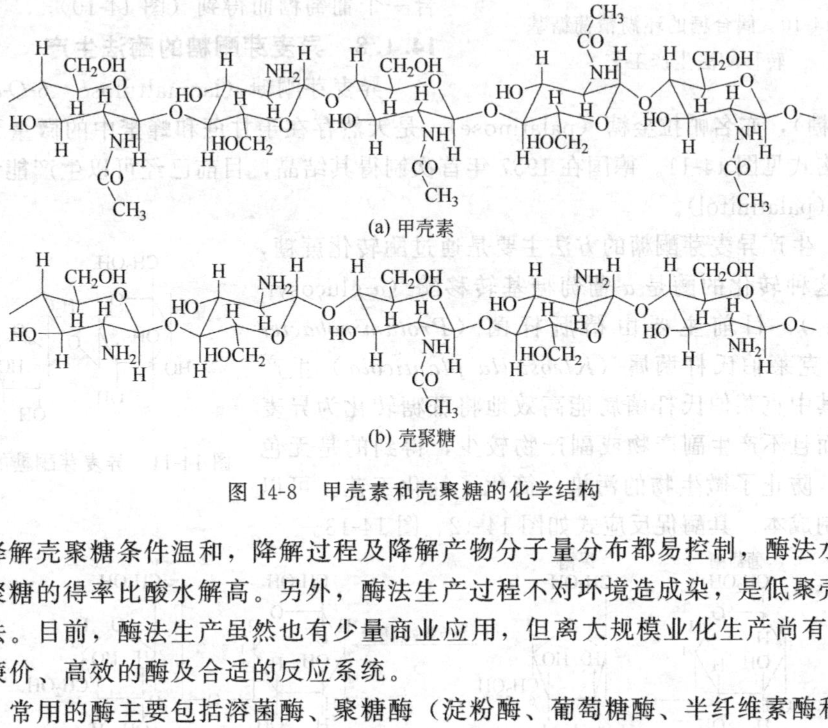

(a) 甲壳素

(b) 壳聚糖

图 14-8　甲壳素和壳聚糖的化学结构

酶法降解壳聚糖条件温和，降解过程及降解产物分子量分布都易控制，酶法水解中高聚合度的低聚糖的得率比酸水解高。另外，酶法生产过程不对环境造成染，是低聚壳聚糖生产的理想方法。目前，酶法生产虽然也有少量商业应用，但离大规模业化生产尚有一定距离，还需寻找廉价、高效的酶及合适的反应系统。

目前，常用的酶主要包括溶菌酶、聚糖酶（淀粉酶、葡萄糖酶、半纤维素酶和果胶酶）、蛋白酶、脂肪酶等。

14.1.7　偶合糖的酶法生产

偶合糖（coupling sugar），或称吡喃葡萄糖基蔗糖，化学名为 α-麦芽糖基-β-D-呋喃果糖苷或 4-α-D-吡喃葡萄糖基蔗糖。化学结构式如图 14-9 所示。该糖在自然界存在于蜂蜜和人参中。偶合糖的结晶有两种形式，每摩尔的结晶偶合糖含有 1mol 或 3mol 的结晶水。含有 3mol 结晶水的称为Ⅰ型结晶偶合糖，含有 1mol 结晶水的糖称为Ⅱ型结晶偶合糖。偶合糖的口感接近于蔗糖，甜味纯正，是一种低致龋性三糖，与蔗糖相比能显著减少牙齿堆积物和产酸，例如它可抑制龋齿链球菌（*Streprococcus mutuns*）生成不溶性的葡聚糖。

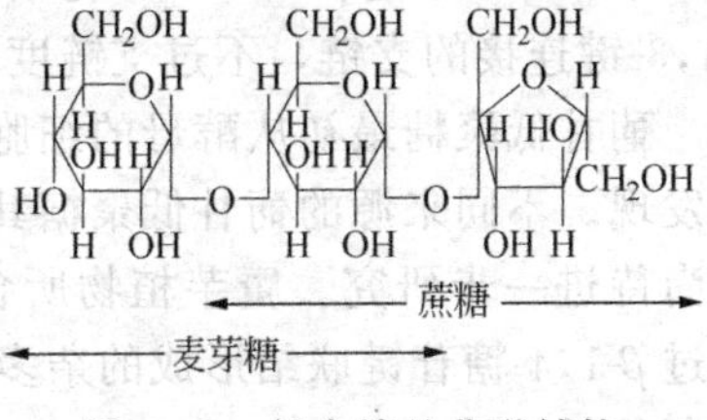

图 14-9　偶合糖的化学结构

偶合糖主要是通过酶法生产，生产偶合糖所用方法

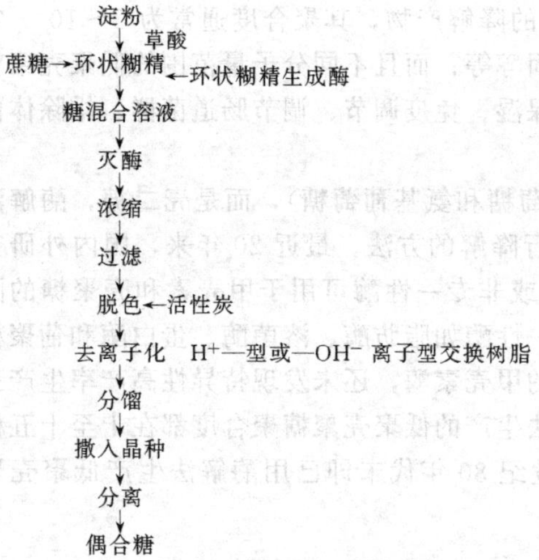

淀粉
↓ 草酸
蔗糖→环状糊精←环状糊精生成酶
↓
糖混合溶液
↓
灭酶
↓
浓缩
↓
过滤
↓
脱色←活性炭
↓
去离子化 H^+—型或—OH^- 离子型交换树脂
↓
分馏
↓
撒入晶种
↓
分离
↓
偶合糖

图 14-10 偶合糖的环糊精葡糖基转移酶法生产工艺

主要有以下几种。

① 环糊精葡糖基转移酶（E.C.2.4.1.19）或α-淀粉酶（E.C.3.2.1.1）作用于含有淀粉（或淀粉部分水解液）和蔗糖的水溶液。

② 果聚糖蔗糖酶（levansucrase，β-2,6-果聚糖-D-葡萄糖果糖基转移酶），作用于含有蔗糖（或棉子糖）和麦芽糖的水溶液。

③ α-葡萄糖苷酶作用于含有低聚麦芽糖（麦芽糖、麦芽三糖和麦芽四糖）和蔗糖的溶液。

偶合糖的环糊精葡糖基转移酶法生产，是以淀粉和蔗糖为原料经环糊精葡糖基转移酶催化，在蔗糖分子的葡萄糖一侧以α-1,4-糖苷键形式结合一个葡萄糖而得到（图 14-10）。

14.1.8 异麦芽酮糖的酶法生产

异麦芽酮糖（isomaltulose 6-*O*-α-D-吡喃葡糖基-D-果糖），亦名帕拉金糖（palatinose），是天然存在于甘蔗和蜂蜜中的微量天然糖质成分。其结构式见图 14-11。德国在 1957 年首次制得其结晶，目前已经可以生产能量更低的帕拉金糖醇（palatinitol）。

目前，生产异麦芽酮糖的方法主要是通过酶转化蔗糖，能够促成这种转化的酶是α-葡萄糖基转移酶（α-glucosyltransferase），目前主要由精朊杆菌（*Protaminobacter rubrum*）、克莱伯氏杆菌属（*Kleosiella planticola*）生产这种酶。其中克莱伯氏杆菌属能高效地将蔗糖转化为异麦芽酮糖，而且不产生副产物或副产物较少，得到的是无色的反应液，防止了微生物的污染，简化了纯化工艺，可以有效地控制成本。其酶促反应式如图 14-12、图 14-13。

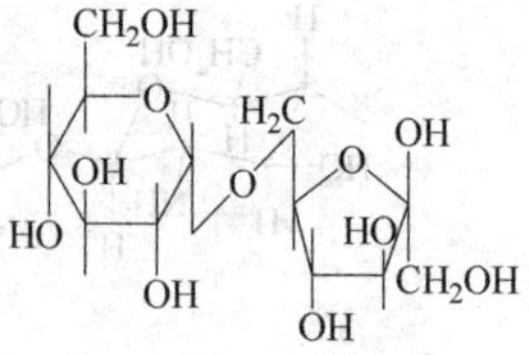

图 14-11 异麦芽酮糖的化学结构

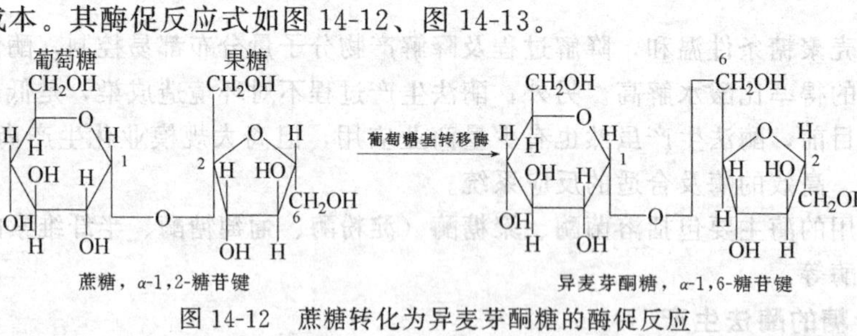

葡萄糖 果糖
葡萄糖基转移酶
蔗糖，α-1,2-糖苷键 异麦芽酮糖，α-1,6-糖苷键

图 14-12 蔗糖转化为异麦芽酮糖的酶促反应

14.1.9 葡甘低聚糖

魔芋葡甘聚糖（konjac glucomannan，KGM）是β-D-葡萄糖与β-D-甘露糖按 2∶3 或1∶1.6 的摩尔比通过β-1,4-糖苷键结合的复合多糖，在主链上的甘露糖基 C3 位上存在着利用β-1,3-键连接的支链，不过支链度较低，且长度较短。

葡甘低聚糖最初从酵母的细胞壁中提取获得，后来陆续在其他微生物和植物等不同材料中发现。不同来源的葡甘低聚糖其结构不尽相同，这些结构上的差异对其功能产生了哪些影响尚待进一步研究。魔芋植物所含的葡甘聚糖是β-D-葡萄糖与β-甘露糖以 1∶1.5 的比例、通过β-1,4-糖苷键联结形成的杂多糖，控制魔芋葡甘聚糖非彻底降解可获得不同聚合度的魔芋葡甘低聚糖（konjac oligosaccharide，KOS），此种低聚糖兼具多种特殊生理功能，尤其是对双歧杆菌的促生长作用更为突出。

近年来的研究发现，葡甘低聚糖（见图 14-14）除了具有功能性低聚糖的共同生理作用之外，还具有清除自由基、增强机体抗氧化性的能力。因其具有极其显著的降脂作用，还可以作为高血脂糖尿病的辅助治疗产品。同时葡甘低聚糖能够减少肠内氨的生成和吸收，减轻肝脏对血氨的解毒负担。由于葡甘低聚糖是微生物细胞壁的主要组分，因此它还有一个极具特色的生物学功能：吸附病原菌。

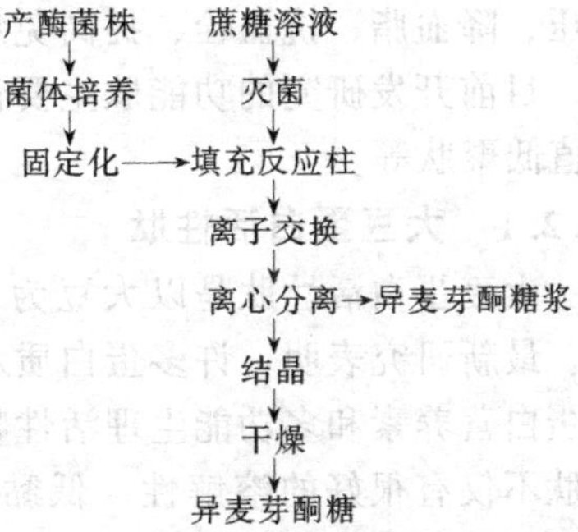

产酶菌株 → 菌体培养 → 固定化 → 填充反应柱
蔗糖溶液 → 灭菌 → 填充反应柱 → 离子交换 → 离心分离 → 异麦芽酮糖浆
离心分离 → 结晶 → 干燥 → 异麦芽酮糖

图 14-13　蔗糖转化为异麦芽酮糖的酶促反应生产工艺流程

纯魔芋葡甘聚糖为白色粉末状固体，是一种非离子型水溶性高分子多糖，具有极强的吸水能力，溶于水中便形成高黏度的溶液，是目前已知的分子量最大、黏度最高的膳食纤维，不溶于丙酮、氯仿等有机溶剂。此外，魔芋葡甘聚糖还具有凝胶性、抗菌性、可食性、低热值等多种特性。

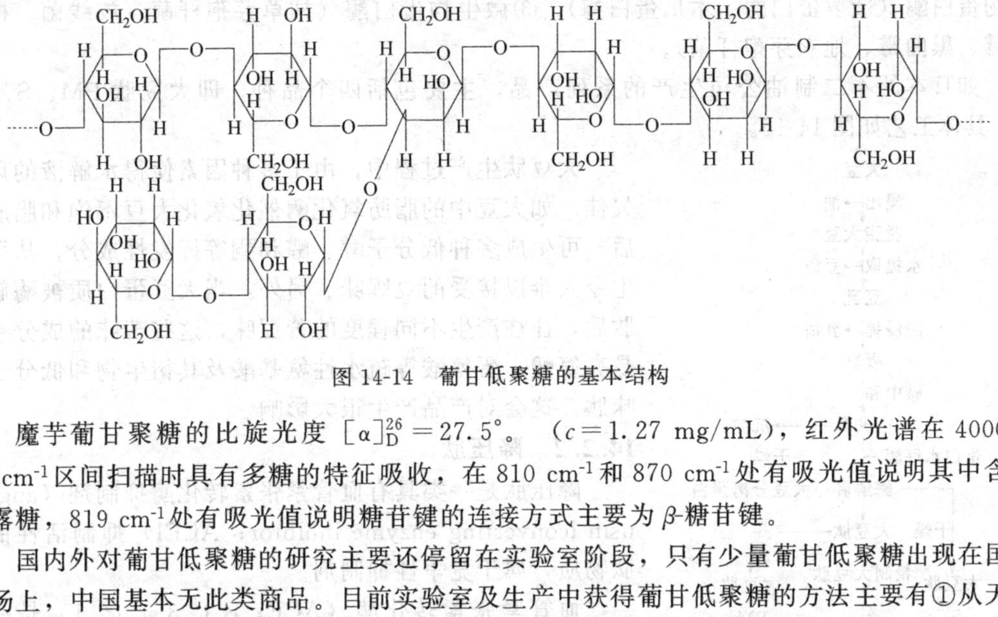

图 14-14　葡甘低聚糖的基本结构

魔芋葡甘聚糖的比旋光度 $[\alpha]_D^{26}=27.5°$。（$c=1.27$ mg/mL），红外光谱在 4000～400cm^{-1}区间扫描时具有多糖的特征吸收，在 810 cm^{-1}和 870 cm^{-1}处有吸光值说明其中含有甘露糖，819 cm^{-1}处有吸光值说明糖苷键的连接方式主要为 β-糖苷键。

国内外对葡甘低聚糖的研究主要还停留在实验室阶段，只有少量葡甘低聚糖出现在国外市场上，中国基本无此类商品。目前实验室及生产中获得葡甘低聚糖的方法主要有①从天然原料中提取；②利用转移酶、水解酶催化的糖基转移反应合成；③天然多糖的酶水解；④天然多糖的酸水解；⑤人工化学合成。

目前，将魔芋葡甘聚糖降解为低聚糖可用的酶有葡甘聚糖酶和甘露聚糖酶（Mannanase）。

14.2　功能肽生产中的应用

活性肽是对人体有特殊生理功能的营养物质，对机体生命活动具有重要的作用，可被人体肠道直接吸收，比氨基酸更易进入血液中，生物活性肽和功能性肽食品的开发、研究已成为 20 世纪 90 年代后期的热点。它作为食品及保健品原料或添加材料，在食品工业中用途广泛、前景广阔、市场潜力大。

目前，有些发达国家开发出与肽有关的药物并将其列入药典。试验研究表明，肽具有降血压、降血脂、抗血栓、提高免疫力、促进生长发育等功能。

目前开发研究的功能肽主要包括：大豆蛋白活性肽、降压肽、酪蛋白磷肽、糖巨肽、高 *F* 值低聚肽等。

14.2.1 大豆蛋白活性肽

大豆蛋白活性肽是以大豆为基本原料，通过现代生物技术将大豆球蛋白转化为小分子肽。最新研究表明，许多蛋白质水解物中含有多种具有生理活性的肽，大豆作为新一代的超级蛋白营养素和多功能生理活性物质，具有广阔的应用及市场前景。据资料报道，小分子大豆肽不仅有很好的溶解性、低黏度、抗凝胶形成性，而且在体内消化吸收快。研究表明，2～3 个氨基酸组成的低肽有比游离氨基酸更好的吸收性能。最近研究表明，饮食中的小肽（2～3 个氨基酸）和大肽（10～51 个氨基酸）能够完整地通过肠道吸收，从而作为生物活性肽在组织水平上引起机体的生物学效应，而且蛋白质利用率高。同时，它还具有低抗原性，不会产生过敏反应。此外还具有能促进肌红细胞复原，促进脂肪代谢等生理活性。

大豆肽的酶法生产过程中主要应用的酶包括①动物蛋白酶（胰蛋白酶、胃蛋白酶），②植物蛋白酶（菠萝蛋白酶、木瓜蛋白酶），③微生物蛋白酶（枯草芽孢杆菌、放线菌、栖土曲霉、黑曲霉、地衣芽孢杆菌）。

如日本的不二制油公司生产的系列产品，主要包括四个品种，即大豆肽 PM、S、R、D。具体工艺如图 14-15。

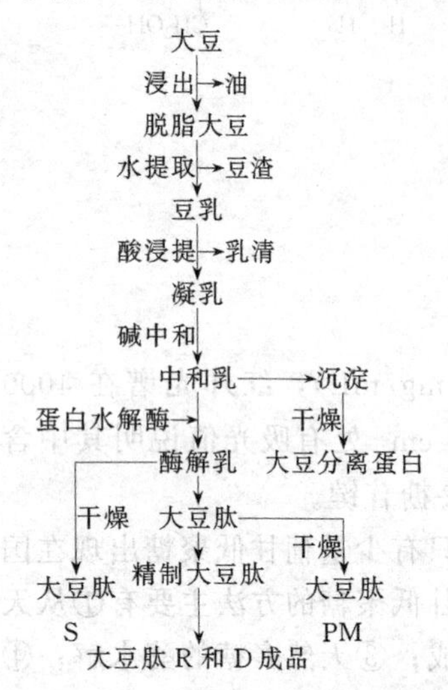

图 14-15 大豆肽的生产工艺流程

大豆肽生产过程中，由于多种因素使得水解液的风味欠佳。如大豆中的脂肪氧化酶催化氧化大豆不饱和脂肪酸后，可生成多种低分子醇、醛和酮等挥发性成分，从而产生令人难以接受的豆腥味。另外，当大豆蛋白质被酶解成肽后，往往产生不同程度的苦涩味，这些苦味的成分主要是亮氨酸、蛋氨酸等疏水性氨基酸及其衍生物和低分子苦味肽。这会对产品产生很大影响。

14.2.2 降压肽

降压肽是一类具有血管紧张素转化酶抑制剂（angiotnsin Iconverting enzyme inhibtor；ACEI）抑制活性的多肽物质，属于竞争性抑制剂。

血管紧张素转化酶（ACE；E.C.3.4.15.1）是一种与金属锌螯合的二肽羧肽酶，参与体内血压调节，可以起到提升血压的作用。抑制 ACE 就可以起到降血压的作用。

1982 年 Maruyama S 等从牛酪蛋白的胰蛋白酶水解物中分离出一种能抑制 ACE 活性的十二肽，接着又从中分离出五肽与七肽，随后又在 1987 年从 αs1-酪蛋白中获得一种强活性的六肽。Maruyama S 课题组的研究成果向世人证明，食品蛋白中确实存在某些具 ACE 抑制活性的序列。Kohmura M 以人 β-酪蛋白的某些片断为目标合成肽，共合成 69 条肽，每个肽段都含有一个 Pro，发现属于活性肽的区域主要集中在 39～52 这个区域，并经体外、活体证实了这个结论。该实验直观地告诉人们，蛋白质序列中的这些活性区段可通过酶解的方法释放出来，也就是说人们可以从食品蛋白质中通过降解的方法获得抑制 ACE 的活性肽，这将成为预防或治疗高血压的又一新途径。

目前，已经从许多种生物材料置备了多种降压肽，如鱼贝类肌肉、玉米醇溶蛋白、无花果、大豆、大蒜、小麦胚芽、米糠、荞麦和动物肌球蛋白，并获得了令人满意的降压效果。

玉米醇溶蛋白分为α-玉米醇、β-玉米醇和γ-玉米醇溶蛋白，Ile、Val 和 Ala 等疏水性氨基酸含量较高，Pro 和 Gln 也占较高的比例，正由于这种独特的组成，使得玉米醇溶蛋白的多肽液中 ACEI 的含量很高。嗜热菌蛋白酶水解醇溶蛋白通常作用于疏水氨基酸处，从而可以得到降压效果明显的 ACEI。α-玉米醇溶蛋白中的降压肽的 C-端一般为四种氨基酸残基，即脯氨酸、酪氨酸、丙氨酸和谷氨酰胺残基，其中以脯氨酸残基为多数。C-端为脯氨酸或芳香氨基酸残基的多肽，显示出很强的降压活性，N-端则多为亮氨酸。由α-玉米蛋白酶解得到的 ACEI 中以 Leu-Arg-Pro 的活性最强。

从大豆蛋白中可以分离出具有降压活性的多肽。研究显示，从大豆蛋白中降解分离出的 ACEI 中亲水性氨基酸占多数，主要为 Asp、Leu、Glu 和 Arg 等，芳香族氨基酸占 8.33%。从目前的 ACE 抑制剂或者类似物发现，ACE 专一性较宽，使用不同酶水解大豆蛋白所产生的 ACEI，其活性的相差很大。

米糠是稻谷脱壳后精碾时产生的副产物，其蛋白质含量为 12 %～18%。目前已从米糠蛋白的酶解物中，分离提取了具降血压或增强免疫的生物活性肽。将米糠脱脂、碱液提取、盐析后获得的米糠蛋白溶液为原料，经酶解、分离后可得到 ACEI。不同酶解条件下，所得 ACEI 其活性成分也不相同，从米糠蛋白分离出的 ACEI 氨基酸序列为 Ile-Ala-Pro-Asn-Tyr（Val）-Ala-Pro-Ala-Gly-Thr-Ile-Asn-Thr-Tyr-Phe （Gln）-Glu-Cys-Pro-Cys-Ala-Asn-Cys-Cys-Gly-Gly。

乳酸菌分泌的胞外蛋白酶能够将酪蛋白水解为多肽。在乳酸菌（*L. helveticus* CP790）蛋白酶水解而得的酪蛋白水解液中，已经从酸奶中分离纯化得到两种降压肽，即 Val-Pro-Pro 和 Ile-Pro-Pro。

14.2.3 酪蛋白磷肽

酪蛋白磷（酸）肽是以牛乳酪蛋白为原料，经单一酶或复合酶系水解，再经分离纯化而得到的含有成簇的磷酸丝氨酸基的肽。CPP 有α-型和β-型两种，它们分别由α-酪蛋白和β-酪蛋白水解生成。α-酪蛋白占牛乳酪蛋白的 48%，氨基酸残基数为 199，是含有 8 个磷酸丝氨酸、没有高级构造的蛋白质。β-酪蛋白占牛乳酪蛋白的 36%，由 209 个氨基酸残基构成，含 5 个丝氨酸的单链状蛋白质。

1950 年，Mellander 报道了酪蛋白经胰蛋白酶部分水解得到的产物中有一种富磷多肽，它能抵抗蛋白酶的进一步分解，与 Ca^{2+}、Fe^{2+} 具有亲和性，在无需增加维生素 D 的条件下，促进了佝偻病患儿骨骼的发育，并将之命名为酪蛋白磷肽（casein phosphopeptide; CPPs）。CPPs 是多种短肽的混合物，其中大部分肽中含有成簇的磷酸丝氨酸序列（Ser-Ser-Ser-Glu-Glu-），这一序列也正是 CPPs 的功能因子，其含量的多少与 CPPs 功能特性直接相关。

工业生产 CPPs 以酪蛋白或牛乳为原料，采用的蛋白酶通常是胰蛋白酶，胰蛋白酶具有较强的专一性，水解使 CPPs 游离，之后在水解液上清部加入 Ca^{2+} 等金属离子和乙醇将 CPPs 沉淀下来，最后可通过离子交换、凝胶色谱或膜分离等方法加以精制。制备 CPPs 的方法通常有钙-乙醇沉淀法（图 14-16）、膜分离法和离子交换法（图 14-17）。

研究显示，酶解方法是得到较小分子 CPPs 的关键。就所采用的几种酶，胰蛋白酶对酪蛋白水解产物分子量的影响最大，Alcalase 对酪蛋白水解产物的 N/P 比的影响最大。

14.2.4 糖巨肽

糖巨肽（glycomacropeptide，GMP），是牛乳κ-酪蛋白的凝乳酶水解产物，由 64 个氨

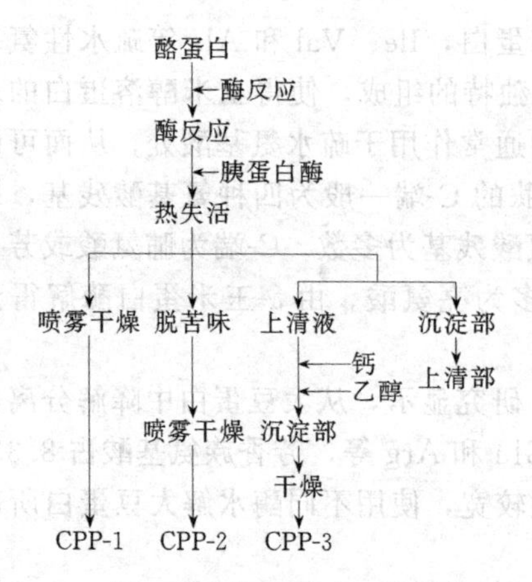

图 14-16 钙-乙醇沉淀法生产 CPPs 的工艺流程

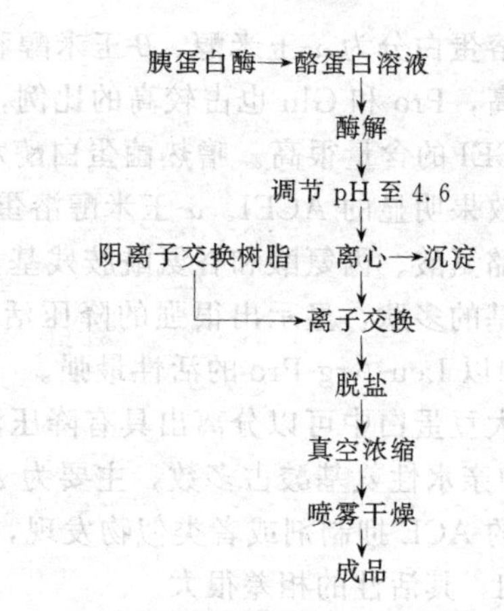

图 14-17 用离子交换法制备 CPPs 的工艺流程

基酸组成。经证实，GMP 具有如下独特的生理功效：抑制流感病毒血凝反应和霍乱毒素与肠黏膜上皮细胞神经节苷脂 GM_1 结合，促进肠道双歧杆菌增殖，抑制人、动物的消化作用，或者抑制食欲，因此能用于制造减肥食品。

酪蛋白经凝乳酶、胃蛋白酶等作用，在凝乳第一阶段，分子中 Phe^{105}-Met^{106}之间的键是惟一被水解的肽键，所产生的 106～169 位片段即为酪蛋白巨肽，等电点 pI 为 4～5，不含任何芳香氨基酸，加之糖含量高，故具有很高的极性，在水相介质中溶解性能极佳。但并非所有 GMP 均为活性形式。研究发现，决定 GMP 分子活性的因素包括结合碳水化合物链数目类型及结合部位，GMP 混合物中仅有一种含量较少的（少于 20%）形式，即 Thr21 残基糖基化且糖链末端为唾液酸组分的活性形式。

实验室制备 GMP 时，关键是控制游离 κ-酪蛋白的凝乳酶或胃蛋白酶水解反应，通过三氯乙酸沉淀法去除残留酪蛋白和副酪蛋白。不同 GMP 组分在 TCA 溶液中的溶解度存在一定差异，糖基化组分在 12%TCA 溶液中仍可溶，而非糖基化 CMP 组分在 4%～5%TCA 溶液中即开始沉淀。12%时几乎不溶。根据这一特性，在 12%TCA 溶液中可溶 GMP 组分一般称之为糖巨肽。其制备工艺流程见图 14-18。

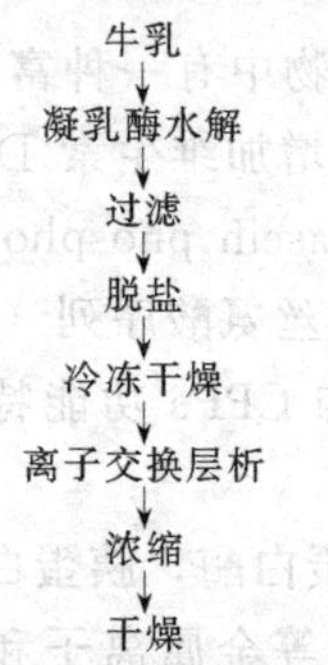

图 14-18 GMP 的工艺流程

从性质上看，GMP 是一种对热稳定、滋味清淡柔和、水溶性极好的组分，非常适于用作一种减肥或防止霍乱弧菌等致病菌导致的机能失调症的功效成分。

14.2.5 高 F 值低聚肽

支链氨基酸（branchcd chain amino acids，BCAA）如 Leu、Ile、Val 是碳链中具有分支的氨基酸，主要在肌肉中代谢成为糖或者酮，Val 是生糖氨基酸，Leu 是生酮氨基酸，Ile 是生糖兼生酮氨基酸。BCAA 通过生糖与生酮作用与三羧酸循环相互联系，实现机体内三大物质糖、脂肪、蛋白质的互相转化。芳香族氨基酸（aromatic amino acids，AAA）如 Phe、Tyr、Trp 在肝脏代谢，当肝脏发生病变时，AAA 的同化受阻，而 BCAA 的氧化加速，因此肝脏病人必然产生 BCAA 缺乏和 AAA 过多症，造成高芳低支的病态血液模式。为此，德国医学博士 Fischer 及其合作者于 1976 年将 BCAA 与 AAA 的浓度之比称为 F 值（Fischer ratio）。正常人血液中的 F 值为3～4，肝病患者小于 2。BCAA 与 AAA 都是中性氨基酸，存在明显的拮抗关系，由于它们竞争载体的 K_m 值相近，能互相竞争中性载体通过血脑屏障。高 F 值低聚肽的特殊构成使其具有特殊的生理功能。

BCAA 的代谢特点主要在于它具有促进氮储留和蛋白质合成的作用，而且还是体内重要的能源物质。BCAA 是必需氨基酸，在人体内不能合成，每天摄入的 20%被氧化分解掉，特别是在某些特殊生理状态（泌乳、饥饿、运动）下，BCAA 代替糖原供能。BCAA 缺乏可使动物的胸腺、脾脏萎缩，抗病毒能力减弱。各种 BCAA 各自具有不同的生理功能。Val 的生理功能在于：①促使神经系统功能正常；②缺乏时会造成触觉敏感度特别增高，肌肉的共济运动失调；③可作为肝昏迷的治疗药物；④体外刺激骨骼前 T 淋巴细胞分化成为成熟 T 淋巴细胞，增强免疫功能。Leu 的生理功能在于：①降低血液中的血糖值，对治疗头晕有作用；②促进皮肽、伤口及骨头的愈合作用；③缺乏时会停止生长，体重减轻。Ile 的生理功能在于：①能维持机体平衡，治疗精神障碍；②有促进食欲增加和抗贫血的作用；③缺乏时会出现体力衰竭、昏迷等症状。这些 BCAA 的特点使高 F 值低聚肽在人体代谢中具有特殊的生理功能。

高 F 值低聚肽蕴含在天然的蛋白质序列中，酶法制肽时，首先要将高 F 值低聚肽片断释放出来。由于在通常的蛋白质原料中 F 值较低，还要通过除去 AAA 才可能达到高 F 值的要求。制备的基本工艺为，蛋白质⟶预处理⟶蛋白酶解⟶分离（包括脱除 AAA）⟶高 F 值低聚肽。工艺中的关键步骤是水解度（DH）的控制，大分子肽与小分子肽的分离以及产物苦味的控制。

制备高 F 值低聚肽多采用两步酶解法，首先以一种酶将蛋白质分解为小片段，要求水解发生在特定的位置切下肽段的 N 末端或 C 末端为芳香族氨基酸，再用另一种酶将 AAA 切下来。前一步骤使用内切肽酶，嗜碱蛋白酶、胰凝乳蛋白酶、胃蛋白酶、碱性蛋白酶、中性蛋白酶、木瓜蛋白酶都可以水解由 AAA 氨基或羧基形成的肽键。后一步的酶解可用外切肽酶如肌动蛋白酶、链霉蛋白酶、木瓜蛋白酶释放 AAA。用于一次酶解的内切肽酶水解作用强，对 DH 贡献较大，用于二次酶解的外切肽酶则对 DH 贡献小。微生物酶实际上是一种复合酶系，具有更高的选择性。

研究显示，水解蛋白酶的选择随蛋白质原料与水解方法的不同而异。例如，水解玉米醇溶蛋白以碱性蛋白酶较好，水解葵花蛋白以中性蛋白酶较好，水解鱼蛋白、大豆蛋白、乳清蛋白和酪蛋白等以胃蛋白酶处理较好。释放 AC 的蛋白酶首选肌动蛋白酶，其次是木瓜蛋白酶、链霉蛋白酶、肌动蛋白酶，肌动蛋白酶同时具有氨肽酶和羧肽酶活性，特别适合于第二步骤的水解。

为了提高 F 值，提纯产品，必须从酶水解所得的低聚肽混合物中去除 AAA。可使用的方法包括离子交换法、膜分离法、凝胶过滤法、高效液相色谱法、电泳技术和吸附色谱法等。

复习思考题

可以利用酶法生产的功能性食品主要有哪几类？酶的作用原理上有哪些异同？

参 考 文 献

1　郑建仙．功能性低聚糖．北京：化学工业出版社，2004
2　雨欣．功能性低聚糖生产与应用．北京：中国轻工业出版社，2004
3　正井辉久．大豆低聚糖的特性及应用．食品科学，1988
4　N M Delzenne. Oligosaccharides：state of heart. *Proc Nutr Soc*，2003

附录

一、常见酶学中英文名词及缩写

AA	amino acid	氨基酸
A	adenine	腺嘌呤
ACP	acyl carrier protein	酰基载体蛋白
ADP	adenosine-5′-diphosphate	腺苷-5′-二磷酸
Ala	alanine	丙氨酸
AMP	adenosine-5′-mono phosphate	腺苷-5′-单磷酸
Arg	arginine	精氨酸
Asn	asparagine	天冬酰胺
Asp	aspartic acid	天冬氨酸
ATP	adenosine-5′-triphosphate	腺苷-5′-三磷酸
C	cytosine	胞嘧啶
cAMP	cylic AMP	环腺苷酸
CDA	chitin deacetylase	甲壳素脱乙酰酶
CMP	cytidine-5′-mono phosphate	胞苷酸
CoA	coenzyme A	辅酶 A
CTP	cytidine-5′-triphosphate	胞苷-5′-三磷酸
Cys	cysteine	半光氨酸
DE	dextrose equivalent	葡萄糖值
DHF	dihydrofolic acid	二氢叶酸
DNA	deoxynucleic acid	脱氧核糖核酸
DNAase	deoxynucleic acidase	脱氧核糖核酸酶
DSP	down stream process	下游工程
EC	enzyme commission	酶学委员会
EDTA	ethylene diaminetetraacetic	乙二胺四乙酸
Endo PG	endo polygalacturonase	内切聚半乳糖醛酸酶
Exo PG	exo polygalacturonase	外切聚半乳糖醛酸酶
FAO	food and agriculture organization of the United Nations	联合国粮农组织
FMN	flavin mononucleotide	黄素单核苷酸
fMet	formylmethionine	甲酰甲硫氨酸
Gal	galactose	半乳糖
GMP	good manufacturing practice	良好生产操作规范
G	guanine	鸟嘌呤
GDP	guanosine-5′-diphosphate	鸟苷-5′-二磷酸
GFC	gel filtration chromatography	凝胶过滤色谱法
Gln	glutamine	谷氨酰胺
Glu	glutamic acid	谷氨酸
Gly	glycine	甘氨酸

GOT	glutamate-oxaloacetate transaminase	谷草转氨酶
GPT	glutamate-pyruvate transaminase	谷丙转氨酶
GSH	glutathione	谷胱甘肽
GTP	guanosine-5′-triphosphate	鸟苷-5′-三磷酸
HACCP	hazard analysis critical control point	危害分析与关键控制点
LHFGS	high fructose glucose syrup	高果糖浆
HIS	histidine	组氨酸
I	inosine	次黄嘌呤核苷
IDP	inosine-5′-diphosphate	次黄嘌呤-5′-二磷酸
IF	initiation factor	起始因子
Ig	immunoglobulin	免疫球蛋白
Ile	isoleucine	异亮氨酸
IMP	inosine-5′-monophosphate	次黄嘌呤-5′-磷酸
IPTG	isoprophl-β-D-thiogalactoside	异丙基-β-D-硫代半乳糖苷
ISO 9000	international organization for standard No. 9000	国际标准组织，编号 9000
IU	international unit	国际单位
K	equilibrium constant	平衡常数
Km	michaelis constant	米氏常数
Ks	substrate constant	底物常数
Leu	leucine	亮氨酸
Met	methionine	甲硫氨酸
mRNA	messenger RNA	信使核糖核酸
NAD^+	nicotinamide adenine dinucleotide	烟酰胺腺嘌呤二核苷酸，辅酶Ⅰ
$NADP^+$	nicotinamide adenine dinucleotide phosphate	烟酰胺腺嘌呤二核苷酸磷酸，辅酶Ⅱ
nm	nanometer	纳米(10^{-9}m)
P	phosphate	磷酸盐
PE	pectin esterase	果胶酯酶
PEG	polyethylene glycol	聚乙二醇
PMG	polymethygalacturonase	聚甲基半乳糖醛酸酶
PGL	polymethylgalacturonatelyase	聚甲基半乳糖醛酸裂解酶
IP	inorganic pyrophosphate	无机焦磷酸盐
Pro	proline	脯氨酸
RNA	ribonucliec acid	核糖核酸
RNAase	ribonucleic acidase	核糖核酸酶
rRNA	ribosomal RNA	核糖体 RNA
SDS	sodium dodecyl sulfate	十二烷基磺酸钠
SOD	superoxide dismutase	超氧化物歧化物酶
SCR	semi conservative replication	半保留复制
$t_{1/2}$	half-life	半衰期
T	thymine	胸腺嘧啶
THFA	tetrahydrofolic acid	四氢叶酸
TGase	transglutaminase	转谷氨酰胺酶
Thr	threonine	苏氨酸
Thy	thymine	胸腺嘧啶

TMP	thymidine-5′-monophosphate	胸苷-5′-磷酸
tRNA	transfer RNA	转移 RNA
Try	tryptophan	色氨酸
TTP	thymidine-5′-triphosphate	胸苷-5′-三磷酸
Tyr	tyrosine	酪氨酸
U	uracil	尿嘧啶
UDP	uridine-5′-diphosphate	尿苷-5′-二磷酸
USP	up stream process	上游工程
UTP	uridine-5′-triphosphate	尿苷-5′-三磷酸
V_m	maximum velocity	最大反应速度
Val	valine	缬氨酸
WHO	World Health Organization	世界卫生组织
X	xanthine	黄嘌呤

二、国内外著名微生物菌种保藏单位及所在地

1. ATCC American Type Culture Collection，Maryland，USA
2. NCTC National Collection of Type Cultures，London，UK
3. NURD Northern Utilization Research and Development Division，US Department of Agriculture，Peoria，USA
4. AKU Faculty of Agriculture，Kyoto University，Kyoto，Japan
5. IAM Institute of Applied Microbiology，Tokyo University，Tokyo，Japan
6. JIBE Japan Institute for Brewing Experiment，Japan
7. IBC Institute of Biology，Czechoslovakia Academy of Sciences，Czechoslovakia
8. IMAS 中国科学院微生物研究所，北京市
9. ACCC 中国农业微生物菌种保藏中心，北京市
10. CMCC 中国医学细菌保藏管理中心，北京市
11. AS-IV 中国科学院武汉病毒研究所，武汉市
12. SDU 山东大学发酵工程重点实验室，济南市
13. ISF 中国农业科学院土壤肥料研究所，北京市
14. SIM 上海工业微生物研究所，上海市
15. SIPP 中国科学院上海植物生理研究所，上海市
16. TIIM 天津工业微生物研究所，天津市
17. IFFI 中国食品发酵研究所，北京市
18. GIM 广东省微生物研究所，广州市
19. SIFI 四川食品研究所，成都市
20. SIM 三明真菌研究所，三明市

三、国内外部分酶制剂公司

1. 丹麦诺维信公司
2. 丹尼斯克国际公司
3. 德国 AB 酶制剂公司
4. 丹麦法尔诺德有限公司

5. 荷兰 DSM 集团
6. 加拿大 Logen 公司
7. 美国基因酶集团公司
8. 澳大利亚普乐腾生物化学公司
9. 无锡杰能科生物工程有限公司
10. 山东省沂水酶制剂厂
11. 广西南宁庞博生物工程有限公司
12. 邢台新欣翔宇生物工程有限公司
13. 天津市利华酶制剂技术有限公司
14. 无锡赛德生物工程有限公司
15. 烟台市福山新世生物技术研究所
16. 广州市天河区远天酶制剂厂
17. 广西南宁杰沃利生物制品有限公司
18. 江门市蓬江区拜奥生物化学厂
19. 上海三杰生物技术有限公司
20. 四川新星化工有限公司
21. 肇东国科北方酶制剂有限公司
22. 宁夏和氏璧生物技术有限公司
23. 宁波名谛生物技术有限公司
24. 保定市华星生物工程技术开发有限公司
25. 广州先盈生物科技有限公司
26. 桂林红星生物科技有限公司
27. 北京久然生物研究中心
28. 河北康达利药业有限公司
29. 湖南津市市万力生物化工有限公司
30. 深圳市绿微康生物工程有限公司
31. 湖南尤特尔生化有限公司
32. 周口裕鑫生物酶有限公司

内 容 提 要

本书结合现代生物科学和食品科学发展趋势，对食品酶学的内容进行了系统介绍。前五章注重酶学的基础理论，包括食品酶学的背景、酶的生产与分离纯化的相关知识、酶反应动力学知识、固定化酶与固定化细胞、酶分子改造与修饰等内容。从食品酶学的发展、酶的获得、分离纯化、动力学特性到固定化应用和分子水平的修饰改造做了详尽的介绍。后九章重点介绍酶在食品工业各领域中的广泛应用，涉及酶在粮油食品加工、果蔬加工、动物性食品加工、贮藏保鲜、发酵、食品分析、功能食品及酶与食品卫生和安全的关系等方面的知识。内容新颖全面、瞄准前沿、突出应用，通过应用实例阐述了酶与食品工业实践的密切关系，是本书的浓墨重笔和新颖之处。

本书注重食品酶学的实践应用兼顾酶学的基础理论，既可作为高等院校食品专业教材，也可供食品科研、食品生产等部门的有关技术人员参考。